现代食品深加工技术丛书

"十三五"国家重点出版物出版规划项目

淡水鱼深加工技术

陈季旺　主　编

科学出版社

北　京

内 容 简 介

本书系统介绍了淡水鱼的定义、资源和种类，淡水鱼的营养、品质和加工特性，以及淡水鱼的深加工技术（生鲜制品、鱼糜及鱼糜制品、油炸制品、干制品、腌制发酵制品、罐藏制品、加工副产物的综合利用）和质量安全控制等，汇集了近年来淡水鱼加工方面取得的新技术、新成果和新标准（包括作者的研究成果及正在进行的研究），可为理解和掌握淡水鱼加工领域研究动态和未来发展方向提供参考和依据。

本书适用于从事水产品深加工的科研人员和相关加工企业的技术人员，也可以作为高等院校食品科学与工程、水产品加工及贮藏工程等相关专业的教材。

图书在版编目（CIP）数据

淡水鱼深加工技术/陈季旺主编. —北京：科学出版社，2022.8
（现代食品深加工技术丛书）

"十三五"国家重点出版物出版规划项目
ISBN 978-7-03-070971-4

Ⅰ. ①淡⋯ Ⅱ. ①陈⋯ Ⅲ. ①淡水鱼类-食品加工 Ⅳ. ①TS254.4

中国版本图书馆 CIP 数据核字（2021）第 259880 号

责任编辑：贾 超 赵朋媛 / 责任校对：杜子昂
责任印制：吴兆东 / 封面设计：东方人华

科 学 出 版 社 出版
北京东黄城根北街 16 号
邮政编码：100717
http://www.sciencep.com

北京虎彩文化传播有限公司 印刷
科学出版社发行 各地新华书店经销
*
2022 年 8 月第 一 版 开本：720×1000 1/16
2022 年 8 月第一次印刷 印张：26 1/2
字数：530 000
定价：160.00 元
（如有印装质量问题，我社负责调换）

丛书编委会

丛 书 序

食品加工是指直接以农、林、牧、渔业产品为原料进行的谷物磨制、食用油提取、制糖、屠宰及肉类加工、水产品加工、蔬菜加工、水果加工、坚果加工等。食品深加工其实就是食品原料进一步加工，改变了食材的初始状态，例如，把肉做成罐头等。现在我国有机农业尚处于初级阶段，产品单调、初级产品多；而在发达国家，80%都是加工产品和精深加工产品。所以，这也是未来一个很好的发展方向。随着人民生活水平的提高、科学技术的不断进步，功能性的深加工食品将成为我国居民消费的热点，其需求量大、市场前景广阔。

改革开放 30 多年来，我国食品产业总产值以年均 10%以上的递增速度持续快速发展，已经成为国民经济中十分重要的独立产业体系，成为集农业、制造业、现代物流服务业于一体的增长最快、最具活力的国民经济支柱产业，成为我国国民经济发展极具潜力的、新的经济增长点。2012 年，我国规模以上食品工业企业 33 692 家，占同期全部工业企业的10.1%，食品工业总产值达到 8.96 万亿元，同比增长 21.7%，占工业总产值的 9.8%。预计 2020 年食品工业总产值将突破 15 万亿元。随着社会经济的发展，食品产业在保持持续上扬势头的同时，仍将有很大的发展潜力。

民以食为天。食品产业是关系到国民营养与健康的民生产业。随着国民经济的发展和人民生活水平的提高，人民对食品工业提出了更高的要求，食品加工的范围和深度不断扩展，所利用的科学技术也越来越先进。现代食品已朝着方便、营养、健康、美味、实惠的方向发展，传统食品现代化、普通食品功能化是食品工业发展的大趋势。新型食品产业又是高技术产业。近些年，具有高技术、高附加值特点的食品精深加工发展尤为迅猛。国内食品加工中小企业多、技术相对落后，导致产品在市场上的竞争力弱。有鉴于此，我们组织国内外食品加工领域的专家、教授，编著了"现代食品深加工技术丛书"。

　　本套丛书由多部专著组成。不仅包括传统的肉品深加工、稻谷深加工、水产品深加工、禽蛋深加工、乳品深加工、水果深加工、蔬菜深加工，还包含了新型食材及其副产品的深加工、功能性成分的分离提取，以及现代食品综合加工利用新技术等。

　　各部专著的作者由工作在食品加工、研究开发第一线的专家担任。所有作者都根据市场的需求，详细论述食品工程中最前沿的相关技术与理念。不求面面俱到，但求精深、透彻，将国际上前沿、先进的理论与技术实践呈现给读者，同时还附有便于读者进一步查阅信息的参考文献。每一部对于大学、科研机构的学生或研究者来说，都是重要的参考。希望能拓宽食品加工领域科研人员和企业技术人员的思路，推进食品技术创新和产品质量提升，提高我国食品的市场竞争力。

中国工程院院士

2014 年 3 月

前　言

　　2020 年，我国鱼类总产量达 3521.03 万 t，其中淡水鱼类产量为 2697.27 万 t，占总产量的 76.6%，已成为我国渔业经济的支柱产业。同年，淡水加工产品总量为 411.51 万 t，不到淡水产品总量的 13%，淡水产品加工已成为我国渔业最为薄弱的环节之一，精深加工技术的开发及应用直接影响我国淡水渔业的健康发展。

　　本书系统介绍淡水鱼的定义、资源和种类，淡水鱼的营养、品质和加工特性，以及淡水鱼的深加工技术（生鲜制品、鱼糜及鱼糜制品、油炸制品、干制品、腌制发酵制品、罐藏制品、加工副产物的综合利用）和质量安全控制等，汇集近年来淡水鱼加工方面取得的新技术、新成果和新标准（包括作者的研究成果及正在进行的研究），可为理解和掌握淡水鱼加工领域的研究动态和未来发展方向提供参考和依据。

　　本书由陈季旺担任主编，廖鄂、王琦、胥伟担任副主编。由陈季旺编写第 5 章、第 8 章；廖鄂编写第 1 章、第 2 章、第 7 章、第 10 章；王琦编写第 3 章、第 9 章；胥伟编写第 4 章、第 6 章。同时，陈季旺参与编写第 1~4 章、第 6 章、第 7 章、第 9 章、第 10 章的部分内容，并对各章节进行修改和统稿。

　　感谢武汉轻工大学师生及相关合作企业对本书编写所提供的帮助，感谢国家重点研发计划、国家自然科学基金和国家大宗淡水鱼类产业技术体系对本书相关研究的资助。

　　由于编者水平有限，书中难免存在不足之处，敬请读者批评指正。

编　者

2022 年 5 月于武汉轻工大学

目 录

第1章 绪 论

淡水鱼，广义上指能够生活在盐度为 3‰的淡水中的鱼类。按照生活习性的不同，淡水鱼可分为初级淡水鱼、次级淡水鱼和周缘性淡水鱼。其中，初级淡水鱼是指一生只能生活在淡水中的鱼类，约有 8600 种，占全球总鱼类的 33%；次级淡水鱼是指一生大部分时间生活在淡水中，偶尔活动或栖息于半淡咸水、海水中的鱼类，约有 2100 种，占全球总鱼类的 8%；周缘性淡水鱼是指栖息于海水或半淡咸水中，也会在淡水或半淡咸水中活动的鱼类，包括溯河性鱼类、降海性鱼类及偶然进入河川生活的海水鱼，约有 160 种，占全球总鱼类的 0.6%。据《中国动物志》统计，我国共分布有 1050 种淡水鱼类，分属 18 目 52 科 294 属，其中纯淡水鱼类 967 种，海河洄游性鱼类 15 种，河口性鱼类 68 种。这些淡水鱼又可分为圆口类、软骨鱼类、软骨硬鳞鱼类和真骨鱼类四大类。在我国分布的所有淡水鱼中，除了少数几种（13 种）外，其余均属于真骨鱼类。我国的淡水鱼类以鲤形目为主，特别是鲤科鱼类占淡水鱼总数的一半以上。

进入 21 世纪，随着农业科技的进步，世界粮食安全问题得到很大程度的缓解，但由于膳食结构的改变，人们的营养健康状况发生了巨大的变化，全球依然面临着营养缺乏与营养失衡的双重挑战。淡水鱼作为优质的蛋白质来源，其开发和利用受到了各国政府及科研人员越来越多的重视。为了应对这一发展趋势，我国科研工作者须大力开展对淡水鱼的相关研究工作。

1.1 淡水鱼资源

1.1.1 世界淡水鱼资源情况

从 20 世纪 50 年代至今，世界淡水渔业迅速发展，淡水鱼产量呈显著增长趋势。根据联合国粮食及农业组织（FAO）的统计数据显示，从 1950 年到 2018 年，世界淡水鱼总产量由 151.4 万 t 增长到了 4960.1 万 t，增长了 31.8 倍，年均增长率为 5.3%。同时，淡水鱼产量在全球渔业总产量中的比例也从 1950 年的 8.4%增加到了 2018 年的 27.7%，这说明在世界渔业格局中，淡水鱼产业的重要性在逐渐增强。

世界淡水鱼总产量包括养殖产量和捕捞产量两部分，在历史上，淡水鱼的产出主要依靠捕捞所得。1950 年，捕捞产量占世界淡水鱼总产量的 86.9%。随着人类活动对自然环境的持续破坏,以及人口数量的激增、需求的增长导致的过度捕捞,自然淡水鱼资源逐年退化,可捕捞的淡水鱼资源加速减少。同时,各主产国(特别是发展中国家)逐渐意识到淡水鱼养殖不仅为民众提供了有效的食物营养供给,还促进了社会经济发展。综合以上多方面因素,捕捞产量占世界淡水鱼总产量的比例不断下降,同时养殖产量的比例则逐年增加。1986年,养殖产量的比例首次超过了捕捞产量,表明淡水鱼主要依靠捕捞获得的传统格局不复存在。2018年,淡水鱼养殖产量达到4695.1万t,占世界淡水鱼总产量的94.7%以上,养殖在淡水鱼的生产中完全占据了主导地位。但在某些国家,由于特殊的自然地理条件、经济发展状况等的限制,淡水鱼生产仍以捕捞为主,如亚洲的缅甸、柬埔寨和泰国,非洲的尼日利亚、坦桑尼亚、肯尼亚,欧洲的俄罗斯及北美洲的墨西哥等。

由于自然资源及经济发展水平方面的差异,淡水鱼主产国家和地区的分布很不均匀。在地域分布上,淡水鱼的主产国主要集中在亚洲,特别是中国、印度、越南、泰国、印度尼西亚等。亚洲地区的淡水鱼养殖产量占世界总产量的90%以上,占据了绝对的主导地位。欧洲是传统的海洋渔业国家,对淡水渔业的重视程度远不如海洋渔业,所以淡水鱼产业的发展多年来处于停滞状态。目前,欧洲的淡水鱼主产国主要包括俄罗斯、乌克兰、捷克、白俄罗斯、波兰、匈牙利等,产量占全球总产量的比例呈逐年降低的趋势,但产值占比远高于产量,说明欧洲依靠加工技术方面的积累优势,产品的附加值要高于其他地区。非洲淡水鱼的产量和产值都处于较低水平,最大的产出国为埃及。美洲和大洋洲的淡水鱼产量占世界总产量的比例极低,主产国包括巴西、古巴、澳大利亚等。各大洲之间及同一大洲内的各个国家和地区之间的产量仍存在巨大的差异。过去20年间,亚洲为全球贡献了约89%的水产养殖产量。同期,非洲和美洲在全球总产量中的比例有所提升,而欧洲和大洋洲的比例略有下降。埃及、尼日利亚、智利、印度尼西亚、越南、孟加拉国和挪威等主要生产国在所属大洲和全球产量中的比例均有不同程度的提升,而中国在全球产量中的比例由1995年的65.0%逐步减少至2018年的58.0%(表1.1)。

表1.1 各大洲及主要生产国的养殖食用鱼类产量 (单位:万t)

洲/国家(地区)	1995年	2000年	2005年	2010年	2015年	2016年	2018年
亚洲	**2167.8** (**88.9%**)	**2842.3** (**87.7%**)	**3918.8** (**88.5%**)	**5245.2** (**89.0%**)	**6788.1** (**89.3%**)	**7154.6** (**89.4%**)	**7281.2** (**88.7%**)
中国	1585.6 (65.0%)	2152.2 (66.4%)	2812.1 (63.5%)	3673.4 (62.3%)	4705.3 (61.9%)	4924.4 (61.5%)	4755.9 (58.0%)
印度	165.9 (6.8%)	194.3 (6.0%)	296.7 (6.7%)	378.6 (6.4%)	526.0 (6.9%)	570.0 (7.1%)	706.6 (8.6%)

续表

洲/国家 （地区）	1995 年	2000 年	2005 年	2010 年	2015 年	2016 年	2018 年
印度尼 西亚	64.1 （2.6%）	78.9 （2.4%）	119.7 （2.7%）	230.5 （3.9%）	434.3 （5.7%）	495.0 （6.2%）	542.7 （6.6%）
越南	38.1 （1.6%）	49.9 （1.5%）	143.7 （3.2%）	268.3 （4.6%）	343.8 （4.5%）	362.5 （4.5%）	413.4 （5.0%）
孟加拉国	31.7 （1.3%）	65.7 （2.0%）	88.2 （2.0%）	130.9 （2.2%）	206.0 （2.7%）	220.4 （2.8%）	240.5 （2.9%）
亚洲其他 国家	282.4 （11.6%）	301.4 （9.3%）	458.4 （10.4%）	563.6 （9.6%）	572.6 （7.5%）	582.4 （7.3%）	622.1 （7.6%）
美洲	**92.0** （3.8%）	**142.3** （4.4%）	**217.7** （4.9%）	**251.4** （4.3%）	**327.4** （4.3%）	**334.8** （4.2%）	**379.9** （4.6%）
北美	47.9 （2.0%）	58.5 （1.8%）	66.9 （1.5%）	65.9 （1.1%）	61.3 （0.8%）	64.5 （0.8%）	66.0 （0.8%）
拉美及加 勒比地区	28.4 （1.2%）	44.7 （1.4%）	78.5 （1.8%）	115.4 （2.0%）	161.5 （2.1%）	166.7 （2.1%）	187.4 （2.3%）
智利	15.7 （0.6%）	39.2 （1.2%）	72.4 （1.6%）	70.1 （1.2%）	104.6 （1.4%）	103.5 （1.3%）	126.6 （1.5%）
非洲	**11.0** （0.5%）	**40.0** （1.2%）	**64.6** （1.5%）	**128.6** （2.2%）	**177.2** （2.3%）	**198.2** （2.5%）	**219.6** （2.7%）
北非 （除埃及）	0.4 （0%）	0.5 （0%）	0.7 （0%）	1.0 （0%）	2.1 （0%）	2.3 （0%）	3.8 （0.1%）
埃及	7.2 （0.3%）	34.0 （1.1%）	54.0 （1.2%）	92.0 （1.6%）	117.5 （1.5%）	137.1 （1.7%）	156.2 （1.9%）
撒哈拉以 南（除尼日 利亚）	1.7 （0.1%）	2.9 （0.1%）	4.3 （0.1%）	15.6 （0.3%）	25.9 （0.3%）	28.1 （0.4%）	30.5 （0.4%）
尼日利亚	1.7 （0.1%）	2.6 （0.1%）	5.6 （0.1%）	20.1 （0.3%）	31.7 （0.4%）	30.7 （0.4%）	29.1 （0.4%）
欧洲	**158.1** （6.5%）	**205.1** （6.3%）	**213.5** （4.8%）	**252.3** （4.3%）	**294.1** （3.9%）	**294.5** （3.7%）	**308.3** （3.8%）
挪威	27.8 （1.1%）	49.1 （1.5%）	66.2 （1.5%）	102.0 （1.7%）	138.1 （1.8%）	132.6 （1.7%）	135.5 （1.7%）
欧盟 28 国	118.3 （4.9%）	140.3 （4.3%）	127.2 （2.9%）	126.3 （2.1%）	126.4 （1.7%）	129.2 （1.6%）	136.4 （1.7%）
欧洲其他 国家	12.1 （0.5%）	15.7 （0.5%）	20.1 （0.5%）	24.0 （0.4%）	29.7 （0.4%）	32.7 （0.4%）	36.3 （0.4%）

续表

洲/国家 （地区）	1995 年	2000 年	2005 年	2010 年	2015 年	2016 年	2018 年
大洋洲	9.4 （0.4%）	12.2 （0.4%）	15.2 （0.3%）	18.7 （0.3%）	18.6 （0.2%）	21.0 （0.3%）	20.5 （0.3%）
全球	2438.3	3241.8	4429.8	5896.2	7605.4	8003.1	8209.5

数据来源：《2018 年世界渔业和水产养殖状况》和《2020 年世界渔业和水产养殖状况》。

　　总之，发展中国家正通过各种手段加强本国对淡水鱼资源的利用，积极推行各种政策扶持淡水渔业的发展。目前，发展中国家的淡水鱼产量在世界总产量中占的比例已超过 80%。发达国家淡水鱼产业的发展多年来基本处于停滞或负增长状态，其产量占世界总产量的比例低于 2%。这主要与相关国家养殖成本增加，政府缺乏相关扶持政策、消费结构升级、外部竞争增强等因素有关。

1.1.2　我国淡水鱼资源情况

　　我国是世界上内陆水域面积最大的国家之一，分布着众多的江河、湖泊、水库、池塘等淡水水域，总面积约为 17.5 万 km^2，约占国土总面积的 1.8%，为淡水鱼的养殖提供了得天独厚的自然条件。2019 年，我国淡水鱼总产量达到 2686.42 万 t，占世界淡水鱼总产量的 50% 以上。其中，捕捞产量为 138.39 万 t，养殖产量为 2548.03 万 t。截止到 2019 年年底，我国淡水鱼产量超过 100 万 t 的省份有湖北、广东、江苏、江西、湖南、安徽、四川和广西，这些省份的淡水鱼产量之和占到全国总产量的 69.82%。其中，单一品种产量超过 30 万 t 的有：青鱼、草鱼、鲢鱼、鳙鱼、鲤鱼、鲫鱼、鳊鲂、泥鳅、鲇鱼、黄颡鱼、黄鳝、鳜鱼、鲈鱼、乌鳢、罗非鱼等。2019 年我国各省主要淡水鱼品种养殖产量见表 1.2，其中括号中的数据表示占全国总产量的百分比。

表 1.2　2019 年我国各省主要淡水鱼品种养殖产量　　（单位：万 t）

品种	全国	湖北	广东	江苏	江西	湖南	安徽	四川	广西
青鱼	67.96	19.86 （29.22%）	5.27 （7.75%）	8.70 （12.80%）	5.54 （8.15%）	8.48 （12.48%）	8.15 （11.99%）	0.21 （0.31%）	1.46 （2.15%）
草鱼	553.31	87.98 （15.90%）	94.90 （17.15%）	37.90 （6.85%）	54.61 （9.87%）	61.03 （11.03%）	26.98 （4.88%）	27.27 （4.93%）	31.65 （5.72%）
鲢鱼	381.03	55.77 （14.64%）	21.76 （5.71%）	40.83 （10.72%）	27.46 （7.21%）	33.89 （8.89%）	26.83 （7.04%）	31.04 （8.15%）	22.25 （5.84%）

品种	全国	湖北	广东	江苏	江西	湖南	安徽	四川	广西
鳙鱼	310.16	43.73 （14.10%）	37.34 （12.04%）	22.23 （7.17%）	28.83 （9.30%）	29.00 （9.35%）	26.93 （8.68%）	17.48 （5.64%）	17.35 （5.59%）
鲤鱼	288.53	12.60 （4.37%）	11.84 （4.10%）	14.11 （4.89%）	14.80 （5.13%）	17.37 （6.02%）	9.71 （3.37%）	18.74 （6.49%）	15.01 （5.20%）
鲫鱼	275.56	35.61 （12.92%）	17.04 （6.18%）	62.40 （22.64%）	22.81 （8.28%）	20.10 （7.29%）	18.81 （6.83%）	19.70 （7.15%）	3.47 （1.26%）
鳊鲂	76.29	23.60 （30.93%）	1.86 （2.44%）	15.44 （20.24%）	6.82 （8.94%）	8.85 （11.60%）	9.21 （12.07%）	3.23 （4.23%）	0.17 （0.22%）
泥鳅	35.69	3.85 （10.79%）	1.94 （5.44%）	3.97 （11.12%）	7.91 （22.16%）	1.72 （4.82%）	3.98 （11.15%）	3.24 （9.08%）	0.28 （0.78%）
鲇鱼	35.53	1.70 （4.78%）	3.41 （9.6%）	0.48 （1.35%）	3.13 （8.81%）	2.58 （7.26%）	1.72 （4.84%）	7.74 （21.78%）	2.97 （8.36%）
黄颡鱼	53.70	14.08 （26.22%）	5.45 （10.15%）	2.92 （5.44%）	5.21 （9.70%）	3.01 （5.61%）	3.63 （6.76%）	3.25 （6.05%）	0.63 （1.17%）
黄鳝	31.38	14.42 （45.95%）	0.25 （0.80%）	0.50 （1.59%）	7.84 （24.98%）	2.87 （9.15%）	3.59 （11.44%）	1.14 （3.63%）	0.11 （0.35%）
鳜鱼	33.71	7.97 （23.64%）	10.61 （31.47%）	3.15 （9.34%）	3.50 （10.38%）	1.94 （5.75%）	4.29 （12.73%）	0.24 （0.71%）	0.02 （0.06%）
鲈鱼	47.78	1.68 （3.52%）	28.00 （58.6%）	3.89 （8.14%）	1.73 （3.62%）	0.76 （1.59%）	0.70 （1.47%）	1.56 （3.26%）	0.21 （0.44%）
乌鳢	46.20	2.68 （5.8%）	17.68 （38.27%）	2.41 （5.22%）	3.71 （8.03%）	3.62 （7.84%）	3.28 （7.1%）	1.02 （2.21%）	0.13 （0.28%）
罗非鱼	164.17	0.25 （0.15%）	74.40 （45.32%）	0.24 （0.15%）	0.47 （0.29%）	0.14 （0.09%）	0.31 （0.19%）	0.28 （0.17%）	25.23 （15.37%）

数据来源：《2020 中国渔业统计年鉴》。

虽然我国淡水鱼资源量巨大，规模产量还在不断增加，但是也经历了从艰难起步、曲折徘徊到迅速发展的过程，其生产方式也从以自然捕捞为主发展到现在人工养殖产量占绝对优势（94.85%）的局面。20 世纪 50 年代初期，我国淡水鱼总产量仅为 51.7 万 t，其中自然捕捞量占总产量的 77.37%；到 50 年代末，总产量增加到 122 万 t，自然捕捞量占比相应地降低至 51.54%。在随后的 20 年，各地兴起"以粮为纲、围湖造田"的热潮，我国淡水水域资源遭受到了严重的破坏，养殖面积大大减少，淡水鱼产量长期徘徊在 100 万 t 左右。党的十一届三中全会后，党中央颁布了多项农村经济改革政策，各地地方政府积极响应，大力发展淡水渔业。除了逐步落实水面承包责任制外，各地政府在渔政管理、种苗繁殖、饵料加工及鱼病防治等方面采取了大量的应对措施，大大促进了我国淡水鱼产业的发展。1983 年末，我国淡水鱼总产量达到 184.08 万 t，比 1978 年相比增长了 78.22 万 t。

21 世纪以来，随着科学技术的进步，我国在淡水鱼养殖繁育技术、鱼病防控技术等相关领域取得了长足的进步。同时，随着健康高效养殖模式在我国的推广应用，淡水鱼产量进入了另一个快速增长的新阶段。目前，我国的淡水鱼产量已经占据全球主导地位，但产值方面仍然与巨大的产量极不相称，说明我国淡水渔业的附加值还有很大的提高空间。近年来，我国淡水鱼产量增速明显放缓，为了行业的可持续发展，产业的升级转型势在必行。可以预见，随着生活水平的提高，居民消费不断升级，淡水渔业将会从单纯追求产量逐渐向品质优先、差异化经营的方向发展。

我国各大淡水水系中均分布有大量淡水鱼种，其中长江水系约有 300 种，珠江水系约有 294 种，黄河水系约有 140 种，黑龙江、钱塘江、闽江等水系各有约 100 种，主要的经济鱼类绝大多数属于鲤科，这是我国淡水鱼类资源的一大特点。改革开放以来，我国引进的外来鱼类已有 100 余种，据不完全统计，其中淡水鱼类约 27 种，隶属于 5 目 11 科，以鲈形目鱼类引进最多，其中产生明显经济效益的品种有罗非鱼、斑点叉尾鮰、埃及胡子鲶等。

1.2　淡水鱼种类

目前，我国产量较高且具有重要经济价值的淡水鱼类约有 40 多种，主要有：青鱼（*Mylopharyngodon piceus*, black carp）、草鱼（*Ctenopharyngodon idellus*, grass carp）、鲢鱼（*Hypophthalmichthys molitrix*, silver carp）、鳙鱼（*Aristichthys nobilis*, bighead carp）、鲤鱼（*Cyprinus carpio*, common carp）、鲫鱼（*Carassius auratus*, crucian carp）、团头鲂（*Megalobrama amblycephala*, blunt snout bream）、鳟鱼（*Salmo playtcephalus*, trout）、鲟鱼（*Acipenser sinensis*, sturgeon）、鮰鱼（*Leiocassis longirostris*, longsnout catfish）、泥鳅（*Misgurnus anguillicaudatus*, muddy loach）、黄鳝（*Monopterus albus*, Asian swamp eel）、乌鳢（*Ophiocephalus argus*, snakehead）、鳜鱼（*Siniperca chuatsi*, Chinese perch）、黄颡鱼（*Pelteobagrus fulvidraco*, yellow catfish）、罗非鱼（*Oreochromis mossambicus*, tilapia）等。其中，青鱼、草鱼、鲢鱼、鳙鱼是我国养殖最为广泛的淡水鱼品种，并称为"四大家鱼"。

1.2.1　大宗淡水鱼

1. 青鱼

青鱼（图 1.1），又称黑鲩、乌青、螺蛳青等，属硬骨鱼纲、鲤形目、鲤科、青鱼属。青鱼是生活在江河湖泊底层的鱼类，原产于长江、珠江水系，现在广泛养殖于长江以南地区。2019 年，我国青鱼产量约为 67.96 万 t，约占全国养殖淡水鱼总产量的 2.67%。

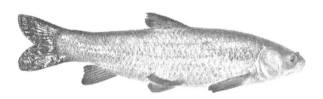

图 1.1　青鱼

青鱼体型较长，略呈圆筒形，腹部圆而无角质棱，尾部稍侧扁，头较尖，头顶宽平，口端位，下咽齿一行，呈臼齿状，咀嚼面光滑，无槽纹。体色及各鳍青黑，腹部较淡，鱼鳞大而圆。青鱼以浮游动物、螺蛳、蚌、虾及水生昆虫为食，生长迅速，鱼体大者可达 50kg 以上，适宜上市的食用商品青鱼规格以每尾 2.5kg 左右为佳。青鱼肉厚刺少，味道鲜美且富含脂肪，除鲜食外，也是加工成腌制品、熏制品、糟醉制品和罐头制品的绝佳原料。

2. 草鱼

草鱼（图 1.2），又称鲩、白鲩、草鲩、草青等，属硬骨鱼纲、鲤形目、鲤科、草鱼属。草鱼生活在江河湖泊水体的中下层或靠岸水草丰茂的区域，在我国南北方水域均有分布。2019 年，我国草鱼产量约为 553.31 万 t，约占全国养殖淡水鱼总产量的 21.72%。

图 1.2　草鱼

草鱼体型较长，近似圆柱形，腹圆无角质棱，尾部稍侧扁，头较圆，头顶宽平，口端位，下咽齿两行，齿呈梳形，齿面呈锯齿状，两侧咽齿交错相间排列。

鱼体为青黄色，背部及头部颜色较深，腹部灰白，胸鳍、腹鳍为灰黄色，其他各鳍为浅灰色，鱼鳞大而圆，后缘呈灰褐色。草鱼以水生植物为食，为典型的草食性鱼类，生长较快，鱼体大者可达 30kg 左右，适宜上市的食用商品草鱼规格以每尾 1.5kg 左右为佳。草鱼的原料特性与青鱼相似，但口味稍逊。

3. 鲢鱼

鲢鱼（图 1.3），又称白鲢、鲢子、跳鲢等，属硬骨鱼纲、鲤形目、鲤科、鲢亚科、鲢属。鲢鱼是生活在江河湖泊水体上层的鱼类，自然分布于我国东北部、中部、东南部及南部地区的淡水水域中，目前在全国各地均有养殖。2019 年，我国鲢鱼产量约为 381.03 万 t，约占全国养殖淡水鱼总产量的 14.95%。

图 1.3 鲢鱼

鲢鱼体型侧扁，腹部狭窄隆起似刀刃，自胸鳍至肛门有腹棱，胸鳍末端可伸达或略高于腹鳍基部。鲢鱼口宽大、吻钝圆、眼较小，头长约为体长的 1/4，口腔后上方具有螺旋形鳃上器，鳃耙密集联成膜质片，利于摄取微细食物。鱼鳞细小，体色银白，背部捎带青灰，各鳍均为灰白色。鲢鱼生长迅速，鱼体大者可达 10kg，适宜上市的食用商品鲢鱼规格为每尾 0.5～1kg。鲢鱼产量大，价格便宜，不仅可以鲜食，还可以加工成罐头、咸干制品、熏制品、冷冻鱼糜制品等。

4. 鳙鱼

鳙鱼（图 1.4），又称胖头鱼、花鲢、包头鱼、大头鱼、黑鲢等，属硬骨鱼纲、鲤形目、鲤科、鲢亚科、鳙属。鳙鱼栖息于江河湖泊的中上层，自然分布于我国的中部、东部和南部地区的淡水水域，目前在全国各地均有养殖。2019 年，我国鳙鱼产量约为 310.16 万 t，约占全国养殖淡水鱼总产量的 12.17%。

鳙鱼体型侧扁，外形似鲢，但腹部自腹鳍后才有棱，胸鳍末端未超过腹鳍基部。鳙鱼头部肥大，头长约为体长的 1/3，眼较小，在头侧中轴下方。口大、端位，吻圆钝，咽齿 1 行，齿面光滑，口腔后上方具有螺旋形鳃上器，鳃耙排列细密如栅片，但彼此分离。鱼鳞细小，鱼体背面及侧面上部微黑，两侧有不规则的黑色斑点，腹部呈银白色，各鳍均为淡灰色。个体大的鳙鱼可达 35～40kg，食用鳙鱼的商品规格为每尾 0.5～1kg。鳙鱼营养丰富，肉质肥嫩，特别是鱼头大而肥美，可烹制为剁椒鱼头和鱼头汤等，深受消费者喜爱。整鱼除鲜食外，还可加工成罐头、咸干制品、熏制品等。

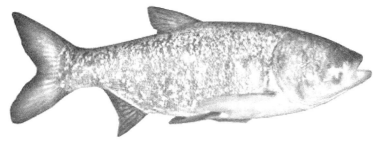

图 1.4　鳙鱼

5. 鲤鱼

鲤鱼（图 1.5），又称鲤拐子、鲤子等，属硬骨鱼纲、鲤形目、鲤科、鲤亚科、鲤属。鲤鱼是我国分布范围最广、养殖历史最悠久的淡水经济鱼类，除西部高原水域外，广泛分布于各地的江河、湖泊、池塘和沟渠中。鲤鱼是底栖性鱼类，食量大、觅食能力强，能利用颌骨挖掘底栖生物。自然条件下，主要摄食螺蛳、黄蚬、幼蚌、水生昆虫及虾类等，也食用水生植物和有机碎屑，对外界环境有较强的适应能力。2019 年，我国鲤鱼产量约为 288.53 万 t，约占全国养殖淡水鱼总产量的 11.32%。

图 1.5　鲤鱼

鲤鱼体长稍侧扁，腹圆无棱，背部在背鳍前隆起。背鳍长、臀鳍短，两鳍均具有带锯齿的硬刺。口端位，呈马蹄形，口角有两对须。下咽齿 3 行，内侧齿呈臼状。鳞片较大，鱼体背部呈灰黑色，腹部呈白色，尾鳍和臀鳍下叶为橘黄色。食用鲤鱼的商品规格为每尾 0.5kg，养殖周期为 2 年。鲤鱼的营养价值很高，特别是含有极为丰富的蛋白质、不饱和脂肪酸、多种维生素等。整鱼除鲜食外，还常加工成鱼干及糟鱼、醉鱼等传统发酵鱼产品。

6. 鲫鱼

鲫鱼（图 1.6），又称鲫瓜子、鲋鱼、朝鱼、喜头等，属硬骨鱼纲、鲤形目、鲤科、鲤亚科、鲫属。鲫鱼为杂食性底栖鱼类，广泛分布于我国西部高原地区以外的其他区域的江河、湖泊、沟渠和池塘中。鲫鱼对环境有着很强的适应性，无论在深水或浅水、流水或静水、低温（0℃）或高温（32℃）水域，均能生长繁殖，即使在 pH 为 9 的强碱性环境或盐度高达 4.5% 的水域中仍能生存。2019 年，我国鲫鱼产量约为 275.56 万 t，约占全国养殖淡水鱼总产量的 10.81%。

图 1.6　鲫鱼

鲫鱼个体较小，体型侧扁而高，腹线略圆。背鳍较长，外缘较平直，背鳍、臀鳍后缘有锯齿，胸鳍末端可达腹鳍起点，尾鳍呈深叉形。头短小、吻钝、口端位、斜裂，下咽齿 1 行。鳃耙细长，排列紧密。鳞片较圆，背部呈蓝灰色，侧面为银白或金黄色，各鳍为灰白色。食用鲫鱼的规格为每尾 150～250g。鲫鱼具有很高的营养价值，含有大量蛋白质、不饱和脂肪酸，并含有大量的钙、磷、铁等矿物质。鲫鱼肉质细嫩，肉味甜美，一般以鲜食为主，可煮汤，也可红烧、葱烤等。

7. 团头鲂

团头鲂（图 1.7），又称武昌鱼、鳊鲂等，属硬骨鱼纲、鲤形目、鲤科、鳊亚科、鲂属。团头鲂为温水性鱼类，原产于我国湖北和江西两省，在湖泊、池塘中能自然繁殖。团头鲂的自然分布不广，天然产量不高，经人工驯养，现已移殖到各地水域中。团头鲂栖息于底质为淤泥、有深水植物生长的敞水区的中下水层，能在含盐量低于 0.5% 的水域中正常生长，但耗氧率较高，若遇水中缺氧，是首先浮头的鱼种之一。2019 年，我国团头鲂产量约为 76.29 万 t，约占全国养殖淡水鱼总产量的 2.99%。

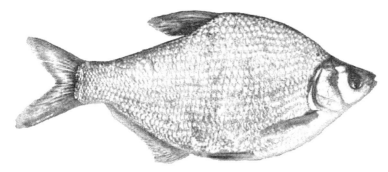

图 1.7　团头鲂

团头鲂体高而侧扁，体形轮廓呈长菱形，体长为体高的 2～2.3 倍，腹棱限于腹鳍至肛门之间，尾柄长度小于高度。背鳍硬刺短，胸鳍较短。头短小，口端位、钝圆，上下颌等长。鳃耙短而侧扁，略呈三角形，排列稀疏。鳞片较圆，体背侧为灰黑色，腹部为灰白色，各鳍为青色。食用团头鲂的规格为每尾 250～400g，生长周期一般为 2～3 年。团头鲂肉质细嫩、味道鲜美，一般以鲜食为主，可采用清蒸、红烧、葱油等烹调方法，也可加工成风干鱼、调味熟食等产品。

1.2.2　名特优淡水鱼

1. 鳟鱼

鳟鱼（图 1.8），又称鲰、赤眼鱼、红目鳟等，属辐鳍鱼纲、鲑形目、鲑科、鲑亚科、鲑鱼属。鳟鱼属冷水性鱼类，最适生长水温为 16～18℃，当温度高于 18℃时，鳟会表现出严重的不适应，繁殖或捕食的欲望及能力将大大降低，所能适应的温度上限为 23℃。鳟鱼为杂食性鱼类，栖息于流速较缓的水域或湖泊，自然分布于我国各地的水域中，北起黑龙江，南至广东，西至四川，东到江浙一带。所有鳟鱼都在溪流中产卵，除部分在溪中生活外，幼鱼都迁徙到湖泊或海洋中，长成成鱼后再回到溪流中产卵。2019 年，我国鳟鱼产量约为 3.94 万 t，约占全国养殖淡水鱼总产量的 0.15%。

鳟鱼体长，略呈圆筒状，腹部圆，后段稍侧扁。背鳍无硬刺，起点与腹鳍相对。头呈圆锥形，口端位，口裂突，呈弧形，吻钝，上颌两侧有两对不明显的短须。下咽齿 3 行，顶端呈钩状。鳞片呈圆形，体背深黑色，腹部浅黄，体侧及背部鳞片基部各有一处黑色的斑块，组成体侧的纵列条纹，而眼的上半部有一块红斑。背鳍呈深灰色，尾鳍后缘呈黑色，其他各鳍呈灰白色。食用鳟鱼的规格为每尾 500g，生长周期一般为 2～3 年。鳟鱼肉多、刺软、少腥味，是高级食用鱼原料，除鲜食外，还可制成生鱼片、酱渍鱼块、熏鱼产品等。

图 1.8　鳟鱼

2. 鲟鱼

鲟鱼（图 1.9），又称中华鲟、鳇鱼、苦腊子等，属硬骨鱼纲、鲟形目。鲟鱼为洄游性鱼类，栖息于江河及近海低层，秋季上溯至江河上游水流湍急、地为砾石的江段繁殖。鲟鱼属肉食性鱼类，主要以各类底栖动物、昆虫幼虫、硅藻及腐殖质为食。我国现有的鲟鱼类共有 2 科 3 属 8 种，主要分布于乌苏里江、黑龙江、松花江、金沙江、长江流域，新疆伊宁等地的水域，如新疆额尔齐斯河、博斯腾湖、乌伦古湖等。2019 年，我国鲟鱼产量约为 10.2 万 t，约占全国养殖淡水鱼总产量的 0.4%。

图 1.9　鲟鱼

鲟鱼体型呈纺锤形，头尖吻长，口前有 4 条吻须，口位在腹面，有伸缩性，并能伸成筒状。头背部骨板光滑，体被覆五行纵行排列骨板，背面一行，体侧和腹侧各两行，每行都有棘状突起。背鳍前骨板一般为 12～14 枚，幼体骨板之间的皮肤光滑，成体较粗糙。尾鳍为歪尾形，偶鳍具有宽阔基部，背鳍与臀鳍相对，腹鳍位于背鳍前方。背部为灰褐色，腹部为银白色。一般，成熟雄鱼的质量在 40kg以上，雌鱼的质量在 120kg 以上，为生长迅速的大型鱼类。食用鲟鱼规格为每尾1.5～2kg，生长周期一般为 1～2 年。鲟鱼为高蛋白、多脂肪性鱼类，除鲜食外，鱼皮可制成革，鱼卵可加工成鱼子酱，鱼胆可入药，鳔和脊索可制作成鱼胶，是一种经济价值极高的鱼类。

3. 鮰鱼

鮰鱼（图 1.10），又称江团、肥沱、长吻鮠等，属硬骨鱼纲、鲶形目、鲿科、鮠属。鮰鱼属温和肉食性鱼类，喜集群，畏光，不善跳跃，白天喜隐蔽环境，夜间四处觅食，幼鱼主食水生昆虫、浮游动物、植物性饵料等，成鱼以泥鳅、麦穗鱼、虾等为食。鲴鱼为底栖鱼类，主要分布在长江干流的部分江段和各大支流的下游水域。2019 年，我国鲴鱼产量约为 29.77 万 t，约占全国养殖淡水鱼总产量的 1.17%。

图 1.10 鲴鱼

鲴鱼体型近似纺锤形，头较尖，吻锥向前显著突出，有 4 对短须，上下颌均具有锋利的细齿。眼小，被皮膜覆盖。背、胸鳍均有一根发达的硬棘，棘的后缘有锯齿，在臀鳍上方有一个肥厚的脂鳍，尾鳍分叉。鱼体背部呈黑色，腹部为灰白色，周身光滑无鳞。鲴鱼为生长较快的中型鱼类，个体最大可达 10kg。食用鲴鱼的商品规格为每尾 1~2kg，生长周期为 1 年。鲴鱼肉质细嫩鲜美、营养丰富，在江鲜中与河豚、刀鱼齐名，除鲜食外，鱼鳔还可加工成珍贵的鱼胶。

4. 泥鳅

泥鳅（图 1.11），属硬骨鱼纲、鲤形目、花鳅亚科、泥鳅属。泥鳅是营底层生活的小型经济鱼类，喜欢栖息于静水的底层，常出现在砂质或淤泥底质的静水或缓流水体中，对环境具有较强的适应性，可在含腐殖质丰富的环境下生活，主要以浮游生物、水生昆虫、甲壳动物、水生高等植物碎屑及藻类等为食，极端条件

图 1.11 泥鳅

下也摄取水底腐殖质或泥渣。当水中缺氧时，泥鳅可进行肠呼吸，而在水体干涸后，又可钻入泥中潜伏。泥鳅广泛分布于我国南北各个水系，其中以长江流域的资源最为丰富，在河流、湖泊及稻田等天然淡水水体中也极为常见。2019 年，我国泥鳅产量约为 35.69 万 t，约占全国养殖淡水鱼总产量的 1.4%。

泥鳅形体小，细长，前段略呈圆筒形，腹部圆，后部侧扁，体表黏液丰富。头部较尖，吻部向前凸出，倾斜角度大，吻长小于眼后头长。口较小，居下位，呈马蹄形。有 5 对须，最长口须后伸到达或稍超过眼后缘。眼小，被皮膜覆盖。泥鳅体被细鳞，埋于皮下，背鳍无硬刺，不分支鳍条为 3 根，分支鳍条为 8 根，共 11 根。背鳍与腹鳍相对，但起点在腹鳍之前。胸鳍距腹鳍较远，腹鳍短小，起点位于背鳍基部中后方，腹鳍不达臀鳍，尾鳍呈圆形。泥鳅的胸鳍、腹鳍和臀鳍为灰白色，尾鳍和背鳍具有黑色小斑点，尾鳍基部上方有显著的黑色斑点。泥鳅个体可长达 300mm，食用泥鳅的商品规格为每尾 50g，生长周期为 1 年。泥鳅肉质细嫩鲜美且营养丰富，广受人们的喜爱，同时有很高的药用价值，具有滋阴清热、补脾益气等功效。

5. 黄鳝

黄鳝（图 1.12），又称鳝鱼，属硬骨鱼纲、合鳃鱼目、合鳃鱼科、黄鳝属。黄鳝主要栖息于稻田、湖泊、池塘、河流与沟渠等泥质地水域，甚至在沼泽、被水淹的田野或湿地等处都可以看到其踪迹，适应能力强。黄鳝为穴居生物，洞穴长度约为体长的 3 倍，洞内弯曲交叉。黄鳝在日间潜伏于洞穴中，夜间出穴觅食，为肉食性鱼类。能吞吸空气，借口腔及喉腔的内壁表皮辅助呼吸，可适应缺氧的水体，且离水不易死亡。黄鳝具有性逆转的特性，一次性成熟前均为雌性，产卵后，卵巢会渐变成精巢。黄鳝广泛分布于我国各地，在长江流域、辽宁和天津的产量最大。2019 年，我国黄鳝产量约为 31.38 万 t，约占全国养殖淡水鱼总产量的 1.23%。

黄鳝体圆，细长，呈蛇形；体前偏圆，后部侧扁，尾巴尖细。口大，端位，吻短而扁平，口开于吻端，斜裂，上颌稍突出，唇发达，上下颌有细齿。眼小，有皮膜覆盖。鳃裂在腹侧，左右鳃孔在腹面相连，呈倒"V"形，无鱼鳔这类辅助呼吸的构造，而是由腹部的一个鳃孔、口腔内壁表皮与肠道来掌管呼吸，能直接在空气中呼吸。鱼体裸露润滑无鳞片，富含黏液，无胸鳍和腹鳍，背鳍和臀鳍退化，仅留皮褶，无软刺，都与尾鳍相连。体背为黄褐色，腹部颜色较淡，全身具不规则黑色斑点纹，黄鳝的体色常随栖居的环境而变化。黄鳝的最大个体可长达 700mm，重 1.5kg。食用黄鳝的商品规格为每尾 100～150g，生长周期为 1 年。黄鳝肉质细嫩，味道鲜美，具有特殊的风味，深受广大群众欢迎，同时，还具有补血、补气、消炎、消毒、祛风湿等功效。

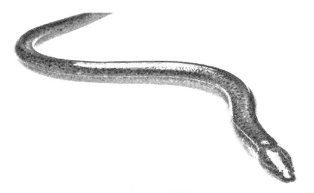

图 1.12　黄鳝

6. 乌鳢

乌鳢（图 1.13），又称黑鱼、乌鱼、乌棒、文鱼、才鱼等，属辐鳍鱼纲、鳢形目、乌鳢科、鳢属。乌鳢是底栖性鱼类，通常栖息于水草丛生、底泥细软的静水或微流水中，遍布于湖泊、江河、水库、池塘等水域内。乌鳢也是一种凶猛的肉食性鱼类，且摄食量大，往往能吞食其体长一半左右的活饵，胃的最大容量可达其体重的 60%左右，还有自相残杀的习性，能吞食体长为本身 2/3 以下的同类个体。乌鳢对水体中环境因子的变化适应性强，尤其对缺氧、水温和不良水质有较强的适应能力。当水体缺氧时，它可以不将头露出水面，借助鳃上器直接呼吸空气中的氧气。因此，即使在少水和无水的潮湿地带，乌鳢也能生存相当长时间。乌鳢在我国分布很广，除西部高原地区外，几乎生长于各大水系。2019 年，我国乌鳢产量约为 46.2 万 t，约占全国养殖淡水鱼总产量的 1.8%。

图 1.13　乌鳢

乌鳢体型呈长棒状，身体前部呈圆筒形，后部侧扁。头长，前部略平扁，后部稍隆起。吻短圆钝，口大，端位，口裂稍斜，并伸向眼后下缘，下颌稍突出。牙细小，呈带状排列于上下颌，下颌两侧的牙较坚利。眼小，上侧位，居于头的前半部，距吻端颇近。鼻孔两对，前鼻孔位于吻端，呈管状；后鼻孔位于眼前上方，为一个小圆孔。鳃裂大，左右鳃膜愈合，不与颊部相连。鳃耙粗短，排列稀疏，鳃腔上方左右各具一有个起辅助功能的鳃上器。乌鳢鱼全身披有中等大小的鳞片，为圆鳞，头顶部覆盖有不规则鳞片。背鳍、臀鳍基部很长。胸鳍、尾鳍为圆形，腹鳍较小。体色：背部呈灰绿色，腹部为灰白色，体侧有呈八字形排列的明显黑色条纹，头部有三对向后伸出的条纹。乌鳢最大个体可达 100kg，食用乌鳢的商品规格为每尾 1～1.5kg，生长周期为 1～2 年。乌鳢的含肉率高，又无肌间细刺，是老少皆宜的品种之一，同时还有去瘀活血、滋补壮阳、收肌生津、祛寒调养等药理作用，可作为日常滋补调养及手术或创伤后的食疗材料，深受消费者喜爱。

7. 鳜鱼

鳜鱼（图 1.14），又称桂花鱼、花鲫鱼等，属硬骨鱼纲、鲈形目、鮨科、鳜属。鳜鱼是典型的凶猛肉食性鱼类，对饵料有较强的分辨能力，主要以活鱼虾为食，即使是刚开口的鱼苗，也要摄食其他鱼类的幼苗。幼鱼长大后，除食用活鱼外，还兼食虾类及蝌蚪等。鳜鱼喜欢在水流湍急、水质澄清的砂石底水体中生息，广泛分布于我国嘉陵江流域和东部平原的江河湖泊。2019 年，我国鳜鱼产量约为 33.71 万 t，约占全国养殖淡水鱼总产量的 1.32%。

图 1.14 鳜鱼

鳜鱼体较高而侧扁，背部隆起。口大，吻尖，口裂略倾斜，下颌明显长于上颌，上颌后伸至眼后缘。上下颌、犁骨、口盖骨上均有大小不等的齿，前鳃盖骨后缘呈锯齿状，下缘有 4 个大棘，后鳃盖骨后缘有 2 个大棘。鳞片细小且头部具鳞，侧线沿背弧向上弯曲。背鳍分前后两部分，彼此连接，前部为硬刺，后部为软鳍条。腹鳍胸位，胸鳍和尾鳍呈圆形。鳜鱼体为棕黄色，腹部灰白，自吻端通过眼部至背鳍前部有一道黑色条纹，体侧有许多不规则的斑块和斑点。鳜鱼个体大者可达 1.5～2kg，食用鳜鱼的商品规格为每尾 500g，生长周期为 2～3 年。鳜鱼的肉质洁白、细嫩，无细刺，味道清甜鲜美，深受消费者喜爱。除鲜食外，还可经发酵工艺制成传统的徽菜代表——臭鳜鱼。

8. 黄颡鱼

黄颡鱼（图 1.15），又称黄骨鱼、黄辣丁、昂刺鱼、昂公鱼等，属辐鳍鱼纲、鲇形目、鲿科、黄颡鱼属。黄颡鱼是以肉食性为主的杂食性鱼类，对环境的适应能力较强，在白天栖息于水体底层，夜间则游到水体上层觅食，食物包括小鱼、虾、各种陆生和水生昆虫（特别是摇蚊幼虫）、小型软体动物和其他水生无脊椎动物，有时也捕食小型鱼类。黄颡鱼的食性随环境和季节变化而有所差异，在春夏季节常以其他鱼的鱼卵为食。黄颡鱼广泛分布于我国长江、黄河、珠江及黑龙江等流域。2019 年，我国黄颡鱼产量约为 53.7 万 t，约占全国养殖淡水鱼总产量的 2.1%。

图 1.15　黄颡鱼

黄颡鱼腹面平直，体后半部稍侧扁，尾柄较细长。头大且扁平，吻短，圆钝，上、下颌略等长，口大，下位，上颌稍长于下颌，上下颌均有绒毛状细齿。眼小，侧位，眼间隔稍隆起。有 4 对须，鼻须末端可伸至眼后缘，上颌须最长，伸达胸鳍基部之后。鱼体裸露无鳞，侧线完全。背鳍 6～7 条，臀鳍 19～23 条，背鳍的部分支鳍为硬刺，后缘有锯齿。胸鳍的硬刺较发达，且前后缘均有锯齿，前缘具 30～45 枚细锯齿，后缘具 7～17 枚粗锯齿。胸鳍较短，略呈扇形，末端近腹鳍。脂鳍比臀鳍短，末端游离，起点约与臀鳍相对，尾鳍分叉。黄颡鱼体背部为黑褐色，体侧为黄色，并有 3 块断续的黑色条纹，腹部呈淡黄色，各鳍为灰黑色。黄颡鱼个体大者可达 1kg 以上，食用黄颡鱼的商品规格为每尾 100～200g，生长周期为 2～3 年。黄颡鱼肉质鲜美、营养丰富，深受消费者的喜爱，目前主要以鲜食为主，加工产品较少。

9. 罗非鱼

罗非鱼（图 1.16），又称非洲鲫鱼、福寿鱼、南洋鲫等，属辐鳍鱼纲、鲈形目、慈鲷科、罗非鱼属。罗非鱼原产于非洲的坦噶尼喀湖，为广盐性鱼类，在海水、淡水中均可生存，一般栖息在水的底层，通常随水温变化或鱼体大小来改变栖息水层。罗非鱼是以植物为主的杂食性鱼类，主要以有机碎屑及其他植物性饲料（如水草类、商品饲料等）为食，其次是浮游植物、浮游动物和少量底栖动物。罗非鱼对低氧环境具有较强的耐受能力，同时也有很强的繁殖力，由于其肌间刺少，肉质细嫩，且食性广、繁殖快，成为 FAO 向全世界推荐的首个养殖鱼种。我国于

20 世纪 50 年代末引入罗非鱼养殖，2019 年，我国的罗非鱼产量约为 164.17 万 t，约占全国养殖淡水鱼总产量的 6.44%。

图 1.16　罗非鱼

罗非鱼体形侧扁，头部平直或稍隆起，背较高，尾柄高大于尾柄长。口大唇厚，无须，口裂在鼻孔与眼缘之间或延至眼缘。下颌稍长于上颌，左右鼻孔各 3 个，无前后鼻孔之分。体被有圆鳞，侧线断续分为上下两段。腹鳍末端可达臀鳍起点，尾鳍末端不达臀鳍的起点，为钝圆形，不分叉。罗非鱼在非繁殖期的体色为黄棕色，在繁殖期，雄鱼的尾鳍、臀鳍及背鳍边缘呈红色，头部和体侧为淡红色。罗非鱼的体色能随环境的改变而迅速变化，在白色或浅色的环境中，体色为灰白色；在黑色或深色环境中，体色会变深。食用罗非鱼的商品规格为每尾 0.5～1kg，生长周期为 1 年。罗非鱼肌间刺少、肉质细嫩、味道鲜美，含有多种不饱和脂肪酸及丰富的蛋白质，老少皆宜，无论是红烧还是清蒸，味道俱佳。此外，罗非鱼可做成全鱼、鱼片、鱼丸，可蒸、煮、炸、烤、也可做汤或采用微波烹饪。

1.3　淡水鱼加工产业现状

淡水鱼味道鲜美，营养成分丰富全面，易于消化吸收利用，具有健脑强身、保健美容等功效。我国是人口大国，食物供给安全性尤为重要。随着生活水平的提高，人们的饮食观念逐渐从吃饱、吃好转变为合理膳食、均衡营养。作为优良的蛋白质营养来源，淡水鱼对于改善我国人口的饮食结构，提高膳食营养水平具有重要的意义。为了扩大淡水鱼的消费规模，优化淡水鱼的资源利用率，积极开展淡水鱼的精深加工至关重要。

1.3.1　现状

淡水鱼加工主要包括淡水鱼的保鲜、淡水鱼食品加工和副产物的增值利用

（非食品）三个部分，经加工的淡水鱼产品通常具有以下四个特点：①更高的食用价值（良好的色、香、味和口感）及营养价值；②良好的保存性能；③便于储藏、运输、销售和食用；④适合不同消费对象的口味和消费习惯。开展精深加工是提高淡水鱼综合利用效率和附加值，以及促进淡水渔业持续健康发展的重要途径。

我国传统淡水鱼产品加工方式多样，历史悠久，主要包括干制、腌制、熏制、糟制及自然发酵等。但我国现代淡水鱼加工业起步较晚，且受制于当时的保鲜及加工技术，在 20 世纪 90 年代以前发展缓慢，以鲜销为主。1990 年以后，我国淡水鱼总产量增速明显，为了解决产量增加带来的加工转化问题，从水产加工业较为发达的国家和地区引进了大量的加工技术和生产设备，使淡水鱼加工行业进入了一个稳步发展的阶段。2000 年以后，在国家政策扶持、加工技术进步及加工装备升级的共同作用下，淡水鱼加工业进入了一个快速发展的时期。

目前，我国水产品加工行业已经发展成为以冷藏、冷冻水产品为主，以鱼糜制品、调味休闲制品、干制品、烟熏制品、罐头制品、调味品、功能保健品、鱼粉与饲料加工等多个门类为辅的较为完善的加工体系。同时，我国的水产品加工能力与水平不断提高，行业整体实力逐渐增强，加工企业数量、产量及产值不断增加。据统计，截止到 2019 年年底，我国各类水产加工企业共有 9323 个，水产冷库 8056 座，水产品加工总量达到 2171.4 万 t，其中淡水加工产品仅有 395.3 万 t，占水产加工品总量的 18.2%。从加工量和加工比例上来看，淡水产品的加工远低于海水加工产品。近年来，海水产品加工比例趋于稳定，而淡水产品的加工比例呈逐年上升趋势，淡水鱼加工将是未来我国水产加工业的主要增长点之一。

随着我国国民经济的发展和科学技术的进步，水产品加工行业正在从追逐产量逐渐向以品质为先改变，水产加工制品的技术含量和经济附加值也有了较大程度的提高。在淡水鱼加工方面，保鲜和加工技术不断地优化升级，用于加工的淡水鱼原料范围也在不断扩展，例如，鲮鱼、罗非鱼、斑点叉尾鮰等的加工产品已经形成了可观的产业规模；鱼糜类制品，如鱼卷、鱼糕、鱼丸等的产量也在不断增长。此外，随着人们生活水平的提高和生活节奏的加快，对水产加工制品的方便性、营养性和美味性的需求也会不断地增强，冷冻调理制品、风味休闲制品、即食熟食制品等受到越来越多的消费者的喜爱。总之，我国淡水鱼加工产业的快速增长，为我国淡水渔业的健康可持续发展及国民膳食结构的优化都起到了至关重要的作用。

1.3.2　问题

目前，我国淡水产品仍以鲜销为主，加工利用还基本停留在初加工阶段，如冷冻、干制、腌制等，且加工比例较低，仅为淡水产品总产量的 12.36%（2019年）。此外，淡水鱼上市时间相对集中，往往导致阶段性的供求关系失衡，使产品价格偏低，渔民增收困难。虽然经过多年的快速发展，我国淡水鱼加工产业已取得了巨大的进步，加工品产量已跃居世界前列，但由于起步较晚，专业技术人员数量相对缺乏，区域发展较不均衡，行业整体的发展情况与世界先进水平相比仍存在较大差距，主要表现在以下几个方面。

1. 加工比例低

FAO 统计，自 20 世纪 70 年代以来，世界水产品总产量的 75%是经加工后进入市场的，鲜销比例仅占总产量的 25%。近 20 年来，我国淡水鱼养殖业迅猛发展，产量急剧上升，但由于加工比例不高，鲜销产品又供大于求，一些地区甚至出现"压塘"现象，严重制约了淡水渔业的健康可持续发展。2019 年，我国水产加工品总产量为 2171.41 万 t，折合成原料为 2649.96 万 t，仅占当年水产品总产量的 40.89%。其中，淡水加工品总产量为 395.32 万 t，折合成原料为 558.17 万 t，仅占当年淡水渔业总产量的 17.45%。这表明我国水产品整体加工比例远低于世界平均水平，而淡水产品加工比例低的问题更为严峻。此外，由于我国区域发展不均衡，各个地区之间存在较大差异，山东、辽宁、江苏等省份的加工比例较高，而广西、福建、广东等省份的加工比例处于较低水平。近年来，我国淡水产品的加工比例有所增加，但整体上仍处在一个较低的水平，仍不能很好地满足我国淡水渔业的发展需求。

2. 加工技术深度不够，高附加值产品少

我国的水产品加工以初加工的速冻品、干制品和腌制品等为主，其中速冻品占水产品加工总产量的 70%以上。淡水鱼加工行业的技术含量和产品档次普遍较低，开发出的高附加值产品，如鱼油、蛋白粉、胶原蛋白等的产量还较低，导致淡水鱼加工产品的增值率较低。据统计，2019 年，全国水产品加工总产值为 4464.61亿元，同比增加 127.82 亿元。在国际市场上，我国的水产品几乎只能作为原料和半成品出口，售价低、缺乏市场竞争力，大宗水产品生产规模与精深加工、综合利用程度的不均衡，与我国渔业大国的地位很不相称，还存在着大而不强的问题。要想进一步发挥水产加工对渔业的拉动作用，必须提高水产品的精深加工率，进一步提高水产品的附加值。

3. 传统产品加工技术落后

我国有着悠久的食用淡水鱼的历史，已发展出了许多传统淡水鱼加工食品。而到目前为止，一些符合我国消费者饮食习惯和深受欢迎的传统特色水产品加工企业以作坊式的手工加工为主，规模小、机械化程度低、卫生状况差、不规范、

生产技术和装备水平低，加工质量安全隐患依然存在，缺乏完善的质量控制体系和产品标准体系，还未形成具有带动效应的现代化龙头加工企业和知名品牌。传统淡水鱼加工产品具有广阔的市场前景，但要推动其快速发展，在大力挖掘和整理传统加工工艺的同时，还需要对传统加工工艺进行现代化的更新和升级。

4. 副产物利用率低

在淡水鱼加工过程中会产生许多废弃物，如鱼头、鱼皮、鱼鳞、鱼内脏和鱼骨等加工下脚料，大多直接废弃或加工成鱼粉等低值产品，对这些废弃物的综合利用程度不高，很多有价值的成分尚未被充分利用。为了减少资源的浪费和对环境的污染，迫切需要研究开发相关的环境友好型、资源节约型、切实有效的高值化利用技术。

5. 加工装备自动化程度低

目前，我国在水产品加工技术装备的研发能力和自主创新能力较低，大部分加工设备主要依赖于进口。一直以来，世界渔业水产强国都非常重视对水产品加工装备领域的投入和研发，如瑞典的 Alfa-Laval、丹麦的 Atlas、德国的 Hartman、挪威的 Myren、日本的 Bibun Yanagiya 和小野等企业生产的水产加工设备，无论在设备种类还是自动化程度上都处于国际领先地位，并在世界主要水产国家中得到了广泛应用。随着科学技术的进步和劳动力成本的不断提高，水产加工装备的现代化对我国淡水渔业的发展起到了至关重要的作用。目前，我国水产品加工装备的机械化和自动化程度较低，不能满足水产品加工业的需要，与发达国家相比，我国的水产品加工总体上还属于劳动密集型企业，机械化水平落后。除了部分大中型加工企业外，大部分中小企业使用的加工设备简单，手工操作在工艺流程中所占的比例较大。同时，加工设备老化现象较为严重，耗能较大，进口设备的维护和使用成本较高，并受到国外技术保护的限制，这些问题都影响了我国淡水鱼加工业的发展。

6. 加工技术储备不足，研发创新能力不强

淡水鱼种类多、鱼体较小且差异大、肌间刺细密、土腥味重、规模化和机械化加工难度大。一些制约淡水鱼加工业发展的关键技术问题，如淡水鱼脱腥技术、鱼糜凝胶增强技术、淡水鱼保鲜技术、质量控制及生物活性物质的分离制备等尚未得到有效解决，致使淡水鱼加工产业化程度较低。

由于饮食习惯的差异，欧美发达国家主要以海水鱼的消费为主，对淡水鱼的相关研究报道较少。在我国，淡水鱼加工研究基础薄弱，更缺乏该领域的理论与应用基础研究，鲜见引领产业发展的原创性成果，加之技术集成创新和引进消化吸收再创新不够，致使创新能力不足，研发成果不能很好地满足产业化生产需求。

同时，淡水鱼加工从业人员的整体专业素质欠缺，理论和技术水平不高，对于生产过程中出现的新情况、新问题普遍不能及时有效地应对，严重影响了淡水鱼加工业的整体水平和可持续发展。

1.4 淡水鱼加工产业发展趋势

1.4.1 机遇

随着我国经济快速增长及市场消费需求的转型升级，加上国际市场的开拓及相关政策的扶持，淡水鱼加工产业迎来了前所未有的发展机遇。

目前，我国是世界上水产品消费市场容量最大的国家。我国人口较多，淡水鱼消费市场规模巨大，同时有着悠久的淡水鱼消费传统和淡水鱼饮食文化。随着经济的发展和生活水平的提高，人们更加注重饮食的营养与健康，对方便、营养、健康和美味的淡水鱼加工产品的消费需求会快速增加。而随着生活节奏的加快，消费者对生鲜调理淡水鱼制品、方便熟食淡水鱼制品的消费需求也会更加旺盛。总之，淡水鱼作为品质优良、营养丰富的食材，在居民家庭消费和餐饮消费中的比例将不断增加。同时，我国还有广大的农村消费人群和市场，对淡水鱼的需求潜力是巨大的。此外，国务院在 2014 年发布的《中国食物与营养发展纲要（2014—2020 年）》中明确指出，到 2020 年，全国人均全年水产品消费量要达到18kg。2022 年即将发布新一版发展纲要（2021—2035 年），作为优质蛋白质来源，水产品的消费量目标势必得到进一步提升。为满足目标要求，在继续稳步提高产量的同时，也要改善传统加工制品的品质与安全性，大力开发加工新产品及提升产品的科技含量。

主要依赖捕捞的海洋渔业的资源结构相当脆弱，产量极易受到海洋环境因素及捕捞活动等的影响，一旦环境因素发生变化，或者因过量捕捞导致没有足够的繁殖亲体时，就可能使产量大幅度下降。近年来，由于海洋污染的加剧，海洋渔业资源已开始呈现逐年衰减的趋势。而淡水鱼的产出主要依靠养殖，可控性较强，受环境和其他因素的影响相对较小。我国作为淡水鱼养殖大国，养殖规模巨大，保障了世界水产品产量的稳定。随着世界人口的增加，对鱼类资源的需求量将逐年增加，这为我国开拓淡水鱼产业海外市场提供了很好的机遇，并有利于推动淡水鱼加工出口产业带的形成。可以预计，淡水鱼糜制品、冷冻或熟食淡水鱼制品在东亚、北美洲、南美洲、欧洲等国家和地区有广阔的市场前景。

随着淡水渔业的产业规模不断壮大，政府层面也越来越重视淡水鱼加工业的发展。2017 年 10 月 18 日，党的十九大报告中提出了乡村振兴战略，再次重申"三农"（农业、农村、农民）是重中之重，国家惠农支农政策力度将维持只增不减。

2018 年，中央一号文件《中共中央国务院关于实施乡村振兴战略的意见》中指出，实施"乡村振兴"战略是决胜全面建成小康社会、全面建设社会主义现代化国家的重大历史任务，是新时代"三农"工作的总抓手。水产加工业是渔业作为外向型的主要依托，"一带一路"倡议也包含了许多水产品加工、消费和贸易大国。同时，供给侧结构性改革将进一步深入农业、渔业生产领域，推进农业一二三产业深度融合的政策将继续发力，作为这些工作的主要抓手与重要内容，水产加工业无疑将迎来更好的产业发展政策机遇。因此，大力发展淡水鱼精深加工，提高淡水鱼的消费比例和增值利用水平，对于促进我国淡水渔业的持续健康发展，优化我国城乡居民膳食营养结构，提高国民营养健康水平，甚至推动"一带一路"沿线国家间的深度合作均具有重要的时代意义。

1.4.2　发展方向

经过多年的发展，我国水产品加工业的发展到了亟须自主创新的时代。我国已步入小康社会，人民生活水平显著改善，膳食结构明显优化，水产品市场由卖方转向买方，由对数量的满足转向对质量的追求。目前，我国淡水鱼加工业要以促进渔业经济发展、带动农民增收、保障营养健康与质量安全为目标，以市场需求为导向，以产业化经营为依托，以精深加工为发展方向，优先发展产业关联度广、附加值高、技术含量高、规模效益显著、区域优势明显的大型淡水鱼加工企业，切实提高淡水鱼加工产品的市场占有率和竞争力，促进我国淡水鱼加工业和淡水渔业经济结构的战略性调整，推动整个淡水鱼加工产业的快速健康发展。根据我国淡水鱼加工的现有研究基础、产业状况和实际情况，未来的发展方向主要包括以下几个方面。

1. 生产规模化、机械化方向发展

生产规模化、机械化是加快淡水鱼加工产业发展并扩大产业规模的重要途径。应加快技术进步和提高自主创新能力，开发、引进、推广新技术、新工艺和新装备，改造传统技术，促进淡水鱼由初级加工向高质量、高附加值的精深加工转变，由传统加工向采用先进实用技术和现代高新技术加工转变，由资源消耗型向高效利用型转变，由简单劳动密集型向劳动密集与技术密集型转变，通过生产机械化、规模化实现淡水鱼加工产业化，促进淡水鱼加工产业的发展。

2. 产品类型朝着多样化、个性化和方便化方向发展

为了扩大淡水鱼加工产品的消费市场规模，适应不同层次的消费需求，应积极调整产业和产品结构，不断开发新的产品。淡水鱼加工行业应大力发展适合我国消费习惯和符合我国人群口味的腌糟制、发酵、熏制制品等传统特色食品；发

展适合超市、餐饮、家庭消费需求的具有较长保质期的淡水鱼方便熟食食品；开发食用方便、口感好、适合旅游的风味休闲系列产品；开发生产满足国内消费需求的保鲜调理类淡水鱼方便食品。通过对淡水鱼产品的多元化开发，使产品朝着多样化、个性化和方便化方向发展，以适应现代社会发展的需要并满足消费者日益多元的消费需求。

3. 加工生产装备的国产化、自动化和节能化程度不断提高

目前，我国水产加工行业运行的设备装备表现出现代化程度低、能量消耗大、对进口设备依赖性强等问题。这些问题的存在显然不利于相关加工企业提高国际竞争力，也不利于我国水产加工产业整体水平的提高和可持续发展，不利于资源节约型社会的建设。因此，今后应着力提高水产加工生产装备的国产化、自动化和节能化程度。

4. 提高深加工比例，强化废弃物增值利用

随着世界人口的持续增长和耕地面积逐渐减少，水产资源已经成为世界优质食品和生物制品的重要来源。世界各国正竞相致力于从水产资源中获得更多安全优质的食品、生物制品的技术研究与产品开发、对水产加工废弃物的再利用。目前，日本的全鱼利用率已达到 97%～98%。随着水产品加工技术和装备水平的不断提高，淡水鱼的资源利用率和高值化程度将不断提高。同时，随着人们生活水平的提高，对健康日益重视，对于从鱼类原料中提取出的具有调节人体功能、对人体有保健作用的功能成分的需求也在不断扩大。因此，坚持淡水鱼多层次加工、增值利用，确保加工副产物的合理高效利用，可实现资源循环利用，延长产业链，加快淡水鱼转化增值，加快经济社会的全面协调和可持续发展。

5. 淡水鱼产品的质量与安全控制技术不断提升

伴随着经济的发展，环境污染问题日益突出，淡水鱼产品生长的水域环境常常受到工业废水、生活污水等的影响，而通过食物链的富集，这些污染对水产品的食用安全造成了很大的威胁。近年来，水产品安全事件偶有发生，同时，各国出于本国利益考虑，对进口水产品设置了各种技术壁垒，使得水产品的质量与安全日益成为人们关注的热点。根据目前我国水产品质量与安全状况及存在的问题，应切实加强水产品质量与安全管理，以确保水产品的消费安全和国际竞争力。要建立符合国际要求的水产品标准体系，实现从水产品原料、加工、包装到销售全过程的安全与质量控制。针对淡水鱼中的生物危害和农残、药残等化学危害的预防、控制和消除等，建立有效的控制产品品质、安全及生产成本的产业化质量控制技术体系，成为今后淡水加工产业的一项重要任务。

6. 高新技术的广泛应用

经过 40 多年的高速发展，我国食品工业整体上已经具备了较强的物质基础和技术储备。大量的高新技术，如生物技术（包括基因工程、发酵工程、酶工程）、微波技术、超临界萃取技术、超微粉碎技术、膜分离技术、冷杀菌技术、超高压技术、欧姆杀菌技术、高压脉冲技术、无损检测技术等已逐渐应用或即将应用于水产品加工中。应用这些新技术，将会在提高产品质量、提高安全品质、新产品开发、降低加工成本、提高产品附加值、提高劳动生产率等多方面助力于淡水鱼加工业的改造与提升，促进产业的健康可持续发展。

第 2 章　淡水鱼的营养与加工特性

淡水鱼中含有丰富的蛋白质、多不饱和脂肪酸、维生素、矿物质等营养成分。在常见的淡水鱼种可食部分中，蛋白质含量为 13%～20%，脂肪含量为 1%～6%，灰分含量为 0.8%～1.2%，碳水化合物含量在 1%以下。与陆生动物相比，淡水鱼中的蛋白质含量相对较高，脂肪含量较低，是一类高蛋白质、低脂肪的优质食品原料。但由于淡水鱼中的水分含量较高，离水后容易死亡，极易发生腐败变质，需要进行各种处理才能储藏、运输和加工，很多时候还要适应不同地域居民的饮食习惯和嗜好，采用不同的加工方法，制成具有各种风味特征的产品。因此，充分研究和掌握不同淡水鱼种的各种特征，特别是营养特性和加工特性，是对淡水鱼进行合理、高效加工利用的基础和关键。

2.1　肌肉组成和营养特性

2.1.1　肌肉结构

淡水鱼的肌肉基本上都是可食部分，肌肉组织实际上是高度组织化的器官，各肌肉组织表现出的硬度、口感及质地等有很大的差异。肌肉结构对淡水鱼的储藏特性和加工性能等均有很大的影响。因此，亟须从科学角度了解鱼体和肌肉组织结构，并从分子水平解析肌肉组织的微细结构。

1. 鱼体结构

淡水鱼鱼体一般呈纺锤形，两侧稍扁平，由头部、躯干部（鳃盖骨后缘至肛门部分）、尾部（肛门至尾鳍开始部分）和鳍四部分组成。若精细分割，则可将鱼体分成鱼鳞、鱼皮、鱼肉、骨骼、鱼鳍和内脏等部分（图 2.1）。肌肉主要分布于躯干部和尾部，鱼类的肌肉质量占鱼体总质量的比例随鱼的种类、大小、季节和性别等的不同而有所差异，大部分成鱼的肌肉占全鱼质量的 50%左右，一般为 40%～60%。鱼头、鱼骨、鱼皮和鱼鳞通常占鱼体总质量的 30%～40%，内脏和鱼鳃占鱼体总质量的 18%～20%，这些部分一般不被食用，但可以加工利用。

1）鱼皮

鱼皮由数层上皮细胞构成，最外层覆有薄的胶原层。鱼鳞从表皮下面的真皮层长出，主要由胶原蛋白和磷酸钙构成，起着保护鱼体的作用。鱼鳞形成的成长线与树木年轮相当，通过读取成长线个数可得鱼的大概年龄。

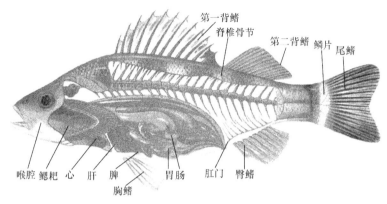

第一背鳍　脊椎骨节　第二背鳍　鳞片　尾鳍

喉腔　鳃耙　心　肝　脾　胃肠　肛门　臀鳍
胸鳍

图 2.1　硬骨鱼鱼体结构（彭增起等，2010）

2）骨骼

常见的淡水鱼均为硬骨鱼类，硬骨的骨化作用充分，构成了鱼体的支架，具有支撑和保护体内器官的作用。淡水鱼骨骼主要由胶原蛋白、骨黏蛋白、骨硬蛋白等组成，无机钙质成分几乎全为磷酸钙，这与哺乳类中几乎全是碳酸钙的情况不同。此外，鱼类通常没有明显的骨髓腔和骨髓组织。

3）鱼鳍

按照所处部位，鱼鳍可分为背鳍、腹鳍、胸鳍、尾鳍和臀鳍。有些鱼类缺少其中一种或几种，也有些鱼种的相邻位置的鳍与鳍之间互相连接，没有明确的界线。鳍是鱼类运动时保持身体平衡的器官，当鱼在水底游动时，鱼鳍摆动激起泥沙，既有利于觅食，又可免受其他鱼的攻击。此外，一些鱼种还带有吸盘状的鱼鳍，可便于吸附在其他物体上。

4）内脏

鱼内脏的构成大致与陆生哺乳动物相似，通常包含胃、肝、胆、肾、胰等。大部分的硬骨鱼的胃后端还具有许多盲囊状突出物，称为幽门垂，主要作用为分泌消化酶和吸收营养物质。肾脏一般在沿脊椎骨的位置，呈暗红色。有些鱼（鲫鱼、鲤鱼等）的肝和胆是合为一体的。除了某些硬骨鱼类及板鳃鱼类外，几乎所有的鱼类均具有由银白色薄膜构成的鱼鳔，通过调节其中的气体量，可在水体的不同深度自由地进行上浮下沉运动。鱼鳔中含有大量的胶原蛋白，一些大型鱼类的鱼鳔可作为生产鱼肚或鱼胶的原料。

2. 组织结构

1）肌肉组织结构

从组织解剖学角度，脊椎动物的肌肉分为横纹肌（striated muscle）和平滑肌

（smooth muscle）。其中，横纹肌又分为骨骼肌（skeletal muscle）和心肌（cardiac muscle）。鱼类肌肉属于横纹肌中的骨骼肌，对称地分布在脊椎骨的两侧，又称为体侧肌。体侧肌又可分为背侧肌和腹侧肌，横断面呈同心圆排列（图 2.2）。根据肌肉色泽，鱼类的骨骼肌又可进一步分为普通肌（ordinary muscle，即普通肉）和暗色肌（dark muscle，即暗色肉）。

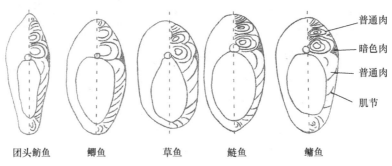

普通肉
暗色肉
普通肉
肌节

团头鲂鱼　　　鲫鱼　　　草鱼　　　鲢鱼　　　鳙鱼

图 2.2　淡水鱼的肌肉组织结构（夏文水等，2014）

鱼肉中的普通肉和暗色肉在生理学上分别相当于哺乳动物的快肌纤维和慢肌纤维。与哺乳动物相比，鱼类的骨骼肌有几个不同点。首先，在哺乳类的骨骼肌中，无论是快肌还是慢肌，都由快肌纤维和慢肌纤维以不同比例混合组成。而鱼类的普通肉中只有快肌纤维，暗色肉中几乎只有慢肌纤维，两种肌纤维的分布界线非常明显。其次，哺乳动物肌肉的成长仅仅基于肌细胞体积的增大，而在卵孵化后，鱼类的肌细胞体积增大，同时肌细胞数量也在增长。许多鱼类具有终生保持肌肉生长的能力，而且骨骼肌终生保留肌节结构。

骨骼肌是由许多肌纤维和一部分结缔组织、脂肪组织、血管和神经等按一定的顺序排列构成的。每 50～150 根肌纤维集束，由一个结缔组织膈膜包被起来，成为大小不等的肌纤维束；在肌纤维束的外围，另有一层肌纤维束膜，数十根肌纤维束再聚集成一个较大的束，由一个较厚的结缔组织包被起来，即构成肌肉。包裹着肌肉的外膜称为外肌束膜或肌外膜，因而肌纤维是构成骨骼肌的基本单位。

2）骨骼肌的类型

根据鱼体骨骼肌所含肌红蛋白和色素的含量，可将其分为普通肉和暗色肉两大类。无论在肌纤维的组成，还是在结构和功能上，普通肉和暗色肉都存在着一定的差异，但二者在氨基酸的组成上差异不大。暗色肉是鱼类特有的肌肉组织，存在于体侧线的表面及背侧部和腹侧部之间。暗色肉因含有丰富的肌红蛋白（81%～99%）和少量血红蛋白而呈暗红色，又称为红色肉或血合肉。暗色肉除含有较多的色素蛋白质外，还含有较多的脂质、糖原、维生素和活力很强的酶等，pH 为 5.8～6.0，比普通肉低，肌纤维也较细，而普通肉则含有较多的盐溶性蛋白和水分。相关研究表明，暗色肉虽然运动缓慢，但有卓越的持续运动能力，而鱼类平常游泳时全靠暗色肉，这与其肌肉所含的成分和结构等特点有关。当鱼类追逐生物饵料或逃避强敌需要有极快的游动速度时，则主要依靠普通肉。在保鲜过程中，暗色肉比普通的白色肉更易发生变质，在食用价值和加工储藏性能方面，暗色肉均低于普通肉。

3. 微细结构

淡水鱼肉的肌纤维长度为几毫米到十几毫米，直径为 $50\sim60\mu m$，比陆生动物短且粗。每一根肌纤维的最外层是一层肌纤维膜，肌纤维是一个多核细胞，内部由许多平行排列的肌原纤维组成，在肌原纤维之间充满肌浆，肌原纤维直径为 $0.5\sim3\mu m$，长度为 $0.01\sim0.1mm$。用光学显微镜观察肌原纤维的切片时，在横切面上可看到肌原纤维由粗丝和细丝有规律地交替排列而成。粗丝主要由肌球蛋白束等组成，而细丝则由肌动蛋白二重螺旋链和附着于其上的原肌球蛋白及三种肌钙蛋白（肌钙蛋白 C、肌钙蛋白 I 和肌钙蛋白 T）等组成。其中，粗丝和细丝交错重叠的部分为暗带（A 带），暗带的中央仅有粗丝部分且稍明亮的一段为 H 带，H 带的中央有 1 条 M 线，M 线部分是能量代谢中的重要酶（如肌酸激酶等）所在的位置。只有细丝组成的部分较明亮，称为明带（I 带），I 带的中央有 1 条 Z 线，两侧的细丝都附着于 Z 线上。两条 Z 线之间的部分为 1 个肌节，即由 1/2 I 带+A 带+1/2 I 带构成（图 2.3）。鱼类肌肉的收缩运动是通过细丝向粗丝间滑入而引起的。

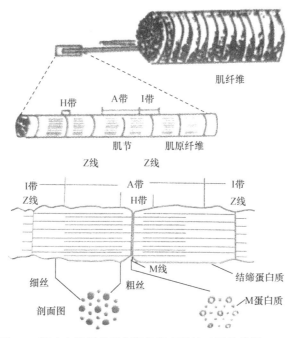

图 2.3　淡水鱼肌纤维组织及其微观结构（夏松养等，2008）

2.1.2　化学组成

淡水鱼类肌肉的化学组成是加工储藏过程中必须考虑的重要工艺性质之一，它不仅关系到原料的营养价值，还关系到加工储藏的工艺条件的确定及成品产量和质量。由表 2.1 可知，几种常见淡水鱼肌肉的水分含量平均值为 74.7%～80.5%，蛋白质含量为 18.1%～20.5%，脂肪含量为 0.8%～4.2%，灰分含量为 1.1%～1.5%。受种类、季节、洄游、产卵和鱼龄等因素的影响，各种化学组成含量变动范围较大。即使为同一种类，鱼的各种化学组成含量也会受到个体部位、性别、成长度、季节、生息水域和饵料等多种因素的影响。陆生动物肌肉的化学组成一般也会存在这种差异，但淡水鱼的波动幅度更大。总的看来，淡水鱼作为一种高蛋白质、低脂肪和低热量优质食材，对调节和改善人群食物结构，以及供应人体健康所必需的营养素起着重要的作用。

表 2.1　淡水鱼类肌肉的一般化学组成（盛晓风等，2016）

种类	水分/%	蛋白质/%	脂肪/%	灰分/%
鲫鱼	76.6±1.2	19.8±0.5	4.2±0.2	1.2±0.1
草鱼	77.8±0.5	20.5±0.7	1.2±0.1	1.4±0.1
鲤鱼	79.5±0.4	18.9±0.5	2.0±0.2	1.1±0.1
罗非鱼	75.4±1.1	19.6±0.4	2.6±0.1	1.2±0.0
乌鳢	74.7±1.2	20.1±0.4	4.0±0.2	1.5±0.1
鳜鱼	78.1±0.4	18.1±0.4	0.8±0.1	1.1±0.0
鳊鱼	80.5±0.9	18.2±0.3	2.6±0.1	1.1±0.0

1. 水分

水是淡水鱼原料中最重要的成分之一，淡水鱼的种类不同，水分含量也有差别。多数淡水鱼的水分含量为 70%～85%，高于畜禽肉。鱼肉是一个复杂的胶体分散体系，水即为溶媒，其他成分作为溶质以不同形式分散在溶媒中。鱼肉中的水分含量及存在状态会直接影响鱼的加工特性及储藏性，其存在形式大致可以分为自由水和结合水两种。

1）自由水

自由水占总水分含量的 75%～85%，具有水的一般特性。自由水作为溶剂，可运输营养和代谢产物，并以游离状态存在于肌原纤维和结缔组织的网络结构中，参与维持电解质平衡并调节渗透压。自由水在干燥时易蒸发，在冷冻时易冻结而形成冰晶，导致肌肉细胞破损，造成汁液流失和组织变软。微生物可以利用自由水生长繁殖，各种化学反应也可以在其中进行，因此自由水的含量直接关系着淡水鱼的储藏期和腐败进程。

2）结合水

结合水占总水分含量的 15%～25%，可与蛋白质及碳水化合物中的羧基、羟基、氨基等形成氢键，难以蒸发或冻结，一般在-40℃以上时不能结冰。结合水不能作为溶剂，也不能被微生物所利用。

2. 蛋白质

蛋白质是组成鱼类肌肉的主要成分，淡水鱼肌肉中的蛋白质含量一般为15%～22%，与脂质相比，种间变化较小。按蛋白质的溶解性，通常可将鱼肉中的蛋白质分为肌原纤维蛋白（盐溶性）、肌浆蛋白（水溶性）和肌基质蛋白（水不溶性）三大类。一般情况下，肌原纤维蛋白占鱼肉总蛋白质含量的 60%～70%，是鱼类食品加工中最主要的结构和功能性蛋白质，肌原纤维蛋白间及与非蛋白添加物的相互作用可赋予鱼肉制品理想的质构。肌浆蛋白是水溶性蛋白，占总蛋白质含量的 20%～35%，蒸煮时易发生变性沉淀，与鱼肉质构的关系不大。肌基质蛋白占总蛋白质含量的 2%～5%，主要由胶原蛋白组成，与畜禽肉相比，鱼肉胶原蛋白的熔化温度更低，蒸煮时很容易转变为明胶。与陆生动物肌肉相比，鱼肉中的肌原纤维蛋白含量高，而肌基质蛋白含量低，因此鱼肉组织比陆生动物肌肉更加柔嫩。

1）肌原纤维蛋白

肌原纤维蛋白是以肌球蛋白和肌动蛋白为主体构成的，这两种蛋白质占肌原纤维蛋白总量的 80%以上，是支撑肌肉运动的结构蛋白质。其中，由肌球蛋白为主构成肌原纤维的粗丝，由肌动蛋白为主构成肌原纤维的细丝。肌球蛋白和肌动蛋白在腺苷三磷酸（ATP）的存在下形成肌动球蛋白，不仅与鱼的肌肉收缩和死后僵直有关，而且与加工、储藏中的蛋白质变性和凝胶形成等有密切关系。除了以上两种蛋白质，肌原纤维蛋白中还存在着对肌肉的收缩、弛缓进行调解的原肌球蛋白、肌钙蛋白、辅肌动蛋白等，称为调节蛋白质。与陆生动物相比，不同鱼种之间的肌原纤维蛋白对温度的稳定性有很大差异，即热带鱼较稳定，寒带鱼不稳定，二者可相差数十倍。在鱼糜加工时，应选择肌原纤维蛋白热稳定性强的鱼种，应特别注意防止肌原纤维蛋白的变性。

（1）肌球蛋白。肌球蛋白是淡水鱼类肌肉中含量最高，也是加工过程中最重要的蛋白质，约占肌肉总蛋白质的三分之一，占肌原纤维蛋白总量的 40%～50%，是构成肌原纤维蛋白粗丝的主要成分，分子质量为 470～510kDa。肌球蛋白由双头的球状部分的片段和纤维状的杆部组成，形状似豆芽，全长约 160nm，头部直径约 8nm，尾部直径为 1.5～2nm。在胰蛋白酶的作用下，肌球蛋白可水解为两个部分，即由头部和一部分尾部构成的重酶解肌球蛋白（HMM）和尾部的轻酶解肌球蛋白（LMM）（图2.4）。在肌球蛋白的头部有四个轻链，分别为两个LC-1、一个LC-2和一个LC-3，且头部具有分解ATP的腺苷三磷酸酶（ATPase）活性，并可与肌动蛋白结合形成肌动球蛋白。ATPase对肌球蛋白的变性和凝集程度很敏感，所以ATPase的活性大小常用于指示肌球蛋白的变性程度。在低离子强度下，肌球蛋白的ATPase活性被Mg^{2+}抑制，肌动蛋白的ATPase活性则被Ca^{2+}激活。肌球蛋白不溶于水或微溶于水，可溶解于离子强度在0.3以上的中性盐溶液中，等电点pI为5.4。

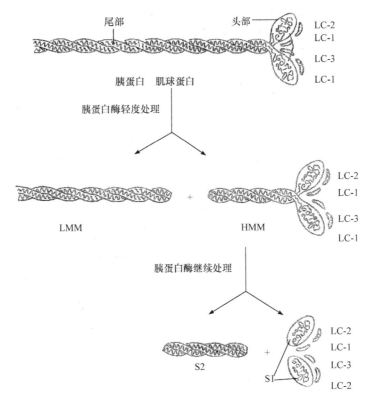

图2.4　肌球蛋白酶酶解示意图（彭增起等，2010）

肌球蛋白可以形成具有立体网络结构的热诱导凝胶和高压诱导凝胶，溶解性和形成凝胶的能力与其所在溶液的pH、离子强度、离子类型等密切相关。肌球蛋白形成的热诱导凝胶具有非常重要的工艺特性，直接影响碎鱼肉或鱼糜类制品的质地、持水性和感官品质等。与陆生动物比较，鱼肉肌球蛋白的最大特征是非常不稳定，易受外界因素的影响而发生变性，并导致加工产品品质下降。如果以Ca^{2+}-ATPase失活速度为指标，其稳定性与鱼类的栖息水温有显著的关系。例如，罗非鱼适于在温水中栖息，而一些冷水鱼（鲟鱼、虹鳟等）通常栖息在水温较低的水域（＜20℃），所以在保鲜和加工冷水鱼时应严格将温度控制在 10℃ 以下，否则极易发生变性。当鱼肉蛋白质在冷藏、加热过程中发生变性时，会导致 ATPase 活性的降低或消失。同时，肌球蛋白在盐类溶液中的溶解度降低，这两种物质是用于判定肌肉蛋白质变性的重要指标。

（2）肌动蛋白。肌动蛋白约占肌原纤维蛋白的 20%，是构成肌原纤维细丝的主要成分。肌动蛋白能溶于水及稀的盐溶液中，在半饱和的$(NH_4)_2SO_4$ 溶液中可发生盐析沉淀，pI 为 4.7。肌动蛋白由 347 个氨基酸残基组成的多肽链构成，分子质量约为 4.5kDa。每摩尔肌动蛋白含有 1mol 3-甲基组氨酸，并与 1mol 的 ATP 及 Ca^{2+}结合。肌动蛋白单体为球形结构的蛋白质分子，称为 G-肌动蛋白。G-肌动蛋白在磷酸盐和 ATP 存在的环境下会发生聚合，构成右旋的双螺旋结构，变成纤维状的F-肌动蛋白（肌原纤维蛋白细丝），见图 2.5。该反应为可逆反应，脱盐后的 F-肌动蛋白可再恢复为 G-肌动蛋白。F-肌动蛋白能与肌球蛋白结合形成肌动球蛋白，显著激活肌球蛋白 ATPase 的活性。在高等动物的骨骼肌中，肌肉的收缩或松弛就是通过肌动蛋白和肌球蛋白的结合-解离来调节的。在鱼糜制品加工过程中加入2.5%～3%的食盐进行擂溃，主要是利用氯化钠溶液从被擂溃破坏的肌原纤维细胞溶解出肌动球蛋白，使之形成弹性凝胶。

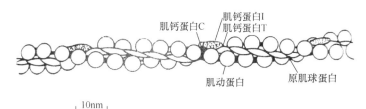

图 2.5　肌原纤维蛋白细丝结构（刘红英等，2012）

（3）原肌球蛋白。原肌球蛋白占肌原纤维蛋白的 4%～5%，由 2 个亚基组成，分子质量为 65～80kDa，每 1 分子的原肌球蛋白结合 7 分子的肌动蛋白和 1 分子的肌钙蛋白。与肌球蛋白的棒状尾部一样，原肌球蛋白的二级结构几乎全部为 α 螺旋结构，是肌原纤维中最稳定的蛋白质之一，是长度约 40nm 的双螺旋纤维状蛋白质。原肌球蛋白和肌钙蛋白一起与 F-肌动蛋白结合，形成肌原纤维蛋白细丝，原肌球蛋白是构成细丝的支架，从而使肌球蛋白 Mg^{2+}-ATPase 具有 Ca^{2+}敏感性。在高等脊椎动物中，原肌球蛋白拥有 α、β 两种亚基，但是对于鱼类，原肌球蛋白为 αα 型。

（4）肌钙蛋白。肌原纤维中基于肌动蛋白激活肌球蛋白 Mg^{2+}-ATPase 的活性是由从肌细胞小胞体内释放出来的微量 Ca^{2+}（＞10^{-6}mol/L）激发而引起肌肉收缩。在无 Ca^{2+}存在的条件下，肌球蛋白的 Mg^{2+}-ATPase 酶活性受到抑制，因此显示出

对 Ca^{2+} 敏感。这种在基于 Ca^{2+} 控制的肌肉收缩中起到重要作用的蛋白质就是肌钙蛋白。肌钙蛋白占肌原纤维蛋白的 5%～6%，肌钙蛋白对 Ca^{2+} 有很高的敏感性，每一个蛋白质分子具有 4 个 Ca^{2+} 结合位点。肌钙蛋白沿着细丝以 38.5nm 的间距结合在原肌球蛋白分子上，分子质量为 69～81kDa。肌钙蛋白由肌钙蛋白 I、肌钙蛋白 T、肌钙蛋白 C 三个亚基组成，按 1∶1∶1 的物质的量比结合组成 1 分子的肌钙蛋白。各亚基均具有独特的功能特性，其中肌钙蛋白 I 为抑制亚基，分子质量为 20.5～24kDa，具有抑制肌球蛋白和肌动蛋白的相互作用的功能；肌钙蛋白 T 为原肌球蛋白结合亚基，分子质量为 30～37kDa，起到连接原肌球蛋白的作用；肌钙蛋白 C 为钙结合亚基，分子质量为 18～21kDa，是 Ca^{2+} 的结合位点。神经刺激肌细胞小胞体释放出 Ca^{2+}，Ca^{2+} 与肌钙蛋白 C 结合导致肌钙蛋白 I 的结构发生变化。这种结构变化通过与肌钙蛋白 T 结合的原肌球蛋白传递到细丝整个分子领域，受到肌钙蛋白 I 阻碍的肌球蛋白与肌动蛋白之间的相互作用被解除，从而引起肌肉收缩。

2）肌浆蛋白

肌浆蛋白为存在于肌肉细胞肌浆中的蛋白质，主要是一些用来生成高能化合物 ATP 而参与糖分解或氧化还原反应的水溶性蛋白，也包括存在于血红蛋白或细胞核、线粒体、小胞体等细胞小器官的蛋白质。肌浆蛋白种类复杂，分子质量较低，pI 通常为 6～7，比一般蛋白质的 pI 更高，可溶解于低离子强度的水溶液（离子强度为 0.05～0.15，pH 为 6.5～7.5），质量占鱼肉总质量的 5%～6%。肌浆蛋白中含有大量的糖水解酶（如己糖激酶、葡萄糖-6-磷酸异构酶、醛缩酶、磷酸甘油酸激酶、乳酸脱氢酶等）、肌酸激酶、蛋白酶（如钙激蛋白酶、组织蛋白酶）及小清蛋白、肌红蛋白、血红蛋白和细胞色素 C 等蛋白质。肌浆蛋白含有较多的小分子含氮化合物，颜色较深、腥味较重。同时，在低温储藏和加热处理中，肌浆蛋白的热稳定性较肌原纤维蛋白更高，不易受外界因素的影响而变性。一般认为，肌浆蛋白不参与肌肉蛋白质热诱导凝胶的形成，并且与水结合的能力也较弱，有可能对凝胶的形成产生影响。例如，肌浆蛋白中的蛋白酶能降解蛋白质，破坏蛋白质的结构，所以对肌原纤维蛋白的凝胶形成有不利影响。因此，采肉后常用清水对鱼肉进行漂洗、脱水，以除去肌肉中的肌浆蛋白，提高鱼糜的白度和肌原纤维蛋白含量，增强鱼糜的凝胶强度。

3）肌基质蛋白

肌基质蛋白是构成肌纤维间隙中结缔组织的主要成分，这些蛋白质化学性质稳定，一般不溶于水和中性盐溶液。在肌基质蛋白组成的网络结构中，除保持着一定的水分外，还沉积部分脂肪，与肌原纤维一起形成肌肉组织的弹性和柔性。

（1）胶原蛋白。胶原蛋白是生物体中重要的结构蛋白之一，广泛存在于鱼体肌肉、皮、骨、鳞和鳔等组织中，约占整个肌基质蛋白的 67%，占全鱼体蛋白质的 15%～45%。胶原蛋白呈白色，是一种多糖蛋白，含有少量的半乳糖和葡萄糖。胶原蛋白的一级结构中含有连续的甘氨酸三肽结构（Gly-X-Y），X 位为脯氨酸（Pro），Y 位置上存在多个羟脯氨酸（Hyp）。因此，甘氨酸（Gly）占总氨基酸的 1/3，同时也含有大量的脯氨酸（Pro）和羟脯氨酸（Hyp）之类的亚氨基酸。一分子胶原蛋白是由三根分子质量约 100kDa 的 α 多肽链向右旋转形成的，为三重螺旋结构蛋白[图 2.6（a）]。主链的原子间不能形成氢键结合，分子内部没有容纳氨基酸侧链的空间，因此被甘氨酸占据。每根肽链旋转一周需要 3 个氨基酸残基，因此肽链的一级结构中，每两个甘氨酸间有两个其他氨基酸[图 2.6（b）]。其中，羟脯氨酸的含量稳定，一般为 13%～14%，可以通过测定它来推算胶原蛋白的含量。胶原蛋白分子通过疏水作用和静电作用，按头尾相连的方式排列。每个胶原蛋白分子与相邻的胶原蛋白分子相互交错，大约占自身长度的 1/4，形成胶原纤维。到目前为止，至少已发现了 19 种类型的胶原蛋白，鱼肉肌内结缔组织有Ⅰ型、Ⅲ型、

(a) 由3根螺旋体盘旋而成的胶原蛋白分子

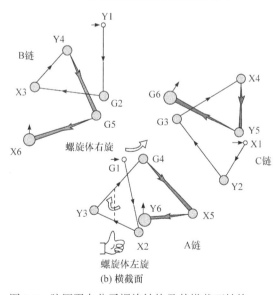

(b) 横截面

图 2.6　胶原蛋白分子螺旋结构及其横截面结构

Ⅳ型、Ⅴ型和Ⅵ型胶原蛋白，而肌膈中的胶原蛋白主要是Ⅰ型胶原蛋白。由于胶原蛋白是由许多原胶原分子组成的纤维状物质，当胶原纤维在水中加热至70℃以上时，构成原胶原分子的 3 条α多肽链之间形成的多股螺旋结构会被破坏而成为溶解于水的明胶。

（2）弹性蛋白。弹性蛋白又称结缔蛋白，呈黄色，主要存在于血管、真皮等结缔组织中，是构成弹性纤维的肌基质蛋白之一。但这种蛋白质在鱼类肌肉中的含量很少，仅占骨骼肌中结缔组织总量的 0.5%。弹性蛋白是由许多氨基酸长链分子共价交联形成的一种网络结构，氨基酸组成有 1/3 为甘氨酸(Gly)，脯氨酸(Pro)、缬氨酸(Val)占总氨基酸含量的 40%～50%，不含色氨酸（Trp）和羟脯氨酸（Hyp），却含特有的羟赖氨酸（Hyl）。在这种结构中，包含一部分水和脂肪，而使其具有一定的弹性和柔性。弹性蛋白是一种不溶于酸和碱的非常稳定的蛋白质，即使加热到 140～150℃也较稳定。

3. 脂质

鱼类脂质大致可分为非极性脂质和极性脂质。其中，甘油三酸酯、固醇（甾醇）、固醇酯、蜡酯、二酰基甘油醚和烃类等为非极性脂质；卵磷脂、磷脂酰乙醇胺、磷酸酰丝氨酸和鞘磷脂等为极性脂质。淡水鱼类脂质在体内的蓄积情况会因鱼种、组织、营养状态、年龄、性别、季节和栖息水域等不同而发生显著变化。脂质在鱼体组织中的种类、数量、分布还与其在体内的生理功能有关。存在于组织细胞中具有特殊生理功能的磷脂和固醇等称为组织脂质，在淡水鱼肉中的含量基本恒定，为 0.5%～1%。多脂鱼肉中的大量脂质主要为三酰甘油（TAG），是能源的储藏物质，一般称为储存脂质。在饵料多的季节含量增加；在饵料少或产卵洄游季节，即被消耗而减少。此外，鱼体内的脂质和水分含量是一个相对稳定的数值，而且水分含量与脂质含量呈负相关。

1）甘油三酯

甘油三酯是鱼类组织中含量最为丰富的脂质，多为 2 个分子或 3 个分子的不同脂肪酸结合而成。在营养状态良好时，甘油三酯大量积累在皮下组织、内脏各个器官，特别是肝脏和肠膜之间，为机体维持正常生理活动提供能量。淡水鱼类中的脂肪酸大都是 C_{14}～C_{20} 的脂肪酸，大致可分为饱和脂肪酸、单烯酸、多烯酸。存在于鱼肉中的脂肪酸主要包括软脂酸（C16:0）、十六碳一烯酸（C16:1）、硬脂酸（C18:0）、油酸（C18:1）、花生四烯酸（C20:4）、二十碳五烯酸（EPA，C20:5）、二十二碳六烯酸（DHA，C22:6）。淡水鱼脂质的脂肪酸组成和陆生动物脂质不同，不饱和脂肪酸较多，不饱和程度也较高，富含 ω-3 系的多不饱和脂肪酸。与海水鱼所含脂质相比，淡水鱼中的脂质所含的 C20 和 C22 不饱和脂肪酸相对较少，但含有较多的 C16 饱和脂肪酸和 C18 不饱和脂肪酸，可以与海水鱼脂质在营养上形成较好的互补。

2）磷脂

磷脂可大致分为甘油磷脂和鞘磷脂。磷脂是一种组织脂肪，主要分布在细胞的膜和颗粒体中，大量存在于脑、内脏、生殖腺等器官内，是维持生命不可缺少的成分，含量稳定，几乎不随鱼种、季节等的变化而变化。不同动物（包括陆生动物和鱼类）之间，磷脂的组成没有明显差别，主要包括磷脂酰胆碱（又称卵磷脂）、磷脂酰乙醇胺（又称脑磷脂）、磷脂酰丝氨酸、磷脂酰肌醇及鞘磷脂等。磷脂在鱼体内的含量占鱼体总质量的 0.3%～0.6%，占总脂质的 30%。鱼类肌肉磷脂中，75%以上是磷脂酰胆碱和磷脂酰乙醇胺。由于含有更多的双键，磷脂较甘油三酯更容易被氧化破坏，形成过氧化氢，最终形成黑色过氧化物的聚合物，造成鱼类外观颜色和气味的变化。此外，磷脂在储藏过程中还容易被磷脂酶水解，生成磷脂酸、甘油二酯、乙酰胆碱等，造成营养的损失。

4. 糖类

淡水鱼肉中糖类的含量较少，一般都在总质量的 1%以下，具体含量与鱼种、生长阶段营养状态、饵料组成及鱼的致死方式有关。鱼体中的糖类有单糖、双糖和多糖，其中多糖最为常见，主要包括糖原和黏多糖。与陆生动物一样，鱼类的糖原作为能量来源，储存于肌肉和肝脏中，其含量也因鱼种、生长阶段、营养状态、饵料组成等不同而有所差异，并且同一鱼肉中的暗色肉比普通肉含量略高。鱼类肌肉中糖原的含量与鱼的致死方式密切相关：活鱼在被迅速宰杀时，糖原含量为 0.3%～1%，这与哺乳动物肌肉中的含量几乎相同；但对于挣扎疲劳致死的鱼类，其能量大量消耗，体内糖原含量显著降低。黏多糖在生物体内一般与蛋白质结合，以蛋白质-多糖复合物的形式存在，作为动物的细胞外间质成分而广泛分布于软骨、皮、结缔组织等结构中，与组织的支撑和柔软特性有关。

5. 维生素

鱼类的可食部分含有多种人体营养所需的维生素，包括维生素 B、维生素 C 等水溶性维生素和维生素 A、维生素 D、维生素 E 等脂溶性维生素，其含量和分布情况因鱼种、部位、年龄、营养状况等的不同而有所差异。无论是水溶性维生素，还是脂溶性维生素，其在淡水鱼中的分布均呈现一定的规律。按部位来分，通常肝脏中的含量最高，其次是皮肤，肌肉中的含量最低，且暗色肉中的含量往往高于普通肉；按种类来分，多脂鱼类中的维生素含量通常高于低脂鱼类。

1）水溶性维生素

多数鱼类肌肉中，维生素 B_1 的含量为 0.001～0.004mg/g，鲫鱼等少数鱼类肌肉中的维生素 B_1 含量高达 0.004～0.009mg/g。一般来说，暗色肉中的维生素 B_1 比普通肉中含量高。不少鱼类中还含有维生素 B_1 分解酶——硫胺酶，会造成维生

素 B_1 的损失，但适当加热可使其失活。鱼体中的维生素 B_2 含量为 $0.002\sim$ $0.005mg/g$，一般肝脏、暗色肉中的含量比普通肉高出 $5\sim20$ 倍。与其他 B 族维生素不同的是，鱼肉中的维生素 B_5 在普通肉中的含量要高于暗色肉和肝脏，为 $0.01\sim$ $0.03mg/g$。吡哆醇、吡哆醛、吡哆胺及其磷酸酯统称维生素 B_6，鱼类中大多是吡哆胺，而且肝脏中的维生素 B_6 含量高于肌肉。鲤鱼、虹鳟等鱼类肌肉和肝脏中的维生素 C 含量较低，一般为 $0.02\sim0.08mg/g$，但在卵巢和脑中的含量高达 $0.17\sim0.54mg/g$。

2）脂溶性维生素

维生素 A 包括维生素 A_1（视黄醇）和维生素 A_2（3-脱氢视黄醇）两种及其衍生物。维生素 A_1 一般存在于海水鱼的肝脏中，而维生素 A_2 在淡水鱼的肝脏中的含量较高；鱼肌肉中的维生素 A 含量通常较低。维生素 D 中，生物活性较高的有维生素 D_2 和维生素 D_3，也主要存在于鱼类肝脏中，在肌肉中的含量较低。鱼类肌肉中的维生素 E 含量多为 $0.005\sim0.01mg/g$。目前，已知有 8 种不同的生育酚和生育烯酚，其中 α-生育酚的生物活性最强。海产鱼中的 α-生育酚含量占维生素 E 总量的 90%以上，但淡水鱼中，鲤鱼、红点鲑鱼含 γ-生育酚的比例最高。

6. 矿物质

淡水鱼中的矿物质以化合物和盐溶液的形式存在，包括含量较多的钙、钾、钠、镁、磷、硫等常量元素（高于人体质量的 0.01%）和铁、铜、锌、碘、硒、氟等微量元素（低于人体质量的 0.01%），且鱼体中的含量一般高于畜禽肉。钙、磷和硫等矿物质是构成鱼体骨骼和牙齿等硬组织的主要成分；钾、钠等矿物质起到调节体液的渗透压、维持酸碱平衡的作用；铁、镁、锌、硒等矿物质是体内酶的活性因子、维生素和激素的重要成分。总的来说，矿物质是鱼体的组织构成和进行新陈代谢不可或缺的成分。鱼肉中钙、铁和锌的含量分别为 $60\sim1500mg/kg$、$5\sim30mg/kg$ 和 $11mg/kg$，而人体对钙、铁和锌的日需量分别为 $700\sim1200mg$、$10\sim$ $18mg$ 和 $10\sim15mg$，也就是说每天食用 1kg 鱼就能基本满足人体对钙、铁和锌的需求。此外，鱼肉中还含有 $1\sim2mg/kg$（干重）的硒，是普通畜禽肉类的 2 倍以上，尤其是食草鱼类中的硒含量更高。可见，淡水鱼是人体所需矿物质的优良供给源。

7. 生物活性物质

1）活性肽

在鱼类组织中，天然存在的肽类并不多见，通常只有 3 个氨基酸残基构成的谷胱甘肽和 2 个氨基酸构成的肌肽、鹅肌肽和鲸肌肽等。许多研究者已经从鱼类蛋白质中分离出了降血压肽、促钙吸收肽、降血脂肽、免疫调节肽等活性肽。其中，降血压肽主要有从沙丁鱼和金枪鱼中分离的 C_8 肽，以及南极磷虾脱脂蛋白中的 C_3 肽等。但是由于活性肽的研究技术含量高、研究周期长、资金投入大，在淡水鱼加工行业还未形成工业化规模生产。

2）ω-3 多不饱和脂肪酸

ω-3 多不饱和脂肪酸属于长链不饱和脂肪酸（通常为 18～22 个碳原子），主要包括 α-亚麻酸、EPA 和 DHA。ω-3 多不饱和脂肪酸是人体的必需脂肪酸，也是构成细胞膜的主要成分，只能从食物中获取，而鱼油是 EPA 和 DHA 最为优质的来源。从深海鱼类提炼出的油脂中的 EPA 和 DHA 含量较淡水鱼油更为丰富，但随着深海鱼类资源的减少及 ω-3 脂肪酸富集技术的发展（如离子液体为介质的酶法富集），淡水鱼油的成本优势逐渐突显，有望成为 ω-3 多不饱和脂肪酸提取的理想原料。

3）牛磺酸

牛磺酸又称 α-氨基乙磺酸，是一种含硫的非蛋白氨基酸，通常以游离形式存在于动物机体中，有促进大脑发育，增强视力，调节神经传导，维持内脏及内分泌系统功能等重要生理作用。牛磺酸在鱼肉中较为常见，特别是在鱼类的暗色肉及内脏中的含量较高，与胱氨酸和半胱氨酸的代谢密切相关。目前，牛磺酸的生产主要依赖化学合成，产品安全性和生物活性远不如天然牛磺酸。随着提取富集技术的发展，淡水鱼也逐渐成为牛磺酸提取的重要原料。

2.2　品　质　评　价

淡水鱼原料质量的高低直接影响加工制品的品质，而鲜度是评价淡水鱼品质的一个非常重要的指标。由于淡水鱼肌肉中的水分含量高、肌基质蛋白较少，组织柔软细嫩，含有较多活性很强的水解酶类，在被宰杀或死亡后，肌肉组织会在内源性水解酶的作用下，在较短的时间内经历僵直、解僵和自溶过程，并在微生物作用下快速腐败变质，导致肌肉组织软烂、失去光泽。在这一过程中，核苷酸降解为次黄嘌呤，积累大量的挥发性含氮化合物及硫化物，致使淡水鱼鲜度逐渐下降甚至丧失。

2.2.1　评价方法

在渔获后，鱼肉中的生化变化是相当复杂的，很难凭借单一的指标或测定方法来评价鱼肉的品质。现在已经发展出了一系列根据产品外观形态、风味特点、物理化学性质、安全性及适口性等变化情况为指标的方法来评价鱼肉的鲜度，主要包括感官评价方法、物理评价方法、化学评价方法和微生物学评价方法等。

1. 感官评价方法

在淡水鱼死后的不同阶段，不同的感官特征清晰可见，可以根据这些特征快速地进行鲜度评价。但这种方法具有一定的主观性，可能会导致评价结果产生较大的差异，在研究中通常与其他的评价方法联合使用。然而，淡水鱼贸易中通常采用的感官评价方法十分方便快捷，是其他评价方法无法比拟的。感官评价方法主要根据鱼的外表、眼睛、肌肉、鳃、腹部、肛门等指标进行评分，把每一个单独指标的得分相加即得到总的感官评分（表 2.2）。

表 2.2 鱼类感官评价方法（彭增起等，2010）

项目	3 分	2 分	1 分	0 分
体表	有光泽，无黏液，鳞片完整，不易脱落，肛门正常	光泽较差或有黏液，肛门微突出	光泽差，黏液多，肛门明显突出	灰暗色，黏液多，肛门发红或有污液流出
气味	正常	稍有异味	有异味	腐败臭味
鱼鳃	呈鲜红色，无黏液，鳃丝清晰	呈深红色或略有黏液，鳃丝比较清晰	呈暗红色或黏液较多	呈暗紫或淡灰色，黏液多，鳃丝黏结
眼球	眼球饱满凸出，角膜透明	角膜稍透明或略浑浊	角膜明显浑浊，眼球平坦	角膜不透明，眼球深度凹陷
肉质	弹性良好或僵硬	弹性稍差但不软	弹性差并发软	无弹性，很软

新鲜淡水鱼通常具有以下特征：眼球饱满、明亮，角膜透明清晰，无血液浸润；鳃部色泽鲜红，黏液透明无异味，鳃丝清晰，鳃盖紧闭；肌肉坚实有弹性，用手指压后，凹陷立即消失，肌肉的横断面有光泽、无异味；体表有透明黏液，鳞片完整有光泽，牢固地固着在鱼体表面，不易剥落；腹部无膨胀现象，肛门凹陷无污染，无内容物外泄；水煮后，鱼汤透明，有油亮光泽及良好气味等。几种淡水鱼的感官评价指标见表 2.3。

表 2.3 几种淡水鱼的感官评价指标（彭增起等，2010）

鱼种	新鲜	不新鲜
青鱼	体色有光泽，鳃色鲜红	体表有大量黏液，腹部很软且开始膨胀
草鱼	鳃肉稍有青草味	鳃肉有较重的酸味，腹部很软，肛门有溢出物
鲢鱼	体表黏液较少，有光泽，鳞片紧贴鱼体	眼带白蒙，腹部发软，肌肉无弹性，肛门有溢出物
鳙鱼	鳃色鲜红，鳞片紧密不易脱落	鳃肉有酸臭味，体表失去光泽，肉质特别松弛

2. 物理评价方法

随着鲜度下降，鱼体的硬度及电阻、鱼肉压榨液的黏度、眼球晶状体混浊度等均会发生变化。物理评价是指利用物理学方法反映这些指标的变化情况，从而来评价淡水鱼的鲜度。目前，常用的物理评价方法有电阻法、表面荧光光谱法、气味浓度测定法、鱼体僵硬指数、鱼眼反射光测量法等。其中，僵硬指数法适用于评价鱼体僵硬初期到解僵期整个过程的鱼体鲜度，在解僵后则不适用。鱼眼反射光测量法的原理是根据鱼眼对激光的反射光线的强度和频率来测定鱼的鲜度，鱼的鲜度越高，鱼眼的反射光的强度越高、频率越高。

3. 化学评价方法

化学评价方法是指通过考察淡水鱼离水死亡后体内所发生的生物化学变化来评价其鲜度，也是一类相对准确、应用最多的淡水鱼鲜度评价方法，可通过测定挥发性成分[包括总挥发性盐基氮（TVB-N）、三甲胺（TMA）等]及 ATP 降解物等的含量来评价淡水鱼的鲜度。TVB-N 值不能反映淡水鱼死亡后的早期鲜度，但适用于评价从解僵自溶至腐败过程的鱼肉鲜度变化，TVB-N 值越低，产品鲜度越高。TMA 含量则可用于评价淡水鱼的风味及可接受性。ATP 降解物的含量可用于计算 K 值，而 K 值是评价鱼体僵硬以前及僵硬至解僵过程中鱼肉鲜度的良好指标，K 值越小，鲜度越高，新鲜鱼肉的 K 值通常小于 10%。

1）挥发性成分

微生物活动及内源酶的作用是导致鱼体鲜度降低甚至腐败变质的主要原因，此过程中会产生氮氧化物、胺、氨、醇类及含硫类挥发性物质，因此，挥发性物质是测定鱼类鲜度的重要参数。在众多的挥发性成分中，TVB-N 和 TMA 是鱼类鲜度评价的主要指标。

TVB-N 是指动物性食品在腐败过程中，由于细菌的作用，蛋白质分解后产生的氨、伯胺、仲胺及叔胺等碱性含氮物质，因具挥发性而得名。在食品卫生检验中，通常采用半微量蒸馏法和微量扩散法测定 TVB-N 值。对于蛋白质含量较高的淡水鱼，TVB-N 值是一项灵敏的指标，可表征鱼类在几小时之内的鲜度变化。有报道称，淡水鱼腐败过程中，TVB-N 值增加的主要原因是 TMA 的积累。

TMA 是一种具有刺激性气味的挥发性胺，是鱼肉中鱼腥味的主要来源，它的形成主要为微生物在厌氧条件下对氧化三甲胺（TMAO）的还原作用及卵磷脂的热降解。TMA 含量通常随鱼体鲜度的降低而逐渐增加，呈显著负相关。一般认为，鲜鱼体内的 TMAO 含量会随着鱼类鲜度的降低，在微生物和酶的作用下降解生成 TMA 和二甲胺（DMA）。纯净的 TMA 仅有氨味，在鲜度很好的鱼中并不存在，当 TMA 与不新鲜鱼中的 δ-氨基戊酸、六氢吡啶等成分共同存在时，则增强了鱼的腥味。相较于海水鱼，淡水鱼体内所含的 TMAO 较低，而 TMA 含量随鲜度的变化灵敏性较差，需综合其他指标进行判断。

2）ATP 降解物的测定

鱼体死后，肌肉组织中的 ATP 进行不可逆降解，即 ATP → ADP → AMP → IMP → HxR → Hx，ATP 的降解程度可用 K 值来表示。K 值是次黄嘌呤核糖核苷和次黄嘌呤浓度的总和与 ATP 的代谢产物的浓度总和的比值，计算公式如下：

$$K = \frac{[HxR]+[Hx]}{[ATP]+[ADP]+[AMP]+[IMP]+[HxR]+[Hx]} \times 100\% \qquad （2.1）$$

式中，$[HxR]$ 为次黄嘌呤核糖核苷浓度（μmol/g）；$[Hx]$ 为次黄嘌呤浓度（μmol/g）；$[ATP]$ 为腺苷三磷酸浓度（μmol/g）；$[ADP]$ 为腺苷二磷酸浓度（μmol/g）；$[AMP]$ 为腺苷一磷酸浓度（μmol/g）；$[IMP]$ 为肌苷酸浓度（μmol/g）。

K 值可以用来判断鲜鱼肉与解冻后鱼肉的鲜度，K 值越低说明 ATP 的降解程度越低，鱼肉鲜度越好。在淡水鱼被宰杀后，鱼肉中的 ATP 和腺苷二磷酸（ADP）迅速降解，大约在 24h 后完全消失，腺苷一磷酸（AMP）也很快降解，浓度降至 1.0μmol/g 以下。另外，鱼被宰杀 5~24h 内，鱼肉中的肌苷酸（IMP）含量急剧增加，随后呈缓慢减少趋势，而次黄嘌呤核糖核苷（HxR）和次黄嘌呤（Hx）含量则缓慢增加。一般认为，鱼肉中的 K 值在 20% 以下时，为一级鲜度；20%~40% 为二级鲜度；40%~60% 为三级鲜度；K 值在 60% 以上表明鱼肉已腐败。刚宰杀的鱼肉的 K 值通常低于 5%，用来制作生鱼片的原料鱼肉中，K 值应低于 20%。在日本，严格地把 K 值≤20% 作为鱼肉是否适于生食的标准。当鱼肉 K 值为 20%~60% 时，需加热后食用。对于大多数淡水鱼，在储藏的第一天，其 K 值呈线性增加，是一个表征鲜度的极好的化学指标。

4. 微生物学评价方法

微生物是引起淡水鱼腐败的主要因素，在鱼体死后的僵直阶段，细菌繁殖缓慢，而到自溶阶段后期，含氮物质分解增多，细菌繁殖很快，因此测出细菌的菌落总数可大致反映鱼体的鲜度。许多国家从细菌菌落总数的角度制定了标准，可以较为准确地评价水产品的鲜度。刚捕获的淡水鱼中含有许多微生物，初始菌落总数通常为 10^2~10^4CFU/g。在冷藏过程中，耐低温的微生物选择性生长，这些适合生存和繁殖并产生腐败臭味和异味代谢产物的菌群即为该品种淡水鱼的特定腐败菌（SSO）。在储藏过程中，SSO 的生长速度比其他微生物快且腐败活性更强。研究表明，淡水鱼中的 SSO 通常为假单胞菌和希瓦氏菌。由于在储藏过程中，微生物选择性生长，SSO 与鲜度间的线性关系要优于菌落总数和鲜度间的线性关系。虽然，通过检测微生物数量可有效反映淡水鱼的鲜度，但传统检测方法存在耗时长、操作人员及设备要求高等缺点。近年来，微生物快速检测技术，如聚合酶链式反应技术、酶联免疫吸附测定技术、免疫磁珠分离技术、基因芯片技术等被广泛应用于淡水鱼的品质评价过程。此外,微生物评价方法在判断淡水鱼的鲜度时虽具有较高的应用价值,但不能单独作为鲜度的定性指标,需与其他检测方法配合使用。

2.2.2　宰杀后的品质变化

淡水鱼经宰杀后,肌肉中会发生一系列的物理和化学变化,这些变化会影响淡水鱼的食用特性及作为原料的加工特性,整个变化过程可分为初期生化变化、僵硬、解僵和自溶、腐败四个阶段。淡水鱼死亡后,氧的供应停止,鱼体内处于无氧状态,但体内的各种酶仍具有较强活性,一些新陈代谢过程还在进行。整个僵直期,鱼肉的鲜度与活鱼几乎没有区别,而在机体内部伴随着 ATP 快速消耗的过程。适度解僵的鱼肉经加工后,肉质更为紧密、多汁而富有弹性。但随着解僵过程延长,内源性组织蛋白酶释放出来,加剧了自溶作用,导致鱼体逐渐变得柔软,蛋白质、脂肪和糖原等高分子化合物逐渐降解成易被微生物利用的低分子化合物。在微生物的分解作用下,淡水鱼的原有的形态和色泽发生劣化,并产生异味,有时还会产生有毒物质,从而导致鱼体腐败。

表 2.4 为淡水鱼死亡前后的多指标变化情况。与陆生动物相比,淡水鱼在死亡后更易发生腐败变质,为了延缓其死后的腐败速度,需要尽可能推迟鱼体开始僵硬的时间并延长持续僵硬的时间。

表 2.4　淡水鱼死亡前后的多指标变化情况（林洪等，2001）

视觉和触觉	活鱼	刚死的鱼	开始僵硬	完全僵硬	解僵	软化	腐败
K 值	非常新鲜（ATP 存在）			新鲜（ATP 消失）			
味觉和嗅觉	非常新鲜（可生吃）		新鲜（可煮熟吃）		开始腐败		腐败味
生物化学	内源酶分解						
微生物学					外源性微生物酶分解		

1. 死后初期生化变化

淡水鱼死后初期,会在自身内源酶的作用下发生各种生化变化,这些变化主要包括:①体内糖原发生糖酵解生成乳酸;②ATP 被相关内源酶分解产生一系列分解产物等。

1）糖代谢

糖原是鱼类肌肉中的一种重要的储能物质。鱼类死后,在机体停止呼吸、中断氧气供应的条件下,肌肉中会发生无氧代谢,糖原被无氧酵解生成乳酸。鱼类经宰杀致死后,肌肉组织中的乳酸含量会因鱼的种类、生理状态、致死方法等不同而有显著差异。其中,挣扎致死的鱼要比即刻杀死的鱼肉组织中的乳酸含量高。

在糖酵解的过程中，1mol 的葡萄糖能产生 2mol 的 ATP。通过这样的补给机制，在鱼类死亡初期短时间内，肌肉中的 ATP 含量仍能维持不变。然而随着磷酸肌酸和糖原的消失，肌肉中的 ATP 含量显著下降，肌原纤维中的肌球蛋白粗丝和肌动蛋白细丝产生滑动，两者牢固结合使肌肉紧缩，肌肉开始变硬。

通常，活鱼肌肉的 pH 为 7.2～7.4。鱼类死后，在储藏初期，鱼肉的 pH 会显著下降，这是由于糖原酵解生成葡萄糖-1-磷酸，最后生成乳酸，且下降的程度与肌肉中糖原的含量密切相关。畜肉的糖原含量在 1.0%左右，极限 pH 为 5.4～5.5；洄游性红肉鱼类的糖原含量为 0.4%～1%，极限 pH 可降至 5.6～6；底栖性白肉鱼类的糖原含量通常较低，在 0.4%左右，所能达到的极限 pH 为 6～6.4。

2）ATP 及其相关化合物代谢

鱼类活着时，依靠氧化体内各种有机化合物来补充能量，因而同一种类动物肌肉中的 ATP 含量几乎是恒定的。鱼类死后，由于氧的来源中断，ATP 由磷酸肌酸（Cr-P）、磷酸精氨酸及糖酵解作用等途径来补充。当这些物质耗尽时，ATP 含量会急剧下降，分解后生成多种相关代谢化合物。其中，最主要的一条分解路线为 ATP → ADP → AMP → IMP → HxR → Hx。

在淡水鱼肌肉中，磷酸肌酸含量水平比 ATP 含量高数倍，在肌酸激酶的催化作用下，可将由 ATP 分解产生的 ADP 重新再生成 ATP，相关反应如下：

$$ATP + H_2O \longrightarrow ADP + Pi$$

$$ADP + Cr - P \xleftarrow{\text{肌酸激酶}} ATP + Cr$$

式中，Pi 为正磷酸；Cr 为肌酸。

同时，在腺苷酸激酶的催化作用下，2mol 的 ADP 可生成 1mol 的 ATP 和 1mol 的 AMP，反应式如下：

$$2ADP \xleftarrow{\text{腺苷酸激酶}} ATP + AMP$$

2. 僵硬

刚死的鱼体，其肌肉柔软而富有弹性。放置一段时间后，肌肉收缩变硬，失去伸展性和弹性，这种现象称为死后僵硬。若用手指压，指印不易凹陷；手握鱼头，鱼尾不会下弯；口紧闭，鳃盖紧合，整个躯体僵直，鱼体进入僵硬状态。当僵硬达到最强程度时，肌肉收缩剧烈，持水性下降。一些不带骨的鱼肉片的长度会缩短，甚至产生裂口，并有汁液向外渗出。受到较多条件影响，淡水鱼类肌肉死后僵硬一般发生在死后数分钟至数十小时，持续时间可从数小时到一天左右。鱼类死后的僵硬持续时间比哺乳动物短，主要是因为鱼类结缔组织少、组织柔软、水分含量高、微生物数量多。

死后僵硬是鱼类死后的早期变化，僵硬的发生与一系列复杂的生理、生化反应相关联,主要是 ATP 的不断消耗,肌球蛋白和肌动蛋白细丝间的结合逐渐增强,限制了肌肉的伸缩弹性,导致肌肉收缩而僵硬(图 2.7)。ATP 耗尽,能量释放完后,鱼体达到最硬状态。鱼体进入僵硬期的时间和持续时间受鱼的种类、个体大小、年龄、栖息温度、死前生理状态、致死方法和储藏温度等的影响,而最终决定僵硬速度的是鱼肉中 ATP 含量降低的速率。小鱼、运动能力强的鱼在致死后会更快地进入僵硬期,持续时间也相对较短。

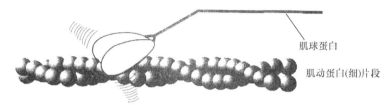

肌球蛋白

肌动蛋白(细)片段

(a) 有ATP存在,肌球蛋白可以从肌动蛋白中解离

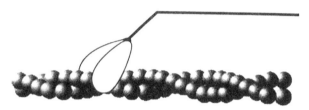

(b) 无ATP存在,肌球蛋白无法从肌动蛋白中解离

图 2.7 僵硬复合体的形成

鱼体死后的僵硬测定方法通常采用鱼体僵硬指数(rigid index,RI)测定法(图 2.8),即将鱼体前半部(1/2)平放在水平台面上固定,使尾部自然下垂,测量从台面到鱼尾部下垂位置的垂直距离。以鱼体刚死亡时尾部(不包括尾鳍)下垂的距离为 L_0,一定时间后的尾部下垂距离为 L,鱼体僵硬指数的计算公式如下。

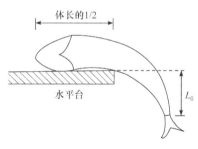

体长的1/2

水平台

L_0

图 2.8 鱼体僵硬指数测定法

$$RI = \frac{L_0 - L}{L_0} \times 100\% \qquad (2.2)$$

RI 由 0%上升到 20%、70%所需的时间即分别为达到初僵和全僵的时间。RI 由 0%上升到最高后又降到 70%所需的全部时间为达到解僵的时间。

死后僵硬是肌肉向食用肉转化的第一步。僵硬开始时间和僵硬程度取决于肌肉中的 ATP、磷酸肌酸和糖原含量,以及 ATPase、激酶和糖酵解酶的活性。处在死后僵硬期的鱼是新鲜的,一般是死后僵硬期结束时,才开始产生一系列腐败变化。因此，如果渔获后能推迟僵硬的发生，延长僵硬的时间并使僵硬强度增大，对于淡水鱼的保鲜是非常重要的。

3. 解僵和自溶

鱼死后进入僵硬期，达到最大僵硬程度后，僵硬又缓慢地解除，肌肉重新变得柔软，称为解僵。僵硬现象解除后，由于各种酶的作用，鱼肉蛋白质逐渐分解，鱼体变软，称为自溶，自溶作用是指鱼体自行分解（溶解）的过程。鱼类存活时，鱼体肌肉中的组织酶类常相互制约或受到抑制，而鱼死亡后，这种抑制作用随之消失。鱼肉组织中存在着许多蛋白酶，酸性蛋白酶是最具有代表性的组织蛋白酶，是对自溶作用起最大作用的一类酶。鱼肉的软化现象还与组织蛋白酶 L、B、H 和中性蛋白酶有关。除自溶酶类外，还可能有来自消化道的胃蛋白酶、胰蛋白酶等消化酶类，以及在细菌繁殖过程中产生的胞外酶。在各种蛋白质水解酶的作用下，鱼类肌肉随着解僵过程迅速软化。

在鱼类解僵和自溶作用阶段，由于各种蛋白质水解酶的作用，肌原纤维中的 Z 线变得脆弱、断裂，组织中的胶原分子结构改变，结缔组织发生变化，胶原纤维变得脆弱，使肌肉组织解僵变软。另外，鱼体经僵硬阶段后，pH 一般为 5～5.5，而肌肉中组织蛋白酶类的最适 pH 在 5 左右，催化了肌肉蛋白质的水解，生成更多的氨基酸和可溶性含氮物质，进而为腐败微生物的生长繁殖创造良好的条件，加速腐败的进程。解僵和自溶会给鱼体鲜度、感官品质和风味带来各种变化，适度的解僵有利于风味形成，但解僵后的自溶则会导致鲜度下降、风味变差。因此，解僵自溶过程成为鱼肉由良好鲜度逐步过渡到细菌腐败的中间阶段。

自溶作用的快慢与鱼的种类、保存温度、盐类和鱼体组织的 pH 有关，其中温度是主要影响因素，因为在常温条件下，温度越高，水解酶的活性越强，自溶作用就越快。在低温保存中，酶的活性受到抑制，从而使自溶作用变得缓慢甚至完全停止。在适宜温度范围内，温度每升高 10℃，蛋白质分解速度可增加数倍，这种情况与一般化学反应中的范托夫规则是一致的，通常以其速率的温度系数 Q_{10} 表示。

$$Q_{10} = \frac{K_{(t+10)}}{K_t} \tag{2.3}$$

式中，Q_{10} 为自溶作用的温度系数；K_t 为在 t℃时自溶作用的速率；$K_{(t+10)}$ 为在 $(t+10)$℃时自溶作用的速率。

在一定温度范围内，Q_{10} 可以近似地看为常数。从表 2.5 中可知，淡水鱼与海水鱼相比更易发生腐败，因为淡水鱼的自溶作用最适温度接近室温，为 23～27℃，而海水鱼为 45℃左右。因此，鱼类低温保存不仅仅是为了抑制细菌的繁殖，还可以推迟自溶作用的进程。但鱼类在高于–20℃的温度条件下冻结时，鱼肉中的酶引起的自溶作用仍不会停止，且在解冻后，自溶作用仍迅速进行。

表 2.5　不同鱼类的自溶作用温度系数及最适温度（纪家笙等，1999）

鱼种	温度范围/℃	温度系数 Q_{10}	最适温度/℃
鲤鱼	9.7～14.5 14.5～26.1	5.4 3.1	27
鲫鱼	9.7～14.4 14.4～21.6	7.0 4.2	23
鲐鱼	19.1～28.4 28.4～45.3	7.8 2.8	45
鲆鱼	18.2～28.5 28.5～44.9	8.4 3.0	45

4. 腐败

在微生物的作用下，鱼体中的蛋白质、氨基酸、TMAO、磷酸肌酸及其他含氮物质被分解为氨、TMA、吲哚、硫化氢、组胺等低级产物，使鱼体产生具有腐败特征的臭味，这种过程就是细菌腐败。严格地说，鱼体死后的细菌繁殖是与僵硬及解僵过程同时进行的，但在僵硬期，细菌腐败处于初级阶段，分解产物增加不多。随着自溶作用的进行，黏着在鱼体上的细菌已开始利用体表的黏液和肌肉组织内的含氮化合物等营养物质而生长繁殖，至自溶作用的后期，pH 进一步上升，达到 6.5～7.5，细菌在最适 pH 条件下加快生长繁殖，并进一步使蛋白质、脂肪等成分分解，使鱼肉腐败变质。因此，自溶和腐败作用之间并无十分明确的分界线。

淡水鱼经捕获致死后，不再具有抵抗微生物侵入的能力，微生物经不同的途径侵入鱼组织。鱼在保存时，由于肠内的蛋白酶作用于肠壁，微生物极易从肠内透出，浸入腹腔的肌肉中。鱼体分泌的黏液是由黏多糖、游离氨基酸、TMAO、嘧啶衍生物等物质组成的，这些物质构成了微生物的良好培养基，因此微生物可从表皮的黏液侵入鱼组织。最容易受到细菌侵入的是鱼鳃，因为鱼常常因窒息而死，鳃部会充血。由于鳃部充血，给微生物迅速繁殖创造了有利环境。微生物还常常经捕鱼、储运等过程中所造成的机械伤口侵入鱼肉组织。在侵入鱼体的微生物中，经常有各种腐败性的微生物。这些腐败微生物在侵入处和鱼体内繁殖分解，使鱼体组织的蛋白质、氨基酸及其他一些含氮物分解。

鱼类腐败阶段的主要特征是眼球浑浊凹陷，鱼鳃变成褐色乃至灰色，鱼鳞容易脱落，鱼体的肌肉与骨骼之间易于分离，腹腔膨胀甚至破裂，部分鱼肠可能从肛门脱出，并且产生腐败臭等异味和有毒物质。腐败产物的出现是鱼类自身酶和微生物共同作用的结果，其反应过程是极为复杂的。具有代表性的腐败产物主要是氨和胺类（尸胺、腐胺、组胺等）。氨的产生，一是来源于尿素的分解，二是来源于氨基酸的脱氨反应。而胺类则主要是氨基酸在细菌脱羧酶作用下产生的相应产物，例如，组氨酸产生组胺，赖氨酸产生尸胺，色氨酸产生色胺，精氨酸产生腐胺。酪氨酸经脱氨基和氧化剂的脱羧作用后生成苯酚，也可以先脱羧基生成酪胺后，再经氧化等作用转变成甲苯酚及苯酚。色氨酸在细菌脱羧酶的作用下，先生成色胺，色胺再分解成甲基吲哚或吲哚。色氨酸也可先经脱氨基作用，再经氧化及直接脱羧基作用，最后生成甲基吲哚，此物有恶臭味。含硫氨基酸在细菌酶类的作用下，经脱氨基、脱羧作用后可以生成硫化物，主要是硫化氢和硫醇。此外，在鱼类死后，TMAO 经组织还原酶和细菌还原酶的作用，形成 TMA。除了上述腐败产物，还有由糖酵解和氨基酸分解产生的一些酸类。腐败过程中，当上述腐败产物积累到一定程度时，鱼体即产生具有腐败特征的臭味，同时鱼体的 pH 也会增加，从中性变成碱性。因此，鱼在腐败后即完全失去食用价值。

新捕获鱼的组织内部和血液中通常是无菌的，而体表、鳃、消化系统等与外界接触的部位却已存在许多细菌。鱼体所带的腐败细菌主要是水中细菌，鱼类生长的水体环境会影响其所含的细菌种类。鲜活淡水鱼中所含的腐败菌主要包括假单胞菌属、无色杆菌属、黄色杆菌属、芽孢杆菌属、棒状杆菌属、沙雷菌属、莫拉菌属、肠杆菌属、弧菌属、气单胞菌属、乳杆菌属和链球菌属等。不同类型的鱼类产品中所含的特定腐败菌是不同的，例如，弧菌等发酵型革兰氏阴性菌是鲜鱼的特定腐败菌；在受污染的水域中捕获的鱼的主要腐败菌为肠杆菌；嗜冷的革兰氏阴性菌（假单胞菌和希瓦氏菌）则为鱼肉冷藏过程中的特定腐败菌；明亮发光杆菌和乳酸菌则为真空或气调包装冷藏淡水鱼中的特定腐败菌。

总的来看，鱼体的腐败、变质速度受很多因素的影响，如鱼的种类、季节温度、机械损伤、不清洁的储存环境等。从根本上来说，鱼体最初附着的细菌数及储藏的温度对鱼类的腐败速度的影响最大，鱼肉的 pH 对腐败速度也有影响。因此，宰杀时应防止鱼体剧烈挣扎，在捕获时应立即去除内脏并用水冲洗，快速冷却鱼体并用低温储藏等手段控制细菌污染、抑制腐败菌的生长繁殖，从而防止或延缓腐败发生。

2.3　加工特性

淡水鱼的加工特性或功能特性，通常指与加工产品得率、感官品质、质构等密切相关的理化特性，主要包括鱼的形体参数及各部分比例、鱼肉营养成分，以及持水性、弹性、流变性能、凝胶特性、乳化特性等。影响鱼的肌肉蛋白质功能特性的因素很多，如品种、养殖水平、肌肉中各种组织和成分的性质和含量、肌肉蛋白质在加工中的变化、添加成分对肌肉蛋白质加工特性的影响等。正确理解肌肉蛋白质的加工特性，有助于深入开展肉类科学研究，有助于改善肌肉蛋白质的特性，改进加工工艺，改善肉制品的质地及感官品质。

2.3.1　鱼肉蛋白质加工特性

1. 持水性

持水性（water-hold capacity，WHC）是指鱼肉保持原有水和添加水的能力，通常用系水力、肉汁损失和蒸煮损失等指标表征。蛋白质是一种亲水性的大分子胶体，当蛋白质处在其平均 pI 以上的 pH 环境中时，蛋白质净电荷为负，蛋白质分子之间相互排斥，水分子进入肌丝之间并在肌丝周围形成水分子膜。事实上，肌肉中的大部分水被束缚在肌原纤维的粗丝与细丝之间。因此，肉的持水性主要取决于肌原纤维蛋白。改变体系的 pH、离子类型和离子强度，会改变肌原纤维蛋白的净电荷性质和数量，从而改变肉的持水性。水分子与蛋白质的相互作用，不仅影响了鱼肉的持水性，也会影响肌肉蛋白质的溶解度，而鱼肉蛋白质的溶解度又会影响蛋白质的其他加工特性，如凝胶特性、乳化特性、发泡特性等。

2. 凝胶特性

鱼肉蛋白质在热诱导或压力诱导下能够形成凝胶，是鱼肉蛋白质重要的加工特性之一，鱼糜凝胶化一般包括蛋白质变性和聚集两个步骤。在一定盐浓度下，鱼肉肌原纤维蛋白大量溶出，肌球蛋白在谷氨酰胺转氨酶（TGase）的作用和热诱导下发生分子间交联，通过谷氨酸与赖氨酸形成的共价键、二硫键、离子键、氢键和疏水等化学作用力，形成连续的三维网络结构，水分、脂肪则物理地嵌入或化学地结合在这个蛋白质三维网络结构中，从而形成鱼糜制品的凝胶组织结构，产生固体或半固体状态。

凝胶强度与蛋白质所暴露的疏水基团、巯基含量和蛋白质的分散性之间存在着很强的相关性，凝胶的微细结构也随内在蛋白质的性质和环境条件的变化而改变，例如，pH、离子强度、离子类型、蛋白质浓度和溶解度、加热方式都会影响鱼肉蛋白质的凝胶化。在鱼糜制品生产中，低温长时间凝胶化制品的凝胶强度通常比高温短时凝胶化制品要高，但由于加工时间过长，在实际生产中常采用二段凝胶化，可在缩短加工周期的前提下保证鱼糜制品的凝胶强度。一般将鱼糜在 50℃以下的凝胶化温度下放置一定时间，再加热使其迅速通过 60℃左右的温度带，并在 70℃以上的温度下使碱性蛋白酶迅速失活，形成弹性凝胶结构。

鱼肉蛋白质的凝胶形成能力因鱼种而异，凝胶形成能力是判断原料鱼是否适合做鱼糜制品的重要特征。各鱼种的凝胶形成能力的差异性主要表现为鱼糜在 30～40℃的凝胶化速度（凝胶化难易度）和 50～70℃时的凝胶劣化速度（凝胶劣化难易度）的不同。根据其难易度的不同，可将鱼类分为 4 种凝胶类型：①难凝胶化、难凝胶劣化；②难凝胶化、易凝胶劣化；③易凝胶化、易凝胶劣化；④易凝胶化、难凝胶劣化。从表 2.6 中可知，不同淡水鱼肉的凝胶形成特性差异较大，草鱼、鲤鱼属于（极）难凝胶化、难凝胶劣化鱼种；鲢鱼、鳙鱼属于极难凝胶化、易凝胶劣化鱼种。

表 2.6　多种淡水鱼的凝胶及凝胶劣化特性（夏文水等，2014）

鱼种	凝胶特性			凝胶劣化特性	
	指数 1（30℃）	指数 2（40℃）	难易度	指数	难易度
草鱼	0.05	0.7	极难凝胶化	0.01	难凝胶劣化
鲢鱼	1	1.5	极难凝胶化	0.68	易凝胶劣化
鳙鱼	—	0.9	极难凝胶化	0.64	易凝胶劣化
鲤鱼	4	49	难凝胶化	0.16	难凝胶劣化
鲫鱼	3	101	难凝胶化	0.97	极易凝胶劣化
罗非鱼	0	8	极难凝胶化	0.83	极易凝胶劣化

注：凝胶化指数是在 30℃或 40℃下加热 120min 的凝胶强度与 60℃下加热 20min 的凝胶强度之比。

3. 黏结性

鱼肉的黏结性在鱼糜制品（如鱼丸）加工过程中十分重要，在斩拌或擂溃、搅拌等过程中释放的蛋白质把小块肉和大小颗粒很好地黏合在一起。黏结力的大小取决于肌原纤维蛋白数量，提取出的盐溶蛋白质越多，鱼肉的黏结力越大。在鱼糜加工过程中，洗脱的肌浆蛋白在环境离子强度小于 0.4 时才有黏性。

4. 界面特性

鱼肉中的肌球蛋白是一种亲水性胶体，具有表面活性作用和成膜作用。这些界面特性对分散和稳定鱼糜制品中的脂肪，改善鱼肉的滋味和口感具有重要作用。

1）乳化性

鱼肉的乳化特性对稳定鱼糜制品中的脂肪具有重要作用。在快速搅拌（斩拌）过程中，蛋白质在液态的脂肪滴或固态的脂肪颗粒上与水之间形成亲水性的膜，将脂肪包埋在蛋白质网络中并保持稳定，从而表现出乳化性。肌肉中对脂肪乳化起重要作用的蛋白质是肌球蛋白，经典乳化理论认为，脂肪球周围的一层肌球蛋白包衣可使肉糜保持稳定（图 2.9）。

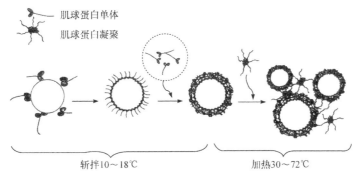

图 2.9　鱼肉蛋白质乳化过程示意图

　　乳化过程的第一步是蛋白质向脂肪滴表面靠拢，影响这一过程的因素主要是蛋白质分子的溶解情况、分子大小、温度条件及连续相的黏度等；第二步是蛋白质吸附在脂肪滴上，在这个过程中，蛋白质要克服界面压力等障碍，与已经吸附在脂肪球上的其他物质进行竞争性吸附；第三步是蛋白质分子发生构象变化，蛋白质分子展开，疏水基团与非极性相相连，亲水基团与极性的水相相连。也有研究者认为，固体脂肪颗粒是在低温斩拌期间被蛋白质所包裹，物理地嵌入肉糜网络中达到稳定的，并没有形成真正的乳状液。此外，鱼肉的乳化特性还受蛋白质的表面疏水性、巯基含量、溶解度和分散性、介质 pH、离子强度、温度及加工工艺的影响。斩拌温度较低、搅拌（斩拌）机转速较快时，鱼肉的乳化作用较好。

　　2）发泡性

　　在快速搅拌（斩拌）过程中，鱼肉中的蛋白质溶出并在空气与水之间被吸附、富集并重新排列，形成亲水性的蛋白质膜，而将空气包裹在蛋白质网络中并保持稳定，从而表现出发泡性。在鱼糜热加工过程中，由发泡性所包裹的空气会膨胀，使鱼丸等鱼糜制品体积增大，口感变得松软而有弹性。发泡性和泡沫稳定性主要取决于气液界面蛋白膜的柔韧性和黏性，同时，蛋白质溶解度、蛋白质变性程度、蛋白质与脂肪的比例、鱼糜的黏度等也会影响肌肉蛋白的发泡性。关于肌肉蛋白结构与发泡性能之间的关系，一般认为，在足够低的蛋白质浓度下，泡沫可能由单分子蛋白膜形成，这层膜的蛋白质分子完全伸展开。肌球蛋白有很强的表面活性，因此，它可能在这层单分子蛋白膜中起重要作用。在高蛋白质浓度条件下，肌肉蛋白会在泡沫表面形成多层蛋白膜。引起蛋白质变性的因素（如冷冻、加热）会使蛋白质的发泡性下降，影响鱼糜黏度的工艺因素和发泡性能。因此，适度斩拌既可增加鱼糜黏度，又能最大量地混入空气，提高蛋白质的发泡性能；而斩拌过度，不仅会使鱼糜黏度过高、阻止空气混入，甚至会导致蛋白质变性、蛋白质膜的破损，严重影响蛋白质的发泡性。

5. 蛋白质变性

1）热变性

加热是导致鱼肉蛋白质变性的最重要的因素，随着温度的上升，鱼肉肌肉纤维组织结构发生显著的变化，由有序状态变为无序状态，分子内的相互作用被破坏，多肽链展开，从而使蛋白质变性，蛋白质溶解度降低，水溶性蛋白和盐溶性蛋白组分减少，不溶性蛋白组分增加，引起肌肉收缩失水和蛋白质的热凝固。实际生产过程中，如果鱼肉蛋白质的热变性控制不当，会严重影响产品的质量和出品率。评价鱼肉蛋白质热变性程度的指标主要有溶解度、ATPase 活性、巯基含量和表面疏水性等。

影响鱼肉蛋白质热变性的因素，包括原料鱼的种类、栖息环境、鲜度、鱼肉加工过程中的处理方法、环境 pH、离子强度等。一般来说，鱼类栖息水域温度越高，蛋白质的热稳定性越好。淡水鱼的栖息水域温度高于海水鱼，淡水鱼肉蛋白质的热稳定性也较好，相对于海水鱼而言更难凝胶化。淡水鱼肉蛋白质的热稳定性因鱼种而异，鲫鱼蛋白质的热稳定性最好，草鱼、青鱼、鲢鱼、鳙鱼蛋白质的热稳定性依次降低。在鱼肉的生产加工过程中，包括冷冻、加热、漂洗、腌制及添加各种配料等，都会对鱼肉蛋白质的热稳定性产生影响。在鱼肉中添加阴离子多糖（果胶酸盐、海藻糖），会使蛋白质更加不稳定，其变性温度会降低 5℃左右，变性峰温度加宽 2~3℃，变性热焓降低 20%。但添加 20%蔗糖时，蛋白质的变性温度向高温方向移动 2℃左右，浓度越大，稳定作用越强，这种保护作用与糖类对蛋白质邻近水结构的影响作用有关。由于各种蛋白质的 pI 不同，pH 对鱼肉蛋白质热稳定性的影响也不一样，但总的来讲，蛋白质的变性温度随 pH 的增大而升高。鱼肉漂洗温度对鱼肉蛋白质热稳定性也有显著影响，鱼肉经 5~25℃的水温漂洗后，肌原纤维 Ca^{2+}-ATPase 活性随漂洗水温上升而降低，并且在水温高于 15℃时加速下降。

2）冷冻变性

鱼肉在冻结过程中，由于细胞内冰晶的形成产生很高的内压，肌原纤维蛋白发生变性，鱼肉蛋白质凝胶形成能力和弹性都会有不同程度的下降，称为蛋白质冷冻变性。淡水鱼肉的肌原纤维蛋白组织比较脆弱，直接进行冻结时极易发生蛋白质冷冻变性。评价鱼肉蛋白质冷冻变性程度的指标与蛋白质热变性类似，主要有溶解度、ATPase 活性、巯基含量和表面疏水性等。

鱼肉蛋白质冷冻变性程度与原料鱼的种类、新鲜度、冻结速度、冻藏温度、pH 及解冻方法等因素密切相关。在冻结和冻藏中，肌原纤维蛋白冷冻变性的速度和凝胶强度下降的速度随鱼种不同而变化（表 2.7）。在冻藏过程中，淡水鱼的 Ca^{2+}-ATPase 活性都有明显下降，其中鲢鱼下降得最多，其次是鳙鱼，鲫鱼最少。鲢鱼、鳙鱼属于耐冻性差的鱼种，在冻藏过程中会产生严重的蛋白质变性，这与不同鱼种的肌球蛋白和肌动蛋白的特异性有关，也与鱼类的栖息环境、水域温度有很强的相关性。原料鱼的鲜度越高，蛋白质冷冻变性的速度就越慢；反之，对解僵以后的鱼进行冻结就容易产生变性，这与鲜度降低后，pH 的下降有关，在偏酸性条件下冻结，肌原纤维蛋白容易变性。冻结速度对鱼肉中冰晶状态的形成有很大的影响，但冻结速度对蛋白质变性的影响比冻藏温度小。冻藏温度是影响鱼肉蛋白质冷冻变性的最重要的因素，冻藏温度越低，鱼肉蛋白质的变性速度越慢。解冻条件，如解冻方法、冷冻-解冻循环次数，是影响鱼糜蛋白冷冻变性的另一重要因素。一般来说，随冷冻-解冻循环次数的增加，鱼肉肌原纤维蛋白的变性程度也增大。

表 2.7　淡水鱼的 Ca^{2+}-ATPase 活性变化（夏文水等，2014）

鱼种	冻结条件	冻藏条件	冻结前酶活性/[μmol 磷/（min·5g 肉）]	冻结后酶活性/[μmol 磷/（min·5g 肉）]	ATPase 活性残留率/%
鲢鱼	−20℃，20h	−20℃，2 个月	180	24	13.5
鳙鱼	−20℃，20h	−20℃，2 个月	195	47	24.0
鲫鱼	−20℃，20h	−20℃，2 个月	170	140	81.0
鳊鲂	−20℃，20h	−20℃，2 个月	170	70	42.0

蛋白质冷冻变性导致蛋白凝胶形成能力降低，持水性下降，鱼糜制品品质下降。目前，防止鱼糜蛋白冷冻变性的方法主要有添加糖类、氨基酸、羧酸和复合磷酸盐等。在实际生产中，通常添加糖类和复合食品磷酸盐。

2.3.2　鱼肉中的酶及其对加工特性的影响

鱼肉中含有多种酶类，其中与鱼肉品质及加工特性关系密切的主要有肌球蛋白 ATPase、谷氨酰胺转移酶 TGase、蛋白质水解酶（蛋白酶）、核苷酸酶、脂肪酶和脂（肪）氧合酶等。

1. 蛋白酶

在鱼肉中主要存在两类蛋白酶，即组织蛋白酶和钙蛋白酶，其与鱼类宰杀后肌肉的质构（解僵与自溶）及鱼糜凝胶劣化现象的发生密切相关。鱼肉蛋白酶通常存在于肌纤维、细胞质及结缔组织胞外基质中。大多数蛋白酶都是溶酶体酶和细胞质酶，也有些酶或存在于肌浆中，或与肌原纤维结合在一起，或来自于巨噬细胞。这些酶的活性取决于特异性内源蛋白酶抑制剂、激活剂、pH 和环境温度等，也随鱼的种类、捕鱼季节、性成熟和产卵期等可变因素而变化。

1）组织蛋白酶

溶酶体中含有 13 种组织蛋白酶，这些酶在鱼体死后的肌肉流变特性变化中有重要作用。目前，已从鱼类肌肉中分离纯化得到 A、B_1、B_2、C、D、E、H 和 L 共 8 种组织蛋白酶。

（1）组织蛋白酶 A。组织蛋白酶 A 的分子质量为 100kDa，最佳 pH 为 5～5.2。淡水鱼中组织蛋白酶 A 对完整的蛋白质几乎没有影响，而与组织蛋白酶 D 存在协同作用，能进一步水解由组织蛋白酶 D 释放的多肽产物。

（2）组织蛋白酶 B。组织蛋白酶 B 是溶酶体巯基蛋白酶，溶酶体组织蛋白酶 B 有两个亚基，即组织蛋白酶 B_1 和组织蛋白酶 B_2。前者是肽链内切酶，分子质量为 24～28kDa，pI 为 5～5.2，最适 pH 为 6.0，靶蛋白是肌球蛋白、肌动蛋白和胶原蛋白，环境 pH 超过 7.0 时则不稳定；后者分子质量为 47～52kDa，特异性不强。

鲤鱼、罗非鱼等淡水鱼的组织蛋白酶 B 的分子质量通常为 23～29kDa，最适 pH 为 5.5～6。巯基乙醇、半胱氨酸、二硫腙、谷胱甘肽及金属络合剂[乙二胺四乙酸（EDTA）、乙二醇四乙酸（EGTA）、柠檬酸]都是该酶的激活剂。碘乙酸、碘乙酸盐、氨基氯代甲苯磺酰基庚酮（TLCK）、甲苯磺酰基-L-氨基联苯氯甲基酮（TPCK）等是该酶的抑制剂。组织蛋白酶 B 的来源不同，水解各种底物的特点也有差异。鲤鱼组织蛋白酶 B 能降解肌球蛋白重链、肌动蛋白和肌钙蛋白-T，对原肌球蛋白没有水解活性。

（3）组织蛋白酶 C。组织蛋白酶 C 对完整的蛋白质没有水解活性，但能进一步水解组织蛋白酶 D 降解的多肽片段。在溶酶体蛋白酶中，组织蛋白酶 C 的特异性最强。鲤鱼组织蛋白酶 C 在 60℃条件下加热 20min 后仍具有较好的稳定性，而某些组织蛋白酶（如组织蛋白酶 B）则会完全失活。

（4）组织蛋白酶 D。组织蛋白酶 D 属于天冬酰胺酶，分子质量为 42kDa，最适 pH 为 3～4.5，pI 为 5.7～6.8，有几个同工酶，对鱼肉在冷藏期间的质构劣变起到重要作用。组织蛋白酶 D 能直接降解完整的肌肉蛋白质，产生多肽，如肌球蛋白、伴肌球蛋白、伴肌动蛋白、M-蛋白和 C-蛋白，后者再被其他组织蛋白酶（如组织蛋白酶 A、组织蛋白酶 C 等）进一步降解。组织蛋白酶 D 虽有较强的活性，但其热稳定性差，在中性 pH 条件下的活性较低。鲤鱼中的组织蛋白酶 D 在 pH 3～4 的条件下时，对肌原纤维蛋白的水解活性最强，而在 pH 达到 6 以上时的水解活性显著降低。羧基蛋白酶特异性抑制剂能明显抑制组织蛋白酶 D 的活性，而巯基蛋白酶抑制剂对其活性几乎没有影响。

（5）组织蛋白酶 E。组织蛋白酶 E 属于天冬酰胺酶，是 COOH-依赖型肽链内切酶，对完整的蛋白质没有水解活性，分子质量为 90～100kDa，最适 pH 为 2～3.5。由于组织蛋白酶 E 易被冷冻灭活，且最适 pH 很低，其在储藏加工过程中的作用不大。

（6）组织蛋白酶 H。组织蛋白酶 H 的分子质量为 28kDa，最适 pH 为 5，靶蛋白为肌球蛋白和肌动蛋白。通常，组织蛋白酶 H 在常温条件下（25℃左右）的活性达到最高，产卵期的鱼中，组织蛋白酶 H 的活性比平常高 2 倍。

（7）组织蛋白酶 L。组织蛋白酶 L 的分子质量为 24kDa，最适 pH 为 3～6.5，能降解肌球蛋白、肌动蛋白、胶原蛋白、α-肌动素、肌钙蛋白-T 和肌钙蛋白-I。组织蛋白酶 L 与肌原纤维紧密结合，漂洗难以洗脱，而其他组织蛋白酶较易从肌原纤维蛋白上洗脱下来。有研究报道，组织蛋白酶 L 是引起鱼肉死后自溶的主要蛋白酶，在 pH 为 3～5 时，鱼肉的自溶有 80% 是直接由组织蛋白酶 L 造成的。组织蛋白酶 L 还具有较好的抗冻性能，即使在 -20℃ 下冻藏后，仍具有较高的活性。而许多鱼肉中的组织蛋白酶 L 在 55℃ 左右时，其活性达到最高，可见，采用传统蒸煮方法加工鱼肉时，组织蛋白酶 L 仍能降解鱼肉，使鱼肉和鱼糜凝胶的质构变差。

2）钙蛋白酶

钙蛋白酶又称需钙蛋白酶，在鱼类肌肉中普遍存在，通常包括 μ-钙蛋白酶、m-钙蛋白酶及其特异性抑制蛋白。已从鲤鱼肌肉中分离出了分子质量为 80kDa 的钙蛋白酶，能被 Ca^{2+} 激活而降解肌原纤维蛋白。同时，也分离出了分子质量为 300kDa 的特异性抑制蛋白，能特异性地抑制鲤鱼钙蛋白酶的活性。在鱼体宰杀致死后，肌肉 pH 下降至 5.4～5.5 时，存留于肌质网中的 Ca^{2+} 释放出来，激活内源性钙蛋白酶并作用于肌纤维的 Z 线部位，从而使肌节断开，肌肉松弛，质地变软。

2. 肌球蛋白 ATPase

鱼肉中肌球蛋白的头部具有 ATPase 活性，可将 ATP 水解成 ADP 和磷酸。肌球蛋白的 Ca^{2+}-ATPase 活性，与肌球蛋白变性程度及鱼蛋白的凝胶形成能力和凝胶强度有密切关系，Ca^{2+}-ATPase 的活性越高，则鱼糜中蛋白质变性程度越低，鱼糜凝胶强度越高。因此，Ca^{2+}-ATPase 活性是评价鱼肌肉蛋白质（如鱼糜）品质和变性程度的重要参数。

肌球蛋白 ATPase 的底物专一性不强，正磷酸盐、三磷酸核糖、三磷酸核苷都可作为该酶的底物。在缺乏肌动蛋白时，Ca^{2+} 可激活肌球蛋白 ATPase，Mg^{2+} 却对其活性有抑制作用。而在肌动蛋白存在时，Ca^{2+} 和 Mg^{2+} 均能激活肌球蛋白 ATPase。淡水鱼中肌球蛋白 Ca^{2+}-ATPase 的最适作用温度为 25～30℃，最适 pH 为 6 和 9。在 Ca^{2+} 浓度达到 3～5mmol/L 时，肌球蛋白 ATPase 的活性达到最高；在生理离子强度下（Mg^{2+} 浓度为 2～3mmol/L），Mg^{2+} 能抑制肌球蛋白 Ca^{2+}-ATPase 的活性；当有 K^+ 和 EDTA 存在时，肌原纤维蛋白中的肌球蛋白 Ca^{2+}-ATPase 也可被激活，此时 ATPase 在碱性条件下（pH 为 9 左右）的活性达到最高。而活性巯基、4-（羟基汞）苯甲酸钠（p-CMB）及 N-乙基顺丁烯二酰亚胺（NEM）能够明显影响 ATPase 的活性。半胱氨酸被烷基化后，K^+-EDTA-ATPase 失活，而 Ca^{2+}-ATPase 被激活。

3. TGase

TGase 广泛存在于哺乳类动物（如猪、牛、羊）、禽类、鱼类、微生物及植物等组织中。TGase 能催化蛋白质、多肽中谷氨酸上的 γ-羟酰氨基与赖氨酸上的 ε-氨基发生结合反应，使小分子蛋白质分子之间通过共价交联形成更大的蛋白质分子，改变蛋白质的溶解性和凝胶特性。

TGase 是一种巯基酶，Cu^{2+}、Zn^{2+}、Pb^{2+} 都能抑制其活性。根据来源，可将 TGase 分为单体、二聚体和四聚体。各类 TGase 在蛋白质交联中具有高度的专一性，只作用于 L 型氨基酸，且底物不同时，其反应速率也不同。在肌肉蛋白中，肌球蛋白最容易与 TGase 反应，而肌动蛋白不受 TGase 的影响。鱼类肌肉中的 TGase 通常为单体，最适温度一般为 50～55℃，最适 pH 为 5～8。影响鱼肉 TGase 交联作用的因素较多，其中主要是蛋白质组成（谷氨酸和赖氨酸含量和位置）、作用温度、pH、Ca^{2+} 浓度及作用时间。鱼肉在 2%～4% 的 NaCl、5～40℃、中性 pH 条件下，可通过内源 TGase 作用自发重组织化，这也是鱼糜可发生低温凝胶化的原因。

在鱼糜中添加外源性微生物来源的谷氨酰胺转氨酶（MTGase），同样能使鱼肉中的蛋白质发生共价交联，提高鱼糜制品的凝胶强度和弹性。温度、pH、Ca^{2+} 浓度及作用时间均为影响 MTGase 对鱼糜交联作用效果的主要因素。MTGase 的最适 pH 为 6～7，适宜的 Ca^{2+} 浓度为 20mmol/kg。在较宽的温度范围（5～40℃）内，MTGase 都会对鱼肉蛋白质起到交联作用，而最适作用温度为 35～40℃。随着 MTGase 作用时间延长，鱼肉蛋白质共价交联程度提高，鱼糜制品的凝胶强度显著增加，作用 2h 时，凝胶强度达到最大。此时，继续延长作用时间，鱼糜制品的硬度会增大，口感上则表现出脆爽口感。

4. 核苷酸酶

鱼死后，肌肉的外观、质构、化学性质和氧化还原电位都会发生明显变化。在缺氧情况下，肌肉可利用的主要能量为 ATP，随着肌肉尸僵的发展，ATP 很快耗尽；随着肌肉僵直与解僵，ATP 被降解为 ADP，ADP 再在一系列酶的作用下，依次降解为 AMP、IMP、HxR 和 Hx。参与 ATP 降解的酶主要有 ATPase、肌激酶、AMP 脱氨酶、5′-核苷酸酶、核苷酸磷酸化酶、次黄嘌呤核苷酶、黄嘌呤氧化酶等。

在正常生理条件下，静息状态的鱼肌肉中的 ATP 含量平均值为 7～10μmol/g。ATPase 的活性受 Ca^{2+} 调控，当肌浆内的 Ca^{2+} 浓度大于 1.0μmol/L 时，Ca^{2+}-ATPase 降解肌浆中的游离 ATP，产生 ADP，释放能量，肌动蛋白和肌浆蛋白发生交联，肌肉收缩。当肌浆中的 Ca^{2+} 浓度小于 0.5μmol/L 时，Ca^{2+}-ATPase 失活，ATP 将不再水解。

ADP 在肌激酶的催化作用下脱磷产生 AMP，再通过 AMP 脱氨酶催化产生

IMP 和氨。ATP 和 K^+ 能够激活 AMP 脱氨酶，而无机磷酸盐会抑制其活性，且抑制作用受到 5′-AMP 含量的影响。此外，3′-AMP 是 AMP 脱氨酶的竞争性抑制剂。

5′-核苷酸酶、碱性磷酸酶、酸性磷酸酶都参与了 IMP 向 HxR 的转化过程。淡水鱼在死后冷却时，5′-核苷酸酶起主要作用，且其活性水平对鱼肉的鲜度影响极大。5′-核苷酸酶具有两个或多个亚基的糖蛋白，具有很强的专一性，对 5′-AMP 的亲和力极强，也能使 5′-UMP 和 5′-CMP 去磷酸化，而不与 2′-磷酸盐和 3′-磷酸盐发生反应。可溶性和不可溶性的 5′-核苷酸酶都能被 ATP、ADP 和高浓度的磷酸肌酸抑制。此外，大部分的 5′-核苷酸酶还可被二价阳离子激活，且被 EDTA 抑制。

核苷酸磷酸化酶和次黄嘌呤核苷酶均可催化 HxR 降解产生 Hx，其中，核苷酸磷酸化酶最适 pH 通常为 6.5~8，而次黄嘌呤核苷酶的最适 pH 为 5.5。在鱼肉腐败前期，内源性的核苷酸磷酸化酶在 HxR 降解为 Hx 的过程中发挥重要作用；而在鱼肉腐败后期，由腐败菌大量产生的次黄嘌呤核苷酶极大地加快了 Hx 的生成。

黄嘌呤氧化酶能够催化核苷降解的最后一阶段的反应，将 Hx 氧化为黄嘌呤并进一步将黄嘌呤氧化产生尿酸和过氧化氢。鱼肉发生尸僵后，ATP 和 ADP 逐渐消失，黄嘌呤氧化酶的活性增强，羟自由基（·OH）随之产生，导致鱼肉在尸僵后发生脂质氧化，细胞膜被破坏。

5. 脂肪酶

脂肪酶即三酰甘油酰基水解酶，是一类具有多种催化能力的酶，主要催化三酰甘油酯及一些不溶性酯类的水解，生成脂肪酸、甘油和单酰甘油或甘油二酯。根据其作用底物的不同，脂肪酶主要分为脂肪甘油三酯脂肪酶（ATGL）、激素敏感性脂肪酶（HSL）和单甘油脂脂肪酶（MGL），其中 ATGL 只水解甘油三酯，而 HSL 可以水解甘油三酯和甘油二酯（DAG），MGL 只水解单酰甘油（MAG）。甘油三酯在脂肪酶的作用下的水解过程如下[其中 FFA 为游离脂肪酸（FFA）]：

$$甘油三酯 \xrightarrow{ATGL} 甘油二酯 + FFA \xrightarrow{HSL} 单酰甘油 + FFA \xrightarrow{MGL} 甘油 + FFA$$

鱼肉中的脂肪酶主要来自胰脏、肝脏、胆汁等。在淡水鱼储藏和加工过程中，通过脂肪水解作用积累了大量游离脂肪酸，从而引发鱼肉品质变化。脂类成分、储藏温度和时间都是影响脂肪水解程度的重要指标。此外，甘油三酯的水解也能促进脂类氧化而产生异味。

6. 脂（肪）氧合酶

脂（肪）氧合酶（LOX）属于氧化还原酶，能特异性地催化具有顺，顺-戊二烯结构的多不饱和脂肪酸，通过分子内加氧形成具有共轭双键的氢过氧化衍生物。

LOX 常见的底物有亚油酸、亚麻酸及四烯酸等游离性多不饱和脂肪酸，也可以三亚油酸甘油酯和三亚麻酸甘油酯或其他不饱和脂肪酸的类脂作为底物产生环状或非环状酯类，但绝大部分 LOX 还是优先氧化游离的脂肪酸。

LOX 广泛存在于动植物中，特别是在动物的血液组织，例如，血小板、白细胞、网状细胞、嗜碱细胞和嗜中性粒细胞中的含量较为丰富。鱼皮和鳃中的 LOX 活性最高，其次是脑、卵巢、肌肉、眼、肝脏和脾脏，心脏中的 LOX 活性通常仅为鱼皮和鳃中的 10%。鱼类中的 LOX 是一种含非血红素铁、不含硫的过氧化物酶，分子质量为 75～80kDa，在 pI 为 5.7～6.4、温度为 38℃、pH 为 6.5～7.5 时，活性达到最高。

LOX 催化产生的氢过氧化合物通过裂变分解形成醛、酮等二级氧化产物，氢过氧化合物进一步氧化可以转化为环氧酸。这些氧化产物导致淡水鱼中的脂肪在储藏和加工过程中的色、香、味等发生劣变。同时，在催化反应中形成的自由基还会使鱼肉中的蛋白质等发生氧化，对鱼肉品质产生一系列的负面影响。

多数 LOX 可以被 Ca^{2+} 激活，但活性通常会被抗氧化剂所抑制，并且 LOX 对环境因素极为敏感，过高的温度或者过高/过低的 pH 均会导致其失活。有研究表明，低浓度的谷胱甘肽可以增加 LOX 的稳定性，但其浓度达到 1mmol/L 时又会对其活性产生抑制作用。

第3章 淡水鱼生鲜制品加工技术

人类利用自然界的低温环境保存生鲜食品已有上千年的历史,但直到19世纪制冷设备发明之后出现了冷冻生鲜食品,才真正开启了相关技术发展的大门。水产生鲜制品加工技术已经取得了较大的进展,但基本还是围绕"低温保鲜"的思路进行;在此基础上,将各种物理、化学和生物技术等与之结合,衍生出了更多的技术。

3.1 技 术 原 理

3.1.1 保鲜原理

水产品的鲜度是重要的品质指标,具体定义参见 2.2 节品质评价中关于鲜度的部分。水产品的"保鲜"即保持鲜度,维持品质。淡水鱼类组织结构疏松、蛋白质含量高、营养丰富、脂肪不饱和度高,因此比畜肉和禽肉更容易被氧化。淡水鱼在捕获后和加工过程中易导致鱼肉蛋白质分解,使鱼肉产生不良的气味而改变原有的风味,同时引起鱼体腐败的微生物种类繁多,淡水鱼在储藏过程中易受腐败菌的侵染而失鲜变质,逐渐失去营养价值和商品价值,造成极大的资源浪费及巨大的经济损失。因此,开展淡水鱼保鲜技术研究对发展渔业生产,以及为人们提供质优、安全、方便的淡水鱼产品都具有极其重要的意义。

1. 内源因素

淡水鱼在宰杀或死亡后,在自然状态下,其体内仍然进行着一系列的物理、化学和生理上的变化。在开始阶段,肝糖原和肌肉中的糖原发生无氧降解,生成肌酸,肌磷酸也分解成磷酸,肌肉变成酸性,pH 下降,同时肌肉中的 ATP 分解,释放能量,使体温上升,导致蛋白质酸性凝固和肌肉收缩,使肌肉失去伸展性而变硬。在 ATP 分解完后,肌肉又逐渐软化而解硬,并进入自溶作用阶段,在内源性水解酶的作用下,蛋白质分解成一系列的中间产物,以及氨基酸和可溶性含氮物而失去固有弹性。而脂肪组织会在内源性脂肪酶的作用下发生水解现象,导致鱼的新鲜状态迅速变化,鲜度急剧下降。鱼体自身水分的变化(减少)也是引发鲜度变化的关键因素。由于组织结构分解,淡水鱼内部水分的蒸发流失加剧,鱼体会失重,同时产生干缩等,进一步促进鱼体组织的水解和氧化,鱼体内部组织结构及外观品质产生劣变，影响鱼肉的口感及鲜度。基于上述内源因素，相关研究人员可从抑制内源酶活性及防止水分减少的角度进行淡水鱼保鲜技术的研发。

2. 外源因素

淡水鱼自身带有的外源微生物较多，在没有采取保鲜措施的情况下极易腐败变质。引起腐败变质的原因如下：一方面，在捕获时，鱼体产生伤口，使包括腐败微生物在内的各种微生物通过体表、胃、肠腺等侵入肌肉组织；另一方面，在离开水环境后，鱼体表面分泌的黏液成为微生物的良好培养基，再加上鱼体中的蛋白质含量丰富，因而极易引来大量可分解蛋白质的微生物入侵。微生物先将蛋白质分解成肽和氨基酸，再进一步分解成氨、TMA、硫化氢、硫醇、吲哚、尸胺及组胺等，同时鱼体脂肪在外源微生物、氧气和内源酶的共同作用下，发生氧化分解。蛋白质和脂类的分解会产生异味，引起变色和组织结构的改变，最终导致腐败变质。常见的引起淡水鱼类腐败变质的微生物种类包括假单胞菌属、无色杆菌属、黄单胞杆菌属、莫氏杆菌属等。如何控制外源微生物，特别是腐败菌的生长，防止与氧接触导致的氧化作用，是基于外源因素进行淡水鱼保鲜加工需要重点考虑的技术要点。

3.1.2 保鲜技术

在国内，由于历史文化传统、经济水平制约等因素形成的活鱼现宰现杀的烹饪饮食习俗，再加上淡水水产加工行业加工能力不足、技术水平发展滞后等，目前淡水鱼在国内市场上还是以鲜活形式销售为主，保活储运技术仍然是获得新鲜淡水鱼原料的重要手段，有部分学者在相关论著里也将其作为淡水鱼保鲜技术的一部分或统称为淡水鱼保鲜保活与储运技术。作者的观点是将保活储运技术与加工保鲜技术区别开，前者更趋向于作为原料的淡水鱼活体在正式加工前的技术环节，因此本章不对淡水鱼保活储运进行探讨。目前，用于淡水鱼加工保鲜的方法主要分为物理保鲜法、化学保鲜法和生物保鲜法三大类。

1. 物理保鲜法

物理保鲜是指通过使用某些物理手段及技术抑制外源微生物生长和内源酶活性，提高产品保质期的方法，如低温保鲜、真空包装与气调保鲜、辐照保鲜、超高压和高压脉冲电场保鲜等。

1）低温保鲜

低温保鲜是指通过降低温度抑制外源微生物的生长及新陈代谢、内源酶的活性或其他物理、化学及生物作用，从而达到延长保鲜期的方法，目前仍然是最有效、应用最广泛的水产品保鲜方法。按照温度的不同，一般可分为冰藏保鲜、冷藏保鲜、冻藏保鲜等。随着技术水平的发展，又出现了微冻、冰温、超低温冷冻、低温玻璃化等低温保鲜技术。

冰藏保鲜与冷藏保鲜，又称冷却保鲜，属于较为传统的水产品保鲜方法，是指将捕获的水产品经过预处理后置于 0～5℃进行储藏的一种保鲜方法，简便易行，成本较低，但只能进行短期储藏。根据降温和保持低温的方式，比较适合淡水鱼冷却保鲜的保鲜手段主要是冰冷却保鲜和空气冷却保鲜。

（1）冰藏保鲜。冰藏保鲜是水产品保鲜储运中使用最早、最普遍的一种方法。冰藏保鲜就是指将一定比例的冰或冰水混合物与鱼体混合，放入可密封的泡沫箱或船舱，利用冰或冰水降温的一种保鲜方法。由于冰携带、使用方便，冷却时不需要动力，将冰与鲜鱼直接混合，能快速降低鱼体温度，在短时间内能较好地保持鱼体及其制品的鲜度；但冰藏保鲜受外界环境温度影响较大，且冰融化成水后，会导致鱼体在冰水中浸泡时间过长而变软。因此，冰藏保鲜比较适用于对淡水鱼进行短距离、短时间的保存作业。冰藏保鲜中所用的冰可用淡水或海水制得，淡水冰的冰点接近 0℃，而海水（盐水）含有一定量的盐分，其冰点低于 0℃，大约为-1℃。海水（盐水）冰融化时的潜热较高，降温保温效果优于淡水冰。制冰厂大多建设在陆地上，所以淡水冰比较常用。在实际保鲜作业中，海水鱼最好用海水冰，淡水鱼一般用淡水冰。

冰藏保鲜又可分为干冰法和水冰法。干冰法也称为撒冰法，即将碎冰撒在鱼层上，形成一层冰一层鱼，或将碎冰与鱼混拌在一起，前者称为层冰层鱼法，后者称为拌冰法。拌冰法适用于中、小鱼类，特点是冷却快。层冰层鱼法适用于大鱼冷却，厚度为 50～100mm，冰鱼整体堆放高度约 75cm，上用冰封顶，下用冰铺垫。干冰法操作简便，冰水可防止鱼体表面氧化和干燥。鱼体的冷却速度与鱼体的大小、初始温度、冰细碎程度及用冰量有关。在鱼体大小、初始温度、冰细碎程度一定的情况下，用冰量是关键因素。在冰藏期，冰的消耗量主要依据两个因素进行计算：一是鱼体冷却到接近冰温的用冰量；二是冰藏过程中维持低温所需的用冰量。根据经验，用冰量与冷却鱼量的比例一般为 1∶1～1∶3。鱼类冰藏保鲜期的长短主要取决于鱼的种类和鲜度、卫生条件、用冰量、碎冰大小及撒布、隔热效果与环境温度等。在实际冰藏保鲜中，应注意如下事项：①要及时用清水清洗鱼体体表，必要时则需要将鱼去鳃、剖腹、去除内脏，洗净血迹和污物；对于特种鱼或体型较大的鱼，还要在鱼腹内抱冰；保持良好的卫生条件、防止细菌污染；②应尽快加冰装箱，用冰量要充足，冰粒要细，撒冰均匀，层冰层鱼，最上部要加一层盖冰；③控制好环境温度，在冰藏保鲜作业中，环境温度应控制为 0～2℃，不可低于 0℃，否则与鱼接触的冰不会融化，影响鱼体冷却；④掌握合适的保鲜期，环境温度控制在 0℃左右时，淡水鱼冰藏保鲜期为 8～10d；环境温度在 4～5℃时，淡水鱼冰藏保鲜期为 3～5d；而环境温度为室温时，淡水鱼冰藏保鲜期为 2d 以内。

　　水冰法是先用冰将淡水降温至 0℃，然后把鱼类浸泡在冰水（冰与水的混合物）中进行冷却保鲜的一种方法，优点是冷却速度快，适用于死后僵直快的鱼或捕获量大的情况。采用水冰法保鲜鱼类时，应注意以下事项：①淡水要预先用冰冷却，形成冰水混合物，用冰量要足，将冰水温度维持在 0℃；②鱼体要先洗净后再放入，避免冰水污染，若被污染，则需及时更换和消毒；③淡水鱼组织较柔嫩，捕捞时易被污染，鱼体在冰水中长时间浸泡会导致鱼肉吸水膨胀，变色变质。因此，采用水冰法时，将鱼体温度冷却到 0℃时立即取出，再采用干冰法，可获得良好的保鲜效果。

　　（2）冷藏保鲜。冷藏保鲜是将宰杀并洗净的鱼体或经分割的鱼体置于洁净的冷却间，采用冷空气冷却鱼体并在 0～4℃下进行储藏的一种保鲜方法。空气冷却一般在 -1～0℃ 的冷却间内进行，冷却间蒸发器可采用排管或者冷风机。在实际冷藏中，一般需要预先将冷却间的环境温度降低并保持在 -1～0℃，将鱼放入冷却间后需要继续用冷风冷却，使鱼体中心温度迅速降低至 0℃，再放入冷库储藏或者直接放在冷却间储放。由于空气的对流传热系数小、冷却速度慢，不能大批量处理鱼，而且长时间用冷风冷却鱼体，容易引起鱼体的干耗和氧化。因此，冷藏保鲜可用于淡水鱼加工厂原料的短时间储藏，也可用于分割加工的生鲜淡水鱼制品或调理淡水鱼制品的短时间储藏保鲜。

　　（3）冻藏保鲜。冻藏保鲜是将淡水鱼的温度降到冰点以下的保鲜方法。一般来说，鱼体保存的温度越低，其保鲜周期越长，在 -18℃ 的条件下，淡水鱼能储藏 2～3 个月。冻藏保鲜方法适用于所有淡水鱼，既能用于储存加工原料鱼，也可用于储存初加工品和调理水产品。淡水鱼长期储藏保鲜主要依赖于冻藏技术。

　　水产品冻结前一般要进行预处理，尽管前处理会因品种不同而异，小包装调理水产品的冻前处理更是多种多样，但就淡水鱼而言，冻前处理一般包括原料鱼剖杀与清洗、分级与调理、过秤与摆盘等操作。原料鱼的暂存和冻前处理操作均需要在 10～15℃ 环境下进行。

　　淡水鱼捕获后，应先用清水冲洗体表，然后置于冰水中，先用去鳞机去鳞，再进行剖杀、去鳃、去内脏和清洗。淡水鱼在冻前必须去除内脏，因为淡水鱼鱼胆在冻结时极易破裂，会造成鱼体发绿、变苦的"印胆"现象。原料鱼经剖杀和清洗后，要按照鲜度品质和商品规格要求进行分级。对于小包装调理淡水鱼产品，在剖杀清洗后还需要进行切分，切成片、块或丁，再进行调味处理。对于鱼体较软、质地较差的鱼，可以先用淡盐腌制并用低温冷风脱除部分水分，来提高鱼体的硬度和口感。对于多脂鱼类，需要添加适量抗氧化剂，以防止鱼体脂肪的氧化酸败和变色变味。经过分级和调理处理后，要按照包装规格要求进行称量（过秤）。过秤时注意添加鱼制品质量 2%～5% 的水，原因是在冻结和冻藏过程中都存在干耗，添加适量的水可以保证产品解冻后的净重符合规定要求。鱼制品过秤后应立即摆盘，要求摆放平整、外形美观，每盘产品的鲜度、质量和大小规格均匀一致，这样可使速冻后的冻块外观平整光滑，色泽、组织形态均匀整齐。摆盘后应立即进行冻结，或送到冻结准备间进行低温（0℃）暂存。

依据冻结速度可以分为快速冻结和慢速冻结。在冷冻过程中，冻结速度决定了冰晶大小与数目，快速冻结能够使淡水鱼快速通过最大冰晶生成带，形成大量分布均匀、颗粒细小的冰晶，使得细胞内外的压力保持均衡，减小细胞损伤，能够最大限度维持淡水鱼的品质；而慢速冻结形成的冰晶数目少、体积大，易使细胞产生机械损伤，细胞破裂，汁液外流，导致淡水鱼品质急剧降低。按设备原理分类，水产品加工中常用的冷冻方式主要有空气冻结法、平板冻结法、浸渍冻结法和液氮冻结法等。不同冷冻方式、冻结速度对细胞组织结构产生的影响程度不同，进而会影响烹调口感及营养价值。

空气冻结法　采用低温冷空气作为冷却介质，按冷风的输送方式分为管架式鼓风冻结和隧道式送风冻结两种。在管架式鼓风冻结中，制冷剂在组成管架的蒸发器内蒸发，在管架之间形成低温，鱼盘置于管架上，通过鱼盘与蒸发管组的接换热，以及鱼与管架间冷却空气的对流换热，使鱼体热量散失；还可在管架式的冻结室装设鼓风机鼓风，以加强空气循环、缩短冻结时间。管架式鼓风冻结的优点在于冻结温度均匀、冻结量大、耗电量少；其缺点是装卸鱼货时的劳动强度大、冻结时间较长。隧道式送风冻结方式已广泛在隧道式速冻机和螺旋式速冻机上采用，可将冷冻室建成一个狭长隧道式的封闭保温室，并安装输送带、蒸发管和鼓风机。当制冷剂在蒸发管内蒸发时吸收大量热量，使周围空气变冷，冷空气沿着导风板的方向均匀穿过鱼盘，与鱼体进行热交换，吸热后的空气被鼓风机吸回再进行下一次循环。隧道式送风冻结的优点是劳动强度小、冻结速度快；其缺点是耗电量大、冻结不均匀。

冻鱼的质量除与冻前鲜度有关外，还受冻结速度的影响。降低冻结室的温度、提高风速，可以缩短冻结时间、提高鱼制品质量。提高风速可显著提高冻结速度，将风速从 0m/s 提高到 4m/s，鱼制品的冻结速度可提高 3.45 倍，但增大风速会使冻鱼的干耗、电耗增大，且使冻结室各点的风速均匀性变差。目前，国外一般采用 2～4m/s 的风速，而国内多采用 1.5～2m/s 的风速。进货前，应先将冻结室的温度降至-20℃以下；进货时要迅速，以免冷空气大量散失；进货完成后，要用低温冷风快速将鱼体中心温度降低至-15℃以下；冻结完成后，立即将鱼盘从冻结室移出、脱盘，迅速送至冻藏间冻藏。冻结时间因冻结方法、库温、鱼体大小不同而异，一般为 9～14h。另外，应注意鱼制品一定要冻透，否则冻藏时易变质。

平板冻结法　将鱼体放置在平板速冻机的两个冻结平板之间，然后压紧，借助冻结平板与鱼体直接接触而进行冻结的一种冻结方法。根据速冻机中冻结平板的放置方式，可将其分为卧式和立式两种，在生产中应用较多的是卧式平板速冻机。卧式平板速冻机由制冷系统、冻结平板和液压升降装置组成。每台平板速冻机设有数块至十多块板式蒸发器（冻结平板），由制冷系统供应冷媒，冻结平板则可由液压系统控制其上下移动。冻结作业时，先将平板升至最大净距，将装有鱼制品的鱼盘（鱼制品要装平）紧密地排列在平板上，然后下降平板，使平板紧贴鱼体进行冻结，冻结时间为 4～5h。冻结完后，要关闭冷媒供应泵，打开融霜阀，用压缩空气脱冻，然后迅速取出鱼盘、脱盘、包装，并运入-18℃以下的冷库中进行冻藏。平板速冻法的劳动强度较大，不宜冻结大型鱼，主要用于鱼糜、鱼片和小虾等小型水产品的快速冻结，可保证冻品外观形状整齐、组织结构完整。

浸渍冻结法　　浸渍冻结法是一种冻结速度快、能耗低、冻结均匀、干耗小的冷冻加工技术。浸渍法冻结的速度很快，是空气冻结的 7～10 倍、平板式冻结的 1.5 倍，能大大提高冷冻产品的质量，是一种具有广阔前景的冷冻技术。国内研究者研究比较了浸渍冻结法和空气冻结法对调理草鱼块品质特性的影响，结果表明：采用浸渍冻结法和空气冻结法的调理草鱼块通过最大冰晶生成带的时间分别为 3min 和 19.5min；冻藏期间，浸渍冻结的鱼块的硬度、弹性和咀嚼性、蛋白质和水分含量均高于空气冻结的鱼块，其 pH、硫代巴比妥酸反应物（TBARs）值、TVB-N 值均低于空气冻结的鱼块，浸渍冻结的鱼块的感官综合评分均比空气冻结鱼块高。这些结果揭示了浸渍冻结比空气冻结能够更好地保持冻藏过程中的鱼块品质，但与新鲜状态时相比，两种冻结方式处理的调理草鱼块的组织、风味、外观和口感等方面都出现了不同程度的变化。

液氮冻结法　　相较于其他冻结方式，液氮冻结法具有以下优点：速冻快、产量高、质量好、干耗小、抗氧化、杂菌少、环境友好。另外，液氮冻结设备占地面积小、结构简单、操作方便、易于维护；随着空气分离技术发展，液氮冻结成本逐渐下降，使得液氮冻结技术在食品工业中成为新的研究热点。此外，液氮无色、无味、化学性质稳定，与其他物质不发生化学反应，能够更好地维持产品质量和营养价值。目前，水产品保鲜加工的常用方法为-20℃和-40℃冷冻，以及-60℃超低温冷冻，而-80℃超低温冷冻常用来对金枪鱼等比较昂贵的海产鱼进行保鲜，以保证高标准的生食用鲜度品质。对液氮速冻的研究主要通过喷淋式、沉浸式等方式，用来维持鲍鱼、带鱼、银鳕鱼、蟹、鱼丸等海产品为主的产品品质，有关-80℃超低温冷冻和液氮速冻应用于淡水鱼的研究还不多见。

周俊鹏等（2019）研究对比了-30℃平板冷冻、-80℃冰箱、-80℃液氮三种冷冻方式对鲴鱼、鲈鱼、鳜鱼品质的影响，依次比较-30℃平板冷冻、-80℃冰箱和-80℃液氮处理结果，三种淡水鱼的解冻损失率、加压失水率、蒸煮损失率都呈现下降趋势，韧性都呈现增大趋势，而 pH 无显著差异；三种淡水鱼在-30℃平板冷冻下的白度都要高于-80℃冰箱和-80℃液氮处理样品，而后两者间无显著差异；

在微观组织结构方面，三种鱼的细胞间隙都呈现下降趋势，且-80℃液氮处理样品的微观组织结构最为整齐致密，细胞也较完整，可能是-80℃液氮处理比其他两种方法的冷冻降温速率更快，能形成更小更多的冰晶，同时在冷冻过程，部分鱼肉组织转变为玻璃化状态，可对细胞结构产生保护作用，降低对微观组织结构的损伤。低场核磁共振表明，-30℃平板冷冻处理的样品的不可移动水含量出现下降，而自由水含量显著升高，其他两种冷冻处理的样品则不显著，表明同种淡水鱼经-30℃平板冷冻形成的冰晶对鱼肉组织的破坏作用要明显大于-80℃冰箱和-80℃液氮处理样品。从冷冻速率和品质考虑，选择-80℃冰箱和-80℃液氮处理更有利于维持淡水鱼的品质，但两种方式都需要很高的加工成本，还很难应用于中低端的淡水鱼产品。

冻后处理主要包括脱盘、镀冰衣和包装等操作，冻后处理也必须在低温、清洁环境中迅速进行，这将直接影响到冻品的质量。

脱盘　　盘装冻结的淡水鱼在冻结完毕后应依次移出冻结室，在冻结准备室中进行脱盘处理。从运送车或运输带上取下鱼盘后，翻转鱼盘并将鱼盘一端在操作台上轻敲几下，冻鱼块即可脱出；若敲盘后难以脱出，可将盘底朝上用自来水（温度为 10～20℃）冲淋盘底使其稍微解冻，即可脱出冻鱼块。

镀冰衣　　镀冰衣是将冻结、脱盘的鱼制品浸渍在 0～4℃的饮用水中，或将水喷淋在鱼制品表面形成一层薄冰层，其目的是防止鱼体的氧化和冻藏期间的干耗，增加鱼制品表面光滑度和光泽感。脱盘后的冻鱼块需要立即镀冰衣，冰衣质量应控制为冻鱼块净重的 5%～12%。为了增加冰衣的厚度，减少冰藏中冰衣的升华消失，可在水中加入适量的羧甲基纤维素等；还可添加抗氧化剂以防止冻藏多脂鱼的脂肪氧化，延长产品的储藏期。

包装　　镀好冰衣的冻鱼制品还需要进行适当的包装，目的是保证冻结的鱼制品具有良好的感官品质、防止外界微生物污染、防止冻品表面干燥和干耗、避免产品串味串色并且方便储运。包装材料要求清洁卫生、无毒无害，并且具有耐低温、气密性好、透湿率低和透光性好等性能。包装时，包装间温度必须在 4℃以下，包装材料在使用前要预先冷却到 0℃以下；每种冻品应单独包装，同时要与外包装上的标识规格一致。包装后的冻品应迅速进入冻藏间冻藏，防止鱼制品温度过多回升。

尽管冻结好的鱼制品在-18℃以下储存时可以有效地抑制酶和微生物的作用，保存较长时间，但在冻藏过程中鱼体或鱼制品还会缓慢产生干耗、冰晶长大、变色及脂肪氧化等，导致冻品品质下降。干耗是在冻藏过程中因鱼制品表面水分蒸气压高于室内空气蒸气压，引起鱼体表面水分蒸发而导致的鱼制品质量减轻现象。鱼类在冻藏过程中发生干耗，不仅会造成经济损失，而且会导致冻藏鱼制品质量下降，可通过镀冰衣、包装和降低冻藏温度等方法来减少干耗。速冻生产的鱼制品具有细微的冰晶结构,但在冻藏过程中会因冻藏温度的波动而使冰晶逐渐长大,且冻藏时间越长,温度波动幅度越大,波动次数越多,冰晶长得越快。而冰晶长大又会破坏鱼体组织结构和细胞质膜,导致解冻时汁液流失,质地变软。在冻藏中,只有保持冷库温度稳定、减少开门次数、迅速完成进出货,才能有效防止鱼制品中冰晶的长大。鱼类在冻藏过程中的变色,主要源于美拉德反应、酪氨酸的酶促氧化褐变、血红蛋白或肌红蛋白氧化、硫化氢与血红蛋白或者肌红蛋白发生反应等;另外,鱼肉也会由于肌肉、血液、表皮中天然色素的分解而造成褪色。一般可以采用保证冻结前的鱼制品鲜度、漂洗、添加抗氧化剂、镀冰衣、真空包装、降低冻藏温度等措施来防止冻藏鱼制品变色。鱼类肌肉和内脏中含有甘油三酯、磷酸甘油酯和鞘磷脂等脂质成分,在内源酶的作用下,分解产生大量游离的多不饱和脂肪酸。这些多不饱和脂肪酸在冻藏中易发生氧化并产生刺激性臭味、涩味和酸味等。脂肪氧化产物又会与氨基酸、盐基氮等共存,从而加强酸败作用,造成色、香、味的严重恶化,此现象称为"油烧"。低温储藏对脂质氧化有所抑制,但部分水解酶在低温下仍然有一定的活性,还会引起脂质水解和品质劣化,因此该现象也称为"冻结烧"。在实际作业中,可采用镀冰衣、真空包装、添加抗氧化剂、降低冻藏温度并保持冻藏温度稳定等措施,来防止鱼制品在冻藏中的脂肪氧化。

冻结鱼制品进入冷库冻藏时,应按品种、规格、等级和批号分开堆垛,堆垛要平稳,并且每垛都要标明品种、等级、数量、进库时间及其他必要说明。垛底应垫有0.2m高的方木垫,垛与墙壁、天花板之间应保持0.3～0.4m的距离,距冷排管0.4～0.5m,距风道口0.3m,同品种垛与垛之间留有0.2m左右的空隙,以便冷空气流动循环,避免局部温度过高或过低。不同品种的冻鱼垛应保持较大的间隙,不小于0.7m,以便于区分不同的品种。在冻藏室内应留有宽度2.0m左右的铲车通道,以便于货物进出,实际作业中要保证货物先进先出。

冻藏鱼制品的品质,主要取决于原料鱼的品质、冻结前的处理、包装、冻结方式及冻结产品在流通过程中经历的温度和时间等因素。冻藏温度对鱼制品品质的影响大于冻结速度,冻藏温度越低,鱼制品品质保持得越好,储存期越长,但日常运转费用也会越高。对于大部分冻结食品,在-18℃下储藏,货架期可达1年,而且是经济的。

(4)中间温度带保鲜。微冻保鲜和冰温保鲜统称为中间温度带保鲜。其中,微冻保鲜是将水产品保存在冰点以下(-3℃左右)的一种轻度冷冻或部分冷冻的保鲜方法,所需温度区域介于冷藏和冻结之间,也称为过冷却或部分冷冻保鲜。在0～10℃的温度区域内生长的微生物温度系数一般为5;而在0℃以下时,大多数微生物的生长温度系数为1.5～2.5。微冻保鲜水产品的储藏性,是冷藏保鲜的2～3.3倍;而且在微冻状态(-2～-3℃)下,鱼体内部分水分冻结,致使水分活度降低,细菌细胞汁液因部分冻结而浓缩,改变了其生理生化过程,大部分嗜冷菌的活动受到抑制。经研究，微冻保鲜对微生物的抑制能力是冷藏的 4 倍，可使鱼类能在较长时间内保持鲜度而不发生腐败变质。相对于冻结点以上的冷藏水产品，微冻产品在品质和货架期等方面均拥有较大优势。微冻保鲜期因鱼种的不同而存在差异，一般为 20～27d，虽然比冷冻产品短，但比冷藏保鲜期延长了 1.5～2 倍。而且相比冷冻产品，微冻条件下，淡水鱼内的冰晶较少，对细胞损伤小，解冻后的汁液流失率低，鱼肉质构变化不大，能较好保持淡水鱼独特的风味，且微冻保鲜法的能量消耗较少，生产成本相对较低。

目前，各国所采用的微冻温度一般为–3～–2℃，而该温度正好处于最大冰晶生成温度带（–5～–1℃）。因此，采用快速冻结方式快速通过该温度带，是微冻保鲜需要采取的措施。近年来，微冻保鲜技术已应用于罗非鱼、鲈鱼、鲢鱼、草鱼、鲫鱼等淡水鱼，可有效地抑制鱼体的细菌总数增长，维持较低的 TVB-N 值和 K 值。熊光权等（2007）通过测定草鱼和鲫鱼的 TVB-N 值及菌落总数，并结合感官评定，发现草鱼、鲫鱼经微冻保鲜 30d 后仍然可以达到国家相关标准，延长了鲜鱼的保鲜期。

目前，常用的鱼类微冻保鲜方法主要有冰盐混合微冻法、鼓风冷却微冻法和冰温保鲜法三种类型，需要根据鱼种、加工条件和成本、消费者的需求选用不同的微冻方式。目前认为，前两种方式较适用于淡水鱼及制品的微冻保鲜，而冰温保鲜法对冷库温度的控制精度要求高，设备占用空间较大，经济成本高，更适合用在大型远洋渔船上。

冰盐混合微冻法　　该方法是目前较为常用的一种微冻保鲜方法，具有鱼体含盐量低、鱼体不变形、价格低、使用安全和操作简单等特点。当将盐掺在碎冰中时，盐在冰中溶解而发生吸热作用，使冰盐混合物的温度迅速下降，再用低温的冰盐混合物淋洗或浸泡鱼体，以迅速降低鱼体温度，保持其鲜度。冰盐混合物的温度与冰水中的加盐量有关，加盐量越大，冰盐混合物的温度越低。但加盐量过大时，不仅会导致盐渗透到鱼体中而影响鱼的口味，而且会使鱼体脱水。当食盐浓度达到 30%时，冰盐混合物的温度可降到–21℃左右；而采用微冻保鲜时，需要将鱼体温度降低至–3℃，因此在冰中加入 5%的食盐即可。在冰盐微冻保鲜作业中，还要注意适当补充冰和盐，以维持冰水温度。

鼓风冷却微冻法　　采用制冷机先将空气冷却至较低温度后再吹鱼体，使鱼体表面温度降到–3℃并进行储藏的保鲜方法称为鼓风冷却微冻法。鼓风冷却时间与冷空气温度、鱼体大小和品种有关，当鱼体表面微冻层厚度达 5～10mm、鱼体内层温度达到–2～–1℃时即可停止鼓风冷却，然后将微冻鱼装箱，置于–3℃船舱或冷库中保存，最长保存时间为 20d。采用鼓风冷却微冻法保鲜鱼及加工品时，可以先将产品在微冻液（冰、盐等混合物）中浸泡一定时间，捞出沥水后进入速冻机中，利用速冻机中的低温冷风快速冷却鱼体使其温度降到–3℃，再在–3℃冷库中进行储藏。该方法的优点是不仅能准确控制冷冻工艺条件、产品降温迅速、终温控制准确，还可防止鱼肉蛋白质变性和肌肉质构变化，并克服常规鼓风冷却微冻保鲜引起的干耗。

冰温保鲜法　　冰温保鲜是日本研究者于 1970 年发明并发展起来的一种食品保鲜技术，已被证明是保持生鲜水产品鲜度和品质的较好方法之一。冰温是指 0℃以下、冰点以上的温度区域，介于冷藏和微冻之间，储藏温度在冰点以上，水产品始终处于不冻结的鲜活状态，因此，冰温保鲜的突出优势在于既可避免因冻结导致的一系列质构劣化现象，又能保持水产品的鲜活状态。在冰温区域，大多数微生物生长的温度系数 Q_{10} 为 1.5～2.5，而在 0～10℃的温度区域内微生物生长的温度系数一般为 5.0。食品内部的化学反应，如脂质氧化、非酶褐变等化学反应的温度系数 Q_{10} 大约为 2.0，也就是温度上升 10℃，反应速率增加 2 倍，而冰温储藏温度比冷藏温度低 5℃。对水产品在冰温（0℃）和冷藏（5℃）两种储藏温度下的脂肪氧化程度进行检测，结果显示，冰温可明显抑制脂肪氧化反应速率，冰温条件下水产品的 TBARs 值达到同一值所需时间是冷藏条件下的 2.5 倍，这就是冰温可显著延长水产品货架期的本质原因。但冰温保鲜的保存时间一般较短，为冷藏的 2 倍左右。

鱼类肌肉组织含有蛋白质、脂肪、糖类和盐类等化学成分，冰点一般为–0.9～–0.3℃，而目前冷库温度控制精度一般在±1℃以上，因此需要对冰点进行调节、拓宽鱼肉的冰温区域，才能有效实现冰温保鲜。在鱼肉中添加适量的食盐、蔗糖、多聚磷酸盐等冰点调节剂，制成生鲜调理淡水鱼制品，可降低鱼肉的冻结点，拓宽冰温区域，便于冰温储藏期间的温度控制，生鲜调理淡水鱼制品的冻结点一般为–2～–1℃。

冰温保鲜对冷库的储藏温度控制精度要求较高，储藏过程中的温度波动不能太大，需要选用冷气分布均匀、储热性能良好的冷库，要求冰温保鲜库的温度控制精度在（–1±0.5）℃。在保鲜储藏中，需要根据淡水鱼的特性和冰点选择合适的冰温储藏温度。例如，对于调理生鲜淡水鱼制品，可选择（–1±0.5）℃作为冰温保鲜温度。

（5）低温玻璃化保鲜。低温玻璃化保鲜是近 20 年来发展起来的一项新的低温保鲜技术。低温玻璃化保鲜理论的核心是在玻璃化转变温度以下进行储藏，能最大限度地保存食品品质。产品的低温玻璃化保鲜实质上包括快速降温过程中最大浓缩溶液的玻璃态固化、最大冻结浓缩溶液的玻璃化转变温度下的玻璃化保存，以及复温过程中防止反玻璃化的发生三个过程。水产品的低温玻璃化保鲜，首先要准确测量不同水产品的玻璃化转变温度；其次要研究低温玻璃化保鲜中引起食品腐败变质的各种生化反应速率、微生物繁殖和酶的活性与温度之间的定量关系，以及开发新的快速冻结和解冻装置等。

2）真空包装与气调保鲜

（1）真空包装保鲜。真空包装是淡水鱼保鲜最常用的包装方式，通过最大限度地降低鱼体的环境压力，减少鱼肉的氧化、酸败，以达到淡水鱼保鲜储藏的目的。真空包装的保鲜不但能够延长水产品的货架期，而且能够缩小包装体积，便于运输。

（2）气调保鲜。气调保鲜技术则是在适宜的低温条件下，采用人工混合气体代替储藏库或包装内的空气组成，抑制微生物的生长，减缓水产品体内的化学反应速率，以达到延长保鲜期和提高保鲜度的目的。空气主要由78%的N_2、21%的O_2、0.03%的CO_2等组成，降低O_2比例、提高N_2和CO_2的比例，可以抑制生物体的呼吸代谢及氧化等化学反应。CO_2对大多数需氧细菌、霉菌，特别是嗜冷菌具有较强的抑制作用；N_2是惰性气体，可用作混合气体的充填气体，防止包装变形或汁液渗出。就淡水鱼的保鲜而言，采用N_2和CO_2的混合气体代替空气，能更为有效地抑制微生物的生长繁殖，延长鱼制品的货架期。研究表明，气调保鲜有抑制细菌腐败、保持鱼片新鲜色泽和隔绝O_2的三大优点。

然而，单独使用真空和气调包装作为鲜鱼的保鲜方式会出现效果甚微的情况，甚至可能会出现不良效果，这与淡水鱼类储藏期间，各种微生物对特定储藏条件的耐受程度不同有关。容易使淡水鱼腐败变质的细菌包括明亮发光杆菌和腐败希瓦氏菌等，但在不同的储藏条件下鱼体容易生长的细菌种类有区别：使真空和气调包装的淡水鱼腐败变质的细菌是磷光发光杆菌和乳酸菌；有氧低温储藏淡水鱼的特定腐败细菌则是假单胞菌。原料鱼的鲜度对采用气调包装后的冷藏鱼制品的品质也有直接影响关系：原料鱼越新鲜、原料鱼上的细菌数越少，气调保鲜鱼制品的货架期越长；如果原料鱼在包装前已超过规定的卫生指标，采用气调保鲜的效果就会很差。对于活杀的淡水鱼，采用气调包装在0~6℃下储藏10d左右，其卫生指标和感官指标可达到二级鲜度指标。提高CO_2的浓度，则可提高CO_2对嗜冷菌的抑制效果，且革兰氏阴性菌比革兰氏阳性菌对CO_2更敏感，而乳酸菌对CO_2有很高的抗性，可在浓度为50%甚至在100%的CO_2中生长。有研究发现，使用CO_2的包装可使磷光发光杆菌变为优势腐败菌，鲜鱼的腐败周期可大大缩短。采用充气包装时，一般要先抽真空，再充入CO_2和N_2组成的混合气体并密封。由于CO_2易溶于水，CO_2比例越高，密封后袋内的真空度会越高，肌肉的pH和持水性下降就会越明显，储藏过程中的汁液渗出量会越多。将CO_2与N_2的比例控制在70：30~75：25时，既可保证较好的保鲜效果，避免脂肪氧化引起酸败，又可防止真空度过高而引起汁液大量渗出。不同材质和厚度的包装袋对气体和水蒸气的阻隔性不同，其透气率也因气体种类、气体浓度和温度不同而异。包装袋的透气率通常随温度升高而增大，储藏温度低时可以减少CO_2逸失。鱼制品含有较多的水分，充入CO_2易使包装袋内产生真空，因此需要选用对气体，特别是对O_2具有高阻隔性的复合包装材料。气调包装必须与低温储藏相结合，才能有效地延长水产品的保鲜期。Gill 等（1980）以同温度的空气环境为对照，研究了 2%的 CO_2 对荧光假单胞生长的影响，发现在 30℃时的抑制效果为 10%～20%，而在 5℃下的抑制效果则达到了 80%。彭城宇（2010）以罗非鱼为对象，研究了低温气调包装，结果表明，在冰温下采用 70% CO_2+30% N_2 气体比例包装的罗非鱼的品质保持较好，货架期可达 21d 左右，与单独采用冰温或气调保鲜方法相比，货架期分别延长了3d 和 6d。

3）辐照保鲜

辐照保鲜是指利用原子能射线的辐照能量对食品进行杀菌处理，辐照保鲜是一种冷处理技术，能降低食品中大多数腐败微生物的数量，特别是能杀灭水产品中常见的肠道病原菌，同时不破坏水产品的食品结构和营养成分。水产品的辐照剂量一般是 1～6kGy，按照国际原子能机构相关标准来衡量是安全可靠的；采用5kGy 以下剂量的辐照能保持鱼体的良好感官品质，具有无化学残留和再次污染问题等优点，因而在近年来得到了快速的发展。马晶磊等（2012）以新鲜草鱼肌肉为试验材料，采用不同剂量的 ^{60}Co-γ 射线进行辐照处理，发现随着辐照剂量的增加，草鱼肌肉中的细菌总数呈下降趋势，肌肉中的含水量明显减少，而辐照剂量对鱼肉中的蛋白质、脂肪、碳水化合物和灰分含量无影响，辐照前后，草鱼肌肉的饱和脂肪酸与不饱和脂肪酸总量无显著变化。草鱼肌肉不辐照和经 2kGy 辐照后，其 TVB-N 值仍保持在一级鲜度范围，辐照剂量为 4～10kGy 时，保持在二级鲜度；辐照剂量的增加，使 TBARs 值增大，草鱼肌肉产生的刺激性气味加重，肌肉颜色逐渐由红色变为暗红色，肌肉组织表面逐渐变得不光滑。而低于 8kGy 剂量的 ^{60}Co-γ 射线辐照对草鱼肌肉的品质影响不大。

4）超高压和高压脉冲电场保鲜

（1）超高压技术或高静压技术。超高压技术是指将食品密封于弹性容器或置于无菌压力系统中（常以水或其他流体介质作为传递压力媒介），采用 100～1000MPa 静态液压在常温或较低温度下对食品进行处理，可用于食品杀菌、灭酶和改性等，同时对食品的营养、色泽和风味也具有很好的保护效果。超高压技术具有低能耗、高效率、无毒素产生等优点，可以利用超高压技术使食品中的酶和微生物的活性降低乃至完全失活，从而达到保鲜效果。雒莎莎等（2011）将超高压技术结合冰温储藏技术应用于鳙鱼的保鲜，发现超高压处理改善了鱼肉的气味、滋味和咀嚼度，改变了鱼肉的色度。研究结果表明，超高压对鳙鱼肌肉超微结构和理化性质的影响可能是改善鳙鱼品质的内在机理。在冰温储藏过程中，超高压的处理效应能够得到较好的维持，超高压处理能够改善鳙鱼在储藏过程中的品质。

（2）高压脉冲电场技术。高压脉冲电场也是一种食品非热杀菌灭酶方法，采用两块平行电极板与高压脉冲电源相连，电极板间产生高压脉冲电场，处理时将食品置于处于电极板间的食品处理室，利用高压脉冲电场的特殊效应产生杀菌、钝化酶的作用。该方法具有环保、安全、经济、实用等多方面优点，是近十多年来才涌现出的食品保鲜新方法。陈建荣（2012）发现，在同样的储藏保鲜条件下，经高压静电场处理后，淡水鱼的保鲜期都有了不同程度的延长。在 3℃保鲜环境下，最佳处理条件是电压为 25kV、作用时间为 20min，可保存 16d；在10℃保鲜环境下，最佳处理条件是电压为 25kV、作用时间为 10min，可保存 9d。电压较大、作用时间较长时，例如，电压为 75kV、时间为 20min，此时的杀菌效果虽好，但鱼肉熟化程度高，因此保鲜效果差；相反的是，作用电压较低、作用时间较短时，例如，电压为 25kV、时间为 4min，此时达不到彻底灭菌效果；而在 3℃下采用电压为 25kV、作用时间为 20min 或电压为 5kV、作用时间为 4min的处理方法时，杀菌效果好，能避免组织熟化，保鲜期更长，特别是电压为 25kV、作用时间为 20min 时取得的效果最理想，菌落总数、感官评价、pH 均优于其他条件。

2. 化学保鲜

化学保鲜即在食品中加入化学物质来延长保鲜时间、保持品质的一种保鲜方法，食品加工中的盐腌、糖渍、酸渍及烟熏加工，本质上均属于化学保鲜。我国水产品加工行业中一直以来较多采用的化学保鲜方式有抗生素保鲜、食品添加剂保鲜、臭氧保鲜等。其中，抗生素保鲜是指通过抗生素抑制和杀灭微生物而延长产品的保质期，但随着研究的发展和消费者食品安全意识的提升，发现该技术存在抗生素残留、微生物耐药性等问题，负面效应越来越明显，现在很多国家已经禁用了一些抗生素，该项技术已不再适宜在淡水鱼保鲜加工中应用。传统的糟醉、盐腌和烟熏加工对于水产品也具有一定的化学保鲜效果，但加工后得到的产品风味特征与生鲜制品有比较明显的区别，因此不在此介绍。长期以来，化学保鲜剂凭借价格低、使用简单、使用量少等优势得到了较为广泛的应用，在保障其安全合理规范使用的前提下，在今后相当一段的时间内，还将继续在水产品加工和储运过程中发挥重要作用。

1）食品添加剂保鲜

可以作为保鲜用途的食品添加剂包括防腐剂、杀菌剂、酸度调节剂、抗氧化剂等。

（1）防腐剂。防腐剂包括酸性防腐剂、无机防腐剂、酯型防腐剂和生物防腐剂四类。前三类都是化学防腐剂，属于化学保鲜的范畴；而生物防腐剂则要归属到生物保鲜的范畴，在此不会有涉及。

酸性防腐剂　　水产品中常用的酸性防腐剂有苯甲酸及苯甲酸钠、山梨酸及山梨酸钾、二氧化硫和亚硫酸盐等。苯甲酸及苯甲酸钠又称为安息香酸及安息香酸钠，属于酸性防腐剂，抑菌效果主要取决于其未解离的酸分子，效力根据 pH 确定，酸性越强，效果越好，苯甲酸及苯甲酸钠的最适抑菌 pH 为 2.5～4，pH 高于 5.4 时会失去对大多数霉菌和酵母的抑制作用。联合国粮食及农业组织（Food and Agriculture Organization of the United Nations，FAO）和世界卫生组织（World Health Organization，WHO）规定，苯甲酸及其钠盐的每日允许摄入量为 0～5mg/kg，我国规定的苯甲酸及苯甲酸钠的最大使用限量为 0.2～1g/kg。山梨酸及山梨酸钾也属于酸性防腐剂，与苯甲酸及盐类相比，山梨酸及盐类的抑菌效果好、毒性小，且对产品风味无不良影响，是目前国际上公认最好的防腐剂。山梨酸及山梨酸钾可以有效地抑制霉菌、酵母菌和好氧性细菌的活性，还能够抑制肉毒杆菌、葡萄球菌、沙门氏菌等有害微生物的生长和繁殖，但对厌氧性芽孢菌与嗜酸乳杆菌等微生物几乎无效。山梨酸及山梨酸钾的抑菌机理为抑制微生物（尤其是霉菌）细胞内脱氢酶系统的活性，并与酶系统中的巯基结合，使多种重要的酶系统被破坏，从而达到抑菌和防腐的要求。FAO/WHO 规定，山梨酸及钾盐的每日允许摄入量为 0～25mg/kg，我国规定在鱼类制品中山梨酸及钾盐的最大使用限量为 0.075g/kg。

无机防腐剂　　　二氧化硫和亚硫酸盐属于无机防腐剂，它们具有还原性，可以消耗环境中的氧，使好氧型微生物缺氧而死，同时能阻碍微生物生理活动中的酶，从而抑制微生物的生长繁殖，但直接使用会造成二氧化硫的残留，或使用亚硫酸盐后也会残存一些二氧化硫，引起严重的人体过敏反应，尤其是对哮喘患者。FAO/WHO 规定二氧化硫的每日允许摄入量为 0～0.7mg/kg。在水产品中使用此类化学保鲜剂的目的更侧重于防止产品的褐变产生。

酯型防腐剂　　　尼泊金酯是一类广谱、高效、低毒的防腐剂，且不易受食品pH 的影响，在 pH 为 4～8 时均具有很好的抑菌能力。根据连接的烷基侧链，尼泊金酯可分为甲酯型、乙酯型、丙酯型和丁酯型等，各类型单酯的侧链长短不同，因而穿透细胞膜的能力不同，并且其抑菌的作用位点也不同，所以各种单酯针对不同种类微生物的抑制能力有差异。刘小莉等（2016）研究发现，在同等保存条件下的淡水鱼保鲜试验中，尼泊丁酯对所有受试腐败菌的生长均具有抑制作用，抑菌谱最广且抑菌活性高于尼泊乙酯、尼泊丙酯。但尼泊金酯中各单酯存在烷基侧链，并且其分子质量相对于其他防腐剂都要大得多，因此比苯甲酸钠、山梨酸钾更加难溶于水，更难在食品中分散，这样减少了添加到食品中的尼泊金酯与食品中的微生物相接触的概率，存在着食品腐败的风险。而有研究结果表明，将各种尼泊金酯复配后，复配酯的抑菌能力会大大地加强，在与各个单酯同等用量的情况下，经过复配的尼泊金酯的抑菌能力明显强于尼泊金单酯，这样不仅可以减少尼泊金酯的用量，也可以改善其在食品中的分散性。

（2）杀菌剂。我国水产品加工中常用次氯酸钠作为杀菌剂。次氯酸钠的灭菌原理：通过自身水解形成次氯酸，次氯酸进一步分解形成新生态氧，具有极强氧化性的新生态氧可使病毒和菌体的蛋白质变性，从而杀死病原微生物。次氯酸钠已被广泛应用于自来水消毒，在鱼片加工中也常作为消毒剂。国内研究者用浓度为 100mg/L 的次氯酸钠溶液处理鲜罗非鱼片，减菌效果显著。

（3）酸度调节剂。柠檬酸、甘氨酸、乳酸、乙酸、双乙酸钠等具有 pH 调节作用的化学成分，单独使用时对微生物的生长有一定的抑制效果，但效果没有常用防腐剂明显，因为单一的防腐剂通常存在一定缺陷。采用不同类型防腐剂的复合防腐技术，将防腐剂和酸度调节剂配合使用，同时结合低温保存、气调保存等保鲜手段，才能发挥各种方法的互补和相乘效果，有效阻止微生物的生长并排除其他不利因素。研究发现，不同保鲜剂或不同溶液体系中的相同防腐剂对淡水鱼特征性腐败菌的抑制作用有明显差异，防腐剂与传统水产加工调味料的复合使用对腐败菌具有很好的抑制作用，与微生物酶系统中的巯基结合，从而破坏酶系统，达到抑制微生物生长、繁殖及防腐的效果，可有效延缓鱼肉的腐败变质，这为冷藏淡水鱼调理食品提供了理论指导。

（4）抗氧化剂。食品抗氧化剂的种类很多，抗氧化机理也不尽相同，但均与抗氧化剂的还原性相关。水产品中大多含有较高比例的脂肪酸，在加工和储藏过程中容易发生氧化，不仅降低了产品的营养价值，使风味和颜色产生劣变，而且产生的有害物质会影响人体健康。

在水产品加工中常用的抗氧化剂主要有丁基羟基茴香醚（BHA）、二叔丁基羟基甲苯（BHT）、叔丁基对苯二酚（TBHQ）、没食子酸丙酯（PG）、生育酚类、抗坏血酸及其衍生物等人工合成的抗氧化剂，以及茶多酚等天然抗氧化剂（参见生物保鲜部分）。抗氧化剂的使用一般选择在水产品保持新鲜状态和未发生氧化变质前，否则效果会显著下降，甚至无效。对于各种酚型抗氧化剂，柠檬酸、磷酸及其酯类都具有较好的抗氧化增效作用。在生鲜水产品的保鲜过程中，单独使用抗氧化剂的效果并不明显，通常应结合低温保存。

2）二氧化氯、臭氧和酸性电解水保鲜

（1）二氧化氯。二氧化氯是一种黄绿色气体，具有与氯气相似的气味，1 标准大气压时的沸点为 11℃，密度为 3.1g/L。空气中的二氧化氯体积浓度超过 10%时便有爆炸性，但在水溶液中非常稳定。二氧化氯及水溶液受紫外线照射或受热后会逐渐分解，为了克服二氧化氯的不稳定性缺点，以便运输和储藏，一般将其制成稳定性溶液。二氧化氯分子的结构特点是氯原子以 2 个配位键与 2 个氧原子结合，外层还存在一个未成对电子，具有很强的氧化作用，它能迅速氧化、破坏病毒蛋白质衣壳中的酪氨酸，抑制病毒的特异性吸附，阻止其对宿主细胞的感染。二氧化氯与细菌及其他微生物蛋白质中的部分氨基酸发生氧化还原反应，使氨基酸分解破坏，进而控制微生物蛋白质的合成，最后导致细菌死亡。同时，二氧化氯对细胞壁有较好的吸附和透过性能，可有效地氧化细胞内含巯基的酶，除了可以杀灭一般细菌外，对芽孢、病毒、藻类、真菌等均有较好的杀灭作用。二氧化氯作为高效消毒剂，主要的消毒杀菌特性如下：①高效、强力；②快速、持久；③广谱、灭菌；④无毒、无刺激；⑤安全、多功能。

（2）臭氧。臭氧作为一种强氧化剂，可以和无机物、烯烃类化合物、核蛋白及有机氨等发生反应，对革兰氏阳性菌、革兰氏阴性菌、真菌和病毒都具有杀灭作用。Silva 等（1998）研究发现，臭氧作为一种非常有效的杀菌剂能显著抑制食品中细菌总数的上升。臭氧对食品的保鲜原理是利用其强氧化性分解微生物体的活性基团，增加溶氧量，从而起到杀菌的作用。臭氧杀菌消毒后分解为氧气，具有无毒、无害、无任何残留的特点，因而被誉为当今世界上最安全的保鲜剂之一。2001 年，美国食品药品监督管理局（FDA）已将臭氧列入可直接与食品接触的添加剂范畴。在水产品加工中，臭氧主要用于水产品冷库消毒，加工车间的空气、设备、用品等杀菌净化，加工用水杀菌，除味脱臭、加工及包装前原料的消毒等，具有非常广泛的用途。目前，臭氧保鲜法的三种具体保鲜方式是臭氧气体、臭氧水和臭氧冰。臭氧气体在常温下难以保存，应用有限；臭氧水具有非常强的氧化能力，用它处理水产品可以减少原始细菌数；臭氧冰的杀菌力强，保鲜效果好，使用方便、快捷、环保，解决了长期以来臭氧难以保存和运输等技术难题，扩大了臭氧的应用范围，为水产品储藏提供了一种新的保鲜方式。

用于水产品保鲜时，可以在储藏前用臭氧水处理，减少原始微生物数量，在储藏期间用高浓度的臭氧冰覆盖或通入一定的臭氧气体，持续杀菌，可以取得较为理想的保鲜效果。刁石强等（2007）使用臭氧冰对罗非鱼片进行保鲜处理，研究表明，鱼片上的菌落总数比对照组减少了 82%～97%，产品的货架期相对延长 3～4d。但目前在实际行业应用中，臭氧杀菌技术的使用范围还是集中在水产养殖系统的再循环水，用以降低鱼病的发生概率，在捕获后的淡水鱼的保鲜应用中仍处于推广发展阶段。

（3）酸性电解水。酸性电解水是稀释盐水或稀盐酸在电场作用下，通过消耗微量电能电解成的具有杀菌功效的功能水。根据 pH、有效氯的质量浓度、氧化还原电位，酸性电解水可以分为强酸性电解水、弱酸性电解水和微酸性电解水。按结构分类，电解水的制备装置有隔膜式和无隔膜式，有隔膜装置用于制备强酸性电解水，而无隔膜装置用于制备弱酸性电解水和微酸性电解水。强酸性电解水的氯味重、pH 低、腐蚀性大、不耐久存、设备制造成本高，在一定程度上限制了其推广应用。微酸性电解水的 pH 接近中性，对皮肤无刺激性，与有机物反应后还原为普通水，且在该 pH 条件下，电解水的杀菌成分主要为次氯酸，而次氯酸的杀菌能力是次氯酸根的 80～150 倍，因此微酸性电解水具有瞬时、广谱、高效、安全、无残留的杀菌特点。现有技术中采用酸性电解水保鲜水产品，仅局限于短时间冲洗，不适合长时间浸泡，否则会影响水产品的感官，而且会缩短货架期。基于此原因及酸性电解水的优点，逐步产生了一种应用趋势，即改变酸性电解水的形态，制备酸性电解水冰。酸性电解水冰在保鲜水产品品质方面均表现出较好的效果：一方面，电解水冰本身具有传统自来水冰的低温优势，使细菌的生长受到抑制；更为重要的一方面，则是电解水冰和其融化后所产生的电解水对细菌有抑制作用。

Koseki 等的研究表明，电解水冰在保存食品过程中会释放出氯气，并且氯气的浓度在杀菌作用中起着重要的作用。随着保存时间的延长，电解水冰会逐渐融化成电解水，相较于新鲜制备的电解水，其有效氯含量、氧化还原电位都会相应减弱，pH 也会有一定的上升。即使这样，电解水冰的较强杀菌能力仍不能被忽视。Feliciano 等研究了电解水冰对人工接种细菌后的罗非鱼和鱼片的影响，结果表明，在人工接种大肠埃希氏菌（又称大肠杆菌）、单核细胞增生李斯特菌、恶臭假单胞杆菌于罗非鱼和鱼片上后，将其置于融化的酸性电解水冰中72h，三种菌的数量均显著减少。

3. 生物保鲜

生物保鲜主要是利用天然无毒的具有抗菌、抗氧化性能的物质或采用能够维持食品鲜度品质的技术，通过降低内部水分挥发、延缓脂肪氧化和抑制微生物生长来延长食品的货架期，且具有安全环保、保鲜效果显著、储藏成木较低、操作方法简单等优点。生物保鲜可分为生物活性物质保鲜、酶法保鲜、微生物保鲜等。

1）生物活性物质保鲜

用于保鲜的生物活性物质主要包括如下几种：微生物源食品防腐剂，如乳酸链球菌素、ε-聚赖氨酸、枯草菌素；动物源食品防腐剂，如壳聚糖；植物源食品防腐剂，如海藻酸钠、茶多酚、芦荟提取物、竹叶提取物、香辛料和中草药类。由于具有天然、对人体无毒两大优点，生物活性物质保鲜剂受到越来越多的推崇和关注。生物活性物质作为天然保鲜剂应用在淡水鱼储藏中，通常是将鱼体浸于其中，或将保鲜剂喷于鱼体表面，从而改变鱼肉表面的气体环境，抑制微生物生长，同时具有防止汁液流失的效果。单一来源和成分的生物活性物质难以达到理想的全面保鲜效果，因此在使用过程中常需要复配或结合其他的方法或成分。

（1）乳酸链球菌素。乳酸链球菌素是一种高效、无毒、安全、无副作用的天然食品防腐剂，早在 1969 年，FAO 和 WHO 已经允许将其用于食品中。1990 年，我国卫生部食品卫生监督检验所正式批准乳酸链球菌素作为安全的食品防腐剂在食品中应用。目前，越来越多的国家和地区接受并使用了乳酸链球菌素。乳酸链球菌素是乳酸链球菌产生的多肽物质，由 34 个氨基酸残基聚合而成，对大多数革兰氏阳性菌，如乳杆菌、单核细胞增生李斯特菌、葡萄球菌等，尤其是耐受低温灭菌的梭菌和芽孢杆菌有强烈的抑制作用，主要作用于细菌的细胞膜，抑制细胞壁中肽聚糖的生物合成，阻碍细胞膜和磷脂化合物的合成，导致细胞内容物外泄，引起细胞裂解。Lee 等（2004）以乳酸链球菌素作为保鲜基质对鲟鱼进行保鲜处理，系统研究其对鱼块的储藏保鲜效果并与空白组作对照，结果表明：乳酸链球菌素对金黄色葡萄球菌、乳杆菌等革兰氏阳性菌和一些腐败菌有较好的抑制作用，降低了鱼体的质量损失并抑制了脂肪的氧化，减缓了 TVB-N 值、TMA 含量和 pH 的上升速率，较好地保持了鱼块的硬度、弹性、咀嚼性等，有效延长了鱼块的货架期。此外，保鲜剂洗脱后不会影响到鱼肉烹饪后的口感。乳酸链球菌素的最适 pH 为 3.0，在碱性条件下的溶解度较小，稳定性相对较差，食品自身特性也会影响乳酸链球菌素的活性及抑菌效果。国内研究者发现，乳酸链球菌素在冷藏条件下可以延缓草鱼中微生物的生长繁殖、减缓 TVB-N 值及过氧化值的升高，使得草鱼中不饱和脂肪酸的氧化速度降低，将其和乙酸相结合，效果更佳。

（2）ε-聚赖氨酸。ε-聚赖氨酸是一种均聚氨基酸，由单个赖氨酸分子在 α-羧基和 ε-氨基形成酰胺键而连接成多聚体，一般由 20～30 个赖氨酸单体组成，是一种阳离子聚合多肽。当分子质量为 3.6～4.3kDa 时具有高抑菌活性，而当聚合度低于十肽时，则会丧失抑菌活性。ε-聚赖氨酸安全性高，pH 范围宽，在高温下稳定，水溶性强且不影响食品风味；具有广谱抑菌性，对革兰氏阳性和阴性菌，如大肠杆菌、枯草杆菌、酵母菌、乳酸菌、金黄色葡萄球菌等的繁殖有抑制作用，而对霉菌的抑制作用较小。ε-聚赖氨酸对热稳定，能够承受一般食品加工过程中的热处理，因此加入后可以随原料一同进行灭菌处理，防止二次污染，还能抑制耐热性芽孢杆菌等。作为新型天然防腐剂，ε-聚赖氨酸已于 2003 年 10 月被 FDA 批准为安全食品保鲜剂，而且在体内可以分解为人体必需的 L-赖氨酸，所以其不仅天然、安全，而且具有营养价值。在日本，采用白色链霉菌进行工业发酵生产的 ε-聚赖氨酸已进入商业市场，应用广泛，目前在海产品中已经有较多的研究，但在淡水鱼上的保鲜应用还需进一步探索。

（3）壳聚糖。壳聚糖化学名为(1,4)-2-氨基-2-脱氧-D-葡聚糖，由氨基葡萄糖通过 β-1,4-糖苷键连接起来形成直链多糖，分子式为（$C_6H_{13}NO_5)_n$，是将从蟹、昆虫、虾外壳或菌类、藻类植物的细胞壁中提取的甲壳素脱去分子中 C-2 上的乙酰基生成的一类高分子物质，是自然界中唯一大量存在的碱性天然多糖。壳聚糖拥有很强的抑制细菌和真菌的能力，具有优良的保湿性、成膜性、分散性、抗菌性，且无毒无味、生物相容性好、可生物降解，是目前水产品储藏保鲜研究的热点。

李松林（2011）将 1.0%壳聚糖结合 0℃低温储藏应用于黄鳝的保鲜中，结果显示，实验组的 TVB-N 值、pH 和细菌总数均低于对照组。还有研究报道，将经壳聚糖处理的鲢鱼置于冷藏条件下，可以显著延长其货架期，除蜡样芽孢杆菌外，可明显抑制细菌的繁殖，延缓肌原纤维蛋白的降解速度。壳聚糖的保鲜功能取决于其分子质量大小，与高分子质量的壳聚糖相比，低分子质量的壳聚糖具有更强的抗氧化能力，且300kDa与10kDa壳聚糖的混合物具有更强的抗菌能力。壳聚糖涂膜结合气调包装或真空包装的保鲜效果更佳。有研究利用壳聚糖和肉桂油作为天然保鲜材料对虹鳟进行涂膜保鲜试验，研究了不同分子质量的壳聚糖对虹鳟储藏保鲜效果的影响。结果表明，50kDa的壳聚糖和200kDa的壳聚糖，以及二者的混合物均能对保持虹鳟的感官品质起到较好效果，能有效抑制脂质的过氧化和微生物的生长繁殖。其中，低分子质量的壳聚糖对于抑制虹鳟的脂质氧化作用的效果要强于高分子质量的壳聚糖，原因在于壳聚糖分子中的氨基基团螯合脂质氧化连锁反应中的金属离子，壳聚糖中带正电的氨基基团在分子内产生电荷排斥力，导致壳聚糖分子链空间的伸展程度特别大，从而增加了其流体动力学体积。因此，分子质量决定了壳聚糖分子对金属离子的螯合能力，继而表现出不同的抗氧化能力。

（4）海藻酸钠。海藻酸钠又称褐藻酸钠、褐藻胶等，是从海带、菌类、藻类植物中提取的天然多糖类化合物，其基本结构是由古洛糖醛酸与甘露糖醛酸通过α-1,4-糖苷键连接而成的一种线型嵌段共聚物。海藻酸钠水溶液黏度大、稳定性高，具有较好的成膜特性、分散性、保湿性、抗菌性，且无毒无味、成本较低，受到了越来越多的关注。

Song等（2011）研究了海藻酸钠对鳊鱼的储藏保鲜效果，结果显示，海藻酸钠具有较高的黏度，涂覆在鱼体表面后形成一层半透膜，该膜能有效抑制细菌的生长，降低了鱼体汁液的损失及脂质的氧化，同对照组相比，经海藻酸钠处理后的鳊鱼具有较好的持水能力和质构特性，货架期延长了一倍。张杰等（2010）应用抗菌性海藻酸钠涂膜，研究其对罗非鱼保鲜效果的影响，结果表明，海藻酸钠被膜对大肠杆菌、金黄色葡萄球菌、枯草芽孢杆菌、腐败希瓦氏菌及鱼片表面其他杂菌均有较好的抑制效果，可以明显控制鱼片细菌总数的增长，维持较低的TVB-N值并改善鱼片的感官质量，可以将罗非鱼片的保鲜期延长约5.5d。

（5）茶多酚。茶多酚又称茶鞣或茶单宁，是茶叶中多酚类物质的总称，包括黄烷醇类、花色苷类、黄酮类、黄酮醇类和酚酸类等，具有抗氧化能力强、无毒副作用、无异味等特点。Siripatrawan等（2010）的研究表明，茶多酚可作为天然保鲜基质运用于食品防腐保鲜，在鱼肉中加入茶多酚可保持其原有的风味，防止鱼肉褐变，抑制微生物的生长繁殖，有效延长保鲜期。刘开华等（2012）研究了使用茶多酚对鳙鱼肉进行保鲜的可行性，结果显示，茶多酚具有良好的抑菌和抗氧化功效，能较好地抑制有害微生物对鱼肉造成的损害，能在一定程度上减缓鱼肉中营养物质的氧化。茶多酚联合壳聚糖复配可进一步增强鳙鱼肉的保鲜效果，1%壳聚糖+0.3%茶多酚的复合保鲜剂对鳙鱼肉的保鲜效果最佳，可明显抑制鱼肉pH、TVB-N 值和细菌总数的上升，延缓感官品质下降，鱼肉的货架期可延长 10d以上。段道富（2006）研究了茶多酚对微冻状态下的鲫鱼鲜度的影响，发现茶多酚对微冻状态下的鲫鱼具有良好的抑菌和抗氧化作用，能够明显延缓鲫鱼的腐败变质。欧阳涛等（2011）以茶多酚作为保鲜液对草鱼片进行涂膜处理，在（4±1）℃条件下储藏 25d 后对涂膜样品鱼进行分析，结果发现，保鲜液涂覆能有效延缓草鱼片品质的劣变，较好地抑制了微生物的生长；涂覆处理明显降低了鱼体的化学变质，减缓了鱼体的水分流失且较好地保持了鱼体的感官品质，TVB-N 值、pH、TBARs 值均低于未涂膜的对照组。

（6）其他。除以上介绍的几种常用天然保鲜剂外，还有各种多糖（如魔芋甘露聚糖、短梗霉多糖等）、动物蛋白（如乳清蛋白、鱼肉水解物、明胶）、天然植物类提取物、中草药和香辛料提取物（如竹叶提取物、甘草提取物、紫菜多酚、葡萄籽提取物）等。这些物质在水产品保鲜储藏过程中也均能有效抑制腐败微生物的生长繁殖，从而延长水产品的货架期，起到防腐保鲜的作用。

王航等（2012）研究了以鱼肉酶解物作为原料的涂膜液对鲤鱼储藏过程中品质变化的影响，结果显示，鱼肉酶解物能显著抑制细菌的生长，能够延缓感官品质的降低，抑制 K 值的升高，延缓 TVB-N 值的上升，将冷藏鲤鱼的保质期延长 2～4d。贾艳菊等（2010）以葱、姜、蒜的乙醇提取液作为抗菌剂浸泡草鱼片，在 8℃条件下储存 6d，观察草鱼片的感官变化，结果显示，葱、姜、蒜的乙醇提取液对草鱼片储藏具有较好的保鲜效果，能显著抑制微生物的生长繁殖，储藏 6d 后的细菌总数处于较低水平，因而可运用于草鱼的短期储藏保鲜。

2）酶法保鲜

酶法保鲜是指利用酶的催化作用防止或消除外界因素对食品造成的不良影响，从而保持食品的新鲜度。与其他保鲜方法相比，酶法保鲜技术无毒、无味、无臭，不会损害产品本身的价值；酶的催化效率高，低浓度下就能快速反应；底物专一性强，不会引起不必要的变化；作用条件温和，可以最大限度地保证产品质量。目前，用于水产品保鲜的酶主要有葡萄糖氧化酶、溶菌酶、TGase 等。

（1）葡萄糖氧化酶。葡萄糖氧化酶是通过将黑曲霉发酵后制得的高纯度酶制剂，在食品工业中应用广泛。一方面，葡萄糖氧化酶可以氧化葡萄糖，产生葡萄糖酸，降低水产品表面的 pH，抑制微生物的生长；另一方面，葡萄糖氧化酶可以减少或防止水产品表面的氧化，减缓氧化作用带来的品质下降。针对淡水鱼加工原料不易保存的问题，日本公开了一项利用葡萄糖氧化酶和氯化钠组合保鲜淡水鱼原料的技术，但国内更多是应用在虾类保鲜中，还很少见有应用于淡水鱼的研究报道。

（2）溶菌酶。溶菌酶又称胞壁质酶，能水解致病菌中的黏多糖，使细胞壁破裂、内容物逸出而使细菌溶解，是一种天然食品防腐保鲜剂，无毒、无副作用，现已广泛应用于水产品中的防腐保鲜，欧洲联盟的部分国家已经用其代替亚硫酸盐作为食品防腐剂来使用。溶菌酶具有较高的特异性，通常只能分解芽孢细菌的活细胞而不能分解芽孢，因此对于霉菌、酵母和革兰氏阴性菌等引起的腐烂变质，往往不能起到很好的防腐保鲜作用。单独使用溶菌酶往往具有一定的局限性，需要同其他天然保鲜剂，如海藻酸钠、植酸、壳聚糖、甘氨酸等进行复配以提高其防腐保鲜的效果。

顾仁勇（2010）以溶菌酶和维生素 C 作为保鲜剂，用于斑点叉尾鲴鱼的冷藏保鲜，将细菌总数、TVB-N 值和感官评分作为鲜度指标，对复合保鲜剂的配方进行优化，结果显示，0.3%溶菌酶+3%维生素 C，并用乳酸调节 pH 为 4.5，用该保鲜剂处理再结合真空包装能使鱼片在 0℃下的保鲜期延长至 21d。李静雪（2014）将壳聚糖、溶菌酶、维生素 C 进行复配，添加到鲤鱼肉中，在冰温条件（−1℃）下储藏，对鲤鱼肉样品的微生物和理化指标进行测定。结果显示，当对壳聚糖、溶菌酶、维生素 C 进行复配时，鲤鱼肉的保鲜效果明显提高，最佳的添加比例如下：壳聚糖含量为 0.97%，溶菌酶含量为 0.48%，维生素 C 含量为 0.41%，鱼肉保鲜期提高至 20～24d。

（3）TGase。采用 TGase 处理水产品蛋白质后可形成可食性的薄膜，能直接用于水产品的包装和储藏，提高产品的外观和保鲜期。另外，有研究将脂肪酶作用于脂肪含量较高的淡水鱼体，通过减少脂肪含量可达到延长保鲜期的目的。

3）微生物保鲜

微生物保鲜的主要机理是利用有益的微生物产生抗生素、细菌素、溶菌酶、蛋白酶、过氧化氢及有机酸来改变环境 pH，进而抑制腐败微生物的生长。可用于水产品保鲜的微生物有乳酸菌、双歧杆菌、弧菌、芽孢杆菌和假单胞菌等，目前国内外研究较多的是乳酸菌。传统上，乳酸菌主要应用于乳制品和果蔬的保鲜，后来有研究者将其应用于水产品保鲜进行了研究，乳酸菌由此成为水产保鲜研究的一个热点。

乳酸菌是一类发酵糖类主要产物为乳酸的无芽孢、革兰氏阳性菌的总称。在过去的几十年里，研究人员已发现的乳酸菌分布于 18 个属，共有 200 多种。用于食品加工的乳酸菌主要有乳酸杆菌属、明串珠菌属、小球菌属、双歧菌属、链球菌属、气球菌属、肉食杆菌属、肠球菌属、酒球菌属、漫游球菌属。这些种类属于细菌界，有厚壁菌门、类杆菌和气球菌科、肉食杆菌科、肠球菌科、乳杆菌科和明串珠菌科、链球菌科。

乳酸菌的代谢产物，如乳酸、双乙酰、脂肪酸、CO_2、过氧化物和乳酸链球菌素等都有一定的抑菌作用。乳酸菌代谢产生的乳酸可降低食品的 pH，也可以限制许多有害微生物的生长。另外，未解离的乳酸渗透入细胞膜，可降低胞内 pH。乳酸还能干扰一些代谢途径，如氧化磷的酸化。CO_2 能降低细胞内外的 pH，并与细胞膜发生反应。双乙酰能与精氨酸结合蛋白发生反应，过氧化物能氧化膜磷脂和细胞蛋白。乳酸链球菌素具有抗生素的作用，可以抑制同源的或异源的微生物生长。

在产生乳酸链球菌素的菌种中，两类从鱼身上分离出来的乳酸菌，即肉食杆菌和肠球菌，可能会在水产品的保鲜中起到重要的作用。水产保鲜时，将乳酸菌进行保护性培养，可以与潜在病原菌及腐败菌产生竞争，达到抑制有害微生物繁殖的效果。保护性培养与传统的发酵培养目的不同，培养过程中要尽量减少对食品感官特性的改变。保护性培养保鲜水产品的原理类似人类体表黏液中乳酸菌群的作用。目前，应用乳酸菌保护性培养保鲜水产品，主要有浸泡法和喷洒法。当前应用的主要技术障碍是乳酸菌在水产品上的黏附性及菌体与水产品表面的物质发生的交叉反应。同时，采用乳酸菌保护性培养的保鲜效果会受到环境 NaCl 浓度、温度和细胞浓度的影响。

目前，乳酸菌保鲜在国外研究中多用于海产鱼类，在淡水鱼保鲜中的应用还不常见，还需要相关研究者进行更多的探索。

4. 综合保鲜

目前，每一种可细分的用于淡水鱼保鲜的方法，在应用于淡水鱼保鲜栅栏技术组合设置的时候，均可看作防腐保鲜的一个因子，包括初始菌含量、杀菌温度、酸度、水分活度、包装方式、化学防腐和辐照处理等。对于不同类型、不同强度的栅栏因子，其联合防腐作用往往会比单一的高强度栅栏因子更有效。对于一种成熟的食品保鲜技术，其本质是采用了一套独特的栅栏因子组合。

酒精消毒、远红外线脱水、紫外线减菌、真空包装 4 个预处理因子的协同作用对延长鲫鱼的保鲜期有明显的效果。鲫鱼经酒精消毒后，在 40℃下经远红外脱水 10min，紫外线杀菌 20min，再进行真空包装冷藏，可以使其保鲜期延长至 14d。以海藻酸钠、肉桂油和乳酸链球菌素作为复合保鲜材料涂膜黑鱼，结果表明，含肉桂油和乳酸链球菌素的海藻酸钠薄膜可有效维持黑鱼的储藏品质，有效抑制鱼肉中的总嗜温菌、总嗜冷菌和假单胞菌的生长，显著减缓鱼肉的腐败变质，维持较低的 pH、TVB-N 值和 TBARs 值，并能抑制鱼肉的色泽变化。

目前，国内淡水鱼的主要销售形式为鲜活销售，但随着社会发展变化，人们生活节奏加快，消费方式也呈现多样化，在水产品方面，消费者表现为更加重视质量安全，要求食用简便、保持新鲜美味，所以将淡水鱼冷鲜切割成鱼片、鱼段等小包装产品，具有方便、便捷、卫生的特点，受到了消费者的青睐。因此，随着超市业的快速发展，淡水鱼经分割加工后进入超市销售是当前一项现实需求，经宰杀、清洗、分割和包装的鲜切鱼制品已渐渐成为新型的销售方式。

王亚楠等（2015）以冷鲜去皮整片草鱼、鱼块、鱼薄片为研究对象，研究了草鱼制品在冷藏期间的理化性质变化，探析切割方式对冷鲜草鱼制品理化性质的影响。结果显示，随着冷藏时间的延长，草鱼制品的水分含量下降，脂肪含量上升，而蛋白质含量基本不变，TVB-N 值、TBARs 值呈增加趋势；切割方式对冷鲜草鱼制品的水分和蛋白质含量、TBARs 值变化有一定影响，短时间的冷藏可增加鱼肉中游离鲜味氨基酸的含量，但草鱼的肌肉组织细嫩、酶活性高、体表带有多种微生物，随着死后生理活动的终止，加上分割过程中难以避免的二次污染，易导致鲜度下降、品质变差，甚至腐败变质。进一步以鲜切草鱼腩为原料，优化减菌剂次氯酸钠的减菌条件，并对减菌后产品的货架期进行了研究。结果显示，次氯酸钠的最佳减菌处理条件为浓度 300mg/L、浸泡减菌 5min、料液比 1g∶5mL，得到的菌落总数、假单胞菌数减菌率分别达 83%和 81%；将经次氯酸钠减菌处理的鲜切鱼腩结合气调包装后置于 4℃下储藏，货架期可达 11d，储藏时间比对照组延长 5d，货架期延长 83%。经次氯酸钠减菌处理可明显降低草鱼腩的初始微生物数量，感官接受程度良好，并能明显延长冷藏气调保鲜草鱼腩的货架期。选取 17 种对假单胞菌抑菌效果较好的保鲜剂对草鱼腩进行保鲜处理，通过感官初筛选出对产品色泽、味道、组织形态、组织弹性影响小的保鲜剂；研究经初筛得到的保鲜剂处理后的冷鲜草鱼肉在储藏期间的品质变化，并根据微生物生长曲线构建微生物生长一级模型，通过模型参数的变化定量反映抑菌剂对微生物生长的抑制作用，综合考虑保鲜剂对冷鲜鱼腩品质及抑菌特性的影响，选出草鱼腩最佳保鲜剂；并结合气调包装（50% CO_2 + 50% N_2）研究保鲜处理后草鱼腩的货架期。结果显示，经没食子酸、柠檬酸、鞣酸、磷酸三钾、ε-聚赖氨酸、植酸处理后的草鱼腩颜色正常，保持原有鱼香味，组织形态和弹性无不好影响；经 ε-聚赖氨酸处理后的草鱼腩品质优于其他组，并有较好的抑菌特性，所以确定 ε-聚赖氨酸为草鱼腩最佳保鲜剂；经 ε-聚赖氨酸处理的鲜切草鱼腩结合气调包装后置于 4℃储藏时的货架期可达 13d，能较长时间保持鲜切草鱼腩的品质。

3.2 冷冻生鲜制品

随着我国经济发展，人们生活水平的提高，特别是工作生活节奏的加快和年轻群体生活消费习惯的改变，传统的淡水鱼鲜活销售、现吃现杀现做的方式正逐渐发生改变，适应现代商超流通方式的冷冻小包装生鲜（含调理制品）制品的需求量开始增长。

淡水鱼的冷冻生鲜制品，是指原料淡水鱼经冲洗、前处理（剖杀、去鳞、去头、去内脏）、洗净、整形、切片或切块、漂洗、调理（可选项）、沥水、装盘、速冻、镀冰衣、检验、包装和冻藏等工序加工而成的产品，这类产品通常都要采用速冻保鲜技术来实现长期储存的保质目标。

3.2.1　加工工艺

1. 工艺流程

1）冷冻鱼片

原料淡水鱼→冲洗→前处理（剖杀、去鳞、去头、去内脏）→洗净→剥皮→割片→整形→冻前检验→浸液→装盘→速冻→镀冰衣→包装→冻藏。

2）冷冻鱼头

原料淡水鱼→冲洗→去头→洗净→浸液→包装→速冻→冻藏。

3）冷冻调理鱼片

原料淡水鱼→冲洗→前处理（剖杀、去鳞、去头、去内脏）→洗净→剥皮→割片→整形→浸浆→滚揉→装盘→速冻→包装→冻藏。

4）冷冻调理鱼排

原料淡水鱼→冲洗→前处理（剖杀、去鳞、去头、去内脏）→洗净→剥皮→割片→整形→浸浆→裹粉→装盘→速冻→包装→冻藏。

2. 操作要点

1）原料选择

原料淡水鱼宜选用鲜活的无污染的大宗淡水鱼，如青鱼、草鱼、鲢鱼、鳙鱼、鲫鱼、鲤鱼、团头鲂、鮰鱼、罗非鱼等，用于加工鱼片的鱼体大小以个体规格 1kg 以上为宜。

2）原料前处理

运至工厂的鲜活鱼首先要进行冲洗，然后剖杀、去鳞、去内脏、去头、洗净，在三去（去鳞、去内脏、去头）时，要洗净血污和黑膜。

3）剥皮

一般可以使用剥皮机进行剥皮，但要掌握好刀片的刃口。若刀片太锋利，鱼皮容易被割断，太钝则无法剥离鱼皮。

4）割片

由于现有的机械设备还无法实现自动化鱼体分割加工，在加工工厂中，还是用手工方式进行鱼肉切片，在培训工人时需要根据原料淡水鱼的品种来采用合适的切割方法。

5）整形

工人将分割好的鱼片在带网格的塑料筐中漂洗，然后进行整形。漂洗用的水温需控制在 10℃ 以下，工人需要仔细观察后，手工切去鱼片上残存的鱼鳍，除去鱼片中的骨刺及表面附着的黑膜、鱼皮和血痕，并挑拣去除其他杂物。

6）冻前检验

工人将鱼片进行灯光检查，若发现有寄生虫，则必须丢弃。

7）浸液

一般使用 3%的复合磷酸盐溶液或添加符合国家食品安全相关标准的保鲜剂的配方溶液进行浸液，温度应控制在 5℃左右，浸泡 3～5s，漂洗后的鱼片要沥水 15～20min。

8）装盘

制作冷冻鱼片时，将浸液后沥干水的鱼片按规定要求平整摆放于盘内，摆盘、装盒时，操作人员应戴一次性乳胶手套并进行严格消毒，以防止金黄色葡萄球菌污染鱼体。制作冷冻调理鱼排时，将裹好粉的鱼片（鱼块）轻放入不锈钢盘中，避免裹好的粉脱落，摆盘要求整齐，且相互之间不得挤压黏结。

9）速冻

鱼片冷冻多采用速冻机快速冻结，摆好盘的鱼片要及时送入速冻设备，使冷冻鱼片产品的中心温度快速降至-25℃以下。冷冻调理鱼排可采用双螺旋速冻机进行冻结，要注意适当延长冷冻时间，使冷冻调理鱼排的中心温度达到-20℃以下。鱼头采用浸渍冻结法，可选用由 NaCl、乙醇和丙二醇三种组分构成的多元载冷剂，将包装后的产品浸入预冷的浸渍液中，使中心温度降至-15℃以下。

10）镀冰衣

制作冷冻鱼片时，鱼片在速冻后镀冰衣时应保持洁净，水温和环境温度均应保持稳定低温。

11）包装

制作冷冻鱼片或冷冻鱼头时，将速冻鱼片镀冰衣，或将鱼头浸液沥水后装入聚乙烯薄膜袋内，真空封口。

12）冻藏

将包装好的冷冻鱼片、速冻好的鱼头和冷冻调理鱼排进一步装箱，然后及时送至-18℃以下温度的低温冷库中进行储藏，库温波动不宜超过±2℃。包装箱与库体、包装箱堆垛之间应留有一定距离，以保证冷风正常循环。出厂运输时，应先将冷藏车厢内的温度降至-20℃以下，以确保装卸时货物温度稳定。

13）浸浆

将鱼片（鱼块）浸入按配方调好的浆液（淀粉、海藻糖、食盐、白砂糖、谷氨酸钠、姜粉等按比例调配的均匀混合的水溶液）中。制作冷冻调理鱼片时，鱼片中加入 10%的浆液。制备冷冻调理鱼排时要求涂裹均匀，浆液不可太多，又要将鱼片（鱼块）覆盖住。浆液太稀时，面包糠不容易撒上或者会包裹不严；浆液太稠时则易落入面包糠，造成面包糠变潮而不易上粉或上粉不均一。

14）滚揉

制作冷冻调理鱼片时，浸浆后要在10℃下滚揉适当时间，使调味浆料在鱼片中分布均匀。

15）裹粉

制备冷冻调理鱼排时，鱼片（鱼块）通过浸浆后，再放入混合后的干粉或面包糠中裹粉。上浆和裹粉时既不可太多，又要将整个鱼片（鱼块）覆盖住，因此要注意上浆和裹粉量，一般控制为鱼片（鱼块）质量的30%为宜。

3.2.2　质量评定

1. 感官评价

1）冷冻鱼片

冷冻鱼片厚薄均匀、冰衣完整；鱼片表面无由干耗和脂肪氧化引起的明显变色现象，色泽正常；解冻后的肌肉组织紧密有弹性，有鱼的特有气味，无外来杂质。

2）冷冻鱼头

冷冻鱼头有光泽，解冻后的肌肉组织紧密有弹性；有鱼的特有气味；无外来杂质。

3）冷冻调理鱼片

冷冻调理鱼片产品呈白色，同批次产品色泽基本保持一致；产品平整，形状基本完好，大小均匀，无断残；肌肉组织有弹性，有鱼香味，无外来杂质。

4）冷冻调理鱼排

冷冻调理鱼排呈乳白色或淡黄色，同批次产品色泽基本保持一致；产品平整，形状基本完好，面包屑应蓬松，颗粒大小较为一致，附着较为均匀，经油炸加工后裹衣不开裂、不脱落；在标明无刺的包装产品中，每千克不能检测出长度≥10mm或直径≥1mm的骨刺；具有该产品应有的气味，无异味，油炸后外酥里嫩，咸淡适宜，鲜香可口；肉质疏松，软硬适宜；无外来杂质。

2. 理化指标

1）冷冻鱼片

产品温度≤−18℃，水分含量≤86%，酸价≤3g KOH/100g（以脂肪计），过氧化值≤0.2g/100g（以脂肪计），TVB-N 值≤20mg/100g。

2）冷冻鱼头

产品温度≤−18℃，水分含量≤86%，酸价≤3g KOH/100g（以脂肪计），过氧化值≤0.2g/100g（以脂肪计），TVB-N 值≤20mg/100g。

3）冷冻调理鱼片

产品中心温度≤-18℃，水分含量≤86%。

4）冷冻调理鱼排

产品中心温度≤-18℃，水分含量≤86%；鱼肉含量符合标识规定。

3. 安全卫生指标

1）冷冻鱼片

菌落总数≤3×10^{6}CFU/g，致病菌不得检出。

2）冷冻鱼头

菌落总数≤3×10^{6}CFU/g，致病菌不得检出。

3）冷冻调理鱼片

菌落总数≤5×10^{4}CFU/g，致病菌不得检出。

4）冷冻调理鱼排

菌落总数≤5×10^{4}CFU/g，致病菌不得检出。

4. 操作规范参考标准

《食品安全管理体系　水产品加工企业要求》（GB/T 27304—2008）、《食品安全国家标准　水产制品生产卫生规范》（GB 20941—2016）、《出口水产品质量安全控制规范》（GB/Z 21702—2008）、《水产品加工质量管理规范》（SC/T 3009—1999）。

5. 产品质量参考标准

1）冷冻鱼片

《冻鱼》（GB/T 18109—2011）；《食品安全国家标准　鲜、冻动物性水产品》（GB 2733—2015）；《冻淡水鱼片》（SC/T 3116—2006）。

2）冷冻鱼头

《冻鱼》（GB/T 18109—2011）；《食品安全国家标准　鲜、冻动物性水产品》（GB 2733—2015）。

3）冷冻调理鱼片

《食品安全国家标准　鲜、冻动物性水产品》（GB 2733—2015）。

4）冷冻调理鱼排

《食品安全国家标准　鲜、冻动物性水产品》（GB 2733—2015）。

3.3　冷藏生鲜制品

淡水鱼冷藏生鲜制品是经过系列加工而成的一类生鲜制品，包括生鲜调理制品，其特点是结合冷藏保鲜、减菌预处理、气调保鲜及保鲜剂保鲜等技术，不仅能保障鱼制品的鲜度和质地，还能有效延长生鲜鱼制品（含调理制品）的货架期。如果技术条件允许，可以采用冰温保鲜技术。

3.3.1　加工工艺

1. 工艺流程

原料淡水鱼→冲洗→前处理（剖杀、去鳞、去内脏、去头）→洗净→切片或切块→漂洗→减菌处理→（调味）→装盘→混合充气包装→冷藏。

2. 操作要点

1）原料选择及前处理

宜选用鲜活、无污染的青鱼、草鱼、鲢鱼、鳙鱼、鲤鱼、鲫鱼、团头鲂等大宗淡水鱼。不同产品对鱼体规格的要求不同，生产中可以根据成品要求进行选择。鲜活鱼要先经过冲洗，然后剖杀、去鳞、去内脏、去头并洗净，再切片或切块，最后用清水冲洗去除鱼片或鱼块肌肉中的血水，沥干水分后备用。在三去（去鳞、去内脏、去头）时要洗净血污和黑膜，按冷冻生鲜鱼片或冷冻调理鱼片、鱼块的加工方法加工成鱼片或鱼块；漂洗时，要注意水温和漂洗时间，沥水要充分。

2）减菌处理

减菌处理是延长冷藏保鲜生鲜鱼制品货架期的有效手段。臭氧和二氧化氯是安全高效消毒剂，广泛用于食品容器消毒、食品加工及食品保鲜等。研究表明，就草鱼片而言，二氧化氯的最佳减菌处理条件是浓度为 100mg/L、流速为100mL/min、淋洗 6min，减菌率可达到 83%。但用二氧化氯淋洗后，草鱼片鱼肉颜色发白，会影响其感官可接受性；而就臭氧水而言，鱼片的最佳减菌处理条件是浓度为 2mg/L、流速为 150mL/min、淋洗 10min，在该条件下鱼片的减菌率可达 91.5%。臭氧水减菌处理后，鱼片的减菌率、硬度、感官评分均优于二氧化氯减菌处理鱼片。

在采用臭氧水进行减菌处理时，要注意臭氧水中的臭氧浓度、处理方式和处理时间。目前，我国多用干燥空气或纯氧为气源，采用等离子体臭氧发生器制备臭氧，再采用水中直接充臭氧法、射流器混合法和气液混合泵循环法等制备臭氧水，水温、射流器规格和流速、循环时间等是影响臭氧浓度的关键因素。一般情况下，水温为 5℃时，臭氧的溶解量最高，稳定性也最高；随着水温增加，臭氧水中的臭氧溶解量迅速下降，稳定性显著降低。因此，在实际生产中，应将水温和臭氧水温度控制在 5℃以下。此外，臭氧水的稳定性还受处理方式的影响，将鱼片等浸入臭氧水中后，其臭氧浓度会迅速下降至 1mg/L，因此最佳的减菌方式是采用臭氧水淋洗处理。如果采用浸泡处理，则应注意补充新的臭氧水，以保证臭氧水的浓度。

3）调味

对于调理型生鲜水产品（鱼片、鱼块等），在经过减菌处理后，还需要进行调味处理。调味处理时，一般加入鱼片或鱼块质量 1.5%～2% 的食盐，0.1%～0.2% 的白砂糖，1% 左右的生姜、蒜泥及适量料酒。为了达到较好的去腥效果，还可添加适量的花椒和八角，在使用花椒和八角时，应先将食盐用火炒热，然后趁热将花椒和八角混入热盐中并停止加热，冷却后即可使用（花椒盐）。在制备花椒盐时，要注意食盐的温度不能太高，否则会使花椒和八角炭化而失去香味。

调理型生鲜水产品可用普通混合机或真空滚揉机进行调味处理。真空滚揉调味具有入味快速、混合均匀等特点，是目前普遍采用的调味方法。采用真空滚揉调味时，先将鱼片或鱼块、调味料装入真空滚揉机，密封后抽真空至 -0.1MPa，然后关闭真空泵并开动滚揉机，转速应控制在 10r/min、滚揉时间应控制在 20～30min 为宜。

4）装盘与充气包装

调好味的鱼片或鱼块等应及时取出，按包装规格要求定量装入托盘中，然后进行混合气体充气覆膜包装或先将托盘转入真空包装袋，再充入混合气体并密封。CO_2 可较好地抑制嗜冷菌生长，且 CO_2 浓度越高，抑菌效果越好。但 CO_2 会溶于鱼体汁液中，从而形成真空并导致鱼体汁液外渗。因此，混合气体中 CO_2 与 N_2 的比例以 0.75∶0.25 为宜。

5）冰温储藏（保鲜）

应将包装好的鱼片或鱼块采用低温冷风冷却机冷却至 -2℃ 左右，然后装箱并放置在冷库中储藏，并将品温控制在（-2±1）℃，保质期大约为 10d。在采用冰温储藏保鲜生鲜及调理鱼制品时，一定要注意冷库温度的稳定性。

3.3.2 质量评定

1. 感官评价

形态完整、大小均匀、无断残；无外来杂质。

2. 理化指标

酸价≤3g KOH/100g（以脂肪计），过氧化值≤0.2g/100g（以脂肪计），TVB-N 值≤20mg/100g。

3. 安全卫生指标

菌落总数≤$5×10^4$CFU/g，致病菌不得检出。

4. 操作规范参考标准

《食品安全管理体系 水产品加工企业要求》（GB/T 27304—2008）、《食品安全

国家标准 水产制品生产卫生规范》（GB 20941—2016）、《出口水产品质量安全控制规范》（GB/Z 21702—2008）、《水产品加工质量管理规范》（SC/T 3009—1999）。

5. 产品质量参考标准

《食品安全国家标准 鲜、冻动物性水产品》（GB 2733—2015）。

第4章　淡水鱼糜及鱼糜制品加工技术

鱼糜（surimi）是将原料鱼经前处理（去头、去内脏）、采肉、漂洗、精滤、脱水制成的碎鱼肉。冷冻鱼糜（frozen surimi）也称为"鱼浆"，是在鱼糜中添加糖类、多聚磷酸盐等抗冻剂，并在低温下冻结而成的鱼糜制品的半成品。冷冻鱼糜可分为无盐鱼糜和加盐鱼糜，前者加入糖类和多聚磷酸盐，后者加入糖类及食盐，特点是便于长期保存与运输，可用作多种鱼糜制品的生产原料。

鱼糜制品是指以生鲜鱼糜或冷冻鱼糜为原料，加入食盐、辅料等进行擂溃，形成黏稠鱼浆，然后经成型、熟化形成的具有弹性的凝胶状食品。鱼糜制品是重要的水产加工品，具有高蛋白、低脂肪、口感嫩滑等特点，符合人们的营养健康消费需求，深受国内外消费者的喜爱。根据消费者的喜好，可进行不同口味的调配，形状也可任意选择，产品形状、外观、滋味与原料鱼截然不同。根据加工方式，鱼糜制品可分为即食鱼糜制品和非即食鱼糜制品，包括鱼圆、鱼糕、鱼卷、鱼面、鱼排、模拟扇贝柱、模拟虾肉、模拟蟹肉、鱼肉香肠等，其中模拟扇贝柱、模拟虾肉和蟹肉等具有天然扇贝柱和虾、蟹肉的鲜味且表皮色泽较好，弹性佳，营养丰富，成为近年来受欢迎的鱼糜制品。

生产鱼糜制品的原料主要为捕获量比较大的鱼或经济价值较低的小杂鱼，且主要为海洋鱼类，针对肌肉组织结构、凝胶性能差异较大的淡水鱼糜制品的相关研究还较少。近年来，随着水产加工技术的发展及人们的消费需求的引导，我国鱼糜及其制品产量迅速增大且逐年增加。为了满足人民日益增长的消费需求，促进淡水鱼加工业的发展，亟须对淡水鱼糜及鱼糜制品的加工进行研究。

4.1　技　术　原　理

4.1.1　鱼糜凝胶化

弹性是评价鱼糜制品品质的重要指标之一，主要取决于鱼糜凝胶的形成。因此，在鱼糜制品的加工过程中，凝胶的形成一直是关注的重点。而在鱼糜凝胶化过程中，蛋白质的凝胶化起主要作用，蛋白质凝胶是指蛋白质在一定条件下发生一定程度的变性、凝集并形成有序的三维网络结构的过程，或者说，凝胶形成是溶胶转变为凝胶的过程。

1. 凝胶化过程

根据其溶解性，鱼糜中的蛋白质可以分为三大类：水溶性肌浆蛋白、盐溶性肌原纤维蛋白和不溶性基质蛋白。其中，肌原纤维蛋白占总蛋白质含量的65%左右，是鱼糜凝胶形成过程中起主要作用的蛋白质。肌原纤维蛋白主要由调节蛋白、肌动球蛋白、肌球蛋白（占比为55%左右）和肌动蛋白构成，而肌球蛋白是形成鱼糜凝胶三维空间网状结构的关键蛋白质。

鱼糜的凝胶化，是指在鱼糜中加入2%～3%的食盐后进行斩拌或擂溃，鱼肉中的盐溶性蛋白高级结构发生松散，分子间产生"架桥"而形成三维网状结构的过程。在凝胶化过程中，自由水被封锁在网状结构中而不能流动，从而形成黏稠、具有塑性的肌动球蛋白溶胶，这种溶胶在一定温度下经过一段时间失去可塑性，变成富有弹性的蛋白质凝胶体。Ferry（1948）研究发现，凝胶形成的第一步是肌原纤维蛋白受热变性解螺旋，共价键解离，分子内的反应基团和酶作用位点暴露；第二步是受热变性展开的基团因疏水相互作用、氢键、二硫键、盐键等化学键的作用聚合形成大分子凝胶体（图4.1）。

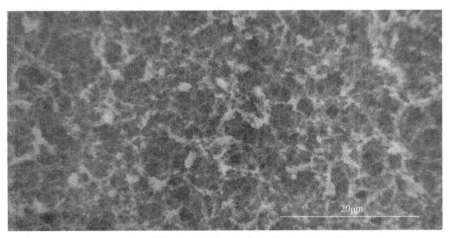

图4.1　肌肉蛋白质凝胶的扫描电子显微镜图（彭增起等，2010）

鱼糜的凝胶化方式有加热成胶、酶交联、酸化、高压处理和生物发酵等，其中，加热成胶是鱼糜制品凝胶化的主要方式。加热成胶主要经过凝胶化、凝胶劣化和鱼糕化三个阶段。

凝胶化是指鱼肉中的肌球蛋白和肌动蛋白分子在50℃以下的温度域中，通过交互作用形成一个比较松散的凝胶网状结构，由溶胶变成凝胶。当蛋白质凝胶化后，在一定的蛋白质浓度、pH和离子强度下，鱼肉中肌球蛋白分子的α-螺旋会慢慢解开，蛋白质分子间通过疏水作用和二硫键等相互作用产生"架桥"，形成三维网状结构。肌球蛋白具有极强的亲水性，因而在形成的网状结构中包含了大量的自由水。由于热作用，网状结构中的自由水被封锁在网格中不能流动，从而形成了有弹性的凝胶状物。

当鱼糜的温度达到 50～70℃时，鱼体内自身存在大量的内源性组织蛋白酶可以使肌球蛋白发生降解，经凝胶化形成的网状结构被破坏，使凝胶软化，导致凝胶质量下降，出现凝胶劣化现象。凝胶劣化也因鱼的种类而异，大部分红肉鱼容易产生凝胶劣化，而白肉鱼仅有部分容易产生凝胶劣化。凝胶劣化一般是由内源性组织蛋白酶和热稳定碱性蛋白酶催化肌球蛋白降解引起的，酶活性也因鱼的种类不同而有差异，捕捞季节、性成熟程度、产卵等因素也会影响酶的活性。

为获得凝胶强度较高的鱼糜制品，一般对鱼糜进行加热，使其缓慢通过 50℃以下的温度域，促使其凝胶化，然后迅速通过凝胶劣化温度域（50～70℃）。当温度继续上升通过凝胶劣化温度域时，凝胶网状结构被固定而呈现有序且非透明状，这时水分及其他辅料被一同包裹在空间网络结构内部，形成具有较高弹性和强度的凝胶体，这一过程称为鱼糕化。肌球蛋白凝胶形成过程示意图如图 4.2 所示。

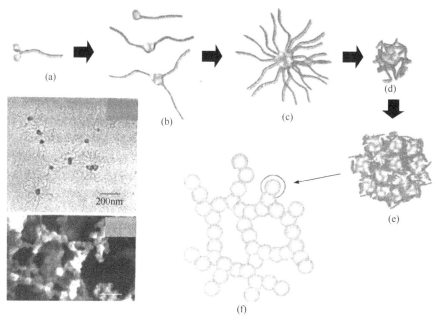

图 4.2　肌球蛋白凝胶形成过程示意图（王嵬等，2016）

在鱼糜制品的制作过程中，加入的食盐会使鱼糜中的盐溶性肌原纤维蛋白在较低温度下溶出。而在鱼糜凝胶的形成过程中，内源性 TGase 催化形成的非二硫共价键 ε-(γ-谷酰胺)-赖氨酸会对鱼糜凝胶的三维网状结构产生较强的加固作用，增加鱼糜的凝胶强度。但由于不同鱼种的内源性 TGase 的含量有较大差异，生产上常通过添加外源性的 TGase 来提高鱼糜凝胶强度。

2. 影响鱼糜凝胶形成的因素

鱼糜的凝胶形成受多种因素的影响，为生产凝胶强度较高的鱼糜制品，需要注重改善凝胶形成特性。影响鱼糜凝胶形成的主要因素有鱼的种类、鱼的鲜度、渔获季节和鱼体大小、擂溃条件、漂洗条件、加热条件、盐溶性蛋白、辅料等。

1) 鱼的种类对凝胶形成的影响

鱼类生长环境不同会导致不同种类的鱼肉蛋白质含量、肌动球蛋白 Ca^{2+}-ATPase 活性等存在差别，因此鱼的种类不同，鱼糜的凝胶形成能力也不同，鱼糜制品的弹性也存在差异。贾丹（2016）分析了青鱼、草鱼、鲢鱼、鳙鱼、鲤鱼、鲫鱼和鳊鱼七种淡水鱼肉的蛋白质组成成分和鱼糜凝胶特性差异，结果显示，青鱼肉蛋白质中的盐溶性肌球蛋白含量最高，且鱼糜凝胶破断强度和凹陷深度明显高于草鱼、鲢鱼和鲫鱼等，凝胶性能较好。

原料鱼种类对凝胶形成的影响表现在两个方面：一是凝胶化速度，即凝胶化过程中形成凝胶体的难易程度，主要与鱼种的肌球蛋白热稳定性有关，例如，淡水鱼所处的水域温度比海水鱼高，因此淡水鱼鱼体蛋白质的热稳定性要优于海水鱼；二是凝胶化强度，即鱼糜在凝胶化温度下能产生何种程度的凝胶结构，这除了与鱼类肌肉中的肌原纤维蛋白含量有关，还与肌球蛋白在形成网状结构中的吸水能力有关。不同鱼种的鱼糜制品在弹性上的强弱与鱼类肌肉中的盐溶性蛋白，尤其是肌球蛋白的含量直接相关。一般，就凝胶形成能力而言，白色肉鱼类优于红色肉鱼类，硬骨鱼类优于软骨鱼类，海产鱼类优于淡水鱼类。

2) 鱼的鲜度对凝胶形成的影响

鱼糜制品的凝胶特性与原料鱼的鲜度有一定的关系，随着鲜度的下降，鱼肉中的蛋白质腐败变质增多，其凝胶形成能力和凝胶弹性也逐渐下降。陈舜胜等（2000）研究了由不同冻藏时间的鲢鱼制得的鱼糜在不同加热温度下的凝胶特性，发现在不同加热温度下，鲢鱼的鲜度对鱼糜凝胶特性均有一定的影响，且主要表现在凝胶劣化方面。鲜度影响凝胶形成的速度因鱼的种类、pH 而异，红肉鱼死后，其凝胶形成能力下降速度非常快，主要是因为红肉鱼肌原纤维蛋白的稳定性较差。鲜活鱼体的 pH 为 7.1～7.3，刚捕获的鱼体内的 pH 略呈酸性，当 pH 下降到 6.3 时，Ca^{2+}-ATPase 的活性大大增强，ATP 迅速分解，同时肌球蛋白纤维与肌动蛋白结合，并使肌动蛋白纤维向肌球蛋白纤维滑动，形成收缩态肌动球蛋白，此过程不可逆。当 pH 进一步降低时，可能引起肌球蛋白与肌动蛋白的酸变性。由于肌原纤维蛋白本身的稳定性及 pH 稳定性差异，不同鱼种的变性速度差异较大，这种变性在红色肉鱼类中更容易发生。因此，控制鱼的鲜度非常重要，要求将鱼糜原料在捕捞船上随时进行捕捞冰藏，上岸后立即低温冷冻，并在 24h 内加工完毕。

3) 渔获季节和鱼体大小对凝胶形成的影响

鱼肉中各种成分的含量随季节的变化而不同，并表现出不同的特征，凝胶形成能力也不同，因此鱼糜的凝胶形成能力与弹性强弱和捕捞季节有关。无论是何种鱼，通常在产卵后 1～2 个月内，其 pH 均会下降，凝胶劣化的现象增加，鱼肉的凝胶形成能力和弹性都会显著降低。在喂养期内，鱼体的 pH 较低，且鱼体本身含水量低，鱼体中蛋白质的含量很高，因此由喂养期内捕获的鱼加工的鱼糜制品品质最优。对于大部分鱼类来说，小型鱼加工的鱼糜制品的凝胶形成能力比大型鱼要差些，主要是因为小型鱼的含水量较高，凝胶形成能力较弱，鲜度下降也较快；大型鱼体内的蛋白质含量较高，凝胶形成能力和弹性较强。

4）擂溃条件对凝胶形成的影响

擂溃或斩拌是鱼糜制品生产中的重要工序之一。擂溃是将鱼肉斩成泥状并和其他辅料拌制均匀的过程，擂溃的作用是破坏鱼肉组织结构，使盐溶性蛋白在加盐的情况下充分溶出，为凝胶网状结构的形成创造最适宜的条件，鱼糜擂溃方式会显著影响鱼肉中蛋白质的凝胶强度。王蒙娜等（2017）分析了在斩拌过程中，食盐添加量、斩拌转速、斩拌时间和真空度对白鲢鱼糜凝胶强度的影响，结果显示，斩拌时间对鱼糜凝胶强度的影响最明显，且斩拌转速和食盐浓度对凝胶强度也有影响，且随着真空度的增加，鱼糜凝胶的三维网状结构变得更加紧密有序。

擂溃或斩拌采用的机器为擂溃机或斩拌机。擂溃过程分为空擂、盐擂和调味擂溃三个阶段。空擂使鱼肉的肌肉纤维组织进一步破坏，为盐溶性蛋白的充分溶出创造良好条件；盐擂使鱼肉中的盐溶性蛋白在稀盐溶液作用下充分溶出，与水混合均匀，可以增加鱼糜凝胶强度；调味擂溃使加入的辅料、调味料及凝胶增强剂与鱼糜溶胶充分混匀。在擂溃过程中应控制擂溃时间、擂溃温度等参数，以保障鱼糜制品的弹性良好。长时间擂溃会使鱼糜的温度升高，导致蛋白质变性，从而使鱼糜凝胶的形成受到影响；如果擂溃不充分，则不能将肌原纤维蛋白充分溶出，也会影响鱼糜制品的凝胶性能。

擂溃温度是影响鱼糜制品弹性的重要因素，低温擂溃得到的鱼糜制品弹性较好，擂溃温度过高时会使蛋白质变性而失去亲水性，影响鱼糜凝胶形成能力。焦道龙等（2009）以白鲢鱼生鲜鱼糜和冷冻鱼糜为原料，以凝胶强度和持水性为评价指标，研究得到适宜新鲜鱼糜的擂溃温度为 5～15℃；适宜冷冻鱼糜的擂溃温度为 1～15℃。

5）漂洗条件对凝胶形成的影响

鱼糜加工过程中，冷水漂洗、盐溶液漂洗和酸碱溶液漂洗是最主要的漂洗方式，是否漂洗将直接影响到鱼糜制品的弹性变化。鱼肉的水溶性蛋白中含有阻碍鱼糜凝胶形成的酶类和诱发凝胶劣化的活性物质，这些因素对鱼糜制品弹性的影响在原料鱼鲜度下降时尤为明显。鱼糜经过漂洗后，化学组成成分发生了很大的变化，即水溶性蛋白、灰分和非蛋白氮含量均大量减少。因此，在鱼糜生产过程中，鱼肉必须经过漂洗，除去大部分水溶性蛋白，以提高盐溶性蛋白的相对含量，增强蛋白质的凝胶形成能力，同时除去一些鱼肉中残余的血污、有色物质、无机盐、脂肪及腥臭成分，改善鱼糜的色泽等感官指标。但漂洗时应注意漂洗次数不宜过多，否则会使部分肌原纤维蛋白流失，进而降低鱼糜的凝胶性能。

6）加热条件对凝胶形成的影响

加热过程是鱼糜制品生产中一个必不可少的环节，主要作用是使擂溃过程中相互缠绕成纤维状的盐溶性肌动球蛋白溶胶以网状结构固定下来，将溶胶中的水分封闭在网状结构中，形成鱼糜凝胶体。在鱼糜加热形成凝胶的过程中，蛋白质分子链展开，疏水基团暴露，同时维系鱼糜中蛋白质构象的作用力发生变化，分子间相互作用，形成聚集体，聚集体的大小、分布及形成构成了鱼糜凝胶的微观结构。不同的加热条件对鱼糜凝胶强度的影响不同，加热的温度和时间直接关系到鱼糜制品的弹性。

一般情况下，在鱼糜制品生产过程中，先使鱼糜在较低温度条件下进行凝胶化。鱼糜加热方式有一段加热、二段加热和持续加热三种。一段加热，是指直接将擂溃后的鱼肉加热到90~95℃；二段加热，是指将擂溃后的鱼肉先在40℃以下放置一段时间使其凝胶化，然后再加热到较高的温度；持续加热，是指将擂溃后的鱼肉以一定的速度进行加热。各种鱼糜基本上都在40℃左右时具有较强的凝胶形成能力，而在60~70℃温度域下会发生凝胶劣化，凝胶结构很容易被破坏，因此在低温下凝胶，并且直接加热到90℃，迅速通过凝胶劣化温度域的加热方式有利于提高其凝胶强度，可使鱼糜制品的中心温度达到80~85℃，达到加热杀菌的目的。因此，在生产中常采用二段加热的方法，即在30~40℃的条件下加热约2h，再以90℃的加热条件继续加热30min，此条件下生产得到的鱼糜制品品质较佳。有研究以草鱼肉为原料，分析了加热方式对草鱼肌原纤维蛋白凝胶性的影响，结果表明，在低温加热温度为30℃、加热时间为1h和高温加热温度为90℃、加热时间为30min的条件下，草鱼蛋白质的凝胶特性最佳。

曹洪伟（2019）通过对比微波加热和传统水浴二段加热，发现微波加热代替传统水浴二段加热的第一段会导致鱼糜凝胶品质劣化，而微波加热代替传统水浴二段加热的第二段能够显著提高鱼糜的凝胶强度和持水性。微波主要通过二硫键和非二硫共价键促进蛋白质交联形成凝胶。采用扫描电子显微镜观察鱼糜凝胶微观结构，结果显示，先水浴后微波的方式形成了更致密的凝胶结构。微波的快速升温速率使蛋白质分子快速通过凝胶劣化温度带，聚集形成良好的凝胶结构。采取微波辅助加热后，鱼糜凝胶被移到保温区，稳定温度在90℃时，保持循环水冷凝100s，产品最终的凝胶强度明显增强，说明微波辅助加热能显著降低高温对鱼糜凝胶强度的影响，提高鱼糜的凝胶强度。

7）盐溶性蛋白对凝胶形成的影响

鱼糜制品的弹性与鱼肉中所含的盐溶性蛋白，尤其是肌球蛋白的含量有关。

Sano 等（1990）研究发现，凝胶的形成开始于肌球蛋白螺旋形尾部的肽链解螺旋，然后不同肌球蛋白分子中的部分螺旋形尾部发生分子间交联，形成调节肌球蛋白分子，调节肌球蛋白分子再与其他肌球蛋白头部和尾部的螺旋结构相互凝集形成较大的颗粒，进而形成凝胶网状结构。鱼类肌球蛋白的含量和加工成的鱼糜制品的弹性强弱呈正相关，肌球蛋白含量较高的鱼类，其鱼糜制品的弹性也比较强。另外，在同种鱼类中，也存在盐溶性蛋白含量与弹性强弱之间的正相关性。除了盐溶性蛋白含量外，肌动球蛋白 Ca^{2+}-ATPase 的活性与鱼糜制品的弹性强弱之间也同样呈正相关性，肌动球蛋白 Ca^{2+}-ATPase 的活性越大，其凝胶强度和弹性也越强。

8）辅料对鱼糜凝胶形成的影响

在加工鱼糜时，为提高鱼糜制品的凝胶强度，改善鱼糜制品的质量，在鱼糜凝胶形成过程中可以添加适当的辅料，常用的辅料有糖类、蛋白质类、聚合磷酸盐、TGase 等。

（1）糖类。在鱼糜生产中应用的糖类包括单糖、寡糖和多糖。除了作为调味料外，多糖更主要的应用是改善鱼糜的凝胶性能，提高鱼糜制品的质量。例如，淀粉、卡拉胶、脱乙酰化魔芋葡甘露聚糖等对鱼糜凝胶特性都有显著影响。

淀粉具有粉体的特征（分散性、流动性等），它在水中形成悬浮浊液，具有悬浊液特性，当其浓度达到 40% 时，表现出极高的黏性。添加淀粉会提高鱼糜制品的破断强度，改进凝胶强度，改善组织结构，并能降低产品的成本。淀粉种类很多，是鱼糜加工中常用的添加剂，淀粉种类的不同，对鱼糜凝胶的影响也不同。支链淀粉含量高的淀粉（如马铃薯淀粉）产生的凝胶结合力较强，弹性较大；而支链含量少的淀粉（如玉米淀粉）产生的凝胶结合力较弱，脆性较大。Yang 等（2014）的研究表明，高抗性大米淀粉含较多的氢键基团，吸水能力强，可提高鱼糜凝胶的持水性和蒸煮吸水率。淀粉添加量以鱼糜制品的 8% 左右为宜，过多的淀粉会使产品发硬，有橡皮感。

卡拉胶属于亲水性凝胶，其硫酸基团与蛋白质分子的氨基之间能发生较强的静电相互作用，因此添加少量的卡拉胶就能明显增加鱼糜凝胶强度，而且这种静电作用会随着卡拉胶添加量的增加而增强。陈海华等（2008）研究了添加卡拉胶对鲤鱼鱼糜凝胶强度的影响，发现卡拉胶能改善鱼糜的凝胶强度，且随着卡拉胶的添加量的增加，鲤鱼鱼糜凝胶的破断强度不断增大。但是在鱼糜中添加黄原胶、果胶等，会导致鱼糜制品的凝胶特性下降。此外，添加魔芋胶，可以增加鱼糜凝胶强度，并使之形成致密、均匀的凝胶网状结构。

魔芋葡甘露聚糖（KGM）是一种植物多糖，具有良好的凝胶性、溶解性等，而这些性质与乙酰基有关。大量研究证明，用碱对 KGM 处理后，会脱去分子链上的乙酰基，即进行脱乙酰反应，分子链缠绕加强，最终使 KGM 形成凝胶。Chen

等（2008）采用非均相脱乙酰的方法研究了不同脱乙酰度的 KGM 的凝胶行为，发现疏水相互作用在 KGM 凝胶的形成过程中起着重要作用，且随着 KGM 脱乙酰度的增加，凝胶中的疏水相互作用逐渐增强。鱼糜凝胶化过程中，KGM 的脱乙酰度不同，其结合水能力、疏水相互作用及凝胶稳定性存在差异，因此可通过影响鱼糜凝胶化过程中的水分状态与分布、蛋白质二级结构、蛋白质分子间作用力，特别是疏水相互作用来影响蛋白质的展开和聚集的相对速率，从而影响鱼糜凝胶化过程。于加美（2019）研究了添加不同脱乙酰度的 KGM 对鲢鱼鱼糜中的蛋白质组成、分子间作用力和蛋白质结构的影响，发现不同脱乙酰度的 KGM 均促进了蛋白质 α-螺旋结构向无规卷曲结构的转变，增加了蛋白质分子的疏水相互作用，促进了二硫键的形成，使鲢鱼鱼糜凝胶特性得到改善。

（2）蛋白质类。添加蛋白质能有效提高鱼糜制品的凝胶强度，常用的蛋白质类有植物蛋白（如谷朊粉、明胶、大豆蛋白）和动物蛋白（如蛋清蛋白、明胶）。有研究在鳙鱼鱼糜中分别添加了谷朊粉和蛋清蛋白，并对凝胶特性进行了研究，结果表明添加的两种蛋白质均有助于鱼糜形成均匀的凝胶结构，显著提高了鱼糜制品的凝胶特性。大豆蛋白主要是与鱼肉蛋白质分子发生相互作用，从而改变凝胶网络结构的强度。大豆分离蛋白自身具有较强的凝胶和乳化性能，大豆分离蛋白和鱼肉蛋白质可形成具有一定强度、弹性和咀嚼性的凝胶。凝胶形成后，鱼糜中的水分和油脂可固定在凝胶网络中。牛记者（2012）研究了大豆蛋白对鱼糜凝胶特性的影响，结果表明添加低浓度的大豆蛋白可显著提高鱼糜制品的凝胶强度，改善鱼糜制品的持水性能，而过高浓度的大豆分离蛋白会使鱼糜的持水能力降低。明胶的主要作用是促进离子键与鱼糜中的蛋白质结合，进而提高鱼糜凝胶特性。黄玉平等（2012）以鲢鱼糜为原料，将鱼皮明胶添加到鲢鱼鱼糜中，结果显示添加鱼皮明胶提高了鱼糜凝胶的破断强度和持水性能。

（3）聚合磷酸盐。聚合磷酸盐不仅是鱼糜冷冻变性防止剂，而且是鱼糜制品弹性增强剂：①加入聚合磷酸盐，可以将鱼糜的 pH 调节至中性，在漂洗后的脱水鱼肉中加入 0.3%聚合磷酸盐（焦磷酸钠和三聚磷酸钠的等量混合物），脱水鱼肉的 pH 可从 6.7 上升至 7.1～7.3，从而降低鱼糜冷冻变性的速度，提高盐擂时弹性网状结构的形成能力；②加入聚合磷酸盐，能提高鱼糜的离子强度，防止漂洗使鱼肉离子强度降低所引起的鱼肉吸水膨润和脱水困难；③加入聚合磷酸盐，能使漂洗后残留下来的钙、镁等多价金属离子和聚合磷酸盐相互作用生成螯合物，从而降低金属离子对鱼糜冷冻变性的促进作用，降低金属离子对鱼糜弹性凝胶形成能的阻碍作用，提高鱼糜的质量。赵文亚等（2016）以乌鳢为原料鱼，研究了复合磷酸盐（三聚磷酸钠、焦磷酸钠、六偏磷酸钠）对鱼糜凝胶强度的影响，结果显示三种磷酸盐复合物均能有效地提高鱼糜的凝胶强度。较佳添加量为：三聚磷酸钠 0.15%、焦磷酸钠 0.2%、六偏磷酸钠 0.1%。

（4）TGase。在鱼糜中添加不同浓度的 TGase，可使凝胶的破断强度、凹陷深度、凝胶强度及持水性增加，而对其颜色、白度无影响。严菁（2003）通过对鲢鱼、鳙鱼、草鱼、鲫鱼四种淡水鱼的鱼糜制品凝胶强度变化进行了比较分析，研究 TGase 对鱼糜制品凝胶强度的影响，结果发现在添加 TGase 时，四种鱼糜的凝胶强度均显著增大，说明添加 TGase 对鱼糜凝胶强度有显著性影响。TGase 的催化反应如图 4.3 所示。

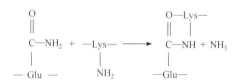

图 4.3　TGase 的催化反应（王岜等，2016）

3. 鱼糜凝胶形成作用力

蛋白质凝胶是变性蛋白质分子间相互排斥和吸引作用力的平衡结果。形成和维持蛋白质凝胶网络的作用力主要包括疏水相互作用、氢键、离子键、静电作用及二硫键等。目前，研究较多的是二硫键、疏水相互作用、氢键和静电相互作用等在加热条件下对鱼糜凝胶形成过程中的影响。

1）二硫键

在鱼糜制品加工的各个阶段中，均有可能形成二硫键。由于鱼的种类不同，肌肉蛋白质的组成差别巨大，鱼糜加工过程中形成二硫键的加工阶段也各不相同，但普遍认为二硫键对促进鱼糜制品凝胶的形成及提高凝胶品质有着重要的影响。二硫键是共价键，是蛋白质分子间通过共用电子对形成牢固的化学键，共价键一旦形成，很难被破坏。加热过程中形成的二硫键是鱼肉肌原纤维蛋白热诱导凝胶形成的主要化学键。当蒸煮温度超过 40℃时，二硫键是蛋白质凝胶形成的主要共价键。半胱氨酸有活性巯基，相邻蛋白质分子链上的两个半胱氨酸通过氧化作用形成分子间二硫键。

蛋白质分子内部原有的二硫键或蛋白质内氨基酸间形成的分子内二硫键可通过二硫化物的相互交换作用形成分子间二硫键，从而发生交联。如果蛋白质分子内含有大量的胱氨酸或活性巯基，添加半胱氨酸或胱氨酸可促进分子内的二硫键向分子间二硫键的转化。二硫键的形成不是凝胶形成的必需条件，但分子间二硫键的形成，尤其是由肌球蛋白头部 S-1 部位氧化形成的二硫键，对凝胶形成有重要贡献。在凝胶前期加入还原剂，可以防止巯基氧化，抑制二硫键的生成，并且加入还原剂能使部分已被氧化的巯基恢复活性；如果选择在凝胶形成的后期加入氧化剂，此时大部分肌球蛋白已溶出，可以促进二硫键的形成，增加胶凝程度，提高凝胶强度。刘慈坤（2019）研究了臭氧介导的肌原纤维蛋白氧化对草鱼鱼糜凝胶特性的影响，发现适量浓度的臭氧可以氧化鱼糜肌原纤维蛋白，从而提高草鱼鱼糜的凝胶强度和凝胶持水性，其机制是提高了鱼糜凝胶分子间作用力（二硫键），使鱼糜凝胶结构更加均匀、致密，同时提高了凝胶结构表面的亲水性，增强了凝胶中蛋白质分子与水分子的相互作用，使更多水分保持在凝胶网状结构中。

2）疏水相互作用

疏水相互作用在凝胶形成过程中也起到很大的作用，疏水基团均匀分布于肌球蛋白尾部一级结构中，在天然蛋白分子结构中，这些疏水性氨基酸残基倾向于分布在蛋白质分子内部的疏水区域，从而避免与周围水的接触。蛋白质分子变性展开后，这些疏水基团暴露于分子表面，引起蛋白质凝集，产生疏水相互作用，从而使肌球蛋白分子发生聚集，形成凝胶。非极性多肽原本包埋于蛋白质分子的内部，在加热条件下，非极性多肽暴露于分子表面，因此增强了邻近多肽非极性片段的疏水相互作用，影响凝胶形成的过程。在肌球蛋白分子结构中，尾部螺旋结构中分布的疏水基团位于α-双螺旋结构之间。当肌球蛋白尾部变性时，原本包埋在结构之间的疏水基团暴露出来，形成疏水相互作用，使自由能降低，肌球蛋白尾部结构发生聚集，形成凝胶网状结构。因此，疏水相互作用在凝胶化过程中起着重要作用。

3）氢键

氢键是偶极键，结合力弱。氢键在蛋白质凝胶体系中的数量极大，是稳定结合水、增加凝胶强度的重要化学键。在加热过程中，维持蛋白质空间结构的大量氢键会被破坏，从而使得多肽链更易发生广泛的水合作用，降低水分子的移动性。因此，裸露的多肽链的水合作用成为影响凝胶持水性的重要因素。冷却促进了蛋白质间氢键的形成，从而增加了凝胶强度。鱼的种类、加工方式均能影响凝胶形成过程中的氢键数量，肌球蛋白尾部的α-螺旋结构也是由氢键来稳定的。当鱼糜中的蛋白质分子在高温加热条件下发生变性的时候，氢键发生断裂，蛋白质分子结构中的α-螺旋结构解旋，而温度下降后，将重新形成氢键，有助于蛋白质构象的稳定。

4）静电相互作用

蛋白质分子所带电荷使蛋白质分子间相互吸引或排斥，影响蛋白质分子间及蛋白质分子与溶剂之间的相互作用。但凝胶的聚集过程受疏水作用的影响，静电相互作用在蛋白质聚集过程中通常表现为静电斥力，参与肌球蛋白分子尾部螺旋结构的相互交联的过程，而不参与肌球蛋白分子及分子间的头部聚集作用。pH 和离子强度可以影响蛋白质中氨基酸残基的解离状态和电荷分布，改变蛋白质分子间的静电相互作用，从而对蛋白质凝胶的形成产生影响。

蛋白质的净电荷在 pI 条件下为零，因此当环境的 pH 接近 pI 时，蛋白质的静电斥力几乎为零，在此条件下蛋白质分子相互发生聚集，形成网状结构。在 pH 与 pI 相差较大的时候，蛋白质中的静电斥力占主导，此条件下蛋白质不会发生分子聚集。当环境的 pH 处于 pI 和极端 pH 之间时,蛋白质间的疏水相互作用与静电斥力相互平衡,蛋白质分子发生聚集,进而形成网状结构。因此,鱼糜形成高品质凝胶的较佳 pH 为 6~8。在实际生产过程中,只要使鱼糜体系的 pH 范围远离 pI,并将 pH 控制在 6~8,就能形成高品质、弹性强的凝胶制品。

鲢鱼肌球蛋白的二级结构及二硫键、非二硫共价键、疏水相互作用三种主要化学作用力随温度的变化及其聚集行为已经受到了研究人员的广泛关注。目前,已经发现了鲢鱼肌球蛋白胶凝过程中的动态流变行为变化的机理。在 35~55℃条件下,肌球蛋白变性使尾部的 α-螺旋大量解旋,尾部疏水性侧链暴露,表面疏水性大幅度增加,同时肌球蛋白分子头部巯基氧化形成二硫键,溶解度大幅度下降,非二硫共价键大量形成;在 55~80℃条件下,肌球蛋白的表面疏水性、二硫键含量继续小幅度增加,而非二硫共价键含量降低。在 28~37℃和 40~69℃这两个温度区间,储能模量增大,而其余温度区间的储能模量减小。三种化学作用力在不同温度区间对储能模量的贡献不同,在 28~37℃和 40~50℃这两个温度区间内,三种化学作用力均随着温度的增加而大幅度增大;在 50~69℃温度区间内,二硫键和疏水相互作用依然随温度增加而增大,但是非二硫共价键降低。

另外,还存在一些因素对凝胶内部结合作用力有显著影响。例如,β-葡聚糖对鱼糜内部作用力会有一定影响,加入 β-葡聚糖后,一部分游离水转化为固定水,凝胶表面的含水量高于中间部分。在鱼糜/β-葡聚糖凝胶中,β-葡聚糖形成近似圆形的孔洞,均匀分布在鱼糜凝胶的连续网状结构中。随着 β-葡聚糖的增加(0%~2%),β-葡聚糖与鱼糜争夺水分,鱼糜中的蛋白质有效浓度增加,凝胶能力增强。其次,吸水膨胀后的 β-葡聚糖对鱼糜基体施加压力,使基体更加致密牢固。此外,β-葡聚糖作为半刚性填料填充蛋白质凝胶网络的间隙,增强结构。然而,随着 β-葡聚糖(3%~5%)含量的进一步增加,使蛋白质分子之间存在较大的空间位阻,抑制了由二硫键或蛋白质分子疏水相互作用促进的交联网状结构的形成,鱼糜凝胶形成作用力削弱,甚至扰乱了鱼糜的凝胶网状结构。另外,β-葡聚糖上含有较多的游离羟基,易于与鱼糜中的蛋白质伸展暴露的基团形成氢键等,从而占用胶凝作用本身应该形成氢键的位点,使得凝胶网络无法正常形成,从而降低了蛋白质的凝胶性能。除了对凝胶形成有影响外,β-葡聚糖可减少淡水鱼的异味,有保持鱼的美味的特性。

MTGase 的加入对凝胶内部作用力也有较大影响,这是因为在一定温度(90℃)下,MTGase 有较强的催化能力,并且热作用使肌球蛋白的分子链伸展,分子运动加剧,分子之间接触、交联的机会增大,有利于蛋白质的相互作用,能够形成致密均匀的网络结构。而当温度继续升高时,导致 MTGase 的活性下降,降低了其催化作用,并且高温下鱼糜中的组织蛋白酶活性增强,可促进蛋白质的分解,蛋白质解链凝胶化,形成排列无序的粗糙凝胶结构,使鱼糜的凝胶性能降低。

4.1.2　鱼糜中蛋白质冷冻变性控制技术

鱼肉蛋白质的冷冻变性是指鱼体在冻藏条件下，蛋白质受到物理或化学因素的影响，分子内部原有的规律性空间结构发生变化，导致蛋白质的生化性质发生改变。冷冻鱼糜生产技术，实质上是防止鱼肉蛋白质在冻藏过程中产生冷冻变性而影响鱼糜制品品质的生产技术。冷冻鱼糜生产技术的开发，使鱼肉蛋白质的冷冻变性防止技术在实际生产中得以应用。鱼肉蛋白质中的肌原纤维蛋白占总蛋白质的绝大部分，且肌原纤维蛋白的变性是鱼肉蛋白质在冻藏过程中变性的主要部分。Dyer（1951）曾指出，在鱼类冻藏期间，主要是肌原纤维蛋白中的肌球蛋白产生蛋白质变性，而肌动蛋白的变化很小。

鱼糜中的蛋白质在低温冻藏过程中常会发生两种变性，一是蛋白质分子的聚集，二是蛋白质多肽链的展开。一方面，随着鱼糜冻藏时间的延长，蛋白质结合水与蛋白质分子结合得更加牢固，使冻结率上升，而结合水结晶后，蛋白质分子脱水，致使某些基团聚集，并形成二硫键、疏水键、氢键等，使蛋白质凝聚变性，图 4.4 即为蛋白质冷冻（凝聚）变性模型；另一方面，当水分在低温条件下逐渐冻结时，蛋白质水化程度降低，冻藏过程中形成的冰晶对蛋白质分子产生挤压，使蛋白质分子的三维空间结构产生变化，蛋白质的多肽链发生展开变性，图 4.5 即为蛋白质冷冻（展开）变性模型。鱼糜的主要成分——肌原纤维蛋白在冻藏期间发生冷冻变性和氧化变性时将会严重影响鱼糜的加工性能，从而导致鱼糜制品的口感、品质、风味等下降，营养价值和商品价值降低。

图 4.4　蛋白质冷冻（凝聚）变性模型（张静雅等，2012）

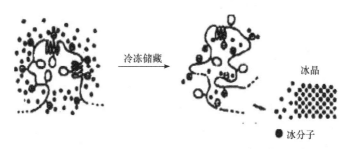

图 4.5　蛋白质冷冻（展开）变性模型（张静雅等，2012）

1. 冷冻鱼糜中蛋白质变性的原因

一般采用先冻结后冻藏的方法对鱼类进行长期保存，但是鱼类经过冻结和长期低温储藏后，因组织中的水分形成冰晶，蛋白质的结合水部分被冻结，未被冻结的细胞液得到浓缩，容易使蛋白质发生冷冻变性，以这种冷冻鱼类为原料加工的鱼糜会失去鱼糜的特性。关于蛋白质的冷冻变性机制有多种学说，目前较有说服力的有以下三种。

第一种是受蛋白质束缚的结合水因冻结造成的脱离引起的蛋白质变性学说。根据与蛋白质的相互关系，可将肌肉组织中的水分分为结合水和自由水两类。结合水是在蛋白质的活性基上形成单分子层被牢固束缚的水；而自由水是不受蛋白质束缚的水，可作为溶剂，进行移动扩散。冻结时首先结冰的是自由水，而结合水很难结冰。如果仅自由水发生结冰再解冻，蛋白质和水之间的相互关系不会发生任何变化。但冻结率提高时，一部分结合水也会形成冰晶，水与蛋白质支链之间的相互关系就会发生不可逆的变化，从而使蛋白质变性。

第二种是与亲和水之间的相互作用引起的蛋白质变性学说。蛋白质分子中复杂的三级、四级结构是由非极性基团的疏水键和分子内的氢键来维持的，这些键的分布状态与周边的水分子所形成的结构、状态密切相关。一般认为，冰的生成导致水合层产生破坏，从而引起了非极性结合的破坏和新结合的生成。结冰后，非极性基团失去周边的水，疏水键被破坏。此外，由于冰晶之间的相互作用，为了维持亲和水（以氢键和蛋白质结合）的稳定结构，氢键的切断和生成必然波及蛋白质分子内部，导致蛋白质变性。

第三种是冰结晶的形成使体液浓缩引起的蛋白质变性学说。由于冰晶的析出，未冻结细胞液被浓缩，其结果是液相中的离子浓度上升和 pH 的变化，引起蛋白质变性。鱼糜中肌原纤维蛋白冷冻变性的原因是，经冻结和长时间冻藏后，鱼糜中的水分形成晶核并逐渐增大成为冰晶，使液相中的溶质浓缩、离子强度增大、pH 变化，迫使蛋白质分子周围的水化层变薄、蛋白质分子之间相互靠近，从而发生疏水相互作用，最终使肌原纤维蛋白发生不可逆变性。

2. 冷冻鱼糜中蛋白质变性的检测指标

在冻藏过程中，蛋白质的聚集或展开变性会引起各种理化性质的改变，进而导致功能特性的改变。鱼糜中的蛋白质冷冻变性后，其头部的 Ca^{2+}-ATPase 活性丧失，肌原纤维蛋白的溶解性下降。Ca^{2+}-ATPase 来源于肌球蛋白的球状头部，在冻藏中形成的冰晶和高离子强度会导致肌球蛋白球状头部结构发生改变，导致 Ca^{2+}-ATPase 活性下降。由于在冻藏过程中，肌原纤维蛋白的部分结合水形成了冰晶，肌动球蛋白分子间相互形成了疏水键和氢键（非共价键），进而形成大分子不溶性凝聚体，溶解性下降。因此，可用 Ca^{2+}-ATPase 的活性和肌原纤维蛋白的溶解性作为冷冻鱼糜中蛋白质变性程度的评价指标。此外，鱼糜中的肌原纤维蛋白发生变性会导致鱼糜无法形成凝胶，因此肌原纤维凝胶特性的变化也是衡量蛋白质在冻藏过程中的变性程度的直接指标。肌肉中的肌原纤维蛋白容易冷冻变性是因为其对温度的变化很敏感，冻藏所引起的理化性质变化导致肌原纤维蛋白凝胶形成能力下降，且鱼糜凝胶强度和持水性均随着冻藏时间的延长而显著下降。

3. 影响冷冻鱼糜中蛋白质变性的因素

防止冷冻鱼糜中的蛋白质冷冻变性一直是冷冻鱼糜加工中最为关注的问题，也是生产技术中最关键的环节。鱼糜中蛋白质的冷冻变性受多种因素的影响，包括原料鱼的种类、原料鱼的鲜度和pH、冻结速度和冻藏温度等。

1）原料鱼的种类

在冻结和冻藏中，肌原纤维蛋白冷冻变性的速度和凝胶强度下降的速度与鱼的种类相关，下降速度慢的即为耐冻性强的鱼种，可长时间冻藏；反之，下降速度快的称为耐冻性差的鱼种。夏达金等（1992）研究了我国四种大宗淡水鱼在冻藏过程中的蛋白质变性情况，结果显示四种淡水鱼在冷冻条件下的蛋白质变性程度顺序为鳙鱼＞鲢鱼＞草鱼＞鲤鱼。蛋白质变性程度与不同鱼种的肌球蛋白和肌动蛋白的特异性有关，也与鱼的栖息环境、水域的温度有很强的相关性。

2）原料鱼的鲜度和pH

原料鱼的鲜度越好，蛋白质冷冻变性的速度就越慢，反之，将解僵以后的鱼进行冻结，容易产生变性，这对红色肉鱼类来说尤为明显，因为这种变性与鲜度降低后的pH下降有关。刚捕获的鱼体内的pH呈中性，随着原料鱼鲜度的下降，pH逐渐降低，在偏酸性条件下冻结，肌原纤维蛋白容易变性。

3）冻结速度和冻藏温度

根据冻结速度对不同形态的鱼的肌肉蛋白质冻结变性的研究结果，冻结速度对肌原纤维未受破坏的完整鱼肌肉有明显影响，这与冰晶形成的大小和部位有关。缓冻时，冰晶首先在肌纤维间隙中生成，并逐渐长大，蛋白质变性程度也更严重；速冻时，冰晶在肌纤维内部和间隙中同步生成，形成的冰晶较小，蛋白质变性程度也较轻。对鱼糜来说，大部分肌原纤维已破裂，所以冻结速度对蛋白质变性的影响比较小，而冻藏温度对鱼糜中蛋白质变性的影响较大。一般来说，温度越低，蛋白质的变性速度越慢。

4. 防止鱼糜中蛋白质冷冻变性的方法

如何防止蛋白质冷冻变性是冷冻鱼糜制造技术中的一个关键问题，研究鱼糜中蛋白质在冻藏过程中的物理化学变化，并采取适当的措施抑制鱼糜中蛋白质在冻藏期的冷冻变性，对鱼糜制品加工业具有重要的意义。随着冷冻鱼糜及鱼糜制品工业的发展，防止蛋白质冷冻变性的研究也越来越多。近年来的研究表明，添加抗冻剂是目前防止鱼糜中蛋白质冷冻变性的最主要方法。Noguchi 等（1975）通过研究总结出对鱼类蛋白质具有抗冻效果的化学物质一般有以下特点：①分子中必须具有一个—COOH 或—OH 基团；②分子相对较小，在实际生产中，为防止蛋白质冷冻变性，添加的抗冻剂主要是一些分子质量比较小的糖或糖醇类。为使这种作用达到最佳效果，通常还添加适量的复合磷酸盐。

1）糖类

糖类可以在一定程度上抑制鱼糜中蛋白质的冷冻变性。多种糖类对鱼糜冷冻变性都有抑制作用，通常可作为鱼糜中蛋白质抗冻剂的糖类物质主要有蔗糖、山梨醇、多聚葡萄糖、白砂糖等，通过与蛋白质结合，这些糖类使蛋白质处于饱和状态，从而避免蛋白质之间的聚集变性。糖类的游离羟基还可促进自由水转化为结合水，从而降低"共晶点"温度，减少冰晶的形成，减缓蛋白质的相互聚集，进而防止蛋白质的凝聚变性，糖类分子结构中的羟基数越多，对冷冻变性的抑制效果也越好。

其中，与其他糖类相比，蔗糖和山梨醇具有更强的抗冷冻变性效果；同时，蔗糖和山梨醇还具有来源广、价位低等特点，是实际生产中使用最多、最广泛的添加剂。商业上常将蔗糖和山梨糖醇 1:1 混合作为蛋白质保护剂使用，能稳定蛋白质周围的水分，从而保护冻藏过程中的蛋白质空间结构，将 4% 的蔗糖与 4% 的山梨醇混合后添加到鱼糜中并混匀，也具有较理想的抗冻效果。但是，蔗糖的甜度过高，容易影响鱼糜制品的口感，也容易与蛋白质发生缓慢的美拉德反应，对鱼糜的色泽产生影响。同时，较高的热量也不符合当前人们对低热量饮食的追求，从而限制了蔗糖在冷冻鱼糜中的应用前景。但山梨醇能够保护冻藏过程中蛋白质的空间结构且具有较低的甜度、较低的热量，不易与蛋白质发生美拉德反应，近年来将山梨糖醇应用于冷冻鱼糜中的研究也越来越多。

海藻糖是由两个葡萄糖分子以 $\alpha, \alpha, 1, 1$-糖苷键构成的非还原性二糖。海藻糖的甜度是蔗糖的 45%，温和爽口。此外，它还具有防止生物脱水的功效。将海藻糖运用到鱼糜制品中，能有效抑制冷冻过程中蛋白质盐溶性的降低，抑制巯基氧化，能很好地防止蛋白质在冷冻时的变性，有效地保护蛋白质的天然结构。

高文宏等（2018）研究了在草鱼鱼糜中加入水溶性大豆多糖对鱼糜冻结过程中的影响，结果显示，添加 3% 的水溶性大豆多糖能显著提高鱼糜冷冻效率、蛋白质溶解度、Ca^{2+}-ATPase 活性和总巯基含量。高文宏等（2019）通过试验指出，水溶性大豆多糖（SSPS）对鳙鱼鱼糜冷冻过程中的蛋白质变性也有保护作用。同时，SSPS 能有效抑制肌球蛋白重链浓度在冷冻后的下降趋势。此外，天然蛋白质之间形成的二硫键为扭式-扭式-扭式（gauche-gauche-gauche，g-g-g）型，而在鱼糜凝胶形成过程中出现的二硫键大部分是扭式-扭式-反式（gauche-gauche-trans，g-g-t）型，因此可认为 g-g-t 型二硫键有利于鱼糜中蛋白质形成凝胶的二硫键构象。适量的 SSPS 能使二硫键的反式-扭式-反式（trans-gauche-trans，t-g-t）构象改变为 g-g-t 构象。因此，SSPS 可作为低甜度鱼糜中蛋白质的抗冻保护剂。

2）复合磷酸盐

复合磷酸盐通常由三聚磷酸钠、六偏磷酸钠、焦磷酸钠复配而成，具有强烈的亲水性，是较好的水分保持剂、pH 调节剂和抗冻剂。为了更有效地防止鱼糜中蛋白质的冷冻变性，在添加糖类的同时还可以加入复合磷酸盐。磷酸盐作为一种弱酸盐类物质，一方面能够提高鱼糜制品的离子强度，鱼肉经漂洗后，一部分金属离子被除去，离子强度随之降低，鱼糜吸水膨胀，脱水困难，这样会加速蛋白质的变性，因此添加复合磷酸盐即可使蛋白质的冷冻变性降低，又可提高持水性；另一方面，使鱼糜制品的 pH 偏离蛋白质的 pI，复合磷酸盐溶液基本上都呈碱性，例如，1% 的焦磷酸钠溶液的 pH 为 10.2，添加 0.3% 的复合磷酸盐后，能使鱼糜的 pH 提高至 7.0 左右，肌原纤维蛋白的冷冻变性程度在中性环境下为最低，鱼肉蛋白质较稳定，并且蛋白质之间保持较大的孔隙，肌肉组织可容纳更多的水分，从而提高鱼肉的持水能力。

有研究显示，单独使用复合磷酸盐作为鱼糜蛋白质的抗冻剂效果并不理想，但是将复合磷酸盐与糖类混合添加作为鱼糜抗冻剂时，能有效保护鱼糜中的蛋白质，抑制蛋白质在冻藏期间的变性，延长鱼糜的冻藏期。在鱼糜中添加食品级复合磷酸盐（三聚磷酸钠和焦磷酸钠按 1:1 混合），可明显提高冷冻鱼糜的持水性。同时，复合磷酸盐还能促进冷冻鱼糜中肌原纤维蛋白的解胶，在提高鱼糜 pH、增加鱼糜的弹性、防止解冻时滴水等方面都有明显的作用（持水能力大大提高）。冷冻鱼糜中添加的复合磷酸盐主要为三聚磷酸钠和焦磷酸钠，添加量一般为鱼糜质量的 0.1%～0.3%。三聚磷酸盐可有效减少冷冻鱼肉汁液的流失，焦磷酸盐主要通过改变蛋白质微环境而非直接作用于蛋白质本身来防止冷冻变性。

此外，部分蛋白质酶解产物也可作为保护物质。李向红等（2018）分析了鲢鱼加工副产物酶解产物对冻融鱼糜肌原纤维蛋白性质的影响，采用复合蛋白酶制备酶解产物，分别在鱼糜中添加 2%、6% 的酶解产物（FPH-2%、FPH-6%），冻融循环 6 次后，提取鱼糜中的肌原纤维蛋白并测定其性质，结果显示两种添加量的酶解产物对冻融鱼糜中的肌原纤维蛋白均有良好的保护作用。其中，添加 6% 酶解产物的鱼糜经冻融循环 6 次后，肌原纤维蛋白浓度和巯基含量与空白对照组（不添加抗冻剂）相比降低最少，肌原纤维蛋白变性程度最低。

4.2 冷冻鱼糜的加工

冷冻鱼糜的加工是一种以保存为目的，避免鱼肉蛋白质产生冷冻变性的加工技术，因此冷冻鱼糜应尽可能在最短时间内冻结。冷冻鱼糜通常使用平板冻结机进行冻结，冻结温度为-35℃，时间为 4h 以内，使鱼糜中心温度达到-20℃。冻藏温度越低，越有利于长期保存，所以冷冻鱼糜的冻藏温度要在-25℃以下，并要求冻藏温度稳定。冷冻鱼糜加工技术的开发，解决了原料鱼肉中的蛋白质冷冻变性问题，可直接在原料基地生产冷冻鱼糜。

4.2.1　加工工艺

国内外鱼糜加工工艺基本相同，唯一不同之处在于脱水和精滤的次序不同，国内为先脱水后精滤，而国外为先精滤后脱水。从实际操作来看，两种工艺所用的设备不同，结果也不相同。如果先脱水，由于大量的水被脱掉，在精滤时对鱼糜的处理量就会大大减少，但是在脱水时由于产生了强力挤压作用，鱼糜的温度升高非常明显，会严重影响鱼糜的品质，在实际生产时不得不进行两次精滤；如果先精滤后脱水，精滤处理量增大，但由于存在大量水，并不需要很大的挤压力，鱼糜的温升很小，并且可以采取其他措施来进一步降低鱼糜的温度，鱼糜的品质得到很好的保证。

1. 冷冻鱼糜加工工艺流程

原料鱼→去鳞、去头、去内脏→清洗→采肉→漂洗→精滤（或绞碎）、脱水→搅拌混合→成型→急冻→冷库。

冷冻鱼糜加工设备工艺流程图见图 4.6。

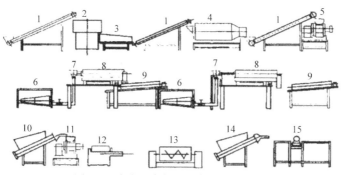

图 4.6　冷冻鱼糜加工设备工艺流程图

1-输送机；2-立式洗鱼机；3-沥水槽；4-卧式洗鱼机；5-采肉机；6-漂洗槽；7-泵；8-旋转筛；9-脱水机；10-输送机；11-精采机；12-精滤机；13-搅拌机；14-充填机；15-称量包装工作台

2. 操作要点

1）原料鱼的选择

用于制作冷冻鱼糜的原料有很多，如草鱼、鲢鱼、鲫鱼、鳙鱼等，鱼的种类不同，对鱼糜的品质影响有着较大差异，如肌肉蛋白质的耐冻性、采肉率、凝胶强度等。草鱼、鲢鱼、鳙鱼、鲫鱼的个体较大、价格相对较便宜，是生产冷冻鱼糜较理想的原料。而在鲫鱼、鳙鱼、鲢鱼和草鱼四种淡水鱼中，鲫鱼的平均采肉率最低，仅20.3%；鳙鱼的平均采肉率约为23.7%，鲢鱼为25.0%；草鱼的平均采肉率最高，为33.8%，根据采肉率可评估所需成本。鲢鱼、鳙鱼、草鱼和鲫鱼的鱼糜凝胶强度分别为3805g·mm、3528g·mm、4251g·mm和2980g·mm，从折曲试验来看，鲢鱼、鳙鱼、草鱼的鱼糜凝胶可以达到AA级，而鲫鱼的鱼糜凝胶只能达到A级。从鱼糜凝胶白度看，鲢鱼、鳙鱼、草鱼的鱼糜凝胶白度较高，而鲫鱼鱼糜凝胶的白度较低、色泽较差。

综合考虑鱼糜制品凝胶强度、弹性率和白度等品质指标和原料成本，鲢鱼和草鱼最适合用作冷冻鱼糜生产原料，鳙鱼次之。鲫鱼单价较高、采肉率和凝胶强度较差，不适合用作冷冻鱼糜生产原料。

生产冷冻鱼糜时，原料鱼的鲜度是保证其质量的最重要的条件之一，由于相同的原料鱼鲜度不同，也会造成鱼糜质量上的极大差异，尤其是凝胶强度很容易随原料鱼鲜度的下降而下降。原料鱼鲜度越好，鱼糜的凝胶形成能力越强。淡水鱼宰杀后，因肌肉中的水分含量高，水解酶活性高，鲜度下降较快。因此，在冷冻鱼糜生产中，需要选用鲜活淡水鱼为原料。鲜活鱼被运到加工厂后若来不及加工，需要加冰暂养以保持鲜度。

2) 原料前处理和清洗

前处理包括清洗、去头、去内脏、去鳞等。首先将原料鱼进行清洗，可以除去表面附着的黏液和细菌，使细菌减少80%～90%。然后采用机械或人工的方法去除鳞、头、内脏等不可食用部分，并将鱼体剖切成片。最后用水进行第二次清洗，以清除腹腔内的残余内脏或血污和黑膜等，这一工序必须将原料鱼清洗干净，且清洗要迅速，以保证鱼体鲜度，因为内脏残留物中含有蛋白质水解酶，即使在低温下，这种水解酶也不会完全丧失活性，任何内脏残留物存在于鱼糜中都会影响鱼糜的凝胶强度和质量。经第二次清洗的鱼体，需要迅速放入连续式气泡清洗机中进行降温和进一步的漂洗，漂洗水的温度需要控制在8℃以下且需要循环流动和更新，可在漂洗水中充入一定浓度的臭氧，以控制细菌总数。

3) 鱼体的采肉

采肉是指用机械或手工的方法将鱼皮、骨去除，把鱼肉分离出来，要求采肉率高、无碎骨皮屑等杂物混入，采肉时升温小。我国传统鱼糜制作中多用手工采肉，而在工业化生产中一般用采肉机，采肉机大致可分为滚筒式、圆盘压碎式和履带式三种。

我国冷冻鱼糜加工中多采用滚筒式采肉机（图4.7）。采肉时，将洗净的鱼体或鱼片送入带网眼的滚筒与橡胶皮带之间，靠滚筒转动与橡胶皮带圈之间的挤压作用，使鱼肉穿过滚筒的网状孔眼进入滚筒内部，骨刺和鱼皮留在滚筒表面，从而达到鱼肉与骨刺和鱼皮分离的目的。采肉机滚筒上的网眼孔径、橡胶皮带与金属滚筒之间的紧密程度均会影响鱼体的采肉率。采肉机滚筒上的网眼孔径一般为3~5mm，可根据实际生产需要自由选择，孔径为3mm时采取的鱼糜骨刺少，但采肉率比5mm孔径时低。在实际生产中，橡胶皮带与金属滚筒之间越紧，采肉率越高。但采肉机网眼孔径越小，橡胶皮带与金属滚筒之间越紧，越易导致鱼肉升温，影响鱼糜的质量。

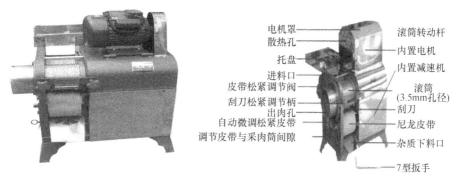

图 4.7 滚筒式采肉机

鱼体经第一次采肉后，剩余的皮骨等副产物中还残留少量鱼肉，因此可进行第二次采肉以提高总的采肉率。但第二次采得的鱼肉质量要比第一次差，且色泽深，不宜做优质冷冻鱼糜，可用作油炸鱼糜制品的原料。在工业化生产过程中，一般把2台采肉机组合起来使用，一上一下，可节省劳力并提高效率。

4）鱼糜的漂洗

漂洗是鱼糜和冷冻鱼糜生产中最关键的工序之一。漂洗，就是指用水或水溶液对所采的鱼肉进行洗涤，以除去鱼肉中的水溶性蛋白、色素、气味成分、脂肪及 Ca^{2+}、Mg^{2+} 等无机离子，对提高冷冻鱼糜的质量及其保存性能，扩大生产所需原料的品种范围具有重要作用。蛋白质冷冻变性的一个重要原因是冷冻时水分冻结，鱼肉中的盐浓度升高，蛋白质盐析变性。通过漂洗，可以洗去肉中的 Fe^{2+}、Cu^{2+}、Ca^{2+}、Mg^{2+} 等成分，防止蛋白质盐析变性。Okada（1964）指出，通过水洗可以除去大部分水溶性蛋白，提高肌原纤维蛋白相对浓度，增加鱼糜凝胶强度。此外，对鲜度差或冷冻的原料鱼进行漂洗可以有效改善鱼糜的质量。

（1）漂洗方法。漂洗的方法一般有两种，一种是清水漂洗法，另一种为稀碱盐水漂洗法。对于新鲜度高的鱼，可直接清水漂洗；而对新鲜度较低的鱼，则需选用稀碱盐水来漂洗。就淡水鱼而言，白色肉鱼类常采用清水漂洗，而红色肉鱼类的水溶性蛋白含量和脂肪含量高，一般采用碱盐水漂洗。用稀碱盐水漂洗时，可促进水溶性蛋白的溶出和去除，还可使鱼肉pH提高到6.8，接近中性，有效地降低蛋白质的冷冻变性，增加鱼糜的弹性。

清水漂洗 清水漂洗时，鱼水比例一般为 1∶（5～10），根据需要按比例将水注入漂洗槽与鱼肉混合，慢速搅拌 8～10min，使水溶性蛋白、脂肪等成分充分溶出，静置 10min 使鱼肉充分沉淀，倾去表面漂洗液，再按以上比例加水，按照此步骤，重复 2～3 次。清水漂洗时，肌球蛋白会吸水，造成脱水困难，因此最后可用 0.15% 的食盐水再进行一次漂洗，使肌球蛋白收缩，便于鱼糜脱水。

稀碱盐水漂洗 这种方法主要用于多脂的红色肉鱼类，鱼水比例一般为 1∶（4～6），漂洗 3～5 次，即先用清水漂洗 1～3 次，然后用 0.1%～0.15% 的食盐水溶液和 0.2%～0.5% 的碳酸氢钠溶液进行漂洗，可用这两种溶液分别对鱼肉进行漂洗，也可混在一起进行漂洗。

（2）漂洗用水量及次数。一般来说，漂洗用水量较多，时间较长时，鱼糜的色泽、口感、弹性、硬度等质量指标会得到改善，但由于漂洗时过多地除去了鱼肉中的水溶性氨基酸、无机盐、维生素等营养或呈味物质，制品的鲜度、香味和滋味会下降；同时，漂洗时间越长，生产周期也越长，鱼肉会因吸水过多而难于脱水。一般来说，清水漂洗水量是鱼肉质量的 7～8 倍时可得到较佳的漂洗效果。采用碱盐水漂洗，水量为鱼肉质量的 4 倍，漂洗时间为每次 3～4min，漂洗 2～3 次时取得的效果最好。漂洗液的种类、用量和漂洗次数，根据原料鱼的鲜度及产品质量要求而定。原料鱼的鲜度较好时，漂洗用水量和次数可较少；而对于鲜度较低的原料鱼，则需要较多的用水量并适当增加漂洗次数。

（3）漂洗用水的水质和水温。水质对鱼糜的光泽、色泽质量和成品率均有一定的影响，因此漂洗的水质也有相关标准要求。符合国家标准的自来水基本上也符合鱼糜生产要求，可不作净化处理，但要避免富含钙、镁的高硬度水及富含铜、铁的地下水。水温主要会影响漂洗效果及肌原纤维蛋白变性，漂洗温度一般要求控制在 3～10℃；对于低值鱼类生产的冷冻鱼糜，漂洗温度应在 10℃下，因为过低的水温不利于水溶性蛋白溶出，过高时则易导致蛋白质的变性。

（4）漂洗 pH 及漂洗时间。pH 是影响肌肉中肌原纤维蛋白稳定性的重要因素，淡水鱼肌肉中的肌原纤维蛋白在中性时一般比较稳定。鱼类在刚捕获时，肌肉的pH 接近中性，随着鲜度的变化，pH 也会产生，白色肉鱼类的 pH 一般为 6.2～6.6，红色肉鱼类 pH 为 5.8～6.0，而形成良好凝胶的最适 pH 为 6.5～7.5。因此，对于红色肉鱼类要用稀碱水溶液进行漂洗，使鱼肉 pH 上升至最适 pH 范围内。在生产冷冻鱼糜工艺中，漂洗水的 pH 要控制在 6.8，漂洗的时间一般掌握在每次 10min左右。

（5）漂洗设备。漂洗的效果除了与漂洗用水水质、pH 和水温有关外，还与搅拌方法、搅拌时间、鱼肉与漂洗水的分离方式等因素有关，因此漂洗设备的选择也较为重要。传统漂洗设备主要包括漂洗槽和旋转筛，通常先将采集到的鱼肉与一定量的水在漂洗槽中慢速搅拌 8～10min，然后静置 10min 使鱼肉充分沉淀，再用手柄逐渐放下溢流管，倾去表面漂洗液及漂浮在液面上的碎脂肪块，重复操作2～3次后泵入旋转筛，继续用清水冲洗，沥水后再进入下面的漂洗程序。

　　传统漂洗设备和方法的用水量大，每生产1t鱼糜需要耗用2～3t水。为节省漂洗用水量，近年来有许多科研工作者在致力于研制节水漂洗装置。瑞典 Alfa-laval 公司研制了一种管道式漂洗装置，由一组长管和一块多向平板组成的静置搅流器构成，碎鱼肉和清水由管道一端的两个入口按比例分别泵入，通过静置搅流器时，碎鱼肉多次转向形成涡流，与水充分混合，至另一端排出时，碎鱼肉中的水溶性蛋白已溶于水中，经分离即可得到鱼糜。此方法与传统漂洗槽相比，最大的优点是节省了大量的水，鱼糜的得率可提高15%左右，大大地降低了生产成本。此外，该设备结构简单，可大大减少车间的操作空间，降低投资费用，用白色肉鱼和低脂肪鱼加工鱼糜时，使用这一装置的效果较佳。

　　5）鱼糜的精滤与分级

　　精滤是指用精滤机滤去鱼肉中可能残存的鱼皮、鱼刺和碎骨等杂质。分级一般是指根据肉色，把精滤后的鱼肉分成若干等级，精滤和分级是在精滤机中同时完成的。对于白鲢等淡水鱼糜，一般采用先精滤、再脱水的工艺。经漂洗的鱼糜先用旋转筛或滤布预脱水，然后用精滤机进行精滤，以除去细碎的鱼皮、鱼鳞、碎骨和细小的肌间刺等杂质。精滤机的网孔直径一般为0.5～0.8mm，若网孔直径过大，去除鱼糜中细小的鱼鳞、鱼皮、碎骨和肌间刺等杂质时比较困难；而网孔直径过小时，会使鱼糜温度升高。精滤时的阻力大、易产生热量，从而使鱼浆的温度上升，导致鱼糜品质下降，因此目前鱼糜生产企业均改用了先精滤、再脱水的工艺，可明显改善鱼糜的色泽和弹性。

　　精滤机启动后，按下述步骤可维持正常运转：①将鱼肉投入进料槽进行精滤，一开始时需少量投入，逐渐增加投入量和转子转速，最佳转速由使用者经验判断；②目测从滤网中挤出的精滤鱼肉和废料出口槽卸出的夹杂物的外观，如果在夹杂物中有许多鱼肉带出，需增加转速，如果不能解决问题，可减少鱼肉投入量；③用温度计测量滤网中挤出的精滤鱼肉的温度，正常的温度范围因原料鱼的温度、质量及环境温度的不同而有所差别，具体数值由工作人员按操作条件确定。如果温度上升太高，需减小转子转速，或逆时针转动调节螺旋杆，减小滤网和螺旋片的间隙。

　　目前，国产精滤机的问题还是很多，例如，精滤后仍然有小鱼刺，鱼糜温度升高，鱼糜出品率比进口精滤机低1%～3%。另外，鱼糜被挤出后，夹杂物仍然留在网筒内部，使用一段时间后需要清理网筒，此时整个生产线需要停机，会严重影响生产效率。由于国产精滤机完全依靠螺旋输送器产生的挤压力将鱼糜从出料口挤出，鱼糜出口的筛网网孔直径不能太小，否则容易引起鱼糜温升严重，影响鱼糜的品质。以上两点表明，由于国产精滤机受到一些限制，可以采用国外进口精滤机加工淡水鱼，而国产精滤机只适合加工海水鱼。因此，在精滤设备方面仍需进行深入研究。

6）鱼糜的脱水

冷冻鱼糜对水分含量有严格要求，通常要求将脱水后的鱼糜水分含量控制在80%左右。脱水除了可以除去水溶性蛋白外，还可以满足产品质量的要求。如果鱼肉含水量过高，将影响鱼糜的凝胶强度，传统的脱水方法有人工挤压脱水、机械加压、离心机离心分离脱水等。经漂洗、旋转筛预脱水、精滤的鱼糜水分含量还较高，需要用机械压榨或离心等方法进行脱水处理。依据设备的脱水工作原理，可分为螺旋压榨脱水机、卧式螺旋离心脱水机和三足式离心脱水机，目前，工业上常采用螺旋压榨脱水机进行鱼糜脱水。处理量较少时，可将鱼肉放在布袋里用力绞干脱水。卧式螺旋离心脱水机（图4.8）是一种新型的鱼糜脱水设备，利用该设备可将漂洗水中95%的固形物加以回收，鱼糜得率明显高于传统的压榨法，所制得的鱼糜制品的凝胶强度和硬度也显著高于传统方法。采用离心机离心脱水时，在2000~2800r/min的速度下离心20min即可。

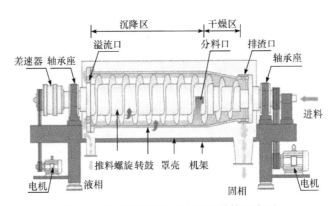

图4.8　卧式螺旋离心脱水机及结构示意图

影响鱼糜脱水的因素很多，主要有漂洗液的 pH、盐水浓度和温度等。尽管 pH 为 5～6 时，脱水性最好，但在该 pH 范围内，鱼糜的凝胶形成能力差、鱼糜中肌原纤维蛋白的冻藏稳定性差，因此在生产上不适用。一般来说，白肉鱼类的 pH 为 6.9～7.3，多脂红肉鱼类的 pH 为 6.7 时，脱水效果较好。为了促进鱼糜的脱水，可在最后一次漂洗时加入 0.1%～0.2% 的 NaCl。温度对脱水效果也有显著影响，温度越高，鱼糜越容易脱水，脱水速度也越快，但蛋白质容易变性。从实际生产考虑，将鱼糜温度控制在 10℃ 左右时较为理想。

7）鱼糜的斩拌

斩拌的主要目的是将加入的抗冻剂与鱼糜搅拌均匀，以降低蛋白质冷冻变性的程度，并可使鱼肉的肌原纤维及细胞组织进一步破坏，肉质更加细碎，该过程由斩拌机完成。目前，常用的标准抗冻剂配方如下：蔗糖 4%、山梨醇 4%、复合磷酸盐（三聚磷酸钠与焦磷酸钠按 1∶1 混合）0.3%、蔗糖脂肪酸酯 0.5%。其中，蔗糖和山梨醇能通过改变蛋白质中水的存在状态而间接起到抑制蛋白质冷冻变性的作用。复合磷酸盐具有持水和提高鱼糜 pH 的作用，使鱼糜 pH 保持在中性，在此条件下，肌原纤维蛋白的稳定性最好。蔗糖脂肪酸酯主要起到乳化作用，使抗冻剂与鱼糜充分均匀。《食品安全国家标准　食品添加剂使用标准》（GB 2760—2014）中规定鱼糜制品中的山梨醇含量不得超过 0.5g/kg。新型抗冻剂有短链葡聚糖、甜度只有蔗糖的 45% 的海藻糖及天然抗氧化剂等，可有效地提高鱼肉蛋白质抗冻性。其中，海藻糖能较大程度地维持鱼肉原有的色泽和风味，保证鱼肉质量。

8）称量与包装

将鱼糜输入包装充填机，由螺杆旋转加压挤出厚度为 4.5～5.5cm、宽度为 3.5～3.8cm、长度为 55～58cm 的条块，每块切成 10kg，采用聚乙烯塑料袋包装。为防止氧化，包装时应尽量排除袋内的空气。

9）平板速冻和冻藏

冷冻鱼糜应尽量在最短时间内速冻，首先将袋装鱼糜块用平板冻结机冻结，温度可达到 -40℃，只需 3～5h 就能使鱼糜中心温度达到 -20℃，且温度越低，越有利于冷冻鱼糜的长期保存。然后，以每箱 2 块的规格装入硬纸箱，在纸箱外标明原料鱼名称、鱼糜等级、生产日期等相关事项，运入冷库冻藏。冻藏温度要求控制在 -20℃ 以下且要保持稳定，尽量避免温度波动，以降低浓缩效应并防止冰晶长大。对红色肉鱼糜冷藏温度要求更低，因为在 -20℃ 以下时，温度对脂肪的氧化仍有影响，最好使用更低的温度保存。冻藏时间一般以不超过 6 个月为宜。

4.2.2　质量评定

1. 质量指标

冷冻鱼糜的质量指标，包括理化指标、微生物指标与凝胶强度指标。冷冻鱼糜的水分含量、pH、杂点、白度和总菌落数和致病菌数量等，可通过相应的食品分析测试方法获得。冷冻鱼糜的凝胶强度测定：先在标准条件下制备鱼糜凝胶，即在斩碎的鱼糜中添加3%食盐后斩匀，然后灌入直径为30mm的肠衣中，两端扎紧，在（90±3）℃条件下加热30min，加热后立即放入冷却水中冷却12h，最后用刀垂直于圆柱体凝胶将其切成25mm长的圆柱体，用直径为5mm的球形测试探头测定鱼糜凝胶强度。凝胶强度的计算公式：凝胶强度（g·mm）=破裂强度（g）×凹陷深度（mm）；测定鱼糜凝胶的折叠性能时，则要将鱼糜凝胶切成3mm厚的薄片。测定冷冻鱼糜中的微生物指标时，需要采用无菌方法取样。

2. 操作规范

操作标准参照《食品安全管理体系 水产品加工企业要求》（GB/T 27304—2008）、《食品安全国家标准 水产制品生产卫生规范》（GB 20941—2016）、《出口水产品质量安全控制规范》（GB/Z 21702—2008）、《鱼糜加工机械安全卫生技术条件》（GB/T 21291—2007）、《水产品冻结操作技术规程》（SC/T 3005—1988）、《水产品加工质量管理规范》（SC/T 3009—1999）。

3. 产品质量参考标准

《食品安全国家标准 动物性水产制品》（GB 10136—2015）、《冻鱼糜制品》（SC/T 3701—2003）。

4.3　传统鱼糜制品

鱼糜制品可以看作鱼肉蛋白质的浓缩物，具有低脂肪、蛋白质含量丰富且氨基酸配比合理、易于消化等特点。从运输方面看，将淡水鱼制成鱼糜制品，去除了不可食用部分，有效地降低了体积和质量，使得冷库使用效率提高、运输成本下降，而且使淡水鱼的生产销售突破了时间、距离的限制。鱼糜制品的发展始于20世纪60年代的日本，而进入世界市场则是在20世纪90年代。日本和美国拥有先进的鱼糜制品加工业，我国于20世纪80年代才开始出现一些机械化的加工生产线，但经过30多年的发展也成为鱼糜制品产量较高的国家之一。2019年，我国鱼糜制品达到139.4万t，成为我国水产品加工的支柱产业之一。鱼糜制品既可以直接食用，也可作为其他食品的原料，已成为人们日常生活饮食中不可缺少的一类产品。鱼糜制品的制作工艺总体上可概括为鱼糜制备、混合配料、成型和熟化。在鱼糜制品的制作工艺流程中，关键工艺在于配料的搭配及成型和熟化的方式。传统的鱼糜制品有以鱼圆、鱼糕、鱼饼、鱼豆腐、燕皮、鱼面等为主的冷冻预调理食品，这类产品一直都是人们餐桌上的常客。

4.3.1　鱼圆

鱼圆又称鱼丸，是我国传统的、最具代表性的鱼糜制品，深受人们喜爱。逢年节喜庆，餐桌上都少不了鱼圆，是民间的传统菜品，在我国南方鱼米之乡，几乎家家会做、人人爱吃，也是家宴和各个饭店的必备菜。例如，在湖北省，鱼圆的应用非常广泛，仅著名的菜式品种就有形象逼真的橘瓣鱼圆、色泽鲜明的三色鱼圆、工艺独到的空心鱼圆、洁白光润的白汁鱼圆、鲜香滑嫩的鸡汁鱼圆、浓香味醇的蟹粉鱼圆、养颜健美的枣茸鱼圆等，深受当地民众喜爱。根据鱼圆加热方式，可分为水发（水煮）鱼圆和油炸鱼圆，一般作配菜或煮汤食用。水发鱼圆色泽较白，富有弹性，并且具有鱼肉原有的鲜味。

1. 工艺流程

冷冻鱼糜→半解冻
↓

原料鱼选择→前处理→采肉→漂洗→脱水→精滤（或绞碎）→擂溃（或斩拌）→调味→成型→加热→冷却→包装→保存。

2. 参考配方

1）水发鱼圆

鱼肉 20kg、黄酒 2kg、精盐 0.6～0.8kg、味精 0.03kg、白砂糖 0.2kg、淀粉 5～7kg、清水适量。

2）油炸鱼圆

鱼肉 45kg、精盐 1kg、淀粉 75kg、白酒 0.25kg、味精 0.075kg、胡椒粉 0.03kg、葱 1kg、姜 1kg、清水约 12.5kg。

3. 操作要点

1）原料鱼选择及前处理

原料鱼的品种和鲜度对鱼圆品质起决定性作用。由于鱼的种类不同，其肌肉组织中的肌球蛋白和肌动蛋白的含量也是不一样的，所含纤维和结缔组织也有一定差异，因此原料鱼会严重影响鱼圆的质量。为确保鱼圆的良好品质，应选用凝胶形成能力较强、含脂量较低和白色鱼肉比例较高的淡水鱼种，如草鱼、鲢鱼。其次，鱼肉的鲜度对鱼圆品质也有一定的影响，鲜度高的鱼肉不易发生蛋白质变性，因此是制作鱼圆的理想原料；反之，使用的鱼肉若超过自溶期，制作出来的鱼圆品质也会明显下降。用冻淡水鱼原料时，需搭配掺和一定量的鲜活淡水鱼原料（不低于 60%）来生产鱼圆。鉴于鱼圆产品的不同要求，在前处理工序上也有区别，例如，对于质量要求（弹性、色泽等）较高的水发鱼圆，采肉一次，需经漂洗、脱水等工艺操作;对于油炸鱼圆,则可多次重复采肉,而且漂洗、脱水等工艺操作可以省略。

如果采用冷冻鱼糜为原料进行鱼圆生产,需先将冻鱼糜块作半解冻处理,或配置一台冻鱼糜切削机,将冻鱼糜切块成薄片(2~3mm),该操作既加快了前处理操作,确保了鱼糜的质量,又方便了后续工序,但应注意解冻中的卫生,并严防异物混入。采用原料鱼时,前处理、漂洗、采肉和精滤等步骤参见冷冻鱼糜加工。

2)擂溃、调味

擂溃是鱼圆制作过程中的一个关键环节,将直接影响到鱼圆的质量。擂溃实质上是对鱼肉的搅拌研磨过程,即将绞碎的鱼肉定量加入擂溃机进行擂溃。对于无盐的冷冻鱼糜,应先进行空擂,以进一步磨碎鱼肉组织,待其温度上升到 0℃以上,再加入 2%~3% 的食盐继续擂溃(盐擂)20~30min,使肌原纤维陆续溶解成黏稠的溶胶体。最后,可添加其他辅料继续擂溃,混合均匀。擂溃时间必须保证擂溃充分又不过度,以鱼糜的黏性达到最大为准。擂溃时间又不可太长,以防止鱼糜升温,引起变性,影响凝胶强度。

3)成型

将擂溃配料后的鱼糜盛于洁净的盘中,进行成型。工业化生产中,采用鱼圆成型机成型,生产数量较少时也可手工成型,成圆后应将其迅速放入冷清水中收缩定型。

4)加热

鱼圆用水煮熟化,通常采用分段加热:先将鱼圆加热到 40℃保温 20min,以形成高强度凝胶化的网状结构,然后使鱼圆中心温度升至 75℃进行熟化。油炸鱼圆:通常先低温油炸再高温油炸,采用自动油炸锅,第一次油温为 120~150℃,使中心温度达到 60℃,待鱼圆炸至表面坚实、内熟浮起、呈浅黄色时即可捞起;第二次油温为 160~180℃,鱼圆中心温度为 75~80℃。为节约用油,也可先水煮熟,沥干水分后再油炸,这样获得的产品弹性较好,可缩短油炸时间,提高产品得率,还可以减少或避免成型后直接油炸出现的表面皱褶,但产品的口感相对较差。

5)冷却

水煮或油炸熟化后的鱼圆均应经水冷或风冷快速冷却。

6)包装

包装前的鱼圆应凉透,否则包装袋内易形成"白花",影响商品外观。同时,应按相关质量标准检验鱼圆质量,剔除不成型、炸焦、不熟的不合格次品,然后按规定分装入食品级塑料袋中封口包装。

7)保存

包装好的鱼圆应采用冷藏或冻藏的方法保存。

4. 质量评定

1）感官评价

个体大小基本均匀、完整、较饱满；白度较好，色泽均匀；口感爽口、弹性好；有鱼肉的特有鲜味，无异味。

2）理化指标

失水率≤6%，水分含量≤82%，淀粉含量≤15%。

3）安全卫生指标

菌落总数≤$3×10^3$CFU/g，大肠菌群≤30MPN/100g，致病菌不得检出。

4）操作规范参考标准

《食品安全管理体系　水产品加工企业要求》（GB/T 27304—2008）、《食品安全国家标准　水产制品生产卫生规范》（GB 20941—2016）、《出口水产品质量安全控制规范》（GB/Z 21702—2008）、《鱼糜加工机械安全卫生技术条件》（GB/T 21291—2007）、《水产品冻结操作技术规程》（SC/T 3005—1988）、《水产品加工质量管理规范》（SC/T 3009—1999）。

5）产品质量参考标准

《食品安全国家标准　动物性水产制品》（GB 10136—2015）。

4.3.2　鱼糕

鱼糕是以鱼肉为原料，经采肉、漂洗、脱水、绞肉、搅拌、调味、蒸制、冷却等工序制成的产品。通过传统工艺制作的鱼糕不仅营养丰富，而且最大限度地保留了鱼肉的鲜美，加热成型后柔软而有弹性，滑嫩美味，具有鲜鱼的芳香而无腥味，口味可由个人喜好进行调配。目前，用于加工鱼糕的鱼种主要是海水鱼和草鱼、鲢鱼等部分淡水鱼，采用其他种类淡水鱼加工鱼糜制品的报道很少。

鱼糕的品种可以按制作时所用配料、成型方式、加热方式及产地等加以区分，如单色鱼糕、双色鱼糕、三色鱼糕；方块形、叶片形鱼糕；板蒸、焙烤及油炸鱼糕；小田原、大阪、新鸿鱼糕（蒲）等，花色品种繁多，且各具特色。

1. 工艺流程

冷冻鱼糜→半解冻
↓
原料鱼选择→前处理→洗涤→采肉→漂洗→脱水→精滤→擂溃→调味→铺板成型→内包装→加热→冷却→包装→保存。

2. 参考配方

1）配方一

鱼肉 50kg、精盐 1.5kg、味精 0.5kg、白砂糖 1.5kg、淀粉 7.5kg、黄酒 1.5kg、

姜汁 1.4kg、蛋清和清水适量。

2）配方二

冷冻鱼糜 50kg、精盐 2.4kg、味精 1kg、白砂糖 0.75kg、马铃薯淀粉 2.5kg、黄酒 1kg、蛋清 1.5kg、姜汁和清水适量。

3. 操作要点

1）原料鱼选择

鱼糕属于较高级的鱼糜制品，对弹性、色泽的要求较高，因此作为鱼糕生产用的原料应是新鲜、脂肪含量少、肉质鲜美的淡水鱼。尽量不用褐色肉，而弹性强的白色鱼肉的配比应适当增加。

2）前处理

前处理工艺与冷冻鱼糜的一般制作工艺基本相同，只是漂洗的工艺更为重要，不可忽视；漂洗是鱼肉采取后的非常重要的加工工序，通过漂洗不仅能除去鱼肉中的有色物质及腥臭物质，还能提高鱼肉蛋白质凝胶强度，对鱼糕弹性有很大影响。

3）擂溃、调味

擂溃对确保鱼糕良好弹性尤为重要，分为空擂、盐擂和拌擂。通常，先空擂 5min，使鱼肉肌纤维组织破坏，然后加盐盐擂 20min，使盐溶性蛋白质溶出，形成一定黏性，最后加其他辅料拌擂 20～30min，使其混合均匀，鱼糕的风味更加突出。

4）铺板成型

小规模生产时，往往将调配好的鱼糜用刀具手工成型，工业化生产中常采用机械成型，例如，采用日本的 K3B 三色板成型机，每小时可铺 900 块。由螺旋输送机将鱼糜按鱼糕形状挤出，连续铺在板上，再等间距切开。

5）加热

鱼糕加热方式有焙烤和蒸煮两种。焙烤是将鱼糕放在传送带上，经 20～30s 通过隧道式远红外焙烤机，使表面富有光泽，然后再烘烤熟制；一般来说，蒸煮较为普遍，我国生产的均为蒸煮鱼糕，通常采用连续式蒸煮器，在 95～100℃下加热 45min，使鱼糕的中心温度达到 75℃以上。最好的加热方式是先加热至 45～50℃保温 20～30min，再迅速升温至 90～100℃蒸煮 30min，这样会明显提高鱼糕的弹性。加热时间对鱼糕的品质影响较大：若加热时间太短，鱼糕不但难以成熟，而且不利于长时间储存，容易腐败变质；若加热时间过长，鱼糕的口感会显得粗老，且组织状态也会变差。

6）冷却

鱼糕蒸煮后，应立即放入 10～15℃冷水中迅速冷却，目的是使鱼糕吸收加热时失去的水分，防止因干燥产生皱皮和褐变，使表面变得柔软光滑。冷却后的鱼糕中心温度仍很高，通常要放在冷却室内继续自然冷却，且冷却室空气要经过净化处理。

7）包装、保存

冷却后的鱼糕，用自动包装机包装后装入木箱，在外包装前应用紫外线杀菌灯进行表面杀菌，然后放入 0～4℃保鲜冷库中储藏。一般，鱼糕在常温下可保存5d，在冷库中可存放 20～30d。

4．质量评定

1）感官评价

个体大小基本均匀、完整、较饱满；口感爽、弹性好；有鱼鲜味，无异味。

2）理化指标

水分含量≤82%，淀粉含量≤15%。

3）安全卫生指标

菌落总数≤$3×10^3$CFU/g，大肠菌群≤30MPN/100g，致病菌不得检出。

4）操作规范参考标准

《食品安全管理体系　水产品加工企业要求》（GB/T 27304—2008）、《食品安全国家标准　水产制品生产卫生规范》（GB 20941—2016）、《出口水产品质量安全控制规范》（GB/Z 21702—2008）、《鱼糜加工机械安全卫生技术条件》（GB/T 21291—2007）、《水产品加工质量管理规范》（SC/T 3009—1999）。

5）产品质量参考标准

《食品安全国家标准　动物性水产制品》（GB 10136—2015）。

4.3.3　鱼饼

鱼饼是以新鲜鱼或冷冻鱼糜为原料，配以独特的调味品，经加热凝固形成的弹性凝胶鱼糜制品，肉质鲜嫩、鲜而不腥、韧脆适度、脂肪含量低、营养丰富，是家庭、酒店、旅游及馈赠亲友的佳品。鱼饼深受我国东南沿海一带，如浙江等地消费者的喜爱，目前以温州鱼饼和赣州鱼饼最为知名。

温州鱼饼是温州传统民间特产，制作历史悠久，以鱼糜为原料，配以独特的调味品，采用传统配方及先进工艺精制而成，不添加任何色素及防腐剂，肉质鲜嫩、鲜而不腥、脂肪含量低、营养极为丰富，含有人体所需的氨基酸、多种维生素和微量元素。赣州鱼饼是赣州久负盛名的传统风味菜肴，其中以金钱鱼饼和响铃鱼饼最为有名。赣州鱼饼的做法是将草鱼去皮剔骨，剁成肉糜，加入红薯粉和适量的盐水，用手不断搅拌，使之产生韧性，然后用小勺舀入滚油锅内炸成乒乓球大小，成为鱼饼。用鱼饼做菜时，将鱼饼和汤汁一起煮沸一段时间即可，鱼饼的特点是色泽金黄，既有鱼肉炸后的香味，又有大量的汤汁包在其中，鲜嫩味美，久食不腻。

1. 工艺流程

冷冻鱼糜→半解冻
↓
原料鱼选择→前处理→洗涤→采肉→漂洗→脱水→精滤（或绞碎）→擂溃（或斩拌）→调味→成型→油炸→预冷→包装→保存。

2. 参考配方

鲜鱼肉 60kg、淀粉 8kg、蛋清 5kg、大豆蛋白 5kg、白砂糖 0.75kg、姜 0.6kg、葱 1kg、食盐 0.8kg、味精 0.5kg、葱 1.2kg、磷酸氢二钠 0.05kg、清水适量。

3. 操作要点

1）原料鱼选择及前处理

必须采用新鲜的淡水鱼，主要有青鱼、草鱼、鲢鱼、鳙鱼、鲤鱼、鲫鱼、鲂鱼等。前处理、漂洗、采肉和精滤等参照冷冻鱼糜加工。

2）擂溃、调味

对于无盐的冷冻鱼糜，应先进行空擂，以进一步磨碎鱼肉组织，待其温度上升到 0℃以上，再加入 2%～3%的食盐继续擂溃（盐擂）20～30min，使肌原纤维陆续溶解成黏稠的溶胶体。然后添加其他辅料继续擂溃，混合均匀。擂溃时间不可太长，防止鱼糜升温，引起蛋白质变性，进而影响凝胶强度。

3）成型

工业化生产中采用鱼饼成型机成型，成型操作应与擂溃操作连续进行，不能间隔长时间，否则擂溃后的鱼糜在室温下放置会因失去塑性而无法成型。

4）油炸、预冷

鱼饼可先低温油炸再高温油炸，采用自动油炸锅，第一次油温为 110～150℃，中心温度达到 60℃；第二次油温为 150～190℃，鱼饼中心温度为 75～80℃。油炸后的鱼饼应快速冷却至 5℃以下。

5）包装、保存

包装前的鱼饼应凉透，同时按相关质量标准检验鱼饼质量，剔除不成型、炸焦的不合格产品，采用冷藏或冻藏的方法保存。

4. 质量评定

1）感官评价

个体大小基本均匀、完整、较饱满；外部金黄、白度较好；酥脆、弹性好；

无异味。

2）理化指标

失水率≤6%，水分含量≤82%，淀粉含量≤15%。

3）安全卫生指标

菌落总数≤3×10³CFU/g，大肠菌群≤30MPN/100g，致病菌不得检出。

4）操作规范参考标准

《食品安全管理体系　水产品加工企业要求》（GB/T 27304—2008）、《食品安全国家标准　水产制品生产卫生规范》（GB 20941—2016）、《出口水产品质量安全控制规范》（GB/Z 21702—2008）、《鱼糜加工机械安全卫生技术条件》（GB/T 21291—2007）、《水产品加工质量管理规范》（SC/T 3009—1999）。

5）产品质量参考标准

《食品安全国家标准　动物性水产制品》（GB 10136—2015）。

4.3.4　鱼豆腐

鱼豆腐又称油炸鱼糕，以鱼肉为主料，绞成肉泥，配以其他辅料并挤压成块状，经油炸熟化而成。鱼豆腐具有金黄色的外观、无腥臭味、味道鲜美、营养丰富、口感佳，是消费者普遍喜爱的鱼糜制品。

鱼豆腐的制作工序：将冷冻鱼糜和大豆蛋白等主料混合后经斩拌、摆盘、凝胶化、熟化、成型等步骤后冻结，再将冻结的半成品经卤煮、冷却、拌料、包装后制成。在加工过程中，加入一定量的蛋白质、TGase 或可降解高聚物，可以提高鱼豆腐制品的口感和凝胶强度。即食鱼豆腐作为鱼糜制品与豆制品的结合产品，不仅具有鱼糜制品的良好口感，由于添加了大豆蛋白而增加了豆制品的营养成分，而且能够改善鱼糜制品的外观、质地等品质特性，经卤煮、添加辅料等工序后，形成了独特的风味。

1. 工艺流程

冷冻鱼糜→半解冻
↓

原料鱼选择→前处理→采肉→漂洗→脱水→精滤（或绞碎）→擂溃（或斩拌）→调味→成型→油炸→预冷→包装→冻结→保存。

2. 参考配方

鲜鱼肉 50kg、肥肉 5kg、淀粉 12kg、植物蛋白 2kg、鸡蛋清 7kg、乳化粉 0.16kg、食盐 2kg、味精 0.8kg、白砂糖 1kg、水 30kg、磷酸盐 0.05kg。

3. 操作要点

1）原料鱼选择及前处理

应选择新鲜的淡水鱼，主要有青鱼、草鱼、鲢鱼、鳙鱼、鲤鱼、鲫鱼、鲂鱼等。前处理、漂洗、采肉和精滤等阶段参见冷冻鱼糜加工。

2）擂溃、调味

擂溃是鱼豆腐制作工艺中较为重要的工序，对鱼糜的凝胶品质有较大影响。对于无盐的冷冻鱼糜，应先进行空擂，以进一步磨碎鱼肉组织，待其温度上升到0℃以上，再加入 2%～3%的食盐继续擂溃（盐擂）20～30min，使肌原纤维陆续溶解成黏稠的溶胶体。最后，添加其他辅料继续擂溃，混合均匀。

3）成型

工业化生产中采用蒸煮成型机成型，成型前先准备好温水槽（水温为 45～47℃）进行定型，调节好成型机频率，待鱼糜从成型机出来后，要不定时地测量豆腐的厚度，保证其厚度大小一致。

4）油炸、预冷

沥干鱼豆腐表面水分后，采用自动油炸锅进行油炸，油温为 140～150℃，表面炸成黄色即可，油炸后的鱼豆腐应快速冷却至室温。

5）冻结、保存

将冷却后的鱼豆腐包装后尽快送去速冻，采用平板速冻机进行速冻，冷冻温度为-35℃，时间为 3～4h，使鱼糜中心温度达到-20℃。将冷冻后的鱼豆腐置于冷库中冻藏，库温为-20℃，并维持库温稳定。

4. 质量评定

1）感官评价

表面金黄有光泽、白度较好；口感爽、肉滑，弹性好；有鱼鲜味、无异味。

2）理化指标

水分含量≤82%，淀粉含量≤15%。

3）安全卫生指标

菌落总数≤$3×10^3$CFU/g，大肠菌群≤30MPN/100g，致病菌不得检出。

4）操作规范参考标准

《食品安全管理体系 水产品加工企业要求》（GB/T 27304—2008）、《食品安全国家标准 水产制品生产卫生规范》（GB 20941—2016）、《出口水产品质量安全控制规范》（GB/Z 21702—2008）、《鱼糜加工机械安全卫生技术条件》（GB/T 21291—2007）、《水产品加工质量管理规范》（SC/T 3009—1999）。

5）产品质量参考标准

《食品安全国家标准 动物性水产制品》（GB 10136—2015）、《冻鱼糜制品》

（SC/T 3701—2003）。

4.3.5　燕皮

　　燕皮或称肉燕，是我国传统的地方特产，福建平潭燕皮久负盛名。燕皮营养丰富、味美肉香且滑润爽口，可以用来烹饪各种菜肴，堪称酒宴和家宴均宜的美味佳肴。传统的燕皮制作方法：由猪后腿肉棒打成泥，配以淀粉、食盐等压制成薄片。以鱼肉为主要原料加工而成的燕皮和生鱼面仅在形状上有所差异，将鲜鱼肉用木棒捶打成糜状，再加入淀粉等辅料加工碾成薄片状，味道鲜美且营养丰富，可切成丝状煮食，也可做包馅的外皮煮食。

　　打制燕皮，再配以上好的番薯粉，肉粉配比恰到好处，然后采用手工打制而成，形状薄如白纸、色似玉、口感软嫩，韧而有劲。在福建，有时在鱼糜中加入一定数量的猪肉馅，制成肉燕皮，猪肉必须选用后腿的精肉，馅料则是剁五花肉绒，加上葱花和盐、味精、料酒混合而成。包好的肉燕皮一般用高汤煮，与煮馄饨类似。将煮好的肉燕皮舀进放了葱花的碗中，再撒上胡椒粉和麻油，香气扑鼻。

　　1. 工艺流程

　　原料鱼选择→前处理→采肉→绞肉→擂溃→捏块成型→加淀粉碾成薄皮→干燥→切割→再干燥→成品。

　　2. 参考配方

　　1）配方一

　　鱼肉 50kg、精盐 1.75kg、白砂糖 3kg、淀粉 1～5kg、白酱油 1.5kg、姜汁清水适量。

　　2）配方二

　　鱼肉 20kg、豆粉 24kg、面粉 2.5kg、精盐 1.75kg、食用碱 0.2～0.25kg、清水 18kg。

　　3. 操作要点

　　1）原料鱼选择及前处理

　　选用新鲜或冷冻的淡水鱼，主要有青鱼、草鱼、鲢鱼、鳙鱼、鲤鱼、鲫鱼、鲂鱼等，原料鱼前处理同鱼糜加工。

　　2）擂溃

　　依次完成空擂、盐擂、拌擂等操作，使鱼糜中的肌原纤维与结缔组织更加细碎，并与辅料混合均匀。此外，有些地方也在鱼糜中加入一定比例的猪肉制成肉燕皮。

3）捏块成型

将擂溃完成的鱼糜捏成小块，每块质量为 250～500g，便于后续操作及凝胶化。

4）加淀粉碾成薄皮

在碾板和木棍表面撒上淀粉，将鱼糜块用手工或制面机碾成厚度为 0.3～0.6cm 的薄皮。

5）干燥

干燥即进行晒干操作，要求晒至六成干。将晒至六成干的薄皮切成方形或圆片状，再晒至恒重即为燕皮。

6）切割

用手工或机器切条（1～1.5mm 宽、15～20cm 长），切割为方形（8cm×8cm 或 5cm×7cm）或小圆片。

7）再干燥

将切成的条形、方形或圆形片产品再进行日晒或烘干至足干，即为成品。

4. 质量评定

1）感官评价

有该制品特有的色泽、风味，无异味；外形一致完整。

2）理化指标

水分含量≤18%。

3）安全卫生指标

菌落总数≤3×10³CFU/g，大肠菌群≤30MPN/100g，致病菌不得检出。

4）操作规范参考标准

《食品安全管理体系 水产品加工企业要求》（GB/T 27304—2008）、《食品安全国家标准 水产制品生产卫生规范》（GB 20941—2016）、《出口水产品质量安全控制规范》（GB/Z 21702—2008）、《鱼糜加工机械安全卫生技术条件》（GB/T 21291—2007）、《水产品加工质量管理规范》（SC/T 3009—1999）。

5）产品质量参考标准

《食品安全国家标准 动物性水产制品》（GB 10136—2015）。

4.3.6 鱼面

鱼面是用面粉及鲢鱼、青鱼、鲤鱼、草鱼鱼肉为主料制作而成的鱼糜制品，将鱼肉加工成鱼糜后，再加入面粉、食盐及调味料，按照一定的配方加工而成，不但提高了蛋白质的含量，还弥补了单纯植物性蛋白质氨基酸组成不完全的缺陷，使产品营养成分更齐全。鱼面的制作工艺：去除鲜鱼的刺皮等，将鱼肉剁至泥酱状，加入一定比例的淀粉、食盐揉搓成面，将面分成团，用擀面杖将面团擀成蒲扇大小的大而薄的面饼，然后卷成卷，放至蒸笼用猛火蒸 20～30min，出笼后摊开，待冷却后用刀横切成薄饼，于日光下晒干。鱼面可单炖、加肉同炖、做火锅主料，也可油炸而食。鱼面味道鲜美，富有弹性，虽然原料是鱼，但吃起来并没有鱼腥味，是湖北地区有名的小吃，主要有萧莉鱼面、传圣鱼面等。

萧莉鱼面是麻城河镇的传统特色食品，主要以鲜鱼、精苔粉、食盐为原料，采用民间传统手工制作，有健脑、降血压、预防冠心病等保健功效，清香味美、口感滑嫩，是胆固醇含量较低的纯天然绿色营养食品。传圣鱼面是湖北黄冈一带的传统名菜，以鲜鱼肉、精面粉、鸡蛋清及食盐等为原料，采用民间传统工艺加工而成，是一种高蛋白且富含多种微量元素的纯天然绿色营养食品，被誉为黄冈地区"历史四宝"之首。

1．工艺流程

称量→擂溃→加少量水和食盐→再擂溃→加入面粉→和面→揉面团→压面→成型→蒸熟→干燥→成品。

2．参考配方

面粉 100g、鱼糜 57.5g、食盐 3.3g、姜汁 1.7g、海藻酸钠 1.7g。

3．操作要点

1）称量
按照配比要求称取一定量的冷冻鱼糜和相应配比的面粉，并加入 3%鱼糜质量的食盐。

2）擂溃
将称好的鱼糜放入容器中，进行空擂，然后添加少量水和食盐，继续进行擂溃，促进鱼糜中的肌动蛋白和肌球蛋白溶出，形成良好的网络结构，使鱼糜具有较好的凝胶特性。

3）和面
将面粉和擂溃好的鱼糜放入搅拌机中，边加水边不断搅拌，使鱼糜和面粉混合均匀。在搅拌的过程中，还可以加入适量海藻酸钠和姜汁，有助于面粉中淀粉的乳化，使之更加黏稠。同时，姜末也可以去除鱼腥味，以保证鱼面的口感和风味。

4）揉面团
将和好的面团从搅拌机中拿出来，用手再次揉一段时间，使鱼糜与面粉更加均匀地混合，形成黏弹性更好的面团。

5）压面、成型

将揉好的面团放在压面机中，调节好压面机的压面厚度，反复压延，使之形成光滑的面皮。压面过程中，为了保证面皮的完整性，需要控制压面机的旋转速度（不宜过快），同时每次压面的面团也不宜太大。为防止鱼糜中的蛋白质变性，操作应该控制在低温下完成。

6）蒸熟

将碾成的薄皮放在竹篦上，锅中蒸熟（时间约 1h）。现实滚筒制面生产中，则采用成条后直接水煮的方法，也可将制成的扁平带状料坯置于 45℃的加热滚筒中进行凝胶化。

7）干燥

干燥即进行晒干或烘干操作，用手工或机器切条（1~1.5mm 宽、15~20cm 长），再日晒或烘干至恒重，即为成品。

4. 质量评定

1）感官评价

面条洁白、色泽均匀、表面有光泽；结构紧密、表面光滑、成条均匀；新鲜鱼香味足、无酸味和异味；柔软滑爽、有嚼劲、弹性好。

2）理化指标

水分含量≤70%，淀粉含量≤15%。

3）安全卫生指标

菌落总数≤5×10³CFU/g，大肠菌群≤30MPN/100g，致病菌不得检出，铅含量≤0.5mg/kg。

4）操作规范参考标准

《食品安全管理体系 水产品加工企业要求》（GB/T 27304—2008）、《食品安全国家标准 水产制品生产卫生规范》（GB 20941—2016）、《出口水产品质量安全控制规范》（GB/Z 21702—2008）、《鱼糜加工机械安全卫生技术条件》（GB/T 21291—2007）、《水产品加工质量管理规范》（SC/T 3009—1999）。

5）产品质量参考标准

《食品安全国家标准 动物性水产制品》（GB 10136—2015）、《食品安全国家标准 速冻面米与调制食品》（GB 19295—2021）。

4.4　新型鱼糜制品

随着生活节奏的加快和生活水平的提升，人们对食品的要求日益提高，近年来餐桌上出现了一系列独具风味、食用便捷的新型鱼糜制品，如鱼卷、蟹肉棒、模拟虾仁、模拟贝肉、天妇罗、鱼肉肠和鱼肉火腿、鱼香脆片。新型鱼糜制品的出现丰富了鱼糜制品的种类，同时为消费者提供了更多的选择。

4.4.1　鱼卷

鱼卷是新型鱼糜制品的一种，最早从日本传入我国，呈空心圆柱状，内外直径分别为 1cm 左右和 2cm 左右，长度为 4～6cm，头尾为浅黄色，中间为棕色且有皱纹状表面。最初，以手工方式将擂溃和调味的鱼糜卷在直径为 1cm 左右的竹竿上，然后放在火上炙烤而成，所以日本将此制品称为竹轮。鱼卷可直接食用或者作为配菜食用，也可以切成片状、丝状，经油炸或烹调加工制成各种花式菜品。

崇武鱼卷是福建闽南一带的一道名菜，也是泉州的十大名小吃之一。崇武鱼卷以鱼肉为主料，做法讲究但费力气，入口柔润清脆，咀嚼后齿颊留香，既没见鱼肉，也不含腥味，有一种特有的清鲜滋味。煮后，汤鲜美无比，深受闽南民众及来旅游观光的游客的赞赏。

1. 工艺流程

$$冷冻鱼糜 \rightarrow 半解冻$$
$$\downarrow$$

原料鱼选择→前处理→漂洗→采肉→脱水→精滤（或绞碎）→擂溃（或斩拌）→调味→成型→焙烤→冷却→包装→储藏。

2. 参考配方

鱼肉 50kg、淀粉 2.5～3.5kg、盐 500～700g、白砂糖 850～1000g、味精 85～100g、黄酒 500g、香辛料 30g、清水适量。

3. 操作要点

1）原料鱼选择及前处理

鱼卷的加工对原料鱼质量要求不高，各种淡水鱼均可作为原料，以冰鲜鱼为佳；原料鱼必须经过前处理，将鱼体清洗干净、采肉，然后用绞肉机绞肉，前处理与冷冻鱼糜生产方法相同。

2）擂溃、调味

先把定量的鱼肉置于擂溃机中擂溃 5min 左右，使鱼肉的肌原纤维及细胞组织进一步破坏，肉质更加细碎，然后加盐擂溃 10min，逐渐加入调味料和淀粉，使鱼糜产生很强的黏性，停止擂溃，擂溃后的鱼糜应与辅料混合均匀。

3）成型

将调味擂溃后的鱼糜用手工的方式涂抹在一根棍子上搓捏加工成长圆筒形，

要求厚薄均匀一致、外形完整，然后将鱼卷按顺序放在烤鱼卷机的架子上。大规模生产中，可用自动成型机形成鱼卷，将80～100g的调味鱼糜卷在金属铜管上，并由链条输送带输送至烤鱼卷机，输送过程中，鱼卷有一定程度的凝胶化。

4）焙烤、冷却

在焙烤前可先在鱼卷表面涂上一层糖液，然后进行焙烤，有利于成色。焙烤分为两段，前段为干燥部分，目的为增强成品的弹力；后段为加火焙烤。鱼卷以滚动方式前进，最初用小火，使鱼卷表面形成一层没有焙烤色的薄皮；然后用强火（150～170℃）烤制，使表面呈金黄色或深黄色。熟化的鱼卷采用冷风快速冷却。

5）包装、储藏

冷却后的鱼卷采用自动包装机包装，根据货架期需要，采用冷藏或冻藏的方式进行储藏。

4. 质量评定

1）感官评价

色泽金黄、形状完整；富有弹性、鲜香可口。

2）理化指标

水分含量≤82%，淀粉含量≤15%。

3）安全卫生指标

菌落总数≤3×10³CFU/g，大肠菌群≤30MPN/100g，致病菌不得检出。

4）操作规范参考标准

《食品安全管理体系 水产品加工企业要求》（GB/T 27304—2008）、《食品安全国家标准 水产制品生产卫生规范》（GB 20941—2016）、《出口水产品质量安全控制规范》（GB/Z 21702—2008）、《鱼糜回工机械安全卫生技术条件》（GB/T 21291—2007）、《水产品冻结操作技术规程》（SC/T 3005—1988）、《水产品加工质量管理规范》（SC/T 3009—1999）。

5）产品质量参考标准

《食品安全国家标准 动物性水产制品》（GB 10136—2015）。

4.4.2　蟹肉棒

蟹肉棒又称仿蟹腿肉或蟹足，是日本于1972年以狭鳕鱼糜为原料开发出来的新型鱼糜仿生食品。我国于20世纪80年代开始从日本引进了数条蟹肉棒生产线，主要分布在辽宁、山东、福建、江苏和浙江等省份的沿海城市，如大连、青岛、日照和厦门等。蟹肉棒具有天然蟹肉的鲜味，表皮呈蟹红色、肉洁白、弹性佳、营养丰富，是一种很受欢迎的新型鱼糜制品。

1. 工艺流程

冷冻鱼糜→半解冻

↓

原料鱼选择→前处理→漂洗→采肉→精滤（或绞碎）→擂溃（或斩拌）→调味→涂膜机涂片→加热→冷却→轧条纹→成卷→涂色→薄膜包装→切段→蒸煮→冷却→切小段→真空包装→储藏。

2. 参考配方

鲜鱼肉 50kg、精盐 1～1.5kg、味精 0.5kg、淀粉 3kg、蛋清 5kg、甘氨酸 0.5～0.75kg、丙氨酸 0.25kg、蟹汁 0.5～1kg、蟹肉香精 0.5kg、冰水 15kg、蟹色素适量、清水适量。

3. 操作要点

1）原料鱼选择及前处理

原料鱼必须选用新鲜的淡水鱼，主要有青鱼、草鱼、鲢鱼、鳙鱼、鲤鱼、鲫鱼、鲂鱼等，前处理工序与鱼糜加工相同。

2）擂溃

擂溃过程中需要保持在较低温度，通常加入碎冰使温度低于 10℃，总擂溃时间为 35～50min。若擂溃时间不够，则盐溶性蛋白溶出少，弹性形成能力差；若擂溃时间过长，鱼糜在加热前会出现部分胶凝现象，易形成不规则网络结构，降低蟹肉棒弹性。

3）涂膜机涂片

将擂溃好的鱼糜送入充填涂膜机内，由充填涂膜机将鱼糜在不锈钢传送带上涂成厚度为 1.5mm、宽度为 120mm 的薄带。

4）加热

薄带状的鱼糜通过传送带送入蒸汽箱中，经 90℃蒸汽加热 30s 左右，使鱼糜涂片凝胶化。加热后的鱼糜呈薄膜状，洁白细腻，不焦不糊，蒸煮工序的目的是使鱼糜涂片定型而非蒸熟。

5）冷却

薄带状的鱼糜经蒸煮后，随着传送带运行开始自然冷却，冷却后的温度为 30～40℃，冷却后，蟹肉棒富有弹性。

6）轧条纹、成卷

用带条纹的轧辊（螺纹梳刀）将鱼糜涂片切成深度为 1mm、间距为 1mm 左右的条纹，使成品表面呈现蟹腿肉的条纹；轧了条纹的鱼糜涂片由不锈钢铲刀紧贴在不锈钢传送带上将涂片铲下，然后用自动成卷机将涂片卷起。

7）涂色

将色素均匀涂在鱼糜卷的表面，所用色素的颜色要与蟹的红色素相似。色素的配制方法：食用红色素 800g、食用棕色素 50g、鱼糜 10kg、水 9.5kg，搅拌均匀后稍呈黏稠状。

8）薄膜包装、切段

使用自动包装机将聚乙烯薄膜卷包鱼糜，并热合缝口；将包装了薄膜的鱼糜卷切成 50cm 长的小段，整齐地装在干净的不锈钢盘中，以备第二次蒸煮。

9）蒸煮、冷却、切小段

将不锈钢盘推入蒸箱，采用连续式蒸箱，蒸煮温度为 98℃，时间为 18min；蒸煮好的鱼糜卷用 18～19℃的清水喷淋冷却 3min，再经冷却柜，将产品冷却至 25℃左右；冷却后的鱼糜卷按产品包装要求，由切段机切成一定长度的小段，多数产品的段长为 10cm 左右。

10）真空包装、储藏

将蟹肉棒定量装入聚乙烯薄膜袋，然后用真空封口机自动包装封口；将装袋蟹肉棒放入平板速冻机内速冻，温度在 -33℃以下，使蟹肉棒的中心温度快速降至 -18℃，并要求在 -18℃以下低温储藏和流通。

4. 质量评定

1）感官评价

具有蟹肉的鲜味；表皮呈蟹红色、肉洁白、弹性佳。

2）理化指标

水分含量 ≤82%，淀粉含量 ≤15%。

3）安全卫生指标

菌落总数 ≤3×10^{3}CFU/g，大肠菌群 ≤30MPN/100g，致病菌不得检出。

4）操作规范参考标准

《食品安全管理体系 水产品加工企业要求》（GB/T 27304—2008）、《食品安全国家标准 水产制品生产卫生规范》（GB 20941—2016）、《出口水产品质量安全控制规范》（GB/Z 21702—2008）、《鱼糜加工机械安全卫生技术条件》（GB/T 21291—2007）、《水产品冻结操作技术规程》（SC/T 3005—1988）、《水产品加工质量管理规范》（SC/T 3009—1999）。

5）产品质量参考标准

《食品安全国家标准 动物性水产制品》（GB 10136—2015）。

4.4.3　模拟虾仁

模拟虾仁，也称人造虾仁，是以鱼糜和虾肉为原料或在鱼糜中加入虾汁或人工配制的虾味素和食用色素，经特制模具成型制作的具有新鲜虾仁口味的仿生食品，口感细腻润滑、爽口劲道，是高蛋白、低脂肪、低能量的优质新型鱼糜制品，深受广大消费者喜爱。

1. 工艺流程

　　　　　　　　　　　　　　　　　　冷冻鱼糜→半解冻
　　　　　　　　　　　　　　　　　　　　　　　　↓
原料鱼选择→前处理→漂洗→采肉→精滤（或绞碎）→擂溃（或斩拌）→调味→调色→成型→加热→冷却→包装→储藏。

2. 参考配方

鱼肉 10kg、虾肉 1kg、食盐 250g、蛋清 1kg、淀粉 500g、味精 100g、料酒 200g、海藻酸钠 200g、大豆蛋白 500g、清水适量。

3. 操作要点

1）原料鱼选择及处理

要求必须是新鲜的淡水鱼，主要有青鱼、草鱼、鲢鱼、鳙鱼、鲤鱼、鲫鱼、鲂鱼等。鲜鱼经清洗、刮鳞、去内脏、去血污、去腹膜、切头去尾，再充分洗净。

2）调味、调色

调味方法有两种，一种方法是加入天然虾类的煮汁浓缩物或小型虾的碎肉，另一种方法是加入人造虾味素。调色的方法与调味相似，可以加入天然虾类的有色煮汁或真虾肉，也可用人工合成的色素进行调色。

3）成型

将加工处理好的鱼糜用特制模具挤压成型，然后经加热制成与天然虾仁外形相似的人造虾仁。

4）包装、储藏

可用聚乙烯塑料袋包装，在 0～4℃下低温储藏或冻藏；也可用复合袋包装或制成罐头，经高温杀菌后在常温下储藏。

4. 质量评定

1）感官评价

外形饱满、洁白色泽；表面光滑，外表分布着红白相间的近似条状花纹；具有天然虾仁鲜味。

2）理化指标

水分含量≤82%，淀粉含量≤15%，蛋白质含量≥12%。

3）安全卫生指标

菌落总数≤3×10³CFU/g，大肠菌群≤30MPN/100g，致病菌不得检出。

4）操作规范参考标准

《食品安全管理体系 水产品加工企业要求》（GB/T 27304—2008）、《食品安全国家标准 水产制品生产卫生规范》（GB 20941—2016）、《出口水产品质量安全控制规范》（GB/Z 21702—2008）、《鱼糜加工机械安全卫生技术条件》（GB/T 21291—2007）、《水产品冻结操作技术规程》（SC/T 3005—1988）、《水产品加工质量管理规范》（SC/T 3009—1999）。

5）产品质量参考标准

《食品安全国家标准 动物性水产制品》（GB 10136—2015）。

4.4.4　模拟贝肉

模拟贝肉是日本于 1975 年研制出的鱼糜制品，将鱼肉模拟成贝肉外形，制成似扇贝丁（闭壳肌）的新型鱼糜制品，有滚面包屑（配合油炸食用）和不滚面包屑两种。模拟贝肉的味道鲜美可口、营养丰富，加工方法类似模拟蟹肉。

1. 工艺流程

原料鱼选择→前处理→采肉→擂溃→成型→凝胶化→加热→切段→成型（贝柱状）→加热→切片→（滚面包屑）→包装→冻藏。

2. 参考配方

鱼肉 50kg、精盐 1.5kg、白砂糖 1kg、淀粉 2.5kg、扇贝风味调味料 1kg、扇贝香精 0.1kg、清水 1.5kg。

3. 操作要点

1）原料鱼选择及前处理

需选用新鲜或冷冻的淡水鱼，主要有青鱼、草鱼、鲢鱼、鳙鱼、鲤鱼、鲫鱼、鲂鱼等，前处理与鱼糜加工相同。

2）擂溃、成型

依次完成空擂、盐擂、调味擂溃操作，在调味擂溃时，添加基本辅料后，还需加入适量的扇贝调味汁；然后将调味擂溃后的鱼糜压成 300mm×600mm×50mm 的板状。

3）凝胶化

板状鱼糜于 40～50℃的条件下进行凝胶化（60min），或于 15℃下放置 12h 进行凝胶化。

4）加热和成型

在 85～90℃的高温下加热 50～60min，冷却后用食品斩切机切成 2.0mm 宽的薄片，改变方向后再切 1 次，切削成细丝状，再加入 10%～20%的调味鱼糜，混合后用成型机制成直径为 30～40mm 的圆柱状，并切成 50～60mm 的长段，压入内表呈扇贝褶边，两边由半圆柱形模片组成的成型模内。

5）加热和切片

用 85～90℃的高温加热 30min,冷却后按要求切成厚度为 15mm 的扇贝片状。

6）包装、储藏

可用竹签串联，装入塑料容器内，经真空包装后冻藏。

4. 质量评定

1）感官评价

白度较好、有弹性；有鲜香味、无异味；外形一致完整。

2）理化指标

水分含量≤82%，淀粉含量≤15%。

3）安全卫生指标

菌落总数≤3×10³CFU/g，大肠菌群≤30MPN/100g，致病菌不得检出。

4）操作规范参考标准

《食品安全管理体系　水产品加工企业要求》(GB/T 27304—2008)、《食品安全国家标准 水产制品生产卫生规范》(GB 20941—2016)、《出口水产品质量安全控制规范》(GB/Z 21702—2008)、《鱼糜加工机械安全卫生技术条件》(GB/T 21291—2007)、《水产品加工质量管理规范》(SC/T 3009—1999)。

5）产品质量参考标准

《食品安全国家标准 动物性水产制品》(GB 10136—2015)、《冻鱼糜制品》(SC/T 3701—2003)。

4.4.5　天妇罗

天妇罗（tempura）的传统制法是以鱼片、虾等涂面包粉后油炸，是日本市场上最常见的方便食品，种类很多。在日本各地，天妇罗也有萨摩扬、利久扬、信田卷等别称，有时也取音译"甜不辣"，是典型的油炸鱼糜制品，前述的油炸鱼圆和鱼糕也可归为天妇罗制品。天妇罗是日式料理中常见的油炸食品，用面粉、鸡蛋与水和成浆，将新鲜的鱼虾和时令蔬菜裹上浆后放入油锅炸成金黄色，食用时可蘸酱油和萝卜泥调成的汁，鲜嫩美味、香而不腻。

1. 工艺流程

原料鱼选择→前处理→采肉→绞肉→擂溃→成型→油炸→脱油→冷却→包装→冻藏。

2. 参考配方

鱼肉 50kg、精盐 1.75kg、白砂糖 2kg、味精 0.5kg、马铃薯淀粉 5kg、葡萄糖 0.25kg、冰水 12.5kg。

3. 操作要点

1）原料鱼选择及前处理

选用新鲜的淡水鱼，主要有青鱼、草鱼、鲢鱼、鳙鱼、鲤鱼、鲫鱼、鲂鱼等，前处理与鱼糜加工相同，若在配料中添加动植物辅料，则应进行适度的切碎处理。

2）擂溃

依次完成空擂、盐擂、拌擂，调味后的鱼糜温度以 8～13℃为宜。

3）油炸

油炸工艺一般采用 2 次油炸法，即第 1 次使用 100%新油（菜籽油居多），油温为 120～150℃，油炸后的鱼糜制品中心温度为 50～60℃；第 2 次使用 70%新油和 30%旧油，油温为 150～180℃，油炸后鱼糜制品中心温度为 75～80℃。对于添加蔬菜配料的天妇罗，则应采用较低的油温，并延长油炸时间，以确保制品的质量。

4）脱油、冷却

油炸后应及时脱油，可用专用的脱油机或离心机脱油，甚至采用简单的沥油；脱油后，制品应通风冷却。

5）包装、冻藏

可用聚乙烯塑料袋真空包装后冻藏。

4. 质量评定

1）感官评价

具有该制品特有的色泽、风味，无异味；外形一致完整。

2）理化指标

水分含量≤82%，淀粉含量≤15%。

3）安全卫生指标

菌落总数≤3×10^3CFU/g，大肠菌群≤30MPN/100g，致病菌不得检出。

4）操作规范参考标准

《食品安全管理体系 水产品加工企业要求》（GB/T 27304—2008）、《食品安全国家标准 水产制品生产卫生规范》（GB 20941—2016）、《出口水产品质量安全控制规范》（GB/Z 21702—2008）、《鱼糜加工机械安全卫生技术条件》（GB/T 21291—2007）、《水产品加工质量管理规范》（SC/T 3009—1999）。

5）产品质量参考标准

《食品安全国家标准 动物性水产制品》（GB 10136—2015）、《冻鱼糜制品》

（SC/T 3701—2003）。

4.4.6　鱼肉肠和鱼肉火腿

鱼肉肠也称鱼肉香肠，是以鱼肉为主要原料，将其处理制成鱼糜，配以淀粉、植物蛋白等辅料及抗氧化剂等添加剂进行调味，再经擂溃、灌肠和加热等工序后灌制而成。白色肉鱼和红色肉鱼都可以作为原料，经高温杀菌后部分产品可在常温下流通，经烟熏后的产品具有独特的风味。

根据原料的不同，鱼肉肠大致可以分为两类：一种是以多种淡水鱼肉混合而成的鱼糜为原料，制成普通鱼肉肠；另一种是以鳕鱼肉为主要原料，制成大家比较熟悉的鳕鱼肠。

鱼肉火腿是在盐渍鱼肉中加入植物蛋白和动物脂肪后，再加入辅料（如淀粉、明胶）、调味品、香辛料混匀，充填于肠衣中加热后制成的产品。在鱼肉火腿中，鱼肉用量必须占成品质量的 50% 以上，鱼肉块占成品质量的 20% 以上，植物蛋白不得高于成品质量的 20%。鱼香肠和鱼肉火腿的生产工艺流程类似，仅在原料加工上有所区别。

1. 工艺流程

原料鱼选择→前处理→漂洗→采肉（去皮、去刺）→打浆→腌制→斩拌→灌肠→封口→蒸煮杀菌→冷却→成品。

2. 参考配方

鲜鱼肉 100g、大豆分离蛋白 6g、玉米淀粉 8g、卡拉胶 1.5g、料酒 2g、白砂糖 0.5g、食盐 2g、五香粉 1g。

3. 操作要点

1）原料鱼选择及前处理

原料鱼必须选用新鲜或冷冻的淡水鱼，主要有青鱼、草鱼、鲢鱼、鳙鱼、鲤鱼、鲫鱼、鲂鱼等。将鲜活的原料鱼宰杀，清洗干净，选择肉质肥厚的背部，除去皮、筋膜和鱼骨，将肉切成小块，放入料理机中打碎成肉糜。

2）腌制、斩拌、灌肠

将打碎的鱼肉糜放入盆中，加入料酒、食盐、白砂糖、五香粉腌制；将腌制好的鱼肉糜、玉米淀粉、卡拉胶和大豆分离蛋白放入盆中，手工斩拌 3～5min，静置备用（斩拌过程中温度≤10℃）；将斩拌好的馅料放入灌肠机，灌装至尼龙肠衣中，用棉白线手工封口。

3）蒸煮杀菌、冷却

蒸煮温度为 100℃左右，时间 30min；将蒸煮好的鱼肉香肠自然冷却至室温，经检验合格，即为成品。

4. 质量评定

1）感官评价

肠体外观均匀饱满、密封良好，剥离时，无固形物黏着肠衣；色泽均匀，有鱼肉肠固有的颜色和光泽；结构紧密、有弹性、切面光滑，无大孔洞；鱼肉肠口感细腻、无渣感、咸香适中、有鱼肉特有的鲜味。

2）理化指标

水分含量≤70%，淀粉含量≤15%。

3）安全卫生指标

菌落总数≤5×10^{3}CFU/g，大肠菌群≤30MPN/100g，致病菌不得检出。

4）操作规范参考标准

《食品安全管理体系 水产品加工企业要求》（GB/T 27304—2008）、《食品安全国家标准 水产制品生产卫生规范》（GB 20941—2016）、《出口水产品质量安全控制规范》（GB/Z 21702—2008）、《鱼糜加工机械安全卫生技术条件》（GB/T 21291—2007）、《水产品加工质量管理规范》（SC/T 3009—1999）。

5）产品质量参考标准

《食品安全国家标准 动物性水产制品》（GB 10136—2015）、《食品安全国家标准 腌腊肉制品》（GB 2730—2015）。

4.4.7 鱼香脆片

鱼香脆片是将新鲜的鱼加工成鱼糜后，再加入淀粉、食盐及疏松剂等，按照一定的配方加工而成的。鱼糜营养丰富，将其与休闲食品结合生产鱼香脆片，不但提高了产品的蛋白质含量，还弥补了植物蛋白中氨基酸组成不全的缺点，使其营养成分更齐全。鱼香脆片可采用小包装，既营养卫生，又方便实惠，是淡水鱼加工开发的一种新途径。

1. 工艺流程

原料鱼选择及前处理→面团调制→静置→辊压→成型→微波熟化→冷却→整理→包装→成品。

2. 参考配方

低筋粉100g、玉米淀粉10g、鲜鱼肉20g、水48g、食盐3.4g、白砂糖2g、植物油10g、碳酸氢钠0.2g、碳酸氢铵0.4g、酒石酸氢钾0.2g。

3. 操作要点

1）原料鱼选择及前处理

选用新鲜或冷冻的淡水鱼，主要有青鱼、草鱼、鲢鱼、鳙鱼、鲤鱼、鲫鱼、鲂鱼等。原料鱼前处理与鱼糜加工相同，白砂糖用粉碎机磨成粉后过筛，其他辅料都按照基本配方中的添加量称量好备用。

2）面团调制

将所有的原料和辅料按照一定的加料顺序加入面粉中进行调制，其中水温要控制在 40℃左右，用和面机按照一定的速度搅拌 30min 左右搅拌均匀。

3）静置

将面团静置一段时间，以消除面团内部张力，降低面团的黏性，然后进行辊压。

4）辊压、成型

用压面机进行辊轧时，面带要不断转换 180°进行折叠辊轧，使面带内部所受的张力均匀，成型后的脆片不易变形，脆片的横切面有明晰的层次结构。辊压后，面带厚度约为 2mm、表面光滑、形态平整、质地细腻。辊压后的面带，先采用自制的针孔成型工具均匀扎孔，以防止微波处理后脆片表面形成鼓泡，然后用小刀或自制模型成型。

5）微波熟化

将成型后的面片放入微波炉中，使用中挡火微波处理 1min。

6）冷却、整理、包装

将微波处理后的鱼香脆片取出，在自然条件下冷却、整理、真空包装。

4. 质量评定

1）感官评价

外形完整、花纹清晰、有针孔、厚薄均匀、不收缩、不变形、有均匀泡点、无较大或较多凹底；呈棕黄色、色泽均匀一致、表面有光泽、无白粉，不应有过焦或过白现象；口感松脆、细腻、不粘牙、无杂质；具有明显的鱼香味、咸淡适宜、无异味；断面结构有层次或呈多孔状、孔细密均匀。

2）理化指标

水分含量≤82%，淀粉含量≤15%。

3）安全卫生指标

菌落总数≤3×10³CFU/g，大肠菌群≤30MPN/100g，致病菌不得检出。

4）操作规范参考标准

《食品安全管理体系　水产品加工企业要求》（GB/T 27304—2008）、《食品安全国家标准　水产制品生产卫生规范》（GB 20941—2016）、《出口水产品质量安全控制规范》(GB/Z 21702—2008)、《鱼糜加工机械安全卫生技术条件》(GB/T 21291—2007)、《水产品加工质量管理规范》(SC/T 3009—1999)。

5)产品质量参考标准

《食品安全国家标准 饼干》(GB 7100—2015)。

第5章 淡水鱼油炸制品加工技术

油炸是以过量的食用油通过旺火加热使原料成熟的烹调方法，也是广泛用于方便休闲食品工业化生产的一种高效加工技术。油炸具有高温和快速传热的特点，油炸时的高温还能降低食品的水分活度，破坏微生物和酶的活性，因此油炸食品加工时间较短、保质期较长。同时，由于食品中的碳水化合物、脂肪、蛋白质等在油炸过程中发生化学变化而产生特殊风味并形成金黄色酥脆外壳，近年来油炸食品深受消费者的喜爱。

淡水鱼油炸制品是将新鲜或冷冻的淡水鱼及鱼糜进行预处理，再油炸制成的一类方便休闲肉食品，具有外酥内嫩、风味浓郁等特点。目前，市场上销售的淡水鱼油炸制品主要有裹糊和未裹糊两大类，常用的淡水鱼原料有青鱼、草鱼、鲢鱼、鳙鱼、鲤鱼、鲫鱼、鲂鱼、罗非鱼、斑点叉尾鮰鱼等。

5.1 技术原理

5.1.1 油炸原理

油炸是传热和传质同时发生的过程，热量由外向内传递，水分由内向外蒸发，油脂则由食品表面逐渐向内部渗透，油脂的吸收与水分的损失紧密相关。油炸过程中，由于水分的损失和油脂的吸收，食品的体积、质构等物理特性发生变化，同时食品中的碳水化合物、蛋白质、油脂在高温下发生水解、氧化、异构化、聚合，以及焦糖化和美拉德反应等化学反应，导致食品的色泽、风味及营养品质等发生变化。

1. 油炸过程

油炸过程可分为四个阶段（图 5.1）。①初始加热阶段，在这个阶段，食品表面温度上升至表面水的沸腾温度。这一阶段时间很短，持续约 10s，通过自然对流传热，质量（水分）损失可忽略不计。②表面加热阶段。在这一阶段，随着表面水的蒸发，传热机理从自然对流变为强制对流。传热变化为强制对流增大了传热系数，热量转移到食品内部更快，这一阶段标志着外壳开始形成。③降速阶段，是时间最长的一个阶段。大多数食品在油炸过程的水分损失发生在这一阶段，因为核心区域温度接近水的沸点。在这一阶段快结束时，由于剩余的自由水的减少和继续增厚的外壳阻碍水蒸气快速释放，水分传质速率降低。④泡沫结束点阶段，这一阶段的特征是油炸过程中食品的水分损失明显停止，这可能是由于食品中剩余液态水逐渐缺乏或传递到外壳与核心交界处的热量逐渐减少。在这个阶段，由于外壳水分含量较少和孔隙的存在，导热系数较低，传递到食物内部的热量也减少。

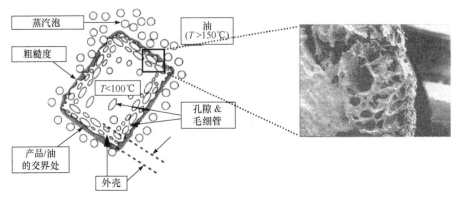

图 5.1　食品油炸过程中的横截面流程图和油炸马铃薯外壳的横截面
扫描电子显微镜图（Saguy et al.，2003）

2. 油炸过程中的物理变化

食品的体积和质构在油炸过程中会发生变化，这种变化会显著影响油炸食品的商品特性。皱缩是由于食品在加工过程中体积发生了变化，分为三种类型：第一种是表面皱缩，指食品初始表面体积产生变化；第二种是同向皱缩，指食品所有方向上都均匀产生皱缩；第三种是异向皱缩，指食品不同方向上产生非均匀产生皱缩。油炸过程中，水分的蒸发会引起油炸食品的皱缩，皱缩程度主要受油炸温度和时间的影响。用皱缩率表示油炸食品的皱缩程度，采用甲苯置换法测定食品油炸前后的体积，根据式（5.1）可以计算出皱缩率。

$$S = \left(1 - \frac{V_1}{V_0}\right) \times 100\% \qquad (5.1)$$

式中，S 为皱缩率（%）；V_0 为食品油炸前的体积（cm^3）；V_1 为食品油炸后的体积（cm^3）。袁子珺（2019）采用甲苯置换法测定了油炸外裹糊鱼块的皱缩率，发现油炸过程中水分的损失会引起外裹糊鱼块的体积皱缩，且水分损失与皱缩率成正比。王玉环（2020）研究发现，在小麦淀粉和小麦蛋白组成的外裹糊中添加大豆蛋白、蛋清蛋白、乳清蛋白和大米蛋白，四组油炸外裹糊鱼块的体积皱缩率均随着添加量的增加而呈现先降低后升高的趋势，在添加量为6%时达到最小值，水分损失最少，油炸外裹糊鱼块的结构紧实、致密。添加量相同时，大豆蛋白组和蛋清蛋白组的体积皱缩率明显小于乳清蛋白组和大米蛋白组。

"嘎吱嘎吱声"是影响油炸食品享受性的一种重要质构特性，是油炸过程中产生的各种结构和化学处理综合影响的结果。如果从环境或核心部分吸收了水分或者渗透到食物外壳中的煎炸油含量增加，会引起外壳的弱化，导致油炸食品的"嘎吱嘎吱声"迅速消失。尽管超过单分子层水量的水明显弱化了油炸食品的酥脆度，但水分吸收引起的外壳弱化不仅仅是油炸食品的独特现象，这可能是因为水分子之间的相互作用破坏了形成类似晶体结构的大分子之间的相互作用。将刺穿或咀嚼力作用于食品，超过单分子层水量的吸附水增强了大分子流动性。外壳中的煎炸油没有影响油炸食品的机械特性，如硬度、酥脆度等，但是明显减少了"嘎吱嘎吱声"的强度和释放的音控能量。

Brannan 等（2014，2015）研究发现，外裹糊的组成、面包糠的类型和形状等会明显影响油炸外裹糊食品的质构。肖佳妍（2015）也研究发现，外裹糊的组成、油炸工艺等会显著影响外裹糊鱼块油炸过程中的水分蒸发和油脂吸收，导致油炸外裹糊鱼块的酥脆性存在显著差异。Chen 等（2008）在外裹糊中添加了羟丙基甲基纤维素制成外裹糊鱼块，在180℃的氢化油中油炸2.5min，冷却后在-20℃下冻藏7d，采用微波炉重新加热外裹糊鱼块。结果显示，微波加热过程中，羟丙基甲基纤维素形成的凝胶层阻止了水分从鱼肉扩散进入外壳，显著改善了油炸外裹糊鱼块的酥脆性。

3. 油炸过程中的化学变化

食品油炸时，水、水蒸气和氧气会激发食品和煎炸油内的化学反应，一些化学反应是期望发生的，如美拉德反应能使油炸食品形成深受消费者喜爱的感官品质；还有一些化学反应是需要控制的，如过度的油脂水解、氧化和聚合反应不仅会产生一些醛类、反式脂肪酸等有毒有害化学物质，而且会造成不饱和脂肪酸、维生素等营养成分的损失。

美拉德反应是食品油炸过程中发生的一种重要的化学反应。食品中的碳水化合物（羰基）和蛋白质（氨基）在高温下进行缩合、聚合，生成类黑色素，反应过程中产生大量的醛类和酮类物质，因此油炸食品具有诱人的金黄色和特殊的风味，同时美拉德反应产生的醛类和酮类物质具有一定的抗氧化能力，尤其可以防止食品中油脂的氧化作用；但是，美拉德反应对油炸食品也有不利的影响，会导致部分氨基酸、蛋白质及碳水化合物的营养产生损失，特别是L-赖氨酸、碱性氨基酸等必需氨基酸。另外，某些产物可能产生毒性和诱变性，如杂环胺、丙烯酰胺，其中杂环胺是油炸未裹糊鱼制品中常见的一种有毒物质，而丙烯酰胺是油炸外裹糊鱼制品中常见的一种有毒物质。

食品油炸过程中，煎炸油会发生复杂的化学变化，主要包括水解反应、氧化反应和聚合反应。水解反应是指油炸过程中水会进攻三酰甘油（TAG）的酯键，导致三酰甘油水解，产生二酰甘油（DAG）、单酰甘油（MAG）、甘油和游离脂肪酸。水解反应中生成的游离脂肪酸较易发生氧化反应，并可加速煎炸油中多不饱和脂肪酸的氧化；食品油炸过程中，氧气和煎炸油也会发生化学反应，发生的氧化反应包括自动氧化和热氧化反应，二者的反应机制类似，但是热氧化反应速率大于自动氧化。随着油炸温度的增加，热氧化成为油脂氧化的主要反应；高温油炸时，煎炸油中的不饱和脂发生氧化聚合反应，生成分子质量大于三酰甘油的聚合物。根据形态的差异，聚合物可分为二元聚合物、三元聚合物和寡聚物，其中以二元聚合物、三元聚合物为主。油脂水解、氧化产生了一些挥发性的化合物，如饱和与不饱和醛类、酮类、内酯类、醇类，这些挥发性化合物能赋予油炸食品特殊的风味；油脂氧化、聚合反应也会产生一些有毒的化学物质，如氢过氧化物、环氧化物、二聚物、多聚物及反式脂肪酸等。此外，过度的油脂氧化、聚合反应不仅提高了煎炸油的黏度，增加了油炸食品中的油脂含量，而且会导致油炸食品感官品质产生劣变，产生"哈喇味"、色泽加深、煎炸油的营养物质（不饱和脂肪酸、脂溶性维生素、类胡萝卜素、植物甾醇）产生损失、油炸食品营养价值（如氨基酸氧化、蛋白质自由基形成、脂蛋白交互作用）破坏。食品油炸过程中形成的主要反应产物及其特性、形成机理见表5.1。

表 5.1 食品油炸过程中形成的主要反应产物及其特性、形成机理（Zhang et al., 2012）

主要产物	特性	形成机理
氧化分解化合物	降解产物；挥发性化合物；乙醇、乙醛、酮、酸、内酯和碳氢化合物等；短链化合物（饱和或不饱和）；含量取决于 C＝C 的位置和数量，过量的氧气等；分子质量低于来源 TAG	氧化 均裂反应（自由基反应）
水解产物	降解产物；极性；DAG、MAG、甘油和游离脂肪酸；取决于水的存在；分子质量低于来源 TAG	水解 非均一水解反应（亲核反应）
氧化 TAG 单体	酮、环氧树脂、羟基、乙醛和环氧基团等氧化的 TAG（饱和或不饱和）；过量的含氧基团可以同时存在于一个分子中；极性；核心醛；顺式和反式构型；含量取决于 C＝C 的位置和数量，过量的氧气等；分子质量几乎等于来源 TAG	氧化 环氧化 自由基反应
环脂肪酸单体	非极性；低浓度和潜在的生物危害；五环或六环结构（饱和或不饱和）；单环和双环；顺式和反式构型；取决于 C＝C 的位置和数量；分子质量低于来源 TAG	环化 分子内重排 自由基催化 协同反应（[1j]-质子异变迁移）

续表

主要产物	特性	形成机理
反式异构体	非极性；共轭亚油酸；对人体健康有不良影响；可能同时存在一个以上的反式构型；取决于C=C的位置和数量；分子质量低于来源TAG	自由基反应（附带消除机制） 热引诱的异构化 协同反应（[1j]-质子异变迁移）
TAG 聚合产物	二聚物、三聚物和寡聚物等；在TAG分子间通过—C—C—、—C—O—C—和—C—O—O—C—连接；非极性和极性；非环状的和环状的多聚体；取决于C=C的位置和数量，过量的氧气等；通过上述产物和来源TAG聚合；分子质量低于来源TAG	氧化聚合和热聚合 自由基反应 协同反应（Diels-Alder反应）
甾醇衍生物	主要形成特殊的分子结构；包含羟基、羰基和环氧基团的化合物；出现甾醇单体、二聚体、三聚体和寡聚体	氧化（自由基反应） 聚合
抗氧化剂分解物	来源于天然和合成的抗氧化剂，或者称作自由基清除剂；油炸过程中伴随着许多变化（如一些不期望的产物的减少）；具有奎宁结构	自由基反应 酯化 二聚化
杂环化合物	含氮、硫的杂环化合物；挥发性；潜在的诱变性和致癌性；来源于食品原料成分和煎炸油之间的交互作用或其反应产物；通过美拉德反应和脂质氧化之间的交互作用形成	自由基反应 美拉德反应 电环化和芳构化反应 亲核反应
丙烯酰胺	具有神经毒性、遗传毒性、致癌性；取决于煎炸油的氧化和油炸食品类型；通过美拉德反应和脂质氧化之间的交互作用形成；丙烯醛是其前体物	氧化（自由基反应） 美拉德反应（Strecker降解）

食品的数量、水分含量、油炸温度、时间等会影响煎炸油的水解反应和氧化反应的程度，酸值、过氧化值、碘值、羰基价、TBARs 等常用作煎炸油或油炸食品的品质评价指标，这些品质指标的分析已有相应的国家或行业标准方法。采用高效体积排阻色谱法测定油脂氧化产生的氧化三酰甘油及三酰甘油氧化聚合物，可以相对完整地评价油脂酸败的初级氧化和次级氧化。目前，该方法也常用于评价油脂和油炸食品的氧化程度。Dobarganes 等（2000）研究了高效体积排阻色谱法测定精炼高油酸葵花油（低含量极性化合物）、精炼棕榈油（低含量的氧化三酰甘油）、分批油炸使用的橄榄油、用于油炸的高油酸葵花油和棕榈精油混合物、油炸后丢弃的高油酸葵花油这五种油中的极性化合物、氧化三酰甘油和甘油二酯，结果显示，该方法具有良好的灵敏性和重复性，是一种可靠的分析方法，被国际

纯粹与应用化学联合会（IUPAC）评为测定煎炸油和精炼油等的标准方法。

杂环胺是富含蛋白质的肉类食品在高温烹饪过程中产生的一类具有致癌致突变作用的多环芳香族化合物，由碳、氢、氮和氧原子构成，具有 2~5 个含氮的烃环、1 个环外游离氨基（norharman 和 harman 除外）和多个甲基。目前，已从食品体系中分离鉴定出了 30 多种杂环胺，根据其结构特征，可将杂环胺分为氨基咔啉类（amino-carbolines）和氨基咪唑氮杂芳烃类（amino imidazo azaarenes, AIAs）。氨基咔啉类杂环胺主要由食品中的蛋白质在 300℃ 以上的高温下经热降解产生，氨基咔啉类杂环胺环上的氨基容易脱落转变成 C-羟基而失去致癌性和致突变活性，是非极性杂环胺。氨基咪唑氮杂芳烃类杂环胺是食品在 100~225℃ 高温下加热时形成的，主要由游离氨基酸、肌酸和糖类经过脱水环化形成吡咯和吡啶衍生物，并进一步通过美拉德反应生成，具有较强的致突变性，是极性杂环胺。油炸食品中，杂环胺含量的分析主要采用高效液相色谱-质谱/质谱法依据《高温烹调食品中杂环胺类物质的测定》（GB 5009.243—2016）。油炸未裹糊鱼制品会导致杂环胺的形成，油炸条件会影响其生成量。

王园等（2018）研究发现，油炸温度和时间会显著影响草鱼肉中的杂环胺种类和含量。随着油炸温度的升高和油炸时间的延长，草鱼肉中的杂环胺含量增加且逐渐有新的杂环胺检出。杨洪生等（2014）的研究结果显示，水煮、200℃ 烘烤和 140~200℃ 下油炸的三种加工方式会显著影响草鱼鱼糜制品中杂环胺的种类和含量：水煮方式下仅检出 2 种杂环胺，水煮 60min 时，其总量为 1.78μg/kg；200℃ 烘烤方式下检出 9 种杂环胺，烘烤 30min 时，其总量为 75.78μg/kg；200℃ 油炸方式下检出 9 种杂环胺，油炸 8min 时，其总量高达 115.11μg/kg。此外，在 140~200℃ 油炸温度下，草鱼鱼糜制品中的杂环胺含量随着油炸时间和温度的增加而显著增大，杂环胺的种类由 7 种增加到 9 种。

丙烯酰胺是富含淀粉的食品在高温（120℃ 以上）烹调过程中形成的一种化合物。丙烯酰胺是一种神经毒素，同时具有一定的致癌性、致突变性和生殖毒性。按照目前的报道，油炸食品中丙烯酰胺的形成有三种途径：①天冬酰胺途径，食品中的游离天门冬氨酸（马铃薯和谷类中的代表性氨基酸）与还原糖发生美拉德反应生成丙烯酰胺，是丙烯酰胺产生的主要途径。②丙烯酸途径，食品中的三酰甘油等通过水解、氧化等反应生成小分子物质丙烯醛，丙烯醛发生氧化反应生成丙烯酸，烯酸再与游离氨作用进一步生成丙烯酰胺。油炸过程中，丙烯醛极易挥发，且形成的游离氨含量低，因此该途径对丙烯酰胺的形成的贡献程度还有待深入研究。③羰基化合物途径，食品油炸过程中煎炸油产生的羰基化合物参与美拉德反应。一方面，羰基化合物和还原糖竞争性地与天冬酰胺反应生成丙烯酰胺；另一方面，羰基化合物也可与美拉德反应途径中的重要中间体 3-氨基丙酰胺（3-APA）反应生成丙烯酰胺，这两条途径均为羰基化合物途径。之后，羰基化合物与天冬酰胺反应形成唑烷-5-酮中间体，再形成丙烯酰胺。另外，羰基化合物还可通过 Strecker 降解将胺类物质或氨基酸降解为相应的 Strecker 醛，进而生成丙烯酰胺。油炸食品中，丙烯酰胺含量的分析主要采用气相色谱或高效液相色谱及其联用技术。外裹糊中含有大量的淀粉和蛋白质，外裹糊鱼制品油炸过程中会导致丙烯酰胺的形成，外裹糊配方及油炸条件影响其生成量。

单金卉（2008）研究发现，外裹糊中的黄原胶和大豆纤维的复配比例、外裹糊鱼块的干燥时间、油炸温度、油炸时间对油炸外裹糊鱼块中产生的丙烯酰胺含量均有显著影响，而大豆油品质对其影响不显著；袁子珺（2019）采用高纯度小麦淀粉和小麦蛋白制作外裹糊，研究了小麦淀粉和蛋白质的比例对油炸外裹糊鱼块中丙烯酰胺含量的影响，结果显示，小麦淀粉和蛋白质比例为 11：1 时，外壳中的水分含量最高（16.43%），丙烯酰胺含量最低。

5.1.2　油炸技术

根据油炸压力，油炸技术可以分成常压油炸、低压或真空油炸（<6.65kPa），下面分别介绍常压油炸和真空油炸。

1. 常压油炸

常压油炸是指油炸锅（釜）内的压力与环境大气压相同，通常为敞口，是最常见的油炸技术。根据加热方式，常压油炸设备分为燃气加热油炸设备和电加热油炸设备；根据油炸工艺，常压油炸设备分为连续式深层油炸设备、油水混合式油炸设备和微波常压油炸设备。

1）电加热油炸设备和燃气热油炸设备

电加热油炸设备以电为能源，采用间歇式的油炸方式，生产能力较低。在操作时将物料置于物料网篮中，然后放入煎炸油中炸制，炸好后连篮筐一起取出。该油炸方式有如下缺点：①油炸过程中，煎炸油处于高温状态，油快速氧化，黏度升高，重复使用几次即变成黑褐色，不能食用，而且会增加油炸食品中的油脂含量，严重影响油炸食品的感官品质；②锅底灰积存残渣，随着油炸时间的延长，煎炸油变得浑浊，而且残渣附着在油炸食品表面会加速食品的劣化，严重影响油炸食品的营养品质；③在高温下长时间反复油炸后的油会生成一些有毒的化学物质，如多种油脂聚合物、丙烯酰胺和杂环胺等，会严重影响消费者健康。

燃气加热油炸设备以燃气为能源，适用于酒店、快餐店和大型单位食堂。该设备设有自动点火和人工点火、火焰控制、油炸时间、温度控制、气压调节等，使用安全、方便、卫生，是较为理想的油炸设备。

2）连续式深层油炸设备

连续式深层油炸设备的特点是能使食品全部浸没在煎炸油中连续油炸，无油炸笼；在锅外进行油的加热，具有液压装置，能把整个输送器框架及其附属零件部件从油槽中升起或降落，维修方便。

3）油水混合式油炸设备

油水混合式油炸设备的工作原理是在同一油炸槽中加入水和油，油与水的密度不同且互不相溶，使得油水自然分层。油的密度较小，分布在油炸槽的上层，水的密度较大，分布在下层。加热管通常采用电加热，水平安装在油层的中间位置，油的温度保持在 150～200℃。为避免油和高温汽化的水发生激爆，在油水界面处设置风冷控制系统（风管）对水进行冷却，可以将油水分界面的温度控制在 50℃以下。因此，油水混合式油炸设备的油槽分为三个区域：高温油层（油炸层）、低温油层（过渡层）和水层（油渣冷却层）。油炸过程中，食品产生的残渣通过隔网脱离油炸层，在重力作用下经过渡层落入水层，沉淀在油炸槽的底部，定期随水排出，避免了残渣的沉积。同时，残渣里的油经水分离后上浮，返回到油层回收利用。

油水混合式油炸设备既能满足油炸食品的工艺温度要求，又具有分区控温、自动过滤等特点；不仅可以有效减缓炸用油变浊，缓解油质劣变，控制炸用油中的有害物质，而且排出的油烟远少于普通油炸，减少了环境污染，同时大幅度降低了炸用油的损耗，节油效果显著。

4）微波常压油炸设备

微波通常是指波长为 1～1000mm，频率为 300MHz～300GHz 的电磁波，工业中常用的微波频率为 915MHz 和 2450MHz。微波常压油炸设备的工作原理是在加热炸用油的同时开启微波辅助，使食品接受更多的能量，缩短油炸时间，提高油炸食品品质。实用新型专利（200420005515.2）公开了一种上掀式微波油炸机，该微波常压油炸设备包含 1 个油炸炉（顶面具有开口的箱体，箱体内部具有可放置油炸食品的加热室）、1 个微波产生装置（该装置为可盖合在油炸炉顶面开口上的罩体）和 1 个用以撑持微波产生装置于开启状态的支持装置（设置在油炸炉和微波产生装置之间）。Chen 等（2008）使用定制的微波常压油炸设备，采用 2400W 的功率加热油并采用 2500W 的功率进行微波油炸，研究比较了微波油炸和深层油炸对鱼片品质的影响，结果表明，微波常压油炸技术是一种很有潜力的技术。

常压油炸的优点是加工比较方便，炸制的食品酥脆、风味浓郁，设备成本低。但高温会使食品的营养成分受到破坏，炸用油也会产生热氧化反应，生成不饱和脂肪酸的过氧化物，影响人体对油脂和蛋白质的吸收，降低食品的营养价值；高温也会使炸用油发烟、污染环境、增大油耗。另外，油炸食品和炸用油中的成分在高温下会发生很多化学反应，导致炸用油酸败劣变，油脂变稠、产生劣味，还会产生一些对人体有害甚至致癌的物质，影响消费者的健康。因此，开发新型油炸技术和设备是油炸食品工业中亟待解决的问题之一。

2. 真空油炸

真空油炸是指油炸锅（釜）内的压力低于环境大气压，通常为密闭环境，是一项新型油炸技术。水在常压下的沸点是 100℃，真空系统相对于大气压而言处于负压状态，随着压力的显著降低，水的沸点也会相应降低。因此，真空油炸的实质是在负压条件下，食品在食用油中油炸至脱水干燥。真空油炸设备包括四个部分：油炸锅、真空泵、脱油装置、冷凝装置，其中脱油装置的原理是离心脱油。真空油炸过程可以分为减压、油炸、脱油、加压、冷却 5 个工序。油炸工序：当炸用油的温度达到水的沸点时，食品中的水分迅速蒸发，形成疏松多孔的结构，少量的油被吸收进入食品内部。加压和冷却工序：大量的空气进入食品孔隙，达到产品膨化的效果。但是，在加压和冷却工序中，食品的表面和内部会形成压力差，表面大量的油脂进入食品内部，需采用较佳的脱油条件，脱去表面大部分油脂。

与常压油炸相比，真空油炸设备处于低压、低温（80～120℃）及低含氧的环境，保持了食品的良好色泽和原有风味，最大限度地保留了食品中的营养成分，降低了油炸食品中的油脂含量及炸用油的劣化程度，而且制得的油炸食品具有显著的膨化效果，食品的酥脆性良好。真空油炸技术中存在的主要问题如下：①油炸食品的油脂含量偏高，与常压油炸相比，虽然真空油炸技术降低了油炸食品的油脂含量，但果蔬类油炸食品的油脂含量仍高达 30%～40%。过高的油脂含量不仅增加了生产成本，而且缩短了油炸食品的储藏期，更主要的是会对消费者的健康带来一定的危害，如肥胖、冠心病、心脏病。②缺乏新型油炸食品的工艺。目前，很多果蔬类的油炸食品已经逐渐采用真空油炸技术，而且建立了比较完善的工艺流程。但是对于一些新型的油炸食品，如油炸鱼制品等，由于其物理化学成分比较独特，不能使用普通的真空油炸工艺进行加工。③真空油炸设备使用的加热源一般是蒸汽能或是电能，能耗较大、生产成本较高。采用微波源作为加热源，将微波加热与真空油炸技术相结合，既能提高生产效率，也可以提高油炸食品的品质。

5.1.3　减脂技术

食品油炸过程中吸收的油脂（图 5.2）主要包括表面油脂、表面渗透油脂和结构油脂。表面油脂指油炸食品表面上的油脂；表面渗透油脂指食品移出油炸锅后在冷却过程中吸入内部的油脂；结构油脂指食品在油炸过程中吸收的油脂。

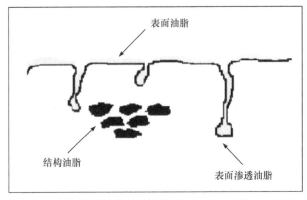

图 5.2 油炸食品吸收的油脂类型（Bouchon 等，2003）

油炸食品吸油的理论机制是依据油脂通过气孔、孔隙或毛细管迁移到产品做出的假设。目前，有三个机制可以解释油炸食品的油脂吸收：水分替代、冷却相效应和表面活性剂理论。油炸外裹糊鱼块外壳的激光共聚焦图见图 5.3，图中 A、B、C、D 和 E 分别表示小麦淀粉和蛋白质的比例为 15∶1、13∶1、11∶1、9∶1 和 7∶1；下标 1 表示在显微镜下观察到的结构图；2 表示在荧光模式下扫描的油脂分布图；3 表示油脂分布的直观表象图；放大倍数为 10×；参数相同时，$A_2 \sim E_2$ 中的红色荧光强度越大，说明外壳油脂含量越高。

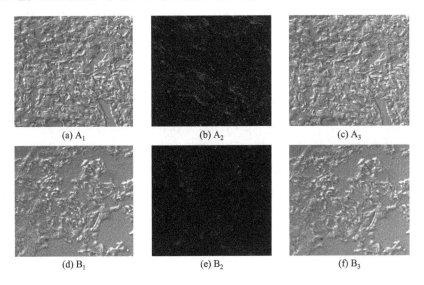

(a) A_1　　　　(b) A_2　　　　(c) A_3

(d) B_1　　　　(e) B_2　　　　(f) B_3

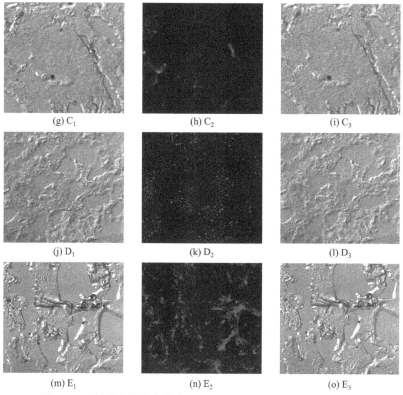

(g) C_1 　　　　　　(h) C_2 　　　　　　(i) C_3

(j) D_1 　　　　　　(k) D_2 　　　　　　(l) D_3

(m) E_1 　　　　　　(n) E_2 　　　　　　(o) E_3

图 5.3　油炸外裹糊鱼块外壳的激光共聚焦图（袁子珺，2019）

水分替代机理　根据水分替代机理，油脂的吸收是油炸过程中炸用油替代蒸发水分的结果。当食品浸泡在高温油中时，表面水几乎是瞬间转化为水蒸气，导致食物表面形成气孔。当气孔产生足够大的孔隙时，极低的水蒸气压力使炸用油进入食品。然而，这种机制所描述的油脂吸收只限于食物表面的大孔隙，通常只在外壳区域。虽然这种机制描述了食品油炸过程中水分损失和油脂吸收之间的直接关系，但是研究表明油脂吸收也发生在冷却阶段。因此，单独的水分替代机理不足以解释油炸食品中的油脂吸收。

冷却相效应　冷却相效应描述的是油脂的吸收发生在油炸食品从高温油中取出后的阶段。由于水蒸气冷凝，随着食品的冷却，油炸过程中形成的孔隙的内部压力降低。孔隙压力突然下降造成真空效应，使黏附在表面的油渗透到孔隙中。这种机制所描述的油脂吸收被限制在外壳和产品表面，并在很大程度上取决于外壳的微观结构和油脂的黏度。这个理论的理论基础是基于油脂吸收是一种表面现象，可以用表面化学，特别是润湿（wetting）、毛细管渗透和取代来解释。研究表明，吸油最多的是在冷却阶段，这些研究也表明冷却相效应不能解释食品油炸过程中吸收的所有的油。例如在油炸玉米饼中 80%的油脂吸收发生在冷却过程。油炸马铃薯过程中，油脂吸收量约占总油脂吸收量的 25%，而冷却阶段的油脂吸收约为 70%～80%。

表面活性剂理论　在油炸过程中，油脂的吸收很大程度上依赖于油与水的界面张力和接触角。在油炸过程中，油脂的降解动态地改变了油从三酰甘油至多种极性化合物的混合物（如甘油二酯、游离脂肪酸和甘油）。这些极性降解化合物具有表面活性，并可作为润湿剂降低油和水之间的界面张力（尤其是单甘酯），从而增加油脂吸收。因此，油的老化越严重，食品的油脂吸收量越多。

没有可以单独地充分解释油炸食品中油脂吸收的复杂性的机制。许多研究显示，大多数油脂吸收发生在冷却过程。而其他研究表明，部分油脂吸收发生在油炸过程（水分替代机理）。还有人解释了炸用油的降解与油脂吸收的相关性（表面活性剂理论）。这些机制都表明，油脂吸收取决于产品的微观结构和表面特性，根据这些理论机制，减少油炸食品中油脂含量的技术主要集中于改良油炸食品的表面、改进油炸技术和油炸介质改性三个方面。

1. 改良油炸食品的表面

油炸食品的油脂吸收是一个表面现象，油炸过程中食品表面的光滑度和微观结构是影响油脂吸收的关键因素。在过去的几十年，可食用涂层已成功应用于减少油炸食品油脂吸收这一领域，相关研究主要集中在寻找适合的配方、膜的聚合物的特性和改进黏附性的成分。可食用涂层是可食用原料的薄层（通常不超过 0.3mm），通常应用于食品表面或作为天然保护层的替代物。根据分子的结构，可食用涂层分为多糖基（淀粉、纤维素及其衍生物、果胶、瓜尔胶、刺槐豆胶、阿拉伯胶、卡拉胶、海藻胶、壳聚糖、黄原胶、结冷胶等）和蛋白质基（小麦谷蛋白、玉米醇溶蛋白、大豆蛋白、乳清蛋白、酪蛋白、鸡蛋清、明胶等）两类。由于具有良好的热凝胶特性，多糖基涂层能够减少过多的油脂吸收，同时，多糖的无色透明特性不会影响油炸食品的感官特性。此外，可食用涂层能够改善油炸食品的营养价值，裹糊的油炸食品还具有酥脆的外壳。多糖和蛋白质涂层已被证明具有良好的减脂效果。

1）多糖基涂层

多糖是可食用涂层领域中研究最广泛的生物高聚物。利用全部或部分水溶性长链生物高聚物制成多糖基涂层，这些生物高聚物显示出独特的胶体特性和形成高强度结构的能力。通过与多价离子反应（如 $CaCl_2$），多糖基涂层成为不溶物，提供了极好的机械、结构及气体和油的屏障特性。然而，多糖基涂层的水分屏障特性较差。用于油炸食品的多糖基涂层的来源有高等植物（如纤维素衍生物、果胶、瓜尔胶、刺槐豆胶、阿拉伯胶）、动物（如壳聚糖）、海藻提取物（如卡拉胶、海藻胶）和细菌分泌物（如黄原胶、结冷胶）。多糖基涂层减少油炸食品油脂吸收的应用实例见表 5.2。

表 5.2　多糖基涂层的减油率

涂层	添加量或浓度/%	油炸食品	减油率/%	文献来源
玉米淀粉	40	外裹糊鲢鱼块	12.5	肖佳妍（2015）
磷酸化淀粉 （磷含量为 1.64%）	15	外裹糊鸡腿	58.7	Shih 等（1999）
交联木薯淀粉	20	外裹糊鸡肉条	17	Gamonpilas 等（2013）
雷竹笋纤维	6	外裹糊鲢鱼丸	31.9	Zeng 等（2016）
大豆纤维	2	外裹糊草鱼块	14.8	翟金玲（2016）
大豆纤维	2	外裹糊鲢鱼块	27.8	解丹（2016）
羧甲基纤维素	10	马铃薯片	49.6	Angor（2016）
羧甲基纤维素	1.5	面包虾	34.3	Izadi 等（2015）
羧甲基纤维素	1	外裹糊鲯鳅块	46.5	Chen 等（2009）
羧甲基纤维素	0.4	外裹糊鲢鱼块	16.9	解丹（2016）
甲基纤维素	2	外裹糊鱿鱼圈	54.8	Sanz 等（2004）
甲基纤维素+山梨醇	1+0.5	马铃薯条	40.6	Garcia 等（2002）
羟丙基甲基纤维素	2	外裹糊鲹鱼块	15	Chen 等（2008）
羟丙基甲基纤维素	1	外裹糊鲯鳅块	38.2	Chen 等（2009）
羟丙基甲基纤维素	1	外裹糊鸡块	54	Altunakar 等（2006）
果胶	5	马铃薯片	40	Khalil（1999）
瓜尔胶	1.5	面包虾	27.9	Izadi 等（2015）
瓜尔胶	1	外裹糊鸡块	33	Altunakar 等（2006）
瓜尔胶	0.3	外裹糊鲢鱼块	14.4	解丹（2016）
刺槐豆胶	1	谷物产品	32	Albert 等（2002）
卡拉胶	0.3	外裹糊鲢鱼块	16	解丹（2016）
海藻胶	0.3	外裹糊鲢鱼块	14	解丹（2016）
黄原胶	1	外裹糊鸡块	40	Altunakar 等（2006）
黄原胶	0.4	外裹糊草鱼块	27.6	翟金玲（2016）
黄原胶	0.4	外裹糊鲢鱼块	21.8	解丹（2016）
黄原胶+大豆纤维	0.4+0.8	外裹糊鲢鱼块	30.9	解丹（2016）
结冷胶	0.6	马铃薯条	34.4	Kim 等（2011）

（1）纤维素衍生物。纤维素衍生物是由带有甲基、羟丙基和羧基等取代基的

β-D-吡喃葡萄糖基单位通过 1→4 糖苷键连接而成的多糖。只有羧甲基纤维素、羟丙基纤维素、羟丙基甲基纤维素和甲基纤维素拥有良好的成膜特性，因此它们适合用作可食用涂层。纤维素衍生物通常容易获得，且无色、无味、透明，具有良好的水溶性、流动性和油的屏障特性，以及适中的透气和透湿性。在油炸的初始阶段，纤维素衍生物涂层能够形成一个保护层，因为 60℃ 以上的温度会导致热凝胶。然后，这些涂层可以延迟或减少水分和油脂从食品到煎炸油中的转移，而且没有改变油炸食品的质构特征和感官特性。在最终的产品中，纤维素衍生物涂层提高了油炸食品的营养价值，这些油炸食品称为低热量和低脂食品。

羧甲基纤维素为白色纤维状或颗粒状粉末，无臭、无味，有吸湿性，易于分散在水中形成透明的胶体溶液，是一种广泛使用的多糖胶。采用 18% 的氢氧化钠处理纯木浆可以制得碱性纤维素，碱性纤维素与氯乙酸钠盐反应生成羧甲醚钠盐。大多数商用的羧甲基纤维素钠的摩尔取代度为 0.4～0.8，用作食品配料和销售量最高的羧甲基纤维素的取代度为 0.7。大量离子化的羧基产生静电斥力，羧甲基纤维素分子在溶液中是伸展的，因此羧甲基纤维素由带负电荷的、长的刚性分子组成，而且相邻链之间也是相互排斥的，羧甲基纤维素溶液具有高黏性和稳定性。羧甲基纤维素涂层对油炸马铃薯产品（薯片和薯条）的吸油量和感官品质的影响已有较多报道，但在淡水鱼油炸制品中的应用报道较少。研究结果显示，在外裹糊中添加 0.1%～0.5% 羧甲基纤维素，明显减少了油炸外裹糊鱼块的吸油量，增加了裹糊率，其中添加量为 0.4% 时具有显著的减油效果。

甲基纤维素是碱性纤维素经一氯甲烷处理后制得的一种甲基醚，而碱性纤维素与氧化丙烯和一氯甲烷反应能制得羟丙基甲基纤维素。商用甲基纤维素的甲醚基取代度为 1.1～2.2，商用羟丙基甲基纤维素的羟丙基醚基摩尔取代度为 0.02～0.3。甲醚基和羟丙基醚基沿着纤维素主链伸向空间，阻止了纤维素分子间的缔合，这两种纤维素衍生物都是冷水溶的。在纤维素主链上接上少量醚基，由于分子内氢键的作用，甲基纤维素和羟丙基甲基纤维素的水溶性会明显提高。然而，由于极性较弱的醚基取代了持水的羟基，其水合能力有所下降。醚基会限制纤维素主链的溶剂化达到一个水溶性的极限程度，当水溶液加热时，高聚物溶剂化的水分子从纤维素主链上解离出来，水合能力明显下降，分子间的缔合作用加强，产生凝胶。降低温度，分子重新水合，凝胶又开始溶解，因此胶凝是可逆的。由于甲基纤维素和羟丙基甲基纤维素类脂肪本身的性质，而且凝胶结构具有阻止油脂吸收和持水的能力，这两种纤维素衍生物常用来作为油炸食品涂层，以减少油脂含量。

Sahin 等（2005）研究发现，在外裹糊中添加 1% 的羟丙基甲基纤维素能明显减少油炸外裹糊鸡块中的油脂含量。Mallikarjunan 等（1997）分别用 2% 甲基纤维素和羟丙基甲基纤维素溶液作为马铃薯丸涂层，在 175℃ 的花生油中油炸 240s，与未涂层的油炸马铃薯丸相比，其吸油量分别减少了 61.4%和 83.6%。

羟丙基纤维素是由碱性纤维素与环氧丙烷发生羟丙基化反应制得的一种非离子型纤维素醚，在室温或人体温度下能溶于水及部分有机溶剂，具有高表面活性和热塑性，通常为白色纤维状或颗粒状粉末，无臭、无味。羟丙基纤维素在水中的溶解度有独特的特点，在 40℃以下，羟丙基纤维素无限溶于水，且可形成均匀溶液，但将此溶液加热到 45℃以上，羟丙基纤维素会从溶液中沉淀出来。Williams等（1999）采用羟丙基纤维素涂层混合糕点粉做成圆饼，在 150℃的氢化大豆油中油炸 4min，与未涂层的油炸圆饼相比，其吸油量降低了 50%。

（2）果胶。果胶是由带有甲基取代基的α-D-吡喃半乳糖醛酸单位通过 1→4 糖苷键连接而成的多糖。从结构角度看，果胶包括两种酸性多糖和三种中性多糖，两种酸性多糖分别是聚半乳糖醛酸和聚鼠李半乳糖醛酸，三种中性多糖分别是阿拉伯聚糖、半乳聚糖和阿拉伯半乳聚糖。天然果胶存在于所有陆生植物的细胞壁和细胞中间层，是一种比较复杂的多糖；商品果胶主要从柑橘皮和苹果渣中提取制备。果胶的化学组成和性质与来源、加工条件及后处理有很大关系，例如，用温和的酸提取时，会使果胶上的甲酯基水解。因此，果胶代表为一族化合物，通常指具有不同甲酯基含量和中和度，并具有凝胶形成能力的水溶性半乳糖醛酸高聚物。根据甲酯基含量，果胶分为高甲氧基和低甲氧基两种。果胶中一半以上的羧基以甲酯（—COOCH$_3$）存在，而其余羧基以游离羧酸（—COOH）和盐（—COONa）的混合物存在，称为高甲氧基果胶；甲酯型羧基少于一半的果胶称为低甲氧基果胶。

加入足够的酸和糖的高甲氧基果胶溶液会形成凝胶。随着果胶溶液 pH 的降低，高度水合和带电的羧酸盐基团转变成不带电和仅少量水合的羧基。由于失去了一些电荷并降低了水合的程度，高聚物分子链的一部分能缔合，形成接合区和高聚物的网状结构，网孔中固定了溶质分子的水溶液。高浓度糖（约 65%，至少55%）能与果胶分子竞争水合水，降低果胶分子链的水合，使分子链间相互作用，促进接合区的形成。低甲氧基果胶溶液仅在二价阳离子存在的情况下形成凝胶，二价阳离子的作用是产生桥联。二价阳离子浓度增大（食品中仅使用 Ca^{2+}），胶凝的温度与凝胶强度会增加。

目前，果胶基涂层用于减少油炸食品油脂含量的报道较少。Garmakhany 等（2014）研究表明，采用 1%的果胶溶液作为薯条涂层，在 175℃的大豆油中油炸2.5min，与未涂层组相比，薯条中的油脂含量减少了 67.3%；Hua 等（2015）采用1%的葵花籽果胶和 CaCl$_2$ 溶液（0.05mol/L）作为马铃薯片涂层，在 170℃的葵花籽油中油炸 3min，与未涂层组相比，马铃薯片的油脂含量减少了 30%。

（3）瓜尔胶和刺槐豆胶（LBG）。瓜尔胶是由β-D-吡喃甘露糖基单位通过 1→4糖苷键连接成主链，在 O-6 位通过糖苷键连接一个α-D-吡喃半乳糖基侧链的多糖，并且主链的 D-吡喃甘露糖基单位中约 1/2 具有 D-吡喃半乳糖基侧链。瓜尔胶存在于瓜尔豆种子的胚乳中，是一种水溶性多糖。瓜尔胶的黏度是所有商品胶中最高的，常用作食品的增稠剂。瓜尔胶基涂层用于减少油炸食品油脂含量的报道较多，且常与其他多糖基等复配使用。Yu 等（2016）采用 1%瓜尔胶和 8%的甘油混合溶液作为马铃薯片涂层，在 180℃的起酥油中油炸 8min，与未涂层组比较，马铃薯片的油脂含量减少了 51.8%。

天然的刺槐豆胶来源为刺槐豆的胚乳，是一种水溶性多糖。商用刺槐豆胶的黏度也较高，常用作食品的增稠剂。和瓜尔胶一样，刺槐豆胶是由 β-D-吡喃甘露糖基单位通过 1→4 糖苷键连接成主链，只是半乳甘露聚糖的侧链比瓜尔胶少，而且结构不太规则，由约 80 个未衍生的 D-吡喃甘露聚糖基单位组成很长的光滑区，以及约 50 个在 O-6 位连接一个 α-D-吡喃半乳糖基的 D-吡喃甘露聚糖基单位组成的区段交替相连。刺槐豆胶基涂层用于减少油炸食品油脂含量的报道较少，也常与其他多糖基等成分复配使用。Dilek 等（2011）在 1.5%的刺槐豆胶溶液中加入适量的聚乙二醇（PEG200）作为香肠涂层，在 165℃的热油中油炸 4min，香肠的油脂含量明显减少。

（4）阿拉伯胶。阿拉伯胶也称为金合欢树胶，是金合欢树的分泌物。阿拉伯胶是一种非均一原料，但一般包含两个主要成分：一种成分是含少量蛋白质或不含蛋白质的多糖链，大约占 70%；另一种成分包含分子质量较高的分子，这些分子以蛋白质作为结构的整体部分。考虑到蛋白质含量，蛋白质-多糖组分自身也是非均一的。通过多肽链中的两种主要氨基酸——羟脯氨酸和丝氨酸，多糖结构以共价键与蛋白质成分结合。阿拉伯胶中的总蛋白质含量约为 2%，但是这种非均一成分的蛋白质含量高达 25%。阿拉伯胶中的多糖结构是高度支链的酸性阿拉伯半乳聚糖，酸性阿拉伯半乳聚糖具有如下近似组成：D-半乳糖 44%、L-阿拉伯糖 24%、D-葡萄糖醛酸 14.5%、L-鼠李糖 13%、4-O-甲基-D-葡萄糖醛酸 1.5%。阿拉伯胶中的多糖结构包含由 β-D-吡喃半乳糖基单位通过 1→3 糖苷键连接成的主链和 2～4 个单位的侧链，其侧链也由 β-D-吡喃半乳糖基单位通过 1→3 糖苷键连接，并通过 1→6 糖苷键连接到主链上。主链和大量的侧链都连接了 α-L-呋喃阿拉伯糖、α-L-吡喃鼠李糖、β-D-吡喃葡萄糖醛酸和 4-O-甲基-β-D-吡喃葡萄糖醛酸，糖醛酸单位经常作为非还原性末端出现。

商品型阿拉伯胶是水溶性的，其溶解度很高，但溶液的黏度很低，可以制备浓度为 50%的阿拉伯胶溶液，浓度超过 50%时，阿拉伯胶溶液有些像凝胶。在食品胶体中，阿拉伯胶的这种特性是非常独特的。此外，阿拉伯胶具有良好的乳化性和乳液稳定性，是一种非常好的乳化剂。阿拉伯胶的另一重要特性是与高浓度糖具有相容性，因此其广泛应用于高糖含量和低水分含量的糖果。近年来，有关阿拉伯胶应用于油炸食品抑制油脂吸收和改善品质的报道也较多。Shanthilal 等

（2017）在大米粉中添加了适量的阿拉伯胶溶液制成面团（56%的大米粉+44%的浓度为 5%的阿拉伯胶溶液），经挤压后制成大米条，在 180℃的葵花籽油中油炸 2min，与未添加阿拉伯胶的对照组比较，大米条的油脂含量减少了 25.8%，并且感官品质较好。

（5）卡拉胶。卡拉胶是由 D-吡喃半乳糖基通过（1→3)-α-D 和（1→4)-β-D-糖苷键交替连接而成的多糖，其中大部分半乳糖单位具有 C-2 或 C-6 位置上的一个或两个羟基酯化的硫酸盐基团。卡拉胶中的硫酸酯含量为 15%～40%，常含有 3,6-脱水环。天然卡拉胶是从红藻中分离提取得到的一组或一族硫酸化半乳聚糖，主要结构有三种：κ、ι 和 λ，因此商品卡拉胶是非均一多糖的混合物，含有三种不同比例的 κ、ι 和 λ 型卡拉胶。

商品卡拉胶溶于水能形成黏度较高的溶液，在宽广的 pH 范围内，其黏度非常稳定，但卡拉胶水溶液的浓度至少达到 0.5%才会产生凝胶。这是因为即使在强酸条件下硫酸酯也是离子化的，卡拉胶分子带负电荷。κ型和ι型卡拉胶分子是一种双螺旋的平行链，如果有钾离子或钙离子存在，卡拉胶热溶液冷却时会形成热可逆的凝胶。κ型卡拉胶溶液在钾离子存在时会冷却，形成一种硬而脆的凝胶。然而，钙离子促进胶凝的作用较小，钾离子和钙离子复合才会形成高强度的凝胶。在卡拉胶的凝胶中，κ型凝胶是最强的，这类凝胶具有脱水收缩的倾向，是因为卡拉胶分子结构内部接合区扩大，添加其他胶会降低脱水收缩的程度。ι型卡拉胶的溶解度稍大于κ型，但只有钠盐型卡拉胶溶于冷水中，所有的λ型卡拉胶的盐都溶于水并且不能凝胶。

卡拉胶是一种广泛应用的商品胶，因为它们能与牛乳和水形成凝胶。卡拉胶与不同质量的蔗糖、葡萄糖、缓冲盐或助凝剂（如氯化钾）混合能制得多种产品。商品卡拉胶能形成各种各样的凝胶：透明或浑浊的、刚性或弹性的、硬的或嫩的、热稳定或热可逆的，以及会发生脱水收缩和不会发生脱水收缩的凝胶。卡拉胶凝胶不需要冷凝，因为它们在室温下不会熔化，具有冷冻-解冻稳定性。Archana 等用相同比例混合的卡拉胶和秋葵多糖制成了 1%的凝胶溶液，作为马铃薯片涂层，在 150℃的葵花籽油中油炸 10min，采用激光共聚焦扫描显微镜观察了油炸马铃薯片中的油脂分布，结果发现有涂层马铃薯片的荧光强度明显低于未涂层组，说明卡拉胶和秋葵多糖混合溶液涂层明显减少了油炸马铃薯片的油脂含量。

（6）海藻胶。商品海藻胶是从褐藻中提取得到的海藻酸高聚物，通常以钠盐的形式存在。海藻酸是由不同比例的 1→4 糖苷键相连的β-D-吡喃甘露糖醛酸和α-L-吡喃古洛糖醛酸单位相互连接成的线型大分子多糖。这两种单位分布在均匀区（只有一种单位组成）和混合区（由两种单位混合组成）。仅含有 D-吡喃甘露糖单位的部分称为 M-块，而只含有 L-吡喃古洛糖单位的部分成为 G-块。由于 M-块和 G-块比例存在差异，从不同褐藻中提取得到的海藻胶具有不同的特性，G-块含量高的海藻胶能形成高强度的凝胶。海藻胶存在于褐藻的细胞壁中，在天然状态下是不溶性海藻酸盐的混合物。进行商业化提取时，先用酸进行处理，将海藻胶转化为不溶性的海藻酸，再用碱处理成可溶性海藻酸盐溶液，经过纯化、过滤等制得商品海藻胶。通过在海藻酸中加入 $CaCl_2/CaCO_3$ 处理制得海藻酸钙，经 Na_2CO_3 处理制得海藻酸钠。海藻酸水溶液与环氧丙烷反应可以制得藻酸丙二醇酯，其中 50%～80%的羧基被酯化。

在食品工业中，海藻酸盐主要用作胶凝剂和增稠剂，其中高 M-块型海藻酸盐常用作增稠剂，而高 G-型海藻酸盐则常用作胶凝剂。G-块具有接受钙离子的空间构型，而 M-块则趋向于带状，不易接受钙离子。这是因为钙离子与高 G-块型海藻酸盐形成高强度的脆性胶，并有良好的热稳定性（成为热不可逆性凝胶）；而与高 M-块型海藻酸盐则生成强度较弱的弹性胶，更适合于熔化/冷冻处理。海藻酸钠溶液具有很高的黏度，而海藻酸钙是不溶于水的，这是由于钙离子和分子链中的 G-块区域相互作用产生不溶性盐。两条 G-块链间形成一个结合钙离子的"孔洞"，这个接合区称为"蛋盒"，钙离子像是被装进"蛋盒"中的蛋。海藻酸钙的凝胶强度取决于海藻酸盐中的 G-块含量及钙离子浓度。与未酯化的海藻酸盐溶液相比，藻酸丙二醇酯对低 pH、多价离子（包括钙离子和蛋白质）不太敏感，这是因为酯化的羧基不能离子化。而且，丙二醇基在分子链产生的"肿块"阻止了分子链的靠近缔合，因此藻酸丙二醇酯溶液是非常稳定的。丙二醇基具有疏水性，使得藻酸丙二醇酯具有中等程度的界面活性，即具有起泡性、乳化性及稳定性。张伟君等（2019）采用木糖醇、山梨醇及丙三醇等三种多羟基醇溶液协同 1%海藻酸钠溶液作为马铃薯条涂层，在 170℃的大豆油中油炸 6min。与未涂层组相比，有涂层马铃薯条的油脂含量分别减少了 20.45%（1%海藻酸钠+0.5%木糖醇）、53%（1%海藻酸钠+0.25%山梨醇）、48.72%（1%海藻酸钠+0.75%丙三醇），并且明显改善了薯条的感官品质。

（7）壳聚糖。商品壳聚糖是呈白色或灰白色的半透明无定形固体，不溶于水和稀碱溶液，可以溶于稀有机酸和部分无机酸（如盐酸），但不溶于稀硫酸、稀硝酸、稀磷酸和草酸等。壳聚糖溶解到稀酸溶液中时，会形成一定的黏度，可以作为增稠剂用在食品中，我国于 2007 年批准了将壳聚糖作为食品增稠剂使用。有关壳聚糖涂膜保鲜淡水鱼及其制品的报道较多（第 3 章），但用于油炸食品减少油脂含量及改善品质的报道较少。Kang 等（2015）采用壳聚糖和硅酸钠复合物为外壳，大豆油为内核制备了热稳定性微胶囊，并添加到外裹糊中制成外裹糊鱼块，在 180℃的大豆油中油炸 3min，冷却后在-20℃下冷冻 24h，采用微波炉重新加热油炸外裹糊鱼块，结果显示，添加了含量为 1g 微胶囊/100mL 的油炸外裹糊鱼块的酥脆性显著增加。

（8）黄原胶。黄原胶是以碳水化合物为主要原料（如玉米淀粉），由黄单胞杆菌经发酵生产的一种微生物胞外阴离子多糖。黄原胶的主链与纤维素一样，由β-D-吡喃葡萄糖基单位通过 1→4 糖苷键连接而成。黄原胶分子中，纤维素主链上每隔一个β-D-吡喃葡萄糖基单位，在 O-3 位上有一个带负电的三糖侧链，这个三糖由β-D-吡喃甘露糖基-（1→4）-β-D-吡喃葡萄糖基-（1→2）-6-O-乙酰基-β-D-吡喃甘露糖基单位组成。在三糖侧链中，约有 1/2 端基的β-D-吡喃甘露糖基单位连接丙酮酸形成 4,6-环乙酰，三糖侧链与主链相互作用使得黄原胶分子结构刚性较大。

黄原胶具有许多重要的特性，例如，能溶于热水或冷水，低浓度的溶液具有高的黏度，溶液黏度在宽广的温度范围（0～100℃）内基本不变，在酸性体系中保持溶解性和稳定性，与盐有很好的相容性，能稳定悬浮液和乳状液，具有很好的冷冻与解冻稳定性，商品黄原胶是应用非常广泛的一种食用胶。

近年来，有关黄原胶应用于油炸食品抑制油脂吸收和改善食品品质的报道也较多。解丹（2016）以鲢鱼鱼糜等为原料，分别在外裹糊中添加 0.1%～0.5%（质量分数）的黄原胶、羧甲基纤维素钠、瓜尔胶、卡拉胶和海藻酸钠制成了外裹糊鱼块，在 170℃的大豆油中初炸 40s，冷却后在 190℃的大豆油中复炸 30s，研究外裹糊中添加多糖胶对油炸外裹糊鱼块油脂含量及品质的影响。结果显示，与外裹糊中未添加多糖胶的对照组比较，五种多糖胶均能减少油炸外裹糊鱼块的油脂含量。其中，添加 0.4%黄原胶的减油效果最显著，油炸外裹糊鱼块外壳的油脂含量从 22.7%降到了 18.0%，鱼块的油脂含量从 1.6%降到了 1.0%，而且明显改善了产品的色度、质构等感官品质。

Shan 等（2018）以鲢鱼鱼糜等为原料，在外裹糊中复合添加了总质量分数为1.2%的黄原胶和大豆纤维（黄原胶和大豆纤维的比例分别设为 1∶1、1∶2、1∶3、2∶1、3∶1）制成外裹糊鱼块，在 170℃的大豆油中初炸 40s，冷却后在 190℃的大豆油中复炸 30s，研究黄原胶和大豆纤维比例对油炸外裹糊鱼块油脂含量及品质的影响。结果显示，与外裹糊中未添加黄原胶和大豆纤维的对照组比较，添加不同比例的黄原胶与大豆纤维均能显著降低油炸外裹糊鱼块的油脂含量。黄原胶与大豆纤维的比例为 1∶2 时，减油效果最显著，油炸外裹糊鱼块的外壳油脂含量从22.9%降到了 16.2%，鱼块油脂含量从 1.4%降到了 0.6%，而且显著增加了油炸外裹糊鱼块的裹糊率，明显改善了感官品质。油炸外裹糊鱼块外壳的激光共聚焦图见图 5.4，其中 A_1～A_3 代表不添加黄原胶和大豆纤维；B_1～B_3、C_1～C_3、D_1～D_3、E_1～E_3 和 F_1～F_3 分别代表黄原胶和大豆纤维的比例为 1∶1、1∶2、1∶3、2∶1 和 3∶1；图中下标 1 表示在显微镜下观察到的结构图；2 表示在荧光模式下扫描的油脂分布图；3 表示油脂分布的直观表象图；放大倍数为 10×。参数相同时，A_2～F_2 中的红色荧光强度越大，说明外壳油脂含量越高。

（9）结冷胶。结冷胶是以碳水化合物（如可溶性淀粉、葡萄糖、蔗糖）为主要原料，由革兰氏阴性菌——伊乐假单胞菌经发酵生产的一种微生物胞外阴离子多糖。结冷胶分子是由重复的四吡喃糖基单元构成的一种线型多糖，具有平行的双螺旋结构，两条螺旋链通过氢键相互作用来稳定。每个结构单元都包含β-D-葡萄糖、β-D-葡萄糖醛酸、α-L-鼠李糖，这三种糖的物质的量比为 2：1：1。天然的结冷胶（也称为高酰结冷胶）包含两个连接在葡萄糖基单元的酯基：一个乙酰基

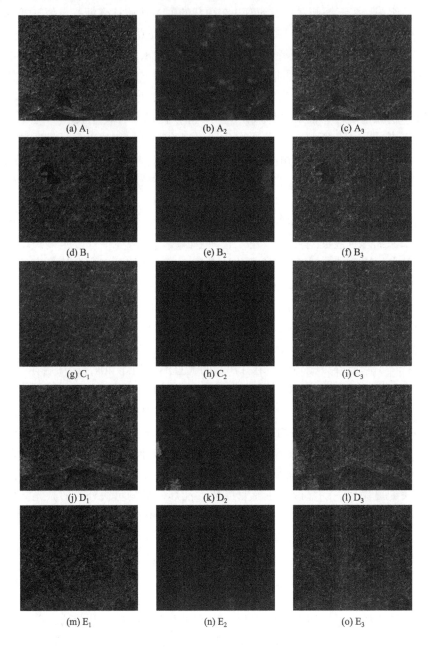

(a) A_1　　　　　　　(b) A_2　　　　　　　(c) A_3

(d) B_1　　　　　　　(e) B_2　　　　　　　(f) B_3

(g) C_1　　　　　　　(h) C_2　　　　　　　(i) C_3

(j) D_1　　　　　　　(k) D_2　　　　　　　(l) D_3

(m) E_1　　　　　　　(n) E_2　　　　　　　(o) E_3

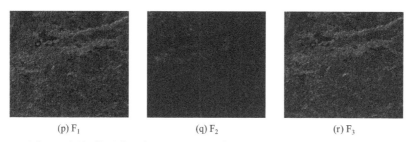

(p) F₁　　　　　　　(q) F₂　　　　　　　(r) F₃

图 5.4　添加黄原胶和大豆纤维的油炸外裹糊鱼块外壳的激光共聚焦图

和一个甘油基。通常，每个四糖重复单元连接一个甘油酯基，每两个四糖重复单元连接一个乙酰酯基。一些结冷胶通过碱处理可以脱掉酯基，去除乙酰基会严重影响结冷胶的凝胶特性。脱去酯基的结冷胶称为低酰结冷胶，其四糖重复单元结构是→4)-α-L-鼠李糖-（1→3)-β-葡萄糖-（1→4)-β-葡萄糖醛酸-（1→4)-β-葡萄糖-（1→。商品用结冷胶分为高酰型（天然）、低酰透明型和低酰不透明型三种，用于食品工业的结冷胶主要是低酰透明型。将高酰型和低酰型混合可以生产中间特性的结冷胶产品。

结冷胶与单价和二价离子均能形成凝胶，但二价离子（如 Ca^{2+}）的效果大约是单价离子的 10 倍。结冷胶的成胶浓度非常低，质量分数为 0.05%的结冷胶水溶液即可形成凝胶。结冷胶的凝胶具有显著的温度滞后性，即胶凝温度远低于凝胶熔化温度。通常胶凝温度为 20～50℃，而熔化温度则为 65～120℃，胶凝温度和熔化温度的高低取决于凝胶形成条件，如阳离子类型和浓度。低酰型结冷胶形成硬、脆的非弹性凝胶（质构类似于琼脂和κ型卡拉胶制成的胶），高酰型结冷胶（天然）形成软、弹性的非脆性凝胶（质构类似于黄原胶和刺槐豆胶制成的胶），将这两种基本类型的结冷胶混合能够获得折中的凝胶质构。结冷胶在食品领域有广泛的应用，可应用于肉制品、焙烤食品、糖果、果酱和饮料等。当结冷胶用作焙烤食品的一种成分时，在室温的条件下不能形成水合物，也不能增加糊的黏度，然而，在焙烤加热阶段，结冷胶能形成水合物并保持焙烤食品的水分。

目前，有关结冷胶在油炸食品中应用的报道较少。Kim 等（2011）分别采用质量分数为 0.3%、0.6%和 0.9%的结冷胶溶液作为马铃薯条涂层，在 170℃的新鲜大豆油中油炸 100s，研究了结冷胶涂层对马铃薯条油炸过程中热转移和油脂吸收情况的影响。结果显示，与对照组（未涂层结冷胶）比较，结冷胶涂层明显减少了热转移和油脂的吸收，且热转移系数与油脂的吸收呈正相关性。三种有结冷胶涂层的油炸马铃薯条的油脂含量分别减少了 19.2%、34.4%、36.4%。

2）蛋白质基涂层

食品蛋白质具有良好的成膜和热凝胶特性，且具有易消化、透明度高等特点，因此利用蛋白质基涂层降低油炸食品油脂含量已成为油炸食品研究领域的热点之一。蛋白质基涂层可以改善油炸食品的组织形态，提高外壳的致密性和切面的平整度；蛋白质凝胶为立体网状结构，既能束缚水分，又可以作为油炸食品风味物质的载体；蛋白质具有良好的持水能力，在油炸过程中可以减少油脂的吸收，从而抑制油炸食品油脂的渗透。用于油炸食品的蛋白质基涂层的来源有高等植物（如小麦蛋白、玉米蛋白、大豆蛋白）和动物（如乳清蛋白、酪蛋白、鸡蛋蛋清蛋白）。蛋白质基涂层减少油炸食品油脂吸收的应用实例见表 5.3。

表 5.3　蛋白质基涂层及其减油率

涂层	添加量或浓度/%	油炸食品	减油率/%	文献来源
小麦蛋白	10	外裹糊鲮鱼块	15	Chen 等（2008）
小麦蛋白	15	谷物产品	48	Albert 等（2002）
玉米醇溶蛋白	15	马铃薯丸	59	Mallikarjunan 等（1997）
玉米醇溶蛋白	10	马铃薯片	28	Feeney 等（1993）
大豆蛋白	10	马铃薯片	54.4	Angor（2016）
大豆蛋白	10	谷物产品	51	Albert 等（2002）
大豆蛋白	6	外裹糊鲢鱼块	19.5	王玉环（2020）
乳清蛋白	5	鸡肉饼	37.5	Mah 等（2008）
乳清蛋白	10	鸡肉条	30.7	Dragigh 等（2010）
乳清蛋白	4	外裹糊草鱼块	27	翟金玲（2016）
酪蛋白	3	马铃薯片	13.6	Aminlari 等（2005）
酪蛋白	15	谷物产品	16	Albert 等（2002）
鸡蛋蛋清蛋白	11	鸡肉饼	27	Mayers 等（2012）
鸡蛋蛋清蛋白	3	马铃薯片	12	Aminlari 等（2005）

（1）小麦蛋白。小麦蛋白分为清蛋白、球蛋白、麦醇溶蛋白和麦谷蛋白四种。清蛋白占小麦蛋白的 3%～5%，溶于水，热稳定性差，在 60℃时变性；球蛋白占小麦蛋白的 6%～10%，不溶于水，溶于中性稀盐溶液；麦醇溶蛋白占小麦蛋白的 40%～50%，不溶于水及中性盐溶液，可溶于体积分数为 70%～90%的乙醇溶液；麦谷蛋白占小麦种子蛋白的 30%～40%，不溶于水和中性盐溶液，但溶于稀酸及稀碱溶液。清蛋白和球蛋白合称为小麦种子可溶性蛋白质，主要存在于小麦的胚和糊粉层，少部分在胚乳中，含有较多的赖氨酸、色氨酸和蛋氨酸，决定了小麦的营养品质，是小麦籽粒形成过程中的代谢活性蛋白。麦醇溶蛋白和麦谷蛋白，又称为面筋蛋白，只存在于小麦的胚乳中，为储藏蛋白，是小麦粉中的主要蛋白质。麦醇溶蛋白由单一肽链组成，分子质量为 30～60kDa，分子内存在二硫键，

按照分子质量大小，主要可分为α/β、γ、ω型。按照分子质量大小，麦谷蛋白分为低分子质量肽链亚基和高分子质量肽链亚基，分子质量分别为 31～48kDa 和 97～140kDa。麦谷蛋白分子中一般含有 15 个低分子质量肽链亚基，3～5 个高分子质量肽链亚基，有肽链间或肽链内的二硫键，高分子和低分子质量肽链亚基通过分子间的二硫键形成大分子聚合物；当还原剂作用于麦谷蛋白将其分子中的二硫键还原后，麦谷蛋白可溶于乙醇水溶液。

面筋蛋白含量和组成会影响外裹糊的流变学特性，从而影响油炸外裹糊食品的油脂含量和感官品质。麦醇溶蛋白是外裹糊体系的增塑剂，水化后有很大的黏性和延展性，因此麦醇溶蛋白与外裹糊的黏性有关；面筋蛋白遇水后，分子之间发生相互作用或者重排形成面筋网络结构。麦谷蛋白通过二硫键和其他分子间的相互作用形成面筋网络的骨架结构，球状的麦醇溶蛋白通过非共价键插入麦谷蛋白的网络结构中，形成面筋蛋白特有的黏弹性。因此，麦谷蛋白与外裹糊的弹性有关。

袁子珺（2019）采用小麦淀粉和面筋蛋白组成外裹糊体系，制作外裹糊鲢鱼块，研究了小麦淀粉与面筋蛋白比例（15∶1、13∶1、11∶1、9∶1 和 7∶1，质量比）对外裹糊流变性质及外裹糊鲢鱼块油炸过程中油脂渗透情况的影响。结果显示，随着小麦淀粉含量的减少，外裹糊的黏度、外裹糊鲢鱼块的裹糊率均呈先降低后升高的趋势；黏性模量 G'' 和弹性模量 G' 随着温度升高（0～60℃）先呈缓慢下降趋势，然后急剧上升达到极值。然而，正切值 $\tan\delta$ 先趋于平稳后缓慢上升，最后急剧下降。小麦淀粉与面筋蛋白的比例为 11∶1 时，外裹糊的黏度（340mPa·s）和 G'' 值（0～90℃）、外裹糊鲢鱼块的裹糊率（27.1%）、小麦蛋白凝胶温度（91.03℃）均最低，且凝胶稳定性最佳；另外，油炸外裹糊鲢鱼块的表面油脂含量为 2.05%、表面渗透油脂含量为 5.75%，表明小麦淀粉和面筋蛋白的比例显著影响了外裹糊流变性质和外裹糊鲢鱼块油炸过程中的油脂渗透情况。有关采用小麦蛋白涂层减少油炸食品油脂含量的报道较少。Chen 等（2011）在外裹糊中添加 10%的麦谷蛋白制成了外裹糊鳕鱼块，采用 180℃的氢化油油炸 2.5min，结果显示，与外裹糊中未添加麦谷蛋白的对照组比较，油炸外裹糊鳕鱼块的油脂含量减少了 15%。

（2）玉米蛋白。玉米蛋白主要由清蛋白、球蛋白、醇溶蛋白和谷蛋白四种蛋白质组成。清蛋白仅占玉米总蛋白质的 2%～10%，分子质量为 10～200kDa，呈薄片状，表面平整光滑，属于水溶性蛋白；球蛋白占玉米总蛋白质的 10%～20%，分子质量为 16～130kDa，呈蜂窝状，表面孔洞均匀微小，不溶于水，但可溶于中性稀盐溶液；醇溶蛋白占玉米总蛋白质的 50%～55%，呈大小不一的球状，表面有凹陷，难溶于水及中性盐溶液，可溶于体积分数为 70%～80%的乙醇溶液；谷蛋白占玉米总蛋白质的 30%～35%，呈鳞片状，表面孔洞大小不一，不溶于水、乙醇等，但溶于稀酸或稀碱溶液。

　　清蛋白和球蛋白统称为细胞质蛋白质，大部分存在于玉米的胚芽中，主要为细胞质中参与各种代谢的酶，含较多的赖氨酸和精氨酸，不仅具有较高的生物学价值，还具有一系列优良的加工特性，如持水性、胶凝性、持油性、乳化性等。醇溶蛋白和谷蛋白统称为储藏蛋白，主要存在于玉米的胚乳中，含有大量的谷氨酸和脯氨酸，是玉米的主要蛋白质，谷蛋白与醇溶蛋白的比例决定了玉米蛋白的加工特性。玉米醇溶蛋白由一个主要蛋白质团和几个次要蛋白质团组成，平均分子质量为 21～25kDa，分子中存在大量的疏水性氨基酸，这是玉米醇溶蛋白不溶于水的原因。根据在乙醇溶液中的溶解度，可以将玉米醇溶蛋白分为α-玉米醇溶蛋白和β-玉米醇溶蛋白两类，分子质量分别为 25kDa 和 21kDa。玉米醇溶蛋白分子中含有大量的含硫氨基酸，使其具有较强的保油性、良好的成型性、成膜性和抗氧化性等。大部分玉米谷蛋白由不同的多肽链组成，这些多肽链通过二硫键连接，形成不溶复合物。甚至在二硫键不存在的情况下，有些还原蛋白质仍然是难溶的，需要用醇溶液、强碱或强离解剂使之溶解。

　　玉米醇溶蛋白自身具有表面活性，可以固化在油-水界面和空气-水界面，因此玉米醇溶蛋白可作为油炸食品的乳化剂，防止食物黏结和焦化，用于保护油炸食品的微观结构。同时，发泡作用增加了热传导介质的体积，从而明显地减少了油炸食品的油脂含量。Feeney 等（1993）采用 10%玉米醇溶蛋白溶液作为马铃薯片涂层，在 185℃下预炸 50s 再复炸 10s。与对照组（未涂层）相比，油炸马铃薯片的油脂含量减少了约 28%。玉米醇溶蛋白涂层降低油脂吸收能力的原理可能如下：其在油炸过程中形成了热凝胶，阻碍了水分的蒸发。同时，玉米醇溶蛋白中富含含硫氨基酸，而蛋白质分子间以较强的二硫键、疏水键相连，当玉米醇溶蛋白浓度超过一定值时，蛋白质凝聚，分子间会形成维持薄膜网状结构的氢键、二硫键及疏水键，因此玉米醇溶蛋白具有优良的成膜性能，应用于油炸食品可提高其持水性和保油性。黄旖婷（2016）将玉米醇溶蛋白膜液涂抹在春卷表面，结果表明，油炸后形成了孔隙较小、结构较致密的外壳，对水分蒸发和油脂吸收具有良好的阻滞效果，提高了油炸春卷的脆性。

　　（3）大豆蛋白。根据生理功能，大豆蛋白可分为储藏蛋白和生理活性蛋白两类。储藏蛋白主要指大豆球蛋白和β-伴大豆球蛋白，是大豆蛋白的主要成分，约占大豆总蛋白质的 70%；生理活性蛋白主要有胰蛋白酶抑制剂、β-淀粉酶、脂肪氧化酶等，约占大豆总蛋白质的 30%。根据离心分离系数（即沉降系数），大豆分离蛋白可分为 2S、7S、11S 和 15S 四种组分。α-伴大豆球蛋白属于 2S 组分，β-伴和γ-伴大豆球蛋白属于 7S 组分，大豆球蛋白属于 11S 组分。商品大豆蛋白是指 11S 组分中的大豆球蛋白和 7S 组分中的β-伴大豆球蛋白。大豆球蛋白的分子质量为 340～375kDa，是由数个多肽作为亚基，形成一定主体结构，再相互结合成的六聚体蛋白质分子。β-伴大豆球蛋白的分子质量为 180～210kDa，由三个亚基对组成。大豆蛋白的主要组分 11S 和 7S 具有完全不同的空间结构和性质：11S 组分具有较强的黏结性、较差的乳化能力和乳化稳定性，以及较强的凝胶性（如凝胶持水性、凝胶拉伸强度和凝胶硬度等），溶解性受 pH 和离子强度的影响较大，例如，在 pH 为 4.6 时具有最低的溶解度，且离子强度为 0.1mol/L 时，溶解度最低，离子强度为 1mol/L 时，溶解度又开始增加；7S 组分具有较好的乳化活性、起泡性，但黏度和泡沫稳定性较差。在水中，11S 组分比 7S 组分能形成的氢键和疏水键更多，从而使疏水作用增强，但 11S 组分的溶解性要比 7S 组分差。由 11S 组分制成的膜弹性好、张力强度大，而 7S 组分制成的膜硬而脆、张力强度较小。在热和钙盐作用下，11S 组分和 7S 组分都可以形成凝胶，11S 组分的凝胶具有较好的硬度、持水性、韧性、拉应力和剪切力，所形成的凝胶浑浊、硬而不脆；7S 组分的凝胶质地柔软细腻、透明度和弹性更好。造成这种差别的主要原因是 11S 组分中含有的二硫键比 7S 组分更多，加热使两种组分所含的巯基和二硫键在胶凝过程中产生不同的变化。

采用大豆蛋白溶液作为油炸食品涂层，大豆蛋白遇热会发生变性，在油炸食品表面形成一层凝胶，从而抑制油脂的吸收。大豆蛋白凝胶层的形成过程是由于热的作用，蛋白质结构产生改变，二硫键裂解，巯基和疏水键暴露，形成了新的二硫键和氢键。

Rayner 等（2000）采用 10%的大豆分离蛋白溶液作为甜甜圈涂层，研究大豆蛋白涂层对油炸甜甜圈油脂含量及品质的影响。结果显示，与对照组（未涂层）相比，有涂层的油炸甜甜圈的油脂含量显著降低，减少了 40.7%，而且感官品质也有所改善。王玉环（2020）在小麦淀粉和面筋蛋白组成的外裹糊中添加了 2%～10%的大豆蛋白，采用 170℃大豆油初炸 40s、190℃大豆油复炸 30s，研究大豆蛋白添加量对油炸外裹糊鲢鱼块油脂含量及感官品质的影响。结果显示，外裹糊中添加大豆蛋白时减少了油炸过程中油脂的吸收，其中添加 6%的大豆蛋白的减油效果最好，油炸外裹糊鲢鱼块油脂含量减少了 19.6%，且色泽、体积皱缩率等感官特性也得到了改善。

（4）乳清蛋白。乳清蛋白是指溶解分散在乳清中的蛋白质，是一些小的、紧密的球状蛋白质。乳清蛋白占乳蛋白质的 18%～20%，是较易被消化吸收的高营养价值的优质蛋白质。乳清蛋白包括β-乳球蛋白（约占 50%）、α-乳白蛋白（约占 30%）、免疫球蛋白（约占 8%）、牛血清白蛋白（约占 5%）、乳铁蛋白、乳过氧化物酶等。其中，β-乳球蛋白是乳清蛋白中含量最高、占主要地位的蛋白质，分子质量约为 18.2kDa。β-乳球蛋白在牛乳中以二聚体的形式存在，易受 pH 的影响：当 pH 为 8.5 时，可发生可逆解离；当 pH 变为 10.0 时，发生不可逆变性。α-乳白蛋白是乳清蛋白中含量较高的蛋白质，约占乳清蛋白的 30%，分子质量约为 14.2kDa。α-乳白蛋白在牛乳中形成 4 个分子内二硫键，结构很稳定，具有很强的热稳定性，是唯一能与金属（包括钙）结合的乳清蛋白成分。商用乳清蛋白主要是由干酪生产过程中所产生的副产品乳清经过浓缩等处理工序制得的一种蛋白质，主要有乳清浓缩蛋白（蛋白质含量大约为 80%）和乳清分离蛋白（蛋白质含量大于 90%）两种。

目前，乳清蛋白已广泛应用于油炸食品的减脂。乳清蛋白涂层食品油炸时，乳清蛋白会发生变性，破坏维持乳清蛋白二、三、四级结构的次级键（如氢键、疏水相互作用）而不破坏共价键，氨基酸侧链在变性过程中暴露，并在分子间的相互作用下，变性的乳清蛋白随后形成球形聚集体，这些聚集体结合在一起形成一个线型链凝胶，充当油脂的屏障，从而抑制油脂的吸收。乳清蛋白形成的凝胶比其他蛋白质相比具有更多的三级结构，因此更稳定。此外，油炸外裹糊食品具有的松散结构对油脂的吸收影响较大，乳清蛋白具有良好的分散性、持水性及黏附性，添加到外裹糊中能够改善其微观结构。

肖佳妍（2015）研究了添加乳清蛋白对油炸外裹糊鲢鱼块微观结构的影响，发现未添加乳清蛋白时，油炸外裹糊鱼块外壳中出现少量大的气孔，结构较酥松，内部鱼块出现较多的气孔，且分布不均匀。外裹糊中添加 2%～4% 的乳清蛋白时，外壳结构变得紧密，内部鱼块气孔明显减小，分布均匀。翟金玲（2016）以鲢鱼糜为原料，研究了乳清蛋白对油炸外裹糊鱼块油脂含量的影响，结果显示，外裹糊中乳清蛋白的添加量为 4% 时，外壳中的油脂含量明显降低，且最大限度地保留了内部鱼块的水分，同时外壳的结构较紧密，内部鱼块的气孔明显变小，分布均匀。以上研究表明，外裹糊中添加适量的乳清蛋白可以抑制外裹糊鱼块在油炸过程中的水分蒸发和油炸吸收，降低油脂含量。Dogan 等（2005）在外裹糊中添加乳清蛋白，研究了乳清蛋白添加量对油炸外裹糊鸡块油脂含量和感官品质的影响。结果显示，与对照组（外裹糊中未添加乳清蛋白）相比，添加乳清蛋白显著降低了油炸外裹糊鸡块的吸油量，而且添加 3% 的乳清蛋白可显著改善油炸外裹糊鸡块的色泽和质构。

（5）酪蛋白（casein）。酪蛋白是牛乳中的主要蛋白质成分，占牛乳蛋白质的 80%，富含磷。酪蛋白在牛乳中以胶体离子的形式存在，是由几个酪蛋白分子组成的亚细胞，大致呈球形聚集体，通过疏水键和盐桥连接在一起，微溶于 25℃ 水和有机溶剂，溶于稀碱。酪蛋白的分子质量为 20～25kDa，由 α_{s1}-酪蛋白、α_{s2}-酪蛋白、β-酪蛋白和 κ-酪蛋白四种成分组成。其中，α_{s1}-酪蛋白和 α_{s2}-酪蛋白是牛乳中的主要酪蛋白，占总酪蛋白含量的 38%；β-酪蛋白占总酪蛋白含量的 35% 左右，是强疏水性蛋白质，分子质量为 24kDa，含 209 个氨基酸。κ-酪蛋白是唯一含有糖成分，且对钙不敏感的酪蛋白，占总酪蛋白含量的 13% 左右，分子质量为 19kDa，含 169 个氨基酸，能在分子间形成二硫键。酪蛋白胶粒是由 α_{s1}-酪蛋白、α_{s2}-酪蛋白和 β-酪蛋白定量结合成的热力学稳定、大小一致的多个球状结构，形成胶粒的

"核", "核"的外面由 κ-酪蛋白排列在表面形成"壳", 保护胶粒。酪蛋白能够在水中形成胶体, 具有一定的黏度和弹性, 且酪蛋白中存在明显的疏水区和亲水区, 因此具有较好的乳化性和发泡性。

另外, 酪蛋白具有良好的热塑性, 可作为外裹糊的增塑剂, 水化后形成胶体, 有很大的黏性和延展性, 因此与外裹糊的黏性有关; 酪蛋白在加热条件下能形成热凝胶, 作为涂层可以减少油炸过程中油炸食品水分的蒸发和油脂的吸收。Aminlari 等 (2015) 通过在马铃薯片表面涂抹浓度为 3%的酪蛋白酸钠, 研究了酪蛋白酸钠对油炸马铃薯片油脂含量的影响, 发现有涂层的油炸马铃薯片比未涂层组的油脂吸收量减少了 13.6%。Bernacchi 等将浓度为 1%的酪蛋白酸钠溶液分别喷涂在外裹糊鱼饼、外裹糊鱼片和外裹糊鱼条上, 在 0℃条件下冷藏放置 1 个月后制成油炸外裹糊鱼制品。结果显示, 与对照组 (未喷涂酪蛋白酸钠溶液) 比较, 喷涂酪蛋白酸钠溶液的油炸外裹糊鱼饼、油炸外裹糊鱼片和油炸外裹糊鱼条的油脂含量均显著减少, 油脂含量分别减少了 29.1%、30.8%和 48.3%。

(6) 鸡蛋蛋清蛋白。鸡蛋蛋清蛋白是被蛋白质膜包被在其中的鸡蛋蛋白, 占鸡蛋总质量的 60%～63%, 是一种以蛋白质 (11%) 为分散相、以水 (88%) 为分散质的淡黄色透明胶体溶液, 具有多种功能特性, 如凝胶作用、持水性、起泡性、乳化性等。蛋清中的蛋白质主要有卵清蛋白、卵黏蛋白、卵球蛋白、溶菌酶等, 其中卵清蛋白是主要蛋白质, 占蛋清总蛋白质的 54%～69%。卵清蛋白是典型的球状蛋白, 易结晶, 具有抗氧化活性, 分子质量为 44.5kDa, 属于含磷糖蛋白, 含有 1 个二硫键和 4 个自由巯基, 且只有一条肽链; 卵黏蛋白是一种纤维状蛋白质, 具有较高黏弹性, 占蛋清总蛋白质含量的 1.5%～3.5%; 卵球蛋白分为卵球蛋白G2 和卵球蛋白 G3, 含量约为蛋清总蛋白质的 4%, 功能特性与蛋清蛋白的起泡性有关; 溶菌酶呈碱性, pH 为 10.5～11.0, 能与卵清蛋白、卵黏蛋白等结合存在, 但在 pH 为 9.0 的条件下极不稳定。

蛋清蛋白中含有巯基, 能够形成分子间二硫键, 在一定条件下通过二硫键和其他分子间的相互作用可形成空间网状结构。将蛋清蛋白添加到外裹糊中能改善外裹糊的流动性, 使外裹糊产生特有的黏弹性, 从而增加外裹糊的黏附力和凝聚力。蛋清蛋白分散在水中成为溶胶体, 溶胶体在一定条件下可转变为不可逆凝胶, 作为油炸食品涂层能够降低油脂的吸收率。同时, 可作为风味物质的载体, 赋予油炸食品特有的香酥风味。

Myers 等 (2012) 在裹糊前将鸡肉饼浸入 pH 分别为 7、5、3, 浓度为 11%的蛋清蛋白溶液中, 在 191℃的菜籽油中油炸, 研究鸡蛋蛋清涂层对油炸外裹糊鸡肉饼油脂含量的影响。结果显示, 三种鸡蛋蛋清涂层均显著减少了油炸外裹糊鸡肉饼的油脂吸收量, 减油率分别为 20%、15%和 27%。Dogan 等 (2005) 在外裹糊中分别添加了浓度为 1%和 3%的鸡蛋蛋清制成油炸外裹糊鸡块, 研究鸡蛋蛋清添加量对油炸外裹糊鸡块油脂含量和感官品质的影响。结果显示，与对照组（外裹糊中未添加鸡蛋蛋清）相比，鸡蛋蛋清添加量不同的两组油炸外裹糊鸡块的吸油量均显著降低了，但添加3%的鸡蛋蛋清的外壳酥脆性较差。

王玉环（2020）研究了蛋白质对油炸外裹糊鱼块的影响，其外壳激光共聚焦图见图5.5。其中，A代表不添加蛋白质组；B、C、D和E分别代表大豆蛋白组、

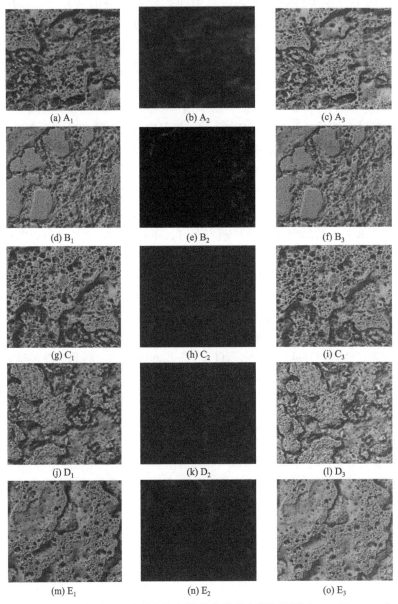

(a) A₁　　　　　　　　(b) A₂　　　　　　　　(c) A₃
(d) B₁　　　　　　　　(e) B₂　　　　　　　　(f) B₃
(g) C₁　　　　　　　　(h) C₂　　　　　　　　(i) C₃
(j) D₁　　　　　　　　(k) D₂　　　　　　　　(l) D₃
(m) E₁　　　　　　　　(n) E₂　　　　　　　　(o) E₃

图 5.5　添加蛋白质的油炸外裹糊鱼块外壳的激光共聚焦图（王玉环，2020）

蛋清蛋白组、乳清蛋白组和大米蛋白组。图中下标 1 表示在显微镜下观察到的结构图；2 表示在荧光模式下扫描的油脂分布图；3 表示油脂分布的直观表象图；放大倍数为 10×；参数相同时，$A_2 \sim E_2$ 中的荧光强度越大，说明外壳油脂含量越高。

2. 改进油炸技术

采用传统的常压油炸技术和工艺生产的油炸食品，存在油炸食品油脂含量高、炸用油容易氧化劣变等问题。可以采用一些新的油炸技术和工艺来减少油炸食品的含脂量，主要有炸前预处理、真空油炸、空气油炸和炸后脱油等。改进的油炸技术及其减油率见表 5.4。

表 5.4　改进的油炸技术及其减油率

改进油炸技术		油炸食品	减油率/%	文献来源
预炸	170℃	外裹糊鲢鱼丸	29.2	肖佳妍（2015）
过热蒸汽处理	180℃	外裹糊猪肉肠	22.6	Primo-Martin 等（2011）
预干燥	热风	马铃薯片	47.3	Jia 等（2018）
预干燥	热风	鹰嘴豆粉条	54	Debnath 等（2003）
预干燥	热风	外裹糊草鱼块	36.8	翟金玲（2016）
预干燥	真空微波	马铃薯片	46.5	Jia 等（2018）
预干燥	近红外	马铃薯片	39.2	Jia 等（2018）
预干燥	近红外	马铃薯片	38.6	Wu 等（2018）
真空油炸	80℃	面包虾	37.5	Pan 等（2015）
真空油炸	100℃	面包虾	28.1	Pan 等（2015）
真空油炸	120℃	面包虾	21.9	Pan 等（2015）
真空油炸	110℃	脆虾	30.4	朱由珍（2018）
真空油炸	108℃	苹果片	15.7	Dueik 等（2012）
真空油炸	108℃	胡萝卜片	45.3	Dueik 等（2012）
真空油炸	108℃	马铃薯片	49.7	Dueik 等（2012）
空气油炸	180℃	马铃薯条	99	Shaker（2015）
空气油炸	180℃	马铃薯条	80.1	Teruel 等（2015）
炸后脱油	真空离心	马铃薯片	77.4	Moreira 等（2009）
炸后脱油	真空离心	马铃薯片	60.5	Kim 等（2012）
炸后脱油	射频干燥	马铃薯片	12	Koklamaz 等（2014）

1）炸前预处理

（1）预炸。为了改进油炸食品的品质，在最终油炸前有时将食品在100～180℃的煎炸油中预炸20～60s，如采用棕榈油、菜籽油、葵花籽油、橄榄油等，预炸已被证明是一种有效减少油脂吸收的技术。在外裹糊鸡块、外裹糊鱼制品、鱼肚、马铃薯片等油炸食品中，采用预炸技术高效地减少了油炸过程中油脂的吸收，其效果取决于食品和煎炸油的类型及油炸温度。例如，预炸有效地减少了油炸外裹糊鸡块、油炸外裹糊鲢鱼丸、油炸鱼肚、油炸马铃薯片等的油脂含量，然而，对油炸外裹糊金枪鱼丸、油炸火腿块等的减油效果不显著。类似地，当预炸温度从100℃增加到150℃时，油炸鱼肚的油脂含量将显著减少。因此，将来的研究应着重于分析煎炸油类型、食品组成成分和预炸温度的交互作用对最终油炸食品中油脂含量的影响。

预炸技术在减少油炸过程中的油脂吸收方面虽然很有应用潜力，但是预炸增加了加工成本和劳动量，部分研究人员建议可以采用可食用涂层代替预炸。类似地，采用过热蒸汽处理也是一种较好的减油技术。Primo-Martín 等（2011）分别采用180℃的花生油预炸1min和过热蒸汽（180℃，蒸汽速度为0.5m/s，时间为1min、2min、3min）这两种方法对外裹糊猪肉肠进行了预处理，然后在180℃的花生油中油炸3min。与预炸组比较，过热蒸汽预处理的油炸外裹糊猪肉肠的油脂含量分别减少了40.9%、25%和22.6%，其中过热蒸汽预处理3min的油炸外裹糊猪肉肠具有较好的感官品质。

（2）预干燥。食品进入沸油后，内部的水分开始蒸发并从表面溢出，水蒸气不断由内向外流动，在食品内部产生了油脂，渗透进入油炸食品的孔隙，自身水分含量影响了油炸食品的油脂含量。因此，油炸前对食品进行适度的干燥，减少自身的水分含量，可以减少油炸食品的油脂含量。Jia 等（2018）研究发现，油炸前对马铃薯片采用热风、真空微波和红外三种方法分别进行预干燥，油炸马铃薯片的油脂含量分别减少了47.3%、46.5%和39.2%。其中，主要减少了表面渗透油脂的含量，分别减少了61.5%、58.6%和55.4%。Debnath 等（2003）研究了热风干燥对鹰嘴豆粉条油炸过程中水分蒸发、油脂吸收及油炸鹰嘴豆粉条品质的影响。结果显示，随着预干燥时间的延长（0～90min），水分蒸发（0.056～0.039）和油脂吸收（0.063～0.035）的动力学参数明显减小。在较佳的预干燥和油炸条件下，油炸鹰嘴豆粉条的油脂含量减少了54%。Wu 等（2018）采用红外辐射（infrared radiation，IR）对马铃薯片进行了预处理（先热烫180s灭酶，再干燥60～180s），在170℃的大豆油中油炸20～50s，研究了红外干燥（干燥时间为0、60s、120s和180s，相对应的油炸时间为50s、40s、30s和20s）对油炸马铃薯片油脂含量和感官品质的影响。结果显示，与传统的油炸方法（100℃热水处理90s，油炸60s）比较，红外干燥处理180s、油炸30s的马铃薯片的感官品质最好，且油脂含量减少了38.6%。

热风干燥是最早应用于食品工业的一种人工干燥方法，具有干燥速度快、操作和控制简单、卫生条件较好、设备和运营成本较低等优点，已被广泛地应用于水产品干燥。目前，有关热风干燥预处理减少油炸淡水鱼制品油脂含量的报道较少。翟金玲（2016）研究了热风干燥预处理对油炸前后外裹糊鱼块水分（自由水、结合水）含量的变化，以及油炸后产品的油脂（表面油脂、表面渗透油脂、结构油脂）含量、微观结构、质构特征等的影响。结果显示，干燥时间从 3h 增加到 9h时，外裹糊鱼块中自由水与结合水的含量均逐渐减少，外壳中的自由水全部蒸发，结合水含量从 16.41%减少到 8.69%。经相同干燥时间油炸后的鱼块中的自由水与结合水含量均比油炸前减少，但外壳中结合水的含量却略有增加。随着干燥时间的延长（3～9h），油炸外裹糊鱼块表面油脂的含量逐渐减少，表面渗透油脂的含量逐渐增加，结构油脂的含量无明显变化，总的油脂含量呈减小趋势（表 5.5）。油炸外裹糊鱼块的外壳结构先变得紧密又逐渐粗糙，鱼块中的孔隙逐渐变大，分布不均匀，无规则；外壳的硬度和酥脆度先减小后增大，鱼块的弹性和咀嚼性呈先增大后减小的趋势（图 5.6）。

表 5.5　预干燥时间对油炸外裹糊鱼块油脂含量的影响（翟金玲，2016）

干燥时间/h	表面油脂/%	表面渗透油脂/%	结构油脂/%	总油脂含量/%
3.0	7.70±0.29[a]	9.97±0.92[a]	0.90±0.13[a]	18.57±0.91[a]
4.5	6.52±0.37[b]	10.77±0.76[b]	0.85±0.17[ab]	18.14±0.89[b]
6.0	5.24±0.45[c]	11.65±0.54[c]	0.88±0.16[ab]	17.77±1.01[c]
7.5	4.73±0.23[d]	12.05±0.87[d]	0.87±0.12[ab]	17.65±0.93[cd]
9.0	4.06±0.29[e]	12.57±0.79[e]	0.83±0.05[b]	17.36±0.95[d]

注：每个数值都是三次重复试验的平均值和标准偏差；在同一列数据中，不同字母表示差异显著（$p < 0.05$）。

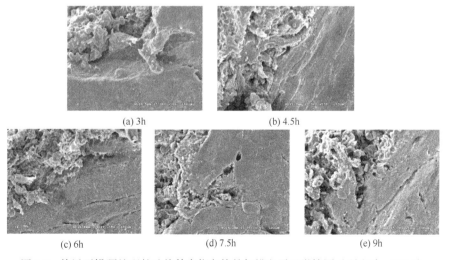

(a) 3h　　　　　　　　(b) 4.5h

(c) 6h　　　　　　(d) 7.5h　　　　　　(e) 9h

图 5.6　热风干燥预处理的油炸外裹糊鱼块的扫描电子显微镜图（翟金玲，2016）

2）真空油炸

近年来，真空油炸常被用于减少油炸果蔬制品的油脂含量。与常压深层油炸比较，由于在较低的油炸温度下运行，经真空油炸的果蔬制品具有低的油脂含量、良好的色泽和口感。因此，真空油炸是一种高效的可减少油炸食品油脂含量，以及改善油炸食品感官品质和营养质量的油炸技术。Dueik 等（2012）采用真空油炸技术获得了苹果片（108℃油炸 3.5min）、胡萝卜片（108℃油炸 4min）和马铃薯片（108℃油炸 5min）。与常压深层油炸（苹果片，108℃油炸 2min；胡萝卜片和马铃薯片，170℃油炸 2.5min）比较，三种油炸果蔬片的油脂含量分别减少了 15.7%、45.3%和49.7%。Pan 等（2015）在三种真空油炸温度（80℃、100℃和120℃）下油炸面包虾 10min，与常压深层油炸（170℃，10min）比较，油炸面包虾的油炸含量分别减少了 37.5%、28.1%和21.9%，丙烯酰胺含量分别减少了 35.9%、37.5%和 28.1%，且真空油炸面包虾的色度、质构等感官品质更好。朱由珍（2018）采用真空油炸制作了脆虾，与常压深层油炸比较，在较佳真空油炸条件（110℃，50min）制得的脆虾油脂含量减少了 30.4%，虾青素的损失率减少了 23.3%。但有关真空油炸淡水鱼制品的报道目前未见报道。

目前，常将真空油炸技术和炸前预处理（如微波加热和热风干燥）技术结合，用于减少油炸食品的油脂含量，以及采用多糖和蛋白质在油炸食品表面进行涂层。此外，真空油炸后的脱油工序也能显著影响减脂效果。Su 等（2018）采用微波（功率为1000W）结合超声波（功率分别为300W、600W）预处理马铃薯片后进行真空油炸，与未进行预处理组相比，微波结合超声波预处理的马铃薯片的油炸时间分别缩短了 36.4%、54.5%，油炸马铃薯片的油脂含量分别减少了 27.4%、32.3%。Moreira 等（1997）对真空油炸（120℃，6min）的马铃薯片进行离心脱油（转速750r/min，离心 40s），与未脱油的马铃薯片比较，离心后的油炸马铃薯片的油脂含量减少了 77.4%。

3）空气油炸

空气油炸是近年来发展起来的一种新型油炸技术。空气炸锅提供了一个密闭的环境，采用空气油炸技术时，食品放置于热空气而不是煎炸油中，通过极少量由热空气循环带起来的小油滴与食品直接接触，实现食品的快速加热和脆化。与传统常压油炸方式比较，空气油炸技术使用安全方便，制得的油炸食品的油脂含量显著减少（接近 80%的减油量），且具有类似的感官品质。Santos 等（2017）采用两种商业用空气油炸机和四种煎炸油（葵花籽油、大豆油、菜籽油和橄榄油）油炸了马铃薯块，并比较了空气油炸和常压深层油炸对油炸马铃薯块的油脂含量及营养和感官品质的影响。结果显示，与常压深层油炸相比，空气油炸马铃薯块的油脂含量平均减少了 70%，且β-胡萝卜素、总维生素 C 等营养品质保留得更多，其色泽、风味等感官品质更好。

尽管空气油炸技术具有良好的应用前景，但有关减少油炸食品油脂含量的研究报道较少，特别是对淡水鱼油炸制品的影响目前还未见报道。有关空气油炸过程中油炸食品的体积变化、质量（水分蒸发和油脂吸收）转移动力学等的研究报道也较少，目前对空气油炸技术的减脂机制尚未研究清楚。Andrés 等（2013）采用空气油炸技术制作了油炸马铃薯条，研究了油炸过程中的质量转移动力学和油炸薯条的体积变化。结果显示，与传统的常压油炸相比，油炸薯条的水分损失和体积皱缩率较高，油脂吸收率较低。为了优化空气油炸技术在油炸食品领域的应用，需要开展更多的研究，包括淡水鱼油炸制品的空气油炸技术研究。此外，与传统常压深层油炸相比，空气油炸技术需要更长的油炸时间，因此将来也需要开展减少空气油炸技术油炸时间的研究。

4）炸后脱油

食品在油炸锅里或者移出油炸锅后进行脱油是减少油炸食品油脂含量的重要方式。在表面油脂吸入油炸食品内部前，采用脱油方法去除油炸食品表面过量的油脂是深层油炸食品工业中非常重要的减脂技术之一。油炸后的脱油目标是在油脂渗透到油炸食品前尽量去除表面油脂，目前主要采用真空离心脱油。真空离心脱油技术利用了油脂受热后黏度变小、流动性增加的特点，通过高速离心达到脱油的目的。由于大量的油脂在油炸后被吸收，将油炸食品从油炸锅中取出后，采用吸气器可以吹除黏附在表面的油脂，这可能是进一步研发炸后脱油技术的一个新领域。Kim 等（2011）分别采用不同转速（350r/min、457r/min）对 145℃真空油炸的马铃薯片脱油1min。结果显示，与未脱油组比较，离心脱油后的油炸马铃薯片的油脂含量均减少了60.5%，且体积皱缩、色度、质构等感官品质得到了改善。

目前的文献报道显示，炸后脱油技术主要用于真空油炸食品。相比于真空油炸，常压深层油炸技术的使用更为广泛，将来的炸后脱油技术可以考虑应用于常压深层油炸食品中，特别是油炸外裹糊淡水鱼制品。Koklamaz 等（2014）采用射频技术对油炸后的马铃薯片进行了干燥，研究射频烘干处理对常压深层油炸马铃薯片中油脂含量、丙烯酰胺含量及感官品质的影响。结果显示，与未烘干处理组相比，射频干燥处理80s，显著减少了油炸马铃薯片的油脂和丙烯酰胺含量（分别减少了12%和31.8%），且感官品质没有明显的差别。

3. 油炸介质改性

煎炸油的改性可能是减少食品深度油炸过程中油脂吸收的方式之一。煎炸油黏度和油炸温度是影响食品油炸过程及炸后油脂吸收的主要因素。食品在高温油炸过程中发生的油脂氧化、聚合提高了煎炸油的黏度，增加了油炸食品中的油脂含量，而且影响了油炸食品的感官和营养品质。翟金玲（2016）将四种煎炸油（菜籽油、大豆油、稻米油、棕榈油）在180℃条件下分别加热10h，采用四种新鲜油和分别加热 10h 的煎炸油对外裹糊草鱼块进行深度油炸。结果显示，与新鲜的煎炸油比较，采用加热 10h 的煎炸油制备的油炸外裹糊草鱼块的表面色度较深，水分含量减少，油脂含量显著增加；煎炸油中的极性成分越多，油炸过程中外裹糊草鱼块的水分蒸发量越大，油脂吸收量越多，所以煎炸油的品质明显影响了油炸外裹糊鱼块的油脂含量；采用四种新鲜的煎炸油制得的油炸外裹糊草鱼块中，棕榈油组的表面渗透油脂含量最高，其次是稻米油组、大豆油组，菜籽油组的表面渗透油脂含量最低（表 5.6）。因此，采用低黏度和热稳定的煎炸油可以降低油炸食品的油脂含量。

表 5.6　煎炸油品质对油炸外裹糊鱼块油脂含量的影响（翟金玲，2016）

种类	加热时间/h	表面油脂含量/%	表面渗透油脂含量/%	结构油脂含量/%	总油脂含量/%
菜籽油	0	5.01 ± 0.02^c	6.28 ± 0.02^g	0.77 ± 0.02^c	12.06 ± 0.03^e
	10	5.50 ± 0.03^a	6.51 ± 0.01^e	0.81 ± 0.02^b	12.82 ± 0.02^d
稻米油	0	4.28 ± 0.01^e	7.06 ± 0.04^d	0.84 ± 0.02^b	12.19 ± 0.03^e
	10	5.44 ± 0.02^a	7.89 ± 0.03^c	0.78 ± 0.03^{bc}	14.11 ± 0.04^{bd}
大豆油	0	3.53 ± 0.04^g	6.82 ± 0.02^f	0.93 ± 0.03^a	11.28 ± 0.03^f
	10	4.97 ± 0.04^{cd}	7.11 ± 0.04^{de}	0.97 ± 0.02^a	13.05 ± 0.03^c
棕榈油	0	4.87 ± 0.034^d	8.95 ± 0.04^b	0.57 ± 0.01^e	14.19 ± 0.02^b
	10	5.25 ± 0.03^b	9.40 ± 0.04^a	0.69 ± 0.02^d	15.34 ± 0.02^a

注：每个数值都是三次重复试验的平均值和标准偏差；在同一列数据中，不同字母表示差异显著（$p<0.05$）。

即使煎炸油的降解没有影响油的黏度，但油炸后的温度降低可能增加了油的黏度，影响了冷却阶段中的油脂吸收。类似地，吸湿性的增加和滞后作用的减少也可能影响油炸过程中热量和质量（水分和油脂）的转移，在炸后冷却阶段，油脂进入食品的动态和排水速率需要进一步的研究。Ngadi 等（2007）采用氢化和未氢化的混合菜籽油在 190℃下对外裹糊鸡块进行深层油炸，研究了菜籽油的氢化程度对油炸外裹糊鸡块的油脂含量和感官品质的影响。结果显示，随着菜籽油氢化程度的增加，油炸外裹糊鸡块的油脂含量显著减少，外壳亮度和硬度轻微增加。Li 等（2008）的研究表明，通过将氢化油和未氢化油混合，可以增加外裹糊鸡块油炸过程中煎炸油的稳定性。但是，氢化油和未氢化油比例和减脂机制目前仍未研究清楚。

5.2　油炸外裹糊鱼制品

油炸外裹糊淡水鱼制品是在淡水鱼肉的表面裹上一层以面粉为主要原料、调味料为辅料并用水调制成外裹糊,再进行油炸制成的一种风味食品。油炸过程中,由于外裹糊中的淀粉、蛋白质及煎炸油等发生了复杂的化学变化,形成了金黄色和酥脆的外壳。同时,外壳的存在避免了鱼肉与高温油的直接接触,阻止了鱼肉中的水分蒸发,保留了鱼肉柔嫩多汁的特点,使得油炸外裹糊淡水鱼制品具有特殊的风味和良好的感官品质,近年来深受消费者的喜爱。制作油炸外裹糊淡水鱼制品的原料可采用鲜活或冷冻的淡水鱼及淡水鱼糜,根据市场需求可以做成多种形状。

5.2.1 油炸外裹糊鱼块(片)

1. 工艺流程

$$调粉混合 \rightarrow 水匀浆$$
$$\downarrow$$

原料选择→预处理→切块→脱腥→腌制→挂糊黏糠→预干燥→油炸→冷却、包装。

2. 操作要点

1)原料选择

选择鲜活或冷冻的淡水鱼,并且要求所选择的淡水鱼鱼刺要少,鱼的质量为 2kg 左右,鱼肉新鲜。

2)预处理

将选择好的原料鱼洗净,然后去除头、内脏、鱼鳞等,清洗干净,并用 20℃以下的流水进行清洗,除去鱼体表面的污物并清洗体腔。

3)切块

将清洗干净的原料鱼沿着鱼脊骨剖成两部分,然后再切分成 2～3cm 长的鱼块(片),将鱼块(片)清洗干净并沥干水分,准备脱腥处理。

4)脱腥、腌制

切好的鱼块(片)用 2%～4%的绿茶液以固液比 1:1 浸泡脱腥 2～3h;将脱腥处理好的鱼块(片)投放到配置好的腌制液中进行腌制,腌制时间为 30min。腌制液由 3%食盐、22.5%料酒、1.5%味精、15%生姜、7.5%小葱和 0.75%白胡椒粉配制而成。

5)挂糊黏糠

将腌制好的鱼块(片)放入混合均匀的外裹糊中,使鱼块(片)表面与糊全部接触,浸没 10s 后缓慢取出,沥淋 15s,再放入糊中二次裹糊。将二次裹糊后的鱼块(片)取出,当糊不成股滴下时将鱼块(片)放入面包糠中,使面包糠均匀覆盖在外裹糊鱼块(片)的表面。

（1）外裹糊的配方一。添加 0.4%黄原胶到基本外裹糊中（中筋小麦粉 60g、玉米淀粉 40g、泡打粉 1g、食盐 2g）。

（2）外裹糊的配方二。添加 2%大豆纤维到基本外裹糊中（中筋小麦粉 60g、玉米淀粉 40g、泡打粉 1g、食盐 2g）。

（3）外裹糊的配方三。添加 4%乳清蛋白到基本外裹糊中（中筋小麦粉 60g、玉米淀粉 40g、泡打粉 1g、食盐 2g）。

6）预干燥

把裹糊黏糠的外裹糊鱼块（片）放入 40℃的鼓风干燥箱中干燥 4～6h，取出自然冷却 30～60min。

7）油炸

将预干燥的外裹糊鱼块（片）使用新鲜的大豆油在 170℃下初炸 20～30s，在 190℃下复炸 30～40s，油料比为 10∶1。初炸时采用较低的油温可以减少外裹糊鱼块（片）的吸油量，将油炸好的外裹糊鱼块（片）放入不锈钢滤网中自然沥去表面多余的油脂。

8）冷却、包装

在温度为 20℃、相对湿度为 30%的条件下冷却 30～60min；油炸外裹糊鱼块（片）冷却后，进行真空包装。

3. 质量评定

1）感官评价

外壳呈金黄色，色泽均匀有光泽，鱼块（片）呈原料鱼固有的色泽；具有浓郁油炸鱼块（片）的香味和鲜味，无焦味和异味；外壳酥脆、硬度适中、不粘牙、无渣，内部鱼块（片）口感鲜美、咸淡适中、无异味；外壳形态均一，内部鱼块（片）断面密实、无大气孔。

2）理化指标

外壳水分含量≤20%，油脂含量≤30%，酸价≤3mg KOH/g（以脂肪计），过氧化值≤0.25g/100g（以脂肪计），丙烯酰胺含量≤10μg/kg，氯化物含量≤0.008%。

3）安全卫生指标

菌落总数≤1×10⁴CFU/g，大肠菌群≤10CFU/g，致病菌（沙门氏菌、金黄色葡萄球菌、志贺氏菌）不得检出；铅≤0.5mg/kg（以 Pb 计），镉≤0.1mg/kg（以 Cd 计），甲基汞<0.5mg/kg，砷<0.2mg/kg，铬<2mg/kg。

4）操作规范参考标准

《食品安全管理体系 水产品加工企业要求》（GB/T 27304—2008）、《水产品加工质量管理规范》（SC/T 3009—1999）、《出口水产品质量安全控制规范》（GB/Z 21702—2008）、《食品安全国家标准 水产制品生产卫生规范》（GB 20941—2016）。

5）产品质量参考标准

《油炸小食品卫生标准》（GB 16565—2003）、《食品安全国家标准　动物性水产制品》（GB 10136—2015）、《绿色食品　鱼类休闲食品》（NY/T 2109—2011）。

5.2.2　油炸外裹糊鱼丸（饼）

1. 工艺流程

原料选择及预处理→斩拌（空斩、盐斩）→成型、冷却→自然解冻→裹糊上糠→预干燥→油炸→冷却、包装。

　　　　　　　　↑

　　　　加水匀浆←调粉混合

2. 操作要点

1）原料选择及预处理

采用淡水鱼冷冻鱼糜；将选择好的冷冻鱼糜在室温下解冻。

2）斩拌

将解冻好的鱼糜切成小块，在斩拌机中空斩 5min（斩拌速率为 1200r/min），再加入食用盐斩拌 7min（斩拌速率为 2000r/min）。注意斩拌过程中，鱼糜的温度保持在 0～10℃。

3）成型、冷却

斩拌后的鱼糜具有很高的黏性和可塑性，通过成型机或手工制成鱼丸、鱼饼，再进行加热处理。鱼糜浆料应及时成型，注意不能有空气混入，否则容易转变为凝胶，使成型困难；应将成型好的鱼丸或鱼饼放入冰水中进行冷却，使肉质更加紧致。

4）裹糊上糠

将已经冷却好的鱼丸或鱼饼放入混合均匀的外裹糊中，保证鱼块外表与糊全部接触，浸没 10s 后缓慢取出，再放入糊中进行二次裹糊。取出鱼丸或鱼饼，待糊不成股滴下，放入面包糠中，使面包糠均匀覆盖在鱼块表面。

（1）外裹糊配方一。添加 0.4%黄原胶到基本外裹糊中（中筋小麦粉 30g、玉米淀粉 20g、泡打粉 0.5g、食盐 1g）。

（2）外裹糊配方二。添加 4%乳清蛋白到基本外裹糊中（中筋小麦粉 30g、玉米淀粉 20g、泡打粉 0.5g、食盐 1g）。

（3）外裹糊配方三。添加 2.0%大豆纤维到基本外裹糊中（中筋小麦粉 30g、玉米淀粉 20g、泡打粉 0.5g、食盐 1g）。

将外裹糊配方按照规定的量混合在一起，并使用精密搅拌机以 2000r/min 的速率进行搅拌，调制均匀。

5）预干燥

把裹糊黏糠的外裹糊鱼块放入 40℃的鼓风干燥箱中干燥 4～6h，取出自然冷却 30～60min。

6）油炸

采用二次油炸的方式。将预干燥好的外裹糊鱼丸或鱼饼用漏网缓慢放入 170℃的大豆油中初炸 50s，取出后冷却，待油温升至 190℃再进行复炸 30s。控制每次的投入个数，油炸过程中不断翻动鱼丸或鱼饼，使其受热均匀，防止黏锅。炸制完成后，用笊篱将外裹糊鱼丸或鱼饼捞出，然后沥油、冷却。

7）冷却、包装

将炸好的鱼丸或鱼饼在温度为 20℃、相对湿度为 30%的条件下冷却 30～60min；将冷却好的油炸外裹糊鱼丸（鱼饼）进行真空包装。

3. 质量评定

1）感官评价

外壳呈金黄色，色泽均匀有光泽，鱼肉呈原料鱼糜固有的色泽；具有浓郁油炸鱼丸（鱼饼）香味和鲜味，无焦味和异味；外壳酥脆、硬度适中、不粘牙、无渣、内部鲜嫩多汁、无油腻感；外壳形态均一，内部鱼丸（鱼饼）断面密实、无大气孔。

2）理化指标

外壳水分含量≤20%，油脂含量≤30%，酸价≤3mg KOH/g（以脂肪计），过氧化值≤0.25g/100g（以脂肪计），丙烯酰胺含量≤10μg/kg。

3）安全卫生指标

菌落总数≤1×10^{4}CFU/g，大肠菌群≤10CFU/g，致病菌（沙门氏菌、金黄色葡萄球菌、志贺氏菌）不得检出；铅≤0.5mg/kg（以 Pb 计），镉≤0.1mg/kg（以 Cd 计），甲基汞<0.5mg/kg，砷<0.2mg/kg，铬<2 mg/kg。

4）操作规范参考标准

《食品安全管理体系 水产品加工企业要求》（GB/T 27304—2008）、《水产品加工质量管理规范》（SC/T 3009—1999）、《出口水产品质量安全控制规范》（GB/Z 21702—2008）、《食品安全国家标准 水产制品生产卫生规范》（GB 20941—2016）。

5）产品质量参考标准

《油炸小食品卫生标准》（GB 16565—2003）、《食品安全国家标准 动物性水产制品》（GB 10136—2015）、《绿色食品 鱼类休闲食品》（NY/T 2109—2011）。

5.3　油炸香酥鱼制品

淡水鱼油炸香酥制品是淡水鱼加工的一个主要产品类型，其加工工艺简单、口感酥脆，多以青鱼、草鱼等淡水鱼为原料，经腌制油炸工艺，加工制成可直接食用的产品。这种加工方法的优点是操作比较简单，产品风味独特、口感酥脆；缺点是产品油脂含量过高，在储藏期间要注意防潮，以免影响酥脆的口感，且长期储藏过程中易产生氧化酸败。淡水鱼油炸香酥制品的水分含量在50%以下，体积也较小，便于储藏运输。目前，我国淡水鱼香酥油炸制品的种类比较少，本节主要介绍油炸香酥鱼片、油炸膨化鱼片、即食型烤鱼、油炸鱼头、油炸香酥鱼块。

5.3.1　油炸香酥鱼片

1. 工艺流程

原料选择及预处理→腌制调味→油炸→脱油→包装→成品。

2. 操作要点

1）原料选择及预处理

选用新鲜或冷冻的淡水鱼，主要有青鱼、草鱼、鲢鱼、鳙鱼、鲤鱼、鲫鱼、鲂鱼等；将原料鱼去头、去鳞、去内脏，用清水冲洗干净后沿鱼骨呈 45°～60°进行剖片，厚度适宜即可。

2）腌制调味

将剖好的鱼片放置在腌制液中进行腌制，腌制时间为 2～4h，使腌制液能够充分浸入鱼片中。

腌制液配方（以 100kg 鱼片为标准）：食盐 20kg、蔗糖 10kg、味精 1kg、白酒10kg、五香粉 10kg、辣椒 12kg、花椒 5kg。

3）油炸

采用二次油炸方法，将腌制调味好的鱼片先放到 95～100℃油中油炸 2～5min，然后放置在 125～130℃油中油炸 1～3min。初炸温度较低有利于鱼片内部水分的迁移与蒸发，减少油脂的吸收。在油炸过程中，还要避免油炸鱼片变焦、脱皮的问题。

4）脱油、包装

油炸好的鱼片须经脱油处理，在脱油机中进行；将脱油冷却后的鱼片采用铝箔复合袋真空或充氮包装，然后放于室温下保存。

3. 质量评定

1）感官评价

具有油炸香酥鱼片特有的黄褐色，无变焦、夹生现象；不易破碎、口感酥脆、无粉质感；有鱼香味、无异味。

2）理化指标

水分含量≤50%，酸价≤3mg KOH/g（以脂肪计），过氧化值≤0.25g/100g（以脂肪计）。

3）安全卫生指标

菌落总数≤3×10⁴CFU/g，大肠菌群≤10CFU/g，致病菌（沙门氏菌、金黄色葡萄球菌、志贺氏菌）不得检出；铅≤0.5mg/kg（以 Pb 计），镉≤0.1mg/kg（以 Cd 计），甲基汞<0.5mg/kg，砷<0.5mg/kg，铬<2 mg/kg。

4）操作规范参考标准

《食品安全管理体系 水产品加工企业要求》（GB/T 27304—2008）、《水产品加工质量管理规范》（SC/T 3009—1999）、《出口水产品质量安全控制规范》（GB/Z 21702—2008）、《食品安全国家标准 水产制品生产卫生规范》（GB 20941—2016）。

5）产品质量参考标准

《油炸小食品卫生标准》（GB 16565—2003）、《食品安全国家标准 动物性水产制品》（GB 10136—2015）、《绿色食品 鱼类休闲食品》（NY/T 2109—2011）。

5.3.2 油炸膨化鱼片

1. 工艺流程

淀粉、面粉、配料
↓

原料选择及预处理→采肉→斩拌→蒸煮成型→冷却→切片→干燥→油炸膨化→包装→成品。

2. 操作要点

1）原料选择及预处理

选用新鲜或冷冻的淡水鱼，主要有青鱼、草鱼、鲢鱼、鳙鱼、鲤鱼、鲫鱼、鲂鱼等；将原料鱼去头、去鳞、去内脏，用清水冲洗干净后剖片。

2）采肉

原料鱼处理后，除掉鱼体的皮骨，分离出鱼肉。采用冲压式或滚筒式采肉机采肉，对第一次采取下来的皮、骨再进行 1 次采肉，可提高出肉率。用冷水漂洗除去鱼肉中的有色物质、残余的皮及内脏碎屑、血液等，得到鱼肉。所得鱼肉应分开存放、处理和使用，在该过程中应尽量防止皮、骨、鳞等异物混入鱼肉中。注意，在采肉时温差变化要小，以免蛋白质受热变性。

3）斩拌

称取适量的白砂糖、味精、食盐和小苏打，用水溶解制成配料液。将鱼肉糜和配料液混匀后斩拌 1～2min，然后添加一定量的玉米淀粉和面粉，继续斩拌 30s，斩拌期间温度控制在 10℃以下。

4）蒸煮成型

斩拌后的鱼肉糜具有黏性和可塑性，将混合均匀的鱼肉糜置于蒸煮盘中，在 70～75℃条件下蒸煮 10～12min。成型时注意不能有空气混入，残留空气会引起加热时的破裂、变形，降低制品的商品价值。鱼肉糜应及时成型，否则容易转变为凝胶，使成型困难。

5）冷却、切片

蒸煮后的鱼糕于 4℃条件下快速冷却；将冷却后的鱼糕切片，鱼片厚度为 1～1.5mm。

6）干燥、油炸膨化

将鱼片在 50℃干燥室中经热风干燥 4～6h，使水分含量降至 8%～10%；将干燥后的鱼片在 180～200℃的植物油中油炸 8～15s，将油沥干并冷却。

7）包装

将冷却的香酥鱼片采用铝箔蒸煮袋充氮包装，然后置于室温下保存。

3. 质量评定

1）感官评价

具有油炸膨化鱼片特有的正常色泽，呈现微黄色，无变焦、半熟现象；外表光滑完整、不易破碎；口感酥脆、无粉质感；有鱼香味、无霉味及其他异味。

2）理化指标

水分含量≤15%，食盐含量≤6%（以 NaCl 计），酸价≤3mg KOH/g（以脂肪计），过氧化值≤0.25g/100g（以脂肪计）。

3）安全卫生指标

菌落总数≤3×10^{4}CFU/g，大肠菌群≤10CFU/g，致病菌（沙门氏菌、金黄色葡萄球菌、志贺氏菌）不得检出；铅≤0.5mg/kg（以 Pb 计），镉≤0.1mg/kg（以 Cd 计），甲基汞<0.5mg/kg，总砷<0.2mg/kg，铬<2mg/kg，N-二甲基亚硝胺<4.0μg/kg，多氯联苯<0.5mg/kg，山梨酸及其钾盐<1g/kg（以山梨酸计）。

4）操作规范参考标准

《食品安全管理体系 水产品加工企业要求》（GB/T 27304—2008）、《水产品加工质量管理规范》（SC/T 3009—1999）、《出口水产品质量安全控制规范》（GB/Z 21702—2008）、《食品安全国家标准 水产制品生产卫生规范》（GB 20941—2016）。

5）产品质量参考标准

《油炸小食品卫生标准》（GB 16565—2003）、《食品安全国家标准 动物性水产制品》（GB 10136—2015）、《绿色食品 鱼类休闲食品》（NY/T 2109—2011）。

5.3.3　即食型烤鱼

1. 工艺流程

原料选择及预处理→腌制→干燥→油炸→调味料制备→拌料翻炒→真空包装→高压杀菌→冷却→检验→成品。

2. 操作要点

1）原料选择及预处理

采用鲜活或者冷冻淡水鱼，要求鱼体完整，气味、色泽正常，肉质有弹性，质量为 0.5kg/条以上，杜绝使用二级鲜度以下的淡水鱼。原料鱼宰杀，去鳞、去鳃后，将鱼背剖开，用清水洗净后沿鳃骨切去鱼头、鱼尾，将鱼肉切分成约 2cm 厚的鱼片，然后沥干。

2）腌制

用 0.5%的复合磷酸盐和 8%的食盐配制成腌制调味液，称取沥干鱼片 100g，加入少量料酒、白砂糖、味精后，浸没在调味液中腌制 15～30min，沥干明水。

3）干燥

烘烤过程是制备即食烤鱼至关重要的步骤，将腌制后的鱼片平摊于不锈钢网架上，放入干燥箱中，40℃下烘烤 1h，50℃下烘烤 0.5h，鱼片水分含量约为 50%，鱼片呈黄色，韧性好，易咀嚼。

4）油炸

油炸工艺会影响即食烤鱼的风味、色泽、口感，直接决定产品的品质。将干燥后的鱼片在 160℃下油炸 4min 左右，得到的产品感官品质较好。

5）调味料制备

辣椒粉和菜籽油的质量比为 1:4，先将生菜籽油炒熟后冷却至一定温度，再倒入辣椒粉，搅拌均匀；加入姜葱油：以油的质量计算，老姜比例为 15%，大葱比例为 20%，将老姜、大葱切细，菜籽油加热后倒入，炒至无水蒸气，并有浓厚的葱油香即可；加入豆豉酱：按豆豉与菜籽油质量比为 1:1 进行炒制，加入少量的白芝麻。

6）拌料翻炒

油炸好的鱼片放入滤网中，除去明油，称量 100g，按比例进行拌料，翻炒至香。

7）真空包装、高压杀菌、冷却

冷却后的鱼片进行真空包装，真空度为 100kPa，热合带宽度＞8mm，热合强度根据热合时间调整；将真空包装的鱼片置于 103kPa、121℃下杀菌 15min，冷却至室温。

8）检验

对杀菌后的鱼片进行必要的检验，再入库保存。

3. 质量评定

1）感官评价

鱼片呈黄色或黄白色、色泽均匀；具有本品固有的形态，鱼片的形状完好；肉质疏松、有嚼劲、无僵片；滋味鲜美、咸甜适宜、具有烤鱼的特有香味、无异味、无肉眼可见的外来杂质。

2）理化指标

水分含量≤50%，食盐含量≤6%（NaCl 计），亚硫酸盐含量≤30mg/kg（以 SO_2 计）。

3）安全卫生指标

菌落总数≤$3×10^4$CFU/g，大肠菌群≤30CFU/g，致病菌不得检出；铅＜1mg/kg，镉＜0.1mg/kg，甲基汞＜0.5mg/kg，无机砷＜0.5mg/kg，铬＜2mg/kg，N-二甲基亚硝胺＜4μg/kg，多氯联苯＜0.5mg/kg，山梨酸及其钾盐＜1g/kg（以山梨酸计）。

4）净含量

应符合国家质量监督检验检疫总局令第 75 号（2005 年）的规定，检验方法按《定量包装商品净含量计量检验规则》（JJF 1070—2005）的规定执行。

5）操作规范参考标准

《食品安全管理体系　水产品加工企业要求》（GB/T 27304—2008）、《水产品加工质量管理规范》（SC/T 3009—1999）、《出口水产品质量安全控制规范》（GB/Z 21702—2008）、《食品安全国家标准　水产制品生产卫生规范》（GB 20941—2016）。

6）产品质量参考标准

《食品安全国家标准　动物性水产制品》（GB 10136—2015）、《绿色食品　干制水产品》（NY/T 1712—2018）、《烤鱼片》（SC/T 3302—2010）、《绿色食品　鱼类休闲食品》（NY/T 2109—2011）。

5.3.4　油炸鱼头

1. 工艺流程

原料选择及预处理→调味→油炸→包装→产品。

2. 操作要点

1）原料选择及预处理

采用鲜活或者冷冻的淡水鱼鱼头，均重约 480g；将鱼头去鳞、去鳃，在冰水中清洗干净。

2）调味、油炸

将盐、黄酒、陈醋和香味料（如桂皮、茴香、姜）均匀撒在鱼头上，在 4～8℃下腌制 8～12h，取出沥干；将腌制好的鱼头在油炸锅中油炸约 10min，炸至鱼头表面呈现金黄色，沥干油滴，冷却至室温。

3）包装

对油炸冷却后的鱼头进行真空包装，真空度为 100kPa，热合带宽度＞8mm，热合强度根据热合时间调整，包装后进行必要的检验，再入库保存。

3. 质量评定

1）感官评价

鱼头呈金黄色、色泽均匀；具有本品固有的形态；肌肉致密、肌肉纤维纹理清晰、有嚼劲；滋味鲜美、咸甜适宜、具有油炸鱼头的特有香味、无异味；无肉眼可见的外来杂质。

2）理化指标

水分含量≤50%，食盐含量≤6%（NaCl 计），酸价≤2mg KOH/g（以脂肪计），TVB-N≤20mg/100g，过氧化值≤0.25g/100g（以脂肪计），羰基价≤20meq/kg（以脂肪计）。

3）安全卫生指标

菌落总数≤3×10^{4}CFU/g，大肠菌群≤30CFU/g，致病菌不得检出；铅＜0.5mg/kg，甲基汞＜0.3mg/kg，无机砷＜0.5mg/kg，铬＜2.0mg/kg，山梨酸及其钾盐＜1.0g/kg（以山梨酸计）。

4）操作规范参考标准

《食品安全管理体系 水产品加工企业要求》（GB/T 27304—2008）、《水产品加工质量管理规范》（SC/T 3009—1999）、《出口水产品质量安全控制规范》（GB/Z 21702—2008）、《食品安全国家标准 水产制品生产卫生规范》（GB 20941—2016）

5）产品质量参考标准

《食品安全国家标准 动物性水产制品》（GB 10136—2015）、《绿色食品 鱼类休闲食品》（NY/T 2109—2011）。

5.3.5　油炸香酥鱼块

1. 工艺流程

原料选择及预处理→切块→盐渍→油炸→调味→包装→产品。

2. 操作要点

1）原料选择及预处理

采用鲜活或者冷冻的淡水鱼，均重 2～3kg；将选择好的鱼刮鳞，去头、尾、鳍及内脏（注意不要刺破胆囊，以免胆汁污染鱼肉，造成苦味），在流水中清洗干净。

2）切块

将原料鱼进行预处理后，纵劈为两片，剔出两条肚肉，接着将鱼片横切成厚度为 1～2cm 的斜刀块，要做到鱼块厚薄均匀、大小一致，保证成品美观。

3）盐渍、油炸

采用 6%～8% 的食盐水，浸渍 30min；将盐渍好的鱼块在油炸锅中油炸 3～5min，油温控制在 160℃，炸至鱼块表面呈现黄棕色，沥干油滴，冷却至室温。

4）调味

将炸好且冷却至室温的鱼块经过调味液进行调味，调味液配方（以 100kg 鱼片为标准）：食盐 20kg、蔗糖 10kg、味精 1kg、黄酒 10kg、酱油 10kg、辣椒 12kg、花椒 5kg、茴香 1kg、花椒 1kg、桂皮 1kg、生姜 3kg。

5）包装

将调味后的鱼块进行真空包装，包装后进行必要的检验，再入库保存。

3. 质量评定

1）感官评价

鱼块呈棕黄色、色泽均匀；具有本品固有的形态；质地柔韧、肉质鲜美；具有油炸鱼块的特有香味、无异味；无肉眼可见的外来杂质。

2）理化指标

水分含量≤50%，食盐含量≤8%（NaCl 计），酸价≤2mg KOH/g（以脂肪计），TVB-N≤20mg/100g，过氧化值≤0.25g/100g（以脂肪计），羰基价≤20meq/kg（以脂肪计）。

3）安全卫生指标

菌落总数≤3×10⁴CFU/g，大肠菌群≤30CFU/g，致病菌不得检出；铅＜1mg/kg，镉＜0.1mg/kg，甲基汞＜0.5mg/kg，无机砷＜0.5mg/kg，铬＜2mg/kg。

4）操作规范参考标准

《食品安全管理体系 水产品加工企业要求》（GB/T 27304—2008）、《水产品加工质量管理规范》（SC/T 3009—1999）、《出口水产品质量安全控制规范》（GB/Z 21702—2008）、《食品安全国家标准 水产制品生产卫生规范》（GB 20941—2016）。

5）产品质量参考标准

《食品安全国家标准 动物性水产制品》（GB 10136—2015）、《绿色食品 鱼类休闲食品》（NY/T 2109—2011）。

第6章 淡水鱼脱水干制技术

新鲜淡水鱼肉水分含量高，极易腐败变质，对其进行脱水干制是保存淡水鱼制品的有效手段之一，干制在很大程度上延长了淡水鱼制品的保质期。早在人类进入文明时代之前，就存在着利用自然晒干或风干等延长食品保质期的方法。人工控制的干燥方法，仅能追溯到1世纪，而人们对干制原理的了解才只有100多年。淡水鱼干制是将淡水鱼原料直接或经过盐渍、预煮后在自然或人工条件下干燥脱水，促进淡水鱼中的水分蒸发，降低水分活度的过程，获得的产品称为淡水鱼干制品。干制的淡水鱼制品具有储藏期长、质量轻、体积小、便于运输等优点，但干制会导致蛋白质变性和脂肪氧化酸败，对产品的风味和口感带来不同程度的影响。淡水鱼的干制方法可分为自然干燥和人工干燥两类。随着淡水鱼干制技术的快速发展，出现了轻干（轻度脱水）、生干、调味干制等多种干燥技术；根据产品类型和产品品质要求，可选择不同的干燥方法或几种干燥方法的组合应用。

6.1 干制保存原理

水分是微生物生长繁殖必不可少的条件之一，淡水鱼中含有的水分为自由水和结合水，自由水与细菌、酶和化学反应有关。水分活度是衡量水分含量的标准，会影响微生物的生长存活状态。一般情况下，细菌生长所需的最低水分含量为40%，否则不易生长繁殖或发生腐败。此外，淡水鱼制品与环境中氧气等的氧化作用也和水分含量有关。干燥是在自然条件或人工条件下，促使食品中水分蒸发的工艺过程，而脱水是在人工控制条件下促进食品水分蒸发的工艺过程。淡水鱼干制保存是指将淡水鱼肉中的水分降低到足以防止其腐败变质的程度。干制提高了淡水鱼原料中可溶性固形物的浓度，使微生物处于反渗透的环境及生理干燥状态，并在储藏与运输过程中保持在低水分含量状态，从而达到了长期保存的目的。

6.1.1 干制过程

1. 水分吸附等温线

淡水鱼在一定条件干燥，并在一定温度下测定其水分含量 M 和平衡蒸气压 P，再根据式（6.1）计算 A_w，然后以 M 为纵坐标、A_w 为横坐标，可得到 $M\text{-}A_w$ 曲线，即水分吸附等温线。

一定温度下，样品水分的蒸气压与纯水的蒸气压的比值即为水分活度值，表示如下：

$$A_w = P / P_0 = ERH / 100 \qquad (6.1)$$

式中，A_w 为水分活度；P 为样品中水分的蒸气压；P_0 为相同温度下纯水的蒸气压；ERH 为样品周围空气不与样品换湿时的平均相对湿度。

一般淡水鱼类的 $M\text{-}A_w$ 曲线是如图 6.1 所示的 S 形曲线，该曲线在 A_w 为 0.1～0.2 及 0.6～0.8 处有两个拐点，从而将曲线划分为水分特性不同的 Ⅰ、Ⅱ、Ⅲ 三个区间。Ⅰ区间为单分子层吸附水，也称为结合水，水分受到强烈的束缚；Ⅱ区间为多分子层吸附水，水分之间的吸附作用较弱；可以认为Ⅲ区间的水分是自由水，主要存在于淡水鱼肉组织的微细间隙中。

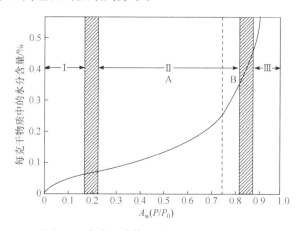

图 6.1　水分吸附等温线（夏松养，2008）

2. 干制过程

在淡水鱼的干制过程中，随着周围空气温度的上升，空气中的水蒸气压下降，增大了与淡水鱼体表面的水蒸气压差，淡水鱼体表面的水分快速向空气中蒸发。当淡水鱼体表面的水蒸气蒸发到一定程度时，在淡水鱼体周围就会覆盖一定厚度的湿空气，使得水蒸气压差减小，从而影响到水分的蒸发。如果有干热空气流通，则可带走物料表面的湿空气，从而促进水分的蒸发，致使淡水鱼体表面的水分持续减少，形成了表层与内部的水分含量差，鱼体内部水分向表面不断扩散，以补给表面水分的方式继续蒸发。这样，水分从淡水鱼体的内部扩散至表面，然后通过淡水鱼体表面的空气而蒸发，直至干燥结束。前者称为内部扩散，后者称为表面蒸发，干燥速度由两者共同决定。

干燥速度是水分从物料表面向干燥空气中蒸发的速度。在淡水鱼干燥初期，单位时间内淡水鱼体中水分的蒸发速度在不断增加,此时称为快速干燥阶段,主要表现为淡水鱼体表面温度的上升和水分的蒸发;随着干燥的进行,水从淡水鱼体内部迅速迁移到淡水鱼体表面,使得淡水鱼体表面维持恒定的湿度。在淡水鱼体表面的水分蒸发量小于或等于内部水分向表面的扩散量时,蒸发速度恒定,该阶段称为干燥速度恒定(恒速干燥)阶段,此阶段主要表现为水分的蒸发,而淡水鱼体表面的温度不再上升;当干燥至一定程度时,淡水鱼的肌纤维收缩且相互间紧密连接,水的通路受堵,并且淡水鱼体表层肌肉变硬,导致水分内部扩散及从表面蒸发的速度下降,此时便进入了降速干燥阶段。在该阶段,水分蒸发减少,淡水鱼体的温度又开始上升,如果温度过高时,会引起结焦或焦化。

在恒速干燥阶段,主要受淡水鱼体表面水分蒸发的制约,有两种方式可以计算干燥速度,一种是以水蒸气压的方式,一种是以湿度的方式。随着干燥继续进行,就会进入降速干燥阶段,在降速干燥阶段初期,淡水鱼体表面水分蒸发为主要的抑制因素。随着水分含量减少,有效蒸发面积会减小,一直到干燥结束,内部扩散成为主要的干燥制约因素,淡水鱼体表面的水分接近平衡水分,表面出现硬化。在干燥结束时,淡水鱼制品的水分活度大幅度减小,其对微生物腐败和化学腐败的抑制作用大大提高,延长了保存期。此外,淡水鱼干制品的质构发生了明显变化,口感会变硬。

延长恒速干燥的时间,有利于淡水鱼制品的脱水干燥。但是如果强行急速干燥,淡水鱼的水分从内部向表面的扩散速度跟不上表面水分的蒸发速度,鱼体表面会产生干燥效应,形成表层硬壳,内部的水分很难从表面蒸发出来,使得内部的水分含量很高,淡水鱼干制品不易久藏。因此,在淡水鱼的干制中,不能使用急速干燥的方法。对于不同或同一种类的淡水鱼,由于其内部水分含量和组织结构的差异性,扩散速度也不同。要想延长恒速干燥的时间,使表面水分蒸发速度与内部水分扩散速度相协调,对于不同的淡水鱼干制品,要选择不同的干燥条件,如温度、空气流速等,并且在干燥过程中的不同阶段,也要采用不同的干燥条件。

6.1.2　干制过程中的主要变化

在干制的过程中,由于水分的蒸发及淡水鱼体温度的变化,淡水鱼干制品会发生一些变化,这些变化大致分为物理变化和化学变化。

1. 物理变化

1)干缩

在淡水鱼加工过程中,细胞内的水分含量降低,水分活度降低,导致细胞失去活性,但细胞壁仍保持不同程度的弹性。当水分活度降低过多,超过细胞壁弹性的极限时,在外力消失的情况下很难恢复塑性变形,干缩正是淡水鱼体失去弹性时的一种物理变化。

淡水鱼干制过程中，在较为理想的情况下，有弹性并饱满的鱼片（块）会全面均匀且缓慢地失水，鱼片（块）也将均衡地进行线性收缩，即均匀地按比例缩小。这种干缩有利于节省包装、储藏和运输费用，并且便于制品的携带。但是由于干制温度、湿度、空气流速等因素的影响，鱼片（块）的弹性并不均匀，鱼片（块）内的水分难以均匀排除，鱼片（块）也难以均匀地干缩。一般干制后，淡水鱼体积为原料的 20%～35%，质量为原料的 6%～10%。在干制的过程中，淡水鱼种类不同，干制过程中的干缩也各有差异。高温快速干燥时，鱼片（块）表面层在鱼体或鱼块中心干燥前已干硬，其后中心干燥和收缩时会脱离干硬膜而出现内裂、孔隙和蜂窝状结构，此时，表面干硬膜并不会出现凹面状态；而低速干制品的密度较高，表面层内凹，对于质量相同的两种干制品，高速干制后的体积和质量均小于低速干制品。

2）表面硬化

表面硬化实际上是淡水鱼的鱼体或鱼块表面产生收缩或封闭的一种特殊现象。例如，淡水鱼的温度较高，会因为内部水分未能及时转移至淡水鱼体表面排除而迅速形成一层干燥薄膜或干燥硬膜，膜的渗透性极低，大部分残留水分会阻隔在鱼体内，同时还可使干燥速度急剧下降。淡水鱼内部水分在干燥过程中有多种迁移方式，例如，流经细胞膜或细胞壁扩散，或因受热汽化而以水蒸气分子的形式向外扩散。在淡水鱼体内还存在大小不一的裂缝和微孔，淡水鱼体内的水分也会经微孔、裂缝或毛细管上升，其中有较多上升到淡水鱼体表面蒸发掉，使得水中所带的溶质（如糖、盐等）残留在表面。这些溶质会使干制淡水鱼的微孔收缩和裂缝加以封闭，在微孔收缩和被溶质堵塞的双重作用下，淡水鱼体出现表面硬化。

根据淡水鱼体表面硬化的原理和过程，造成淡水鱼体表面硬化的原因有以下几种：①鱼片（块）干燥时，内部的溶质成分因水分不断向表面迁移而积累，从而在淡水鱼体表面上形成硬化现象；②由于鱼片（块）的表面干燥过于强烈，水分汽化很快，内部水分不能及时迁移到表面，使鱼片（块）表面迅速形成一层干硬膜。淡水鱼干燥过程中温度过高，会导致鱼肉细胞过度膨胀破裂，有机物质挥发、分解或焦化，以及产生表面硬化等不良现象。有时通风强度越大、温度越高，干燥时间反而越长，严重时会导致产品变色甚至内部腐败。若降低淡水鱼体表面温度使淡水鱼缓慢干燥，或适当"回软"后再干燥，通常可以减少表面硬化的发生。

3）多孔性

快速干燥时，淡水鱼体表面硬化，以及内部蒸气压迅速建立，会促使鱼肉成为多孔性制品，淡水鱼片的膨化干制正是利用了外逸的水蒸气来促进组织结构的膨松。通过干燥技术或干燥前预处理，可以使淡水鱼形成多孔性结构，有利于传质过程的进行，加快淡水鱼的干燥速度。例如，真空干燥时会促使水蒸气迅速蒸发并向外扩散，从而形成多孔性的淡水鱼制品。实际上，多孔性海绵结构为最好的绝热体，会减慢热量的传递，因此并不一定能提高干燥速度。无论怎样，多孔性能使淡水鱼干制品迅速复水，提高食用的方便性，但产品易氧化，储藏性能较差。

4）热塑性

热塑性是指在干燥过程中，温度升高时，淡水鱼软化甚至有流动性，而冷却时会变硬。淡水鱼肉蛋白质在干燥过程中由于受热而变得黏稠，粉粒相互结块而粘壁，在鱼粉或鱼蛋白粉喷雾干燥期间，控制鱼粉（鱼蛋白粉）的热塑性（黏性）温度至关重要。

5）溶质的迁移

在淡水鱼所含的水分中，一般都有溶解于其中的溶质，如糖、盐、有机酸、可溶性含氮物质等。脱水过程中，水分由淡水鱼内部向表面迁移时，可溶性物质也随之向表面迁移。当溶液达到表面时，水分汽化逸出，溶质浓度增加。当脱水速度较快时，脱水的溶质有可能堆积在淡水鱼表面结晶析出，类似结霜或在表面形成干硬膜。如果脱水速度较慢，当靠近表层的溶液浓度逐渐升高时，借助浓度差的推动力，溶质又可向中心层扩散，在淡水鱼内部重新趋于均匀，说明可溶性物质在干制淡水鱼中的均匀分布程度与脱水工艺条件有关。

6）挥发性物质损失

水分从干燥的淡水鱼中蒸发逸出时，总是夹带着各种微量的挥发性物质，挥发性物质构成了淡水鱼的特有风味，因此通常情况不希望损失挥发性物质。过度加热会引起淡水鱼体温升高，当淡水鱼体温度超过冰晶开始融化的温度时，挥发性芳香物质损失增加。王珏等（2019）分析了鲐鱼干制过程中的风味物质及风味活性物质，结果表明，新鲜鲐鱼中的挥发性物质中的关键风味物质有 7 种，而经过干制后变为 6 种。

2. 化学变化

淡水鱼脱水干制过程中，除物理变化外，同时还会发生一系列化学变化。这些变化对淡水鱼干制品及复水后的淡水鱼干制品品质均会产生影响，如色泽、风味、质地、黏度、复水率、营养价值和储藏期。这些变化还因淡水鱼品种而异，而干制方法等也会影响这些变化的程度。顾赛麒等（2019）在腌腊鱼传统日晒干制过程中品质变化与香气形成的研究中发现，日晒过程中，腌腊鱼色泽不断变暗，逐步发红和变黄，同时硬度和咀嚼性上升，形成成品特有的"干香"风味。当淡水鱼失去水分时，单位质量的干燥淡水鱼的营养成分含量会相对增加，但与新鲜淡水鱼相比，淡水鱼干制品的营养价值有所下降。

1）蛋白质

淡水鱼干制时，组成鱼肉蛋白质的氨基酸与还原糖发生作用，产生美拉德反应而发生褐变。发生褐变的速度因温度和时间而异，高温、长时间的干燥，会使褐变明显加重。当淡水鱼体的温度达到某个临界值时，褐变的速度会很快，褐变的速度还与水分含量有关。淡水鱼的蛋白质含量较高，干制后外观、水分含量及硬度等均不能回到新鲜时的状态，这主要是蛋白质的变性导致的。蛋白质在干燥过程中的变化程度，主要取决于干燥温度、时间、A_w、脂肪含量及干燥方法等。干燥温度对蛋白质在干制过程中的变化起着重要的作用。一般情况下，干燥温度越高，蛋白质变性速度越快，而随着干燥温度的增加，氨基酸损失也增加，在高温下蛋白质发生降解且产生"硫味"，这主要是二硫键的断裂引起的。干燥时间也是影响蛋白质变性的主要因素之一。一般情况下，在干燥初期，蛋白质变性的速度较慢，而后期加快，但在冷冻干燥下，情况则有所不同，冷冻干燥法引起的蛋白质变性程度要比其他干燥方法小很多。脂质对蛋白质的稳定有一定保护作用，但脂质氧化的产物将促进蛋白质的变性。水分含量也与蛋白质干燥过程中的变性有密切关系，当水分含量为 20%～30%，且在高温条件下时，蛋白质就会发生变性。

2）脂肪

淡水鱼体内含有多种不饱和脂肪酸，在干制过程中极易发生油脂氧化，如果人体摄入过多的脂质过氧化物，会加快机体衰老，引发心脏病、癌症和脑功能障碍等。油脂作为淡水鱼的一种重要成分，是影响其制品功能性和感官特性的主要因素。淡水鱼干制品中油脂的质量取决于油脂的含量、组成、特性及脂肪酸组成，在加工过程中，鱼肉中油脂的分解和油脂的氧化与产品质量劣变密切相关。酯酶和磷脂酶会导致脂肪水解，生成的脂肪酸会进一步氧化生成低分子质量物质，这些物质会造成鱼和鱼制品的酸败。

林芳研究了草鱼片热风干制过程中的脂质氧化特性，结果表明，热风干制草鱼片很大程度上改变了鱼肉的脂质组成，同时也促进了油脂氧化。在干制过程中游离脂肪酸，特别是 DHA 的含量显著增加，这意味着磷脂已部分水解。干燥会造成淡水鱼制品形态结构的变化，例如，鱼粉、片状鱼干或多孔状的膨化鱼片在干燥后增加了表面积，增大了与氧气接触的机会。高温脱水时脂肪的氧化程度比低温脱水时严重，干燥前添加抗氧化剂，能有效地抑制脂肪氧化。目前，常用的油脂食品的抗氧化剂有 BHA 和 BHT 等。

3）维生素

在淡水鱼干燥过程中，维生素容易损失，如何减少维生素的损失、提高淡水鱼干制品质量是淡水鱼干制品的研究重点。淡水鱼类的可食用部分含有多种人体营养所需的维生素，包括脂溶性的维生素 A、维生素 D、维生素 E，水溶性的 B 族维生素和维生素 C 等。干燥过程会造成部分水溶性维生素的破坏，维生素的损耗程度取决于淡水鱼原料的预处理及选用的脱水干燥方法和条件。维生素 C 易因氧化而损失，核黄素对光敏感，硫胺素对热敏感，干燥处理时会有所损失。采用滚筒或喷雾干燥的方式，可获得较高的维生素 A 保存量，但干制将导致维生素 D 的大量损耗，而其他维生素损耗很少，如吡哆醇（维生素 B_6）和烟碱酸。

4）色素

淡水鱼干制品的色泽与淡水鱼原料的物化性质有关。淡水鱼的不同组织呈现不同颜色，如肉的切面和鳞的光泽，这是光线反射的结果。淡水鱼类中的色素有肌红蛋白、血红蛋白、β-胡萝卜素、黑色素和胆汁色素等，因种类和组织差异，所含色素种类及含量也不同。一般在光、热等条件下，这些色素都不稳定，易受加工条件的影响而发生变化，从而使淡水鱼干制品色泽产生变化。干制过程中，类胡萝卜素会发生变化，温度越高、处理时间越长，色素变化量越大。血红素对热极不稳定，受热后很容易失去鲜艳的红色而变成暗红色。褐变反应也是促使干制品变色的一个主要原因，通常包括酶促褐变与非酶促褐变两种形式，为减少酶促褐变，应进行酶钝化处理或破坏酶活性。酶钝化处理应在干制前进行，因为干制时淡水鱼的受热温度不足以破坏酶的活性，而且热空气还有加速褐变的作用。糖的焦糖化和美拉德反应，是淡水鱼脱水干制过程中常见的非酶促反应，前者首先分解成各种羰基中间物，然后再发生聚合反应生成褐色聚合物。

5）风味

引起水分蒸发的物理力，也会引起一些挥发性物质的去除，导致鱼肉风味变差。在热干燥中，风味挥发性物质比水更易挥发，热还会带来一些异味、蒸煮味、硫味和焦香味。淡水鱼干制品的风味物质比新鲜制品要少，干制品在干燥过程中会产生一些特殊的蒸煮味，但干制有助于降低淡水鱼的鱼腥味。王珏等（2019）采用固相微萃取和气-质联用技术，分析了鲐鱼干制过程中的风味物质及风味活性物质变化，发现新鲜鲐鱼的风味活性物质为壬醛、己醛、苯甲醛、苯乙醛、2-壬酮、2-十一酮和乙苯，干制过程中的风味活性物质为壬醛、十一醛、己醛、苯甲醛、2-壬酮、2-十一酮。顾赛麒等研究了腌腊鱼在传统日晒干制过程中的品质变化与香气形成，结果发现，日晒干制后，腌腊鱼成品中的挥发物气味活性值总和从156.7 升高至252.9，这一变化对传统腌腊鱼制品的香气形成十分关键。

6.1.3　水分活度对淡水鱼干制保存的影响

1. 水分活度对微生物生长的影响

大多数食品的腐败变质主要是由微生物的作用引起的，而微生物的生长与繁殖必须依靠充足的水分，因为微生物从外界摄取营养物质并向外界排泄代谢物质，都需要以水作为溶剂或媒介。除去食品中大部分的水分并不能阻止微生物的生长，因此水分含量不是判断体系中微生物能否生长繁殖的最佳指标，但可用水分活度加以估量，降低水分活度能抑制微生物的生长活动，延长食品保存时间。

根据各种微生物繁殖的最低水分活度界限，即可掌握和控制食品的干燥程度，为提升保存性提供可靠依据。同时，在淡水鱼干制加工中可以通过干燥使淡水鱼中水分蒸发或增加淡水鱼中的水溶性物质的含量，这两种方法可单独或结合使用，都可以达到降低水分活度和提高淡水鱼保存性的目的。淡水鱼淡干品加工属于单独使用干燥的方法，采用食盐、食糖等的腌制加工属于单独使用增加水溶性物质含量的方法；盐干制品、部分调味干制品及中间水分食品，则属于将两种方法结合使用。各种微生物保持生长所需的最低水分活度各不相同，大多数食品腐败细菌所需的最低水分活度值都在 0.9 以上，但是肉毒杆菌在水分活度低于0.95 时不能生长，芽孢的形成和发芽需要更高的水分活度。某些嗜盐菌在水分活度降低至 0.75 时尚能生长，大多数酵母生长的水分活度界限在 0.9 左右；霉菌的耐旱性优于细菌，在水分活度为 0.8 时仍能生长良好，当水分活度低于 0.65 时才受到完全抑制。

必须注意的是，微生物的最低水分活度界限受到温度、pH、营养成分、氧气、抑制剂等的影响，这导致微生物能在更低的水分活度时生长，或者恰好相反。淡水鱼干制品中微生物生长所需的最低水分活度如下：细菌＞酵母菌＞霉菌，包括淡水鱼原料在内的新鲜水产食品的水分活度都在 0.99 以上，虽然这个条件对各种微生物的生长有利，但是最先导致新鲜淡水鱼腐败变质的微生物都是细菌。一般认为，在室温下保存食品时，水分活度应降到 0.7，在此水分活度下，灰绿曲霉菌等仍会缓慢地生长，因此干制品极易长霉。干制后，微生物便长期处于休眠状态，环境条件适宜时，又可重新吸湿恢复活动。因此，干制并不能将微生物全部杀死，只能抑制它们的活动，但在保存过程中，微生物总数会稳步下降。

2. 水分活度对化学反应的影响

淡水鱼中一些蛋白质、脂肪等物质的水解反应都是在水溶液中才能进行的，如果降低淡水鱼的水分活度，水的存在状态发生了变化，即结合水的比例增加了，自由水的比例减少了，而结合水不能作为反应物的溶剂，所以降低水分活度可以在一定程度上抑制化学反应，但氧化反应受水分活度的影响较小。淡水鱼中化学反应的最大速率，一般出现在水分活度为 0.7～0.9 的条件下，如脂质的氧化反应、水解反应、羰氨反应和维生素的分解等；最小反应速率一般出现在水分活度为0.2～0.4 的条件下。当水分活度进一步降低至 0.2 以下时，脂质氧化反应的速率增加，而其他反应的速率全都保持在最小值。通常，在水分活度很低时，认为此时的水分存在状态是单分子层水分子，用淡水鱼的单分子层水含量可以准确地预测干燥产品稳定性最高时的含水量，因此要合理控制干制时水分活度对制品化学腐败变质的影响。

3. 水分活度与酶活性的关系

淡水鱼中的酶主要有内源性酶、微生物分泌的胞外酶及人为添加的酶。水分对酶活性的影响主要通过以下途径：作为运动介质促进扩散作用；稳定酶的结构和构象；作为水解反应的底物；破坏极性基团的氢键；从反应复合物中释放产物。酶活性随水分活度的增大而提高，通常在水分活度为 0.75~0.95 时，酶活性达到最高；在水分活度＜0.65 时，酶活性会降低；但要抑制酶活性，水分活度应在 0.15以下；当水分活度降至 0.1 以下时，酶的活性会完全消失，因此只通过水分活度来抑制酶活性的难度很大。水分减少时，酶的活性也会下降，然而酶和基质的浓度却同时增加，反应也随之加速。因此，在低水分的淡水鱼干制品中，特别是吸湿后，酶催化反应仍会缓慢进行，从而使淡水鱼干制品的品质劣化。酶在湿热条件下易于钝化，因此为控制淡水鱼干制品中酶的活性，有必要在干制前对淡水鱼进行湿热或化学钝化处理，以达到使酶失活的目的。例如，在湿热条件下，100℃的热处理在瞬间即能破坏酶的活性，但在干热条件下难于钝化，即使经 200℃ 左右的高温热处理，钝化效果也极其微小。为了鉴定干制食品中残留的酶活性，可用接触酶或过氧化物酶作为指示酶。

6.2　干　制　技　术

干制技术可降低淡水鱼的水分活度，脱除淡水鱼的部分水分，达到抑制微生物生长繁殖的目的，有利于生产和长期保存淡水鱼产品。除了普通日晒和热风干燥这些传统的干制技术，近年来涌现出了各种新型的干燥方式，如真空冷冻干燥、真空干燥、冷风干燥、微波干燥和红外干燥等。目前，为提高淡水鱼的营养价值、降低能耗，又出现了很多其他新型干制技术，如热泵干燥、高压电场干燥、超临界 CO_2 干燥、联合干燥等。为了充分提高淡水鱼干制品的出品率和风味质量，经常将几种干制技术联合使用。通过干制技术进行脱水处理，不仅能节省包装和运输费用，还可有效防止或延缓产品品质劣变，最大限度地保留淡水鱼特有的风味和质地。

6.2.1　自然干燥（日光干燥法）

自然干燥法是指利用太阳辐射热和风力对淡水鱼进行干燥。淡水鱼获得来自太阳的辐射能，温度随之上升，内部水分因受热向表面的周围介质蒸发，在其表面附近（界面）的空气中，水蒸气处于饱和状态，与周围空气形成水蒸气分压差和温度差，于是在自然对流循环中促使鱼体或鱼块中的水分不断向空气中蒸发，直到鱼肉中的水分含量降低到与空气温度及相对湿度相适应的平衡状态为止。在利用自然干燥法干燥的过程中，太阳辐射热促进淡水鱼的水分蒸发，而且风力把淡水鱼周围的水蒸气不断带走而达到干燥目的。

晒干是指将淡水鱼放置在阳光直射和通风良好的地方，温度较高、干燥速度较快，但是易造成脂肪氧化和蛋白质变性。风干是指在无太阳光直接照射的情况下，主要利用风力使空气不断掠过淡水鱼周围，带走淡水鱼蒸发的水分，并补充水分蒸发所需要的热量，从而达到干燥目的。风干温度较低，无直接阳光照射，淡水鱼干制品质量较好。

自然干燥具有方法简便、设备简单、节约能耗、生产费用低、可就地加工等特点。但自然干燥易受气候条件的限制，存在不少难以控制的因素（如温度和风速等），因此难以获得高品质和质量稳定的产品。同时，自然干燥需要有大面积晒场和大量的劳动力，劳动生产率极低；自然干燥还易遭受灰尘、杂质、虫害等的污染，以及鸟类、啮齿类动物的侵袭，既不卫生，又有损耗。此外，紫外线的作用会促进脂肪的氧化，因此有些脂肪含量较高的淡水鱼产品不宜采用自然干燥，且自然干燥对维生素类物质的破坏比较大。陈小雷等（2019）采用不同干燥方式对封鳊鱼进行了干燥，发现在自然干燥的条件下，封鳊鱼干燥速度低、鱼肉复水率差、氧化最严重、腐败程度较高，但弹性和咀嚼性较好。目前，为了更好地利用太阳能资源，已出现了将自然干燥与人工干燥相结合的干燥方法。

6.2.2　人工干燥

新鲜淡水鱼的水分含量为 75%～90%，其中 10%～20% 是难以干燥的结合水。由于肌肉组织具有非均一性，又受到所含脂肪、浸出物以及鱼皮等的影响，是复杂的干燥对象，需要用到多种干燥方法。目前，人工干燥法很多，主要包括热风干燥、冷风干燥、真空干燥、辐射干燥、冷冻干燥等，这些干燥方法各有特点。

1. 热风干燥

热风干燥是基于传质传热的原理，利用热源提供热量，通过风机将热风吹入烘箱或干燥仓内，并将热量从干燥介质传递到淡水鱼片（鱼块），使鱼片（鱼块）表面水分受热汽化为水蒸气，扩散到周围空气中。当鱼体表面水分含量低于内部，并形成水分梯度时，内部水分便向表面扩散，直至鱼片（鱼块）中的水分含量下降到一定程度。与此同时，鱼片（鱼块）表面温度在受热后高于鱼片（鱼块）中心而形成温度梯度，促使水分从中心向表面传递。在干燥过程中，传质和传热同时发生，方向相反，但密切相关。热风干燥是由外向内逐渐将鱼片（鱼块）加热，因此必须建立和保持一定的温度梯度才能保证水分由内向外扩散。热风温度是影响干燥速度的主要因素，如果热风温度过高，会产生表面干燥效应，即在淡水鱼体表面形成硬壳，内部水分难以扩散。热风干燥机由换热器、热风系统、干燥机和干燥仓等组成（图 6.2）。由蒸汽、烟道气等在换热器加热空气，通过热风系统送入干燥室使物质干燥，在适当调节温度、湿度后，加热空气可循环使用，节省了能源。常用的干燥器设备主要是利用蒸汽和烟道气加热的箱式或隧道式热风干燥机（图6.3），一般淡水鱼制品干燥的风温为40～60℃。热风干燥具有操作简单易行、物料处理量大和成本低等优点，可大规模连续化生产，干制速度快，产品质量易控制。但淡水鱼体加热时由外向内进行热传导，传热和传质方向相反，导致产品干燥速度慢、品质低。

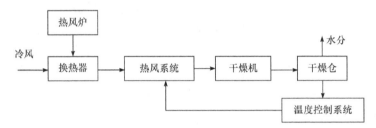

图6.2　热风干燥机组成（于蒙杰，2013）

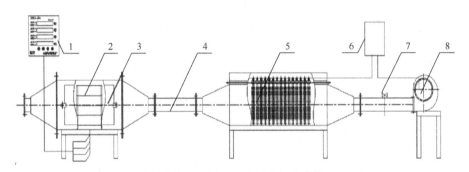

图6.3　隧道式热风干燥机示意图（师建芳等，2013）

1-测温仪；2-料盘；3-隧道式热风干燥段；4-热风管道；5-电加热管；6-电控柜；7-风量调节阀；8-风机

段振华等（2004）分别采用40℃、50℃和60℃三种温度对鳙鱼片进行干燥，热风风速为1.5m/s，研究了鳙鱼的热风干燥规律，发现热风温度对鳙鱼片失水速度的影响较大，即温度越高，干燥速度越快。在60℃时，达到平衡所需要的干燥总时间比50℃时缩短了5h左右，而50℃时的干燥时间与40℃相比缩短了3h左右。

2. 冷风干燥

为避免热风干燥过程中温度过高对淡水鱼干制品的品质造成不良影响，可用冷风代替热风进行干燥，即在低温、低湿、高风速的环境下，利用冷却除湿器使空气中的水分冷却、凝结并除去，以低湿空气循环通过被干燥的鱼片（鱼块），达到干燥目的，该方法称为冷风干燥法。

高瑞昌等（2014）研究了鲢鱼冷风干燥过程中游离脂肪酸的变化规律，发现鲢鱼在腌制、冷风干燥过程中，TBARs值逐渐增大，总脂肪含量则逐渐降低，饱和脂肪酸含量显著增加，不饱和脂肪酸含量减少。并且，随着干燥时间的延长，产生了甲氧基、乙氧基类物质、吡啶、嘧啶及环状化合物等。冷风干燥能够减少蛋白质的热变和脂肪氧化、防止色变，较好地保持淡水鱼的微观结构、外观和品质等，高蛋白质的淡水鱼类较适合使用该方法。同样，冷风干燥的干燥温度低，不易出现脂肪氧化和美拉德反应引起的褐变，因此也适合于小型多脂淡水鱼的干燥，并且干制产品的色泽良好。

陈小雷等（2019）以封鳊鱼为试验原料，研究干燥方式（自然、冷风、冷冻、冷风-热风联合和热泵）对封鳊鱼品质的影响，发现冷风干燥的干燥速度低，但鱼肉复水率较高（仅低于冷冻干燥），氧化和腐败程度也仅高于冷冻干燥，且弹性和咀嚼性最好。

3. 真空干燥

在淡水鱼干制品加工过程中，真空干燥是指将被干燥鱼片（鱼块）放置在密闭的干燥室内，用真空系统抽真空的同时对被干燥鱼片（鱼块）不断加热，使内部的水分通过压力差或浓度差扩散到表面，水分子在表面获得足够的动能，克服分子间的吸引力，逃逸到真空室的低压空气中，从而被真空泵抽走。常见的两种真空干燥机加热系统方案见图 6.4。真空干燥技术的优势在于干燥温度低、避免过热；水分容易蒸发，干燥速度快，传热均匀；同时使鱼片（鱼块）形成膨化多孔组织，产品的溶解性、复水性、色泽和口感均较好，较好地保留了产品的风味和营养成分；节能并提高产品品质。

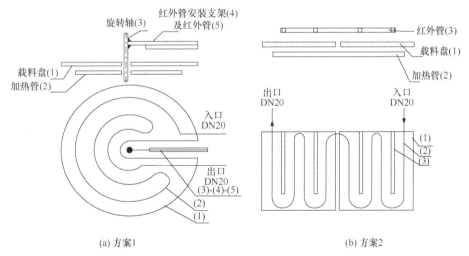

(a) 方案1　　　　　　　　　　　　(b) 方案2

图 6.4　真空干燥机加热系统方案（张秦权，2013）

庞文燕等（2013）以青鱼片为试验对象，研究了冰温真空干燥、热风干燥和真空冷冻干燥对其鲜度的影响，结果表明，经冰温真空干燥的青鱼片的 5′-肌苷酸二钠含量显著上升，均为新鲜鱼片的 2 倍。目前，国内外有关淡水鱼的真空干燥的研究大部分是与微波干燥相结合，通过联合干燥技术实现干燥优化。

4. 辐射干燥

辐射干燥是指用红外线、微波、高频电场等为能源直接向淡水鱼鱼片（鱼块）传递能量，使淡水鱼鱼片（鱼块）内外部受热。射线具有极强的穿透力，能杀灭淡水鱼干制品中的沙门氏菌、大肠杆菌、金黄色葡萄球菌、副溶血弧菌、志贺氏菌等肠道病原菌及其他寄生虫，保持淡水鱼的食用价值和商品价值。辐射干燥具有无温度梯度、加热速度快，热效率高、加热均匀，不受物料形状限制、获得的干制品质量高、射线穿透力强、安全防护性好、无残留、能保持风味和品质等优点。根据电磁波的频率，可将其分为红外干燥和微波干燥。

1）红外干燥

红外干燥与微波干燥都是通过淡水鱼鱼片（鱼块）内部发生摩擦产生热量、促使水分汽化来进行干燥，但是二者引起摩擦产热的原理却不尽相同。微波干燥是通过高频电磁波射入淡水鱼，并与内部极性分子（如水等）同频率高速旋转引起摩擦，且因高温而瞬间产热。红外干燥则是在辐射源发射频率和淡水鱼中分子运动的固有频率相匹配时，才会引起淡水鱼鱼片（鱼块）内分子的强烈振动（共振）进行摩擦产热，利用红外线作为热源，直接照射到淡水鱼鱼片（鱼块）上，使其温度升高，引起水分蒸发而获得干制品。红外线因波长不同可分为近红外线、中红外线和远红外线三类，但它们加热干燥的原理一样，都是红外线被淡水鱼鱼片（鱼块）吸收后，引起淡水鱼鱼片（鱼块）内分子和原子的振动和转动，使电能转变成为热能，水分吸热而蒸发。

虽然红外干燥装置形式有多种（图 6.5 和图 6.6），但差别主要表现在红外线辐

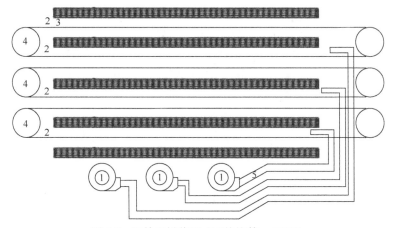

图 6.5　红外干燥装置（王艳艳等，2017）
1-鼓风机；2-远红外源；3-干燥室；4-传送带；5-鼓风管

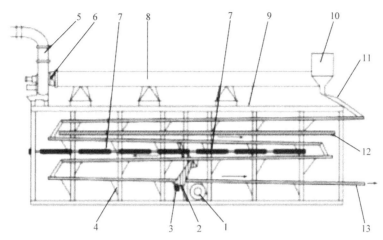

图 6.6   振动式远红外干燥装置（王艳艳等，2017）

1-电机；2-扭轮传动机器；3-偏心振动装置；4-弹簧板；5-蝶阀；6-风机；7-辐射元件；

8-排风管；9-储槽；10-加料斗；11-喂料机；12-升降装置；13-出料口

射元件上。红外线辐射元件有两种常见形式，即灯泡式辐射器和金属或陶瓷式辐射器。

红外干燥与热风干燥不同，产生的热能会使淡水鱼鱼片（鱼块）内部温度高于表面，热量的扩散方向为由内及外，水分的扩散方向与热量保持一致，从而加快了干燥的进程。红外干燥装置的主要特点是干燥速度快、加热相对均匀、干燥质量好、能量利用率和生产效率高，干燥时间仅为热风干燥的 10%～20%，从而引起了国内外许多研究者的广泛关注。

吴娟等（2011）通过研究远红外辅助热泵干燥鱼片工艺，得到保持鳙鱼片结构、色泽和感官品质的较佳工艺条件为风速 0.6m/s、远红外加热功率 2000W、干燥温度 35℃。此外，可以将红外干燥与其他干燥技术结合，充分发挥各种干燥方法的优势，使得干燥速度达到最大化。结合微波干燥可以将淡水鱼内部水分迅速外排：微波干燥时，水分会聚积在表面不易干燥，而红外干燥恰好具有迅速排出物料表面水分的优势，二者取长补短，提高了干燥效率。影响红外干燥速度的主要因素是淡水鱼鱼片（鱼块）的性质（厚度、体积大小）和功率，单位面积的能量随功率增大而升高，被作用的水分子就越多，干燥进程越快。虽然红外干燥具有加热效率快的优势，但是只适合于薄层干燥，所以其生产效率低、生产成本高，应用范围受到了限制。

2）微波干燥

微波干燥的原理：淡水鱼鱼片（鱼块）水分子（偶极子）在电场方向迅速交替改变的情况下，因运动摩擦而产生热量，水分蒸发去除。根据德拜理论，介质中的偶极子在没有外加电场的情况下，因布朗运动的取向杂乱无章，总偶极矩为零。有外加电场后，偶极子将克服周围偶极子的摩擦阻力而呈外加电场方向的取向。由于外加电场是微波产生的，电场方向将发生周期性的改变。在微波频率区间内，偶极子极化强度的变化将滞后于电场强度的变化，因此一部分电能将用于克服偶极子间的摩擦而转变成热量。这种现象也称作介质的松弛损耗，是微波加热的本质。外加电场的变化频率越高，偶极子摆动越快，产生的热量越多；外加电场越强，偶极子的振幅越大，由此产生的热量也就越大（图6.7）。

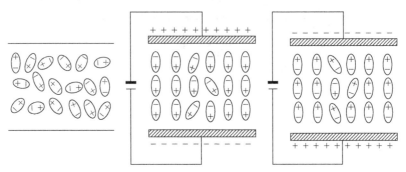

图6.7　电磁场中的介质被极化（王也等，2016）

微波电磁场会对淡水鱼鱼片（鱼块）产生两方面的效果：一是微波能转化为淡水鱼鱼片（鱼块）升温的热能，对淡水鱼加热；二是与淡水鱼鱼片（鱼块）中生物活性组成部分（如蛋白质酶）或混合物（如霉菌、细菌等）相互作用，使它们的生物活性得到抑制或激励。前者称为微波对淡水鱼的加热效应，后者称为非热用效应。微波干燥器主要由直流电源、微波发生器、微波干燥室、冷却系统等组成（图6.8）。其中，微波加热器（干燥室）是关键设备。微波与淡水鱼鱼片（鱼块）直接作用，将高频电磁波转化为热能，可使淡水鱼鱼片（鱼块）内外同时加

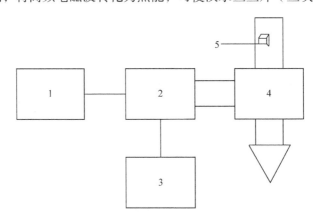

图6.8　微波干燥设备示意图（王艳艳等，2017）
1-直流电源；2-微波发生器；3-冷却系统；4-微波干燥室；5-被加热干燥物料

热，具有加热速度快、加热均匀、选择性好、干燥时间短、便于控制和能源利用率高等优点，能够较好地保持淡水鱼的色、香、味和营养物质，在干燥的同时兼有杀菌的作用，有利于延长产品的保存期。缺点是微波的分布不够均匀，容易出现淡水鱼干制品边缘或尖角部分焦化，以及由于过热引起的烧伤现象，且干燥终点不易判别，容易产生过度干燥。此外，微波干燥的传质速率不易控制，容易破坏淡水鱼干制品的微观结构等。因此，微波干燥的发展趋势是与真空干燥、热风干燥或热泵干燥等相结合。

目前，微波干燥已经应用于白鲢制品、鳙鱼片、海带等产品的干燥中。裴志胜等（2008）在测定微波干燥鳙鱼片收缩率方法的研究中发现，当微波功率增大，干燥时间相同时，鳙鱼片的最终体积会变小。吕顺研究了微波干燥法加工草鱼松的工艺条件，通过优化微波干燥技术的干燥功率、干燥时间，制得水分含量为 15%、蛋白质含量为 51.8%、脂肪含量为 8.7%、灰分含量为 1.1% 的草鱼松。

5. 冷冻干燥

冷冻干燥也称为升华干燥，利用冰晶升华的原理，在高度真空的环境下，将已冻结的淡水鱼鱼片（鱼块）的水分不经过冰的融化直接从冰固态升华为蒸汽。冷冻干燥是一个传热、传质同时进行的过程，升华干燥中的传热驱动力为热源与升华界面之间的温差，而传质驱动力为升华界面与蒸汽捕集器之间的蒸汽压差。淡水鱼冷冻干燥法有两种：一种是利用天然和人工低温，使淡水鱼组织中的水分冻结后再从组织中流出，以达到脱水的目的，这种方法的特点是易使淡水鱼干制品组织中的水溶性物质和水分一起流失，形成多孔性结构；另一种是真空冷冻干燥，又称升华干燥，是将淡水鱼鱼片（鱼块）冻结到共晶点温度以下，使水分凝固成冰，在真空条件下，通过升华除去淡水鱼鱼片（鱼块）中水分的一种干制方法。由于淡水鱼处于低压和低温下，能消除热损伤，对热敏性成分的影响小，淡水鱼干制品的组织结构保持良好，可最大限度地保持淡水鱼原有的色香味，获得良好品质的产品。

邹兴华等（2005）利用冷冻干燥方法获得了干制银鱼，结果显示冻干银鱼肉的色泽、形状、气味、滋味均能保持良好，鱼的复水性也很好，在浸水煮熟后，其外观、稠度和气味同煮熟的冻藏银鱼相比没有明显差异。冷冻干燥技术现已应用于虾仁、干贝、海参、鱿鱼、甲鱼和海蜇等干制品的加工中，但设备昂贵、工艺周期长、操作费用高。为降低操作费用，可以将冷冻干燥与其他干燥方式，如热风干燥、微波干燥等结合起来，既能使产品拥有令消费者满意的感官品质，又可获得较好的经济效益。

冷冻干燥装置的类型主要分间歇式、连续式和半连续式三类，其中在食品工业中以间歇式和半连续式的装置应用最为广泛。冷冻干燥的工艺条件为低温、低压，与其他干燥方法相比具有独特的优点：干制品营养成分损耗较少；结构、质地和风味变化很小；色泽、形状和外观变化极小；保持了淡水鱼原有的新鲜度和营养价值；脱水彻底，质量轻；淡水鱼制品具有海绵多孔性结构，复水性极佳。冷冻干燥方法也有缺点：由于操作是在高真空和低温下进行，需要有一整套真空获得设备和制冷设备，初期投资费用和操作费用都较高，因而生产成本高。为了提高干燥效率，一般要求将淡水鱼切割成小型块片，对于多孔性干制品，还需要特殊包装，以免回潮和氧化。

6. 其他新型干燥技术

1）热泵干燥技术

热泵干燥技术，是一种节能、环保技术，其密闭、低氧、低温的工作环境，有利于淡水鱼干制品的色、香、味、形和营养成分等品质的保持，是于 20 世纪 70 年代末、80 年代初发展起来的一种新型干燥技术。热泵干燥采用逆卡诺原理，利用热泵从低温热源吸收热量，将其在较高温度下释放，吸收空气的热量并将其转移到烘干房内，提高烘干房的温度，并配合相应的设备实现淡水鱼的干燥。热泵干燥机由制热系统和制冷系统两个循环组成，由压缩机-换热器（内机）-节流器-吸热器（外机）-压缩机等装置构成一个循环系统（图 6.9）。热泵干燥的优点：在封闭系统中干燥，在干燥过程中，循环空气的温度、湿度可得到精确、有效的控制，且温度调节范围较宽，适合于热敏性物料的干燥；干燥产品品质好，是一种温和的干燥方式，表面水分的蒸发速度与内部水分向表面迁移的速度比较接近，可

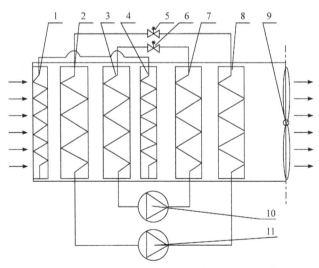

图 6.9　回热性多级除湿热泵干燥装置示意图（刘卫华等，2011）

1-空气回热器热端；2-高温蒸发器；3-低温蒸发器；4-空气回热器冷端；5、6-膨胀阀；
7-低温冷凝器；8-高温冷凝器；9-风机；10、11-压缩机

以避免淡水鱼中不饱和脂肪酸的氧化和表面发黄，减少蛋白质受热变性、物料变形、色香味的损失等；效果与真空干燥类似，环境污染小，节能效果明显，是一种节能型干燥技术。

苏丽等对鲢鱼热泵干制过程中的挥发性风味物质进行分析、鉴定，研究了干燥前后的挥发性风味物质的变化，发现在干燥过程中，鲢鱼的特征风味物质种类和含量变化较为明显，且多与酶类，特别是脂氧合酶有关。热泵干燥方法操作方便、控制简单，同时还具有干制均匀和节约能源的优点。热泵干燥方法对高蛋白质鱼类原料的适应性强，可进一步提高淡水鱼干制品的附加值，并可通过降低设备制造成本来降低售价，适用于不同规模的淡水鱼干制品加工企业。目前，热泵干燥技术已经应用于罗非鱼、竹荚鱼等产品的干燥工艺中。

2）高压电场干燥技术

日本科学家浅川勇吉于 1976 年发现了"浅川效应"，即在高压电场下，水的蒸发变得非常活跃，施加电压后水的蒸发速度加快，并认为电场消耗的能量很小。与常规干燥方式相比，高压电场干燥技术是一种新的干燥机制，它依靠高压电场与被干燥淡水鱼片（鱼块）及所含水分的接触，而不是与电板直接接触。

高压电场干燥技术解决了热敏性物质的干燥问题，被干燥的淡水鱼片（鱼块）不经升温，就能够实现在较低温度范围（25～40℃）的干燥，避免不饱和脂肪酸的氧化和表面发黄现象的产生，降低蛋白质受热变性程度并减少呈味类物质的损失；设备的制造成本低；运行费用低且操作简单；具有节约能源、无污染等特点。白亚乡等（2008）采用热风干燥和不同强度的高压电场在同一温度下对斑鳜鱼块进行了干燥试验，结果显示，高压电场能够提高斑鳜鱼的干燥速度，在同一温度下，干燥电压越高，干燥速度越快。与热风干燥相比，经高压电场干燥的斑鳜鱼的收缩率小于 3.44%、复水率高于 3.85%、色泽、平整度等感官品质也较优。

高压电场干燥设备主要由控制系统、高压发生装置和干燥室系统组成（图 6.10）。

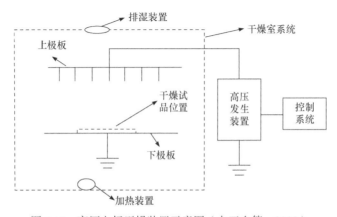

图 6.10　高压电场干燥装置示意图（白亚乡等，2008）

在控制系统的控制下，由外接电源给高压发生装置供电，高压发生装置则在干燥室内产生稳定、持续的高压电场，干燥室内的上下极板分别与高压发生装置的正极和负极连接（或接地），在干燥室内设置有电场强度检测系统，由控制系统根据工况要求调整电场强度。高压电场干燥不升高温度且效率高，是热风干燥的可行替代方式，尤其适用于热敏材料。

3）超临界 CO_2 干燥

超临界 CO_2 干燥是指在高于 CO_2 临界温度和临界压力下进行干燥。超临界 CO_2 干燥技术在材料和医药领域已经有了广泛应用，并实现了产业化，但在食品工业中的应用刚刚起步。超临界 CO_2 干燥系统主要由 CO_2 钢瓶、干燥室、干燥剂反应室、循环泵等组成（图6.11）。超临界 CO_2 干燥淡水鱼过程通常分为五个步骤：第一步，将被干燥淡水鱼片（鱼块）置于干燥室中密封，向干燥室中通入干燥的 CO_2，先打开排气阀，排出干燥系统内的空气；第二步，升温升压使 CO_2 达到超临界状态，并使干燥系统维持在某一恒定的温度和压力；第三步，超临界 CO_2 干燥过程开始，超临界 CO_2 与淡水鱼片（鱼块）充分接触，甚至渗透入组织细胞内，不断携带淡水鱼片（鱼块）中的水分从干燥室进入干燥剂反应室，降低干燥剂反应室中的温度或压力，使水分与 CO_2 分离，干燥剂吸附超临界 CO_2 携带过来的水分，使 CO_2 恢复干燥状态；第四步，干燥的 CO_2 通过循环泵再次进入干燥室循环利用；第五步，当干燥结束时，缓慢卸压和降温，将淡水鱼干制品从干燥室中取出即可，干燥剂可通过热风干燥进行再生利用。其中，温控系统可采用夹套水循环加热或者电加热。在超临界 CO_2 干燥淡水鱼的过程中，需要注意以下几点：使用的 CO_2 必须是干燥的；升压和卸压过程要缓慢，避免强气流破坏淡水鱼组织结构形态；

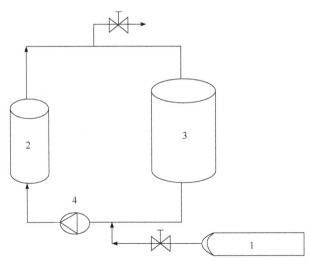

图6.11 超临界 CO_2 干燥系统（刘书成等，2012）

1-CO_2 钢瓶；2-干燥室；3-干燥剂反应室；4-循环泵

在 CO_2 达到超临界状态后，要维持一段时间，保证超临界 CO_2 与淡水鱼的充分接触。

刘书成等（2012）为了探讨超临界 CO_2 干燥罗非鱼的机理，建立了超临界 CO_2 干燥罗非鱼片的传质数学模型，通过 Matlab 软件对干燥过程进行了数值模拟，分析了干燥室内超临界 CO_2 中的溶质质量分数和罗非鱼片中的溶质质量分数随干燥时间和干燥床高度的变化规律，揭示溶质在超临界 CO_2 干燥过程中的传质模式。在超临界 CO_2 干燥罗非鱼片的过程中，溶质传质主要以对流扩散为主，而以轴向扩散为辅。

与其他干燥方法相比，超临界 CO_2 干燥淡水鱼技术具有以下显著的优势：干燥过程属于萃取干燥，在脱除水分或其他溶剂的过程中，由于重新建立了 CO_2 与水分的相平衡关系，可以将残存的水分最大限度地移出；超临界条件下，CO_2 的气液界面消失，不存在表面张力，淡水鱼干制品不存在因毛细管表面张力作用而导致的微观结构的改变（如孔道的塌陷等）；超临界 CO_2 具有良好的扩散能力，可以较快地扩散到淡水鱼内部，萃取淡水鱼中的水分；萃取干燥过程仅需几个小时，大大缩短了干燥周期。干燥温度较低，而且在 CO_2 气体笼罩的暗环境下进行，可有效地防止对热、氧、光等敏感物质的氧化和逸散，最大限度地保留淡水鱼的营养成分；干燥过程不使用有毒的有机溶剂，产品中不存在溶剂残留，也防止了干燥过程对人体的毒害和对环境的污染；CO_2 是一种惰性气体，在干燥过程中不发生化学反应，且属于不燃性气体，无味、无臭、无毒，安全性好；CO_2 纯度高、廉价、来源广泛，且在生产过程中可循环使用，从而降低成本。综上，将超临界 CO_2 用于干燥淡水鱼，对淡水鱼的营养成分和微观结构具有很好的保护作用，不仅可以实现快速干燥，而且可以保持其良好的产品品质。

7. 联合干燥

各种干燥技术既有各自的优点，又有不同的局限性。因此，在不断完善各种干燥技术自身技术方法和设备的同时，可根据淡水鱼的特点，将两种或两种以上的干燥方法进行优势互补，分阶段或同时进行联合干燥，这已经成为淡水鱼干燥技术发展的新趋势，这种干燥方法称为联合干燥或组合干燥。这样不仅可以改善淡水鱼干制品的质量，同时又能提高干燥速度、节约能源，尤其对热敏性物料最为适用。在淡水鱼干制品加工中，主要的联合干燥方式有热泵-微波真空联合干燥、热风-微波联合干燥、微波-真空冷冻联合干燥、热泵-热风联合干燥等。但是由于淡水鱼种类繁多，不同种类的组织状态相差很大，联合干燥工艺并非固定不变，工艺参数及干燥转换点的确定、干燥过程的数学模型与工程化问题还需要进行大量的实验工作。

1）微波-真空联合干燥

鉴于微波的加热特性，对低水分含量（20%以下）淡水鱼原料的干燥非常适用，此时水分迁移率低，但易排除淡水鱼内部的水分。在淡水鱼水分含量较高的情况下，应用微波加热反而容易出现淡水鱼过热的问题，会对淡水鱼干制品的质量造成不良影响。由于微波干燥的局限性，利用微波-真空联合干燥方式对淡水鱼进行干燥是一种有效的方法，即利用微波辐射作为加热源在真空条件下进行加热而使淡水鱼鱼片（鱼块）脱水。真空干燥可有效地排除淡水鱼鱼片（鱼块）表面的自由水分，而微波干燥可有效地排除其内部水分，两种方法相结合，可发挥各自的优点，不但可以提高产品的干燥效率，而且可以显著提高经济效益。微波-真空干燥设备示意图见图6.12。微波-真空干燥设备结构组成示意图见图6.13。

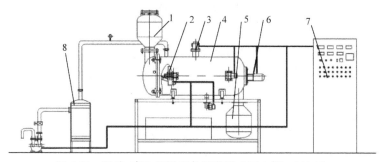

图6.12 微波-真空干燥设备示意图（王也等，2016）

1-进料系统；2-输送系统；3-微波系统；4-真空干燥室；5-出料系统；6-输送电动机；7-控制系统；8-真空系统

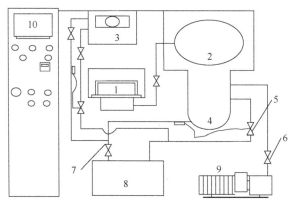

图6.13 微波-真空干燥设备结构组成示意图（王也等，2016）

1-微波冻干仓；2-红外冻干仓；3-速冻仓；4-冷阱；5-热力膨胀阀；6-隔膜阀；
7-截止阀；8-压缩机；9-真空泵；10-控制系统

　　微波-真空联合干燥技术的加工温度低、干燥速度快，并与干燥氧气隔绝，营养成分损失率低、脱水效率高，因此对含水率较高的淡水鱼原料进行脱水加工时，可以较好地解决微波加热不均及鱼片口感欠佳问题。微波-真空联合干燥技术充分利用了微波加热的迅速、高效、可控性好、安全卫生等优点。同时，真空所创造的环境低压降低了水的沸点，这不仅提高了热效率，还可以防止鱼片因局部过热而出现焦黑点,同时可以提高鱼片的膨化率,改善鱼片质构,克服了传统干燥过程中因表皮干燥使水分迁移速率降低的难题,这对降速干燥阶段较长的水产品的干燥尤为重要。Zhang 等(2007)用微波-真空联合干燥工艺加工了香脆鳙鱼片,在 50℃热风中干燥 3.5h,微波输出功率选择为(686±3.5)W,在 0.095MPa 真空度下微波加热 12s,保持平衡 1min 再加热 10s,鱼片的酥脆度显著提高,并且也提高了微波加热的能源效率,明显减少了成品表面的焦斑现象。

2)热泵-微波联合干燥

淡水鱼的传统干燥方式有日光干燥和热风干燥,其中日光干燥不需要特殊设备,因而干燥成本低,但是受自然条件的限制,其干燥效率低且卫生条件难以保证。热风干燥过程中温度较高,淡水鱼中的热敏成分和各种活性物质会因长时间与氧气接触而被破坏,甚至有些淡水鱼类会发生褐变反应,使得淡水鱼干制品的品质下降。真空冷冻干燥技术是现有技术中能够最大限度地保留淡水鱼原有品质的干燥技术,但是其一次性投资巨大,设备维护成本高,因而很难大规模推广。采用热泵-微波联合干燥技术能够降低淡水鱼的干燥成本,缩短干燥时间,并能相应地提高干制品的品质。

热泵-微波联合干燥有两种方式:一是先进行热泵干燥,由于在热泵干燥接近终点时的干燥效率最低,此时再采用微波进行干燥,可使淡水鱼鱼片(鱼块)内部水分迅速脱除,从而大大提高干燥效率;二是先用微波对淡水鱼鱼片(鱼块)进行预热,再利用热泵进行干燥。热泵-微波联合干燥过程的影响因素有热泵干燥温度、热泵干燥介质流速、微波干燥功率、微波干燥时间和热泵-微波联合干燥的转换点等,通过对这些参数进行研究,可以在较低的能耗比和较短的干燥时间下对淡水鱼干制品的品质进行提高和改善。但是其中的不确定因素仍然存在:首先,不同淡水鱼类的组织结构有差异,因而最佳的转换点不容易确定;其次,在实际干燥过程中,不同淡水鱼类的理论模型相差很大,需进行大量的试验去完善实际理论模型;最后,淡水鱼中多含有维生素、矿物质、生物活性物质等,因此联合干燥结束时,干制品中含有的各种营养物质含量变化情况还有待检测。

关志强等(2012)采用响应面分析法优化了罗非鱼片热泵-微波联合干燥工艺参数,优化参数如下:热泵干燥温度为 34.3℃、转换点含水率为 42.1%、微波功率为 131.7W,这样得到的能耗最小;优化参数如下:热泵干燥温度为 33.9℃、转换点含水率为 30%、微波功率为 201.4W,这样能够得到最大的复水率。

3)热风-冷冻联合干燥

热风干燥通过热空气将热量传递给淡水鱼片(鱼块),将淡水鱼片(鱼块)表面的水分带走,广泛用于淡水鱼干燥,但干燥后的产品品质差,干燥效率低,一直是热风干燥难以解决的问题之一。经热风-冷冻联合干燥得到的淡水鱼干制品的受破坏程度相对较低,质量接近单一的冷冻干燥产品,干燥时间和能耗比单一的冷冻干燥减少了 50%，因此应用前景广阔。徐艳阳等（2005）分别对草莓和毛竹笋进行了热风-冷冻联合干燥试验，发现得到的产品在感官和复水率等方面要明显优于单一热风干燥。Donsi 等（1998）采用热风-冷冻联合干燥方法，首先将果蔬进行热风干燥，然后进行冷冻干燥直到完全脱水，得出结论：冷冻干燥之前进行热风干燥的预处理可以明显减少干燥时间，降低能耗，同时得到的果蔬品质接近单一的冷冻干燥。

4）真空-冷冻联合干燥

真空-冷冻联合干燥的原理是基于水的三相变化。水的相平衡图（图 6.14）由三条曲线构成，OS 线为升华线，它是冰与水蒸气两相的平衡线；OK 线为汽化线，它是水和水蒸气的平衡曲线，即水在不同温度下的蒸气压曲线；OL 线为凝固线，它是水和冰的平衡线。OS、OK、OL 三条曲线的交点称为气、液、固共存的三相点，三相点的温度为 0.01℃，压力为 610.5Pa，这三条曲线将纯水的相图分为三个相区：固相、液相和气相。

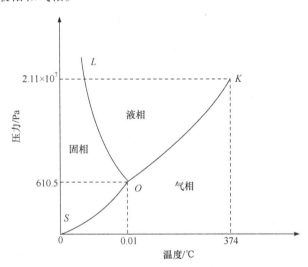

图 6.14　水的相平衡图（张丽文等，2017）

由图 6.14 可知，若将固态水在低于三相点" O "的 610.5Pa 压力下加热，水将不经过液态由固态冰而直接升华为气态。真空-冷冻联合干燥正是根据这个原理，将淡水鱼预冻至冰点以下，使淡水鱼中的水分变为固态冰，然后在较高的真空度下，冰直接升华为蒸汽而被除去，淡水鱼即被干燥。真空-冷冻联合干燥的相平衡温度低，且处于真空状态，因此具有其他干燥方法无可比拟的优点，能最大限度地保留淡水鱼的色泽、风味物质及维生素等营养成分；干燥后的产品可保持原有形状，维持原有固体框架结构；真空-冷冻联合干燥后的淡水鱼干制品复水性好，易于恢复原有的性质和形状；热量利用经济，可用常温或温度稍高的流体作为加热剂；但是真空及低温设备需要较高的能耗，产品生产成本高。

真空-冷冻联合干燥技术具有优势互补的原则，干燥产品品质好、生产耗能低。陈学玲等（2006）在武昌鱼真空冷冻升华干燥工艺的研究中发现，利用真空-冷冻联合干燥技术对武昌鱼进行保鲜加工，既保持了新鲜武昌鱼的风味，又提高了其营养价值。但目前真空-冷冻联合干燥技术仍处于工艺优化阶段，机理研究不足，而且缺乏相应的干燥设备，难以实现工业化生产。针对这些问题，应该加大对真空-冷冻联合干燥技术机理研究，为设计研究真空-冷冻联合干燥设备提供充分的理论支持。

6.3　淡水鱼干制品的品质劣变

在淡水鱼的干制过程中，受到干制因素，如干制温度、干制速度等的影响，淡水鱼干制品的品质会发生改变，有一些好的改变，如口感和风味改善；也有一些坏的改变，如吸湿、霉变、油烧、虫害等。

6.3.1　吸湿

将淡水鱼干制品置于空气相对湿度高于水分活度对应的相对湿度时会吸湿，反之会干燥。吸湿或干燥作用，持续到淡水鱼干制品的水分活度对应的相对湿度与环境空气的相对湿度相等为止。塑料薄膜对水蒸气有一定透过性，因此用塑料薄膜袋密封的淡水鱼干制品也会由于所处空气的相对湿度发生变化而吸湿或干燥。由于一年四季中，空气的相对湿度变化显著，淡水鱼干制品中水分的控制特别困难。在储藏中，必须尽可能使干制品周围的空气湿度与其水分活度对应的相对湿度接近，避免淡水鱼干制品周围空气湿度偏高并采用较低的储藏湿度。淡水鱼干制品在保存中如果发生干燥，质量会减轻，无法确保内容物的质量；淡水鱼干制品吸湿后，包装袋中的相对湿度会达到80%以上，容易引起发霉。

淡水鱼干制品的包装法有惰性气体封藏法和真空包装法。如果采用不能完全隔绝空气的包装，在储藏中，必须尽可能使淡水鱼干制品周围的空气湿度与其水分活度对应的相对湿度接近，避免淡水鱼干制品周围空气湿度偏高，并采用较低的储藏湿度。对于个体大、比表面积小、吸湿性较弱的淡水鱼干制品，以及个体小、比表面积大、吸湿性较强的淡水鱼干制品，必须采取不同的包装方法。

6.3.2　霉变

淡水鱼干制品的发霉一般是由于加工时干燥不够完全，或者是干燥完全的淡水鱼干制品在储藏过程中吸湿而引起的劣变现象。淡水鱼干制品易发霉，因为在干燥过程中并没有完全杀灭微生物和酶类，当淡水鱼干制品吸湿后，菌类又可以继续繁殖，从而引起褐变、褪色、产生异味、发花、发黏和发红等现象，严重地影响了淡水鱼干制品的质量并缩短保存期。防止霉变的方法和措施如下：对淡水鱼干制品的水分含量和水分活度建立严格的规格标准和检验制度，不符合规定的淡水鱼干制品不得包装进库；淡水鱼干制品应有较好的防潮条件，尽可能使仓库温度和湿度保持低而稳定，定期检查温度和湿度并记录库存制品的质量状况，及时翻晒和处理；应采用防潮性能较好的包装材料进行包装，必要时可放入除湿剂保存。

6.3.3 油烧

淡水鱼干制品的油烧是指淡水鱼干制品中的脂肪在空气中氧化，使其外观变为橙色或赤褐色。与陆生动物相比，淡水鱼类中的脂肪因不饱和程度高，易氧化。当淡水鱼类中的脂肪暴露在空气中时，即被氧化分解生成各种氧化物、醛类、酮类等复杂化合物，使制品产生特有的苦涩味和臭味，颜色变成橙色或赤褐色，影响制品的外观和食用质量。在脂肪含量高的淡水鱼干制品的中上层，油烧现象较为普遍，在脂肪多的腹部也易产生油烧而发黄。淡水鱼干制品的油烧是由鱼体脂肪与空气接触所引起的，但加工储藏过程中光和热的作用可以促进脂肪的氧化。因此，脂肪多的淡水鱼在日光干燥和烘干过程中容易氧化。

防止淡水鱼干制品在储藏过程中产生油烧变质的方法如下：尽可能避免干制品与空气接触，必要时应密封并充惰性气体（N_2、CO_2 等）包装，使包装内的含氧量达到 1%～2%；添加抗氧化剂或除氧剂一起密封，并在低温下保存。

6.3.4 虫害

淡水鱼干制品在干燥及储藏中容易受到苍蝇、蛀虫等的侵害。自然干燥初期，苍蝇可能在水分较多的鱼体上群集，传播腐败细菌和病原菌，而且在鱼肉的缝隙间和鱼鳃等处产卵，在较短时间内能形成蛆，显著地损害商品价值。要防止苍蝇的侵害，必须保持场地干燥并注意周围环境的清洁。使用杀虫剂时，必须注意不能让药剂直接接触到食品。

防止虫害的最有效方法是将淡水鱼干制品放在不适合害虫生活和活动的环境下储藏。例如，大多数的害虫在 10～15℃环境温度以下几乎会停止活动，所以冷藏十分有效。此外，害虫在没有氧气的条件下不能生存，因此对淡水鱼干制品采用真空包装并充入惰性气体密封也是十分有效的。

6.4 淡水鱼干制品

淡水鱼干制品是淡水鱼加工的一个主要产品类型，多以青鱼、草鱼等淡水鱼为原料，经干燥工艺，加工制成的不可直接食用的产品。这种加工方法的优点是操作比较简单，制品的保存期较长；缺点是不经漂洗处理的产品的味道太咸，而漂洗干制品的肉质干硬、复水性差、缺乏风味，且在长期储藏过程中易产生氧化酸败。淡水鱼干制品所含水分在 40%以下，适于较长期保存，通常干鱼体重为鲜品的 20%～40%，体积也较小，便于储藏运输。我国淡水鱼干制品的种类很多，大致可分为生干品、煮干品、盐干品、调味干制品四种。淡水鱼干制品作为一种传统特色水产食品有较大的消费市场。

6.4.1　生干品（银鱼干）

生干品又称淡干品，是指将原料水洗后，不经盐渍或煮熟处理而直接干燥的制品，原料通常采用体型小、肉质薄而易于干燥的淡水鱼。由于淡水鱼原料组织的成分、组织结构和性质变化较小，因此生干品的水溶性营养成分流失少，复水性较好，能保持原有品种的良好风味。但是，由于生干品没有经过盐渍和预煮处理，干燥前原料中的水分较多，在干燥风干的过程中容易腐败，并且在储藏过程中，内源酶易引起色泽和风味的变化。

1. 工艺流程

原料选择→预处理→明矾水浸泡→二次干燥→冷却→包装→成品。

2. 操作要点

1）原料选择及预处理

选择新鲜或冷冻的大银鱼为原料，要求鱼肉新鲜、无异味；将银鱼倒入预先盛好半桶清水的木桶中，加入食用油数滴，搅拌 2～3min，除去泡沫黏液。

2）明矾水浸泡

在空气潮湿时，银鱼出水后必须采用不同浓度的明矾水浸洗以防腐烂，还可加速晒干，但用明矾水处理会影响其质量，且降低出品率。在潮湿的条件下，明矾水的使用标准为能把银鱼黏液洗掉即可，而且鱼尾发白；在空气湿度较小时，明矾要少用或不用。

3）干燥

（1）第一次干燥。将用明矾水浸泡过的银鱼放置在晒鱼网架上，铺晒的厚度要薄且均匀，进行日晒 4～5d。

（2）第二次干燥。将经过第一次干燥后的银鱼放在水泥地上进行日晒，铺晒的厚度以第一次干燥晒干的程度而定。一般情况下，第一次干燥至 7～8 成，则铺晒 6～10cm。如果第一次干燥在 9 成以上，厚度可增加 5cm 左右，每隔 1h 要进行翻晒一次，直至完全干燥。

4）堆放冷却

将经过二次干燥的银鱼干搬移到仓库，进行冷却，待银鱼干上的热度完全散发后准备进行包装。

5）包装、储藏

将冷却好的银鱼干进行包装，包装时采用真空包装，成品在常温下的保存期为半年以上，在冷藏条件下可保存一年。

3. 质量评定

1）感官评价

体表洁净而干燥，具有银鱼干应有的色泽；肉质坚硬，形态基本完整，产品厚薄、大小基本一致；无杂质、无霉变；具有银鱼干正常的滋味、气味，无异味。

2）理化指标

水分含量≤25%，过氧化值≤0.6g/100g（以脂肪计），TVB-N值≤25mg/100g。

3）安全卫生指标

菌落总数≤3×10⁴CFU/g，大肠菌群≤10CFU/g，致病菌不得检出；铅＜5mg/kg，镉＜0.1mg/kg，甲基汞＜0.5mg/kg，无机砷＜2mg/kg，氟＜20mg/kg，铝＜100mg/kg。

4）操作规范参考标准

《食品安全管理体系水产品加工企业要求》（GB/T 27304—2008）、《水产食品加工企业良好操作规范》（GB 20941—2016）、《出口水产品质量安全控制规范》（GB/Z 21702—2008）、《水产品加工质量管理规范》（SC/T 3009—1999）。

5）产品质量参考标准

《食品安全国家标准 动物性水产制品》（GB 10136—2015）。

6.4.2 煮干品（淡煮鱼干）

煮干品又称熟干品，是由新鲜淡水鱼原料经煮熟后进行干燥获得的制品。经过加热，使淡水鱼的肌肉蛋白质凝固脱水，而且肌肉组织收缩疏松，水分在干燥过程中加速扩散，避免变质；加热还可以杀死细菌和破坏鱼体组织中酶类的活性。淡水鱼干制品具有较好的味道、色泽，食用方便，能较长时间地储藏，如草鱼干、小杂鱼干等。为了加速脱水，煮制时加3%～10%的食盐。煮干品的质量较好，耐储藏，食用方便，多为经济价值很高的制品。但是，淡水鱼原料经水煮后，部分可溶性物质溶解到煮汤中，会影响制品的营养、风味和出品率。干燥后的淡水鱼制品组织坚韧、复水性较差。煮干加工主要适用于体型小、肉厚、水分多、扩散蒸发慢和容易变质的小型淡水鱼。

1. 工艺流程

原料选择→预处理→水煮→出晒或烘干→包装→成品。

2. 操作要点

1）原料选择及预处理

选用鲜活的小型经济淡水鱼类，如小鲫鱼，用清水洗净鱼体上的黏液和污物，去除鱼鳞、鱼头、鱼尾、鱼鳍、内脏，在流动水下洗去鱼体表面的杂质和腹腔内的淤血异物，以保证产品的卫生和外观整洁。

2）水煮

取清洁的饮用水煮鱼，水与原料的质量比为 4∶1，并按照水的质量加入 5%～6% 的食盐。先把清洗干净的鱼投入烧沸的盐水锅中，煮沸 6min 左右，煮鱼过程中沿锅边缘不断地朝同一方向搅动鱼，并去掉水面上的浮沫。每一锅都要加适量的盐以保持盐水的浓度，煮 4 锅左右，水变得浑浊时，应及时换水。

3）出晒或烘干

将煮熟的鱼沥干水即可出晒。在潮湿的条件下，应薄摊于室内风干，切勿堆放，以免鱼体内部过热而变质。出晒时，把鱼摊在席或帘上，要适当翻动，使其迅速、均匀干燥，也可等熟鱼稍冷后将其摊放在烘车竹帘上，推进烘道进行干燥，烘道温度保持在 70～75℃为宜，时间为 2～3h。

4）包装、储藏

将干燥好的鱼过筛、分级，并根据鱼的大小和条形分级包装。可用小塑料袋定量包装，一般每袋为 0.5kg 或 1kg，最后装入大纸箱。成品应放置于清洁、干燥、阴凉通风的场所。

3. 质量评定

1）感官评价

体表洁净而干燥，具有鱼干应有的色泽；体表无盐霜，肉坚硬，形态基本完整；产品厚薄、大小基本一致；无碎屑、无虫害、无霉变；具有鱼干正常的滋味、气味，无油脂酸败等腐败气味和异味；无肉眼可见的外来杂质。

2）理化指标

水分含量≤25%，过氧化值≤0.6g/100g（以脂肪计），TVB-N 值≤25mg/100g。

3）安全卫生指标

菌落总数≤3×10⁴CFU/g，大肠菌群≤10CFU/g，致病菌不得检出；铅<1mg/kg，镉<0.1mg/kg，甲基汞<0.5mg/kg，无机砷<0.5mg/kg，铬<2mg/kg。

4）操作规范参考标准

《食品安全管理体系水产品加工企业要求》（GB/T 27304—2008）、《水产食品加工企业良好操作规范》（GB 20941—2016）、《出口水产品质量安全控制规范》（GB/Z 21702—2008）、《水产品加工质量管理规范》（SC/T 3009—1999）。

5）产品质量参考标准

《食品安全国家标准 动物性水产制品》（GB 10136—2015）。

6.4.3　盐干品（腌鱼干）

盐干品为经过腌制、漂洗，再进行干燥的制品，分为盐渍后直接干燥和经漂洗后再干燥两类，多用于不宜进行生干和煮干的大中型鱼类和不能及时进行生干和煮干的小杂鱼等的加工。为了便于食盐的渗透和加速干燥，一般将大型鱼体先剖开后再盐渍干燥。盐干品利用食盐和干燥的双重防腐作用，制品保存期较长。盐干品加工把腌制和干制两种工艺结合了起来，一方面，食盐在加工和储藏过程中起着防止腐败变质的作用；另一方面，食盐能使原料脱去部分水分，有利于干燥。盐干品的缺点是不经漂洗的制品味道太咸，肉质干硬，复水性差，易"油烧"。

1. 工艺流程

原料选择→预处理→腌制→脱水→包装→成品。

2. 操作要点

1）原料选择

选用鲜活的淡水鱼为原料，要求使用鱼体完整、气味正常、肌肉有弹性、新鲜度良好，未受污染区域养殖的活鱼，以 1.5～3kg 最适合。

2）预处理

将选择的新鲜原料鱼进行分级处理，然后用清水洗净鱼体上的黏液和污物，采用背剖、腹剖和腹边剖三种形式，除去鱼鳍、鱼骨、内脏及牙墩，再去除脊骨的血污及腹内的黑膜，将处理后的鱼体用清水清洗干净，等待盐腌处理。

3）腌制

根据鱼体大小确定用盐量，一般以鱼体质量的 15%～20%的食盐进行拌盐腌制，冬季和春季用量偏少，夏季和秋季用量偏多，将食盐擦敷在鱼体、鱼鳃、眼球等部位。腌制时，均匀撒盐，使鱼体各部位都有一层均匀的薄盐，相互之间没有黏着。4～5h 后，再加撒一层封口盐，加上鱼重 5%的重物压实。使鱼体浸入卤水，充分吸收盐分，脱除水分。加盐时，下层鱼体的加盐量较少，上层鱼体的加盐量较大，拌盐后腌 4～10d，应根据鱼体大小、不同地方的食用习惯等适当调整用盐量及腌制时间，盐腌过程中要防止微生物的大量繁殖及杂物的进入。

4）脱水

盐腌后用清水洗掉鱼体上的黏液、盐粒和脱落的鳞片，沥去水分，用细竹片将两扇鱼体和两鳃撑开，然后用细绳或铁丝穿在鱼的额骨上，吊挂起来或摆晒于干净晒场上。为防中午烈日曝晒，应以席片遮盖鱼体并经常翻动，直至晒干。

5）包装、储藏

要求密封避光、不漏气并进行真空或充氮包装，防止高度不饱和脂肪酸的脂肪氧化。

3. 质量评定

1）感官指标

体表洁净而干燥，具有鱼干应有的色泽，体表无霉点、无盐霜；鱼肉坚硬，形态基本完整，产品厚薄、大小基本一致；无虫害、杂质；具有鱼干正常的滋味、气味，无油脂酸败等腐败气味；具有产品应有的组织性状。

2）理化指标

水分含量≤25%，过氧化值≤0.6g/100g（以脂肪计），TVB-N 值≤30mg/100g。

3）安全卫生指标

菌落总数≤3×10⁴CFU/g，大肠菌群≤10CFU/g，致病菌不得检出；铅＜1mg/kg，镉＜0.1mg/kg，甲基汞＜0.5mg/kg，无机砷＜0.5mg/kg，铬＜2mg/kg。

4）操作规范参考标准

《食品安全管理体系水产品加工企业要求》（GB/T 27304—2008）、《水产食品加工企业良好操作规范》（GB 20941—2016）、《出口水产品质量安全控制规范》（GB/Z 21702—2008）、《水产品加工质量管理规范》（SC/T 3009—1999）。

5）产品质量参考标准

《食品安全国家标准 动物性水产制品》（GB 10136—2015）、《食品安全国家标准 腌腊肉制品》（GB 2730—2015）。

6.4.4　调味干制品

调味干制品指将原料进行调味和浸渍后干燥，或者先将原料干燥至半干后浸入调味料再干燥的制品，其特点是 A_w 低，耐保存，且风味、口感良好，可直接食用。调味干制品的原料一般可用鲜销不太受欢迎的低值鱼类，主要制品有调味鱼干片、卤鱼干、风味烤鱼、微波膨化鱼片、休闲鱼肉粒等。

1. 调味鱼干片

1）工艺流程

原料选择→预处理→剖片→漂洗→脱腥→调味→摊片→烘干→回潮→烤熟、拉松→冷却→包装→成品。

2）操作要点

（1）原料选择。可加工调味鱼干片的原料鱼有鲢鱼、鳙鱼、草鱼、鲤鱼等，并要求鱼体完整，气味、色泽正常，肉质紧有弹性，理化及安全指标应符合有关标准，一般选用 0.5kg 以上的鱼。

（2）预处理。先除去鱼鳞、鱼鳍，沿胸鳍根部切去头部，剖开腹部，去除内脏，然后采用流动水清洗干净，水温不得超过 25℃，并洗净血污和腹内膜（黑膜）。

（3）剖片。剖片刀用扁薄狭长的尖刀，刀口锋利，一般由头肩部下刀，刀背紧贴中间大骨刺开片，再沿着脊骨刺上层开片（腹部肉不开，肉片厚 2mm），将鱼体分为上下两片鱼肉和中间大骨刺三部分，留下大骨刺。尽量保持走刀的准确性，以保证鱼片的完整性，避免碎肉的产生，且不能带有红肉和黑膜，并保持鱼片洁净。

（4）漂洗。必须用循环水反复漂洗干净，去除鱼片中含有的血液，特别是淡水鱼含血多，漂洗是提高鱼片质量的关键。常用的漂洗法是将鱼片浸入漂洗槽内，用循环水反复漂洗干净。有条件的加工厂可将漂洗槽灌满洁净的自来水，倒入鱼片，用空气压缩机通气使其剧烈翻滚，洗净血污。漂洗后的鱼片洁白有光，肉质较好，漂洗后要捞出沥水。

（5）脱腥。在锅中加入生姜、桂皮等煮沸，煮沸后冷却至室温下制成脱腥液。将鱼片放入脱腥液中脱腥处理 1h，脱除部分脂肪和腥味，再将去腥的鱼片取出，放在阴凉通风处沥干，直至鱼片不再滴水。

（6）调味。将沥水后的鱼片放入腌制缸，加入调味液进行腌制。鱼片与调味液的比例为 25∶4，即每 100kg 鱼片，以加入 16kg 调味液为宜。每隔 15～20min 翻拌 1 次，腌制渗透时间控制在 1～1.5h（调味温度为 15℃左右，不高于 20℃），使调味料充分均匀地渗入鱼肉中。

（7）调味液的配制。调味液由食盐、白砂糖、味精、料酒、鲜姜、八角、花椒和水按一定比例配制而成。先将生姜切碎，与八角、花椒等一起加适量水放入蒸煮锅中煮沸 1.5～2h，捞出残渣后加入白砂糖、食盐、味精、料酒，煮沸 5min，补充适量纯净水，冷却后即为调味液。调味液的配方，还可根据鱼的品种及产品的口味进行调整。

（8）摊片。将调味腌制好的鱼片摊在无毒的烘帘或尼网上，摆放时，片与片的间距要紧密，鱼片要整齐抹平，再把鱼片（大小片及碎片配合）摆放，例如，3～4 片相接，鱼肉纤维纹基本相似，使鱼片成型平整美观。

（9）烘干。装好鱼片的烘车要及时推入烘道（烘箱）热风干燥，以防污染，烘道初温为 30～35℃（以不高于 35℃为宜），逐步升温，烘干时间大约为 6h，即待鱼烘至半干，推出烘道外吸潮，停放 2h 左右，使鱼片内部水分自然向外扩散，再推入烘道内，温度控制在 40～45℃，烘干约 10h。最后将烘干的鱼片从网片上揭下，即得生鱼片。

（10）回潮。将烘干的生鱼片在水中浸泡 1～2s，使鱼片均匀渗湿，防止产品在后续烘烤时被烤焦。

（11）烤熟、拉松。将生鱼片的鱼皮部朝下摊放在烘烤机传送带上，烘烤温度为 140～150℃，时间为 5～8min。烘烤后的鱼片经碾片机碾压拉松即得熟鱼片，温度在 80℃左右，滚压时鱼片的含水量最好为 25%～28%，压辊的间距、压力根据烘烤鱼片厚度调整，碾压时要沿鱼肉纤维的垂直方向（即横向）碾压才可拉松。一般需经二次拉松，使鱼片肌肉纤维组织疏松均匀，增大延伸面积，保证外形美观。

由于肉毒梭状芽孢杆菌（*Clostridium botulinum*）为产品中的必检菌，因此采用 121℃灭菌 15min，在该温度下，鱼骨刺有较好的软化效果，且肉质紧密。

（12）包装。拉松后的调味鱼干片，用人工揭去鱼皮，捡出剩留骨刺（细骨已脆，可不去除），称量包装，每袋净装鱼片 8g，用聚乙烯食品袋小包装。制品水分含量以 18%～20% 为宜，这样口感较好（7～8kg 鲜鱼可制得成品 1kg）。采用清洁、透明的聚乙烯或聚丙烯复合薄膜塑料袋，一定数量的小袋装一大袋，再装入纸箱中，放置平整，大、小塑料袋封口时必须保证不漏气。

（13）储存。鱼片成品应放置于清洁、干燥、阴凉通风的场所，底层仓库内堆放成品时，应用木板垫起，堆放高度以纸箱受压不变形为宜。

3）质量评定

（1）感官评价。鱼片色泽呈黄色或黄白色，表面有光泽、呈半透明，局部可有轻微淡紫红色斑点；片形基本完好、平整，拼接良好，无明显缝隙和破裂片；组织紧密，软硬适度，肉厚部分无软湿感，无干耗片；具有本产品特有的气味，无异味；无肉眼可见的外来杂质，肉质疏松，有嚼劲；滋味鲜美，咸甜适宜。

（2）理化指标。水分含量≤25%，过氧化值≤0.6g/100g（以脂肪计），TVB-N 值≤30mg/100g。

（3）安全卫生指标。菌落总数≤3×10⁴CFU/g，大肠菌群≤30CFU/g，致病菌不得检出；铅＜1.0mg/kg，镉＜0.1mg/kg，甲基汞＜0.5mg/kg，无机砷＜0.5mg/kg，铬＜2.0mg/kg，山梨酸及其钾盐＜1.0g/kg（以山梨酸计）。

（4）操作规范参考标准。《食品安全管理体系 水产品加工企业要求》（GB/T 27304—2008）、《水产品加工质量管理规范》（SC/T 3009—1999）、《出口水产品质量安全控制规范》（GB/Z 21702—2008）、《食品安全国家标准 水产制品生产卫生规范》（GB 20941—2016）。

（5）产品质量参考标准。《食品安全国家标准 动物性水产制品》（GB 10136—2015）、《绿色食品 干制水产品》（NY/T 1712—2018）、《调味生鱼干》（SC/T 3203—2015）、《绿色食品 鱼类休闲食品》（NY/T 2109—2011）。

2. 卤鱼干

1）工艺流程

原料选择→预处理→清洗→脱腥→卤制→腌制→干燥→计量包装→杀菌→

保温、包装→成品。

2）操作要点

（1）原料选择。选用新鲜或冷冻的淡水鱼，如青鱼、草鱼、鲢鱼、鳜鱼、鲤鱼、鲫鱼等，禁止使用受污染区域养殖的活鱼。

（2）预处理。先采用人工去鳞或机械去鳞，将鱼鳞去除干净，再用清水洗净鱼体上的黏液和污物，按照鱼类大小分别采用背剖、腹剖和腹边剖三种方式剖割后去掉内脏（注意在操作过程中不要弄破胆汁，以免使鱼肉产生苦味）。最后，使用流动水清洗干净，水温不得超过 25℃。

（3）脱腥。将鱼放进预先配好的含有 1%的 $NaHCO_3$、0.5%食盐及 35%乙醇的脱腥液中浸泡 15min，用清水冲洗干净，滴干水分，即可进行卤制。

（4）卤制。将脱腥后的鱼体投入准备好的卤液中，浸洗 3～5h，取出滴干卤水，再行腌制。

（5）腌制。根据鱼体大小确定用盐数量，一般以鱼体质量的 15%～20%的食盐进行腌制。腌制时，每条鱼均匀撒盐，将撒盐后的鱼体置于腌池内，肉面向上，鱼鳞向下，鱼头稍放低，鱼尾斜向上，盐渍 4～5h。再加撒一层封口盐，并用竹片盖面，重物压实，使鱼体浸入卤水，充分吸收盐分，脱除水分。腌制时，应根据鱼体大小、不同地方的食用习惯等适当调整用盐量及腌制时间，一般腌制时间为12h 以上。在腌制的过程中，应防止微生物的大量繁殖和杂物等进入，防止鱼体受到污染。

（6）干燥。腌制的鱼出卤时，利用卤水将鱼体洗刷一次，除去沾染的污物，滴干卤水，排放于晒鱼帘上。冬季，可采用自然晒干和风干的方式，其他季节可采用烘房烘干或隧道式烘道干燥。自然晒干时，鱼鳞向上，晒 1～2h 后翻成肉面向上，晒至中午，将鱼收进室内或将竹帘两头掀起盖住鱼体，让其晒凉至下午 3～4 时，利用弱阳光再晒，经过 2～3d，晒至鱼肚和鱼鳃挤不出水分。干燥后的鱼体的水分一般控制在 35%左右，干制的鱼干，应立刻进行加工。如果不能马上加工包装，应储藏于–18℃下的冷库里。

（7）计量包装。根据产品规格的要求，对干制的鱼干重新切块，精确计量，在包装过程中，要求形状完整，搭配均匀，这样包装的产品外观、形状比较美观。要求密封、避光、不漏气，并进行真空或充氮包装，防止不饱和脂肪酸的氧化。

（8）杀菌。采用高温、高压杀菌，反压冷却。

（9）保温、包装。产品入库进行晾干，使杀菌后包装袋外面的水汽蒸发；保温 7 天，进行外包装，装箱入库，入库前进行必要的检验。

3）质量评定

（1）感官评价。体表洁净而干燥，具有鱼干应有的色泽；形态基本完整，产品厚薄、大小基本一致；无碎屑、无虫害、无霉变；具有鱼干固有的风味，无油脂酸败等腐败气味；无肉眼可见的外来杂质。

（2）理化指标。水分含量≤22%，氯化物含量≤3.6%，TVB-N 值≤30mg/100g，过氧化值≤0.6g/100g（以脂肪计）。

（3）安全卫生指标。菌落总数≤3×10⁴CFU/g，大肠菌群≤30CFU/g，致病菌不得检出；铅<1mg/kg，镉<0.1mg/kg，甲基汞<0.5mg/kg，无机砷<0.5mg/kg，铬<2mg/kg，山梨酸及钾盐<1g/kg（以山梨酸计）。

（4）净含量。应符合国家质量监督检验检疫总局令 2005 年第 75 号的规定，检验方法按 JJF 1070—2005 的规定执行。

（5）操作规范参考标准。《食品安全管理体系 水产品加工企业要求》（GB/T 27304—2008）、《水产品加工质量管理规范》（SC/T 3009—1999）、《出口水产品质量安全控制规范》（GB/Z 21702—2008）、《食品安全国家标准 水产制品生产卫生规范》（GB 20941—2016）。

（6）产品质量参考标准。《食品安全国家标准 动物性水产制品》（GB 10136—2015）、《绿色食品 干制水产品》（NY/T 1712—2018）。

3. 风味烤鱼

风味烤鱼是以淡水鱼为主要原料，经调味、烘干制作成的一种调干品。风味烤鱼味道鲜美，营养丰富，通过加工可使低档淡水鱼便于储运，增值数倍，是一种很有市场前景的淡水鱼类熟食品。

1）多味烤鱼

多味烤鱼的工艺流程如下：原料选择→预处理→盐渍→蒸煮干燥→调味→烘烤→包装→成品。

多味烤鱼的操作要点如下。

（1）原料选择。原料鱼可采用鲜活或冷冻的淡水鱼，包括青鱼、草鱼、鲢鱼、鳜鱼、鲤鱼、鲫鱼等。

（2）预处理。将原料鱼去除鱼鳞、鱼鳍、鱼头、内脏，然后使用流动水清洗干净，水温不得超过 25℃。原料鱼的除鳞、除头、剖腹除内脏和清洗等工序，应在流水中作业完成，以免积压而影响质量。将鱼进行分段切条，长度为 3～6cm，然后沥干水分。

（3）盐渍。新鲜原料鱼的盐渍，一般采用波美度为 10°Bé～15°Bé 的盐水，盐渍 10～20min，根据鱼块大小厚薄，可适当改变盐水浓度和浸渍时间。

（4）蒸煮干燥。经盐渍的鱼片（或鱼块）沥干水装在蒸煮烘架上，用蒸汽直接蒸熟，然后在 70～80℃的烘房中烘至六七成干，全过程 7～8h。也可将盐渍沥水后的鱼直接放在 80～90℃烘房中，烘干至六七成。

（5）调味。取干燥的鱼块放在预先配制好的调味液中浸渍，每隔 15～20min

翻拌 1 次，时间为 1～1.5h，使调味料充分均匀地渗入鱼肉中。调味液的配方，可根据鱼的品种及产品的口味进行调整。调味液配方有奇味、五香、辣味等，可按各地口味选定。

奇味配方：花椒 200g、八角 100g、生姜 200g、葱 150g、蒜 60g、西红柿 45g、糖 2.5kg、酱油 3kg、黄酒 1.5kg、味精 50g、调味剂 15g。将上述料加入 25L 水熬煮数小时，冷却待用。

五香配方：八角（适量）洗净敲碎，加水 12kg，熬煮 1～1.5h，过滤去八角残渣，再在滤液中加入白砂糖 2.5kg、酱油 3kg、精盐 1.5kg 煮沸，加入黄酒 1.5kg。在过滤的残渣中加入少许辛香料，可作为第二次调料使用。

辣味配方：生产辣味烤鱼，可在五香调味液中增加 0.15kg 的红辣椒粉熬煮，并在浸渍鱼块上撒些辣椒粉末即可。

（6）烘烤。将浸渍调味液的鱼块（或鱼片）沥干平摊在铁丝横架上，进入烘房中进行第二次烘烤，此时烘房温度控制在 85～90℃，烘干时间为 3～3.5h，待九成干即为成品。

（7）包装。经烘干的成品放在室内摊晾，冷却后成品的水分含量为 11%～14%。在高温季节，需用风机降温，冷却至室温，用聚乙烯袋定量包装、装箱，将成品置阴凉干燥处保存。

2）酸菜味烤鱼

酸菜味烤鱼的工艺流程如下：原料选择→预处理→腌制→烘烤→冷却→真空包装→灭菌→产品。

酸菜味烤鱼的操作要点如下。

（1）原料选择。以鲜活鲤鱼或草鱼为主。

（2）预处理。原料鱼宰杀，去鳞、去鳃后，将鱼体背剖开成两片，取出鱼肚中的内脏，然后将鱼用清水洗净，切去鱼鳍、鱼尾。用不锈钢烧烤针在鱼身上插一些细孔，以便于腌制液渗入鱼体内部。

（3）腌制。用复合磷酸盐（三聚磷酸钠与六偏磷酸钠的质量比为 1∶1）、食盐按一定浓度配制成腌制调味液，用刷子蘸取腌制液，并均匀涂抹在鱼的表面，腌制一定时间。

（4）烘烤。将腌制好的鱼放在 160～240℃的烤箱中进行烘烤，直至将鱼烤熟。

（5）冷却、真空包装。选择合适的包装材料包装冷却的烤鱼，并抽真空。

（6）灭菌。包装的烤鱼用紫外灭菌进行处理，以利于保存。

调料包的工艺流程如下：原辅料→预处理→配料→炒制→冷却→包装→灭菌→冷却→成品。

调料包的操作要点如下。

（1）原辅料的预处理。烤鱼的调味料品种较多，应按相应的口味准备原辅料，包括泡椒、尖椒、剁椒、豆豉、芽菜、酸菜、咖啡、黑椒、番茄、蘑菇酱、泡菜、乳汤等。这里主要介绍酸菜味所需的材料。原辅料需要进行预处理，例如，将酸菜均匀切成条状，野山椒切成小段，生姜、大蒜切成粗粒等。

（2）配料。酸菜 200g、酸萝卜 30g、野山椒 20g、泡椒 20g、豆豉 20g、色拉油 180g、菜籽油 80g、食盐 8g、酱油 12g、料酒 20g、鸡精 10g、生姜 15g、大葱 20g、大蒜 30g、花椒 25g。

（3）炒制。炒锅中倒入菜籽油、色拉油置于中火下烧热，投入姜粒、蒜粒、葱粒，爆炒，接着下入酸菜、干辣椒、豆豉及其他调味料等，转用中火慢慢炒约 4min，炒制过程非常重要，火力不能太大，不能炒煳。

（4）冷却、包装。炒制好的底料冷却后装袋包装。

（5）灭菌、冷却。调料包采用高温灭菌的方式进行灭菌，冷却后即得调料包产品。

4. 微波膨化鱼片

1）工艺流程

原料选择→预处理→速冻→切片→漂洗去腥→浸味→脱水→整理→微波膨化→干燥→包装→成品。

2）操作要点

（1）原料选择。选择鲜活或冷冻的淡水鱼，要求鱼体完整，气味、色泽正常，肉质有弹性，质量为 0.5kg/条以上。

（2）预处理。去除原料鱼的鱼头、鱼鳍、内脏等部位，并剥去表皮，使鱼片获得良好的口感和外观。

（3）速冻。将处理的鱼体进行低温速冻，使鱼体变硬，以便于切片操作，较好地掌握切片厚度，并利于后面的入味和膨化，提高鱼片的口感和外观。

（4）切片。切片时，刀不宜与鱼骨垂直，应与鱼骨成 45°～60°角，而且刀向应顺着鱼头方向，这样切得的鱼片大，而且在浸泡、挤压、脱水过程中不易从纤维处断开。如果垂直于鱼骨切，得到的鱼片小，且易从纤维处断裂。如果刀向着鱼尾，虽然得到的鱼片大，但易于从纤维处裂开。鱼片厚度是影响膨化效果的一个重要因素，以 1.5～2mm 为最适宜，厚度小于 1.5mm 时，鱼片在浸泡、挤压等处理过程中易断裂，成型性不好；厚度大于 2mm 时，虽然成型性好，但会影响膨化效果，表面气泡不均匀，且内部膨化不明显。切片时要避开鱼骨，余下的带骨刺的鱼排应另行处理。

（5）漂洗去腥。用配好的漂洗液漂洗鱼片，以除去鱼腥味。漂洗液为混合溶液，所含的 $NaHCO_3$ 浓度为 1%、NaCl 浓度为 0.4%，漂洗浸泡时间约为 15min，漂洗后用清水冲洗干净。

（6）浸味。将鱼片浸入配好的调味液中浸泡，调味液的质量一般为鱼片质量的 3～4 倍，由于鱼片较薄，浸泡时间不应过长，以 10～20min 为宜。为使鱼片浸泡均匀，浸泡时应单向缓慢搅拌鱼片，切勿搅混，以免打烂鱼片。鱼片浸泡好后，将鱼片从浸液中捞出，用水漂洗 3min，再用双手稍挤压去水，这样可以节省晒晾时间，同时避免组织过度松散，增加组织间的接合力。膨化鱼片的风味主要取决于配方的组成，此处介绍三种配方（按质量计）。

原味鱼片配方：1% NaHCO$_3$、1.3% NaCl、0.5%味精、0.2%异抗坏血酸钠，加水调成浸泡液，浸泡制成的产品保持鱼的原有风味。

辣味鱼片配方：1% NaHCO$_3$、1.3% NaCl、0.5%味精、10%大料水、20%辣椒水、0.2%异抗坏血酸钠，加水调制。其中，大料水、辣椒水的配制方法如下：

大料水的配制：20%八角、20%橘皮、1%花椒、1%小茴香，加水调制后煮沸15min，冷却、过滤。

辣椒水的配制：2%红辣椒粉，加水调制。首先加入 2/3 体积的水，煮沸 10min，冷却过滤；然后将过滤的辣椒水用剩余的 1/3 体积的水煮沸 10min，过滤。

甜（辣）味鱼片配方：1% NaHCO$_3$、1.3% NaCl、0.5%味精、10%大料水、20%辣椒水、0.2%异抗坏血酸钠，加水调制。

糖粉制作方法：称取一定质量的白砂糖，在 105℃烘箱内干燥 4h。将烘干的白砂糖粉碎，用 0.25mm 分样筛过筛即得糖粉，应注意防潮。将切好的生鱼片在浸泡液中浸泡、干燥膨化所得膨化鱼片，按下面工艺流程进行挂糖处理，即可得到甜（辣）味鱼片：鱼片膨化→向鱼片上均匀喷洒一层水雾→撒糖粉→喷水使糖粉溶解→烘箱烘干→冷却→包装。应注意糖粉一定要撒得均匀，而且用量不要太多，否则溶解的糖粉在烘干过程中形成白色糖结晶，重新析出，影响鱼片外观。

（7）脱水。将鱼片单层摆放在纱网上，放在通风日晒处进行自然晾晒，这样鱼片晒干后易拿下，不易黏结。晾晒时间依温度、风力而定。鱼片的干燥度（含水量）是影响鱼片膨化效果的又一重要因素。鱼片含水量在 30%～60%时均可以膨化，在含水量 43%～50%时膨化效果最好，这时的鱼片仍柔软，但无明显质感，鱼片不粘手，呈透明状。鱼片也可以用烘箱干燥，即将漂洗的鱼片单层摆放在钢丝网上，置于烘箱内以 50℃的温度通风烘烤 1～1.5h，鱼片含水量一般为 30%～35%。同样的水分含量下，自然晾晒的膨化效果要比烘箱干燥好。

（8）整理。剪除靠近鱼肚处与鱼皮内表面相接触的黑褐部位，以去除鱼片的异腥味及不悦目的色泽。

（9）微波膨化。将浸味脱水的鱼片置于微波炉中，微波炉开关置于高火挡，单层摆放，进行微波膨化。鱼片含水量高于 60%时，鱼片是在微波炉内先干燥再膨化的，由于其水分含量太高，形成较多的水蒸气，同时盘中有一层水出现，膨胀时间应加长，一般为 3～4min，膨化效果不佳；含水量低于 25%时，鱼片基本不膨化，膨化前后外形没有明显的变化，只是颜色由浅棕红色变成淡黄色；含水量在 43%～50%时，膨化 1.5min，鱼片组织间的气泡大而多，组织相对疏松，透光性好，口感酥脆。

（10）干燥。由于鱼片从微波炉中取出时具有一定的湿度，直接包装易返潮，需在烘箱中烘干，温度为 60℃，时间约为 20min，以烘干鱼片表面水分。

（11）包装。烘干的鱼片在干燥器中冷却，采用聚乙烯包装袋包装、封口，每袋鱼片的净含量为 100g，低温储存。

3）质量评定

（1）感官评价。具有本品种特有的正常色泽，无焦、生现象；外表光滑完整、不易破碎；口感酥脆、无粉质感；有鱼香味，无霉味、哈喇味及其他异味。

（2）理化指标。酸价≤3mg KOH/g（以脂肪计），过氧化值≤0.25g/100g（以脂肪计），羰基价≤20meq/kg（以脂肪计）。

（3）安全卫生指标。菌落总数≤3×10⁴CFU/g，大肠菌群≤10CFU/g，致病菌（沙门氏菌、金黄色葡萄球菌、志贺氏菌）不得检出；铅≤0.5mg/kg（以 Pb 计），镉≤0.1mg/kg（以 Cd 计），甲基汞<0.5mg/kg，总砷<0.2mg/kg，铬<2mg/kg，N-二甲基亚硝胺<4μg/kg，多氯联苯<0.5mg/kg，山梨酸及其钾盐<1g/kg（以山梨酸计）。

（4）操作规范参考标准。《食品安全管理体系 水产品加工企业要求》（GB/T 27304—2008）、《水产品加工质量管理规范》（SC/T 3009—1999）、《出口水产品质量安全控制规范》（GB/Z 21702—2008）、《食品安全国家标准 水产制品生产卫生规范》（GB 20941—2016）。

（5）产品质量参考标准。《油炸小食品卫生标准》（GB 16565—2003）、《食品安全国家标准 动物性水产制品》（GB 10136—2015）、《绿色食品 干制水产品》（NY/T 1712—2018）、《绿色食品 鱼类休闲食品》（NY/T 2109—2011）。

5. 休闲鱼肉粒

1）工艺流程

原料选择→预处理→脱脂→脱腥→抗氧化处理→脱水→蒸干→压榨→干燥→添加辅料→斩拌→炒制→成型→烘烤→切块→冷却→包装→成品。

2）操作要点

（1）原料选择。选用新鲜或冷冻淡水鱼，如青鱼、草鱼、鲢鱼、鳙鱼、鲤鱼、鲫鱼、鲂鱼。新鲜鱼体肉厚体壮，要剔除病弱、畸形鱼。将选好的鱼清洗后沥干，冷冻鱼在 0～4℃的流水中解冻。

（2）预处理。将原料鱼剖腹后沿胸鳍下方把鱼头切除，并剖肚取出内脏，去鳞，然后从尾部开始沿脊骨向上将鱼体剖成两片，清洗后沥干备用。沿中骨从鱼尾朝头方向贴骨剖开，去除腹部肉，清除鱼体的腹刺、边刺、血迹、污物等，然后用流动水清洗，洗后沥水，在 90℃热水中浸 3～5s，直至鱼表皮裂开，刮去鱼表皮及皮下脂肪。

（3）脱脂。用浓度为 2%的 $NaHCO_3$ 溶液对鱼肉脱脂处理 2h，脱脂液与鱼肉的质量比为 8∶1。

（4）脱腥。选择 1% NaCl 和 0.1%盐酸的混合液作为脱腥液，将鱼体浸泡在其中处理 30min，脱腥液和鱼体的质量比为 5∶1，脱腥温度控制在 6～10℃，在脱腥时注意要将鱼肉搅拌均匀。

（5）抗氧化处理。用浓度为 0.25%的维生素 E 溶液浸泡鱼肉 25min，然后在常温条件下沥干。

（6）脱水。鱼肉经抗氧化处理后进入脱水机进行初次脱水，一般用离心脱水法，脱水时间为 3～5min。

（7）蒸干。蒸干的作用是使鱼肉中的蛋白质凝固，破坏蛋白质结构，促进蛋白质与油水分离，同时也起到杀死鱼体微生物的作用。最主要的技术要点是蒸干的温度和时间，一般在 80～90℃、10～15min 即可，蒸干机的蒸汽压力为 600kPa。

（8）压榨。压榨的作用是最大限度地将鱼肉中的油脂和水挤压出来，压榨时间主要根据出料口榨饼的含水量而定，通常以水分含量达到 45%～50%为宜，大概需 15min 左右。

（9）干燥。干燥的目的是使压榨后的鱼肉继续脱去水分，使水分余量下降到 20%～25%，整个过程中要注意鱼肉干燥时的温度和时间控制。干燥时间与介质温度、物料含水量、温度、设备、真空度均有关，通常温度采用 40～60℃，时间在 4～6h。

（10）添加辅料。将适量的辅料和鱼肉混合，辅料种类及配量见表 6.1。

表 6.1　休闲鱼肉粒的辅料种类及配量

名称	配量/%
食盐	3
白砂糖	4
复合调味料	2.5
焦糖色	0.5
混合黏合剂	15
香辛料	0.2
黄酒	3

注：配量的百分比以干燥鱼肉质量计。

该加工工艺中，将鱼肉纤维重新进行组织，选用适当的黏结剂可以提高组织的黏结强度（混合黏合剂：40%马铃薯淀粉、40%小麦淀粉、20%大豆蛋白）。

（11）斩拌、炒制。将鱼肉与辅料在斩拌机中混合均匀；将与辅料充分混合的鱼肉置于炒锅中用文火小心炒制，拌炒时间为 8～15min。

（12）成型。将鱼肉和添加配料充分混合后，立即填进特制的模具内成型，模具尺寸为 50cm×40cm×1cm（长×宽×高），物料充填满模具后加压压紧。

（13）烘烤。将填好鱼肉的模具采用组合干燥方式，在 35～40kW 微波中干燥8～13min，然后采用 80～85℃热风干燥 15～20min。干燥完成后，鱼肉水分含量为 15%～20%。

（14）切块。烘烤的鱼肉脱模，并切成 1cm 的小块。

（15）冷却、包装。冷却至室温，采用聚乙烯或聚丙烯复合薄膜塑料袋真空或充气包装。

3）质量评定

（1）感官评价。具有制品应有的正常色泽，呈浅黄色或淡红褐色；具有该品种鱼的特有风味，无异味；组织紧密，软硬适中，边角整齐，不破碎；质地均匀结实，无粉质感，软硬适中，有嚼劲。

（2）理化指标。水分含量≤22%，食盐含量≤6%（NaCl 计），酸价≤130mgKOH/g（以脂肪计），过氧化值≤0.6g/100g（以脂肪计），亚硫酸盐≤30mg/kg（以SO_2 计）。

（3）安全卫生指标。菌落总数≤3×10⁴CFU/g，大肠菌群≤30MPN/g，致病菌不得检出[沙门氏菌、志贺氏菌、致泻大肠埃希氏菌、副溶血性弧菌、金黄色葡萄球菌、单核细胞增生李斯特菌分别按照《食品安全国家标准 食品微生物学检验 沙门氏菌检验》（GB 4789.4—2016）、《食品安全国家标准 食品微生物学检验 志贺氏菌检验》（GB 4789.5—2012）、《食品安全国家标准 食品微生物学检验 致泻大肠埃希氏菌检验》（GB 4789.6—2016）、《食品安全国家标准 食品微生物学检验 副溶血性弧菌检验》（GB 4789.7—2013）、《食品安全国家标准 食品微生物学检验 金黄色葡萄球菌检验》（GB 4789 10—2016）、《食品安全国家标准 食品微生物学检验 大肠菌群计数》（GB 4789.3—2016）的规定执行]；铅≤0.5mg/kg（以 Pb 计），镉≤0.1mg/kg（以 Cd 计），无机砷≤0.1mg/kg，甲基汞≤0.5mg/kg，苯并[a]芘≤5μg/kg，糖精钠不得检出（＜0.00015g/kg）（按 GB 5009.28—2016 中"第一法 高效液相色谱法"的规定执行），环己基氨基磺酸钠不得检出（＜0.002g/kg）（按GB 5009.97—2016 中"第一法 气相色谱法"的规定执行），苯甲酸及其钠盐（以苯甲酸计）不得检出（＜0.001g/kg）（按 GB 5009.28—2016 中"第一法 气相色谱法"的规定执行），山梨酸及其钾盐≤1g/kg（以山梨酸计），甲醛≤130mg/kg。

（4）净含量。应符合国家质量监督检验检疫总局令第 75 号（2005）的规定，检验方法按 JJF 1070—2005 的规定执行。

（5）操作规范参考标准。《食品安全管理体系水产品加工企业要求》（GB/T 27304—2008）、《水产食品加工企业良好操作规范》（GB 20941—2016）、《出口水产品质量安全控制规范》（GB/Z 21702—2008）、《水产品加工质量管理规范》（SC/T 3009—1999）、《食品加工机械（鱼类）剥皮、去皮、去膜机械的安全和卫生要求》（SC/T 6027—2007）。

（6）产品质量参考标准。《食品安全国家标准 动物性水产制品》（GB 10136—2015）、《绿色食品 鱼类休闲食品》（NY/T 2109—2011）。

第7章 淡水鱼腌熏及发酵技术

腌熏及发酵加工是我国传统淡水鱼制品的主要加工手段。淡水鱼腌熏及发酵制品主要包括腌鱼制品、发酵鱼制品和烟熏鱼制品。腌鱼加工：主要用食盐和其他腌制剂对淡水鱼原料进行腌制，在产生特殊咸香或其他风味的同时改善产品的保存性，典型的产品有咸鱼、腌鱼卵、醉鱼等；发酵加工：利用环境微生物自然发酵成熟或通过人为添加发酵剂发酵加工而成的淡水鱼产品，可在赋予产品特殊的发酵风味和滋味的同时提高产品的营养特性，典型产品有鱼露、鱼酱酸、糟鱼、酸鱼等；烟熏加工：利用木材燃烧不完全产生的烟气对盐渍过的淡水鱼进行干燥加工，使产品具有特殊的烟熏风味，还能够改善产品色泽，提高产品保存性。腌制、熏制及发酵类淡水鱼制品具有独特的风味和口感，深受广大消费者的喜爱，许多产品在国内外享有盛誉，成为当地的特色和传统特产。

随着社会生活水平的不断提高，居民的饮食和消费模式正在经历提档升级的快速发展，消费观念从价格导向逐渐向品质优先转变，人们对产品的风味、营养、安全性等更加重视。然而，腌熏发酵淡水鱼加工制品的传统工艺中通常存在生产周期长、加工工艺条件难控制、产品种类单一、产品品质不稳定、存在一些安全隐患等问题，这些问题大大影响了消费者对相关产品的消费意愿，严重制约了相关产业的发展。为了提高我国淡水鱼加工比例，增加淡水鱼产业产品附加值，提升产品的消费安全性，亟须大力开展淡水鱼的腌熏及发酵现代加工技术的研究。

7.1 技 术 原 理

7.1.1 腌制加工

腌制：用食盐、糖等腌制材料处理原料，使其渗入原料组织内，以提高渗透压，降低 A_w，并有选择性地抑制有害微生物的生长繁殖，促进有益微生物的活动，从而防止食品腐败，改善食品食用品质。腌制是一种古老的食品保存方法，同时也是一种加工方法。腌制所使用的腌制材料称为腌制剂，经过腌制加工的食品统称为腌制品。针对不同的原料，采用的腌制剂和腌制方法也各不相同。腌制加工的特点是生产设备简单、操作简易、便于短时间内处理大量原料，且有利于增强风味，改善质构，提高原料保存性。

淡水鱼腌制品加工，通常采用食盐、白砂糖、香辛料等其他辅料。其中，食盐腌制是淡水鱼腌制加工的代表性方法，在加工产业中应用广泛。即使在低浓度下，普通食盐溶液也比其他腌制液（如蔗糖溶液）有效。淡水鱼的腌制实质上包括盐渍和成熟两个阶段，盐渍是食盐向鱼肉中渗入的过程，随着盐渍过程的不断进行，鱼体内的盐分逐渐增加，水分不断减少，直至肌细胞膜内外两侧的浓度达到平衡，浓度差消失，渗透压降至零，此时达到盐渍平衡。淡水鱼制品的腐败主要是由细菌和酶的作用引起的，而水分的多少会直接影响细菌的生长和酶的活性。通常情况下，细菌生长所需水分含量在 50%以上，水分含量的减少也会使酶的活性受到抑制。由于新鲜淡水鱼的水分含量一般在 70%以上，有利于细菌的生长繁殖，而淡水鱼中内源酶的活性也很高，鲜鱼在宰杀后会迅速腐败。另外，当鱼体和盐水中的食盐浓度增大到一定数值时，能使细菌体内的水分脱除，细菌产生质壁分离现象而影响其正常的生理代谢活动，酶也因蛋白质变性而失活，氧的含量明显减少，从而有效地抑制微生物的生长繁殖，大大延长产品的保质期。

腌制淡水鱼的成熟是一种复杂的生物化学反应过程，淡水鱼组织会发生较大的生物化学变化，这些变化都是由能降解蛋白质和脂肪的酶类引起的，主要包括以下几个方面：①蛋白质在酶的作用下分解为寡肽和氨基酸，非蛋白氮含量增加，使风味增加；②在嗜盐菌解脂酶作用下，部分脂肪分解产生小分子挥发性醛类物质，从而具有一定的芳香味；③肌肉组织大量脱水，一部分肌浆蛋白失去了水溶性，肌肉组织网络结构发生变化，使鱼体肌肉组织收缩而变得坚韧。淡水鱼腌制品的成熟速率取决于原料和腌制剂的组成、腌制温度、腌制品的含盐量等多种因素。

1. 腌制原理

腌制剂在腌制过程中首先要形成溶液，然后通过扩散和渗透作用进入原料组织内，从而降低原料组织的水分活度，提高渗透压，抑制微生物和酶的活性，达到防止食品腐败的目的。

1）腌制保存理论基础

（1）溶液的扩散和渗透。腌制时，首先将腌制剂溶于水（鱼肉组织内的水或/和外加的水）形成腌制液，腌制液主要是以盐和糖作为溶质、水作为溶剂形成的单一或混合溶液。腌制液的浓度常用比重计测定，盐水的浓度通常用波美比重计测定，糖水浓度可用波林（Balling）糖度计或白利（Brix）糖度计测定。

扩散　　食品的腌制过程，实际上是腌制液向食品组织内扩散的过程。扩散总是从高浓度处向低浓度处转移，直至各处浓度平衡，扩散的推动力是浓度梯度（浓度差）。扩散的快慢可用扩散通量表示，扩散通量即单位时间内通过单位面积的物质的量，其计算方程如下：

$$J = -D\frac{dc}{dx} \tag{7.1}$$

式中，J 为物质扩散通量[kmol/（$m^2 \cdot s$）]；D 为扩散系数（m^2/s）；$\dfrac{dc}{dx}$ 为物质的浓度梯度（$kmol/m^4$）。

当假设扩散物质的粒子为球形时，扩散系数 D 可按式(7.2)计算：

$$D = \frac{RT}{6N\pi d\mu} \tag{7.2}$$

式中，R 为摩尔气体常数[8.314 J/（$K \cdot mol$）]；T 为热力学温度（K）；N 为阿伏伽德罗常量（$6.02 \times 10^{23} mol^{-1}$）；$d$ 为溶质微粒（球形）直径（m）；μ 为介质黏度（$Pa \cdot s$）。

根据式（7.1）和式（7.2），扩散通量与浓度梯度 $\dfrac{dc}{dx}$ 成正比，但浓度增大会导致介质黏度 μ 的增大，使扩散通量减小；热力学温度 T 的升高会导致扩散系数和扩散通量的增大；溶质微球（球形）直径 d 越大，扩散系数越小，扩散通量越低，例如，不同糖类在糖液中的扩散速度顺序（由大到小）如下：葡萄糖＞蔗糖＞饴糖中的糊精。

渗透　　　渗透是溶剂从低浓度溶液经过半透膜向高浓度溶液扩散的过程。半透膜是只允许溶剂或小分子通过，而不允许溶质或大分子通过的膜，细胞膜属于半透膜。从热力学观点看，溶剂只从外逸趋势较大的区域（蒸气压高）向外逸趋势较小的区域（蒸气压低）转移，由于半透膜孔眼非常小，对溶液而言，溶剂分子只能以分子状态迅速地从低浓度溶液中经过半透膜孔向高浓度溶液转移。

食品腌制过程，相当于将细胞浸入食盐或糖溶液中，细胞内呈胶体状态的蛋白质不会溶出，但电解质不仅会向已经死亡的动物组织细胞内渗透，也会向微生物细胞内渗透。因此，腌制不仅阻止了微生物对淡水鱼营养物质的利用，也使微生物细胞脱水，其正常生理活动被抑制。

食品的腌制速度取决于渗透压，而渗透压与温度和浓度成正比，与溶液的数量无关。根据范托夫（van't-Hoff）定律，推导出稀溶液（接近理想溶液）的渗透压计算公式如下：

$$P = cRT \tag{7.3}$$

式中，P 为溶液的渗透压（kPa）；c 为溶质的摩尔浓度（mol/L）；R 为摩尔气体常数[8.314J/（$K \cdot mol$）]；T 为热力学温度（K）。

在腌制过程中，考虑到 NaCl 分子的解离，式（7.3）可修正为

$$P = icRT \tag{7.4}$$

式中，i 为等渗系数（物质全部解离时，$i=2$）。

在此基础上，人们又根据溶质和溶剂的某些特征对式（7.3）进行了修正：

$$P = (\rho/100M)wRT \tag{7.5}$$

式中，ρ 为溶剂的密度（g/L）；w 为溶质的质量分数（%）；M 为溶质的摩尔质量（g/mol）。

根据式（7.3）可知，渗透压大小与溶质的摩尔浓度 c 和热力学温度 T 成正比，因此为了加快腌制过程，应尽可能在较高温度和较高腌制液浓度的条件下进行。从温度看来，每升高 1℃，渗透压会增加 0.30%～0.35%。渗透速度还和溶剂的密度 ρ 及溶质的摩尔质量 M 有一定关系。但是，在实际加工过程中，通过改变溶剂密度来控制腌制过程的可能性不大，因为腌制食品时，一般都是以水作为溶剂。溶质的摩尔质量对腌制速度的影响很大，因为要达到相同的渗透压，溶质的摩尔质量越大，需用的溶质质量也越大。

由式（7.4）可知，若溶质能够在溶剂中解离成离子状态，则能提高渗透压，相对于无法解离的溶质而言，其用量可显著减少。如果选用食盐为溶质、水为溶剂，当溶质的浓度为 10%～15% 时，渗透压可达 300～600kPa；而当溶质为糖时，溶质的浓度需达到 60% 以上才能达到相同的渗透压水平。这说明，要达到类似的保存效果，糖渍需要的溶液浓度要比盐渍高得多。为了提高腌制速度，应尽可能提高腌制温度和腌制剂的浓度。但实际生产中，高温腌制容易造成原料的腐败，所以要根据实际情况选择腌制温度，淡水鱼类最好在 2～4℃ 下进行腌制。

平衡　　腌制过程实际是扩散与渗透相结合的过程，是一个动态平衡过程，其根本动力是浓度差。当浓度差逐渐降低直至消失时，扩散和渗透过程达到平衡。在食品的腌制过程中，组织外的腌制液和组织内的溶液浓度会借溶剂渗透和溶质的扩散而达到平衡，其结果是食品组织细胞失去大部分自由水分，溶质浓度升高，水分活度下降，渗透压得以升高，从而可以抑制由微生物的侵袭造成的腐败变质，延长食品保质期。

（2）保存机制。高浓度食盐引起的水分活度降低和渗透压的提高，对微生物具有明显的抑制作用。不同种类的微生物的生长繁殖都要求有一定最低限度的水分活度，大多数细菌为 0.99～0.94，霉菌为 0.94～0.8，耐盐细菌为 0.75，耐干燥霉菌和耐高渗透压酵母菌为 0.65～0.6。在水分活度低于 0.6 时，绝大多数微生物无法生长，高渗透压可使微生物的细胞脱水、崩坏或质壁分离，同时抑制了微生物分泌的酶及鱼肉中组织酶的活性。一般来说，盐含量在 1% 以下时，微生物的生理活动不会受到任何影响；当盐含量为 1%～3% 时，大多数微生物的生理活动就会受到暂时性抑制；当盐含量为 6%～8% 时，大肠杆菌、沙门氏菌和肉毒杆菌停止生长；当盐含量超过 10%，大多数杆菌便不再生长；在盐含量达 15% 时，球菌的生理活动被抑制，其中葡萄球菌则要在盐含量达到 20% 时，才能被抑制；酵母菌在 10% 的盐溶液中仍能生长，在盐含量达到 20%～25% 时，霉菌的生理活动才能被抑制。除此之外,盐溶液中高浓度的 Na^+、K^+、Cl^- 等能对微生物产生生理毒害作用;同时,因溶氧量下降而形成的缺氧环境,也可抑制需氧菌的生长。但一般来说,高浓度的盐溶液只是使多数微生物的生长繁殖受到抑制,通常无法彻底杀灭微生物,当环境条件发生改变时,微生物仍有可能恢复正常的生理活动,因此适合的储藏环境也是保证腌制品品质的重要因素。

细胞脱水作用 微生物细胞实际上是有细胞壁保护及原生质膜包围的胶体状原生浆质体。细胞壁是全透性的,原生质膜则为半透性的,其渗透性随微生物的种类、菌龄、细胞内组成成分、温度、pH、表面张力的性质和大小等因素而变化。在高渗透压下,微生物的稳定性取决于种类,其质壁分离的程度取决于原生质的渗透性。如果溶质极易通过原生质膜,即原生质的通透性较高,细胞内外的渗透压会迅速达到平衡,不再产生质壁分离的现象。因此,微生物种类不同时,由于原生质膜的差异,溶液的反应也就不同。因此,腌制时,在不同浓度盐溶液中生长的微生物种类也有差异。食盐的主要成分是 NaCl,在溶液中完全解离为 Na^+ 和 Cl^-,其溶质微粒数比同浓度的非电解质要高得多,因此食盐溶液具有很高的渗透压。1% 的食盐溶液可产生 61.7kPa 渗透压,而大多数微生物细胞内的耐受渗透压为 30.7～61.5kPa。当微生物处于高渗透压的食盐溶液(>10%)中,细胞内的水分会透过原生质膜向外渗透,使细胞的原生质脱水,与细胞壁发生质壁分离,并最终使细胞变形,微生物的生长活动受到抑制,脱水严重时还会造成死亡,从而达到防腐的目的。

生理毒性作用 食盐溶液中的一些离子,如 Na^+、Mg^{2+}、K^+ 和 Cl^- 等,在高浓度时能对微生物产生毒害作用。Na^+ 能和细胞原生质的阴离子结合,产生毒害作用,而且这种作用随着溶液 pH 的下降而加强。一般情况下,酵母菌在 20% 的食盐溶液中才会被完全抑制,但在酸性 pH 条件下,14% 的食盐溶液就能完全抑制其生长。NaCl 对微生物的毒害作用也可能来自 Cl^-,因为 Cl^- 也会与细胞原生质结合,从而促使细胞死亡。

酶活性的影响 微生物酶的蛋白质结构常在较低浓度盐溶液中就遭到破坏,这是由于 Na^+ 和 Cl^- 可分别与酶蛋白的肽键等结合,从而使酶失去催化能力。

降低环境的水分活度 食盐溶解于水后,解离出来的 Na^+ 和 Cl^- 与极性的水分子通过静电引力作用,在每个 Na^+ 和 Cl^- 周围都聚集了一群水分子,形成水化离子。食盐浓度越高,Na^+ 和 Cl^- 的数目越多,所吸收的水分子越多,导致水分子由自由状态(自由水)转变为结合状态(结合水),使水分活度降低。水分活度越低,溶液渗透压越高。由于饱和盐溶液(浓度为 26.5%)中的水分全部被离子吸引,几乎没有自由水,此时水分活度为 0.75,在这种条件下,细菌、酵母菌等微生物由于渗透压作用而脱水、崩坏或产生原生质分离,都难以正常生长繁殖。

氧气含量下降 氧气在水中具有一定的溶解度,食品腌制时使用的盐水或者渗入食品组织内形成的盐溶液浓度很大，使氧气的溶解度下降，从而造成缺氧环境，需氧菌难以生长。此外，缺氧环境能防止脂质、维生素 C 等物质的氧化。

2）腌制过程影响因素

盐渍作用能较有效地延缓和控制淡水鱼的腐败，盐渍效果还取决于其作用速度和平衡时鱼肉中盐的浓度。在盐渍过程中，一方面，通过食盐的渗透作用，可以加快除去鱼肉中深度部位的水分，同时增加鱼肉中溶质的浓度，降低 A_w，抑制微生物的生长繁殖，并因蛋白质变性而使酶失活，达到防止腐败变质的目的；另一方面，在酶、微生物等作用下，鱼肉组织进行自溶、分解和腐败等。因此，盐渍的效果及其对淡水鱼腌制品品质的贡献，取决于这两方面的竞争性作用。也就是说，渗透速度和鱼体变质速度之比非常重要。盐渍过程中关键的问题是要使食盐溶液以相对较快的速度到达鱼肉深部，以确保在盐渍作用尚未达到鱼肉深部时，该部分不发生变质。很多因素会对盐渍过程中的渗透、扩散及腌制品的性状变化产生影响，而扩散渗透是腌制过程的关键，若对影响这个过程关键的因素控制不当，就难以获得优质的腌制淡水鱼产品。总结腌制过程中的影响因素，主要包括以下几个方面。

（1）食盐浓度。从渗透理论来看，渗透溶质的分子质量及解离情况对渗透脱水有很大的影响。溶质的分子质量对渗透过程的速度并无显著的影响，但渗透压与溶质分子质量及其浓度有一定的关系。因此，对于固定分子质量的渗透溶液来说，浓度的差异会引起渗透压的不同，从而对渗透过程产生影响。一般地，用盐量越多，或者盐水浓度越大，渗透的速度越快，且鱼肉中的食盐含量越高。刚开始时，食盐在鱼体中的渗透速度很快，然后随着腌制的进行而逐渐减慢达到平衡，这一过程可以认为与一般的扩散过程一样。实际上，腌制时的食盐用量需根据腌制目的、环境条件、腌制原料、消费者口味等来确定。为达到完全防腐的目的，要求食品内的盐含量在 17% 以上，而所用的盐浓度至少要达到 25%。但产品中的盐量过高时，可食用性会大大降低，同时过高的盐含量还会掩盖产品的特殊风味和香气。从消费者可接受腌制品的咸度来看，盐含量一般控制在 2%～3% 为宜。

（2）腌制温度。由扩散渗透理论可知，温度越高，扩散渗透速度越快，但随着渗透的进行，渗透速度的增幅逐渐减小。在高浓度的腌制中，温度对渗透速度的影响相对较小。值得注意的是，虽然腌制温度越高，所需腌制时间越短，且适当升高温度会使微生物和酶的作用加强，以及盐水中氨基酸的溶出量也会增加，对风味的成熟也有积极的作用，但是选用适宜腌制温度时必须谨慎小心，这是因为温度过高，腐败微生物的生长活动也越迅速，当食盐扩散速度不够快时，有可能导致鱼肉腐败。对于肉层较厚或脂肪较多的鱼体，较适宜的腌制温度是 5～7℃，而小型鱼类可以在较高的温度下腌制，因为高温下的食盐渗透速度相对较快。

（3）食盐纯度与粒度。食盐的纯度对盐渍过程的影响主要与其中 Ca^{2+}、Mg^{2+}

等有关，腌制加工盐通常采用晒制盐、蒸发盐、矿盐和人造盐。晒制盐由海水或盐湖水晒干或风干而成，其中带有大量的非 NaCl 杂质甚至泥沙；蒸发盐是将深矿中的浓盐水加热蒸发后制得的，其纯度取决于地下矿藏的性质；矿盐是从地下矿床中采掘出来的盐，NaCl 纯度可达 80%～90%；纯化的人造盐是由上述盐为原料而制得的，含有 99.9% 的 NaCl。盐中的主要杂质为 KCl、NaNO$_3$、CaCl$_2$、MgCl$_2$、FeCl$_3$、CaSO$_4$、MgSO$_4$、Na$_2$SO$_4$、CaCO$_3$ 及微量金属（如 Cu 和 Fe）等。其中，K$^+$ 含量过高会刺激咽喉，严重时会引起恶心和头痛；CaCl$_2$、MgCl$_2$ 具有苦味，水溶液中的 Ca^{2+}、Mg^{2+} 含量达到 0.15%～0.18%，在食盐中达到 0.6% 时能察觉出有苦味。在腌制加工中，使用高纯度的 NaCl 有利于提高渗透速度，避免二价离子对 Na$^+$ 的渗透产生拮抗作用。而且，使用高纯度的食盐，还能控制杂质的引入和微生物污染。盐中存在较多的钙、镁杂质会使腌制品硬、脆、产生苦味和吸湿性，影响制品口感，且不利于储藏。铜、铁、铬等杂质的存在还容易引起脂肪氧化酸败，使腌鱼的表面产生黄褐色。但经验表明，纯度极高的 NaCl 会使产品产生轻微发黄，而盐中的 Ca^{2+}、Mg^{2+} 杂质含量达到 0.5% 时，可使腌制品的白度更好。因此，在实际生产过程中，常根据商业需要进行盐料选择。

食盐的粒度也是影响食盐扩散速度的重要因素，盐粒越小，越易溶解在从鱼体中渗出的水中，有利于快速向鱼肉组织扩散。但盐粒过小时，容易被从鱼体中渗出的水大量洗走，造成补盐不足和盐的浪费。

（4）渗透调节剂。淡水鱼的传统腌制一般都采用食盐来脱水保存，但是大量传统腌制鱼产品的消费容易造成人体盐分的过量摄入，这也是目前我国腌制鱼产业发展的重要制约因素。采用低盐腌制时，需要严格控制腌制时间，以保证腌制过程快速，避免发生腐败。为解决这一问题，目前通常是考虑添加渗透脱水调节剂来加速盐渍过程，如糖类物质（蔗糖、海藻糖等）。海藻糖在腌制过程的作用主要是由于其分子结构具有多羟基，能够很好地与自由水分子相结合，从而降低 A_w，使得食盐的扩散阻力降低；另外，海藻糖增加了渗透过程的渗透压，也能加快腌制过程。

（5）真空渗透。真空渗透近年来作为一种用来改善液固系统传质效率的技术而出现。真空不仅可以营造低氧的环境，减轻或避免氧化作用，还可以通过形成压力差，加速物料中物质分子的运动和气体分子的扩散。物料组织中的气体在压力差的作用下，很容易扩散出来被及时抽掉。真空渗透技术主要利用压力差结合浓度梯度实现淡水鱼产品的快速腌制。

（6）原料鱼的性状。食盐的渗透效果与原料鱼的化学组成、比表面积及形态密切相关。影响渗透和扩散的主要因素如下：①原料鱼的大小。原料鱼个体越大，食盐渗透速度越慢。②有无表皮。带皮的或皮厚的鱼，食盐通过表皮的渗透速度较慢。因此，除了个体太小或肉质太嫩不方便逐条处理的鱼外，适当的前处理，如剖开、去皮、去内脏、切分等都有利于提高盐的渗入效率。③鱼体中的脂肪含量。鱼类的皮下和肌肉中存在的脂肪会阻碍盐分和水分的内外渗透，对于皮下脂肪层厚、脂肪含量较高的鱼类，一般食盐的渗透速度较慢。④鱼体中的蛋白质含量。鱼体中较高的蛋白质含量也会延长内外部盐浓度达到渗透平衡所需的时间，这是由于鱼体肌肉中最终的 pH 常高于组织蛋白质的 pI，使带负电荷的氯离子被更多地吸引到蛋白质周围，这反过来又会增加蛋白质的持水力，使水分更难渗出。⑤原料鲜度。鲜度越高的鱼，食盐渗透速度越快。由于冻结引起的物理变化和蛋白质变性会影响食盐的渗透，因此渗透速度一般为短时冻藏鱼＞未冻鱼＞长期冻藏鱼。

2. 腌制过程品质变化

1）物理变化

（1）质量变化。淡水鱼在腌制过程中，最明显的变化是质量的变化，原因是水分的渗出和盐分的渗入。通常情况下，腌制的原料鱼会出现质量减轻的现象，但根据腌制方法和条件，也有因吸水而使质量增加的情况。采用干腌法时鱼体总是脱水，因而质量减少，其脱水量与用盐量成比例。湿腌法存在一个临界盐浓度，在该浓度以上，食盐的获得量小于鱼体脱水量，质量减少；该浓度以下，食盐的获得量大于鱼体脱水量，质量增加。有试验表明，质量增减的临界盐浓度一般为10%～15%。这种质量的增减不仅与食盐的浓度有关，还与盐水的容量和鱼体质量的比例有关。我国使用盐水腌制的浓度一般大于临界浓度，所以淡水鱼原料在经过腌制后通常表现为失水，质量减少 20%～30%。

（2）肌肉组织收缩。鱼体在不同的食盐浓度下进行盐渍时，伴随着水分的渗出和食盐渗入，以及肌肉组织中的组分在盐水中的溶出，鱼体的组织外观发生明显变化。当鱼体总体质量减少时，鱼体伴随一定程度的组织收缩，鱼肉质构变硬，口感变差，这是由于吸附在蛋白质周围的水分失去后，蛋白质分子间相互移动，加强了静电作用的效果。可见，肌肉组织收缩的物理变化，伴随着蛋白质脱水的化学变化。有研究报道，在盐渍过程中添加 2.9% 的海藻糖，可增强肌球蛋白的疏水相互作用，减少巯基氧化和二硫键的形成，保持肌球蛋白的稳定性，改善肌肉组织收缩的现象。

2）生化变化

（1）蛋白质与脂肪分解。对于腌制淡水鱼，由于内源酶和微生物酶的作用，蛋白质与脂肪发生分解，从而使游离氨基酸、游离脂肪酸含量增加。蛋白质与脂肪的分解程度与食盐浓度、温度、淡水鱼品种均有关；分解的程度与食盐的浓度成反比，但在饱和盐浓度条件下并不能完全抑制这种分解。温度越高，分解程度越大，在温度高的情况下，红身鱼的分解程度较大；即使是同种淡水鱼，留有内脏的整鱼比去除内脏的鱼的分解程度大。有些种类的淡水鱼，通过酶的分解可产生柔软的质构和芳香醇厚的气味，这种现象称为熟成。

（2）脂肪氧化。腌制过程常常伴随着脂肪的氧化，特别是干盐渍和储藏过程中，鱼体与空气接触，鱼体的脂肪酸多为不饱和脂肪酸，特别是一些多脂鱼中的不饱和脂肪酸含量更高，而且分布在皮下靠近侧线的层肌肉组织中，即使在温度较低时，也不会使这些不饱和脂肪酸凝固。同时，在长期冻藏中，脂肪酸往往在冰的压力作用下，由内部转移到表层，因此很容易与空气中的氧气作用，产生酸败。同时，食盐具有促进脂肪氧化变质的作用。在脂肪氧化的过程中，又伴随着蛋白质的分解，产生的氨基酸、氨基态氮及冷库中存在的氨等会加强酸败的作用，造成色、香、味等的严重恶化，此现象称为"油烧"。在实际生产中，可采用湿腌、低温盐渍、添加抗氧化剂等措施来抑制脂肪氧化的发生。而多脂鱼类，适宜在较低盐浓度（<10%）和较低温度（<10℃）条件下，采用盐水渍或在避免暴露空气的状态下进行盐渍。

（3）蛋白质变性。咸鱼与鲜鱼的肉质相差较大，特别是腌制盐浓度较高的咸鱼组织会变得较硬，这种变化与组织的收缩及蛋白质的变性密切相关。盐渍后，肌肉中的主要蛋白质——肌球蛋白会逐渐失去溶解性和酶活性，不溶解性与食盐的渗透和脱水程度有关。通常，鱼肉内的盐浓度达到8%～10%时，组织迅速脱水，致使蛋白质变性而发生不溶解现象，因此盐渍淡水鱼蛋白质变性的直接原因是鱼肉内较高的盐浓度。但在某些鱼肉中，即使在较低盐浓度下盐渍时也会发生不溶解现象。因此，对于不同鱼种，其蛋白质变性的难易程度也有差异。除了上述变化以外，腌制也会引起蛋白质热稳定性和构象发生变化，主要受到离子强度等周围环境的影响。蛋白质天然构象内的疏水相互作用可以改善热稳定性，而离子强度增大会使疏水相互作用减弱，导致热稳定性的降低，也使得蛋白质变性温度向低值方向移动。

（4）肌肉成分溶出。盐渍过程中，肌肉会发生可溶性成分的溶出。溶出成分中，氮化物的主要成分是蛋白质、氨基酸等，溶出量（以氮计）可达 10%～30%。随着盐渍温度的升高，溶出到盐水中的蛋白质和氨基酸的含量逐渐增加，但是增加速率随着温度的升高而逐渐降低。而随着盐渍浓度的增加，溶出到盐水中的蛋白质和氨基酸的含量逐渐减少，当盐水浓度达 20%以上时，对蛋白质和氨基酸的溶解能力达到最小。

鱼体肌肉中蛋白质的水解速度同样随着温度的升高而加快，所以肌肉中的游离氨基酸的含量在增加，且大于盐水中的增加幅度。盐浓度的影响明显大于温度对其溶出的影响，这是因为高浓度的食盐对鱼体中的蛋白酶具有较强的抑制作用，浓度越大，抑制作用越强。在通常情况下，溶出量的比较如下：湿腌大于干腌、高温大于低温、鱼片大于鱼块、蛋白质大于氨基酸。

（5）结晶性物质的析出。盐渍鱼的表面通常会析出白色的结晶性物质，其化学成分主要是正磷酸盐，产生原理为鱼肉中的核苷酸类物质在酶的作用下分解而游离出磷酸基，磷酸基又因为食盐过饱和而被析出。这种盐在空气中放置，脱水后变成粉末状的 $Na_2HPO_4 \cdot 2H_2O$。结晶性物质析出的现象特别容易出现在原料鲜度差、低温盐渍或者初干燥的条件下，这种结晶物的存在虽然对保存性没有显著的影响，但会影响产品的感官及食用品质。

（6）腐败分解。与鱼体腐败有关的大多数微生物通常是厌盐菌，它们在盐浓度大于 5%时不能生长，盐渍在一定程度上抑制了细菌的生长和腐败的发生。但盐渍不能完全抑制细菌的作用，许多在高渗环境中能够存活的细菌也会使鱼肉腐败分解。引起腌制淡水鱼腐败的细菌主要为耐盐菌和嗜盐菌，有的菌株甚至可以在20%的盐浓度环境中生长。

产生腐败的因素如下：①食盐浓度过低。食盐浓度在 10%以上时才会对细菌腐败产生抑制效果，浓度越高，作用越大。②食盐的纯度过低。盐渍的保存效果因盐的种类而异，食盐的纯度是主要因素，食盐纯度越高，保存效果越好。③盐渍温度过高。盐渍温度越低，保存效果越好，特别是食盐的纯度越高，低温保存效果越好。④空气接触。厌氧条件对腐败分解有抑制作用。

（7）变色。腌制淡水鱼产品的变色现象主要包括发红和褐变两种。

发红　　咸鱼发红主要是因为两种嗜盐性细菌感染淡水鱼原料后，蛋白质被分解，在鱼体表面产生红色的黏性物质，并逐渐渗透进入鱼体内部。这两种嗜盐菌是八迭球菌属中的一种（*Sarcina littoralis*）和假单胞菌属的一种（*Pseudomonas salinaria*），它们都有分解蛋白质的能力，后者还能使咸鱼产生令人不悦的气味。这两种细菌主要由腌制用盐带入，在温度超过 15℃时就容易生长繁殖，产生发红现象。为防止咸鱼发红的产生，现有的措施主要有：①保证腌制及储藏过程始终在低温低湿条件下进行；②在盐渍用盐中添加乙酸和苯甲酸。

褐变　　褐变是由一种嗜盐性霉菌（*Sporendonema epizoum*）引起的在盐渍鱼的表面产生褐色斑点的现象，会使产品的感官品质大大下降。这种嗜盐性霉菌孢子生长在鱼体表面，其网状根伸入鱼肉内层，能够在食盐浓度为 10%～15%、相对湿度为 75%、温度为 25℃的环境中繁殖，有些菌株还会分解蛋白质，但达不到使咸鱼软化的程度。为防止咸鱼褐变的产生，现有的措施主要有：①保证腌制及储藏过程始终在低温低湿条件下进行；②在盐渍用盐中添加乙酸和苯甲酸；③使用 0.8mol/mL 的丙酸钠或 0.1%的山梨酸液对产品浸渍处理 30s。

（8）成熟。成熟是一个复杂的过程，它包含大量的化学和生化反应。在成熟阶段，由于内源性组织蛋白酶和细菌蛋白酶的作用，鱼肉在较长时间的盐渍过程中逐渐失去原来鲜鱼肉的组织状态和风味特点，肉质变软，形成咸鱼特有的风味。在该阶段，蛋白质在酶的作用下分解为寡肽、游离氨基酸和胺等。肌肉组织中的可溶性物质（如肌球蛋白等）溶出，为微生物的生长提供了条件，同时也是成熟腌制品风味的来源。部分脂肪分解产生小分子挥发性醛类物质，具有一定的芳香味，因此腌制后的多脂鱼类风味通常优于低脂鱼类。参与分解作用的酶可能来自鱼的消化系统（有时剖鱼时不去除幽门盲囊以利于熟化）、肌肉组织、鱼体上原来附着或在盐渍过程中生长的细菌，分解程度与食盐浓度、温度及不同鱼种的组织成分等因素有关。

一般来说，提高温度有利于分解的进行，而盐浓度的提高则会对其产生抑制作用，但是即使盐浓度达到饱和条件，也不能完全抑制这种分解。由于自身成分和酶的原因，红色肉鱼、未去内脏的鱼的分解程度相对较大，这些分解产物又会通过一系列复杂的反应产生各种对风味有贡献的物质，因此成熟过程对腌制淡水鱼风味的形成具有重要意义。目前，一般认为美拉德反应对风味的形成也有很大的作用，而鱼体中的糖，尤其是 ATP 降解时释放出来的核糖，对美拉德反应有促进作用。然而，对于干腌的咸鱼来说，一般不希望其发生任何褐变，以免影响产品的感官品质。

3. 腌制技术

食盐腌制法是最基本的腌制方法，简称盐渍法。盐腌可看作盐渍熟成的过程。按用盐方式，盐渍法可分为干腌法、湿腌法和混合腌制法；按盐渍的温度，可分为常温盐渍法和低温盐渍法；按用盐量，可分为重盐渍法与轻盐渍（淡盐渍）法等。随着产品种类和加工技术日趋多样化，盐渍过程常用来作为其他加工，尤其是风味化加工的前处理手段，以提高产品的保存性和适口性，或使原料在较短的时间内达到性状稳定。

1）干腌法

干腌法又称干盐渍法、撒盐法，是利用干盐（结晶状态的食盐）并依靠鱼体渗出的水分所形成的食盐溶液而进行盐渍的方法。实际操作时，将完整的或切开后除去内脏的淡水鱼以一层鱼肉、一层盐的方式整齐码放到容器内，加足底盐和封面盐，等出卤后压上重物，进行盐渍。由于开始腌制时仅加食盐不加盐水，因此称干腌法。在干腌过程中，食盐产生的渗透压及食盐的吸湿性使鱼体组织渗出水分，形成食盐溶液，再向鱼肉内部渗透，因为盐水形成缓慢，所以盐分向鱼肉内部渗透较慢，延长了腌制时间，但腌鱼风味较好，而且食盐溶解需要吸收热量，因此能降低鱼体温度，这对鱼类腌制防腐有重要意义。干腌法具有鱼肉脱水效率高、加工工艺简单、不需要特殊设备、蛋白质和浸出物等营养成分流失少等优点，但由于盐水不能很快形成，推迟了食盐渗透到淡水鱼中心的时间，延长了盐渍过程，且在金属离子存在下，原料与空气接触面积大，易产生油脂氧化，引起"油烧"现象，使制品的质量降低。因此，干腌法通常适用于低脂淡水鱼及各种小型淡水鱼的腌制。

2）湿腌法

湿腌法又称盐水渍法，是在容器内将处理好的鱼肉原料浸渍于预先配制好的食盐溶液内，腌制剂通过扩散和水分转移到达鱼肉组织内，外盐溶液浓度达到动态平衡的腌制方法。食盐溶解于普通水中所形成的溶液，在生产上称为人工盐水，这种方法常用于盐腌大中型鱼类。鱼肉组织内的水分会在食盐产生的渗透压下析出而导致盐水浓度降低，所以需经常搅拌并补充食盐，以加快盐溶液的渗透速度。鱼体浸没在盐溶液中，食盐渗透较为均匀，通常不会产生过度脱水现象，且通过浸泡隔绝氧气可以防止脂肪氧化酸败。另外，盐度可以调节，通常能制得质量较好的制品。同时，由于从鱼体中析出的水分能使盐液浓度迅速降低，在盐渍过程中需不断补充食盐，但通常食盐的溶解速度小于由鱼体渗出水分冲淡盐水的速度，而且在静止盐水中，扩散及浓度平衡过程极为缓慢，导致鱼体的盐渍程度不均匀，延长了盐渍时间，降低了产品质量。此外，湿腌法对腌制容器的要求更高，且用盐量也更多，因此通常适用于多脂鱼的腌制，或者用于生产热熏鱼及其他深加工产品的预处理腌制工艺。

3）混合腌制法

混合腌制法是一种干腌和湿腌相结合的腌制方法，将鱼体在干盐中滚蘸盐粒后，以一层盐、一层鱼的方式整齐码放在腌制容器中，腌制一段时间后，再注入一定量的饱和食盐水进行腌制，以防止鱼体在腌制时盐液被稀释，导致腌制不均匀。采用混合腌制方法，鱼体表面的干盐可以及时溶解于从鱼体渗出的水分中，以保持盐水的饱和状态，避免了盐水被冲淡而影响腌鱼质量，同时可以加快盐渍过程，不像干盐法那样需待表层鱼肉发生强烈的脱水作用后才开始盐渍，盐渍初始也不易产生变质。此外，混合腌制法也可以避免鱼体在空气中停留时间过长而产生"油烧"现象，制品外观更好，对于保持和提高咸鱼质量有很重要的意义。但该种腌制工艺比单一腌制方法更加复杂，适用于体型较大的多脂鱼的腌制。

4）低温腌制法

按照盐渍前的鱼体冷却温度，低温腌制法又可分为冷却盐渍法和冷冻盐渍法。

（1）冷却盐渍法。冷却盐渍法指产品在盐渍容器中受到碎冰冷却作用，在0～5℃下进行盐渍，利用温度为0～7℃的冷藏库进行盐渍也属于此种方法，但也应当在容器中的各层原料之间撒布适量的碎冰，以保证冷却效果，特别是在腌制体型较大或肉质肥厚的鱼体时尤应如此。冷却盐渍法的目的是在盐渍过程中阻止鱼肉组织中的自溶作用和细菌的分解作用，以保证腌制的质量。冷却盐渍法的用盐量应按照加冰量的多少而定，因为冰融化时会稀释盐水的浓度。

该方法的操作要点如下：首先在容器底部撒一层冰盐混合物，再于其上整齐码放淡水鱼原料，每一层原料上部都要撒一层盐和一层碎冰，再码放一层淡水鱼，如此逐层进行至装满容器为止。由于容器顶部与外界的热量交换速度最快，上层的冰更易融化。同时，由于重力的作用，上部淡水鱼受盐液浸渍的时间较短，因此在加入冰和盐时必须逐层增加用量，具体分配比例如下：容器下部所用的冰、盐量占总量的 15%～20%，中部占 30%～40%，上部占 40%～45%，这种上部用量多于下部的原则，在一般干盐法中也是十分常见的。

（2）冷冻盐渍法。冷冻盐渍法是预先将鱼体冻结后再进行盐渍的方法，目的是防止在盐渍过程中鱼肉深处发生变质，因盐渍过程极为缓慢，尤其适用于体型较大而肉质厚实的鱼体。一般是将经过冷冻的鱼体，按一层盐、一层鱼的方式整齐码放于容器中进行盐渍。虽然这种先经过冷冻再行盐渍的方法，在保持鱼制品质量方面是更为有效的，但由于盐渍过程只有在冰融化时才能进行，加工过程较慢。因此，该种方法只适用于制作熏制或干制的半成品，或用于盐渍大型而肥壮的贵重鱼品。

4. 腌制加工质量控制

增强淡水鱼产品的保存性能是进行腌制加工的重要目的之一。如果在加工过程中采取适宜的加工工艺、规范的操作流程、科学的包装及储藏条件，产品的保存期限可以长达数月甚至一年以上。但如果生产加工及包装储藏方式不当，也极易产生腐败变质。因此，为了保证腌制水产品的加工质量，延长产品的货架期，必须对以下加工环节加以关注。

1）保证原料新鲜

用作腌制加工的淡水鱼原料必须新鲜。如果原料本身新鲜度差，那么很可能在盐渍之前便已经出现腐败，加工出的产品也肯定无法满足食品卫生的要求。选择新鲜未变质的淡水鱼作为盐渍原料，是腌制加工所必须满足的最基本条件。如果加工的原料鲜度较差，必须相应地增加用盐量，且最好用易于迅速溶化的细盐。若采用干腌工艺，腌制产品上部应加木板并配以较重的压石压紧，当盐渍达到平衡时，应进行翻池换卤或进行复盐渍，这会大大延长加工周期，增加加工成本。因此，从经济的角度，使用新鲜度较好的原料是更加有利的。

2）采取适当的剖割与腌制处理

根据鱼体大小，采取适当的分割及相应的腌制技术。对于体型较大的鱼，必须剖割，用背开，并在肉厚的地方打花刀，划渗盐线。抹盐要均匀，鳃部和渗盐线内要塞盐、剖开面要多埰盐；对于体型中等的鱼，一般用腹开或划渗盐线，腹内或渗盐线内塞盐；对于小型鱼类，则一般采用拌盐腌制，拌盐必须均匀。

3）严格执行清洁操作

腌盐池（桶）在使用前必须洗干净，必要时用漂白粉消毒。无论剖割与否，原料在加盐腌制前必须洗净表面黏液、血污和污泥等。对于背开的原料，脊骨附近应刷净除去内脏和血污。

4）把握用盐品质与用盐方法

盐的品质对腌制淡水鱼产品的品质也有重要的影响，若食盐纯度不高，不仅会影响 NaCl 向鱼体中渗透的速度，同时含有的杂质，如钙盐和镁盐会使产品带有明显苦味。因此，通常要求腌鱼用盐中的 NaCl 含量在 90% 以上（上等盐），最好能达到 95%～97%。对盐粒大小也有要求：盐粒越小，越易于溶解在鱼体渗出的水中，有利于盐快速向鱼肉组织扩散，但由于有的部位速溶，有的部位发生结块，盐液无法均匀分布，且水从鱼体中渗出的速度也有变化，初始速度较快，会洗走大量的盐粒，造成盐含量的不足和盐的浪费。当盐粒在 0.7cm 以上时，盐和鱼体的接触面积减小，也会阻碍食盐的渗透速度，常在盐渍初期造成鱼体腐败现象。因此，盐粒通常以 0.45～0.64cm 为佳。

用盐量的控制主要是把控原料鲜度、不同地区、不同季节的温湿度，应根据储藏期限的长短及原料水分含量的高低来适当地增减用盐量。在下池（桶）时，采用底轻面重的用盐方法，并以一层原料、一层盐的方式分层整齐码放，每层撒盐厚薄均匀。虽然用盐量高有利于抑制腐败菌和其他各种微生物的生长，提高产品的保存特性，但用盐过量也会严重影响产品的风味特性。根据理论计算和实际操作经验，在盐渍时，用盐量不宜超过原料质量的 32%～35%，成品中的含盐量通常以 10%～14% 为宜。

5）加强腌制过程中的管理工作

腌制过程中，许多细节的控制也直接关系到腌制淡水鱼的品质，需要在加工过程中予以重视。淡水鱼拌盐下池（桶）后，腌制品表面必须加封盐，防止产品露出；卤水渗出浸没产品后，应及时加上重压，并定时检查池中卤水比例、颜色、气味和产品肉质等是否正常，有无气泡的发生等，若发现有不正常情况，应及时进行换卤或翻池，特别在气温高的季节、地区，或者淡水鱼在池中腌制时间较长的情况下，更应特别注意。

6）关注腌制过程的安全问题

在腌制咸鱼的过程中，会将食盐中本身所含的硝酸盐杂质带入鱼体内，虽然硝酸盐对人体的危害鲜有报道，但在一定条件下，硝酸盐可被微生物还原为亚硝酸盐，摄入过多的亚硝酸盐可引发高铁血红蛋白症，导致中毒甚至死亡。此外，在咸鱼腌制过程中，蛋白质的分解可产生初级胺、次级胺、三级胺等氨基化合物，许多胺类具有生理毒性，而且在适当的条件下，这些胺类还能与亚硝酸盐发生反应生成具有强致癌性的 N-亚硝胺，这些物质的存在会严重影响腌制淡水鱼产品的食用安全性。要避免这些有害物质带来的危害，需要在原料和食盐质量的控制、加工工艺的优化、包装及储藏技术的更新等方面形成综合控制体系。

7.1.2　发酵加工

发酵有着悠久的应用历史，食物通过微生物发酵作用，不仅能够延长保质期，还可以提高感官品质和营养价值。我国南方各地均有不同特色的发酵水产品，如鱼露、发酵鱼糕、糟鱼、酸鱼等，深受消费者的喜爱。

1. 发酵原理

发酵淡水鱼产品一般以低值淡水鱼或加工副产物等为原料，在一定盐浓度条件下，利用原料表面附着的微生物、肠道内部自身微生物及组织中酶的多重作用来分解蛋白质、脂肪和多糖等成分，得到具有特殊风味和营养价值的发酵鱼产品。传统淡水鱼发酵主要是利用高盐来抑制发酵过程中非目标菌株的生长与繁殖，各种微生物对盐的耐受程度各不相同，例如，一般腐败菌为 8%～12%，酵母菌和霉菌分别为 15%～20% 和 20%～30%。提高盐浓度能有效抑制淡水鱼发酵过程中腐败菌的生长与繁殖，但是蛋白酶活性和有助于风味形成的有益菌的活性也会受到一定程度的抑制。因此，淡水鱼传统发酵法的周期一般都较长，通过延长发酵时间来弥补酶量及有益菌活性的不足。

1）发酵加工理论基础

（1）主要微生物。对酸鱼、糟鱼、鱼露等淡水鱼发酵制品进行菌相分析，发现微生物主要有三大类，包括细菌、酵母菌和霉菌。

细菌　　细菌包括乳酸菌和葡萄球菌。乳酸菌是淡水鱼发酵过程中常见的优势菌之一，可将原料中的单糖或双糖等糖类经无氧酵解途径分解产生乳酸，降低发酵制品的 pH，从而抑制有害微生物的生长繁殖，且乳酸菌产生的细菌素能抑制或杀死食源性致病菌，是一种天然的防腐剂。同时，乳酸菌酸化原料可使蛋白质产生聚集，增加产品的稳定性、紧实性和黏结性。另外，乳酸菌能赋予食品柔和的酸味和香气，改进食品的品质和营养，提高食品的保存性能，促进发酵食品的成熟。许多乳酸菌还有产生亚硝酸盐还原酶的能力，可以促进亚硝酸盐的分解，降低亚硝酸盐的残留量，在保持产品品质的同时提高产品的安全性。大量研究表明，分离自传统发酵鱼中的优势乳酸菌能更好地适应发酵环境，加快成熟过程，抑制有害微生物的生长，而且使产品的特征风味更加突出。

葡萄球菌是淡水鱼发酵过程中较为常见的细菌，且常用作发酵剂添加到发酵过程中。葡萄球菌通常在发酵初期迅速增长，而随着发酵的进行，其生长逐渐受到抑制。木糖葡萄球菌对腌制发酵淡水鱼制品香味特征的形成起主导作用，所具有的蛋白酶和脂肪酶活性能够将原料中的蛋白质和脂肪分解产生大量酯类及其他风味化合物，从而促进发酵产品香味的形成。木糖葡萄球菌还有降解生物胺的能力，不仅能大幅度地降解组胺，对酪胺也有很好的降解能力。还有研究指出，木糖葡萄球菌能产生硝酸盐和亚硝酸盐，对发酵产品色泽的形成具有控制作用；同时，其中的过氧化氢酶可以抑制淡水鱼制品的酸败；此外，木糖葡萄球菌还具有脂肪分解活性，有利于发酵鱼产品风味的形成。大量的研究表明，从自然发酵产品中分离的肉葡萄球菌和木糖葡萄球菌不仅具有蛋白酶、脂肪酶和硝酸盐还原酶活性和较强的耐盐力，而且安全无毒，无致病性，是优良的发酵剂。

酵母菌　　酵母菌是存在于淡水鱼发酵过程中的另一种优势菌，通常认为，其对发酵产品的滋味和风味都有积极的影响，为兼性厌氧型，在有氧和无氧条件下都能够存活，是一种天然发酵剂。在人工培养基上，酵母菌生长迅速，一般培养 3d 即可达到成熟。酵母菌可以在乳酸菌创造的酸性环境中大量繁殖，具有较强的产香能力。在缺氧条件下，酵母菌可通过将糖类转化成为二氧化碳和乙醇来获取能量，产生的醇不仅可以赋予产品酒香味，还可与乳酸菌作用产生的酸反应生成酯，使发酵产品的香味更加温和浓郁。酵母菌具有一定的蛋白酶活性，能够降解肌浆蛋白和肌原纤维蛋白，提高产品的蛋白营养利用率；同时，酵母菌也具有脂肪酶活性，通过降解脂肪，可以形成大量风味小分子物质，进一步提升产品的风味。酵母菌与乳酸菌结合，不仅可以改善产品的风味和色泽，还可以延长产品的货架期。

霉菌　　霉菌是好氧型菌，在发酵淡水鱼制品中主要分布在表面和紧接表面的下层部分，其不仅可以赋予产品特有的外观，更重要的是能够阻氧、避光、抗酸败；同时，分解脂肪和蛋白质及氨基酸，利于产品特有风味的形成。在淡水鱼发酵产品中，鱼露的生产就利用到了霉菌。然而，如果感染了腐败性的霉菌，会增加毒素形成的风险，导致产品不合格，因此筛选不产毒素的霉菌是十分必要的。在鱼露加工中用到的霉菌主要为米曲霉和黑曲霉，是食品发酵工业中常用的蛋白酶生产菌株之一，其不产生毒素，能分泌糖化酶、淀粉酶、纤维素酶及植酸酶等，而且产酶活性高，因此米曲霉在淡水鱼发酵加工中已得到了广泛应用。

（2）发酵过程菌相变化。微生物和酶对淡水鱼的发酵过程起决定性作用，在发酵过程中各类微生物的生长繁殖趋势不同，发酵过程实际上是对微生物进行选择性培养，最终生存下来的优势菌通过发酵作用赋予产品主要风味。总的来看，整个发酵过程可以分为发酵初期、发酵中期和发酵后期三个阶段。在发酵初期，原料间隙充满空气，有少量氧气存在，因此以霉菌为代表的好氧型微生物可以大量繁殖，成为优势菌。霉菌具有较强的产酶活性，分泌出的各种蛋白酶将淡水鱼蛋白质水解为更容易被吸收利用的多肽、氨基酸等，也为其他微生物的生长繁殖创造了条件。在发酵中期，随着好氧菌对氧气的消耗，厌氧的乳酸菌、酵母菌开始大量繁殖。乳酸菌的生长导致发酵体系中的 pH 显著降低，使霉菌生长变缓，同时使耐酸的乳酸菌和酵母菌开始大量生长繁殖，这两种菌对淡水鱼产品风味的形成有重要作用，且酵母菌和乳酸菌混合发酵对产品风味的提升作用远大于单纯的乳酸菌发酵。在发酵后期，由于乳酸菌的生长繁殖，环境 pH 不断下降，超过酵母菌的适生长范围，酵母菌数量逐渐较少，淡水鱼制品发酵后期以乳酸菌发酵为主。乳酸菌的发酵作用进一步降低了发酵产品的 pH，抑制了腐败菌生长及毒素产生，促进了发酵产品的色泽和风味形成。

以传统酸鱼、糟鱼等发酵加工过程为例，考察发酵过程中优势微生物的变化。

乳酸菌　　在传统淡水鱼发酵过程中乳酸菌的消长变化如图 7.1 所示。在发酵淡水鱼样品中，乳酸菌数量在发酵最初两周内均显著增加（$p < 0.05$），并在之后的发酵过程中基本保持稳定。发酵之前，原料中的初始乳酸菌数为 4.9lgCFU/g。发酵 1 周后，淡水鱼样品中的乳酸菌数迅速增加，达到 7.7lgCFU/g。到发酵中期（3周），乳酸菌数达到 8.9lgCFU/g，并在随后的发酵过程中基本保持稳定，在发酵结束时菌落数为 8.8lgCFU/g。从发酵淡水鱼产品中分离的乳酸菌通过 16S-RNA 鉴定，分别为植物乳杆菌和戊糖片球菌，这一结果表明，在淡水鱼的发酵加工过程中，植物乳杆菌和戊糖片球菌能充分利用鱼肉的营养物质，从而在发酵过程中占据优势。乳酸菌通过发酵过程中产酸和细菌素，改善了产品的色泽、风味、质构，加快了产品成熟，抑制了其他腐败菌和致病菌的生长繁殖，从而提高了产品的质量并保障产品的安全。作为淡水鱼发酵过程中的优势菌，快速增长的乳酸菌数使得pH 迅速降低，抑制了腐败菌的生长，从而提高发酵鱼产品的微生物安全性。

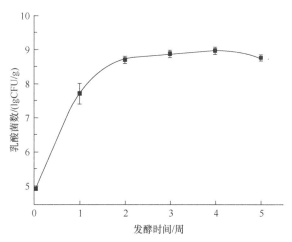

图 7.1　传统淡水鱼发酵过程中乳酸菌的消长变化（廖鄂，2019）

葡萄球菌　　在传统淡水鱼发酵过程中，葡萄球菌的消长变化见图 7.2。由图可知，在发酵样品中，在发酵最初两周，葡萄球菌数量均显著增加（$p < 0.05$），并在随后发酵过程中显著下降（$p < 0.05$）。在发酵前，原料中的葡萄球菌数为4.7lgCFU/g。在发酵 2 周时，发酵体系中的葡萄球菌数达到 6.4lgCFU/g 的峰值，随后又迅速减少至发酵结束时的 4.5lgCFU/g。显然，在淡水鱼发酵后期，葡萄球

菌的生长受到了明显的抑制，主要是由于发酵体系中酸性和厌氧条件的影响。从发酵淡水鱼样品中分离的优势葡萄球菌为木糖葡萄球菌。

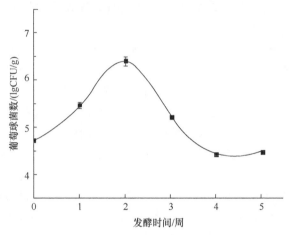

图 7.2　传统淡水鱼发酵过程中葡萄球菌的消长变化（廖鄂，2019）

酵母菌　　在传统淡水鱼发酵过程中，酵母菌的消长变化如图 7.3 所示。

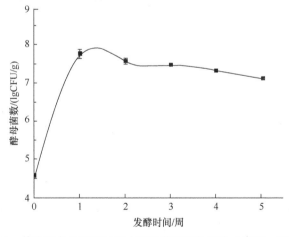

图 7.3　传统淡水鱼发酵过程中酵母菌的消长变化（廖鄂，2019）

在发酵样品中，在发酵最初两周，酵母菌数量均显著增加（$p<0.05$），并在随后发酵过程中呈逐渐降低趋势。发酵前，原料中的酵母菌数为 4.6lgCFU/g。由图 7.3 中数据推测可知，酵母菌数的峰值可能出现在发酵 1～2 周时，但在第 1 周发酵结束时，发酵体系中的酵母菌数就已经达到 7.7lgCFU/g；在发酵的中后期，发酵体系中的酵母菌数量逐渐降低，发酵结束时降至 7.1lgCFU/g，这与同时期乳酸菌的变化情况呈负相关。这表明，虽然酵母菌可以在适当的酸性环境中快

速增殖，但当 pH 过低时，酵母菌的繁殖受到一定的抑制作用，而乳酸菌对低 pH 环境的耐受能力比酵母菌更强。同样，从发酵鱼产品中分离的优势酵母菌为酿酒酵母。

（3）营养成分变化。淡水鱼在发酵过程中，鱼肉中的蛋白质和脂类会发生一系列的化学变化。

蛋白质　　在淡水鱼发酵过程中，蛋白酶水解可降解肌肉组织，促进产品质构的形成，同时产生寡肽和游离氨基酸，使产品具有一定滋味，氨基酸进一步降解，促进香味形成。由于蛋白酶水解的作用，游离氨基酸和非蛋白氮含量增加，水溶性和盐溶性蛋白质的含量逐渐降低。蛋白酶水解是发酵产品成熟过程中重要的理化变化之一，因此蛋白质对最终产品的风味和品质有重要作用。可直接反映发酵体系中蛋白质酶解情况的指标有 TCA（三氯乙酸）-溶解肽、α-氨基态氮、游离氨基酸等。

传统淡水鱼发酵过程中 TCA-溶解肽的含量变化情况如图 7.4 所示。在整个发酵过程中，发酵样品中的 TCA-溶解肽含量呈上升趋势，且在发酵第 1 周时的上升速率最快，之后上升速率逐渐减缓。发酵前原料中 TCA-溶解肽的含量为 2.8μmol 酪氨酸/g。在发酵第 1 周结束时，TCA-溶解肽含量迅速上升至 7.1μmol 酪氨酸/g。在发酵中后期，TCA-溶解肽含量缓慢增加，发酵结束时为 8.3μmol 酪氨酸/g。这表明在淡水鱼发酵过程中，鱼肉中的肌原纤维蛋白和肌浆蛋白被内源蛋白酶和微生物蛋白酶迅速降解为寡肽和游离氨基酸，且酶解贯穿整个发酵过程。

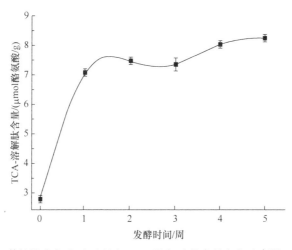

图 7.4　传统淡水鱼发酵过程中 TCA-溶解肽的含量变化（廖鄂，2019）

传统淡水鱼发酵过程中 α-氨基态氮的含量变化如图 7.5 所示。发酵前，原料中 α-氨基态氮的含量为 138.3mg/100g。在随后的整个发酵过程中，α-氨基态氮含量几乎呈匀速上升趋势。发酵结束时，α-氨基态氮含量达到 759.1mg/100g。这表明在传统淡水鱼发酵过程中，鱼肉蛋白质被大量酶解为游离氨基酸，且酶活性基本保持稳定。

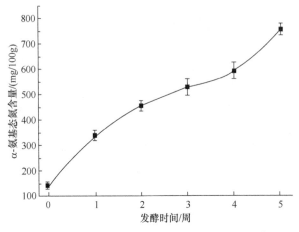

图 7.5　传统淡水鱼发酵过程中α-氨基态氮的含量变化（廖鄂，2019）

如表 7.1 所示，与发酵前原料相比，除精氨酸外，其他氨基酸含量在发酵后均显著增加（$p<0.05$）。发酵前，原料中总氨基酸的含量为 276.1mg/100g。经过 5 周的发酵过程，总氨基酸含量显著增加至 1520.5mg/100g，表明发酵过程对蛋白质营养的利用具有很强的促进作用。作为一种有异味的氨基酸，组氨酸是原料中最主要的游离氨基酸，几乎占总氨基酸含量的 20%。然而，在发酵样品中，主要的游离氨基酸为天冬氨酸、谷氨酸、甘氨酸和丙氨酸，通常认为它们对鱼肉特有的味道有积极的贡献作用，发酵能够明显改善淡水鱼的风味品质。组氨酸和精氨酸分别是组胺和腐胺的前体物质，在发酵结束时产品中的组氨酸含量略有增加，而精氨酸含量有所下降，说明发酵过程还能够通过抑制前体物质的积累来有效控制组胺和腐胺的产生。

表 7.1　淡水鱼发酵过程中游离氨基酸的含量变化（廖鄂，2019）

游离氨基酸	含量/（mg/100g）		
	发酵前	发酵 3 周	发酵 5 周
天冬氨酸	19.8±0.51	88.6±2.62	136.2±3.64
谷氨酸	30.8±4.30	115.0±7.34	234.3±14.56
丝氨酸	2.2±0.10	3.9±0.25	4.7±0.45
组氨酸	52.5±6.34	55.2±4.71	67.4±3.92
甘氨酸	20.6±1.06	64.6±3.17	86.3±5.91

续表

游离氨基酸	含量/（mg/100g）		
	发酵前	发酵 3 周	发酵 5 周
苏氨酸	18.4±0.97	51.9±1.47	74.6±3.32
精氨酸	17.8±2.03	11.2±0.63	10.9±1.05
丙氨酸	22.3±2.64	93.0±5.27	169.9±15.25
酪氨酸	14.9±0.54	15.2±0.32	16.0±0.34
半胱氨酸	0.76±0.32	4.8±0.47	5.7±0.78
缬氨酸	13.7±0.83	89.4±6.20	91.4±3.63
甲硫氨酸	5.8±0.76	50.7±2.16	58.1±3.05
苯丙氨酸	5.6±0.93	68.3±9.42	99.7±16.75
异亮氨酸	7.7±0.98	36.2±4.35	60.6±7.65
亮氨酸	12.3±1.85	86.8±7.55	163.8±15.45
赖氨酸	24.4±1.69	136.1±12.45	185.9±16.54
脯氨酸	6.5±0.37	32.2±2.44	55.1±3.63
总计	276.1±26.22	1003.1±70.82	1520.5±115.92

脂肪　　脂肪是淡水鱼中的主要化学成分之一，在发酵成熟过程中，脂肪会在脂肪组织或肌肉纤维中的脂肪酶和脂氧合酶及微生物产生的酶的作用下发生分解和氧化，包括甘油三酯和磷脂的水解，释放游离脂肪酸，脂肪酸是分解代谢反应的重要前体物，通过脂肪酸的氧化可产生醛类、酮类和醇类等挥发性物质并促进风味的形成，因此脂肪酸是影响风味的一个重要因素。同时，不饱和脂肪酸可通过自由基链反应形成氢过氧化物，通过次级反应产生大量挥发性化合物。研究表明，脂肪氧化所产生的风味物质占总风味物质的 50%以上。通常，反映发酵体系中脂肪氧化水解的指标有 TBARs 值、游离脂肪酸等。

TBARs 值是衡量脂肪氧化程度的指标之一，过高的 TBARs 值往往表明肉类产品的营养降低、异味和变质等。优质淡水鱼加工产品中，TBARs 值不得超过 5mg/kg。传统淡水鱼发酵过程中，TBARs 值的变化情况如图 7.6 所示。发酵前，原料鱼中的 TBARs 值为 0.45mg/kg，在随后的整个发酵过程中，TBARs 值呈现缓慢上升的趋势。在发酵结束时，样品中 TBARs 值也仅为 0.96mg/kg，远低于优质产品中的限量要求，这表明淡水鱼发酵过程中的优势菌株对不饱和脂肪酸的氧化具有较好的抗氧化活性。

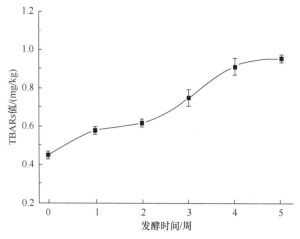

图 7.6　传统淡水鱼发酵过程中 TBARs 值的变化（廖鄂，2019）

在发酵过程中，鱼肉中的脂肪在内源脂肪酶或微生物脂肪酶的共同作用下发生水解反应，生成大量的游离脂肪酸，其对发酵鱼制品的风味形成起着重要的作用。由表 7.2 可知，淡水鱼发酵前后，其中的游离脂肪酸主要是碳原子数 14 及以上的饱和脂肪酸和不饱和脂肪酸。在淡水鱼发酵过程中，大部分游离脂肪酸含量呈先增加后降低的趋势，但发酵结束时游离脂肪酸含量比发酵前也有了显著的提高（$p < 0.05$）。发酵前，原料中的总游离脂肪酸含量为 10.8mg/100g，在发酵第 3 周和第 5 周分别为 375.7mg/100g 和 274.3mg/100g。饱和脂肪酸和不饱和脂肪酸总量在发酵后都有显著的增加（$p < 0.05$），且在整个发酵过程中，不饱和脂肪酸与饱和脂肪酸的比例（UFA/SFA）先增大后减小，显示发酵前期不饱和脂肪酸的释放速度要大于饱和脂肪酸的释放速度，而发酵后期不饱和脂肪酸的降解速度大于饱和脂肪酸的降解速度，这可能是因为不饱和脂肪酸较饱和脂肪酸更容易发生氧化。发酵前原料中，棕榈酸（C16:0）（3.6mg/100g）、硬脂酸（C18:0）（1.9mg/100g）和油酸（C18:1）（1.4mg/100g）为含量最高的 3 种游离脂肪酸，发酵结束时，棕榈酸（C16:0）含量为 80.8mg/100g，油酸（C18:1）为 43.2mg/100g，花生四烯酸（C20:4）为 30.9mg/100g。发酵后 EPA（C20：5）和 DHA（C22：6）含量分别较发酵前增长至 40 倍和 107 倍，说明发酵过程可显著提高原料中脂肪的营养价值。游离脂肪酸还可进一步发生降解，生成多种风味化合物或者风味前体物质。在酯酶的作用下，游离脂肪酸可以直接和醇类发生酯化作用生成酯类化合物。在脂氧合酶的作用下，不饱和脂肪酸，尤其是多不饱和脂肪酸可以氧化降解生成具有青草味的脂肪族直链醛，如己醛、庚醛、壬醛和辛醛；在硫酯酶和脱羧酶的作用下，偶数碳原子 C_{2n} 的饱和脂肪酸发生不完全β氧化，生成发酵产品中的重要风味化合物甲基酮。发酵鱼中总的游离脂肪酸含量在发酵后期逐渐减小，很可能是因为游离脂肪酸经以上

途径继续发生分解。

表 7.2 淡水鱼发酵过程中游离脂肪酸含量的变化（高沛，2017）

游离脂肪酸	含量/（mg/100g）		
	发酵前	发酵 3 周	发酵 5 周
C14:0	0.17±0.00	4.4±0.00	4.3±0.01
C15:0	0.10±0.00	1.9±0.00	1.9±0.00
C16:0	3.6±0.01	92.2±0.01	80.8±0.01
C16:1	0.70±0.01	17.4±0.00	15.4±0.01
C17:0	0.10±0.00	2.9±0.00	3.1±0.00
C18:0	1.9±0.01	28.5±0.01	23.6±0.01
C18:1	1.4±0.01	68.2±0.01	43.2±0.01
C18:2	0.27±0.00	9.2±0.00	7.5±0.02
C18:3	0.09±0.00	1.7±0.00	4.1±0.00
C20:0	0.01±0.00	0.44±0.00	0.23±0.00
C20:1	0.10±0.00	4.7±0.00	3.3±0.00
C20:4	1.3±0.01	63.6±0.01	30.9±0.02
C20:5	0.32±0.01	14.1±0.00	13.0±0.01
C22:2	0.18±0.00	1.8±0.00	1.4±0.00
C22:3	0.15±0.00	5.8±0.00	2.8±0.01
C22:4	0.15±0.00	15.9±0.00	6.6±0.01
C22:5	0.18±0.00	9.5±0.00	7.5±0.01
C22:6	0.23±0.01	33.6±0.01	24.9±0.02
总计	10.8±0.00	375.7±0.00	274.3±0.01
SFA	5.9±0.00	130.1±0.00	113.9±0.01
MUFA	2.2±0.01	90.4±0.00	61.8±0.01
PUFA	2.8±0.00	155.2±0.00	98.6±0.01
UFA/SFA	0.84	1.9	1.4

注：UFA. 不饱和脂肪酸；SFA. 饱和脂肪酸；MUFA. 单不饱和脂肪酸；PUFA. 多不饱和脂肪酸。

（4）风味变化。风味是由人的味觉和嗅觉共同感知而产生的综合生理反应。风味物质可以分为非挥发性风味物质（滋味物质）和挥发性风味物质（香味物质），其中挥发性风味物质占据非常大的比例，对鱼肉的整体风味起着重要的作用。挥发性风味物质种类较多，主要包括酯类、醇类、酸类、醛类、酮类、呋喃类、芳香烃等。风味是评价食品品质的一个重要因素，因此检测发酵鱼制品中的风味物质非常重要，尤其是对于酸鱼、糟鱼等气味特征明显的淡水鱼发酵食品。

淡水鱼在发酵过程中挥发性风味物质的变化如图 7.7 所示。在发酵后的样品中，多种挥发性风味物质浓度均显著提高。在发酵前，原料中的酯类、醇类、酸类、醛类、酮类及其他挥发性风味物质的含量分别为 26.5μg/kg、120.7μg/kg、11.4μg/kg、7.8μg/kg、14.3μg/kg、119.8μg/kg。而经过 5 周的发酵过程，样品中的酯类、醇类、酸类、醛类、酮类及其他挥发性风味物质的含量分别增加至 625.3μg/kg、1250.6μg/kg、450.3μg/kg、750.5μg/kg、167.1μg/kg、241.4μg/kg，较发酵前分别增加至 23.6 倍、10.4 倍、39.5 倍、96.2 倍、11.7 倍和 2 倍，这表明淡水鱼的发酵过程对风味的形成具有十分显著的作用。而在发酵前后，其他类挥发性风味物质的浓度变化相对较小，可能的原因是其他类物质中主要是烷烃类化合物，这类化合物的生成往往依赖于高温过程，而淡水鱼的发酵通常保持在 25℃以下，导致烷烃类的形成受阻。

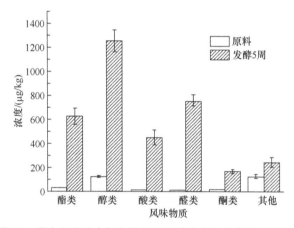

图 7.7 淡水鱼发酵中挥发性风味物质的变化（高沛，2017）

2）微生物在发酵中的作用

（1）促进发色和防止氧化变色。淡水鱼发酵过程中，微球菌可将 NO_3^- 还原为 NO_2^-。乳酸菌和酵母菌的代谢产物可降低鱼制品中的 pH，有利于将 NO_2^- 分解为 NO，而 NO 可与肌红蛋白结合生成亚硝基肌红蛋白，最终使鱼肉具有特有的腌制颜色。此外，发酵过程会产生氧化性很强的 H_2O_2，与鱼肉中的肌红蛋白反应形成胆绿肌红蛋白，使肉色变绿。乳酸菌、球菌和酵母菌代谢产生的过氧化氢酶能够将 H_2O_2 还原成 O_2 和 H_2O，防止鱼肉的氧化变色及酸败的发生。

（2）抑制致病菌和腐败菌生长，提高产品安全性。乳酸菌不仅可通过产酸降低 pH 的方式抑制致病菌和腐败菌的生长，还可产生乳酸菌素抑制植物乳杆菌、单核细胞增生李斯特菌、金黄色葡萄球菌和广泛的革兰氏阴性菌的繁殖，有效提高产品的安全性和保存特性。

（3）抑制亚硝酸盐、N-亚硝胺的形成。N-亚硝胺是公认的强致癌物质，而亚

硝酸盐是 N-亚硝胺的直接前体物质，因此发酵鱼中的亚硝酸盐残留量是食用安全性的重要指标。发酵过程中的乳酸菌可以产生乳酸，使体系中 pH 降低，促使亚硝酸盐发生酸降解。此外，发酵过程中，许多球菌和霉菌具有产生亚硝酸盐还原酶的能力，也可减少残留的 NO_2^-，从而抑制 N-亚硝胺在发酵鱼中的积累。

（4）提高制品的营养价值，赋予产品独特风味。乳酸菌发酵产生的乳酸、乙酸等有机酸可促进钙、磷、铁和维生素 D 的吸收。乳酸菌、球菌、酵母菌和霉菌通常都有分泌蛋白酶和脂肪酶的能力，可使鱼肉中的蛋白质分解为肽和氨基酸，脂肪也分解成游离脂肪酸，大大提高鱼肉的营养利用率。游离氨基酸和游离脂肪酸等可进一步分解产生大量风味物质，赋予发酵鱼产品独特的风味。

2. 发酵技术

传统发酵鱼制品生产过程中普遍存在生产周期长、发酵条件难控制、产品品质不稳定等问题，限制了产品标准化和产业规模化的发展。为了解决这些问题，开发了多种现代新型淡水鱼发酵工艺，旨在缩短生产周期的同时，提高产品食用及安全品质的稳定性。目前，常见的新型快速发酵方法有低盐保温法、加酶法、加曲法、嗜盐微生物发酵法等。

1）低盐保温法

低盐保温法是淡水鱼快速发酵工艺中研究较早且较为成熟的方法，该方法主要是通过调节发酵早期的盐浓度和温度，达到在低盐条件下既能保证蛋白酶活性，又能抑制腐败菌的目的，使原料中的内源酶和微生物酶系处于最佳酶反应温度下，加速原料的水解。保温法一般常用于前期发酵，因为保温时间过长易产生腐败味，但在淡水鱼发酵后期采用短时保温方法可以促进产品的成熟，提高风味特性。

2）加酶法

加酶法是直接在淡水鱼原料中添加商品化外源酶来提高原料的水解速度和水解程度的方法，常用的商品化酶制剂有胰蛋白酶、木瓜蛋白酶、枯草杆菌蛋白酶、胃蛋白酶等。研究发现，添加商品化酶制剂能加快原料的水解，且采用双酶法或多酶复合水解法比单一酶的水解速度更快、水解程度更高。原料、蛋白质中的氨基酸构成及比例的差异性是确定不同酶解条件的关键因素。采用加酶法发酵得到的水解液中的总氮和氨基态氮含量通常在较短时间即可达到相关标准要求，但是由于发酵时间缩短，产品的风味形成不完全，甚至偶尔存在异味，制品的总体感官品质通常不如传统方法。另外，也有在淡水鱼原料中添加一些蛋白酶含量丰富的鱼内脏来提高原料的水解速度的方法。

3）加曲法

淡水鱼加曲发酵类似酱油的酿造过程，利用米曲霉分泌的蛋白酶、淀粉酶、脂肪酶等，将淡水鱼中的蛋白质、脂类、碳水化合物充分水解为小分子物质，再经过复杂的生化反应形成发酵淡水鱼的独特风味。以淡水小杂鱼为原料,采用低盐加曲(米曲霉和黑曲霉)生产速酿鱼露,与自然发酵鱼露相比,加曲发酵鱼露中的总可溶性氮、氨基态氮及主要氨基酸(谷氨酸、丙氨酸、赖氨酸)的含量均有显著提高。

4)嗜盐微生物发酵法

在传统淡水鱼发酵中,为了抑制腐败微生物的生长与繁殖,通常需加入的盐浓度为 20%～30%,如此高的盐浓度也会抑制淡水鱼内源性蛋白酶的活性和发酵微生物的生长,延长了淡水鱼发酵时间。在水产品中添加高产蛋白酶的嗜盐微生物,是目前快速发酵技术的研究热点之一。嗜盐微生物可在细胞内积累大量的甘油、单糖、氨基酸及其衍生物,这些小分子极性物质作为渗透调节物质,帮助细胞从高盐环境中获取水分,大大提高微生物在高盐环境下的适应能力。目前,已经从一些鱼露发酵液中分离出多株耐盐性和嗜盐性的高产蛋白酶微生物,但是将这些嗜盐微生物用于淡水鱼产品快速发酵的研究还较少。

7.1.3 熏制加工

熏制加工是一种传统的食品加工和保存方法,在实际生产中常与腌制工艺相结合。烟熏加工是将经过盐渍、干燥等处理的原料,在一定温度条件下与木材缓慢或不完全燃烧而产生熏烟接触,边干燥边吸收熏烟,将原料中的水分减少至所需水平,并赋予其特殊的烟熏风味、色泽和较好保存性能。

熏烟成分在淡水鱼原料表面沉积,不仅可以抑制微生物的生长繁殖,延长水产品的货架期,还能赋予产品特殊的烟熏香味,改善产品的色泽。近年来,随着淡水鱼加工产业的发展和人们对饮食健康的追求,熏制加工技术也得到了快速发展,熏制加工的目的也从单一的提高产品保存性逐渐向赋予产品更佳的色泽和风味品质转变。

1. 熏制原理

1)熏制过程

(1)前处理。烟熏加工宜选用新鲜的淡水鱼类原料,也可使用鲜度良好的冷冻、腌制和盐渍干制品。在原料的选择上,若含脂量过高,则易发生油脂氧化,且不利于脱水,储藏性差;若含脂量过低,则鱼体过硬,熏烟的香气等难以吸附,风味差,出品率低。因此,一般选择的原料含脂量为冷熏 7%～10%,温熏 10%～15%。淡水鱼熏制品的加工生产,一般要经过原料处理、盐渍、脱盐、风干、熏干等过程。

在原料的熏前处理中,盐渍和风干工序对淡水鱼制品的质量具有重要影响。盐渍不仅可以调味,还可起到一定的防腐作用,并使原料在熏制过程更容易脱水。

盐渍的工艺参数要根据鱼体大小、脂肪含量、鱼皮存在与否、熏制方法及产品要求而定。对于温熏制品，盐渍的目的是调味，一般可采用湿腌法，湿腌时间短、脱水快、制品的含盐量不会太高。冷熏制品盐渍的目的是提高产品的储藏特性，产品中需要较高的含盐量，一般采用干腌法，用盐量通常为原料的 10%～15%，盐渍时间为 1 周。

为了使食盐在原料中充分渗透，通常在盐渍过程中使用高于成品要求的用盐量。因此，常需对盐渍后的原料进行脱盐处理。同样，在采用腌制品和盐渍干制品作为原料时，也需进行脱盐处理。这样不但可除去过量的食盐，而且能漂去容易引起腐败的可溶性成分，对提高制品的质量具有重要意义。脱盐通常是将原料在水或淡盐水中进行浸渍、漂洗，脱盐时间视原料种类、大小、水温、水量、流水速度或水交换量而定，脱盐程度掌握在鱼体中残留的食盐含量达到成品含盐量的要求即可。

脱盐后的原料在熏制前要进行风干，或采用人工干燥法，使鱼体水分达到适合熏制的条件。熏鱼的颜色和味道很大程度上取决于熏干前鱼体表面的水分含量。当鱼体表面水分含量很高时，熏烟中的焦油成分及酸性成分就会吸附在鱼肉上，使制品的颜色变黑，味道变酸，影响制品的质量。如果鱼体中的水分太少，在烟熏过程中，鱼体颜色不能达到正常水平，熏烟中一些特有的香味也不容易进入鱼体，无法达到熏制的目的。因此，一般熏制前，鱼体的水分含量控制在 40%以内。

（2）烟熏装置。用于烟熏的装置常称烟熏室、熏窑、熏房或熏炉，其规模、形状种类较多，基本结构包括发烟部分和熏干部分，较简易的烟熏装置一般是将两部分合为一部分，直接在熏制室内放置熏材、点火产烟，原料在其中熏干。除此之外，还有另设熏烟发生装置、在熏制室内导入熏烟的方式。常见的烟熏装置有简易烟熏炉、鼓风式烟熏房、冷热两用烟熏室、连续式烟熏设备，以及自动化程度相对较高的各种多功能烟熏设备等。但无论是什么形式的烟熏室，都应尽可能地达到下面几项要求：温度和发烟可以自由调节；烟在烟熏室内要能均匀扩散；防火、通风；熏材的用量少；建筑费用尽可能少；操作便利。对于简单的烟熏装置，控制温度、相对湿度和燃烧速度等条件比较困难，但现在已有较为成熟的自动化烟熏设备能够实现对各熏制条件的精确控制，满足连续化稳定加工的要求。

普通烟熏室　　普通烟熏室的结构如图 7.8 所示，主要有内外两部分。室内底部的熏灶采用混凝土或灰泥建造；顶部要装设调节温度、发烟通风的装置；室内侧壁用瓦、水泥或砖石制作；烟熏室的尺寸最大不超过 1.8m×2.7m。

简易烟熏室　　简易烟熏室是通过手动开闭调节风门、自然循环控制进入熏制室的空气量的烟熏装置，其操作简便，投资少，但对操作人员的经验技术有一定的要求，否则很难得到均一的产品。

鼓风式烟熏装置　　鼓风式烟熏装置带有温度控制器，如图 7.9 所示。以煤气或蒸汽为热源，采用鼓风强制烟熏室内的空气循环，当制品中心温度升到定值后，从熏烟发生器导入熏烟，使烟熏和加热同时进行。

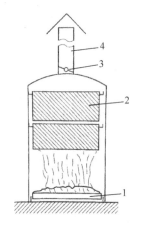

图 7.8　普通烟熏室的结构
（郝涤非，2011）
1-烟熏发生器；2-原料挂架；
3-调节阀门；4-烟囱

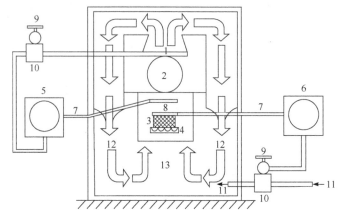

图 7.9　鼓风式烟熏装置（郝涤非，2011）
1-干热；2-鼓风机；3-湿纱布；4-装水盘；5-干球温度控制仪；6-湿球温度控制仪；7-毛细管；8-感受器；9-阀门；10-蒸汽阀；11-常压蒸汽；12-热空气；13-返回空气

全自动熏烟设备　　熏室内的空气用风机循环，温度和湿度都可自动控制。这种设备可以缩短加工时间，减少质量损耗。全自动熏烟设备采用间接发烟式烟熏室，熏烟发生器放在室外，通过管道将烟强制送入烟熏室。

（3）熏材。用于产生熏烟的木材称为熏材，可用作熏材的木材种类较多，通常宜选用树脂少的硬质木材，这些木材产生的熏烟的气味往往较好，而且酚类等抑菌、抗氧化物质的含量较高。目前，常见的熏材有山毛榉、青岗栎、小橡子、槲树、核桃树、白杨等，稻壳有时也可作为熏材。针叶树中的树脂含量通常较多，熏烟中带有苦味或异味，一般不用作熏材使用。在实际生产中，通常使用混合硬木作为熏材，形态主要包括木片、木块、小木粒、刨花、木屑等。其中，刨花、木屑用于燃烧发热，木片、木块用于发烟。不同品种的熏材会对产品的风味产生不同影响，例如，橡树、山核桃树、樱桃树、苹果树和山毛榉这些硬木产生的熏烟中含有较多酚类物质，这些物质既能提高产品的保存特性，又能产生特有的"药"味。新鲜的木材会使熏烟中的有机酸含量过多，降低制品香味。另外，熏材的选择还应避免使用芳香木材，以防产生异味。

（4）熏烟的产生。熏烟是由植物性材料缓慢燃烧或不完全燃烧氧化时产生的水蒸气、气体、液体和微粒固体所形成的气溶胶系统，熏制的实质是原料吸收木材分解产物的过程，因此木材的分解产物是烟熏作用的关键。熏烟的成分与熏材种类和燃烧氧化条件有关，其气味特征受木材种类、发烟方法、燃烧和烟气收集方法等的影响。

在点燃初期，熏材内外存在约 100℃的温度差，外表面在燃烧氧化，内部在进行脱水，脱水过程中外逸的化合物有 CO、CO_2 及乙酸等挥发性短链有机酸。当持续脱水至内部水分含量接近零时，熏材温度会迅速上升到 200～400℃，开始热分解并产生熏烟。大多数木材在 200～260℃温度范围内开始产生熏烟；温度达到 260～310℃时则产生焦木液和焦油；温度继续上升至 310℃以上时，则木质素裂解产生酚类及其衍生物。通常，熏材燃烧的温度范围在 100～400℃，如果温度过高，熏材会过度氧化，不但不利于产生熏烟，而且会造成浪费。熏材燃烧过程空气的供给量也很重要，若空气供给不足，会使燃烧温度过低，熏烟呈黑色，还会产生大量的羧酸和有害环烃类化合物，为此，设计熏烟发生器时应能为燃烧供应适量的空气。此外，熏材的水分含量通常控制为 20%～30%，过高会导致淡水鱼制品的干燥速度降低，并使温度高的烟气或水蒸气附着在制品表面，使制品变黑并产生酸味；而水分含量过低会使制品升温过快，容易产生焦煳味。试验结果表明，燃烧温度为 340～400℃、氧化温度为 200～250℃时产生的熏烟质量最高，但在实际操作过程中，因为烟熏为放热过程，要将燃烧过程和氧化过程完全分开是很困难的，但可以设计一种能良好控制熏烟发生的烟熏设备。欧洲已研制了木屑流化床，能较好地控制燃烧温度和速度。此外，虽然在 400℃燃烧温度下最适宜形成大量的酚，但同时也易于生成苯并[a]芘及其他环烃，实际燃烧温度一般控制在 350℃左右为宜。此外，为了保持熏烟较高的温度，温熏时需要添加适当比例的锯屑；反之则减少锯屑用量，用于保持较低的温度。

（5）熏烟的成分。熏烟是多种成分的混合物，目前已从熏烟中分离出了 200 多种化合物。熏烟的成分受熏材种类、燃烧温度、燃烧发烟条件等许多因素的影响，而且熏烟成分在熏制原料上的附着又与原料的性质、干湿程度、温度高低等因素有关。熏烟中包括固体颗粒、小液滴和气相物质，颗粒直径一般在 50～800μm。熏烟中对烟熏风味的形成有重要作用的物质多为水溶性的，而不溶性的固体颗粒、多环芳烃（PAHs）和焦油等通常具有致癌性。一般认为，在熏制中起重要作用的熏烟成分包括酚类、醇类、有机酸类、羰基化合物类、PAHs 类及气体成分。

酚类　从熏烟中鉴定的酚类有 20 多种，主要有愈创木酚、4-甲基愈创木酚、邻二甲酚、间二甲酚、对二甲酚、4-丙基愈创木酚、香兰素、2,5-二甲氧基酚、2,6-二甲基-4-甲基苯酚、2,6-二甲氧基 4-丙基酚等。在烟熏制品中，酚类的作用有抗氧化、形成特有烟熏风味及抑菌防腐等。其中，愈创木酚、4-甲基愈创木酚、2,5-二甲氧基酚与烟熏风味的形成密切相关，而酚类的抗氧化作用可有效抑制淡水鱼制品中脂肪的氧化。

醇类　熏烟中所含醇的种类繁多，甲醇是结构最简单且最常见的一种，它是木材分解蒸馏过程的主要产物之一，又称为木醇。熏烟中还含有伯醇、仲醇和叔醇等，但是它们会被氧化成相应的酸类。醇的主要作用是充当挥发性物质的载体，对风味的影响并不明显，抑菌作用也较弱。

有机酸　熏烟中普遍存在含 1～10 个碳原子的有机酸。其中，气相组分内的有机酸一般为短链有机酸（1～4 个碳原子），常见的包括甲酸（蚁酸）、乙酸、丙酸、丁酸和异丁酸。长链有机酸（5～10 个碳原子）通常附着在熏烟的固相微粒上，包括戊酸、异戊酸、乙酸、庚酸、辛酸、壬酸和癸酸。有机酸类对熏制品有一定的抑菌防腐作用，还能促进熏制品表面蛋白质的凝固，形成一层保护膜，抑制脂质的氧化。有机酸对风味的影响不大，但当熏制品表面积累过多的有机酸时，会使产品带有酸味，对风味产生负面的影响。

羰基化合物　熏烟中存在大量羰基化合物，这些羰基化合物与有机酸一样，短链羰基化合物存在于熏烟内的气相组分内，长链羰基化合物存在于熏烟中的固体颗粒上。现已在熏烟中鉴定出了 20 种以上的羰基化合物，包括 2-戊酮、戊醛、2-丁酮、丁醛、丙酮、丙醛、丁烯醛、乙醛、异戊醛、丙烯醛、异丁醛、丁烯酮、糠醛、异丁烯醛、丙酮醛等。虽然绝大部分羰基化合物存在于固相组分中，但气相组分中的短链羰基化合物不但具有典型的烟熏风味，而且还能与熏制原料中的氨基发生褐变反应形成熏制品特有的色泽，所以熏烟中的羰基化合物对于熏制品的色泽和风味都起着重要的作用。

PAHs　从烟熏食品中能分离出多种 PAHs，其中至少包括苯并[a]芘和二苯并[a, h]蒽这两种致癌物质。多环芳烃类对烟熏制品来说无重要的防腐作用，也不能产生特有风味，它们主要附着在熏烟内的颗粒上，采用过滤、抑制剂等措施可以加以控制，尽可能降低其含量。对几种液态烟熏剂的分析结果表明，在浓度极高的液态烟熏剂中也无法检出苯并[a]芘和二苯并[a, h]蒽的存在，这说明液熏法可以基本避免传统熏制加工中致癌物质的积累。虽然熏烟发生器产生的熏烟看上去是气体状态，但实际上这种熏烟会迅速分解成气相和固相。95%以上的具有熏烟风味特征且具有抗氧化性能的有效成分存在于气相部分，因此可以通过在熏制加工中加装过滤装置将熏烟中的固相成分过滤去除，在既不会影响熏制效果的同时又可最大限度地去除存在于固相中的有害物质。

气体成分　熏烟中产生的气体物质主要有 O_2、CO、CO_2、N_2、N_2O 等，其中 CO 和 CO_2 可被吸收到原料组织的表面，与肌红蛋白结合，使产品产生鲜艳的红色；O_2 也可与肌红蛋白结合形成氧合肌红蛋白或高铁肌红蛋白。N_2O 在熏制过程中可能形成亚硝酸根离子，对人体健康造成威胁。

（6）熏烟的沉积。影响熏烟沉积量和熏烟沉积速度的因素有烟熏时间、熏烟密度、烟熏室的相对湿度和空气流速，以及熏制原料的种类、数量、表面积和表面湿度。熏烟密度越大，烟熏时的吸收量越大，熏烟沉积速度越快。当然，烟熏室内的烟气流动也有利于熏烟吸收，烟气流动越快，与制品表面的接触面积越大，熏烟吸收量越大，然而气流速度过高时，难以形成高浓度的熏烟，气流速度与熏烟密度很难同时达到较高水平。在实际熏制生产中，既要求能保证熏烟和原料有充分的接触，又不能使熏烟密度明显下降，因此必须在这两者之间找到一个平衡点。相对湿度是影响烟熏效果的重要因素，相对湿度越高，越有利于熏烟成分在原料表面的沉积，但不利于色泽的形成。淡水鱼原料含有较高的水分含量，这虽然有利于熏烟成分的吸附，但熏烟成分吸附过多时，又会使制品呈酸味。因此，在熏制工艺前，往往会根据原料种类、大小等因素，通过盐渍将水分含量控制在适当的范围。

2）熏制目的

总体来说，淡水鱼熏制的目的是延长产品的保质期和增强产品的风味，具体包括以下几个方面：赋予制品特殊风味，抑菌防腐，防止脂肪氧化，发色及形成特有的光泽等。

（1）赋予制品特殊风味。烟熏形成的风味是许多化合物综合作用的结果，熏烟中的有机化合物可以通过附着在淡水鱼表面上，赋予其特殊风味，起主要作用的物质有醛、酯、酚类等，特别是酚类中的愈创木酚和 4-甲基愈创木酚是熏制品中最重要的风味物质。这些物质除本身所体现的烟熏味外，还能与原料组织发生反应形成新的风味物质。因此，烟熏除了能赋予产品特殊的烟熏风味外，还能通过风味物质在组织中的渗透产生复杂的特征风味。

（2）抑菌防腐。烟熏过程产生的有机酸、醛和酚类物质等具有抑菌防腐的作用。其中，有机酸可与原料组织中的氨、胺等碱性物质发生中和反应，增强原料组织的酸性，从而抑制腐败菌的生长繁殖。醛类，特别是甲醛具有较强的杀菌防腐特性，可与腐败菌中的蛋白质或游离氨基结合使其发生变性，还可增强酸性，从而增强抑菌效果。酚类物质也具有一定的杀菌防腐特性，经熏制后，产品表面的微生物含量可降至熏制前的 1/10。大肠杆菌、变形杆菌、金黄色葡萄球菌等对熏烟最为敏感，熏制 3h 即可将其完全杀灭；而霉菌及细菌芽孢对熏烟具有较强的耐受能力，需延长熏制时间或结合其他抑菌方式对其加以控制。

（3）防止脂肪氧化。烟熏过程中产生的酚类及其衍生物具有较强的抗氧化作用，特别是邻苯二酚和邻苯三酚及其衍生物的抗氧化能力尤为突出。这些酚类物质随熏烟渗透到原料中，可以在很大程度上抑制脂肪氧化现象的发生。烟熏后的鱼油与空白对照相比，在高温环境下放置一段时间，其过氧化值水平较空白对照低 50%，证明烟熏过程对淡水鱼中脂肪的氧化具有很强的抑制作用。

（4）发色及形成特有的色泽。烟熏后产品表面会形成特有的红褐色，其形成途径主要有以下两个方面：一方面，木材烟熏时产生羰基化合物，它可以和蛋白质或其他含氮物中的游离氨基发生美拉德反应；另一方面，随着烟熏的进行，肉温提高，因而加速了一氧化氮血色原形成稳定的颜色。另外，因受热有脂肪外渗，润色作用使肉带有色泽。色泽的形成常因熏材种类、熏烟浓度、树脂成分及含量、加热温度及被熏原料中水分含量的不同而有所差异。例如，以山毛榉作为熏材，肉呈金黄色；用赤杨、栎树作为熏材，肉呈深黄色或棕色；食品表面干燥时，颜色较淡；潮湿时，颜色较深；温度较低时，呈淡褐色；温度较高时，则呈深褐色。烟熏制品确切的褐变机理尚不十分明确，但褐变反应主要是原料中的蛋白质或其他含氮物中的氨基与熏烟中的羰基之间发生缩醛反应，其褐变机理常概括成图7.10所示的反应过程。第一步为缩醛反应，接着形成席夫碱，然后经重排降解成棕褐色或黑色的糠醛或甲基糠醛。上述反应只能在中性条件下进行，而熏鱼的pH通常为5.5～6.5，极利于色泽的形成。

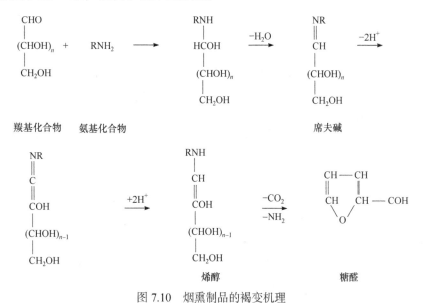

图 7.10　烟熏制品的褐变机理

3）保存原理

（1）干燥作用。在熏干过程中，原料中的水分逐渐减少。这时，水分既在表面蒸发，又从原料内部向表面扩散，水分在原料内部的扩散速度一旦小于蒸发速度，就会随着表面水分的损失而使原料干燥变硬。此外，在熏干过程中，原料长时间处于高温条件下，表面的蛋白质由于热作用或者熏烟中醛、酚等物质的作用而发生变化形成膜。进一步，由于熏烟中的酚和醛的反应，在原料表面形成树脂膜。因此，在熏干过程中，原料中的水分蒸发减少。例如，冷熏品的水分含量约为35%，能有效抑制细菌的生长。另外，由于原料脱水，并在原料表面形成膜，即使受到腐败菌的二次污染，也难以生长繁殖并侵入制品内部。

（2）烟熏作用。熏烟具有杀菌的效果，杀菌作用程度与熏烟浓度和熏制时间有关。具有杀菌效果的主要成分是醛类、酚类（如甲酚）等。在各种醛中，甲醛的杀菌能力最强，是熏烟中的主要杀菌成分，其浓度随熏材燃烧时通入空气量的增加而升高。熏烟浓度越高,熏制时间越长,杀菌效果越好。在熏干过程中,甲醛吸附量越高,产品的保质期越长。甲醛被鱼肉组织吸附后,向组织内部的渗透受到多种因素的影响。表层由于熏干形成了一层致密的组织,在熏烟成分的作用下,形成的树脂膜覆盖在表面,加上组织内部的水分,都阻碍了甲醛的渗透。因此,尽管甲醛有出色的杀菌性能,若不能渗透到组织内部,其杀菌防腐效果也是非常有限的。

熏烟中的酚类虽然也有杀菌效果,但杀菌能力比较弱,而抗氧化作用良好,经过烟熏后的制品的抗氧化性都明显增强。熏烟中含有酚类成分,如果配制成 1% 的溶液,可在 20min 内完全杀灭无孢子的细菌。甲酚在熏干过程中具有直接的杀菌效果,因此酚类物质在熏干过程中的作用主要是与甲醛反应生成树脂覆盖在制品表面,防止微生物的二次污染,同时可以阻碍营养成分向表面扩散。

2. 熏制技术

熏制产品的生产,一般经过原料预处理、盐渍、脱盐、沥水(风干)、烟熏、整理、熏干等工序。各种产品的生产工艺大致相同,但仍需根据原料性质和产品来选择相适应的生产工艺流程。对于熏制工艺和烟熏程度不同的产品,其保存性和风味有显著差异。随着现代食品加工和保存技术的发展,烟熏不仅仅是一种保存食物的有效方法,更主要的作用是改善食品风味和外观。在实际生产中,往往需要根据原料特性和产品要求,采用不同的烟熏方法。烟熏制品的分类方法很多,根据烟熏室温度,可分为冷熏法、热熏法和温熏法。此外,还有近年来兴起的液熏法、电熏法等。

1)冷熏法

冷熏法是指将原料鱼经重盐腌制调味,烟熏室温度控制在蛋白质不产生热凝固的温度区间(15~30℃)以下,进行连续长时间(2~3 周)熏干的方法,这是一种烟熏与干燥(实际上还包括腌制)相结合的方法。为了防止在熏制初期产生变质,往往采用高浓度的盐溶液盐渍再脱盐,使肉质坚实且不易变质,脱盐程度常控制为最终产品中的目标盐分含量为 8%~10%。采用冷熏法生产的制品干燥比较均匀,水分含量为 40% 左右,熏烟成分在制品中的内渗比较深,加上盐渍的作用,制品具有较好的保存性,保存期可达数月,但风味不及温熏制品。冷熏法中,熏干温度通常在 25℃左右,因此在气温较高的夏季难以生产。在淡水鱼熏制加工中,冷熏法常用于鲑鱼、鳟鱼等的熏制。

2)热熏法

淡水鱼经盐渍、调味,在 120~140℃温度下进行 2~4h 短时间烟熏处理的方法称为热熏法。由于热熏法温度较高,表层蛋白质会迅速凝固,原料表面上很快形成干膜,阻碍了内部水分的渗出,延缓了干燥过程,也阻碍了熏制成分向制品内部的渗透，因此内渗深度比冷熏浅。热熏制品色泽、风味较好，但水分含量较高，保存性差，需冷冻储藏。此外，热熏法对熏材的需求量较大，温度控制较困难。

3）温熏法

熏制温度控制在 30～80℃，进行较短时间（3～8h）熏制的方法，可称为温熏法。温熏法的主要目的是增强产品的风味，产品中水分含量往往较高，储存性较差。通常，原料鱼要经适当的盐渍和调味再进行温熏处理。温熏法产品的水分含量通常为 45%～65%，盐分含量为 2.5%～3.0%，肉质柔软，口感好，风味优于冷熏法，但保存性较差，保质期为 4～5d，若要长时间储存，则需采用冷藏、罐藏等手段，或结合其他熏制工艺，如低温熏制 2～3d。

4）液熏法

液熏法是近几年发展起来的新的熏制方法，将木材干馏生成的烟气成分或木粒、木块和木屑等可控燃烧产生的熏烟，经收集冷凝，除去灰分和焦油，保留其中的多酚类化合物等色泽和风味形成所必需的物质，从而得到烟熏液，用来浸泡或喷涂原料表面，以代替传统的烟熏方法，产生与木材烟熏色泽和风味特点相同的产品。实际操作中，可采用直接加入法，在制品调味过程中将烟熏液作为香料加入调味料中进行浸渍或渗透。也可采用表面添加法，用烟熏液对制品进行淋洒、喷雾或涂抹，然后干燥。根据原料特性，在加工过程中，烟熏液的使用量为 0.001%～0.3%。目前，该方法已在水产品加工行业展开了广泛的应用。烟熏液成分复杂且稳定，包含酚、醇、醛、酮、酯、烃类及其他成分。相对于冷熏和热熏，液熏法存在以下明显的优点：不需要熏烟发生装置，省去了大量的设备投入；烟熏剂成分稳定，更便于实现熏制过程的机械化和连续化，可大大缩短熏制时间；方便控制烟熏制品中烟熏风味的浓度；烟熏液及其香味成分容易渗入，使产品香味更均匀；液态熏制剂已除去固相物质，无致癌威胁性，既可以保持传统熏鱼的独特风味，又可以降低有毒、有害物质的危害，是一种更加高效、卫生、安全的熏制方法。但液熏产品的风味一般不如其他熏制品，为改善制品的色泽并提高干燥效果，有时也与普通的熏制法联合使用。

5）电熏法

电熏法是指在室内安装电线，通入 10000～20000V 的高压直流或交流电，进行电晕放电，然后将鱼体挂在电线上，从熏室下部的炉床产生熏烟进行熏制。与普通烟熏法不同的是，由于电晕放电，熏烟带电渗入肌肉中，使产品具有较好的储藏性。具体操作方法是将淡水鱼以每两个组成一对，通入高压电流，淡水鱼成为电极产生电晕放电，带电的熏烟有效地吸附于鱼体表面，达到熏制效果。但由于鱼体的尖突部位易沉淀熏烟成分，设备运行成本相对较高，该方法尚难以普及应用。

6）注射熏制法

注射熏制法是以注射的方式将熏制液注射到鱼肉中，并随即进行电加热过程，这是一种新的熏制方法。

7.2　腌　鱼　制　品

7.2.1　咸鱼

咸鱼又称为盐渍鱼，以鲜活鱼为原料经食盐腌制和适当的成熟过程加工而成。成熟是指由于微生物及鱼体内源酶的作用，鱼肉逐渐失去原来鲜鱼肉的组织状态和风味特点，肉质变软，形成特有风味的过程。咸鱼营养丰富，咸中带香，是具有独特风味的传统食品。

1. 工艺流程

原料鱼→清洗→净鱼处理→腌制（混合）→漂洗→出晒（烘干）→切断→称量→包装→成品。

2. 操作要点

1）原料选择及预处理

选用新鲜或冷冻的淡水鱼，如青鱼、草鱼、鲢鱼、鲤鱼、鳙鱼、鲈鱼、罗非鱼等；将选好的原料鱼用清水洗去杂质和污泥，去鳞，切去头部及部分腹部肌肉，去除内脏，然后放入清水中充分洗净。

2）腌制（混合）

温度控制在 10℃左右，不要超过 20℃。鱼下池前，先在池底撒上一层食盐，以盖满池底为准。将预处理好的鱼放到操作台上，与鱼体质量的 20% 的食盐混合均匀，然后逐层码放到腌鱼池中，至鱼池容量的 4/5。向鱼池中加入饱和食盐水，刚好浸没鱼体，再在表面撒一层盐。鱼体表面应放置木板并加石块压实，以保证鱼体始终浸没于盐水中，腌制 24h。

3）漂洗

腌制结束后，立即将鱼体转移到清水池中漂洗，在漂洗过程中轻轻加以搅拌，换水 3～4 次，使鱼体中的盐含量≤4%。

4）出晒（烘干）

将鱼体从清水池中捞起晾晒，平铺在晒网上晾干或放入烘房内烘干（温度为 40℃左右），使鱼体中的水分含量≤40%。

5）切断、称量

根据其大小，将腌制好的鱼切成 3～4 段，按一定规格进行定量称量。

6）包装、储藏

将相同质量的鱼块真空包装后置于10℃以下进行储藏。

3. 质量评定

1）感官评价

外表光洁，无霉点，无黏液；具有腌鱼制品应有的光泽，切面的肌肉呈红色或暗红色，脂肪呈白色；组织致密，有弹性，无汁液流出，无异物；具有腌鱼制品特有的滋味和风味。

2）理化指标

水分含量≤40%，食盐含量≤5%，酸价≤30mg KOH/g（以脂肪计），过氧化值≤2.5g/100g（以脂肪计），组胺≤30mg/100g。

3）安全卫生指标

菌落总数≤3×10⁴CFU/g，大肠菌群≤30MPN/100g，致病菌不得检出。

4）操作规范参考标准

《食品安全管理体系　水产品加工企业要求》（GB/T 27304—2008）、《食品安全国家标准　水产制品生产卫生规范》（GB 20941—2016）、《出口水产品质量安全控制规范》（GB/Z 21702—2008）。

5）产品质量参考标准

《食品安全国家标准　动物性水产制品》（GB 10136—2015）、《食品安全国家标准　腌腊肉制品》（GB 2730—2015）。

7.2.2　腌鱼卵

鱼卵作为淡水鱼加工的副产物，营养丰富，尤其是蛋白质、不饱和脂肪酸的含量丰富，含有大量的维生素，脂质中60%为磷脂，是一种优良的动物营养源。鱼卵资源的开发利用，可提高淡水鱼产品的营养价值和经济价值，最常见的加工品是盐渍品。

1. 工艺流程

原料鱼→取卵→漂洗→筛选→盐渍→沥水晒干→分级→称量→包装→成品。

2. 操作要点

1）原料选择及取卵

选择即将生产的雌性鲟鱼、鳟鱼、鳇鱼等，通过解剖卵巢进行取卵。

2）漂洗、筛选

将鱼卵放入清水容器中漂洗，去除鱼卵表面的淤血，使鱼卵变硬，随后捡去鱼鳞、内脏、黑膜等杂质，还要剔除有异味、发绿、瘦瘪的鱼卵。

3）盐渍

在 10℃条件下进行盐渍，干腌法是将鱼卵与其质量的 10%的食盐充分混合后腌制；湿腌法是将鱼卵浸入饱和盐水中腌制 1h。

4）分级

用嗅、尝、看、摸的方法按照鱼卵的大小、色泽、坚实程度、气味和味道等来评定鱼卵等级，等级划分如下。①良好。鲜品为金黄色，卵粒饱满、无破粒、无汤汁、略咸，有鲜、腥的香味，颗粒松散成团状且附着有黏液。②合格。鲜品为金黄色，卵粒饱满，破粒少、无汤汁、咸，有鲜、腥的香味，颗粒松散成团状且附着有一定黏液。③较差。鲜品为金黄色，卵粒饱满，破粒较多、无汤汁、较咸，有鲜、腥的香味，颗粒松散成粒状，附着黏液较少。

5）切断、称量

将同一等级的鱼子酱按一定规格进行定量称量。

6）包装、储藏

将相同质量的鱼子酱真空包装后置于 0℃以下储藏。

3. 质量评定

1）感官评价

卵粒大小基本一致、结实、有弹性，基本完整，成品不含有膜和油脂团；具有特定种属的鱼卵的特征颜色，且颜色均匀；鱼卵不黏结，容易分开；具有鱼卵的特有气味，无异味；无外来杂质。

2）理化指标

食盐含量为 3.0%～5.0%，TVB-N 值≤15mg/100g，酸度≤2.4mg/100g（以 NaOH 计）。

3）安全卫生指标

无线虫等肠道寄生虫，无肠道致病菌和大肠杆菌。

4）操作规范参考标准

《食品安全管理体系 水产品加工企业要求》（GB/T 27304—2008）、《食品安全国家标准 水产制品生产卫生规范》（GB 20941—2016）、《出口水产品质量安全控制规范》（GB/Z 21702—2008）。

5）产品质量参考标准

《食品安全国家标准 动物性水产制品》（GB 10136—2015）、《鲟鱼子酱》（T/ZZB 0562—2018）、《鲟鱼籽酱》（SC/T 3905—2011）。

7.2.3　醉鱼

醉鱼是我国长三角地区广受欢迎的一种淡水鱼腌制产品，因腌制过程中通常要用到绍兴酒（糟烧酒），故称作"醉鱼"。优质的醉鱼产品肉质软硬适中，口感细腻，具有特殊的咸香和醇香味，是一种优良的地方特色腌制鱼产品。

1. 工艺流程

原料鱼→预处理→切块→腌制→漂洗→干燥→醉制→称量→包装→杀菌→成品。

2. 操作要点

1）原料选择及预处理

选用新鲜或冷冻的淡水鱼，如青鱼、草鱼、鲢鱼、鲤鱼、鳙鱼、鲈鱼、罗非鱼等；将选好的原料鱼用清水洗去杂质和污泥，去鳞，切去头部及部分腹部肌肉，去除内脏，然后放入清水中充分洗净。

2）切块

将鱼肉切分成尺寸为 5cm×3cm×（1.5～2）cm、质量为 20～30g 的小块。

3）腌制

温度控制在 10℃左右，不要超过 20℃。鱼下池前，先在池底撒上一层食盐，以盖满池底为准。将预处理好的鱼放到操作台上，与鱼体质量 15%的食盐混合均匀，然后逐层码放到腌鱼池中，再在表面撒一层盐。鱼体表面应放置木板并加石块压实，腌制 24h。

4）漂洗、干燥

腌制结束后用流水冲洗鱼体，去除鱼体表面黏液、食盐及其他污物；将鱼体平铺在晒网上晾干或放入烘房内烘干（温度为 55℃左右），最终鱼体中的水分含量控制在 40%左右。

5）醉制

将干燥好的鱼块与鱼体质量 4%的白砂糖、30%的烧酒及适量的调味料和香辛料充分混匀，并覆盖多层保鲜膜进行密封，减少乙醇的挥发，于 10℃下醉制 24h。

6）称量、包装

将醉制的鱼块按一定规格进行定量称量，用真空封口机进行包装。

7）杀菌、储藏

采用高温反压装置进行杀菌，在 121℃下杀菌 20min，随后置于 10℃以下的环境中储藏。

3. 质量评定

1）感官评价

产品组织结构致密，硬度适中；口感细腻，有弹性，呈红褐色，有光泽；风味醇厚，有特殊的酒香味和咸香味，无腥味及其他不良异味。

2）理化指标

水分含量为 35%～50%，食盐含量≤6%（以 NaCl 计），酸价≤130mg KOH/g（以脂肪计），过氧化值≤0.6g/100g（以脂肪计）。

3）安全卫生指标

菌落总数≤$3×10^4$CFU/g，大肠菌群≤30MPN/100g，致病菌不得检出。

4）操作规范参考标准

《食品安全管理体系 水产品加工企业要求》（GB/T 27304—2008）、《食品安全国家标准 水产制品生产卫生规范》（GB 20941—2016）、《出口水产品质量安全控制规范》（GB/Z 21702—2008）。

5）产品质量参考标准

《食品安全国家标准 动物性水产制品》（GB 10136—2015）、《食品安全国家标准 腌腊肉制品》（GB 2730—2015）、《鱼类罐头》（QB/T 1375—2015）。

7.3 发酵鱼制品

食品的发酵过程通常能够使原料中的蛋白质、脂肪等分解为肽、氨基酸和游离脂肪酸等，能够促进人体对营养物质的消化吸收。同时，微生物通过新陈代谢产生的很多代谢物质具有调节机体生物功能的作用。因此，发酵食品通常情况下对人体健康是有益的。在淡水鱼加工领域，发酵制品种类较多，例如，我国福建、广东等省份，以及泰国和越南等地的人们常食用鱼露，湖南、贵州等地的人们喜爱酸鱼，安徽有特色臭鳜鱼，苗族有传统发酵产品鱼酱酸，这些均属于极具地方特色的淡水鱼发酵制品。

7.3.1 鱼露

鱼露又称为鱼酱油，营养丰富、味道鲜美，是我国沿海地区，以及日本和东南亚地区的传统特色发酵调味品。传统的鱼露加工是以海水鱼为原料，且生产周期较长。近年来，越来越多的学者开始关注利用低值淡水鱼及其加工副产物为原料生产速酿鱼露。鱼露加曲发酵中应用最为广泛的菌种是米曲霉，其蛋白酶系以中性和碱性为主，混合使用具有高活性酸性蛋白酶的黑曲霉来接种发酵鱼露，可明显提高原料的蛋白质利用率和改善风味品质。

1. 工艺流程

$$曲种$$
$$\downarrow$$

原料→预处理→自溶→拌料→发酵→过滤→离心→杀菌→成品。

2. 操作要点

1）原料选择及预处理

选用新鲜的淡水鱼加工副产物，如鱼头、鱼尾、鱼皮、鱼鳍、鱼内脏等，用流水进行清洗，除去血污等杂质，放置于金属网上晾干水分后斩拌切碎。

2）自溶

加入 25%（原料质量）的蒸馏水、7%的食盐，充分混匀后置于 45℃环境中放置 48h，使组织发生自溶。

3）米曲霉和黑曲霉曲种的制备

将麸皮和豆粕以 4∶1（质量比）的比例混匀，加入干料质量 60%的去离子水润水 20min，然后置于高压灭菌锅中，在 121℃下杀菌 20min。冷却至 50℃左右时，分别接种米曲霉和黑曲霉（0.3%，质量分数），充分混匀后置于 30℃条件下培养72h，即得到米曲霉和黑曲霉曲种。

4）拌料、发酵

向自溶后的混合物中加入 18%（质量分数）的米曲霉和黑曲霉曲种、5%的食盐，充分混匀；将混合好的原料装入发酵罐中，在 45℃条件下发酵 30d。发酵期间，早晚各手动摇匀一次发酵罐。

5）过滤、离心

发酵结束后，将发酵液用灭菌的多层纱布进行过滤；滤液在 4℃条件下以5000r/min 离心 15min 后用玻璃瓶灌装。

6）杀菌、储藏

在 90℃条件下灭菌 20min，在常温（25℃）下储藏。

3. 质量评定

1）感官评价

颜色为橙黄色至棕红色，澄清；具有鱼露特有的风味和鲜美滋味，无腥味及其他不良异味；无肉眼可见的外来异物，允许有少量蛋白质沉淀。

2）理化指标

食盐含量≥14g/100mL（以 NaCl 计），氨基态氮≥0.4g/100mL，总氮≥0.5g/100mL。

3）安全卫生指标

菌落总数≤8×10³CFU/g，大肠菌群≤30MPN/100g，致病菌不得检出。

4）操作规范参考标准

《食品安全管理体系 水产品加工企业要求》（GB/T 27304—2008）、《食品安全国家标准 水产制品生产卫生规范》（GB 20941—2016）、《出口水产品质量安全控制规范》（GB/Z 21702—2008）、《调味品生产 HACCP 应用规范》（GB 22656—2008）。

5）产品质量参考标准

《食品安全国家标准 水产调味品》（GB 10133—2014）、《绿色食品 水产调味品》（NY/T 1710—2009）、《鱼露》（SB/T 10324—1999）。

7.3.2　鱼酱酸

鱼酱酸是一种深受云贵地区苗族聚居区居民喜爱的传统发酵产品，通常是以当地溪流中的无鳞小河鱼（爬岩鱼等）为主要原料，糟辣椒、米酒等作为辅料，采用传统发酵工艺制得的一种半固态调味品。野生小河鱼数量有限，其无法完成大规模的工业化生产，因此可以采用常见的淡水鱼种为原料，通过工艺的改进，得到高品质的产品。

1. 工艺流程

糟辣椒

原料鱼→预处理→分割→腌制→拌料→装坛→发酵→包装→成品。

米酒

2. 操作要点

1）原料选择及预处理

选择新鲜的小河鱼爬岩鱼、银鱼、鲤鱼等；用清水洗去活鱼杂质和污泥后剖开，去鳞、内脏、血污，刮尽腹膜。

2）分割

原料鱼体尺寸较大时，需进行分割，以方便后期的腌制和发酵过程。

3）腌制

将预处理好的鱼放到操作台上，先与鱼体质量 20%的食盐混合均匀，然后逐层码放到腌制容器中腌制 8h，目的是使鱼肉快速脱水，肉质变得紧实，防止在后续加工中发生破碎。随后，加入鱼体质量 10%的食盐继续腌制 1d，将鱼肉沥干备用。

4）糟辣椒的制作

将清洗干净并沥干的新鲜红辣椒和生姜按一定比例混合、粉碎，添加一定量的食盐、白酒，混合均匀，装坛密封腌制 15d 后使用。

5）米酒的制作

将糯米洗涤，浸泡半天，沥干蒸煮，蒸熟后平铺摊凉，随后加入酒曲拌匀并装入发酵容器中发酵 3d，得到食用的米酒。

6）拌料、装坛

将制成的糟辣椒、米酒和腌制好的鱼按一定的比例充分混合、拌匀；将混合好的原料装入发酵坛中，尽量装满，排除坛内空气，坛口用多层保鲜膜密封后盖紧坛盖，并在坛口加水密封。

7）发酵

将发酵坛放在 25℃恒温条件下发酵 6 个月。

8）包装、储藏

产品经称量、罐装后置于 4℃以下的环境中储藏。

3. 质量评定

1）感官评价

产品色泽呈鲜红色或橘红色，有黄白色颗粒；酱体均匀，不分层；鱼体完整，大小均匀；咸辣适中，无腥味，鲜香味明显，无异味；无肉眼可见的外来杂质。

2）理化指标

水分含量≤82%，食盐含量≤6%（以 NaCl 计），蛋白质含量≥2.6%，鱼肉含量≥5%，总酸≥1.8g/100g，氨基态氮≥0.15g/100g，亚硝酸盐≤10mg/kg。

3）安全卫生指标

大肠菌群≤30MPN/100g，致病菌不得检出。

4）操作规范参考标准

《食品安全管理体系 水产品加工企业要求》（GB/T 27304—2008）、《食品安全国家标准 水产制品生产卫生规范》（GB 20941—2016）、《出口水产品质量安全控制规范》（GB/Z 21702—2008）、《食品安全地方标准 发酵肉制品生产卫生规范》（DB 31/2017—2013）。

5）产品质量参考标准

《食品安全地方标准 发酵肉制品》（DB 31/2004—2012）。

7.3.3　发酵鱼香肠

我国传统的发酵香肠通常是以猪肉、牛肉、羊肉、鸡肉等畜禽肉类为原料，但近年来，鱼肉优良的营养特性和加工凝胶特性逐渐被大家所认可，也被广泛用作发酵香肠的原料。以淡水鱼肉为原料制作的发酵鱼香肠不仅具有发酵后特有的酸香味，无鱼腥味，且口感细腻，富有弹性，深受消费者的喜爱。

1. 工艺流程

发酵剂
↓

原料鱼→预处理→采肉→漂洗→沥干→腌制→斩拌→擂溃→接种→灌肠→发酵→后熟→包装→成品。

2. 操作要点

1）原料选择及预处理

选用新鲜或冷冻的淡水鱼，如青鱼、草鱼、鲢鱼、鲤鱼、鳙鱼、罗非鱼等；将选好的原料鱼用清水洗去杂质和污泥，去鳞，切去头部、尾部及部分腹部肌肉，去除内脏，然后放入清水中充分洗净。

2）采肉

用刀将鱼体上大块的肉切下，除去鱼皮及附着的暗色肉等。

3）漂洗

使鱼肉与水按 1 : 5（w/v）的比例混合，搅拌 5min，静置 10min，倒掉漂洗的水，如此重复 3 次。水温控制在 10℃以下，最后一次漂洗时向水中加入 0.2%的食盐。

4）沥干、腌制

将鱼肉放置在金属网架上彻底沥干；加入适量的食盐与鱼肉充分混合，置于 4℃条件下腌制 1～2h。

5）斩拌、擂溃

将腌制好的鱼肉放入斩拌机中斩拌，斩拌时间为 6～8min。为避免斩拌温度过高，应向斩拌机中加入适量冰屑降温；将斩拌好的鱼肉倒入擂溃机中，擂溃 3min，随后加盐擂溃 15min，再加糖、味精和其他调味料擂溃 3min。

6）发酵剂的制备

将专用的乳酸菌和木糖葡萄球菌活化后，用蒸馏水稀释至一定的浓度，随后混合制成发酵剂。

7）接种、灌肠

将制备好的发酵剂接种到擂溃好的鱼肉中，充分混匀，使最终鱼糜中的发酵菌数量在 10^5～10^7CFU/g；将接种好的鱼糜灌入肠衣中，每根 200～300g，扎绳封口，操作温度控制在 4℃以下。

8）发酵、后熟

将灌好的香肠放置于 40℃恒温箱中发酵 8h；将发酵完成的香肠置于 10～15℃环境中后熟至水分含量降到 50%以下。

9）包装、储藏

产品经真空包装后于 4℃以下储藏。

3. 质量评定

1）感官评价

产品肠衣完整，表面呈自然皱纹；鱼香味浓郁，有独特的发酵气味，无腥味及其他异味；切开内里，肌肉为白色，肉质紧实、富有弹性，切面有小孔分布。

2）理化指标

水分含量≤50%，食盐含量≤5%（以 NaCl 计），蛋白质含量≥30%，灰分≤1.5%，淀粉含量≤2%。

3）安全卫生指标

大肠菌群≤30MPN/100g，致病菌不得检出。

4）操作规范参考标准

《食品安全管理体系 水产品加工企业要求》（GB/T 27304—2008）、《食品安全国家标准 水产制品生产卫生规范》（GB 20941—2016）、《出口水产品质量安全控制规范》（GB/Z 21702—2008）、《食品安全地方标准 发酵肉制品生产卫生规范》（DB 31/2017—2013）、《鱼糜加工机械安全卫生技术条件》（GB 21291—2007）。

5）产品质量参考标准

《食品安全地方标准 发酵肉制品》（DB 31/2004—2012）、《绿色食品 鱼糜制品》（NY/T 1327—2018）。

7.3.4　发酵鱼糕

鱼糕是一种鱼糜制品，在我国湖北、湖南、台湾等地深受消费者喜爱。鱼糕柔软而具有弹性，口感滑嫩，口味鲜美，是一种优质的传统淡水鱼加工制品。由于鱼糕以淡水鱼为原料，传统制品通常存在腥味较重、凝胶强度低且容易发生凝胶劣化等问题。为了解决这一问题，有研究者尝试将生物发酵技术引入鱼糕的制作当中，取得了很好的效果。

1. 工艺流程

$$发酵剂$$
$$\downarrow$$

原料鱼→预处理→采肉→漂洗→沥干→斩拌→接种→灌装→发酵→杀菌→成品。

2. 操作要点

1）原料选择及预处理

选用新鲜或冷冻的淡水鱼，如青鱼、草鱼、鲢鱼、鲤鱼、鳙鱼、罗非鱼等。将选好的原料鱼用清水洗去杂质和污泥，去鳞，切去头部、尾部及部分腹部肌肉，去除内脏，然后放入清水中充分洗净。

2）采肉

用刀将鱼体上大块的肉切下，除去鱼皮及附着的暗色肉等。

3）漂洗、沥干

使鱼肉与水按 1：5（w/v）的比例混合，搅拌 5min，静置 10min，倒掉漂洗的水，如此重复 3 次。水温控制在 10℃以下，最后一次漂洗时向水中加入 0.2%的食盐；将鱼肉放置在金属网架上彻底沥干。

4）斩拌

将沥干的鱼肉与适量的水、食盐、糖、糯米粉、味精及其他调味料加入斩拌机中斩拌，斩拌时间为 6～8min。为避免斩拌温度过高，可在斩拌机中加入适量冰屑降温。

5）发酵剂的制备

将专用的乳酸菌和酵母菌活化后，用蒸馏水稀释至一定的浓度，随后混合制成发酵剂。

6）接种

将制备好的发酵剂接种到斩拌好的鱼肉中，充分混匀，使最终鱼糜中的发酵菌数量在 10^5～10^7CFU/g。

7）灌装、发酵

将接种好的鱼糜灌入蒸煮袋或聚偏二氯乙烯（PVDC）肠衣中，抽真空后封口，操作温度控制在 4℃以下；将灌好的鱼糜放置于 30℃恒温箱中发酵 24h，使鱼糜的 pH 降至 5 以下。

8）杀菌、储藏

发酵结束后将产品连同包装放入灭菌锅中灭菌，温度为 121℃，时间为 15min；产品于常温（25℃）下储藏。

3. 质量评定

1）感官评价

产品为白色，具有光泽；鱼香味浓郁，有独特的发酵气味，无腥味及其他异味；组织紧密，口感细嫩，富有弹性，切面有小孔分布。

2）理化指标

水分含量≤85%；食盐含量≤5%（以 NaCl 计）；蛋白质含量≥10%；灰分≤1.2%；淀粉含量≤8%。

3）安全卫生指标

菌落总数≤$3×10^4$CFU/g；大肠菌群≤30MPN/100g；致病菌不得检出。

4）操作规范参考标准

《食品安全管理体系　水产品加工企业要求》（GB/T 27304—2008）、《食品安全

国家标准 水产制品生产卫生规范》（GB 20941—2016）、《出口水产品质量安全控制规范》（GB/Z 21702—2008）、《食品安全地方标准 发酵肉制品生产卫生规范》（DB 31/2017—2013）、《鱼糜加工机械安全卫生技术条件》（GB 21291—2007）。

5）产品质量参考标准

《食品安全地方标准 发酵肉制品》（DB 31/2004—2012）、《绿色食品 鱼糜制品》（NY/T 1327—2018）。

7.3.5　酸鱼

酸鱼是一种在我国湖南、云南、广西、贵州、海南等省份的苗族、侗族少数民族地区广受欢迎的传统固态发酵鱼制品。酸鱼的制作中对鱼体的加工利用率很高，产品鱼腥味低、酸香浓郁、回味醇厚、游离氨基酸和不饱和脂肪酸含量高，是一种风味独特且营养丰富的地方特色发酵鱼产品。

1. 工艺流程

玉米粉预处理
↓
原料鱼→预处理→沥干→切片→腌制→干燥→拌料→装坛→发酵→包装→成品。

2. 操作要点

1）原料鱼选择及预处理

选择新鲜的鲤鱼、草鱼等；原料鱼敲头宰杀后，去除头尾及内脏，剔除主要骨刺，然后用清水洗净血污及其他杂质。将清洗后的鱼背部朝上放置在金属网上沥干水分。

2）切片、腌制

将鱼肉切分成尺寸为 5cm×3cm×（1.5～2）cm、质量为 20～30g 的小块；添加鱼块质量3%的食盐和2%的蔗糖，将其充分混匀后置于4℃条件下腌制48h。

3）干燥

将腌制好的鱼块放在60℃烘箱中干燥2h，适当脱水。

4）玉米粉预处理

将生玉米粉放入炒锅中不断翻炒，直至玉米粉完全熟透，炒制过程中需少量多次加入纯水，避免炒煳。将炒制好的玉米粉放入密封袋中冷却，备用。

5）拌料

将鱼块与炒制好的玉米粉按 4∶1 的比例充分混匀，并拌入鱼块质量 0.2%～0.3%的八角、桂皮、花椒等香辛料，使鱼块表面均匀布满玉米粉及香辛料粉。

6）装坛、发酵

按照一层玉米粉、一层鱼肉的方式码放于玻璃发酵坛中，尽量装满，排除坛内空气，坛口用多层保鲜膜密封后盖紧坛盖，并在坛口加水密封；将发酵坛放置在 24℃恒温条件下发酵 1 个月。

7）包装、储藏

产品经整形后真空包装，并于 10℃以下的环境中储藏。

3. 质量评定

1）感官评价

鱼肉组织结构完整、软硬适度、色泽明亮；具有发酵后特殊的酯香、醇香味，无腐败味及其他不良气味；口感细腻，肉质紧致有弹性；滋味鲜美，酸味纯正，有回香，咸度适中。

2）理化指标

水分含量≤75%，食盐含量≤10%（以 NaCl 计），蛋白质含量≥20%，灰分含量≤4%。

3）安全卫生指标

大肠菌群≤30MPN/100g，致病菌不得检出。

4）操作规范参考标准

《食品安全管理体系　水产品加工企业要求》（GB/T 27304—2008）、《食品安全国家标准　水产制品生产卫生规范》（GB 20941—2016）、《出口水产品质量安全控制规范》（GB/Z 21702—2008）、《食品安全地方标准　发酵肉制品生产卫生规范》（DB 31/2017—2013）。

5）产品质量参考标准

《食品安全地方标准　发酵肉制品》（DB 31/2004—2012）。

7.3.6　糟鱼

糟鱼是我国湖北、江西、浙江等地居民普遍制作的一种传统发酵淡水鱼产品，以酒糟、酒酿或酒类为重要辅料，经盐渍脱水和糟制成熟两个主要阶段制成。糟鱼腥味低、气味醇厚、滋味鲜美、口感柔和、回味悠长，同时经过充足的发酵过程，富含游离氨基酸和不饱和脂肪酸，是一种风味独特且营养丰富的地方特色发酵鱼产品。

1. 工艺流程

酒糟
↓

原料鱼→预处理→腌制→干燥→拌料→装罐→糟制→包装→成品。

2. 操作要点

1）原料选择及预处理

各种新鲜淡水鱼均可作为制作糟鱼的原料；将选好的原料鱼用清水洗去杂质和污泥，去鳞，切去头部及部分腹部肌肉，去除内脏及黑膜，然后放入清水中充分洗净。

2）腌制

将经过预处理的鱼肉沥干表面水分后用食盐腌制，加盐量通常根据腌制温度和产品需求灵活调整，一般为 8%～10%。采用干腌法将 10%食盐均匀涂抹到鱼体上，在 10℃以下腌制 3～5h。

3）干燥

腌制结束后将鱼体平铺于金属架上放入烘箱中进行热风干燥，干燥温度为55℃，干燥至水分含量约为 35%。

4）酒糟

糟制使用的酒糟以甜酒糟为主，糟制过程中应选用优质的酒糟。酒糟水分含量为 40%～50%，乙醇含量为 4%～6%，香味醇厚，无酸味。

5）拌料

将干燥后的鱼肉与其质量 1～1.5 倍的酒糟、适量的香辛料、盐、糖等充分混匀。

6）装罐、糟制

在罐底先铺一层酒糟，然后按照一层鱼、一层酒糟的方式码放入发酵罐中，尽量装满，排除坛内空气，在顶层添加少量烧酒和食盐，用多层保鲜膜密封后盖紧坛盖，保证密封完整、不透气；在 25℃恒温条件下发酵 3 个月左右。

7）包装、储藏

以酒糟包裹鱼体进行真空包装，于 10℃以下的环境中储藏。

3. 质量评定

1）感官评价

产品呈鲜红色或红褐色，酒糟呈白色或淡黄色；鱼肉组织结构紧密，软硬适度，富有弹性；滋味鲜美，咸淡适宜，具有发酵产品特殊的醇厚香气，无腐败气味及其他不良气味。

2）理化指标

水分含量≤50%，食盐含量≤10%（以 NaCl 计），蛋白质含量≥30%，灰分含量≤1.5%，酸价≤130mg KOH/g（以脂肪计），过氧化值≤0.6g/100g（以脂肪计），固形物含量≥75%。

3）安全卫生指标

大肠菌群≤30MPN/100g，致病菌不得检出。

4）操作规范参考标准

《食品安全管理体系　水产品加工企业要求》（GB/T 27304—2008）、《食品安全国家标准　水产制品生产卫生规范》（GB 20941—2016）、《出口水产品质量安全控制规范》（GB/Z 21702—2008）、《食品安全地方标准　发酵肉制品生产卫生规范》（DB 31/2017—2013）。

5）产品质量参考标准

《食品安全地方标准　发酵肉制品》（DB 31/2004—2012）。

7.3.7　臭鳜鱼

臭鳜鱼，又称腌鲜鳜鱼，是以新鲜鳜鱼为原料，混合一定量的香辛料，经低盐、低温、短期腌制发酵而成，是我国传统徽菜的典型代表。发酵良好的鳜鱼闻起来臭，吃起来香，既保持了鳜鱼本身的鲜味，又增加了味道的层次。经过适当的发酵，使得产品中富含游离氨基酸和不饱和脂肪酸。臭鳜鱼营养丰富，味道醇厚，是极具地方特色的传统发酵鱼产品。

1. 工艺流程

原料鱼→预处理→清洗→沥水→复合脱腥→腌制→发酵→洗卤→包装→成品。

2. 操作要点

1）原料鱼选择及预处理

选取市售的鲜活鳜鱼，质量在 500g 左右为佳；将鳜鱼宰杀并清洗干净，从鱼肚处向鱼背处剖开（注意不要将鱼背剖断），在鱼体表面均匀剖上花刀。

2）清洗、沥水

用流水清洗鱼体，将血水、内脏等杂质洗净；将清洗后的鳜鱼背部朝上放置在金属网上沥干水分。

3）复合脱腥

将鱼体浸入脱腥液（2.5%生姜汁、2.5%食盐）中进行脱腥处理 1h，环境温度控制在 25℃左右。

4）腌制

将脱腥后的鱼体浸入浓度为 4%的食盐水溶液中，腌制 2h，腌制温度控制在 10℃以下。

5）发酵、洗卤

将腌制好的鱼体与香辛料一起装入发酵坛中，尽量装满，排除坛内空气，坛口用多层保鲜膜密封后盖紧坛盖，并在坛口加水密封。发酵采用分阶段发酵方式：第一阶段，在 10℃条件下发酵 48h；第二阶段，温度升高到 25℃，发酵 24h；采用 2%食盐水对发酵完毕后的鱼体表面腌料进行清洗。

6）包装、储藏

产品经整形后包装，真空包装后于−18℃下冷冻储藏。

3. 质量评定

1）感官评价

肉质整齐，骨肉分离、蒜瓣状明显；肉色呈白红色，富有光泽；具有发酵后特殊的臭味，无腐败味及其他不良气味；口感细腻，紧致有弹性；滋味鲜美，有回香，咸度适中。

2）理化指标

水分含量≤60%，食盐含量≤3%（以 NaCl 计），蛋白质含量≥20%，灰分含量≤4%，氨基态氮≥0.1g/100g，亚硝酸盐≤30mg/kg。

3）安全卫生指标

大肠菌群≤30MPN/100g，致病菌不得检出。

4）操作规范参考标准

《食品安全管理体系 水产品加工企业要求》（GB/T 27304—2008）、《食品安全国家标准 水产制品生产卫生规范》（GB 20941—2016）、《出口水产品质量安全控制规范》（GB/Z 21702—2008）、《食品安全地方标准 发酵肉制品生产卫生规范》（DB 31/2017—2013）。

5）产品质量参考标准

《食品安全地方标准 发酵肉制品》（DB 31/2004—2012）、《徽菜 徽州臭鳜鱼》（DB 34/T 934—2009）。

7.4　烟熏鱼制品

烟熏鱼是我国常见的一种传统水产加工制品，制作工艺简单，营养丰富，风味独特且具有优良的储藏特性，深受广大消费者的喜爱。但在熏材的燃烧过程中，产生的某些致癌物质可能会渗透到鱼体中，使人们对熏鱼产品产生了一些安全性方面的顾虑。新的熏制方法（冷熏、液熏等）可以在尽可能保持传统熏鱼独特风味的同时，显著降低有毒有害物质的积累，是未来烟熏鱼产业的发展方向。

7.4.1　冷熏鱼

1. 工艺流程

原料鱼→预处理→漂洗→盐渍→脱盐→沥水→风干→熏制→冷却→包装→成品。

2. 操作要点

1）原料选择及预处理

选用新鲜或冷冻的淡水鱼，如青鱼、草鱼、鲢鱼、鲤鱼、鳙鱼、鲈鱼、罗非鱼等，洗净鱼体表面黏液和污物。对于质量在 1kg 以内的鱼，采用背开法，去鳃；对于质量 1kg 以上的鱼，采用开片法，去头去尾，背开剖成两片。然后去鳞、内脏、血污，刮尽腹膜。

2）漂洗

将鱼体表面用流水洗净，再用流水或 5%左右的淡盐水漂洗脱血，漂洗时间根据环境温度确定，为 10～30min。

3）盐渍、脱盐

用饱和食盐水浸没鱼体进行腌制，盐渍时间根据环境温度、鱼体大小及厚度确定，一般不超过 24h 且温度控制在 10℃以下；用水或 5%的稀盐水脱盐，脱盐的时间根据原料种类、大小、厚度及成品中的目标含盐量而定。

4）沥水、风干

脱盐后的鱼肉采用挂晒法沥干水分并干燥，脱水至质量为脱水前的 70%。

5）熏制

选用含树脂较少的阔叶树的木屑为熏材，冷熏温度控制在 20～40℃，熏制时间为 24h 以上。

6）冷却、包装及储藏

冷却后的产品经整形后真空包装，然后冷藏储藏。

3. 质量评定

1）感官评价

鱼肉组织完整，软硬适度；鱼肉具有明显的熏制色泽特征且色泽均匀；具有典型的烟熏风味且香味适中，无异味，无其他杂质。

2）理化指标

水分含量约为 45%，食盐含量≤10%（以 NaCl 计），酸价≤130mg KOH/g（以脂肪计），过氧化值≤0.6g/100g（以脂肪计）。

3）安全卫生指标

菌落总数≤$3×10^4$CFU/g，大肠菌群≤30MPN/100g，致病菌不得检出。

4）操作规范参考标准

《食品安全管理体系　水产品加工企业要求》（GB/T 27304—2008）、《食品安全国家标准　水产制品生产卫生规范》（GB 20941—2016）、《出口水产品质量安全控制规范》（GB/Z 21702—2008）。

5）产品质量参考标准

《食品安全国家标准　动物性水产制品》（GB 10136—2015）、《食品安全国家标准　腌腊肉制品》（GB 2730—2015）。

7.4.2　液熏鱼

1. 工艺流程

原料鱼→预处理→漂洗→盐渍、调味→脱盐→沥干→液熏→干燥→冷却→包装→成品。

2. 操作要点

1）原料选择及预处理

选用新鲜或冷冻的淡水鱼，如青鱼、草鱼、鲢鱼、鲤鱼、鳙鱼、鲈鱼、罗非鱼等，然后洗净鱼体表面黏液和污物。对于质量 1kg 以内的鱼，采用背开法，去鳃；对于质量 1kg 以上的鱼，采用开片法，去头去尾，背开剖成两片。然后去鳞、内脏、血污，刮尽腹膜。

2）漂洗

将鱼体表面用流水洗净，再用流水或 5% 左右的淡盐水漂洗脱血，漂洗时间根据环境温度确定，为 10～30min。

3）盐渍、调味

将鱼体放入质量为鱼体质量 1/2 的腌制液中进行盐渍、调味，腌制液由 7%～15% 的食盐及适量的味精、白砂糖、料酒等配制而成。浸渍时间根据鱼体大小及厚度确定，一般不超过 24h 且温度控制在 10℃ 以下。

4）脱盐、沥干

将盐渍后的鱼肉采用流动的水流冲洗脱盐，一是为了除去过剩的食盐，二是除去容易腐败的可溶性物质。脱盐的时间根据原料种类、大小、厚度、水流速度等而定；将脱盐后的鱼肉放置于金属网架上沥干水分，环境温度控制在 15～20℃，直至鱼肉表面没有明显的水珠。

5）液熏

将鱼肉放置于烟熏液中浸渍 5～20min，具体浸渍时间根据鱼的种类、鱼体大小、鱼肉厚度及制品要求而定，烟熏液中烟熏剂的添加量为 3%～5%。

6）干燥

采用真空-热风联合干燥方法，先在 40～55℃条件下真空干燥 1～2h，随后在 60℃条件下热风干燥 2h。

7）冷却、包装及储藏

冷却后的产品经整形后真空包装，然后冷藏。

3. 质量评定

1）感官评价

鱼肉组织完整，软硬适度；鱼肉具有明显的熏制色泽特征且色泽均匀；具有典型的烟熏风味，无异味，无其他杂质。

2）理化指标

水分含量为 40%～55%，食盐含量≤6%（以 NaCl 计），酸价≤130mg KOH/g（以脂肪计），过氧化值≤0.6g/100g（以脂肪计）。

3）安全卫生指标

菌落总数≤3×10⁴CFU/g，大肠菌群≤30MPN/100g，致病菌不得检出。

4）操作规范参考标准

《食品安全管理体系　水产品加工企业要求》（GB/T 27304—2008）、《食品安全国家标准　水产制品生产卫生规范》（GB 20941—2016）、《出口水产品质量安全控制规范》（GB/Z 21702—2008）。

5）产品质量参考标准

《食品安全国家标准　动物性水产制品》（GB 10136—2015）、《食品安全国家标准　腌腊肉制品》（GB 2730—2015）。

第8章 淡水鱼罐藏加工技术

罐藏是将食品密封在容器中，经高温处理后绝大部分微生物被杀灭，同时防止外界微生物再次入侵，从而使食品在室温下能长期储存的保存方法。罐藏食品具有携带和食用方便、不受季节和地区的限制等优点，能满足人们的日常需求，深受广大消费者的喜爱。根据原料食品种类，罐藏食品可分为蔬菜罐头、水果罐头、果酱或果冻罐头、水产罐头、肉类罐头等。

罐装保存是鱼类冷冻后加工的第二大方法。淡水鱼罐头制品是将淡水鱼经过预处理后装入密封容器中，再经加热杀菌、冷却后的产品。淡水鱼罐头制品具有较长的货架期和较好的口味，便于携带，食用方便。常见的淡水鱼罐头制品主要有红烧鲤鱼、葱烧鲤鱼、荷包鲫鱼、咖喱鱼片、熏鱼、鱼圆、鱼肉肠罐头等。

8.1　技　术　原　理

8.1.1　罐藏原理

水产品的腐败，主要是由微生物和酶作用引起的。水产品腐败变质的过程实质上是其中的碳水化合物、蛋白质、脂肪等在有害微生物的作用下分解而发生变化，产生有毒有害物质的过程；在一定时间内，水产品组织中的酶类进行着一些生化反应，当水分、温度等条件适宜时，酶的活性提高，并分解水产品中的成分，加速水产品的腐败变质。淡水鱼罐头工艺是将初加工的淡水鱼原料置于空罐中，经过排气、密封和杀菌等过程，将罐内引起败坏、产毒、致病的大部分微生物杀灭，并破坏原料组织自身的酶活性，且保持密封状态，使食物免受外界微生物的污染及空气的氧化，产品得以长期储藏。

　1. 加热对微生物的影响

引起水产品腐败的微生物主要有肉毒梭状芽孢杆菌、无芽孢菌、嗜热脂肪芽孢杆菌、嗜热型厌氧芽孢杆菌、酵母菌、霉菌、革兰氏阴性菌如假单胞菌等，且它们对水产品腐败有着不同的影响（表8.1）。其中，肉毒梭状芽孢杆菌的耐热性最强，是影响水产罐头腐败的主要微生物，因此水产罐头的热杀菌主要是以肉毒梭状芽孢杆菌的灭活率为指标。

表 8.1 引起水产品腐败的常见微生物种类及特性

种类	特性
嗜热脂肪芽孢杆菌	嗜热脂肪芽孢杆菌是需氧型微生物，但兼有厌氧的特性。最低生长温度为 28℃，最高生长温度为 70～77℃，是引起低酸性罐头食品腐败的典型平酸菌之一，其耐热性高于嗜温菌
假单胞菌	属于革兰氏阴性菌，无芽孢、需氧、呈直或稍弯曲杆状，大部分极生鞭毛，能运动，增长速度快，具有很强的分解蛋白质和脂肪的能力
霉菌	霉菌必须在有氧条件下才能生长，且各种霉菌的需氧量也有很大差异。霉菌不仅在 25～30℃下生长良好，还能在小于 10℃温度下生长
酵母菌	酵母菌是兼性厌氧菌。在 25～30℃温度下，多数酵母菌生长良好，生长的 pH 为 2.2～8.0
无芽孢菌	在自然界存在的细菌中，不产生芽孢的无芽孢菌的种类远多于芽孢菌，但无芽孢菌的抗热性较差，容易在食品加热处理过程中被杀灭
肉毒梭状芽孢杆菌	肉毒梭状芽孢杆菌是芽孢杆菌的一种，是一种专性厌氧的腐生菌，属于革兰氏阴性菌，菌体粗大，适宜的生长温度为 35℃左右，在中性或弱碱性的基质中生长良好且繁殖体对热的抵抗力较强

不同微生物的最适生长温度差异明显（表 8.2），当温度高于微生物的最适生长温度时，微生物的生长会受到抑制；而当温度继续升高到足以使微生物体内的蛋白质发生变性时，微生物会出现死亡现象。

表 8.2 微生物的生长温度

种类	最低生长温度/℃	最适生长温度/℃	最高生长温度/℃
嗜热菌	30～45	50～70	70～90
嗜温菌	5～15	30～45	45～55
耐冷菌	−5～5	25～30	30～55
嗜冷菌	−10～−5	12～15	15～25

影响微生物耐热性的主要因素包括微生物种类、微生物数量、热处理温度、pH、脂肪、糖类、蛋白质、盐、植物杀菌素、水分活度等。

1）微生物种类

淡水鱼中有害微生物的种类很多，在杀菌前，污染的微生物种类及数量取决于原料的状况（来源及储运过程）、工厂环境卫生、车间环境卫生、机器设备和器具的卫生、生产操作工艺条件、操作人员个人卫生等因素。

由于微生物种类的不同，其耐热性也有明显差异，即使是同一菌种，其耐热性也会因菌株的不同而产生差异。非芽孢菌、霉菌、酵母菌及芽孢菌的营养细胞的耐热性较弱。各菌种芽孢的耐热性也不相同，其中嗜热菌芽孢的耐热性最强，厌氧菌芽孢次之，需氧菌芽孢的耐热性最弱。同一种芽孢的耐热性，也会因菌龄、生产条件和储藏环境的不同而有所差异。由加热处理后的残存芽孢再形成的新生芽孢的耐热性，比原芽孢的耐热性更强。肉毒梭状芽孢杆菌是致病微生物中耐热性最强的，它是非酸性罐头的主要杀菌目标。

罐头内的淡水鱼成分包括脂肪、糖类、蛋白质、盐、植物杀菌素等，成分含量和组成都会影响微生物的耐热性，因此需要根据淡水鱼种类来采取适合的杀菌工艺和杀菌强度。

一般来说，霉菌和酵母菌的耐热性都比较差，在 50～60℃ 下可以完全杀灭；有一部分细菌的耐热性很强，甚至可以在不适宜生长的条件下形成非常耐热的芽孢。而对于无芽孢菌，在 60～80℃ 下只需要几分钟就可以将其杀灭。霉菌更不耐热，只有少数几种霉菌有较强的耐热性，例如，纯黄丝衣霉菌能耐 88℃、30min 的热处理。酵母菌和霉菌类似，也仅有少数几种有较强的耐热性，例如，耐渗透酵母鲁氏酵母能耐 100℃、40min 的加热处理。对于淡水鱼罐头，尤其是低酸性水产罐头，需要考虑芽孢的耐热性，或者换句话说，应以芽孢作为杀菌目标。

细菌的营养细胞和芽孢之间的耐热性差异相对较大，一般认为有两种原因：一是蛋白质的差异，不同种类的蛋白质（包括酶）具有不同的热凝固温度；二是水分含量及水分状态的差异，芽孢中的水分含量明显少于营养细胞，且芽孢中的水大部分为结合水，而营养细胞中含较多的游离水，游离水越多，则蛋白质的耐热性越差。

2）微生物数量

微生物的耐热性与一定容积中所存在的微生物数量有关，微生物的数量越多，全部将它们杀灭所需要的时间越长，因为微生物聚集在一起受热致死时，并非在同一时间内全部死亡，而是有先有后。菌体细胞能分泌出对菌体有保护作用的蛋白质性质的物质，随着菌体细胞增多，这种保护性物质的数量也会逐渐增加。因此，带菌量越多，耐热性越强。

3）热处理温度

在微生物生长所需温度以上的温度可以导致微生物的死亡。显然，微生物的种类不同，最低热致死温度也不相同。对于规定种类、规定数量的微生物，温度确定时，微生物的死亡取决于在这个温度下维持的时间。

4）pH

pH 是对微生物耐热性影响最大的外在环境因素之一。较高的酸性条件下，可以抑制乃至杀灭许多种类的嗜热或嗜温微生物，而在这种条件下还能存活或生长的微生物往往不耐热。对不同 pH 的水产品分别采用不同强度的热杀菌处理，既可以达到热杀菌的要求，又不至于因过度加热而影响水产品的质量。从食品安全和人类健康的角度，根据肉毒梭状芽孢杆菌的生长习性，通常分为酸性（pH≤4.6）和低酸性（pH＞4.6）两类。在 pH≤4.6 的酸性条件下，肉毒梭状芽孢杆菌不能生长。其他多种芽孢菌、酵母菌及霉菌则可能造成食品的败坏。一般来说，这些微生物的耐热性远低于肉毒梭状芽孢杆菌，因此不需要高强度的热处理过程。

5）脂肪

若脂肪含量高，则细菌的耐热性会增强。这是因为淡水鱼中的脂肪和微生物细胞的蛋白质胶体接触，形成的凝结薄膜层既能阻止水分的渗入，又能很好地隔离热，所以增加了微生物的耐热性。例如，大肠杆菌和沙门氏菌在水中加热到 60～65℃时会死亡，而在油中加热到 100℃且持续 30min 才能死亡。因此，对于脂肪含量高的淡水鱼罐头，杀菌强度要加大。例如，油浸青鱼罐头的较佳加热条件为118℃、60min，红烧青鱼罐头则为 115℃、60min。

6）糖类

糖液的浓度越高，淡水鱼中的微生物越难以杀灭。高浓度的糖液可对微生物细胞起到脱水的作用，导致蛋白质的凝固速度下降，因而提高了微生物的耐热性。例如，酵母菌在蒸馏水中加热到 100℃时几乎会立即杀灭，而在 43.8%的糖液中需要持续 6min，在 66.9%的糖液中需要 28min。较低浓度的糖液对耐热性的影响很小，而高浓度的糖液一方面会提高微生物的耐热性，另一方面又会因强烈的脱水作用（A_w 变小）而抑制淡水鱼中微生物的生长。

7）蛋白质

水产品中的蛋白质含量在 5%左右时，对微生物有保护作用；蛋白质含量在15%以上时（鱼罐头），则对耐热性没有影响。

8）盐

食品中含有的天然无机盐种类很多，淡水鱼罐头生产中常会加入食盐。低浓度食盐对微生物有保护作用，而高浓度食盐对微生物的抵抗力有削弱作用。一般认为，低浓度食盐可以使微生物细胞适量脱水，但蛋白质难以凝固；高浓度的食盐则可使微生物细胞大量脱水，蛋白质变性，导致微生物的死亡。并且，高浓度食盐会造成水分活度下降，也会强烈地抑制微生物的生长。

9）植物杀菌素

有些植物的汁液及其分泌的挥发性物质对微生物有抑制或者杀灭作用，这类物质称为植物杀菌素。淡水鱼罐头中用到的含有植物杀菌素的原料有葱、姜、蒜、辣椒、萝卜、胡萝卜、番茄、芥末、丁香和胡椒等。如果淡水鱼中含有这些原料，它们的存在会对微生物产生抑制，可以降低杀菌前罐中微生物的数量，也就意味着减弱了微生物的耐热性。不过，植物杀菌素受植物种类、器官部位、生长期等的影响，其效果差异很大。

10）水分活度

一般情况下，水分活度越低，微生物的耐热性越强；水分活度越高，微生物的耐热性越差。原因是蛋白质在较湿状态下加热时比在干燥状态下加热的变性速度快。因此，在相同温度下，湿热杀菌比干热杀菌效果好。

11）淡水鱼中的其他因素

淡水鱼中的其他一些成分也会影响微生物的耐热性，例如，二氧化硫、抗生素、杀菌剂等抑菌物质的存在对杀菌有促进和协同作用。

2. 加热对内源酶的影响

引起水产品腐败的内源酶有四大类：钙蛋白酶、溶酶体组织蛋白酶、脂肪水解酶和脂肪氧化酶。其中，钙蛋白酶降解高分子质量的肌原纤维蛋白，溶酶体组织蛋白酶降解低分子质量的肌原纤维蛋白，脂肪水解酶和脂肪氧化酶主要与脂肪的水解及氧化有关。酶的活性和稳定性与温度之间有着密切的关系，在较低的温度范围内，随着温度的升高，酶活性也会提高。通常，大多数内源酶在 $30\sim40$℃的条件下会显示最大活性，而高于此温度范围时，内源酶将失活。影响内源酶热稳定性的因素包括酶的种类和来源、热处理条件、淡水鱼成分等。

1）内源酶种类和来源

内源酶的种类及来源不同，热稳定性相差也很大。内源酶对热的敏感性与酶分子的大小和结构复杂性有关。一般来说，酶分子越大、结构越复杂，其对高温越敏感。

2）热处理条件

pH、水分含量、加热速度等热处理的条件参数也会影响内源酶的热失活，其中 pH 直接影响内源酶的热稳定性。一般来说，淡水鱼的水分含量越低，内源酶的耐热性越高。部分内源酶加热失活后在一定条件下具有酶活再生性，而加热速度会影响酶的再生，加热速度越快，热处理后酶活性再生得越多。采用高温短时的方法进行淡水鱼热处理时，应注意酶活性的再生。

3）淡水鱼成分

淡水鱼中的蛋白质、脂肪、碳水化合物等，都可能影响内源酶的热稳定性。蛋白质的种类、含量等对酶的热稳定性有较大的影响；糖蛋白中的寡糖可增加内源酶的溶解性，并阻止其聚合。糖基化可使蛋白质的三级结构发生改变，进而影响新合成蛋白质和天然蛋白质的稳定性，最终影响某些蛋白酶的热稳定性。

8.1.2　罐藏技术

1. 热杀菌

淡水鱼罐头经排气和密封后，并未杀死罐内微生物，仅仅是排除了罐内部分空气，以及防止微生物污染，只有通过杀菌才能破坏淡水鱼中所含的内源酶的活性和使淡水鱼产生腐败的微生物，从而达到能长期保存的目的。

淡水鱼罐头杀菌的方法有很多，如加热杀菌、辐照杀菌、火焰灭菌、微波杀菌，其中加热杀菌较方便高效，目前应用较多。罐装淡水鱼的杀菌值（水产罐头用 115～121℃杀菌）一经确定，厂家就必须采取措施，确保所有淡水鱼罐头都得到正确的热处理，使影响罐头热传递速率的各种因素都能得到控制，防止因热处理不足而产生的产品败坏。

加热杀菌是淡水鱼罐头中沿用至今的基本方法，目的是破坏或杀死淡水鱼自身所含的酶类和能使食品败坏的微生物，保证密封在罐内的淡水鱼，在一般的商品管理条件下的储存运销期间，不至于被有害微生物败坏，或因病菌的活动而影响消费者身体健康。同时，热处理也会造成淡水鱼的色、香、味、质构及营养成分等质量因素的不良变化。淡水鱼的最佳热杀菌强度总是需要在热量对淡水鱼储藏安全性产生有益影响和淡水鱼品质产生破坏性影响之间进行折中。杀菌强度的控制标准：既要达到灭菌的目的，又要尽可能地保持淡水鱼的风味与营养价值。

根据杀菌温度，罐头食品的杀菌方式可分为低温杀菌与高温杀菌。前者的加热温度在 80℃以下，时间为 10～30min，也称为常压杀菌，可杀灭病原菌及无芽孢菌，但对其他无害细菌不完全杀灭，适合于含酸量较高（pH＜4.6）的水果罐头和部分蔬菜罐头；某些水果及部分蔬菜类食品经受不了高温加热，因为在高温下，其组织形态将变软，色香味及风味会降低，所以对这类高酸性食品采用低温杀菌的方式。高温杀菌的加热温度为 105～121℃，又称为高压杀菌，时间为 40～90min，适合于含酸量较少（pH≥4.6）和非酸性的肉类、水产品及大部分蔬菜罐头；这类低酸性食品中的微生物抗热性较强，因此要采用较高温度进行杀菌，但有时也难以达到完全无菌。

实际上，即使生产的淡水鱼罐头是含菌的，只要罐内残存的细菌不会对罐头的卫生与质量情况产生影响，能在相当长时间内保持罐头的标准质量，仍然是允许的，将其称为商业杀菌。"可接受水平"相当于最危险的致病菌——肉毒梭状芽孢杆菌的存活率为万亿分之一（10^{-12}）。

传统淡水鱼罐头生产中主要采用加压加热的高温杀菌的工艺，该方法比较方便、可靠，且具有增进风味、软化质构的作用。Yamaguchi 等应用直接试验对比法对鳙鱼罐头恒温杀菌过程中的营养最大化进行了探讨，结果表明，高温高压短时杀菌对鳙鱼品质的破坏最小。当杀菌温度高、时间长时，对许多淡水鱼的营养和风味成分都有一定的破坏作用。因此，在杀菌的同时，还要尽量减少高温对淡水鱼品质的破坏。影响罐头杀菌效果的因素较多，主要应考虑微生物及罐头的传热情况。

微生物种类不同，其耐热性也有差异，并且微生物的耐热性随所处环境条件变化而变化。此外，淡水鱼罐头的杀菌是否达标与淡水鱼在杀菌前的污染程度有关，污染程度越严重，所需的杀菌强度越大；淡水鱼罐头杀菌的完成是依靠从容器外部传入的热量，使细菌蛋白质变性凝固，从而杀灭细胞，杀菌效果与传热效果紧密相关。罐头容器的传热主要依靠传导，因此与容器材料传热系数相关，例如，马口铁的传热系数要比玻璃大得多。另外，罐头的形状、大小也会影响热量传至罐头中心所需的时间，小容量的罐头比大容器的罐头所需升温时间短；罐内淡水鱼的状态，包括淡水鱼含水量、汁液添加量、浓度、块型大小和装填松紧程度等，都会影响罐头的传热效果。大部分淡水鱼罐头是将鱼块浸渍于汁液中，因此热量的传入，既有传导也有对流。冷点的位置并非容器的几何中心，往往是最厚的鱼块的几何中心，这是由于传导传热要比对流传热慢得多。为了提高杀菌效果，可使罐头在杀菌过程中做回转运动，在罐内形成机械对流，这样可缩短杀菌时间，提高淡水鱼罐头的质量。影响罐头传热的因素可大致分为罐内食品的物理性质、初温、容器和杀菌锅四大类。

1）罐内食品的物理性质

罐内食品的物理性质主要指食品的状态、块形大小、浓度、黏度等，且这几项物理性质之间往往有相关关系。①液态食品，若食品的浓度和黏度都比较低，其传热方式就以对流传热为主，可以在较短的时间内达到杀菌操作温度（杀菌器工作温度），且罐内各点的温度变化基本保持同步；②半液态食品，食品的浓度和黏度较大，流动性较低，传导和对流都存在，或者因黏度的变化而偏重某一种方式，或者因加热的变化而中途改变传热方式；③固态食品，其传热速度显然小于对流型食品，罐内各点处的温度分布极其不均匀，温度的变化快慢取决于食品物料的热导率；④带汤汁的食品，其固形物的粒度、形状和装罐方式都会对传热速度产生影响，例如，小块食品快于大块食品，颗粒状或薄片状快于粗条状或大块状，竖条装罐快于层片装罐。

2）初温

初温指杀菌操作开始时，罐内食品物料的温度。王铁龙等研究了在同一杀菌温度下，初温对沙丁鱼罐头传热效果的影响。结果显示：初温越高，杀菌操作温度与沙丁鱼温度间的差值越小，罐内温度达到或逼近杀菌操作温度的时间越短。由此可知，初温对传热的影响与食品的物理性质有很大关系。对流型传热食品物料的初温对传热的影响很小，而传导型食品物料的初温则对传热影响极大。

3）容器

对于杀菌操作中的传热，主要考虑容器的材料、容积和几何尺寸。在对罐藏食品杀菌时，罐外的热量要传递到罐内都必须通过罐壁，因此容器材料的热绝缘系数是影响热传递的一个重要因素。热绝缘系数的大小一方面与材料热导率有关，另一方面取决于罐壁的厚度。根据热绝缘系数公式 $M=R/S$（R 为壁厚，S 为热导率），热导率越大，热绝缘系数越小；而罐壁厚度越大，热绝缘系数越大。容器的体积和几何尺寸对传热也有影响，容积越大，所需要的加热时间越长，即容积小的罐头传热快；对于常见的圆罐，容器的几何尺寸指罐高与罐径比（H/D）。当容积相同，H/D 为 0.25 时，所需的加热时间最短。因此，对于内部传热困难的干装类食品，往往选用扁平罐型。

4）杀菌锅

目前，常用的杀菌锅主要有静置式杀菌锅和回转式杀菌锅两大类（图 8.1）。静置式杀菌锅（尤其是卧式杀菌锅）内部的温度可能不均匀。罐头在锅内的位置不同，其传热效果差别较大，一般来说，离蒸汽入口越远，罐头的受热状况越差。因此，杀菌锅内的温度分布是否均匀，是衡量静置式杀菌锅质量的一个重要指标。此外，对于静置式杀菌锅，在杀菌操作时，若没有经过充分的排气，残存空气会在锅内某些气流不顺畅处滞留，形成"空气袋"，处于此处的罐头的受热效果极差。若采用回转式杀菌锅，因为整个锅体在杀菌过程中处于运动状态，所以锅内温度分布均匀，不同位置的罐头受热情况相同。

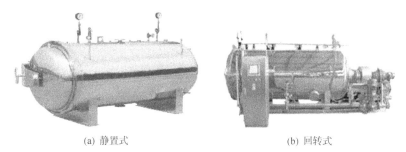

(a) 静置式　　　　　　　　　　　(b) 回转式

图 8.1　静置式杀菌锅和回转式杀菌锅

淡水鱼罐头的高温杀菌分为高压蒸汽杀菌和高压水杀菌两种。一般马口铁罐头多采用高压蒸汽杀菌，玻璃瓶罐头和软包装罐头多采用高压水杀菌（也称反压水杀菌）。例如，大直径扁罐及玻璃瓶罐，都可采用高压水杀菌。该方法的优点是能平衡罐内外压力，使玻璃瓶盖保持稳定；同时，高压能提高水的沸点，促进传热。高压靠通入压缩空气维持，反压力需要大于杀菌温度对应的饱和蒸汽的压力，一般要求为 21～27kPa。当降温冷却时，随着水温的逐渐下降，同时将反压逐渐降低，直至罐头冷却到 40℃左右。淡水鱼软罐头需经过 100℃以上的加热杀菌，由于封入袋内的空气及内容物受热膨胀产生压力，呈膨胀状态，甚至引起蒸煮袋破裂。为了防止蒸煮袋破裂，除了采用真空封口机封口，尽可能减少袋内空气外，在蒸汽杀菌过程中，还需采用压缩空气加压杀菌及加压冷却。高温杀菌时，如果蒸煮袋内压力大于外压并超过 10kPa 时，袋就会破裂，因此必须用压缩空气加压，施加大于与杀菌温度相对应的饱和蒸汽的压力。淡水鱼软罐头进入杀菌锅，一般在锅温达到 90℃ 左右开始进行空气加压，若加压过早，则升温时间延长；若加压太迟，则蒸煮袋容易破裂。在冷却阶段，在冷却水刚进入锅内的瞬间，锅内压力骤降，由于软罐头内容物不可能同步冷却，袋内压力过大，导致蒸煮袋破裂。此时，必须注意反压的控制，使杀菌锅内压力在冷却过程中始终保持大于蒸煮袋内的压力。

在实际生产中，影响罐头杀菌效果的因素有很多，杀菌强度的制定应结合各种因素全面考虑。在确定某种罐头的杀菌强度时，可以根据罐头中心温度在杀菌过程中的变化情况，然后通过对象菌（如肉毒梭状芽孢杆菌）的热致死率计算出最低杀菌强度，从而确定杀菌条件。但在实际生产中，还需通过小样试验，检验初步拟定的杀菌条件是否可靠，并对杀菌后的淡水鱼样品进行保温储藏、细菌检验、感官检验和长期储藏试验，确认所制定的杀菌规程是合理的，才可用于生产。生产中的杀菌规程常用下式表示：

$$\Delta = [(t_1 - t_2 - t_3)/T] \cdot P \qquad (8.1)$$

式中，T 为杀菌温度（℃）；t_1、t_2、t_3 分别为杀菌过程中升温、恒温和降温时间（min）；P 为加热或冷却时杀菌锅内使用的反压压力（kPa）。

罐头食品的杀菌工艺主要由温度、时间和压力三个因素组成，食品原料品种及采用的包装容器不同，其杀菌操作要求和方法也有差别。杀菌过程可大致分为三个阶段：①升温阶段，指杀菌锅从常温升至恒温杀菌所需温度的过程，在排净杀菌锅内空气的前提下，升温时间越短越好；②恒温阶段，在这个阶段，杀菌锅内的温度稳定不变，尽量保持恒温过程，此时杀菌锅内的介质升温到杀菌温度，而罐内的食品温度还处于加热升温阶段；③降温阶段，即停止加热并用冷却介质冷却的过程，使罐内温度降低到适当值，防止食品品质下降，冷却时间越短越好。

淡水鱼含水量高，肉质柔嫩，经高强度热杀菌处理会导致肉质软烂，影响产品食用和感官品质，因此需要通过调节 pH、冷杀菌或改善淡水鱼制品的传热特性等方法来降低后续杀菌强度，或通过部分脱水等预处理方法，来降低高温热处理对罐藏淡水鱼制品质构特性的影响。例如，某些淡水鱼类产品通过加入香菇酱等措施进行处理，将整罐产品的最终平衡 pH 控制在 4.6 以下，就可以按照酸性食品的杀菌要求来进行处理。

2. 包装

食品经过包装后，既保持了原材料质量、延长了保质期、防止产生机械损伤，又为生产商和消费者提供了一些产品信息。对于淡水鱼类加工产品而言，多采用罐头进行包装。淡水鱼罐头的容器为绝对密闭型，通过杀菌可以阻止罐头外部环境中的微生物侵入罐内，使得淡水鱼罐头可以在常温下长时间保存。而淡水鱼罐头原料的水分、蛋白质含量较高，经烹调后其油性及汤汁又显著增加，所以比其他食品更易腐败变质，储存难度较大，因而用于淡水鱼软罐头的包装容器必须考虑以下几个原则：密封性好，透湿、透氧率低，耐阻及热封性能好，强度高，热收缩率低等，同时要考虑价格因素。目前，在淡水鱼罐头中使用的包装容器主要分为三大类：金属罐、玻璃罐和复合包装。

1）金属罐

金属罐是用金属薄板制成的容器，按密封性可分为密封和不密封两类；按其材质可分为镀锡板罐、铝罐和镀铬板罐等；按其结构可分为两片罐和三片罐；按其截面形状又可分为圆罐和异形罐。考虑淡水鱼罐头的原料特性、对罐藏容器的基本要求，以及不同金属罐材料的特性等，在罐藏容器的选择上主要使用镀锡板罐和铝罐。

（1）镀锡板罐。镀锡板罐在保持材料的机械强度和耐腐蚀性的同时，降低了钢板的厚度，是淡水鱼罐头生产中使用频率较高的一种金属罐藏容器。镀锡板的表面镀有纯锡，纯锡与罐藏食品接触不会产生毒性，并且具有良好的耐腐蚀性能；普遍采用双卷边罐，焊接后能保持容器良好的密封性能；用镀锡板制成的罐头容器的质量轻，能承受一定的压力，抗拉强度为 $750\sim800N/mm^2$，经高温回火的镀锡板罐强度甚至更高，具有一定的机械强度，运输方便；镀锡板表面适宜进行涂料、印刷，既可防止腐蚀和生锈，又可美化外观，增强商业性；镀锡板的加工性能良好，可以制成大小不一、形状各异的罐藏容器，罐型有圆形、方形和椭圆形等，适合于连续化、自动化的工业生产要求，罐藏制品经杀菌后，保质期可达 2 年以上。但是，镀锡板未经涂料、印刷时很容易腐蚀和生锈；容器不透明，不能重复使用；由于表面需要镀锡，镀锡层外面还往往再加以涂料，生产成本较高。

（2）铝罐。铝合金薄板较轻，质量仅为同样体积的铁罐的三分之一，并且铝对人体无毒，安全卫生。虽然罐壁很薄，但强度较高；铝罐的热导率高，有利于提高罐头食品的杀菌和冷却效果；铝罐不会产生硫化污染，也不会使食品带有金属味；有一定的耐腐蚀性能，但对酸、盐类等物质的耐腐蚀性较差，一般均需涂料后使用，其内外壁较易涂料、印刷，外观易于美化；铝罐可回收利用，废铝回炉制成新的铝材大概只需 5%的能源，对防止废罐公害、节资节能都有很好的效果。但是，铝罐的罐壁较薄，其抗拉强度为 $350\sim400N/mm^2$，在重力作用下容易变形，因此在加工、储藏、运输过程中要加以防范。

2）玻璃罐

玻璃作为一种包装材料，在罐头生产中占有很大比例，仅次于镀锡板罐。由于玻璃罐藏容器的可再密封性、透明性，质检人员和消费者可以较为直观地看到罐内食品质量，便于检查和商品挑选；玻璃为化学惰性，与罐内食品不会产生化学反应，符合食品卫生要求，也可以进行热处理，不会影响罐内食品的风味和营养价值；玻璃原料充足，容器可回收后重复利用，因而成本较低。但是，玻璃是一种重型材料，会增加运输成本；容易破碎，需要密封良好的封口，以防止加工后再次污染；成型加工过程复杂，罐装的成本也较高，并且能透过紫外线，会引起某些罐内食品中有效成分的分解、破坏，这些缺点限制了玻璃罐藏容器的使用。大多数罐装食品都是立即打开并食用，在欧洲主要为果酱，在亚洲主要为鱼酱。玻璃容器的热处理过程需要小心，因为热冲击可能会导致破碎，并且费时费水。玻璃包装形式能使淡水鱼罐头的保质期达到 1 年以上，主要应用在调味小鱼干和调味干鱼片的生产中。

3）复合包装

（1）蒸煮袋。蒸煮袋是由一种经过高温灭菌的多层复合薄膜，经分切和三边封口后预制成的具有一定尺寸的可热熔封口袋，薄膜之间用黏合剂进行干法复合或共挤复合。蒸煮袋较薄，受热面积大，传热快，并且可以保证袋中食品受热均匀，缩短 1/3～1/2 的杀菌时间，节约能源。与其他淡水鱼罐藏容器相比，蒸煮袋包装易于运输和储存，食用时不必加热，能耗少、成本低。此外，蒸煮袋体积小、质量轻、抗冲击性能好；薄膜不会与食品发生化学作用造成腐蚀，食用卫生安全。根据杀菌蒸煮时的食品条件，将蒸煮袋包装分为低温蒸煮袋、中温蒸煮袋和高温蒸煮袋三档（表 8.3）。高温蒸煮袋经过高温杀菌处理，容易造成产品风味劣化、肉质酥烂、罐头味重等问题，其在淡水鱼罐头包装中的使用很少。

表 8.3　蒸煮袋分档标准

名称	条件	效果
低温蒸煮袋	100℃、30min	杀死全部致病菌，非致病菌的孢子不能杀死，储藏期有局限性
中温蒸煮袋	100～120℃、30min	杀死大部分非致病菌和全部致病菌
高温蒸煮袋	120～135℃、15～30s	杀死全部非致病菌和致病菌，大量维生素等营养物质被破坏分解

（2）铝塑复合半刚性包装。铝塑复合半刚性包装是由金属铝或其他合金压延成薄片，与塑料薄膜黏合或由涂料涂覆制成复合材料，再经冲压成型制造的包装容器，是在 20 世纪 80 年代发展起来的新型包装。这种包装容器质地较软，却易固定成型；热封杀菌传热快，能够防止内壁与食品接触形成的腐蚀；成品可以叠

存并便于运输储存，容器废弃后不会造成公害。基于上述优点，铝塑复合半刚性
包装在淡水鱼软罐头的加工中应用广泛。

8.2　调味淡水鱼罐头

调味淡水鱼罐头是指将冻鲜或冷冻的淡水鱼原料经预热处理，再进行盐渍或
油炸脱水，加入由老抽、糖、香料等调味料配制的调味液进行调味后装罐制成的
产品。在生产调味罐头时，必须注意调味液的调配比例及调味时间，成品应具有
原料和香料的特有风味，肉块紧密、形态完整、不焦不硬、色泽均匀，调味液量
和鱼肉量保持一定的比例。按照加工口味，调味罐头可分为红烧、五香、糖醋、
葱烤、酥炸、茄汁、咖喱等类型。

8.2.1　加工工艺

1. 工艺流程

原料验收→预处理→盐渍→油炸→调味→装罐→排气密封→杀菌冷却→成品
检验入库。

2. 技术要点

1）原料验收

在调味淡水鱼罐头的生产中，原料品质与最终产品质量之间有着密切的关系，
因此必须做好罐藏淡水鱼原料的验收。验收工作的主要目的是确定淡水鱼原料的
种类、鲜度及等级，以便确定合适的加工方法。一般对原料鱼品质进行鉴定，主
要从以下几个方面进行：种类、鲜度、大小、丰满度、完整度。

（1）种类。在确定以某品种的淡水鱼作为该批产品的生产原料后，在验收
过程中应该严格控制其他品种的鱼混入其中，以免影响调味淡水鱼罐头产品的
质量。

（2）鲜度。常用来鉴定鱼类鲜度的方法为感官鉴定法、生物化学法和微生物
检验法。

（3）大小。罐藏淡水鱼原料的个体大小常因捕捞的地域、群体、汛期而表现
出差异性。在生产淡水鱼罐头时，个体大小会影响可食部分所占的比例，也会影
响出品率及滋味。

（4）丰满度。丰满度也指肥瘦度，鉴定不同种类鱼的丰满度，所采用的要求
标准有差别。一般来说，丰满度大的鱼，其外观饱满均匀，背侧或腹侧的肌肉都
较厚，头部相对较小些；丰满度小的鱼则肉薄脊尖，头部相对较大些。

（5）完整度。鱼体完整度是指鱼体在捕捞及储运过程中受到的机械性伤痕及

受伤程度。鱼体完整度好的表现如下：在鱼体肌肉部位无伤痕、不破裂，鱼头与鳞片也保持完整而不脱落。

2）预处理

调味淡水鱼罐头加工原料一般分为冻鲜原料和冷冻原料，由于淡水鱼易腐败变质，新鲜的淡水鱼罐头原料必须在经原料验收后立即进入"冷链"中，这样的淡水鱼称为冻鲜原料；而直接在较低温度下保存的淡水鱼称为冷冻原料。因此，在进行淡水鱼罐头加工前，必须对原料进行解冻，目前常采用空气解冻和水解冻两种方法。

（1）空气解冻。在室温高于冻鱼温度的条件下，利用空气与冻鱼之间的热交换，使冻鱼温度逐渐升高而自然解冻。该方法操作方便，但解冻不够均匀，解冻时间较长，宜在春、秋季节采用。

（2）水解冻。水解冻一般分为流水解冻和淋水解冻两种方法。流水解冻是将冻结的淡水鱼直接浸泡在流动水里，依靠流动水与冻鱼之间的热交换，使冻鱼解冻。流水解冻速度快，而且比较均匀，但不宜在炎热季节采用；淋水解冻是利用细小水滴喷淋在冻结鱼块上，使冻鱼逐渐升温解冻。

冻鲜鱼或冷冻鱼在解冻后均要进行原料预处理。首先采用流水洗涤，除去鱼体表面的污物和黏液，同时剔除不合格的鱼；其次，用手工或机械的方法去除鱼鳞、鱼鳍、鱼头、鱼尾、鱼鳃，并剖开去除内脏中不可食用的部分，流水洗净腹腔内的淤血等残留物。在洗涤时，浸泡的时间不宜过长，以免鱼肉中的可溶性蛋白质流失而降低其营养价值，使鱼制品失去其固有的色泽；然后将洗净的鱼进行切段或切片，以增加鱼体表面积，减小鱼肉的厚度，这样既容易进行调味，也便于预热处理，使成品开罐后的鱼块整齐美观；最后进行分档，一般是按照原料的厚薄、鱼体的大小、是否带骨将其分为 2～3 档，以利于进行盐渍、预热处理和装罐。

3）盐渍

调味淡水鱼罐头成品中的食盐含量，一般应控制为 1%～2.5%。为达到此含量标准，除了在调味配料中加入适量食盐，盐渍也起到很大的作用。盐渍是指采用洁净盐水浸泡或盐腌处理，在预煮或油炸脱水前进行。盐渍不但可使肉质咸淡均匀，还可脱去部分血水及可溶性蛋白质，改善产品色泽，使鱼肉组织变得紧实，便于预热处理或装罐。一般常见的盐渍方法有盐渍水腌法和拌盐法两种。

注意事项：①鱼块（片）应按大小分档，分别盐渍，盐水的用量以使鱼块（片）能完全浸没为止，并多次搅拌，使盐渍均匀；②盐渍时间与盐水浓度要相互适合，应根据产品对盐分的要求、原料性质、加工特点等决定。在实际生产中，盐水浓度以控制在 6%～15%，盐渍时间以 10～20min 为宜。

4）油炸

油炸的主要目的是脱去鱼肉中的一部分水分，蛋白质受热凝固，从而使鱼肉组织紧密，具有一定的硬度，便于装罐。同时，油炸能使调味液充分渗入，以增进鱼制品的风味并保证成品的固形物含量，使鱼肉获得独特的风味和色泽。

5）调味

不同类型的调味淡水鱼罐头，因生产口味的差别，在调味方面也会有差异，一般分为香料汁的配制和调味液的配制：香料汁的配方里有八角、小茴香、姜片、桂皮、花椒、丁香等香辛料；而调味液里一般有白砂糖、老抽、味精、精盐等调味料。对于不同的调味淡水鱼罐头，香辛料和调味料的比例应根据鱼的种类、鱼体大小、鱼肉的品质及生产工艺做出合理的调整，以求达到较优的调味配方。

6）成品检验入库

淡水鱼罐头杀菌冷却后，必须经过一系列的成品检验，衡量其各种指标是否符合标准，经确认成品质量和等级后才允许入库和出厂销售。

（1）外观检查。外观检查的重点是检查卷边是否结合紧密，以及是否有露舌、起皱、断裂等现象，包括用游标卡尺或卷边测微计测量卷边的宽度、厚度，检查卷边是否均匀，检查罐头底盖是否向内凹入，检查罐头的密封性（将罐头放在80℃水中，若有气泡冒出，即可判断是罐头漏气）。

（2）保温检查。将调味淡水鱼罐头堆放在恒温环境中，维持一定的温度和时间，以排除一切由微生物繁殖而造成内容物腐败变质的可能性，保证罐头即使在最不适宜的条件下也能长期存放。保温检查一般采用37℃和55℃两种方案，前者主要检查腐败菌，后者检查耐热菌。调味淡水鱼罐头一般采用（37±2）℃保温 7昼夜的检验法。

（3）敲音真空度检查。将保温后或储藏后的调味淡水鱼罐头排列成行，逐个敲打罐头底盖，检验其真空度，正常罐头的真空度一般为27.1～50.8kPa。

（4）开罐检查。开罐检查能够了解罐内食品状态的变化，检查项目包括感官评价、理化指标和微生物学检验三部分。

对于检验合格的调味淡水鱼罐头，应擦去表面污物，涂上防锈油，贴上商标，按规格装箱，在销售前入库储藏。调味淡水鱼罐头的储藏必须采用防潮、保洁措施，尤其是对于金属材质罐头和采用金属瓶盖的玻璃罐头，如果储藏不好，金属生锈腐蚀会降低罐头的商业价值。对储藏库的一般要求：库温为20℃左右、相对湿度不超过75%、通风良好、防潮防雨，堆放"六面"适宜。

3. 红烧类调味罐头

1）工艺流程

原料验收→原料处理→盐渍→油炸→调味→装罐→排气密封→杀菌冷却→成

品检验入库。

2）操作要点

（1）原料验收。选择冻鲜或冷冻的淡水鱼，要求鱼体完整、气味正常、肌肉有弹性、新鲜度良好，质量为 0.5kg/条以上。

（2）原料处理。将冻鲜鱼或冷冻鱼的鱼鳞、鱼头、鱼尾、鱼鳍去除，再去除内脏，在流动水下洗去鱼体表面的杂质和腹腔内的淤血异物，剪下腹肉，然后单独清洗干净。将洗净的腹肉横切成 5～6cm 长的鱼块，再次清洗。

（3）盐渍。先将处理好的鱼块进行分级，分别浸没在 3% 的盐水中，以鱼和盐水为 1∶1（w/v）的比例进行盐渍，盐渍时间根据分级鱼块的大小进行控制，为 5～10min，再将盐渍好的鱼块进行沥干。

（4）油炸。将沥干的鱼块放入油温为 180～210℃ 的油锅中进行油炸。鱼块和油的比例控制在 1∶10（w/v），防止鱼块投放过多造成粘连，影响鱼块的品质。油炸时间为 3～6min，直至鱼块表面呈金黄色，然后捞出沥油冷却。

（5）调味。首先将香辛料按照一定的比例进行煮制，煮制后过滤，加入配制好的调味料进行煮沸溶解后过滤，然后加入开水调至总量为 110kg 的调味液待用。调味液的配方：花椒 0.05kg、五香粉 0.08kg、白砂糖 6kg、精盐 3.5kg、味精 0.045kg、琼脂 0.36kg、水 88kg、鲜姜 0.5kg、洋葱 1.5kg、酱油 10kg。

（6）装罐。采用 860 号罐（抗硫涂料罐），要求罐中装入食品净重为 256g，其中装鱼肉 150g，鱼块之间要排列整齐，并且竖装，鱼块数量不能过多，罐内要注入 106g 汤汁及 0.45g 的麻油，以增强罐头的风味，保证鱼肉和汤汁的比例约为 3∶2，并且汤汁的温度应该保持在 80℃ 以上，为后面的杀菌节省时间，并节约能源。

（7）排气密封。采用热排气的方法，罐内中心温度达 80℃ 以上，抽气密封真空度为 0.046～0.053MPa。

（8）杀菌冷却。采用高压蒸汽杀菌，并使用反压水冷却的方法。杀菌公式：15min—90min—15min/116℃，反压 14.7MPa。杀菌后，将淡水鱼罐头冷却至 40℃ 左右，再取出罐头。

（9）成品检验入库。将杀菌冷却后的调味淡水鱼罐头进行抽样检验，保证每罐的净含量达到 256g，并且罐内的鱼块质量应符合感官评价标准、理化指标及安全卫生指标，才能入库储藏。

4. 五香类调味罐头

1）工艺流程

原料验收→原料处理→油炸→调味→装罐→排气密封→杀菌冷却→成品检验入库。

2）操作要点

（1）原料验收。采用冻鲜或冷冻淡水鱼，要求鱼体完整，气味、色泽正常，肉质有弹性，质量为 0.5kg/条以上，杜绝使用二级鲜度以下的淡水鱼。

（2）原料处理。将冻鲜鱼或冷冻鱼的鱼鳞、鱼鳍、鱼头、内脏去除，然后使用流动水清洗干净，水温不得超过 25℃，将鱼进行分段切条，长度为 3～6cm，沥干水分。

（3）油炸。将沥干的鱼块放入油温为 180～210℃的油锅中进行油炸。鱼块不易投放过多，防止造成粘连，影响鱼块的品质。油炸时间为 3～6min，炸至鱼块上浮时，轻轻拨动鱼块，鱼块表面呈金黄色时将其捞出，沥油冷却。

（4）调味。首先将香辛料按照一定的比例进行煮制，煮制后过滤，加入配制好的调味料再进行煮沸溶解后过滤，然后加入开水调至总量为 190kg 的调味液待用。香辛料用量：花椒 0.2kg、八角 0.2kg、桂皮 0.25kg、白芷 0.1kg、小茴香 0.1kg、胡椒 0.2kg、丁香 0.1kg、砂仁 0.2kg、良姜 10kg、肉蔻 0.5kg；调味料用量：白砂糖 25kg、精盐 2.5kg、味精 0.075kg、琼脂 2kg、料酒 25kg、酱油 75kg。

将炸鱼块沥干油后，随即趁热浸没于调味液中，浸渍的时间宜长一些，使得调味料尽可能地渗入鱼肉中，浸渍时间约为 1min。

（5）装罐。将浸渍的鱼块捞起，沥去调味液，然后采用 303 号镀锡板罐，该罐的涂料具有抗硫性。鱼块要排列整齐且竖排，罐头净含量要求在 184g 左右。

（6）排气密封。采用真空封口排气法，真空度要求达到 0.53MPa。装罐后立即密封，防止罐内产品被污染。

（7）杀菌冷却。采用高压蒸汽杀菌，用反压水冷却方法。杀菌公式：15min—90min—45min/116℃，反压为 14.71MPa。杀菌后，将淡水鱼罐头冷却至40℃左右，取出罐头。

（8）成品检验入库。将杀菌冷却后的调味淡水鱼罐头进行抽样检验，保证每罐的净含量达到 184g，并且罐内的鱼块质量应符合感官评价标准、理化指标及安全卫生指标，才能入库储藏。

5. 糖醋类调味罐头

1）工艺流程

原料验收→原料处理→腌制→干燥→油炸→调味→装罐密封→杀菌冷却→成品检验入库。

2）操作要点

（1）原料验收。选择冻鲜或冷冻的淡水鱼，要求鱼体完整，气味、色泽正常，肉质有弹性，质量为 0.5kg/条以上。

（2）原料处理。将选择的原料去除鱼鳞、鱼头、鱼尾及内脏，然后用流水进行清洗，去除鱼体表面的污迹及体腔，再次进行原料的筛选。沥干水分，对鱼体进行分段，每个鱼块的长度控制在 1.5～3cm。

（3）腌制。将鱼块放入调好的腌制液中，腌制时间为 1～3h，控制鱼块与腌制液的比例为 1∶3。腌制液的配制：食盐 3%～6%、食醋 2%～5%、味精 0.2%～0.5%、料酒 1%～3%、剩余比例加水。

（4）干燥。将腌制的鱼块进行脱水干燥，脱至水分含量为 70%～72%。

（5）油炸。将干燥的鱼块进行油炸，油温为 190℃，炸至鱼块表面为金黄色，鱼肉坚实，时间为 2～3min。此外，要严格控制鱼块与油的比例，保持在 1∶10（w/v）比较好。

（6）调味。将炸好的鱼块进行沥油处理，然后与调制好的糖醋汁进行混合，混合比例为 1∶0.9。鱼块不宜过多，防止装罐困难，影响罐头的整体外观和口感。糖醋汁的配制：番茄酱浓缩汁 10%～25%、白砂糖 5%～10%、食醋 2%～5%、食盐 0.3%～0.5%、味精 0.2%～0.5%、磷酸盐 0.3%～0.8%、酱油 1%～2%、淀粉 1%～2%，将调料混合搅匀后，加水进行稀释，水的比例不能加大，否则糖醋汁太稀，会影响罐头的风味。

（7）装罐密封。采用材质为 PET/AL/CPP、规格为 130mm×170mm 的蒸煮袋，罐头净含量控制在（140±10）g，鱼块不宜超过 3 块。采用真空密封的方式，真空度控制为 0.093～1MPa，并且要在真空条件下封口。

（8）杀菌冷却。将包装密封好的鱼块即时进行杀菌，杀菌方式为高温杀菌，反压水冷却，杀菌公式为 15min—40min—15min/121℃，杀菌时间为 15～30min，冷却时的反压压力为 0.1～0.15MPa，冷却至 40℃。

（9）成品检验入库。杀菌冷却后，应进行成品检验后，才能入库储藏。首先是产品外观检验，然后进行感官评定、理化卫生检验和安全卫生评定，最为重要的是进行保温检查，检验产品在储藏过程中是否会产生胀袋等不利现象。

6. 葱烤类调味罐头

1）工艺流程

原料验收→原料处理→盐渍→油炸→调味→装罐→排气密封→杀菌冷却→成品检验入库。

2）操作要点

（1）原料验收。选择冻鲜或冷冻的淡水鱼，要求鱼体完整，气味、色泽正常，肉质有弹性，质量为 1kg/条以上。

（2）原料处理。将冻鲜或冷冻的淡水鱼在 25℃以下的流动水中清洗，除去鱼体表面的污物，以及鱼鳞、鱼头、鱼尾、内脏，再用流水进行清洗，去除鱼体表面的污迹及清洗体腔，最后沥干水分，将鱼体切成 5～6cm 的鱼块。

（3）盐渍。将切好的鱼块浸没在浓度为 3%的盐水中进行盐渍,盐渍时间为 3～5min,捞出沥干水分,等待油炸。

（4）油炸。将沥干水分的鱼块投入油温为 190℃的油炸锅中进行油炸,炸至鱼块呈棕红色并上浮,鱼肉坚实,时间为 2～3min。严格控制鱼块与油的比例为 1∶10（w/v）。

（5）调味。采用调味液及熟葱对油炸的鱼块进行调味,控制鱼块与调味液的比例。调味液的配制:将生姜片加水加盐煮沸 20min,捞去姜渣,加入其他调味料,搅匀再煮沸过滤,最后加开水调至 100kg。调味液的配方:酱油 20kg、五香粉 0.2kg、白砂糖 12kg、生姜 4kg、精盐 8kg、味精 0.6kg、水 56kg;熟葱的制备:将大葱或洋葱去皮及青叶,大葱切成 5～6cm 的葱段,洋葱切成丝,然后按照葱与油 1∶0.06 的比例进行炒制,炒制过程中要防止炒焦。

（6）装罐。采用 602 号罐,该罐采用抗硫涂料,罐中装入食品的净含量为（310±10）g,其中鱼块装 230g、熟葱 30g、调味汁 50g,加入调味汁时,调味汁的温度要在 80℃以上。

（7）排气密封。装罐后立即进行密封,采用真空排气法,真空度为 0.046～0.053MPa。

（8）杀菌冷却。将包装密封好的鱼块即时进行杀菌,杀菌方式为高温杀菌,杀菌公式为 30min—90min—20min/115℃,冷却至 40℃。

（9）成品检验入库。杀菌冷却后应进行成品检验,检验内容包括产品外观检验、感官评定、理化卫生检验和安全卫生评定。

7. 酥炸类调味罐头

1）工艺流程

原料验收→原料处理→盐渍→油炸→调味→装罐→排气密封→杀菌冷却→成品检验入库。

2）操作要点

（1）原料验收。选择冻鲜或冷冻的淡水鱼,要求鱼体完整,气味、色泽正常,肉质有弹性,质量为 1kg/条以上,禁止使用变质鱼。

（2）原料处理。去除原料鱼的鱼鳞、鱼头、鱼尾及内脏,然后用 25℃以下的流水进行清洗,除去鱼体表面的污物及清洗体腔。沥干水分,将鱼体切成 2～4cm 的鱼块。

（3）盐渍。原料鱼处理好后,放入 4%的盐水中盐渍 20min,鱼块与盐水的比例为 1∶2,盐渍后用清水冲洗后,沥干水分。

（4）油炸。先将油温升至 170～190℃,放入鱼块炸至棕黄色捞出,在油炸过程中要进行拨动,防止鱼块之间粘连,油炸时间为 2～4min。

（5）调味。将炸好的鱼块沥油处理后进行调味,调味液与鱼块的比例要根据情况而定，并符合大众口味。调味液的配制：在布袋中装入桂皮 0.5kg、生姜 1kg、干辣椒 0.05kg、月桂叶 0.1kg，花椒 0.2kg，陈皮 0.1kg、八角 0.3kg，加水煮制 1h，然后加入 12kg 白砂糖、5kg 黄酒、1kg 精盐、0.05kg 味精、5kg 酱油和水煮制，煮好后过滤，加开水调至 100kg。

（6）装罐。采用 1589 号罐，罐中装入食品的净含量为 400g，其中装鱼块 250g，鱼块之间要排列整齐，并且竖装，鱼块数量不能过多，并且调味液的温度应该保持在 80℃以上，可为后面的杀菌节省时间，节约能源。

（7）排气密封。装罐的鱼块应立即进行排气密封，密封环境要保持无菌，真空度控制在 0.035～0.04MPa。

（8）杀菌冷却。罐头经排气密封后进行杀菌冷却。采用加压水杀菌，反压冷却的方法。杀菌公式为 25min—70min—20min/118℃，在反压冷却时不能加压太快，防止后期瘪罐，冷却至 40℃。

（9）成品检验入库。将杀菌、冷却好的调味淡水鱼罐头进行成品检验，检验内容包括产品外观检验、感官评定、理化卫生检验和安全卫生评定。

8. 茄汁类调味罐头

1）工艺流程

原料验收→原料处理→盐渍→油炸→茄汁配制→装罐→脱水→调味→排气密封→杀菌冷却→成品检验入库。

2）操作要点

（1）原料验收。选择冻鲜或冷冻的淡水鱼，要求鱼体完整，气味、色泽正常，肉质有弹性，质量为 0.5kg/条以上。

（2）原料处理。首先将原料鱼用清水冲洗并解冻，然后去除鱼鳞、鱼头、鱼尾及内脏，用 20℃以下的流水进行清洗，除去鱼体表面的污物及清洗体腔。沥干水分，将鱼体切成 3～6cm 的鱼块。

（3）盐渍。将处理好的鱼块浸没在盐含量为 3%～5%的盐水中进行盐渍，鱼与盐水的比例为 1:1，时间为 5～8min。盐渍后，用清水冲洗沥干。

（4）油炸。油温升至 180℃左右，将盐渍沥干的鱼块放入油炸锅中，油炸时间为 2～3min，炸至鱼体表面为金黄色，捞出沥油。

（5）茄汁配制。首先加入番茄酱和洋葱油，将其搅开煮沸，再加香料水搅匀煮沸，最后加入白胡椒、冰醋酸，调至总质量为 100kg。洋葱油熬制：以植物油与洋葱 4:1 的比例进行熬制，熬到洋葱呈褐黄色，然后过滤备用；香料水的配料：月桂叶 0.02kg、胡椒 0.02kg、洋葱 2.5kg、丁香 0.04kg、水 12kg。清水煮沸 1h，加入 5kg 白砂糖、3.3kg 精盐，溶解后过滤，再加开水调至 173kg；茄汁的配料：番茄酱（20%）56.8kg、白砂糖 9kg、精盐 2.3kg、洋葱油 12kg、白胡椒 0.05kg、冰醋酸 0.25kg、香料水 19.7kg。

（6）装罐。采用抗硫涂料 860 号罐，罐头净含量在 260g 左右，鱼块与茄汁的比例为 2∶1，鱼块装罐时要排列整齐，鱼块数不宜过多，茄汁加入时温度要控制在 80℃以上。

（7）排气密封。装罐后立即进行热排气，趁热进行真空密封，真空度为 0.047～0.053MPa。

（8）杀菌冷却。可选用两种杀菌方式，第一种为热排气杀菌，杀菌公式为 10min—70min—反压冷却/118℃；第二种为真空抽气杀菌，杀菌公式为 15min—70min—反压冷却/118℃，杀菌后将淡水鱼罐头冷却至 40℃左右。

（9）成品检验入库。将杀菌冷却后的调味淡水鱼罐头进行抽样检验，检验内容包括产品外观检验、感官评定、理化卫生检验和安全卫生评定，合格后才能入库储藏。

9. 咖喱类调味罐头

1）工艺流程

原料验收→原料处理→拌料→冷凝→油炸→调味→装罐→排气密封→杀菌冷却→成品检验入库。

2）操作要点

（1）原料验收。选择冻鲜或冷冻的淡水鱼，要求鱼体完整、气味正常、肌肉有弹性、新鲜度良好，质量为 2kg/条以上。

（2）原料处理。先将原料鱼解冻洗净，然后去除鱼鳞、鱼头、鱼尾及内脏，并用 20℃以下的流水进行清洗，除去鱼体表面的污物及清洗体腔。再沿着鱼脊骨将鱼剖成两部分，去除鱼骨及鱼皮，将得到的鱼肉切分成长度为 4～6cm、厚度为 0.5～1cm 的鱼片，将鱼片清洗干净并沥干水分。

（3）拌料。将 21.3kg 鱼片、0.3kg 精盐、0.033kg 味精、0.21kg 葱姜水、0.32kg 黄酒，一起放入容器中，搅拌均匀，并使其带有一定的黏度时，放入由淀粉与鸡蛋按 2∶3 混合的混合液进行拌料。葱姜水的配制：葱 1kg、姜 1kg，将葱、姜洗净绞碎，绞碎过程中加水，然后榨取葱姜汁，加水调至 4kg。

（4）冷凝。将拌好的鱼片放置在涂有植物油的盘中进行冷凝，冷凝要在低温条件下进行，并且鱼片不能堆放，要片片单放，不叠加，冷凝时间为 1～2h。

（5）油炸。将鱼片和盘子一起进行油炸，油温不易过高，保持在 140～150℃，油炸时间约为 1min，鱼片浮起呈黄色即可。

（6）调味。先将配制的香料油和咖喱粉加热至香气飘出并呈现黄色，再加入红花水、调味汁及姜汁，加入 1.5 倍的清水煮沸，最后加黄酒调至 33kg。香料油的配制：首先将 9kg 植物油加热到 120℃，然后放入 5.2kg 葱丝和 0.83kg 蒜泥，有香味逸出即可；红花水的制备：红花与水按 1∶10 的比例煮沸 3～10min，过滤红花液，然后在过滤所得的红花中再加入 10kg 的清水煮沸 10min 后过滤，将两次所得的红花溶液进行混合，然后加水调至 21kg 备用；调味汁的配比：精盐 0.5kg、味精 0.28kg、淀粉 0.74kg、白砂糖 0.5kg、黄酒 0.84kg、咖喱粉 0.9kg、红花水 0.42kg、红辣椒粉 0.07kg、姜汁 0.07kg、香料油 4.4kg、水 26～27kg。

（7）装罐。采用抗硫涂料 854 号罐，罐头净含量为 250g，鱼片与调味汁的比例为 2∶1，调味汁温度要在 80℃以上。鱼片排放要整齐，色泽要均匀。

（8）排气密封。采用真空排气密封法，真空度控制在 0.053～0.067MPa。

（9）杀菌冷却。采用高压蒸汽杀菌，杀菌公式为 10min—65min—10min/118℃，杀菌后将调味淡水鱼罐头冷却至 40℃左右。

（10）成品检验入库。将杀菌冷却后的调味淡水鱼罐头进行检验，检验内容包括产品外观检验、感官评定、理化卫生检验和安全卫生评定，合格后才能入库储藏。

8.2.2　原辅料及添加剂

1. 原料

淡水鱼原料品种很多，但受各种条件的限制，目前我国用于淡水鱼罐藏的品种只有十几种，见表 8.4。

表 8.4　调味淡水鱼罐头中常用的淡水鱼原料

品名（别名）	质量规格	主要习性	主要产地和产期
鲫鱼（河鲫鱼、鲋鱼、喜头）	条重为 1.5kg 以上	淡水中的杂食性鱼、生长较慢，适应性强	全国各地淡水中四季均产，以 8～12 月为旺季
鲤鱼（鲤子、鲤拐子）	条重为 1kg 以上	淡水中底层杂食性鱼	全国各地淡水中四季均产，全年可产，以春秋季为旺季
草鱼（草青、鲩鱼、白鲩）	条重为 1kg 以上，宜采用活鱼或新鲜良好、肌肉有弹性、骨肉紧密连接的鱼	江河湖泊的中层鱼类	我国淡水养鱼的四大品种之一，全国水域均产，以长江流域较多，以 5～7 月为旺季
青鱼（乌青、青鲩、黑鲩）	条重为 1kg 以上，宜采用活鱼或新鲜良好、肌肉有弹性、骨肉紧密连接的鱼	江河湖泊的中下层鱼类	我国淡水养鱼的四大品种之一，主产于长江以南的淡水中，以 5～7 月为旺季
鲢鱼（白鲢、白鱼、鲢子、白胖子）	条重为 1kg 以上，宜采用活鱼或新鲜良好、肌肉有弹性、骨肉紧密连接的鱼	江河湖泊的上层鱼类	我国淡水养鱼的四大品种之一，全国水域均产，以冬季产量最多
鳙鱼	条重为 0.5kg 以上	江河湖泊的中上层鱼类	我国淡水养鱼的四大品种之一，主产于长江下游，4～6 月为旺季

续表

品名（别名）	质量规格	主要习性	主要产地和产期
鳊鱼（边花鱼、长春鳊）	条重为 0.25kg 以上	江河湖泊的中上层鱼类	主产于长江下游，4～6 月为旺季
黑鱼（鲤棒子、生鱼、文鱼）	条重为 1kg 以上	栖息于水草茂盛淡水中，较凶猛，适应性强，有保护后代习性	全国各地淡水中全年均产，以 9～12 月为旺季
鳝鱼（黄鳝、鳗鱼、长鱼）	条重为 0.15kg 以上	底层鱼类、多生活在湖泊沟渠稻田中，肉食性凶猛鱼	全国各地均产，以长江流域最多，以 6～7 月为旺季

2. 辅料

1）调味料

调味料有食盐、老抽、生抽、豆豉、味精、白砂糖、醋等，主要作用是改善鱼肉的感官品质，还可防腐保鲜，提高持水性和黏着性（表 8.5）。

表 8.5　调味淡水鱼罐头中用到的主要调味料

类别	名称	作用
咸味剂	食盐	调味、防腐保鲜、提高持水性和黏着性
	老抽	调味、防腐、增色、增香、除腥腻
	生抽	调味、防腐、增色、增香、除腥腻
	豆豉	提鲜、增香
鲜味剂	味精	提鲜
甜味剂	白砂糖	提味、增色、增香
其他调味剂	醋	防腐、除腥
	黄酒	去腥增香、提味解腻、固色防腐
	香油	提味、增香
	麻油	提味、增香
	植物油	提味、增香

2）香辛料

香辛料包括天然香辛料和复合香辛料两大类，天然香辛料有八角、小茴香、花椒、肉蔻、桂皮等，复合香辛料有咖喱粉、五香粉和辣椒粉等。香辛料的主要作用是降低鱼肉的腥味、增加鱼肉的风味，甚至许多香辛料还有抗菌防腐、抗氧化作用，以及特殊的生理药理作用（表8.6和表8.7）。

表8.6 调味淡水鱼罐头中用到的主要天然香辛料

名称	作用
八角	压腥、增香、防腐
小茴香	增香、调味、防腐
花椒	杀菌、抑菌
肉蔻	增香、去腥、抗氧化
桂皮	增加香辛味
砂仁	去异味、增香
丁香	分解亚硝酸盐
月桂叶	增香
胡椒	除腥、防腐、抗氧化
葱	增香、除腥、促进食欲
洋葱	调味、增香、促进食欲
姜	去腥、调味、促进食欲、开胃驱寒、减腻
陈皮	调味、增香
孜然	调味、增香
姜黄	着色、增香
红花	着色、增香

表8.7 调味淡水鱼罐头中用到的主要复合香辛料

名称	配方	作用
咖喱粉	香味料10%、辣味料20%、色香料30%、其他40%	增香、调味
五香粉	花椒18%、桂皮43%、小茴香8%、陈皮6%、干姜5%、八角20%	增香、调味
辣椒粉	辣椒54%、麻子4%、山椒16%、芥籽4%、陈皮14%、油菜籽4%、芝麻4%	增香、调味

3. 添加剂

添加剂是指在调味淡水鱼罐头生产加工过程中加入的少量物质。添加这些物质有助于改善淡水鱼罐头的色、香、味、形，保持调味淡水鱼的新鲜度和质量，并且满足加工工艺过程的需求（表8.8）。

表 8.8　调味淡水鱼罐头中用到的主要添加剂

类别	分类	名称	作用
防腐剂	化学类	山梨酸钾	抑制微生物增殖、防腐
	化学类	磷酸盐	减缓鱼肉制品的氧化酸败、增强防腐剂的抗菌效果
	天然类	茶多酚	抗脂质氧化、抑菌、除臭味
	天然类	香辛提取物	杀菌、抗菌
持水剂		磷酸盐	改善鱼肉的持水性能
增稠剂		淀粉/琼脂	提高黏结性、增加稳定性、乳化作用、提高持水性、包埋作用、增强制品的感官性能
抗氧化剂	油溶性	BHA	抗氧化、抗菌
	油溶性	维生素 E	抗氧化
	水溶性	L-抗坏血酸及其钠盐	抗氧化、助发色
	水溶性	异抗坏血酸及其钠盐	抗氧化

8.2.3　质量评定

1. 感官评价

主要对罐头的组织与形态、色泽、滋味和气味进行评价，评价标准参考《食品安全国家标准　罐头食品》（GB 7098—2015）、《鱼类罐头》（QB/T 1375—2015）（表 8.9）。

表 8.9　调味淡水鱼罐头的感官评价标准

类别	项目	指标
红烧类	色泽	肉色正常，具有红烧鱼罐头的酱红褐色，略带黄褐色，或呈该品种鱼的自然色泽
	滋味及气味	具有各种鲜鱼经处理、烹调、装罐、加调味液制成的红烧鱼罐头应有的滋味及气味，无异味
	组织及形态	组织紧密适度，鱼体小心从罐内倒出时不碎散，整条或段装，大小均匀一致
	杂质	不允许存在
茄汁类	色泽	肉色正常，茄汁呈橙红色，鱼皮为该品种鱼的自然色泽
	滋味及气味	具有各种鲜鱼经处理、装罐、加入经调味后的番茄酱制成的鱼罐头应有的滋味及气味，无异味
	组织及形态	组织紧密适度，鱼体小心从罐内倒出时不碎散，鱼块应竖装（按鱼段）排列整齐，块形大小均匀
	杂质	不允许存在

续表

类别	项目	指标
鲜炸类	色泽	肉色正常，呈该品种应有的酱红褐色或棕黄褐色
	滋味及气味	具有鲜鱼经处理、油炸、调味装罐制成的鲜炸鱼罐头应有的滋味及气味，无异味
	组织及形态	组织紧密适度，鱼体小心从罐内倒出时不碎散，整条或段装，大小均匀一致
	杂质	不允许存在
烟熏类	色泽	肉色正常，呈该品种应有的酱红褐色
	滋味及气味	具有鲜鱼经处理、油炸、调味装罐制成的熏鱼罐头应有的滋味及气味，无异味
	组织及形态	组织紧密，软硬适度，鱼块骨肉连接，块形大小均匀一致
	杂质	不允许存在

2. 理化指标

淡水鱼调味罐头的理化指标主要指添加剂指标、品质类理化指标、污染物指标（重金属污染物指标、非法添加物、微生物毒素指标）等，具体指标见表 8.10 和表 8.11。

表 8.10　调味淡水鱼罐头的理化指标

项目	指标
铅（以 Pb 计）/（mg/kg）	≤1.0
铜（以 Cu 计）/（mg/kg）	≤5.0
砷（以 As 计）/（mg/kg）	≤0.5
锡（以 Sn 计）/（mg/kg）	≤200
汞（以 Hg 计）/（mg/kg）	≤0.3
锌（以 Zn 计）/（mg/kg）	≤50
镉（以 Cd 计）/（mg/kg）	≤0.1
苯并芘	按《食品安全国家标准 食品中污染物限量》（GB 2762—2017）规定
组胺/（mg/100g）	≤100
食品添加剂	按《食品安全国家标准 食品添加量使用标准》（GB 2760—2014）规定

表 8.11　调味淡水鱼罐头的固形物含量

类别	优级品	合格品
茄汁类罐头	65%	55%
其他调味类罐头	70%	55%

注：每批产品的平均固形物含量不应低于标示值；豆豉类淡水鱼罐头中的 NaCl 含量不应大于 6.5%。

3. 安全卫生指标

调味淡水鱼罐头经过适度的杀菌，不含有致病性微生物，也不含有能在通常温度下繁殖的非致病性微生物。满足商业无菌的标准，符合《食品安全国家标准　食品微生物学检验　商业无菌检验》（GB 4789.26—2013）。

8.3　油浸淡水鱼罐头

油浸淡水鱼罐头是淡水鱼类罐头的主要类型之一，其加工工艺与调味类淡水鱼罐头类似，不同之处就是油浸淡水鱼罐头中注入的调味液是植物油及其他基础调味料（如糖、盐），而不是调配的料汁。制成油浸淡水鱼罐头的方法有四种：①将生鱼肉装罐后直接加注精制植物油；②将生鱼肉装罐经蒸煮脱水后加注精制植物油；③将生鱼肉经预煮再装罐后加注精制植物油；④将生鱼肉经油炸再装罐后加注精制植物油。其中，预处理中采用烘干和烟熏方法制成的油浸淡水鱼罐头称为油浸烟熏淡水鱼罐头。

8.3.1　加工工艺

1. 工艺流程

原料鱼验收→预处理→盐渍→油炸（烘干、烟熏）→装罐→油浸调味→排气密封→杀菌冷却→成品检验入库。

2. 技术要点

在油浸淡水鱼罐头的加工工艺流程中，很多操作要点与调味淡水鱼罐头有相似之处，如原料的验收、预处理、盐渍等，不同的是原料鱼装罐的顺序、预煮方式及调味方面。

1）预煮

预煮的目的是脱去鱼肉中的一部分水分，并使蛋白质加热凝固，从而使鱼肉组织紧密，同时能使植物油充分渗入，以增进鱼肉的风味和保证成品的固形物含量。预煮方法因产品的调味方法不同而异，对于油浸淡水鱼罐头，较多采用蒸煮法：将盐渍并沥干的原料定量装罐，然后放入排气箱（也可用蒸缸、杀菌锅等）内，直接用蒸汽加热蒸煮，蒸煮温度为 100℃左右，一般需要 20～40min。蒸煮过程中，脱水率的控制应根据鱼的种类、鱼肉在加工过程中的浸润状况来考虑，一般为 15%～25%。蒸煮后将罐头倒置片刻，使罐内汤汁流尽（称为控水），控水后的鱼块暴露在空气中，鱼肉表面色泽容易变深变暗而影响成品的外观质量，所以罐内应立即注液并加盖排气密封。如果不是在装罐后预煮的情况下，预煮后的鱼肉应先冷却使肉变硬，以免装罐时鱼肉破碎。冷却应快速进行，特别是要快速通过微生物繁殖与化学降解最快的温度区域。

2）烟熏

鱼肉的温熏过程包括烘干和烟熏两个步骤。烘干是将经处理后的鱼片用绳子定量地串挂在烘车上，或平铺搁置在烘车上的网片中，鱼片之间留有一定的间隙，便于气流的流通而促进热交换，然后将鱼片推入烘房中，进行热风烘干。开始时烘温宜低一些（50~60℃），随着鱼片的逐渐干燥而缓慢升温，在干燥的后阶段，烘干温度可增高至 65~70℃。一般情况下，烘至鱼片表面干结不粘手时，即可进行烟熏。

烟熏开始前，应控制烟熏室温度不超过 70℃，在充满浓烟的烟熏室内，鱼片立即烟熏上色，并进一步烘干。当鱼片呈金黄色或浅棕黄色时，即可终止烟熏（需30~40min），从烟熏室取出烘车，然后送入烘房的烘道中，并在 70℃左右的温度下烘至鱼片脱水，得率达 58%~62%，即可从烘房中取出，置于通风条件下使鱼片冷却至室温。

3）调味

油浸淡水鱼罐头中的油浸调味是指在预煮后的罐藏鱼块中灌注一定量预先烧热的精制植物油，以及少量的调味料，植物油不宜多，保证制品具有油浸后特有的质地和风味即可；油浸淡水鱼烟熏罐头中的油浸调味是指将烘干、烟熏后的鱼块放入罐头中，加入 40g 油温在 100℃以上的植物油进行油浸调味。

3. 油浸罐头

1）工艺流程

原料鱼验收→预处理→盐渍→装罐→预煮→油浸调味→排气密封→杀菌冷却→成品检验入库。

2）操作要点

（1）原料鱼验收。选择冻鲜或冷冻的淡水鱼，鱼体完整，气味、色泽正常，肉质有弹性，质量为 1kg/条以上，禁止使用二级变质鱼。

（2）预处理。除去原料鱼的鱼鳞、鱼头、鱼尾及内脏，然后用 25℃以下的流水进行清洗，除去鱼体表面的污物及清洗体腔。沥干水分，将鱼体切成 2~4cm 的鱼块。

（3）盐渍。将清洗处理干净的鱼块进行干燥后，投放到盐含量为 3%的盐水中，鱼块与盐水的比例为 1∶1，盐渍时间为 20min，盐渍后将鱼块捞出沥干。

（4）装罐。盐渍好的鱼块采用 860 号抗硫酸两用全涂料马口铁罐进行罐装，在罐中装入 2~3 块鱼块，鱼块竖装排列整齐。

（5）预煮。装罐后的鱼块进行预煮，然后放入排气箱（也可用蒸缸、杀菌锅等）内，直接用蒸汽加热蒸煮，蒸煮温度为 100℃左右，时间一般为 40min。

（6）油浸调味。在罐中加入食盐 5g 和油温不低于 95℃的植物油 20g，进行油浸调味。

（7）排气密封。油浸调味后要及时进行排气密封处理，以防加工过的产品受到污染。在 95℃下排气 10min，趁热密封，密封时的真空度要求为 0.047～0.053MPa。

（8）杀菌冷却。排气密封后进行杀菌，杀菌公式为 10min—60min—15min/121℃，采用反压冷却的方式进行冷却，反压为 0.1～0.15MPa，冷却后的温度在 40℃左右。

（9）成品检验入库。油浸淡水鱼罐头杀菌冷却后，进行成品检验，检验内容包括产品外观检验、感官评定、理化卫生检验和安全卫生评定等，合格后才能入库储藏。

4. 油浸烟熏罐头

1）工艺流程

原料鱼验收→预处理→盐渍→烘干、烟熏→装罐→油浸调味→排气密封→杀菌冷却→成品检验入库。

2）操作要点

（1）原料鱼验收。选择冻鲜或冷冻的淡水鱼，要求鱼体完整，气味、色泽正常，肉质有弹性，质量为 0.5kg/条以上。

（2）预处理。将验收合格的原料鱼用清水冲洗并进行解冻，除去鱼鳞、鱼头、鱼尾及内脏，然后用 20℃以下的流水进行清洗，除去鱼体表面的污物及清洗体腔。沥干水分，将鱼体切成 3～6cm 的鱼块。

（3）盐渍。将处理好的鱼块浸没在盐含量 3%～5%的盐水中，进行盐渍，鱼与盐水的比例为 1∶1，时间为 5～8min。盐渍后用清水冲洗沥干。

（4）烘干、烟熏。将盐渍沥干的鱼块，放置在烘车上，推进烘道中进行烘干、烟熏，烘道进出口的温度分别为 60℃和 70℃，烘干时间为 2h。然后送入烟熏室进行烟熏处理，烟熏室的温度不高于 70℃，熏制时间为 30～40min，直至鱼块表面呈现黄色。

（5）装罐、油浸调味。烘干、烟熏后，及时装罐，采用 964 号马口铁罐。罐内鱼块数量不超过 5 块，并且要竖排整齐，鱼块装好后加入 40g 油温在 100℃以上的植物油，进行油浸调味。

（6）排气密封。装好罐的鱼块要进行排气密封，以保证产品的质量。采用热排法，温度为 95℃、时间为 10min，趁热进行真空密封，真空度保持在 0.045～0.053MPa。

（7）杀菌冷却。杀菌公式为 15min—65min—15min/118℃，采用反压冷却的方式进行冷却，反压为 0.1～0.15MPa，冷却后的温度在 40℃左右。

（8）成品检验入库。将杀菌冷却好的油浸烟熏淡水鱼罐头进行成品检验，检验内容包括产品外观检验、感官评定、理化卫生检验和安全卫生评定。

8.3.2 原辅料及添加剂

1. 原料

油浸淡水鱼罐头对鱼原料的加工要求特别高，目前只有青鱼和鳝鱼符合其要求（表 8.12）。

表 8.12　油浸淡水鱼罐头中常用的淡水鱼原料

品名（别名）	质量规格	主要习性	主要产地和产期
青鱼（乌青、青皖、黑皖）	条重 1.0kg 以上，宜采用活鱼或新鲜良好、肌肉有弹性、骨肉紧密连接的鱼	生活在江河湖泊中下层	我国淡水养鱼的四大品种之一，主产于长江以南的淡水中，以 5～7 月为旺季
鳝鱼（黄鳝、鳗鱼、长鱼）	条重 0.15kg 以上	底层鱼类，湖泊、沟渠、稻田中较多，为肉食性凶猛鱼，有性逆转现象	全国各地均产，以长江流域最多，以 6～7 月为旺季

2. 辅料

油浸调味主要用到的调味料是食盐和植物油（表 8.13）。

表 8.13　油浸淡水鱼罐头中的主要调味料

类别	名称	作用
咸味剂	食盐	调味、防腐保鲜、提高持水性和黏着性
其他调味剂	植物油	提味、增香

3. 添加剂

主要添加剂有山梨酸钾、磷酸盐、异抗坏血酸及其钠盐等，这些添加剂有助于油浸淡水鱼罐头品种的多样化，改善其色、香、味、形，保持油浸淡水鱼的新鲜度和质量，并满足加工工艺过程的需求。

8.3.3 质量评定

1. 感官评价

主要对罐头的组织与形态、色泽、滋味和气味进行评价，评价标准参考《食品安全国家标准 罐头食品》（GB 7098—2015）和《鱼类罐头》（QB/T 1375—2015）

（表 8.14）。

表 8.14　油浸淡水鱼罐头的感官评价标准

项目	指标
色泽	具有鲜鱼的光泽，油应清晰，汤汁允许有轻微浑浊及沉淀
滋味及气味	具有油浸鱼罐头应有的滋味及气味，无异味
组织及形态	组织紧密适度，鱼体小心从罐内倒出时不碎散，无严重粘罐现象，鱼块应竖装（按鱼段）排列整齐，块形大小均匀一致
杂质	不允许存在

2. 理化指标

主要是对罐头的重金属、固形物含量进行评定，评定的标准参考《食品安全国家标准　罐头食品》（GB 7098—2015）和《鱼类罐头》（QB/T 1375—2015）。

3. 安全卫生指标

油浸淡水鱼罐头经过适度的杀菌后，不含有致病性微生物，也不含有能在通常温度下繁殖的非致病性微生物。满足商业无菌标准，符合《食品安全国家标准　食品微生物学检验　商业无菌检验》（GB 4789.26—2013）。

8.4　鱼 圆 罐 头

鱼圆即鱼肉丸子，是传统的菜品。每逢佳节，餐桌上都少不了鱼圆。鱼圆的制作起源于楚文王时代。据说楚文王第一次食鱼时被刺卡住了喉，当即怒斩厨师。此后，楚文王食鱼，厨师必先斩掉鱼头，剥鱼皮，剔鱼刺，将鱼肉剁细制成鱼丸。鱼圆罐头解决了人们常年吃鱼难的问题，具有广泛的社会和经济效益。目前，市面上有清蒸鱼圆罐头和油炸鱼圆罐头两种。

8.4.1　加工工艺

1. 工艺流程

原料鱼预处理→剖边、采肉→漂洗、脱水→配料→擂溃→成型→成熟→装罐→密封→杀菌冷却→挑拣、成品入库。

2. 技术要点

1）漂洗、脱水

采下的鱼肉，需进行漂洗。漂洗是指用水或稀碱盐水溶液对鱼肉进行洗涤，以除去内脏碎屑、血液、色素、无机盐及部分水溶性蛋白和脂肪等成分。漂洗可增强鱼糜的弹性，改善鱼圆的色泽、品质。漂洗会使鱼肉膨胀，一般应脱水处理，脱水可除去水溶性蛋白，更重要的是可以达到产品的质量要求。

2）擂溃

擂溃分为空擂、盐擂、调味擂溃三个阶段。空擂：将绞后的鱼肉放入擂溃机内擂溃，进一步破坏鱼肉的肌肉纤维组织，为盐溶性蛋白的充分溶出创造良好条件，时间一般为 5～7min。盐擂：空擂后，加入鱼肉质量1%～3%的食盐，擂成浆状，但不宜过细，否则制品的弹性会有所降低，时间一般为 10～15min。调味擂溃：边擂溃，边加入剩余水分及全部配料，一起擂溃成黏稠的泥浆状即可，一般需 15～20min，速度不宜过快或过慢，以免擂溃过度或不充分。擂溃工序应尽量采用双锅擂溃机，上锅盛装鱼肉进行擂溃，下锅装冰水，以缓解由摩擦造成的升温，避免鱼肉擂溃变性。如果没有擂溃机，也可用打浆机或斩搅机替代，擂溃时应使配料温度在 15℃以下。

3）油炸

油炸也是一种加热方法，一般使用精炼植物油，如大豆油、菜籽油、花生油。油炸时间不宜过长，因为过度加热会使肌肉蛋白质完全变性并凝固收缩，导致鱼圆严重失水，硬度增大，咀嚼性变差。待鱼圆炸至表面坚实、熟透浮起呈金黄色时即可捞出油锅，进行冷却后再装盘运送或加工。先将鱼圆在水中煮熟，再沥干水分后油炸，这种方法制得的鱼圆弹性较好，油炸时间短，但口感差，虽然可以节省用油量，但不能用于加工罐头食品，因为水煮鱼圆的鲜味及食盐含量均不能控制。

3. 清蒸鱼圆罐头

1）工艺流程

原料鱼选择及预处理→采肉→漂洗、脱水→绞肉→配料→擂溃→成型→加热→罐装、封口→杀菌冷却→保温→挑拣→产品出厂。

2）操作要点

（1）原料鱼选择及预处理。应选择新鲜度高的淡水鱼，将挑选好的原料鱼进行预处理：去鱼头、内脏、鱼鳞并剖边，用流水洗净腹腔内的血污、黑膜、白筋等杂物。原料鱼处理应迅速，不要积压，以免影响鱼圆的品质。

（2）采肉。原料鱼处理后，将鱼体置于采肉机上采肉。将第一次采取下来的皮、骨再进行一次采肉，可提高出肉率。所得鱼肉应分开存放、处理和使用，在该过程中应尽量防止皮、骨、鳞等异物混入。

（3）漂洗、脱水。漂洗是指用水或碱性盐水溶液对鱼肉进行洗涤，用水量一般为鱼肉质量的 4～5 倍，漂洗次数一般为 2～3 次。漂洗会使鱼肉膨胀，一般应进行脱水处理,可采取压榨、甩干、离心机离心脱水等方法,以脱水率 80%～85% 为宜。

（4）绞肉。漂洗脱水完成后,一般要进行绞肉处理,以便在擂溃时使鱼圆保持良好弹性。淡水鱼肉质细嫩,通常绞 2～3 次即可,绞肉机绞板孔径应为 2～4mm。

（5）配料。配料的基本配方:鱼肉 100g、水分 60～70g、淀粉 20～30g、食盐 3～4g、蛋清 10～15g、味精 0.5～1g、料酒 3g、白砂糖 0.5～2g、葱汁和姜汁适量。可根据生产需要调配不同口味,加入不同配料。

（6）擂溃。将绞后的鱼肉放入擂溃机内进行空擂,时间一般为 5～7min。然后加入鱼肉质量 1%～3% 的食盐进行盐擂,时间一般为 10～15min。最后进行调味擂溃,加入剩余水分及全部配料,一起擂溃成黏稠的泥浆状即可,一般需 15～20min,速度不宜过慢,以免擂溃过度或不充分。

（7）成型。擂溃后的鱼糜具有黏性和可塑性,通过鱼圆成型机或手工制成鱼圆形状,再进行加热处理。成型时必须注意不能有空气混入,残留空气会使鱼圆破裂、变形,从而降低制品的商品价值。鱼糜浆料应及时成型,否则容易转变为凝胶,使成型困难。

（8）加热。将成型好的鱼圆投入加热锅中煮熟,鱼圆上浮时捞出。水煮鱼丸一般用夹层锅加热,每锅鱼丸的投放量视供气量的大小而定,必须在 5～10min 内使鱼丸的中心温度加热至 75℃ 左右,保持一段时间。也可采用分段加热法,先加热到 40℃,保持 1h,再升温至 75℃ 加热成熟。这类制品的弹性比较好,但生产难度较大。鱼圆成熟后,捞出放入清水中静漂备用。

（9）罐装、封口。将煮熟的鱼圆装罐,并加入清水或盐水,再送入排气箱排气。最后真空封口,真空度为 0.047～0.053MPa。

（10）杀菌冷却。装罐封口后立即放入杀菌锅杀菌,杀菌公式为 15min—60min—20min/118℃,采用反压水冷却。

（11）保温、挑拣、产品出厂。将杀菌冷却后的鱼圆罐头放入保温库,在 37℃ 左右环境下保温一周。进行罐头品质检验,检验合格后方能出厂销售。

4. 油炸鱼圆罐头

1）工艺流程

原料鱼预处理→采肉→漂洗→脱水→绞肉→配料→擂溃→成型→油炸→蒸汽加热→罐装、加汤→封口→杀菌冷却→检验、入库。

2）操作要点

清蒸鱼圆罐头和油炸鱼圆罐头的原料鱼预处理、采肉、漂洗、脱水、绞肉、配料、擂溃、成型步骤皆相同,在鱼圆成型后的加工操作流程中表现出极大的差异性。

（1）油炸。油炸锅温度上升至 180℃以上，并保持在 180～200℃，时间 2～3min。待鱼圆炸至表面坚实、熟透浮起呈金黄色时即可捞出，使鱼圆冷却后再装盘运送，进行下一步加工。

（2）蒸汽加热。将油炸好的鱼圆装盘后盖上纱布，送入杀菌锅用蒸汽在常压下加热，时间为 10min，对鱼圆进行初步杀菌处理，以节约后续杀菌时间。

（3）罐装、加汤。将加热后的鱼圆立即装入罐内，每罐装入量为 240～260g，然后加入调味汁进行调味，在进行装罐时，玻璃罐及罐盖均需要预消毒、清洗、沥水。香料水的调配：水 125kg、陈皮 500g、桂叶 100g、桂皮 500g、丁香 100g、八角 500g、生姜 10kg，煮沸 2h 以上成为香料水；调味汁的调配：香料水 40kg、白砂糖 12.5kg、黄酒 5kg、精盐 1.5kg、酱油 2.5kg、味精 100g。

（4）封口。采用真空封口机封口，保证罐内真空度为 0.047～0.053 MPa。

（5）杀菌冷却。封口完成后迅速送入杀菌锅杀菌，杀菌公式为 15min—60min—20min/118℃，采用反压冷却的方式进行冷却。

（6）检验、入库。鱼圆罐头冷却晾干后进行保温检查（温度为 37℃，保温 5～7d），检查合格后即可包装出厂。

8.4.2　原辅料及添加剂

1. 原料

在鱼圆罐头生产过程中，可供选择的淡水鱼种类较多，其质量规格、主要习性、主要产地产期都不同（表 8.15）。

表 8.15　鱼圆罐头中常用的淡水鱼原料

品名（别名）	质量规格	主要习性	主要产地和产期
鲫鱼（河鲫鱼、鲋鱼、喜头）	条重 1.5kg 以上	生活在淡水中的杂食性鱼、生长较慢，适应性强	全国各地淡水四季均产，以 8～12 月为旺季
鲤鱼（鲤子、鲤拐子）	条重 1kg 以上	淡水中底层杂食性鱼	全国各地淡水均产，全年可产，以春秋季为旺季
草鱼（草青、鲩鱼、白鲩）	条重 1kg 以上，宜采用活鱼或新鲜良好、肌肉有弹性、骨肉紧密连接的鱼	江河湖泊的中层鱼类	我国淡水养鱼的四大品种之一，全国水域均产，以长江流域较多，以 5～7 月为旺季
青鱼（乌青、青鲩、黑鲩）	条重 1kg 以上，宜采用活鱼或新鲜良好、肌肉有弹性、骨肉紧密连接的鱼	江河湖泊的中下层鱼类	我国淡水养鱼的四大品种之一，主产于长江以南的淡水中，以 5～7 月为旺季

续表

品名（别名）	质量规格	主要习性	主要产地产期
鲢鱼（白鲢、白鱼、鲢子、白胖子）	条重 1kg 以上，宜采用活鱼或新鲜良好、肌肉有弹性、骨肉紧密连接的鱼	江河湖泊的上层鱼类	我国淡水养鱼的四大品种之一，全国水域均产，以冬季产量最多
鲴鱼（长吻鮠、肥王鱼）	条重 1.5～2.5kg	生活于水底底层，性喜群集，较温驯	分布于辽河、淮河、长江等水系，以 6～9 月为旺季
罗非鱼（南洋鲫、方舟仔）	条重 150g 以上	栖息在中下层，是以植物性饵料为主的杂食性鱼类	养殖主要集中在广东、广西、海南等温度较高的地区，以 6～7 月为旺季

2. 辅料

1）水

在鱼圆生产过程中，水与产品质量密切相关。鱼肉蛋白质在漂洗和擂溃中常因温度上升而变性，导致鱼糜凝胶强度降低，所以在这两道工序中，都必须使用 5～10℃的冷却水或冰水。在擂溃中加入的水量一般占原料总量的 10%～20%，根据原料鱼的种类及产品的类型可以作适当增减，也可以不加水。鱼圆生产用水的水质必须与生活饮用水相同，一般以自来水为来源，可直接使用。但使用井水、泉水或其他水源生产鱼圆时，则必须对水质进行检验，因为井水和泉水都是硬水，含有较多的无机盐离子，可能会导致鱼肉蛋白质变性。另外，还要检查水中的微生物含量是否超标，合格后才能使用。

2）油脂

添加油脂的主要作用是增强和改变产品的风味、质地和外观，使鱼圆具有较强的肉香味、咀嚼细腻，并保证表面光滑，有弹性。添加到鱼圆罐头中的油脂主要是动物脂肪和植物油，动物脂肪主要包括猪油、牛油和羊油，特点是饱和脂肪酸较多，凝固点较高。在国内生产鱼糜制品时所用的动物脂肪大部分只限于猪油，添加量一般在 4%左右；少量用牛油，添加量一般在 5%左右。油炸鱼圆罐头进行油炸时，所用的油为植物油。

3）淀粉

鱼圆加工中应用较多的是马铃薯淀粉、小麦淀粉和玉米淀粉。添加淀粉不仅能够改善鱼圆的凝胶组织，也改善了鱼圆的品质。淀粉的添加可使鱼圆变白，肉香味变浓，鱼腥味变淡，表面变光滑，弹性变强。对于一些弹性差的鱼肉，加入一定量的淀粉可以起到提高凝胶强度的作用。但要注意，淀粉并不是加得越多越好，因为淀粉在储藏中会产生老化，含淀粉多的鱼圆在低温（5℃以下）下储藏时，这种现象尤为显著，它会使凝胶变脆，水分游离，甚至产生龟裂现象，严重影响产品的质量。因此，淀粉添加含量一般为 5%～20%，高品质鱼圆中的淀粉含量均较低，含淀粉的鱼圆不宜在低温下长时间放置和储藏。

4）植物蛋白

植物蛋白包含大豆蛋白和小麦蛋白两大系列，在鱼糜制品中主要是作为弹性增强剂使用。大豆蛋白除具有热凝固性、分散脂肪性和纤维形成性等优良性状外，还具有凝胶化性质，加热后可提高制品的凝胶强度和弹性，一般添加量为5%。小麦蛋白加入鱼糜中再加热至80℃以上时，可以起到增强鱼圆弹性的作用。

5）明胶

添加明胶可以增加鱼圆的水分含量和营养物质的保存量，同时明胶通过凝胶的弱化作用降低了鱼圆的硬度和咀嚼性，改善了鱼圆的质地特性，并增强了弹性。明胶在鱼圆中的添加量一般为 3%～5%，它能填满肌纤维的间隙，还能增加切断面的光泽，即使切薄片时也不易崩裂，并使各种辅料和添加剂在鱼糜中均匀分布。

6）调味料

鱼圆中的调味料主要有味精、糖、食盐、黄酒等。

7）香辛料

鱼圆罐头中主要使用辣椒、姜、胡椒、葱、蒜等香辛料。

3. 添加剂

鱼圆罐头使用的添加剂主要有乳化稳定剂、抗氧化剂、持水剂、pH 调节剂和防腐剂（表 8.16）。

表 8.16　鱼圆罐头使用的主要添加剂

类别	名称	作用
乳化稳定剂	卵磷脂、蔗糖脂肪酸酯	使添加的各种辅料和其他添加剂能与鱼糜充分地乳化
抗氧化剂	维生素 E、L-抗坏血酸	防止脂肪的酸败，延长储藏期
持水剂	三聚磷酸钠、六偏磷酸钠	一定程度上起到防止蛋白质变性的作用，从而提高鱼圆的持水能力，增强弹性和制品的风味，还具有一定的抗冻作用
pH 调节剂	柠檬酸、葡萄糖酸内酯、富马酸钠	提高鱼糜的持水性和弹性；可抑制霉菌生长繁殖，增加储藏期
防腐剂	山梨酸、山梨酸钾	抑制霉菌、酵母菌、好氧细菌的生长繁殖，从而起到延长制品储藏期的作用

8.4.3　质量评定

1. 感官评价

1）清蒸鱼圆罐头

个体大小基本均匀、完整、较饱满；白色有光泽，有肉香味，基本无鱼腥味或其他异味；咸淡适中，汁液感强；表面光滑，无小洞，结构紧致；无汁液流出、弹性好，咀嚼细腻。

2）油炸鱼圆罐头

色泽金黄、均匀；味道鲜美，具有淡水鱼特有的清鲜口感，香气浓郁，无酸败味，无异味；表面光滑，饱满完整，组织收缩少，质地紧密；口感佳，具有良好的咀嚼性和弹性，无油腻感；手指轻按能立即恢复原形。

2. 理化指标

鱼圆罐头的理化指标主要包括食盐含量、蛋白质含量、淀粉含量和重金属铅的含量等（表 8.17）。

表 8.17　鱼圆罐头的理化指标

项目	指标
食盐/%	<3.0
蛋白质/%	>10.0
淀粉/%	<20.0
铅/（mg/kg）	≤0.5
无机砷/（mg/kg）	≤0.1
甲基汞/（mg/kg）	≤0.5
镉/（mg/kg）	≤0.1

3. 安全卫生指标

鱼圆罐头的安全卫生指标主要包括菌落总数、大肠杆菌、沙门氏菌和金黄色葡萄球菌（表 8.18）。

表 8.18　鱼圆罐头的安全卫生指标

项目	指标
菌落总数/（CFU/g）	≤5.00×10⁴
大肠杆菌/（MPN/100g）	≤30
沙门氏菌	不得检出
金黄色葡萄球菌	不得检出

8.5　鱼肉肠罐头

为了方便消费者食用鱼肉，市面现已出现了各种鱼糜制品，如鱼圆、鱼肉肠等。鱼肉肠以鱼肉为主要原料，并加入畜肉及其他辅料及添加剂后擂溃，最后将鱼肉馅灌装在由聚偏二氯乙烯薄膜制成的肠衣内，两端用金属环铝丝结扎、密封、杀菌制成。这样制出的鱼肉肠的脂肪含量＞2%，有耐储藏、流通方便、食用简单、营养丰富等特点。按其是否加入畜肉，鱼肉肠可分为畜肉型香肠和鱼糕型香肠。

8.5.1　加工工艺

1. 工艺流程

原料鱼选择及预处理→采肉→漂洗、脱水→精滤→擂溃→调配→灌肠→杀菌→冷却→包装、储藏。

2. 技术要点

1）斩拌

斩拌过程中注意不能让空气混入，既可防止氧化，同时也避免鱼肉肠在加热杀菌时产生气泡。整个斩拌过程中一定要严格控制温度，不能超过15℃，可加入碎冰斩拌。温度太高会引起鱼肉蛋白质变性，使凝胶形成能力明显下降，鱼糜的弹性降低，同时使酶活性和细菌活性增强，破坏鱼糜的品质。

2）灌肠

采用连续真空灌肠机进行灌肠，肠衣分天然肠衣和人工肠衣。一般使用中号或小号的高阻隔性的 PVDC 肠衣，灌肠后采用铝线结扎。灌装过程要求肠体紧密饱满，避免产生气泡。肠衣内有气泡会使肉馅氧化变色，并影响鱼肉肠的货架期。肠体内若有空气，则要用针刺破以将其排除，灌好的肠用温水洗净表面的油垢。

3. 鱼肉肠罐头

1）工艺流程

原料鱼选择及预处理→采肉→漂洗、脱水→精滤→擂溃→调配→灌肠→杀菌→冷却→包装、储藏。

2）操作要点

（1）原料鱼选择及预处理。原料鱼肉选用冻鲜鱼或冷冻淡水鱼；对原料鱼进行去鱼头、鱼刺、内脏、鱼鳞和脱腥处理。

（2）采肉。将预处理的原料鱼放入采肉机采肉，将鱼肉与鱼骨、鱼皮分开，一般采肉两次效果较好。

（3）漂洗、脱水。用水或碱性盐水对鱼肉进行洗涤，漂洗2～3次即可。漂洗后须进行脱水处理，可采取压榨、甩干、离心机离心脱水等方法，以脱水率80%～85%为宜。

（4）擂溃、调配。最好使用真空型擂溃设备，擂溃 30～40min，使鱼肉蛋白质充分溶出形成网状结构，固定水分，使产品有一定的弹性。擂溃后加入食盐、白砂糖、料酒等调味料和辣椒、花椒等香辛料混合调配，视味道添加不同辅料。

（5）灌肠。擂溃后，将鱼糜放入连续真空灌肠机中进行灌肠，灌肠后采用铝线结扎。灌制的肉糜密无间隙，胀度要适中，防止装得过紧或过松而影响产品质量。

（6）密封。按一定规格充填后的鱼肉香肠应及时进行两头密封，密封好坏会关系到鱼肠制品的质量。密封的香肠应呈九成满，否则加热后因肠内肉糜会受热膨胀而导致破肠。

（7）杀菌。将结扎好的香肠放入蒸煮锅内，采用 85℃水煮 10min，再用 90℃水煮 50min 的梯度升温法进行两段式加热，可以减少香肠的破损率，灌制好的香肠要在 30min 内进行蒸煮杀菌。高温肠可采用高压杀菌，杀菌公式为 15min—30min—20min/120℃；低温肠采用在 95～100℃水中煮 50～60min。

（8）冷却。加热后的鱼肉肠应迅速冷却，查看是否有爆破和扎口泄漏情况，不合格产品需剔除，然后放在洁净的冷水中冷却至 20℃以下。由于热胀冷缩作用，肠衣容易产生褶皱，为使肠衣光滑美观，可用 95℃热水浸泡 20～30s 后立即取出，放冷展皱。

（9）包装、储藏。鱼肉肠可使用 PET/PE 复合膜真空包装，也可直接装箱在常温或低温下保存。低温肠放入 0～4℃保鲜冷库中储藏，在冷库中可存放 20～30d，高温肠可常温保存 6 个月以上。

4. 鱼肉、猪肉混合肠罐头

1）工艺流程

原料选择→预处理→采肉→漂洗、脱水→精滤→斩拌→灌肠→密封→杀菌→
冷却→外包装。　　　　　　　　　　　　　　　　　　　　↑
　　　　　　　　　　　　　　　　鲜猪肉→漂洗→切丁

2）操作要点

（1）原料选择。原料猪肉选择新鲜健康的猪肉，要求无异味。原料鱼选用冻鲜鱼或冷冻鱼糜。

（2）预处理。先将原料猪肉进行清洗，然后去除骨、筋腱和肌膜等，并且将瘦肉和肥肉分开；对原料鱼进行去鱼头、去鱼刺、去内脏、去鱼鳞和去腥处理。一般将瘦肉切成 1.5～3cm 见方的肉丁，肥膘切成 0.5cm 见方的肥肉丁，瘦肉和肥膘用 40℃的水漂洗 5min，再用 10℃的淡盐水漂洗 5min，漂去红色血筋和杂质，然后分别用洁净纱布滤去水分。

（3）斩拌、调配。先将采下的鱼肉放入斩拌机，加入鱼肉质量 5%的冰水斩拌 4min，然后按工艺配方加入淀粉，再斩拌 3min，最后加入各种辅料和猪肉丁，斩拌 8min，静置备用。斩拌过程中可加入食盐、白砂糖、黄酒、味精、生姜汁等调味料进行调配。

采肉、漂洗、脱水、灌肠、密封、杀菌、冷却、包装工序同鱼肉肠罐头。

8.5.2　原料、辅料及添加剂

1. 原料

淡水鱼原料可选择冻鲜鱼或冷冻鱼糜，猪肉选择新鲜健康无异味的猪肉。猪肉的添加可以增加鱼肉的弹性，提高鱼肉肠的感官品质，鱼肉与猪肉的质量比在4∶1时，产品质量最高。

2. 辅料

1）油脂

油脂可以增强和改变产品的风味、质地和外观，使鱼肉肠具有较强的肉香味，并使其表面光滑、有弹性、咀嚼细腻。一般添加到鱼肉肠罐头中的为动物脂肪，大部分为猪油。油脂不可添加过多，否则会引起鱼肉肠出油和脂肪氧化，而且不利于消费者健康。

2）蛋清

蛋清一般选用鸡蛋蛋清，也可选择蛋清粉。鱼肉肠中添加蛋清是为了增强产品的凝胶强度和弹性，也可在一定程度上增加产品的白度。添加 3%～5%蛋清时对产品质量有较好影响，添加过多时，产品的弹性反而会减小。

3）卡拉胶

卡拉胶是一种具有凝胶特性的多糖，常用作食品添加剂，如胶凝剂、增稠剂、稳定剂等。鱼肉肠中添加卡拉胶可以增强鱼糜的凝胶强度并增加鱼肉肠的白度，卡拉胶可以代替明胶。

4）糖

一般选择白砂糖，加在鱼肉肠中可以起到调味、去腥、防腐等作用，同时可以防止鱼肉肠的冻结变性和水分流失，从而提高产品质量。白砂糖的添加量为2%～3%时最好，过多会影响鱼肉肠口味。

5）食盐

食盐可以改变鱼肉肠的味道，起到调味减腥的作用。在盐擂时，食盐可以使盐溶性蛋白充分溶出形成凝胶，增加制品的弹性，提高产品品质。同时，盐具有抑菌防腐作用，因此可以延长产品的保存期。

6）水、淀粉、植物蛋白

同鱼圆罐头辅料。

7）调味料

主要调味料有味精、糖、食盐、料酒等。

8）香辛料

主要香辛料有辣椒、生姜、胡椒、大蒜等。

3. 添加剂

主要有乳化稳定剂、持水剂、pH 调节剂、防腐剂、营养强化剂和抗冻剂等（表 8.19）。

表 8.19　鱼肉肠罐头的添加剂

类别	名称	作用
乳化稳定剂	卵磷脂、蔗糖脂肪酸酯	使添加的各种辅料和其他添加剂能与鱼糜充分地乳化
持水剂	三聚磷酸钠、焦磷酸、六偏磷酸钠	一定程度上起到防止蛋白质变性的作用，从而提高鱼圆的持水能力，增强弹性和改善制品的风味，还具有一定的抗冻作用
pH 调节剂	柠檬酸、葡萄糖酸内酯、富马酸钠	提高鱼糜的持水性和弹性；可抑制霉菌生长繁殖，延长储藏期
防腐剂	山梨酸、山梨酸钾	抑制霉菌、酵母菌、好氧细菌的生长繁殖，从而起到延长制品储藏期的作用
营养强化剂	维生素、钙盐、赖氨酸	调整产品的组分含量，提高其营养价值
抗冻剂	蔗糖、山梨醇	防止鱼糜蛋白质在冻结冻藏中变性

8.5.3　质量评定

1. 感官评价

主要从外观、口感、色泽、滋味和组织状态五方面来评价鱼肉肠罐头的感官（表 8.20）。

表 8.20　鱼肉肠罐头感官评分标准

评定项目	评定标准	分值
外观	肠身均匀饱满、表面光洁无霉变，结扎部位无内容物附着，密封良好	13～20
	肠身均匀饱满，表面光洁，略有污垢，结扎部位有内容物附着，密封良好	7～13
	肠身有孔，表面有污垢，结扎部位有内容物附着，密封不好	0～7
口感	口感细腻，润滑而不油腻，弹性非常好	13～20
	稍有粗糙感，肉馅结合不太紧密，弹性良好，稍有少量的孔洞	7～13
	口感粗糙，鱼腥味浓，发渣，弹性不好，孔洞太多	0～7

续表

评定项目	评定标准	分值
色泽	颜色均匀，色泽鲜艳，呈酒红色，有很明显的光泽感	13～20
	颜色均匀，色泽稍淡，光泽感不明显	7～13
	颜色不均匀，有不和谐的红色斑点，色泽差，肉质乳白色，无光泽感	0～7
滋味	风味独特，咸淡适宜，味道鲜美协调，有鱼香味	18～30
	风味稍差，咸淡适宜，鲜味略有不足，鱼香味稍淡	8～18
	风味差，鱼香味淡，其他味道占了主导地位，有怪味	0～8
组织状态	切面平整光滑无气孔，组织紧密且弹性良好，切片性好，指压无凹陷	18～30
	切面较平整，存在少量气孔，组织较好，紧密性较好，切片性好	8～18
	切面不光滑平整，有大量气孔，组织松散，弹性较差	0～8

2. 理化指标

失水率≤6%，水分含量≤82%，淀粉含量≤15%，食盐含量≤3.5%。

3. 安全卫生指标

鱼肉肠罐头经过适度的杀菌后，不含有致病性微生物，也不含有在常温下能在其中繁殖的非致病性微生物，满足商业无菌的标准，具体安全卫生指标同鱼圆罐头（表 8.18）。

第9章　淡水鱼加工副产物综合利用技术

淡水鱼加工和消费过程中会产生大量的鱼头、鱼尾、鱼鳞、内脏、鱼皮和鱼骨等副产物，其中含有蛋白质、酶、油脂及其他生物活性物质，如多糖、维生素和矿物质（包括微量元素）。目前，我国对淡水鱼加工副产物的有效利用率还较低，通常当作废弃物处理，这既是对资源的浪费，又要消耗人力物力进行处理，还可能因为处理不当或违规丢弃对环境产生污染。造成这一现象的主要原因有两点：一是我国淡水鱼加工企业规模普遍偏小而且分散，不利于副产物的收集和大规模加工利用；二是关于淡水鱼加工副产物资源的开发利用研究工作开展得不够，许多关键技术还需要完善。

我国在海产品加工领域投入较多，对淡水鱼加工为主的淡水水产品加工领域则投入偏少，特别是技术研究上，缺少适合淡水鱼加工业发展的技术和相关科技储备，在淡水鱼加工副产物的综合利用方面的研究更是不足。淡水鱼的平均采肉率仅有40%，可食用比例低于海水鱼，在加工和消费中产生的副产物比例高达 50%左右。发达国家的水产品加工率可达 70%～80%，甚至更高，而我国的水产品加工率只达到 30%～35%，淡水鱼的加工率仅有 15%左右，副产物的加工则更少。

淡水鱼加工副产物中除了蛋白质外，其余成分无论在种类上还是数量上都比可食部分中丰富得多。目前，我国对于水产品加工副产物的利用途径主要包括以下几种：①加工成饲料鱼粉；②鱼头、鱼骨加工成鱼骨糊、鱼骨粉；③从鱼内脏中提取鱼油，提炼 EPA、DHA 制品；④从鱼鳞、鱼皮和软骨中提取胶原蛋白类；⑤鱼肚（某些种类鱼的鱼鳔经清洗浸洗干燥而成）的加工；⑥酸贮液体鱼蛋白的生产。以上很多途径是以海水鱼为研究对象开发的，应用在淡水鱼方面则需要进一步研究。近 20 年来，尽管我国水产品加工副产物的综合利用技术取得了一定进步，但与发达国家相比仍然存在一定差距，主要体现在如下方面：加工量和加工技术含量低，缺少高附加值产品；产品传统，缺乏创新；加工技术落伍，很多还是家庭小作坊式的加工方式，规模太小；副产物加工利用程度低，资源浪费严重。

9.1　鱼　　头

9.1.1　生化组成和功能成分

很多经济淡水鱼的鱼头都比较大，往往占鱼体总质量的 20%～40%。鱼头的利用不但涉及经济效益问题，而且加工后数量多、质量大、占用空间多、易腐败，如果不能及时处理，会对环境造成不良影响。某些种类的鱼头具有很好的风味和食用性，例如，鳙鱼鱼头的市场价格甚至超过鱼肉，可以直接销售，也可以开发成生鲜或调理食品等。但有些种类的鱼头基本没有食用价值，如何实现更好的加工利用就成为一个迫切的课题。

1. 生化组成

鱼头中含有丰富的蛋白质、脂肪、钙、磷等，还含有丰富的风味成分，是开发高附加值产品的良好资源。比较青鱼、草鱼、鲢鱼和鳙鱼"四大家鱼"的鱼头，结果表明，不同品种的鱼头的质量占比不同，营养成分的含量也有较大差别：鳙鱼头和鲢鱼头占鱼体质量的比例较高，而草鱼头和青鱼的蛋白质含量较高；鲢鱼头和草鱼头的水分含量更低，而粗脂肪和钙含量更高。

2. 功能成分

鱼头中的矿物质元素主要存在于头部骨骼中，钙元素是其中的主要元素，和磷元素以羟基磷灰石的形式存在于骨骼中，而羟基磷灰石与胶原蛋白结合，会形成坚硬难溶的骨盐沉积在胶原表面，因此骨骼中的钙元素与胶原蛋白含量有着密切关系。鱼头含有丰富的蛋白质源氨基酸，其中必需氨基酸占总氨基酸的 27%～31%。鱼头中的骨胶原蛋白属于 I 型胶原蛋白，能够增强皮下细胞代谢，延缓衰老，预防及治疗关节炎等，具有较高的生物价值。有研究者利用淡水鱼鱼头、鱼骨同时生产了高钙鱼骨粉、汤料和鱼油，并以纯种鼠为动物模型，探讨了鱼骨粉的生物利用率，并对缺钙的孕妇进行了临床试用，取得了预期的效果。

鱼头中还含有丰富的硫酸软骨素，硫酸软骨素是一种酸性黏多糖，由葡萄糖和半乳糖组成。硫酸软骨素有 A、B 两种，常与蛋白质结合形成糖蛋白，水溶性差，可在酸性条件下水解。硫酸软骨素有抑制炎症和抗血栓形成的作用，可用于治疗腰痛及关节炎，对动脉硬化、冠心病有一定的疗效。此外，硫酸软骨素具有很好的保湿性，可用于化妆品中作为皮肤保湿剂。

国内外营养专家认为，鱼头是最有效的自然健脑产品之一，其中含有的磷脂能够提高记忆力与分析能力，含有的 EPA 与 DHA 具有促进脑细胞发育、脑神经传导与神经突触生长的功效，可以提高人脑的记忆力、推理力和判断力。磷脂还具有多种生理活性功能，如调节代谢、增强机体免疫力、降低胆固醇和血脂、防治动脉粥样硬化等。此外，EPA、DHA 能够起到抑制血小板凝集、降低血脂、提高生物膜流动性等作用，在预防和治疗心脑血管疾病、抑制肿瘤方面具有很好的疗效。高纯度的 EPA 对血栓性疾病有很好的治疗和预防效果，而高纯度 DHA 对花粉过敏症、过敏性皮炎、支气管哮喘有很好的治疗和预防效果。

9.1.2　加工利用

1. 脂质成分提取

1）鱼油提取

鱼油的提取主要有水浴提取、稀酸水解、稀碱水解、酶水解等方法。其基本原理是通过各种物理化学作用，破坏含油组织的结构，增加油脂分子的热运动，降低黏度和表面张力，使油脂从组织中分离出来；随着反应的继续，乳胶体被破坏，油脂变得清澈透明。水浴提取法有温度高、耗时长、油脂容易被氧化等缺点。

鲢鱼头中含有 10%～13% 的鱼油，且鲢鱼油中含有较多的 EPA 和 DHA，对其进行提取、精制，应用于食品、医药等领域，具有较高的经济价值。刘闪等（2012）以白鲢鱼头为原料，将鱼油提取率作为参考指标，利用中性蛋白酶提取了鱼头中的鱼油。结果表明，提取鱼油的最佳工艺参数如下：料液比 1∶1.5（质量比）、酶解时间 3h、酶添加量 1.5%、酶解温度 45℃、pH 为 7，在该条件下，粗鱼油的提取率为 74.8%。粗鱼油经过脱胶、脱酸、脱色、脱臭，得到精炼鱼油，测得其皂化值、过氧化值、碘价、酸价分别为 188.2mg KOH/kg、5.3mmol/kg、130.3g/100g、3.3mg KOH/g，精炼鱼油的色泽淡黄，腥味淡，澄清透亮，利用气相色谱仪测得精炼鱼油的 DHA+EPA 含量为 4.6%。鲢鱼头中鱼油的 DHA+EPA 含量为 4.5%～8%，相比代表性的海水鱼（20%～30%）仍有一定差距，可以通过低温结晶、尿素包合、分子蒸馏、酶法富集等手段进一步富集。

2）磷脂提取

王文倩（2018）通过工艺优化，利用乙醇从鲢鱼和草鱼鱼头中提取制备了磷脂，检测了磷脂的乳化特性和抗氧化特性，并与商品大豆卵磷脂进行了比较。结果表明，鲢鱼头和草鱼头中的磷脂来源皆以磷脂酰胆碱、磷脂酰乙醇胺和鞘磷脂为主；两种磷脂中，脂肪酸含量最高的是 DHA，其次是 EPA。采用乙醇法提取冷冻干燥草鱼鱼头粉中磷脂的最优方案如下：乙醇浓度 80%、料液比 1∶8、提取温度 55℃、提取时间 4.5h，在该工艺条件下，获得的磷脂纯度为 83.2%，磷脂产物提取率为 3%。采用乙醇法提取冷冻干燥鲢鱼鱼头粉中磷脂的最优方案如下：乙醇浓度 80%、料液比 1∶10、提取温度 35℃、提取时间 3h，在该工艺条件下，获得的磷脂纯度为 74.5%，磷脂产物提取率为 3.4%。鲢鱼头磷脂和草鱼头磷脂的乳化特性与大豆卵磷脂比较接近，当添加浓度≥0.2% 时，两种磷脂的抗氧化能力均高于大豆卵磷脂。

2. 饲料鱼粉制备

鱼粉是以一种或多种鱼类或鱼类加工副产物为原料，经去油、脱水、粉碎加工而成的高蛋白质饲料原料。鱼粉作为一种高蛋白质饲料，是配合饲料，尤其是水产全价饲料中不可缺少的一部分。以鱼类加工副产物生产鱼粉，可降低饲料的生产成本，发展渔业循环经济。王彬等（2010）将鲢鱼鱼头、鱼骨与其他加工下脚料混合，经脱腥脱臭后蒸煮，压榨分离出鱼油，将固体残渣湿粉粉碎干燥后得到了鱼粉。较佳的优化工艺参数如下：脱腥时间60min、蒸煮温度90℃、压缩比4.4∶1、干燥温度50℃。

3. 调味料制备

鱼头中含有丰富的核苷酸、氨基酸及对风味贡献比较大的钾、钙、钠、镁等矿物质元素，将鱼头经过适当处理能制作成调味汤料、鱼骨肉酱或水产调味基料。樊玲芳等（2012）对斑点叉尾鮰鱼头和鱼头酶解物干燥粉的风味成分进行了分析和比较，结果表明，斑点叉尾鮰鱼头和鱼头酶解物干燥粉中都含有丰富的氨基酸和核苷酸，但酶解后会产生更多的风味物质，具有更浓郁的鱼香味，因此，鱼头，尤其是蛋白酶水解后的鱼头适合进一步加工。张桢（2012）以罗非鱼加工废弃物鱼头、鱼排为原料，首先采用木瓜蛋白酶和风味蛋白酶复合酶解，用微生物发酵法对其脱腥去苦，然后添加木糖、葡萄糖、硫胺素和半胱氨酸进行美拉德反应赋香，最后进行喷雾干燥制得了水产品调味基料，解决了传统单一酶解方法生产的水产品调味基料存在的风味不足和生产成本过高的问题。赵久香等（2017）以淡水鱼加工副产物鱼头等为原料，接种米曲霉后置于35℃环境下发酵30d制备了鱼露，经过不同条件的储藏后得到新鲜度不同的副产物，并对副产物和鱼露的理化特性进行了评价。结果表明，经储藏后，副产物品质发生了不同程度的变化：常温储藏4h，副产物的pH、TVB-N值、TBARs值及菌落总数均高于冰藏和冻藏的副产物；冰藏8h，副产物的相关指标则高于冰藏4h；以常温储藏4h的副产物为原料发酵所得的鱼露，其氨基态氮和总可溶性氮含量最高，TVB-N值和TMA含量也最高；以冰藏4h的副产物为原料发酵所得的鱼露，其生物胺总量和组胺含量最高；常温4h储藏，副产物的理化特性发生了一定改变，但并未对鱼露的整体品质产生显著的不良影响。

4. 胶原蛋白及肽类提取

鱼头中的胶原蛋白可用热水提取制成明胶再进行利用，或用蛋白酶水解成多肽用于抗氧化、抑菌等。韩军（2008）研究了从斑点叉尾鮰鱼头中提取明胶的工艺及明胶的性质，具体过程如下：以斑点叉尾鮰鱼头为原料，首先用碱性蛋白酶进行酶解，去除鱼头中的蛋白质，然后用盐酸浸酸除盐，用9g/L的石灰乳溶液浸灰，最后用热水进行三道提胶，所提取的明胶用于苹果汁的澄清，效果良好。任小青（2012）将新鲜鲶鱼的鱼头和鱼骨通过高压蒸煮、粉碎处理后用胃蛋白酶进行酶解，所得酶解液离心喷雾干燥制成粉末，以 1.5%的浓度添加到鲶鱼香肠中，起到了一定的抑菌作用。鲶鱼鱼头、鱼骨酶解物对大肠杆菌、藤黄微球菌及枯草芽孢杆菌均具有较强的抑菌率。对鱼头中的蛋白质进行精细化酶解后，可以得到含有大量肽类的产物，具有多种功能，可在肠道内被完整吸收，将其开发成相应的保健和功能产品，具有较大的社会、经济价值。

5. 硫酸软骨素提取

硫酸软骨素是一种天然黏多糖，广泛分布于动物组织的细胞外基质和细胞表面，是构成动物软骨、腱、皮肤等结合组织的重要组成部分，在鲨鱼、鲟鱼、海参及家禽软骨中含量丰富。硫酸软骨素具有防止血管硬化、降血脂、抗凝血、抗癌、促进冠状动脉循环等作用，国内外主要从动物软骨组织中提取，成本较高。

硫酸软骨素的提取方法有碱法、碱盐法、酶解法、超声波法和乙酸抽提法等；分离纯化的方法有乙醇沉淀法、季铵盐络合法和离子交换色谱法等。目前，国内普遍采用稀碱和稀酸的提取法，国外报道了稀碱稀盐综合提取法，而这些制备工艺一般都要经酶解，以及活性炭或白陶土等处理。

采用稀碱-酶解工艺，对罗非鱼鱼头中的硫酸软骨素进行提取，纯度达到 81.3%，总得率为 2.9%，证明了利用罗非鱼软骨提取硫酸软骨素的可行性。还有研究报道了从鱼头中提取硫酸软骨素，其方法是在鱼头粉中加入适量的磷酸缓冲液，使 pH 接近 8，搅拌均匀置于 80℃的水浴中保持恒温进行预处理。将经预处理的鱼头粉糊状物降温后，添加 3%的胰蛋白酶充分搅拌均匀，维持溶液 pH 基本不变，在 45～50℃水浴中保持恒温 1h 进行酶解反应，用盐酸调节溶液 pH 接近 6，再添加 3%的胃蛋白酶，在相同温度的水浴中继续酶解 2h，在 100℃沸水中加热 5min 进行酶的钝化。在酶解后的酶解液中添加 10%的三氯乙酸去除蛋白质，边加边搅拌，即产生沉淀。将其保存在冰箱冷藏室中静置 12h，以 5000r/min 的速度离心 25min 得到上清液。然后在上清液中缓慢地加入无水乙醇得到白色片状沉淀物，将沉淀物转移到砂芯漏斗中，用真空泵抽滤。最后用无水乙醇洗涤沉淀物，再抽滤、干燥得到白色、疏松、粉末状的鱼头硫酸软骨素。

刘晓宁（2007）以淡水鱼鱼头为原料提取了鱼头多糖，较佳提取条件如下：1mol/L NaOH 溶液、温度 30℃、料液比 1：5.5（w/v）、提取时间 13h，提取后用 75%乙醇沉淀得到多糖。鱼头多糖对 DPPH 自由基、超氧阴离子自由基和羟自由基都有一定的清除作用，对白血病细胞 K562 和肝癌细胞 BEL7402 都有抑制作用。黄琪琳等（2019）以鲟鱼的头骨为原料，采用稀碱-酶解法提取了鲟鱼骨多糖，经乙醇沉淀并冷冻干燥后得到产品。以多糖得率为检测指标，得到较佳条件如下：NaOH 浓度 3%、浸提时间 6h、酶添加量 0.6%、酶解时间 5h。

9.2　鱼　　鳞

　　鱼鳞是有鳞鱼加工的主要副产品之一，占鱼体总质量的 2%～5%。我国淡水鱼加工产业中，每年大约可产生 65 万 t 鱼鳞，但这些鱼鳞除少部分出口外，剩余大部分未经有效利用而被废弃。

9.2.1　生化组成和功能成分

1. 结构和生化组成

　　鱼鳞是鱼真皮层的变形物，主要由结缔组织构成，质地坚硬，起到保护鱼体的作用。鱼鳞的表面结构并不均匀，可分成两个完全不同的区域：一侧是比较规则的区域，主要位于鱼鳞的基部，可以清楚地看到表层具有规则的鳞相；另一侧是比较粗糙的区域，主要位于鱼鳞的端部，有许多黑色素颗粒与突起，是钙化层比较厚的区域，暴露在鱼体的外表面。根据鱼鳞形态，可将鱼鳞大致分为三种：①板鳃鱼特有的木盾鳞；②斜方型、边缘相连的硬鳞；③最常见的骨鳞，在硬骨鱼中最多。目前，国内外的研究也大多以硬骨鱼的骨鳞为主。

　　不同鱼鳞的形状、结构差异较大。淡水鱼的种类不同，鱼鳞的形状、大小、质地和光滑程度也不同。淡水鱼中，青鱼、草鱼、鲫鱼和鲤鱼等的鳞片较大，便于收集和加工。国外有研究报道，赤立鱼的鱼鳞可分为上下两层，上层为骨质层，主要成分是羟基磷灰石，并零散分布着一些胶原纤维；下层为纤维质层，紧密地平行排列着直径为 70～80nm 的胶原纤维，且与相邻薄层中的胶原纤维成夹角，形成由多层薄片构成的正交式夹板结构。还有国外学者发现鲫鱼鱼鳞中的胶原纤维呈双股螺旋式夹板结构。一种观点认为，鱼鳞中的羟基磷灰石同时存在于骨质层和纤维质层，在纤维质层内部，羟基磷灰石与胶原纤维束平行排列，有学者在赤立鱼鱼鳞的纤维质层内层清晰地观察到了羟基磷灰石晶体。另一种观点则认为，在鱼鳞的纤维质层内部没有羟基磷灰石，有研究发现鲤鱼鱼鳞内部几乎不含或含极少的无机物。无论是哪种观点，均表明胶原纤维与羟基磷灰石互相黏附，所以在预处理时要加强脱钙，以便于胶原纤维脱离羟基磷灰石晶格的束缚而溶出。

　　鱼鳞中含有丰富的蛋白质和多种矿物质，其中有机物占 20%～40%，无机物占 5%～20%。在有机物中含量最多的是蛋白质，鱼鳞中的蛋白质主要以胶原蛋白为主。除胶原蛋白外，大部分鱼类存在一些特有的鱼鳞硬蛋白、少量角质蛋白和其他蛋白质，共同组成鱼鳞的总蛋白质。有机组分中，除蛋白质外，鱼鳞中还含有脂肪、色素和黏液质等。鱼鳞的灰分含量较高，骨质层中的羟基磷灰石是灰分的主要来源。通常，无机物含量高的鱼鳞较为坚硬，无机物含量低的鱼鳞相对柔软。鱼鳞中钙、铁和锌元素的含量较高，另外还含有少量的镁及磷等元素。鱼鳞的基本生物化学组成与鱼体种类有关，因此在淡水鱼的鱼鳞的开发利用过程中应根据各种淡水鱼生物化学成分的组成特点进行加工利用，使经济价值达到最大化。

2. 功能成分

淡水鱼鱼鳞中含有 20%～35% 的蛋白质，生物学效价较高，可作为鱼鳞胶和胶原蛋白等的原料。鱼鳞胶原蛋白有利于上皮细胞的增生修复，促进创面愈合，在医药工业上可应用于烧伤、创伤的治疗。鱼鳞胶和其他明胶混合使用，可以用作胶囊的壁材，包裹易氧化易变性的芯材，如鱼油、鱼肝油和维生素等。鱼鳞胶也可以作为药剂替代来源稀少的龟甲胶，有效率在 95% 以上。鱼鳞胶还具有很好的安全性和保湿性，在化妆品工业，可以用作生产化妆品填充剂的原料，也可以进行改性。例如，将鱼鳞胶进行水解，得到水解蛋白质浓缩液，再与油酰氯缩合生成阴离子表面活性剂，可用于生产洗发水和润肤膏等。

鱼鳞中的胶原蛋白类成分还可作为食品添加剂应用于食品工业中，主要有以下几种途径。①肉品改良剂。鱼鳞胶原蛋白的水解产物为明胶，水解过程破坏了胶原蛋白分子内的氢键，使其原有的紧密超螺旋结构破坏，形成结构较为松散的小分子，加入肉制品中可以改善结缔组织的嫩度，使之具有良好的品质。②饮料、酒类澄清剂。在啤酒和葡萄酒行业，鱼鳞胶和明胶作为沉降和澄清剂，获得了很好的效果，产品质量非常稳定；在果酒酿造过程中也可起到增黏、乳化、稳定和澄清等作用。在茶饮料的生产中，明胶用于防止因长期存放而形成浑浊，从而改善茶饮料品质。③乳制品添加剂。胶原肽可用于酸奶、奶饮料等乳制品中，通过阻止乳清析出，起到乳化稳定的作用；也可添加到奶粉中，完善奶粉的营养价值，从而可提高机体的免疫力。④糕点、糖果添加剂。胶原肽可添加至面包中，用于延长面包的老化时间，增加面包的体积及松软度。明胶具有吸水和支撑骨架的作用，其微粒溶于水后，能相互交织成网状结构，凝聚后使柔软的糖果保持形态稳定，即使承受较大的荷载也不会变形，因而可用于研发低热量糖果。

鱼鳞中含有的羟基磷灰石具有较高的生物相容性，能与骨形成强的活性连接，可以作为植入性材料用于美容和医学领域。近年来的研究表明，鱼鳞具有抗癌、抗衰老、降低血清总胆固醇和甘油三酯的功能。据推测主要与以下成分有关：鱼鳞中含有丰富的甘氨酸、丙氨酸和脯氨酸，这与构成胶原蛋白的氨基酸组成特征相关；鱼鳞在熬制过程中可以产生功能性多肽，目前已有研究证明其中一些寡肽可以被人体吸收，动物试验证明，鱼鳞蛋白水解物形成的多肽具有降低小鼠血压、抗体内血栓形成和抗氧化作用；鱼鳞中的胶原蛋白具有类似纤维素的性质，其中含有较多的中性和酸性氨基酸，因此有聚集负离子基团的作用，可以吸附肠道中的毒素和重金属。同时，具有一定的乳化性能，疏水性较强的氨基酸被包埋在分子内部，形成特定的疏水区域，胆固醇、甘油酯类物质可以进入分子内部，有效防止高胆固醇血症的形成。另外，鱼鳞中含有的丰富的微量元素在调节人体微量元素平衡方面也起着重要作用。

9.2.2　加工利用

近年来，以鱼鳞为原料开发的产品有鱼鳞胶（明胶）、鱼鳞胶原蛋白、羟基磷灰石、鱼鳞肽等鱼鳞制品。此外，鱼鳞胶可以与其他明胶混合使用，用于制造胶囊、照相胶卷、印刷感光片，以及作为啤酒的澄清剂等。从鱼鳞中提取的羟基磷灰石，则可以用于制取鸟嘌呤和闪光粉。

1. 胶原类提取

1）鱼鳞胶

鱼鳞胶的主要成分是生胶质，黏度和凝胶强度较高，是人们在日常生活和工业生产中广泛应用的一种动物胶，主要用作胶接剂、稳定剂、乳化剂等。鱼鳞胶是由鱼鳞中的胶原蛋白转变而成的一种明胶，是一种强有力的保护胶体，乳化力强，既有助于食物消化，又可抑制因胃酸而引起的牛奶、豆浆等中含有的蛋白质凝聚作用。

鱼鳞胶的提取方法有两种。①酸（碱）法制胶。先把鱼鳞洗净，必要时进行脱脂脱色，然后用浓度为 1%～2% 的盐酸溶液浸泡，以除去鱼鳞中的钙盐。为尽量减少对胶原蛋白的影响，温度要控制在 0～15℃。因消耗盐酸溶液而导致浓度变稀时要及时更换，直至鳞片柔软透明、pH 稳定不变时停止浸酸，时间为 2～3周；取出鱼鳞，洗干净后浸灰（2～4g/L 的石灰乳溶液）15～20d，这对产品质量、产率、色泽的影响很大。洗净后放在 60～70℃夹层锅内加热 2～3h，直到提尽为止。②酶法提胶。酶处理可代替长时间浸灰，还能将不溶解的蛋白质分解，保留原料中的有效活性成分。酶法提胶的条件温和，所需设备简单，且反应速率很快，同时可以大大减少对环境的污染。因此，酶法提胶是鱼鳞胶生产的一个重要发展趋向。

鱼鳞胶广泛应用于食品、医药、工业领域中。在食品领域，鱼鳞胶含有除色氨酸以外的全部必需氨基酸，如果补充色氨酸，其营养价值会更高。欧美等发达国家对食用胶的消费量很大，在此方面的研究也比较成熟。鱼鳞胶在食品中常用作罐头、水果、冰淇淋、蛋黄酱等的胶黏剂、稳定剂和乳化剂等。在医药领域，鱼鳞胶可与其他明胶混合使用，主要用于制造胶囊，如鱼肝油胶囊和维生素胶囊，胶囊在胃中几分钟后即可溶解。另外，还可用于生产其他片剂、粉剂等。在工业领域，鱼鳞胶主要应用于照相业，例如，将鱼鳞胶与重铬酸铵配合，可做成高级摄影胶膜，欧美国家在该领域的消费量仅次于食用。另外，鱼鳞胶可以用于纸张施胶、乳化等行业。

2）鱼鳞胶原蛋白

人体皮肤真皮层的主要组成部分是胶原蛋白，它与少量弹性蛋白共同构成规则的胶原纤维网状结构，使皮肤具有一定的弹性和硬度，并为表皮输送水分。水解胶原蛋白能够为人体提供优质的氨基酸原料，促进胶原蛋白的合成，及时补充人体皮肤中流失的胶原蛋白，具有延缓皮肤衰老的作用。胶原蛋白还有加速血红蛋白和红细胞生成的功能，改善血液循环，有利于预防冠心病和大脑缺血。骨细胞中的骨胶原是羟基磷灰石的黏合剂，它与羟基磷灰石共同构成骨骼的主体。只要摄入足够的胶原蛋白，就能够保证机体钙质的正常摄入量。因此，鱼鳞胶原蛋白也可用来制作补钙类保健食品。

根据介质的不同，鱼鳞胶原蛋白的提取方法可以分为酸提取法、酶提取法、热水提取法和碱提取法等，通常将几种方法联合采用。为了提高胶原蛋白的得率，在提取前会采用盐酸或者 EDTA 对鱼鳞进行处理，去除鱼鳞表面的无机物层，使得分布在鱼鳞纤维质层的胶原纤维暴露，从而被溶剂提取出来。盐酸脱钙主要是利用盐酸与羟基磷灰石的反应，将钙质以 Ca^{2+} 的形式浸出，以达到去除钙盐的目的。除了盐酸外，常用的酸有柠檬酸、乳酸等，这些酸的脱钙效果虽然不如盐酸理想，但腐蚀性较小，有利于后续的加工和环保。EDTA 脱钙原理：利用其络合能力，使 Ca^{2+} 与 EDTA 络合，从而脱钙。另外，也可采用其他手段辅助脱钙，如微波处理。

胶原蛋白的提取可分为未变性胶原蛋白提取与变性胶原蛋白提取两部分。

（1）未变性鱼鳞胶原蛋白的提取工艺。鱼鳞原料→清洗→酸处理→碱处理→清洗→缓冲溶液抽提→分离→干燥→成品。首先，用清水将鱼鳞清洗干净去除杂质，放入 1.5%的盐酸溶液中浸泡，去除鱼鳞中的无机离子后，置于 0.5% NaOH 溶液中浸泡中和。捞出后用清水洗涤至中性，用不同类型的胶原蛋白浸提液浸提（相应得到不同类型的胶原蛋白），目前常用的提取剂有 0.5mol/L 乙酸、0.5mol/L 乙酸-乙酸钠（1∶1 的体积混合）、0.45mol/L NaCl 溶液。浸泡完成后，经过钝化，再低温干燥。如果产品用于化妆品或药用填充剂，应注意干燥的温度，最好采用冷冻干燥的方法。如果作为滋补品或食品的添加成分，对干燥温度的要求可以适度放宽。

在鱼鳞中，胶原蛋白与鱼鳞硬蛋白复合在一起，通过酸浸获得的胶原蛋白的提取率较低，通常采用外加酶的方法来提高得率。胃蛋白酶可以增加胶原蛋白在酸溶液中的溶解性，从而提高鱼鳞胶原蛋白的提取率，同时胃蛋白酶不会破坏胶原蛋白的结构，可以替代长时间的碱液处理。经过胃蛋白酶处理，胶原蛋白的提取率可以增加1～2倍。国外有研究者采用先去掉鱼鳞中的矿物质，然后用胃蛋白酶水解的方法得到了 I 型胶原蛋白，它是一种有潜在高价值的医学原料。

（2）变性鱼鳞胶原蛋白的提取工艺。鱼鳞原料→清洗→酸处理→碱处理→清洗→加热提取→干燥→成品。前处理与未变性胶原蛋白的提取方法相同，不同的是提取过程中直接采用加热提取。胶原蛋白的三螺旋结构在热力作用下解体，生成单链结构，使胶原蛋白的溶解性大大增强。加热提取的胶原蛋白再经过真空浓缩、干燥等工艺得到粉状胶原蛋白。在鱼鳞胶原蛋白提取过程中应特别引起重视的是鱼鳞原料的种类、预处理的温度和时间、处理液的浓度、提取及干燥方法等，这些因素都会对最终产品的黏度、分子量分布等产生重要的影响，因此应严格控制。

2. 酶解液制备

鱼鳞中的蛋白质经蛋白酶水解，制得的酶解液可用于生产调味品和功能性食品添加剂，其基本工艺如下：鱼鳞原料→预处理→酸处理→清洗→加酶水解→灭酶→分离→浓缩→干燥→成品。加入不同类型的蛋白酶，将鱼鳞中的胶原蛋白进行水解，可以得到聚合度较小的多肽和游离氨基酸。在鱼鳞的氨基酸组成中，含有较多的甘氨酸、天冬氨酸、脯氨酸、丙氨酸和少量的胱氨酸、色氨酸等，其中呈味氨基酸的含量较高。另外，在水解过程中会产生具有特定功能的多肽。已有试验证明，鱼鳞蛋白水解液具有抗氧化、降低血压、降低血液中的总胆固醇、抗衰老等功效。还有研究发现，鱼鳞提取物能显著降低大鼠的血清、肝脏脂质过氧化物丙二醛，增强超氧化物歧化酶的活性。此外，研究人员将淡水鱼鱼鳞酶解液进行复配，制成涂膜液用于鱼体保存，取得了较好成效。具体制作过程如下：将鱼鳞原料与去离子水以 1:10 的比例混合，加入 1%～5%（相对鱼重）的胃蛋白酶，用 1mol/L 的盐酸调节混合液的 pH 至 2，放入 60℃的恒温水浴锅中酶解 2～6h，然后放入 100℃沸水浴中灭活 10min。冷却后用 1mol/L 的 NaOH 溶液将其 pH 调至 7，过滤后取上清液。

3. 羟基磷灰石的制备

以鱼鳞为原料生产羟基磷灰石的方法有三种。①烧成法。将去除胶原蛋白后的鱼鳞高温煅烧，可得到亚微米级羟基磷灰石产品，其具有 3～20nm 的微孔和 120m²/g 的比表面积，并保持了鱼鳞原有的无机颗粒的形态，是一种简单的制备亚微米级磷灰石的方法。②碱溶法。利用碱液将鱼鳞中的胶原蛋白除去，经过洗涤干燥后得到孔径为几十纳米的羟基磷灰石。③先用酸溶解再加碱的复合方法。

羟基磷灰石对重金属有吸附作用，晶格中的 Ca^{2+} 对铅、镉、铜等重金属有选择性，在常温下可以很快地发生置换反应，降低溶液中的重金属离子浓度。因此，由鱼鳞制备的廉价的羟基磷灰石产品可用于污水的处理。并且水产来源的羟基磷灰石的安全性较高，以及有良好的生物相容性和生物活性，能与骨形成强的活性连接，可以将其作为植入性材料用于牙齿修复、美容、骨科和化工等多个行业。

4. 其他产品开发

鱼鳞表面上具有金属光泽的物质称为鱼银，可以用于珍珠装饰业和油漆制造业，从中还可以提取 6-硫代鸟嘌呤，其是一种较为昂贵的生化试剂，可在临床上用于治疗急性白血病，有效率达 70%～75%，而且对胃癌、淋巴腺癌的治疗也有效果。鱼鳞中的钙含量较高，且钙与磷的比例与人体骨骼类似，适于开发为补钙产品。根据已有研究报道，可将鱼鳞原料与碳酸和其他有机酸（如乙酸）混合处理后生产补钙剂。低值淡水鱼的鱼鳞还可用来开发鱼鳞凉粉、鱼鳞冻膏、干制鱼鳞等食品。将鲤鱼、草鱼、青鱼等的鱼鳞经清洗、碱水处理、染色阴干后，还可根据需要制成各种工艺品。但鱼鳞有富集重金属的作用，因此在开发食品和医药用途的相关口服产品时要注意原料的来源、产地和生长环境等。

9.3　鱼　　皮

鱼皮是淡水鱼加工业的主要副产物之一。近几年，鱼皮的价值逐渐显现，除可以食用外，还是食品工业、医药及化工生产的重要原料。充分利用鱼皮资源，开发鱼皮制品，已经成为淡水鱼加工副产物综合利用的重要方面。

9.3.1　生化组成和功能成分

1. 生化构造和组成

鱼皮与陆生哺乳动物皮肤的构造有很多相似之处，可分为三层，即表皮层、真皮层和皮下层。表皮层很薄，位于皮的表面，由许多各种形状的彼此紧贴着的单核细胞组成，表皮的角质层对酸、碱等化学药品都有一定的抵抗能力；真皮层介于表皮层与皮下层之间，又可分为疏松层和致密层两层，是动物皮中最厚、最重要的一层，是制造胶原的主要原料，主要由胶原纤维、弹性纤维和网状纤维组成；皮下层位于真皮层的下部，主要由少量胶原纤维和部分弹性纤维组成，纤维编织疏松，其中掺杂着大量的肌肉组织、血管、神经组织及脂肪组织。鱼皮内含有大量胶体、蛋白质、黏液质及脂肪等，与陆生哺乳动物皮肤相比，鱼皮的组织较松散，胶原易于提取。而且鱼皮的色素含量较多，含叶黄素、红色色素、皮黄素酯、叶黄素酯和虾青素等。此外，不同鱼种的鱼皮厚度、脂肪和色素含量的差别也较大。

鱼皮的主要化学组成是蛋白质、水分、脂肪和灰分。蛋白质是动物皮中最主要的成分，而皮内蛋白质可分为纤维型蛋白质和非纤维型蛋白质两类。非纤维型蛋白质有白蛋白、球蛋白、黏蛋白和类黏蛋白等；纤维型蛋白质有胶原蛋白、弹性蛋白、网硬蛋白和角蛋白等。纤维型蛋白质是动物皮中的支持体，也是皮中的主要蛋白质；非纤维型蛋白质充满于纤维型蛋白质纤维组织的空隙之间。鱼皮的主要蛋白质是胶原蛋白，含量达到鱼皮总蛋白质的 80%以上，比鱼肉含量高且容易提取。

2. 功能成分

鱼皮胶原蛋白应用广泛，可应用在食品、化妆品及生物医药领域等。鱼皮胶原蛋白在食品中的应用主要是功能性食品和保健品，改善肉类的品质，作为食品的包装材料等。①功能性食品和保健品。在日本，胶原蛋白及其降解产物是众多功能性食品和蛋白质饮料的原料，已普遍应用于食品工业，如胶原肽、水解氨基酸口服液及饮料等。胶原蛋白还可以作为一种补钙类保健食品，如果缺少胶原蛋白，仅用补钙来防治骨质疏松是没有效果的。②改善肉类的品质。可将胶原蛋白粉直接加入肉制品，提高产品的蛋白质含量，在适量的范围内添加到肉类灌肠中，能明显增强肉制品的弹性和切片性。③作为食品的包装材料。胶原蛋白可作为食品黏合剂制成纤维膜，用作香肠肠衣，以及肉类、鱼类的包装材料；用明胶制成的明胶膜又称可食用包装膜、生物降解膜，具有良好的抗拉强度、热封性，以及较强的阻气、阻油、阻湿性。以胶原蛋白作为主要原料，辅以甘油、$CaCl_2$ 等添加剂，可制成可食性蛋白膜，用作糖果、蜜饯、果脯和糕点等的内包装膜，不仅具有良好的外观、机械性能，而且可作为一种营养载体，成为食品的一种营养强化剂。

成人皮肤中主要是 I 型胶原蛋白，随着年龄的增长，胶原蛋白的三股螺旋结构之间的共价交联键增多，会使可溶性胶原蛋白和细胞间黏多糖减少。暴露在空气中的部位受到阳光中的紫外线照射，引起胶原纤维束变直等，使皮肤出现松弛、粗糙、局部色素改变、皱纹、弹性变差等一系列老化现象。通过补充胶原蛋白，可以在一定程度上缓解皮肤老化。胶原蛋白含有大量的羟基、羧基等亲水基团，可以提高皮肤细胞的储水能力，因而具有很强的保湿功能；低分子量的胶原蛋白具有亲和力、相容性和渗透性，被皮肤吸收后，填充在细胞基质间，并作用于皮层基质细胞，可以改变细胞生物学活性，从而改善皮肤的弹性并舒缓皱纹等。黑色素是黑色素细胞分泌的醌型聚合物，黑色素的产生与酪氨酸酶活性和作用密切相关，因此控制酪氨酸酶的活性或作用，即可减少黑色素的产生。胶原蛋白中的酪氨酸残基与皮肤中的酪氨酸的化学结构具有相似性，两者竞争性地与酪氨酸酶的活性中心结合，从而抑制酪氨酸酶催化产生多巴醌，抑制黑色素的生成，达到美白效果。另外，胶原蛋白还可以修复小型皮肤和组织的缺损。

胶原蛋白作为生物医学材料具有以下优势：低抗原性、与宿主细胞及组织之间具有协调作用、止血作用、在体内具有可生物降解性、具有一定的物理机械强度。目前，胶原蛋白主要用于制备手术缝合线、止血纤维或海绵、血浆代用品、人工血管、心脏瓣膜和人工皮肤等。

鱼类黏液中具有抵抗病原微生物入侵的非特异性的免疫化学反应物质，主要有溶菌酶、转移因子、C 反应蛋白、甲壳素、Ⅰ型干扰素、补体类物质。这些物质在鱼类，尤其是无鳞鱼的生命活动中发挥着重要的作用。这些活性物质发挥作用的机制各异，溶菌酶主要是对细菌发挥作用，干扰素则主要是对病毒发挥作用，还有一些物质对鱼体起调理作用，可以增强机体抵抗疾病的能力。试验证明，某些鱼类黏液中的黏液质对于人类的一些病原菌有较好的杀菌活性，某些糖类物质还具有较强的免疫作用，如泥鳅皮肤表面的黏液中含有的多糖。这为人类寻找新的抗病物质提供了一个新的途径，也为淡水鱼的开发与利用提供了一个新的方向。

9.3.2　加工利用

1. 胶原蛋白制备

近年来，疯牛病和口蹄疫等动物传染性疾病的暴发，使传统的胶原蛋白原料——猪皮、牛皮的安全性受到了质疑，生产胶原蛋白的原料来源受到了很大的制约，鱼皮因此成为提取胶原蛋白的重点原料之一。从鱼皮中提取胶原蛋白加以利用，不仅可以提高鱼类加工业的附加值，也为胶原蛋白的生产开发提供了一种新型的原料资源。

1900 年，法国研究者用稀乙酸溶解得到了胶原蛋白，之后研究人员采用多种不同盐浓度和 pH 的提取介质制得了各种类型的胶原蛋白。鱼皮胶原蛋白含量高，杂蛋白含量低，一般经一次纯化即可得到纯度较高的制品，是提取胶原蛋白的理想原料。傅燕凤等（2004）用有机酸（乙酸、柠檬酸、乳酸）对几种淡水鱼鱼皮（鲢鱼、鳙鱼、草鱼）的胶原蛋白进行提取。结果表明，鲢鱼、鳙鱼、草鱼鱼皮的蛋白质含量均高于相应鱼肉的蛋白质含量，其中胶原蛋白含量为 20%左右，且不同鱼的含量也有所不同。提取鱼皮胶原蛋白的前处理过程与猪皮、牛皮相比容易一些。从鱼皮中提取胶原蛋白前需要对原料进行处理，除掉胶原蛋白以外的杂质，前处理直接影响了胶原蛋白品质。可以加入 0.1mol/L 的 NaOH 以 10∶1（V/m）的比例作用 6h，除去非胶原蛋白；还有报道利用 0.15mol/L 的 NaCl 去除非胶原蛋白。经 NaOH 或 NaCl 处理后，通过过滤或离心操作将非胶原蛋白与鱼皮组织分开。在除去非胶原蛋白的过程中，色素可以一起被脱除，也可以在除去非胶原蛋白后专门脱除：一种方法是先用 10%的 NaCl 溶液在室温下处理 24h，再加入 1%的 H_2O_2 在 0.01mol/L 的 NaOH 溶液中进行漂白处理。关于鱼皮中油脂的去除，有报道采用以 10%的异丙醇浸泡鱼皮 1d 的方法，另外有学者则采用以 10%丁醇作用鱼皮 2d 的方法。如果是含油脂很少的鱼皮，则不必特意地进行脱脂操作，少量的油脂可以在除去非胶原蛋白时被去除。

胶原蛋白分子间的离子键和席夫碱结构在低浓度的酸性条件下不稳定，可采用低离子浓度酸性条件破坏分子间的离子键等，从而引起纤维膨胀、溶解，制备胶原蛋白。稀酸溶液容易破坏酮亚胺型分子间的交联，而不能破坏亚胺型分子间的交联，因此一般不采用稀酸溶液从酮亚胺型分子交联丰富的组织中提取胶原蛋白，如骨、软骨或者年老动物组织。采用酸法提取的胶原蛋白通常称为酸溶性胶原蛋白。采用的介质主要包括盐酸、乙酸、柠檬酸和甲酸等。采用酸法提取胶原蛋白时应控制酸的浓度、水解温度、水解时间等条件，防止胶原蛋白彻底水解成氨基酸并防止氨基酸破坏。其中，提取温度对酸法提取的影响较大，随着提取温度的提高，制得的胶原蛋白的分子质量分布变宽，呈弥散型分布；提取时间只影响酸法提取胶原蛋白的提取率，对分子质量的影响不大。Muyonga 等（2004）用乙酸从尖吻鲈幼鱼和成鱼鱼皮中提取了酸溶性胶原，得率分别为 63.1% 和 58.7%（以干基计）。林琳（2006）采用柠檬酸、乙酸、乳酸提取了草鱼鱼皮中的胶原蛋白，发现采用 0.5mol/L 的柠檬酸溶胀草鱼鱼皮制备胶原蛋白的得率最高，达到92.9%。

碱性溶液可以与结缔组织中的不溶性胶原蛋白相结合的脂肪发生皂化反应，非螺旋端的肽被切除，胶原纤维瓦解溶出。常用的碱溶液有石灰水、NaOH 溶液、Na_2CO_3 溶液等。在碱法提取过程中，由于胶原蛋白变性及肽键的部分水解，破坏了胶原蛋白的超螺旋结构，制得的胶原蛋白分子质量比较低，而且肽链的水解会使天冬酰胺与谷氨酰胺转变为天冬氨酸和谷氨酸，降低胶原蛋白的 pI。如果胶原蛋白水解严重，会产生旋光性化合物，例如，D 型氨基酸浓度高于 L 型氨基酸时，则会抑制 L 型氨基酸的吸收，而且部分 D 型氨基酸有剧毒，甚至有致癌、致畸、致突变作用。因此，有关使用碱法提取胶原蛋白的报道较少。在实际提取过程中，常采用碱法与其他提取方法相结合的处理方法。碱法提取的胶原蛋白的pI 较低，在 pH 较高的溶液中不易产生沉淀，因此产物可作为添加剂应用于精细化工领域中。

酶解提取法即利用各种不同的酶，在一定的外界环境条件下提取胶原蛋白，这是目前胶原蛋白提取方法中使用最广泛的方法。所使用的酶包括中性蛋白酶、木瓜蛋白酶、无花果蛋白酶、胰蛋白酶和胃蛋白酶等，其中胃蛋白酶是胶原蛋白提取过程中最常用的蛋白酶。胶原蛋白肽链间通过分子末端的赖氨酸或羟赖氨酸相互作用形成共价交联，利用蛋白酶对胶原蛋白末端的非胶原肽进行切除，可以使胶原蛋白溶于酸或中性盐溶液中，从而被提取出来。使用胃蛋白酶提取得到的胶原蛋白仍然保持完整的三螺旋结构，但$α_1$ 链和$α_2$ 链已展开，因此胶原蛋白的抗原性降低了，具有温和的免疫特性，更适合作为医用生物材料及原料。

热水提取法即在一定条件下用热水抽提，得到水溶性胶原蛋白。热水提取法常与其他提取方法结合使用,胶原蛋白经过一定浓度的酸溶液或碱溶液充分溶胀后,进一步用热水处理,溶解性大大提高,在一定范围内,提取率随着温度的升高而增加。热水提取法制备的胶原蛋白的超螺旋结构被破坏,因而不具备胶原蛋白的生理功能,这类胶原蛋白一般称为明胶。采用 $Ca(OH)_2$ 溶液处理斑点叉尾鮰鱼皮后,在约 45℃ 的热水浴中浸提 5h 左右,可以制得具有较大强度的明胶。Jamilah 等(2002)用酸、碱对黑、红罗非鱼的鱼皮进行了预处理,然后以热水提取法制备了胶原蛋白,得率分别为 5.4% 和 7.8%(以湿基计)。杨贤庆等(2002)在 4℃ 下用 0.2mol/L 的盐酸浸泡罗非鱼鱼皮 21min,然后用 42℃ 水浴浸提 12h 左右,制得了胶原蛋白。

各种提取胶原蛋白的方法均有一定的缺点。热水提取法制得的胶原蛋白大多变性为明胶;酸法提取的胶原蛋白具有三股螺旋结构且具有一定的生理活性,但提取得率低、时间长;碱法提取会破坏氨基酸甚至产生有毒氨基酸;酶法提取得率较高,且降低了胶原蛋白的抗原性,但水解不够彻底,由于非螺旋端的肽被蛋白酶切除了,胶原蛋白的结构部分发生变化。单一的提取方法往往存在一定的不足,在提取过程中,将不同提取方法与微波、超声波等辅助技术结合使用可以获得更好的提取效果。有报道中采用胃蛋白酶结合 0.5mol/L 乙酸对草鱼的鱼皮进行处理后提取了胶原蛋白,提高了胶原蛋白的得率(46.6%,以干重计)。还有报道用超高压辅助提取胶原蛋白,大大缩短了提取时间,在几分钟内即可得到凝胶强度的鱼皮明胶。

2. 生物保鲜涂膜制备

近年来,将鱼皮直接进行酶解制成多肽并将其作为可食性涂膜应用于鱼体保鲜的研究取得了一定的效果。国内有报道利用鱼皮酶解物制备的生物保鲜涂膜材料应用于鲤鱼保鲜,并将其保鲜效果与壳聚糖涂膜的效果进行了对比,以感官评分、TVB-N 值、菌落总数和 K 值等作为品质评价指标,分析了鲤鱼在 4℃ 储藏条件下的品质变化规律。鱼皮酶解物作为涂膜液,可以延长鲤鱼的货架期长达 16d,是未涂膜对照组的 2 倍。鱼皮酶解液的制备工艺如下:鱼皮→切碎(0.5cm×0.5cm)→1:7(w/v)蒸馏水清洗→搅拌 30min→加胃蛋白酶→酶解 3h(pH 为 2、45℃)→沸水浴灭酶 10min→抽滤取上清液→调节 pH 至 7→蛋白质含量调至 35mg/mL。

3. 表面黏液

鱼表面黏液是由鱼体皮肤上的黏液细胞分泌的,分泌物含有多种物质,如糖类、糖蛋白、酶类、无机离子、免疫球蛋白等。鱼类的皮肤由表皮和真皮两层组成,表皮主要由上皮细胞组成,其间分布有黏液细胞和囊状细胞。多数鱼类的皮肤中存在大量的黏液细胞。鱼体不同部位的黏液细胞的数目不同，无鳞区的黏液细胞数比有鳞区要多，鱼体前部比后部要多，而鱼鳍的黏液细胞数比身体其他部位都要少。鱼的种类不同，黏液细胞的分布和数量也有差异。生活在深水层的鱼类比生活在浅水层的鱼类具有更多的黏液细胞，这说明黏液细胞的数量与生活环境相关。生活在深水时，基于捕食的需要，鱼体与水的摩擦力要尽可能小，所以需分泌黏液来减少摩擦；同时，由于水体较深，水中的压力较大，鱼体需要分泌较多的黏液来维持身体的渗透压。囊状细胞是一种嗜酸性细胞，体积比黏液细胞小，嗜酸性物质充满整个细胞腔，使细胞核被挤到了外围。在斑鳟和北极嘉鱼中，囊状细胞的数量会随着季节变化而改变，这种细胞的具体功能迄今尚未研究清楚。基于超结构的观察，研究人员认为囊状细胞可以分泌蛋白，从而保护鱼类免受体表寄生虫的感染与破坏。此外，皮肤中存在淋巴细胞、抗体分泌细胞及其他白细胞。

黏液成分分析表明，很多鱼表面的黏液中都含有免疫球蛋白，且鱼表面的免疫球蛋白与血清中的免疫球蛋白在性质和结构上都有较大的差异，免疫途径不同，免疫球蛋白的产生与变化规律也不同。因此，有学者认为在真骨鱼类中存在一个黏液性免疫系统，但是，另外一些学者则认为在鱼类中不存在黏液性免疫系统，认为黏液细胞只是在非特异性免疫中发挥作用。在鱼类的黏液中，除了含有免疫球蛋白外，还含有大量其他活性物质。例如，泥鳅黏液中含有 SOD 和抗生素，而且其中的抗生素对人的感冒的治疗效果比目前正在使用的多种抗生素都要好。对黄颡鱼鱼皮中黏液成分进行分析发现，在黏液中含有一定量的 SOD，而且该酶的金属离子可以初步判定为 Cu^{2+}、Zn^{2+}，能够耐酸碱环境和高温。与泥鳅体表黏液中的 SOD 相比，这两种酶的性质相近，酶的比活性都为 6U/mL 左右。鱼类黏液中含有的大量生物活性物质是今后研究的重点内容之一，必定会推动淡水渔业的发展。

4. 其他用途

目前，休闲食品已成为市场消费的热点之一。综合利用营养价值高、成本低的鱼皮，将其加工成休闲食品，为消费者提供一种营养价值高、美味可口的休闲食品，既解决鱼皮的综合利用问题，还将促进淡水鱼养殖业的发展，具有较大的社会效益和经济效益。近年来，将鱼皮加工为即食休闲食品、水发鱼皮的报道较多，主要工艺如下：鱼皮→洗去表面黏液及残留鱼肉→切段、杀菌→烫漂（90℃恒温水浴，30s）→冰水浸泡→沥水→调味→称量包装→杀菌→冷冻储藏。鱼皮切断后杀菌，是指将鱼皮放进次氯酸盐稀溶液中（有效氯含量为 0.05g/L，用量为鱼皮质量的 10 倍），浸泡 10min，取出后用无菌水漂洗几次，直至无氯气。

9.4　鱼　内　脏

我国每年有大量的淡水鱼加工副产物待处理，虽然对鱼头、鱼尾、鱼鳞等的利用较多，但脂肪和蛋白质含量较高的内脏却没有得到合理有效的利用。这不但造成了资源的浪费，而且常常因为处理不当而污染了环境。

9.4.1　生化组成和功能成分

1. 结构和生化组成

鱼内脏主要包括鱼肝、鱼肠、鱼鳔、鱼胆和鱼生殖腺等器官及脂肪组织。淡水鱼中，草鱼、鲤鱼、鲢鱼、鳙鱼的内脏占总质量的 6%～18%，脂类、蛋白质及矿物质含量丰富。鱼内脏主要由脂肪、蛋白质、水分和维生素等组成，内脏中的脂肪含量为 30%～50%（干基），蛋白质含量为 18%～30%（干基）。此外，鱼内脏含有脂溶性维生素 A、维生素 D 和维生素 E 等。合理利用鱼内脏中含量丰富的油脂和蛋白质，不仅可以增加淡水鱼的附加值，而且可减少废弃物对环境的污染。国内研究者对鲢鱼、草鱼、鳙鱼、鲤鱼、鲫鱼和团头鲂 6 种淡水鱼内脏的化学组成进行了分析，结果表明，以湿重计算，鲢鱼、草鱼和团头鲂的脂肪含量均高于15%，其中草鱼高达 26%以上，而鳙鱼和鲤鱼的蛋白质含量可达 10%以上，但有些鱼类的脂肪和蛋白质含量则不到 10%。不同鱼种的内脏的组成成分差异较大，在开发利用时要根据不同的组成特点考虑相应的加工策略。

2. 功能成分

将鱼内脏中的脂肪成分提取后可得到鱼油，鱼油中含有一定量的 ω-3 多不饱和脂肪酸（DHA、EPA），受鱼的种类和季节的影响，鱼油中的不饱和脂肪酸的含量会有一定的变化。国内研究人员对鲢鱼、鲤鱼、青鱼、鲫鱼、黑鱼和鳙鱼 6 种淡水鱼内脏中的脂肪酸组成进行了分析，结果显示这些鱼类中总的饱和脂肪酸的质量分数为 18.7%～26.7%，单烯酸为 21.6%～40.6%，多烯酸为 32.6%～59.7%。对淡水鱼的不断深入研究显示，在鲢鱼等易养殖、成本低的高产鱼种的内脏油脂中，不仅 EPA 与 DHA 含量较高，胆固醇含量也远低于海产鱼油，淡水鱼内脏油脂中还含有亚油酸（C18:2）、亚麻酸（C18:3）和花生四烯酸（C20:4）等人体必需脂肪酸，均属于 ω-3 系列多不饱和脂肪酸，在海产鱼油中含量很少。ω-3 多不饱和脂肪酸是一类重要的生理活性物质，它有助于提高人体的免疫力。另外，它还可以抑制血小板凝集，降低血液中低密度脂蛋白的浓度，降低血液黏度，防止阿尔茨海默病及促进婴幼儿智力发育。将精制鱼油制成胶丸、口服液等，是目前非常流行的保健食品。国内利用鲢鱼内脏油所进行的试验结果表明，其能显著降低高脂血病小鼠的血清甘油三酯与总胆固醇，并能抑制大鼠血栓形成，揭示淡水鱼来源鱼油与海水鱼来源鱼油在防治心血管疾病方面具有同样的功效。

鱼内脏中一些特定器官和部位的功能活性成分也很有特色，例如，鱼鳔富含高级胶原蛋白、黏多糖、多种维生素和矿物质元素。鱼鳔中含有的胶原蛋白能以水溶液的形式储存于人体组织中，是人体补充、合成蛋白质的原料，且易于吸收和利用，从而改善组织的营养状况和新陈代谢。癌症患者的癌细胞结合水量明显减少，说明结合水与癌症的发生有一定的关系。现已证明，胶原蛋白的三股螺旋等晶体结构的形成与结合水有关。富含胶原蛋白的鱼鳔可通过含胶原蛋白的结合水，去影响某些特定组织的生理机能，从而促进组织生长发育，增强抗病能力，起到延缓衰老和抵御癌症的功效。

含氨基己糖的多糖称为黏多糖，黏多糖中大多含有糖醛酸基或硫酸基，具有较强酸性。黏多糖大多是杂多糖，具有较大的黏稠性，其常与特殊的蛋白质络合成黏液素或黏蛋白。黏多糖分布广，种类繁多，结构多样，功能各异。鱼鳔中的黏多糖物质不但有保持人体动脉血管弹性和关节腔润滑的作用，还能促进皮肤细胞的新陈代谢，具有增强皮肤防御能力、调节皮肤水分、洁白皮肤、舒展皱纹、祛除雀斑、治疗皮炎等功效。此外，鱼鳔黏多糖可用于腰膝酸软、遗精、滑精、健忘的调理和治疗，并且具有特殊的止血功能，可用于治疗吐血、崩漏、外伤出血等病症，还能显著提高机体的免疫功能，抑制肿瘤细胞的生成和转移。

淡水鱼鱼鳔中含有 17 种氨基酸，其中含有多种人体必需氨基酸，例如，甲硫氨酸含量达 15.9mg/g，赖氨酸含量达 23mg/g。甲硫氨酸能增强组织的新陈代谢和抗炎症能力，赖氨酸是合成脑神经、生殖细胞等细胞核蛋白及血红蛋白的必要成分，而鱼鳔蛋白的氨基酸含量较高，其组成很适合人体所需，可作为补充植物性蛋白质中含量较少的赖氨酸的营养物质。淡水鱼鱼鳔中含有多种矿物质元素，尤其微量元素锌、铜、铁、硒的含量极为丰富，这些微量元素对保持人类健康起着重要作用。

鱼精巢中的鱼精蛋白是一种碱性蛋白，具有促使细胞发育繁殖、阻碍血液凝固、降血压、促消化和抑制肿瘤生长等多种作用。同时，鱼精蛋白对食品中常见的腐败微生物的生长和繁殖有抑制作用，尤其对酵母菌和霉菌表现出更强的作用。因此，鱼精蛋白可作为食品防腐剂，提高乳制品、面制品、果蔬等非酸性食品的货架期。从淡水鱼精子和卵子中可提取核酸，核酸是生物制药、保健品、化妆护肤品的原料，还可作为肥料、食品和饲料添加剂、植物生长调节剂和生化试剂。鱼卵富含卵磷脂等物质且具有健美功效，深受妇女、儿童及老人的喜爱。鱼肠含有大量的消化道酶，经过纯化处理，可生产酶制剂。

9.4.2　加工利用

国内外鱼的内脏主要用于加工鱼粉，或制作液体鱼蛋白饲料、提取鱼油、提取鱼精蛋白和发酵成鱼露等。另外，也有从鱼内脏提取蛋白酶、制备酶解蛋白等的报道。

1. 鱼油提取

鱼油的提取方法，主要有蒸煮法、稀碱水解法、酶解提取法和超临界流体萃取法等。

1）蒸煮法

在蒸煮加热的情况下，使内脏组织的细胞破坏，从而使鱼油分离出来。工艺流程如下：鱼内脏→组织捣碎→加水→充氮气→蒸煮→分离→鱼油。

2）稀碱水解法

利用稀碱液将鱼蛋白质组织分解，破坏蛋白质与鱼油的结合关系，从而充分地分离鱼油。与其他提取鱼油的工艺进行比较，采用该方法制得的鱼油质量好，价格低廉。我国的鱼油厂普遍采用稀碱水解法生产鱼油，工艺流程如下：鱼内脏→组织捣碎→加水→用 NaOH 调节 pH 至 8→水解→离心分离→鱼油。

3）酶解提取法

利用蛋白酶对蛋白质的水解破坏蛋白质和脂肪的结合关系，从而释放出油脂。该方法作用条件温和，产油质量高，同时，可以充分利用蛋白酶水解产生的酶解液。工艺流程如下：鱼内脏→去鱼胆→剪碎鱼肠→组织捣碎→称量→添加酶制剂及水→调节 pH→酶解→灭酶→有机溶剂萃取→分离→脱水→浓缩回收有机溶剂→鱼油。

4）超临界流体萃取法（SFE）

将流体（大多数为 CO_2）充入一个特殊压力温度装置中，从鱼内脏中将脂肪选择性地在超临界态下萃取出来。在设定的时间、压力和温度下，鱼内脏始终处于超临界流体的包围中，使鱼内脏中的脂肪发生溶解，溶解后的脂肪通过沉降从高压溶剂中分离出来。SFE 法生产成本高，投入资金较多，因此较适合用于粗鱼油加工后期生理活性物质 EPA 和 DHA 的分离提纯。因为高度不饱和脂肪酸（EPA和 DHA）极易被氧化，易受光热破坏，传统的分离方法很难解决 EPA 和 DHA 的高浓度提纯问题。因此，采用 SFE 技术分离 EPA 和 DHA 日益受到了人们的重视，并取得良好进展。

张金哲等（2017）以鲤鱼内脏为原料进行粗鱼油的提取，胰蛋白酶在适宜的水解温度、pH 下进行水解，离心分离出鱼油。结果表明，影响酶解法提取鱼油的主要因素有 pH、酶解温度、酶添加量、液固比、酶解时间，优化较佳条件为

pH 7、酶解温度 50℃、酶添加量 2%、酶解时间 3h，最高提取率约为 73%。王海磊等（2013）以鲢鱼内脏为原料，分别采用稀碱水解法——钾法和酶解法进行鱼油提取，以鱼油提取率和理化性质进行比较研究。结果表明，除不溶性杂质外，其他指标均为酶解法优于钾法。李文佳等采用酶法对鲢鱼内脏进行水解，以提油率、蛋白质回收率、水解度为指标，优化得到较佳的鲢鱼内脏酶法水解工艺条件为：选用胰蛋白酶进行水解，pH 为 8，加酶量为 1.1%，温度为 47℃，时间为 2h，料水比为 1:1。在该工艺条件下，提油率约为 91%，蛋白质回收率约为 84%，水解度约为 54%。

2. 酶制剂提取

鱼内脏中含有丰富的酶，而且这些酶在较宽的温度范围内均具有活性，尤其是在大范围 pH 和温度条件下具有高活性和在较低浓度下表现出高催化活性的蛋白酶，是良好的酶制剂来源。以廉价的鱼内脏作为工业生产酶的原料来源，对降低工业成本和增加酶产量具有较强的可行性。传统上，蛋白酶的提取主要来自植物、陆生动物和微生物。目前，拥有良好活性的鱼类蛋白水解酶也开始广泛地应用于食品加工，越来越多的鱼内脏用来提取蛋白酶。国外利用鱼类内脏来制备酶制剂的研究报道比较多，国内近几年有涉及从草鱼、罗非鱼、鲈鱼等淡水鱼种内脏提取酶的研究报道，还没有相关工业化生产的报道。

鱼类的食性大致分为肉食性、草食性、杂食性和滤食性。肉食性鱼类的消化道短，但是蛋白酶的活性较强；草食性鱼类的消化道长，糖酶活性强。国内研究人员对鳜鱼、青鱼、草鱼、鲤鱼、鲫鱼、鲢鱼肠道中的酶类进行了研究，并对蛋白酶的活性进行了分析，发现酶的活性与鱼类的食性有关，肉食性鱼类鳜鱼和青鱼的蛋白酶活性明显高于杂食性鱼类鲤鱼；杂食性鱼类鲤鱼的蛋白酶活性高于滤食性鱼类鲢鱼；滤食性鱼类鲢鱼的蛋白酶活性高于草食性鱼类草鱼和鲫鱼。这充分说明了鱼类消化道酶的活性与食物的组成关系非常密切，消化道酶的活性随着饲料蛋白质含量的增加而升高。还有人研究了饲料蛋白质含量与蛋白酶活性的关系，结果显示饲料蛋白质含量在 32%～40%范围内，无论肝、胰脏还是肠道的蛋白酶活性都是随饲料蛋白质含量的增加而升高。国外报道，饲料蛋白质含量为 25%～50%时，两栖胡鲇鱼肠道中的蛋白酶活性有显著的升高。另有报道指出，饲料蛋白质含量为 20%～80%时，鲤鱼蛋白酶活性与饲料蛋白质含量呈正相关。国内学者对鲤鱼、黄颡鱼、大眼狮鲈的消化酶进行了比较研究，结果表明，鲤鱼肝、胰脏中的蛋白酶活性最强，黄颡鱼和大眼狮鲈胃中的蛋白酶活性最强。三种鱼类蛋白酶活性顺序为大眼狮鲈＞黄颡鱼＞鲤鱼。这表明鱼食性不同，摄食能力不同，蛋白酶活性也有差异；三种鱼中淀粉酶的活性顺序为鲤鱼＞黄颡鱼＞大眼狮鲈。有学者研究了饲料对鳜鱼种群胃肠道消化酶活性的影响，结果显示，鳜鱼消化道中的类胰蛋白酶、胃蛋白酶、淀粉酶、纤维素酶的活性，随着饲料蛋白质含量的增加而升高，饲料蛋白质含量为 46% 左右时，四种酶的活性达到最强。然后，随着饲料蛋白质含量的提高，其活性呈现下降趋势。

作为消化道内高效专一的生物催化剂，鱼类的蛋白酶和淀粉酶受温度的影响非常大。在一定温度范围内，随着温度的上升，催化反应的速率呈上升趋势，一旦超过一定温度范围，酶的催化活性会呈下降趋势。鱼类是一种变温动物，环境温度变化直接影响着鱼类机体内的生理生化过程。因此，环境温度也与其体内消化酶的活性有着密切的关系。消化酶活性的高低决定着鱼体对营养物质消化、吸收的能力，从而决定了鱼体生长发育的速度，这与每一种鱼类只能在一定温度范围内生活是一致的。因为温度过高或过低，鱼体内的淀粉酶、蛋白酶活性都会降低，鱼类对食物的利用率降低，生长缓慢，甚至停止生长。

一般认为，温度升高时，一方面，鱼类的肠道蠕动速度加快，进而摄食能力增强，食物刺激肠黏膜，使细胞分泌大量消化液，相应也使肝、胰脏等消化腺的分泌能力增强；另一方面，温度升高，新陈代谢能力加快，鱼体合成、分解物质的能力也会增强，消化酶大量分泌。国内学者对黄鳝鱼肠道和肝、胰脏中主要消化酶的活性进行了研究，研究结果表明，黄鳝肠道内蛋白酶和淀粉酶的最适温度为 45℃，而肝、胰脏内蛋白酶和淀粉酶的最适温度为 40℃，但是无论在肝、胰脏内还是在肠内，脂肪酶活性的最适温度都为 40℃，这些结果与其他肉食性鱼类肠道内消化酶活性的变化规律基本吻合。但是消化酶的最适温度远高于水生动物所栖息的水环境温度，表明水环境温度不能达到黄鳝消化酶的最适温度，这与其他鱼类消化酶最适温度均高于所处环境温度的普遍现象一致。

鱼类胃的消化功能主要分为物理性消化和化学性消化，前者主要依靠胃壁或胃肌肉层的摩擦作用将胃中食物磨碎，并将胃中食物与胃液搅拌、混合，从而增大食物与胃液的接触面积；后者主要依赖于胃腺分泌的胃酸及胃黏膜中分泌的胃蛋白酶的作用，对胃中的食物进行初步消化。一般情况下，肉食性鱼类胃内的胃蛋白酶含量比较丰富，可以对食物中的蛋白质进行分解、消化，但其消化能力与 pH 和温度有关，而影响 pH 的因素主要为酸、碱物质的浓度。胃内酸、碱物质不仅可以对食物起酸性消化和抑菌作用，而且还能为胃内消化酶提供适宜的 pH。

鱼类消化系统的部位不同，消化酶的最适 pH 也会相应发生变化。不同食性鱼类及有胃、无胃鱼类肠淀粉酶的最适 pH 差异不大，肝、胰脏淀粉酶的最适 pH 在 6~8 范围内。黄鳝鱼的消化酶活性随 pH 的变化而变化，肝、胰脏蛋白酶的最适 pH 为 7.2，淀粉酶的最适 pH 为 6.4；黄鳝鱼肠内 pH 为 7.0~7.5，为中性偏弱碱性，非常有利于淀粉酶和脂肪酶活性的发挥。相对来说，肠内蛋白酶不能最大限度地发挥作用。

3. 酶解蛋白制备

传统方法是指通过烹饪加工将蛋白质含量高的鱼加工副产物转换成鱼粉，分离、浓缩可溶性物质和分解不溶性物质，将水溶性水解物进行脱水，从而得到更加稳定的、蛋白质含量高的粉末。近年来，主要利用外加蛋白酶来水解鱼内脏制备酶解蛋白，以期实现对鱼类内脏的综合加工利用。工艺流程如下：鱼内脏→组织捣碎→加酶水解→灭酶→分离浓缩→干燥→成品。

利用鱼内脏制备的酶解蛋白，在应用的时候必须具有良好的功能特性。酶解蛋白的功能特性包括溶解度、黏度、乳化性、起泡性、凝胶性和呈味特性等，其很大程度上取决于蛋白质的分子大小或水解度。国内报道淡水鱼内脏酶解物具有很高的抗氧化活性，可以作为食品添加剂。目前，鱼类内脏酶解蛋白主要应用于饲料中，但是鱼肉酶解蛋白已经广泛应用于各种食品加工中，如膨化食品、调味品、营养补充剂和方便面等。如果鱼类内脏酶解蛋白经过了安全性评价，并具有良好的功能特性，在未来也将有望应用到食品加工中。此外，国内研究人员认为，鱼类的机体中本身含有内源性蛋白酶，内源性蛋白酶的优点是与底物的结合度较高、活性好、成本低。因此，利用内源酶本身的自溶性来水解鱼体内含有的蛋白质，效果会更明显。

4. 鱼鳔加工

鱼鳔蛋白质含量高达80%左右，脂肪含量非常少，富含17种氨基酸、高级胶原蛋白，是理想的高蛋白低脂肪食品。鱼鳔中含有多种维生素及钙、锌、铁、硒等矿物质元素，还含有较多的黏多糖，含量达89mg/g。有研究报道，鲢鱼鳔含蛋白质含量为76.3%，脂肪含量为4.3%，水分含量为18%，灰分含量为0.99%，其中脂肪含量稍高于一些常见的海水鱼鳔。

鱼鳔有补精益血、强肾固本的功效。鱼鳔的干品是我国水产食用珍品，又名鱼肚、鱼胶、白花胶，与燕窝、鱼翅齐名，列为"八珍"之一，也是目前国内外加工鱼鳔的主要产品形式。干鱼鳔多由石首鱼科大黄鱼、小黄鱼或鲟鱼科中华鲟、鳇鱼等的鱼肚干燥而成，鳖鱼鳔、黄唇鱼鳔和鳗鱼鳔等属珍贵佳品。水产品的干制加工是食品保存的有效手段之一，通过干制加工，可以降低水产品中的水分含量和 A_w，从而抑制微生物生长，延长食品保质期。

1）鱼鳔干制

（1）工艺流程。

浸水→剖剪→剥膜→去脂→漂洗→搭拼→干燥→包装→储存。

（2）操作要点。

浸水　　将鱼鳔投入盛有清水的容器中，全部浸没，浸洗鳔上附着油膜、血污。为保证制品洁白，在浸洗时要换水2～3次，浸洗时间一般为夏、秋季2～3h，春、冬季 4～6h。

剖剪　　首先应以明矾溶液（0.5%～1%）浸渍 10～20min，使鳔体增硬，便于剖剪及剥膜去脂工序。剖剪时应在鳔的开口正中处从头部剪到底，有规则地纵剖。

剥膜、去脂　　鳔上的薄膜及微血管，鳔外的脂肪层必须剥净；去脂可用石灰水（0.4%）浸渍 15～30min。

漂洗沥水　　在清水中加几滴盐酸（pH 为 3～4）溶液，将去脂的鳔放入水中浸洗片刻，再用清水冲洗干净，沥干水分备用。

搭拼　　大型鱼类的鳔可单个或数个搭拼在一起呈圆形，称为圆胶；小型鱼类的鳔可拉长搭拼成带状，称长胶。长胶是在干净湿布上将鳔拉长铺成均一的厚度，再均匀排成带状，长度通常为 80cm、宽 10cm，折进两边的布，用辊轴碾压或用木槌捶平即成长胶。

干燥　　圆胶和长胶可直接贴在芦苇或木板上，也可推平在晒垫上；长胶还可串在竹竿上，经 2～3d 晒干，也可在烘房（40～50℃）中烘干。

包装储存　　圆胶可用聚乙烯袋定量包装，扎紧袋口，外套纸盒，也可采用真空包装。长胶可叠成长方形，定量称量，用麻袋片包裹捆紧，外注明品名、规格和质量等。成品储存于密封而干燥的仓库内，尽量避免湿空气对流和阳光直射，以防生虫和变质。

到目前为止，鱼鳔资源的加工利用仅仅处于初级阶段，因此运用现代食品生物技术开展鱼鳔资源精深加工的研究，将是今后淡水鱼食品领域的一个重要方向。此外，鱼鳔的药用作用逐步得到重视，以鱼鳔为主要原料，配合其他中药研制而成的各类药剂，经过临床试验显示了较大的医用潜力。

以鱼鳔为原料得到的鱼鳔胶珠，对神经衰弱、妇女经亏、赤白带下、崩漏等症状都有显著疗效；而且能增强肌肉组织的韧性和弹力，增强体力，消除疲劳并滋润皮肤，使皮肤细腻光润。这可能是由于富含胶原蛋白的鱼鳔胶珠通过胶原蛋白的结合水，影响肌体内某些特定组织的生理机能，从而增强抗病能力，起到延缓衰老和抵御疾病的功效。鱼鳔肽是以鱼鳔为原料，采用现代生物工程定向酶切技术使鱼鳔的黏性蛋白变为易于吸收利用的多肽、少量氨基酸及黏多糖的混合物。鱼鳔肽具有与鱼鳔胶珠类似的药用和保健功能。对鱼鳔肽进行增强体力、抗疲劳的动物试验，结果证实，鱼鳔肽于对于增强小鼠的游泳耐力、延长小鼠爬杆时间、降低运动后小鼠体内的血乳酸及血尿素氮水平具有显著作用。

当与其他中药配合使用时，鱼鳔可以用来治疗消化性溃疡、肺结核、风湿性心脏病、再生障碍性贫血、脉管炎、男性不育症状。研究表明，鱼鳔有促进精囊分泌果糖，为精子提供能量的作用。根据这一原理，配制成系列男性不育治疗药物，如"鱼鳔生精丸""补肾生精汤""去浊生精汤"等。临床观察结果证实，这些药物对不孕症的治愈率达 78.15%。以鱼鳔为原料，利用生物酶降解技术制备鱼鳔酶解液，加入茉莉花和番石榴提取液对鱼鳔酶解液进行调味，可调配制得鱼鳔营养口服液。以鱼鳔为原料，结合熟地黄、泽泻、山茱萸、山药等 33 味中药制成的鱼鳔丸，具有补肝肾、益精血的功效，用于肝肾不足，气血两虚，症见腰膝酸软无力、头晕耳鸣、失眠健忘、梦遗滑精、阳痿早泄、骨蒸潮热。以鱼鳔、菟丝子、女贞子、枸杞子等为原料研制的"鱼鳔五子汤"，可用于肾虚者的补养，也可用于治疗遗精、腰痛、耳鸣、头晕、目花等症状。鱼鳔经过油炸、压碎等加工制得的鱼鳔酥，有利于食道癌、胃癌的辅助治疗。

2）鱼鳔胶

鱼鳔胶的主要成分为由蛋白质水解的多肽及氨基酸，也含有较高含量的黏多糖，还含有多种维生素和钙、镁、铁、锌等元素。在加工鱼鳔胶的工艺中采用酶技术，相比传统工艺，能最大限度地保留鱼鳔中的营养素和功能成分，使产品保健功效更显著。

（1）工艺流程。

原料选择→预处理（切碎→捣碎）→酶解→过滤→浓缩→成型→烘干→包装→成品。

（2）操作要点。

原料选择与预处理　　选用亮黄色、干燥、无异味的鱼鳔，洗净，加入不锈钢夹层锅中保持 70℃水温浸软，冷却后切碎捣碎。

酶解　　将捣碎的鱼鳔加入不锈钢夹层锅中，再加入干鱼鳔 15 倍量的水和 0.4%的蛋白酶。将温度控制在 55～65℃，不时搅拌 6h，可以酶解完全。

过滤、浓缩　　酶解液用 60 目筛网进行过滤，滤除少量不溶物；将过滤装置置于翻斗式夹层锅中，用蒸汽加热，蒸发水分，浓缩至膏状。

成型　　将浓缩至膏状的鱼鳔胶液加入经过消毒的成型模具中成型，在模具底部和四周涂一层食用油。

烘干　　为了达到预定的保质期，使鱼鳔胶的水分控制在 12%以内，成型的鱼鳔胶还需进一步烘烤（60～70℃鼓风），干燥后进行包装。

目前的研究和利用仅限于鱼鳔的简单加工处理，鱼鳔的精深加工的应用研究和基础研究均明显不足。鱼鳔的加工产品基本上只有鱼鳔干制品，产品品种单一，加工手段落后，因此研究现代高新技术在鱼鳔加工中的应用值得深入探讨。此外，鱼鳔的营养保健和药用价值逐渐得到了重视，尤其是药用加工研究较多，但是对鱼鳔的作用机理、功能成分、构效关系等方面的基础研究很少。

5. 胆汁加工

1）胆色素钙盐胆汁

在鱼胆汁中加入 20%氢氧化钙饱和溶液，再通入水蒸气加热 5h，此时有黄绿色的固体浮于液面或沉淀附于容器内壁，静置 2~3h 分离出的固形物，即为胆色素钙盐，经烘干后即为成品，可以装瓶储存。若在上述钙盐混合物中加入稀盐酸使其生成氯化钙，可溶于水；而还原后的胆红素及胆绿素不溶于水，经过滤分离，在滤渣中加入氯仿使胆红素与胆绿素分离（前者可溶于氯仿而后者不溶），再分别经过重结晶法提纯，即可得到胆红素及胆绿素的纯品。

2）胆酸盐利用

将已提取胆色素钙盐的胆汁的 pH 调整至原有新鲜胆汁的 pH（7.8），经过滤除去杂质。放入浓缩锅中加热浓缩，去除 5/6 的水分，成膏状后加入 3 倍量的 95% 乙醇及 5% 的活性炭，移入蒸馏瓶中，安装分馏柱进行蒸馏（蒸馏出的乙醇可回收再用），瓶中剩余物为原料体积的 1/3 时，取出过滤，滤渣再用乙醇萃取 2 次后弃去（可作为肥料），将 3 次滤液合并，置于 0℃ 的冷库内，加入乙醚，边加边搅拌，直到出现稳定乳浊状态为止。乙醚用量为浓液的 2 倍左右，搅拌时间约 10min，再静置 48h 至出现可见分层，分离出下层液体（上层为乙醚，可经过蒸馏、纯制后再用），然后注入搪瓷盘，推成薄层，在通风条件下去除残留的乙醚，放入真空干燥箱中烘干。烘干后取出用球磨机磨细，经 150 目的筛网筛选，马上装瓶包装，即为成品。成品极易吸潮，磨细、装瓶工作必须在干燥环境中进行。该胆酸盐为牛磺胆酸和甘胆酸的钠盐的混合物，可分离提纯。

6. 鱼精蛋白提取

提取鱼精蛋白的工艺因不同的鱼种而有所区别，但由于鱼精蛋白主要集中在精细胞核中，其工艺原理一般是首先用一定浓度的 NaCl 溶液或柠檬酸溶液匀浆破细胞，分离得到核蛋白或细胞核组分，然后利用一定浓度的磷酸或盐酸溶液酸解，目的是使核酸和蛋白质分开，最后用有机溶剂在低温下将酸解液中的蛋白质部分浓缩，再通过高速冷冻离心收集沉淀。工艺流程如下：鱼类精巢→匀浆破细胞→离心分离→沉淀→酸解→酸解液→5%乙醇沉淀→冷冻离心→丙酮洗涤→鱼精蛋白粗品。在鱼精蛋白的提取过程中，可能会混入杂蛋白、核酸等其他物质，因此要对鱼精蛋白粗品进一步纯化，可采用葡聚糖凝胶柱层析法分离纯化。

9.5　鱼　　骨

鱼骨也是鱼类加工业的主要副产物之一，通常仅作为肥料、饲料。如何综合利用水产加工产生的鱼骨，增加附加值，减少环境污染，是鱼骨开发利用中需要解决的问题。

9.5.1　生化组成和功能成分

鱼骨外表质地坚硬，内部中空，含有骨髓，是鱼体中轴骨、附肢骨及鱼刺的总称。中轴骨包括头骨和脊骨，是用于加工利用的主要部分。通常，鱼头骨和脊骨的质量可达鱼体总重的 10%～15%。

1. 生化组成

鱼骨中含有蛋白质、水分、脂肪及丰富的有机钙、磷及其他矿物质元素，是鱼体内磷酸钙、碳酸镁、磷酸镁和氟化钙等的最大储存场所，因此骨中的钙含量很高。据测定，鱼骨中的钙含量可达 4000mg/100g，高于畜禽类动物，而牛奶中的钙含量也只有 120mg/100mL。鱼骨中富含人体必需的 8 种氨基酸，氨基酸组成与人体相近，而且生物学效价高，优于植物蛋白。淡水鱼的种类不同，鱼骨的基本化学组成也会有所差异。

2. 功能成分

淡水鱼由于骨骼占比较高，骨刺细小，常被废弃或加工成附加值很低的产品。淡水鱼骨中含有 14%～18%的蛋白质，生物学效价较高，可作为鱼明胶、鱼肽粉等高附加值产品的原料。免疫活性肽、降血压肽和抗菌肽等活性物质以非活性的形式隐藏于骨蛋白的氨基酸序列中，这些多肽具有重要的生理活性，因此可将骨蛋白酶解，制备活性肽，既充分利用了鱼骨资源，减少了环境污染，还能带来很高的经济价值。经特定条件酶解后的鱼骨蛋白具有清除自由基、降血压、提高免疫力等生物活性作用，且易于被人体吸收。

鱼骨中含有丰富的钙源，可加工为钙片等补钙产品投放市场。我国居民的钙摄入量明显不足，如果出现钙、磷元素摄入不足或钙、磷比例失调，人体将会出生各种病症。目前，市场上的补钙食品中主要添加的是碳酸钙等无机钙，人体吸收率低。制作鱼骨食品主要是利用鱼骨中易于被人体吸收的有机钙、磷及其他矿物质元素，如铁、锌、锶、铜等。鱼骨中的钙和磷是人体发育和代谢的必需矿物元素，不但含量高，而且钙磷比与人体所需的比例相近，具有吸收率高、人体副反应小的优点，鱼骨是一种优良的天然钙源。

天然黏多糖——硫酸软骨素是构成动物软骨结合组织的重要组成部分，在鱼类软骨中也有丰富含量，具有防止血管硬化、降血脂、抗凝血、抗癌、促进冠状动脉循环等作用。在淡水鱼中，大部分鱼种仅在鱼头中有较多软骨分布，而某些特定的鱼种，如鲟鱼类，全鱼身骨骼组成中的软骨占很高比例，具有很好的开发价值。

9.5.2　加工利用

1. 胶原蛋白提取

工艺流程：鱼骨→清洗→碱处理→NaCl 溶液处理→去脂肪→有机酸处理→盐析→透析纯化→高纯度鱼骨胶原蛋白。首先将鱼骨清洗干净，放入 0.1mol/L 的 NaOH 溶液中浸泡 6h，再用 2.5%的 NaCl 溶液浸泡 6h，用脱脂棉纱过滤。用蒸馏水将鱼骨反复洗涤，充分沥干，沥干的鱼骨需要去除脂肪。目前，鱼骨中脂肪的去除方法主要有异丙醇溶液浸泡和高温高压蒸煮两种。采用 0.1mol/L 的柠檬酸等有机酸作为提取剂，对鱼骨中的胶原蛋白进行粗提。粗提液中的胶原蛋白经盐析后被沉淀出来，再利用酸溶液将其溶解，透析提纯。

2. 多肽制备

工艺流程：鱼骨→清洗→破碎→高压蒸煮→加酶水解→灭酶→离心分离→上清液→真空浓缩→干燥→超微化处理→鱼骨多肽。在鱼骨多肽的制备过程中，鱼骨的破碎程度越大，越有利于蛋白酶的作用，高温蒸煮可以起到软化骨粒，便于酶解和杀菌的作用。酶制剂的选择对鱼骨多肽粉的制备至关重要，目前选用较多的是木瓜蛋白酶、胰蛋白酶、碱性蛋白酶和中性蛋白酶，在酶解过程中还需要严格控制反应条件。在料液比（w/v）为 1∶5、pH 为 7、温度为 65℃、木瓜蛋白酶用量为 5000U/g（鱼骨）、水解时间为 5h 的条件下，鱼骨多肽粉的得率最高。鱼骨多肽粉的主要成分为蛋白质、脂肪和矿物质。与猪骨等多肽粉相比，鱼骨多肽粉具有蛋白质含量高、脂肪含量低的优点，是典型的高营养低热能食品。

国内有研究人员以鲤鱼骨为原料，在胰蛋白酶、木瓜蛋白酶、中性蛋白酶中，胰蛋白酶水解度最高，试验为从鲤鱼骨酶解液中提取活性肽的研究奠定了基础。还有研究人员研究了鱼骨蛋白的提取工艺（高压蒸煮法、恒温水浴提取法和热回流提取法）和酶解工艺，先利用高压蒸煮法提取鱼骨蛋白，再利用中性蛋白酶水解蛋白质制备多肽，多肽含量高达 95%以上。将马面鱼骨用蛋白酶水解后，进行脱腥、脱色制得了鱼骨胶原肽，并进行了中试。还有报道将真鲷鱼骨洗净后采用高温蒸煮除去残肉，干燥粉碎和脱脂，再用胰蛋白酶和风味蛋白酶进行分步水解，超滤分离后得到四种分子质量不同的多肽。抗氧化活性试验表明，这四种多肽均具有抗氧化活性，且分子质量越小，抗氧化活性越大。有研究人员以加工鱼丸的下脚料马面鱼骨为原料，采用风味蛋白酶水解制备了胶原肽，优化的提取工艺为底物浓度 42%、风味蛋白酶 7%、56℃酶解 2h，产物中骨胶原肽的含量达 1.3mg/mL，水解度为 26.3%，得到的马面鱼骨胶原肽有很好的抗氧化能力。

3. 钙的提取利用

目前，市场上的补钙制剂繁多，有碳酸钙、乙酸钙、乳酸钙、葡萄糖酸钙等，但碳酸钙等无机钙盐占主导地位，而以氨基酸钙为代表的新型可溶性有机钙，是近年来研究的热点，它具有吸收率高、无毒副作用的特点。

1）鱼骨粉

化学方式制备的钙剂或多或少地存在有害物残留问题，市场上对天然钙剂的需求与研究越来越多。将鱼骨粉进一步制成保健钙粉胶囊、珍味钙粉或糖衣片，能极大地增加水产品的附加值。许顺干（1996）利用淡水鱼骨，经高温、皂化、脱脂、脱胶、脱腥等工艺制成了淡水鱼骨粉钙剂，具有较好的钙吸收率和存留率，表明鱼骨粉是一种利用率较高的优质天然钙剂。石红等（2008）以罗非鱼和草鱼等废弃鱼骨为原料，研究了酶解、高压处理对鱼骨粉品质的影响，结果表明水解和高压都有利于去除鱼骨中的蛋白质，水解度对产品的颜色影响较大，水解度越高，鱼骨中的蛋白质含量越低，干燥后产品的颜色越浅；高温处理可以进一步去除水解后残留的蛋白质和脂肪，也利于产品粉碎，为鱼骨粉的工业化生产提供了理论依据。邓尚贵等（2001）研究了青鳞鱼骨粉的食用营养价值及其在玉米粥、马蹄粉和鸡精中的应用，结果表明，添加超微鱼骨粉的几种食品蛋白质都有增加，且都产生了诱人的鱼香味，验证了鱼骨粉在食品中应用的可行性。

2）活性钙与螯合钙

鱼骨中的钙磷比例更加适合人体，越来越多的科研工作者对鱼骨粉制备的活性钙和螯合钙进行了研究。薛长湖等（1995）对鳕鱼骨提取活性钙进行了研究，考察了鱼骨粉在不同的酸浓度、温度条件下，用盐酸、乳酸和乙酸提取骨钙的效果，发现酸的种类对鱼骨中钙的提取影响最大，浓度次之，温度的影响最小。盐酸对鳕鱼骨中钙的提取效果最好，提取率达60%以上；乳酸次之，提取率约30%；乙酸的提取率最低。以鱼骨制成的活性钙粉含钙量为 38.3%，活化后的成品为白色粉末，无颗粒感，无鱼腥味，证明了鱼骨制备活性钙的可行性。还有学者探讨了罗非鱼骨煅烧后用骨粉制取活性钙的工艺，通过对比骨粉与乳酸、乙酸、柠檬酸的反应情况，发现乳酸酸解鱼骨粉转化钙的能力最强，并优化了提取工艺，料液比为 1∶20，乳酸为 3.5mL，温度为 80℃，反应 2h，此时的钙提取率高达 81%。吴燕燕等（2005）将罗非鱼骨粉置于柠檬酸和苹果酸的混合溶液中，在较佳条件下进行提取，钙的提取率达到 92%，且风味好，有柠檬酸和苹果酸的清香，鱼腥味较淡；成品在血钙、骨钙和存留率方面均有提高。

研究人员探讨了以鱼骨粉水解液为钙源，与复合氨基酸粉制备复合氨基酸螯合钙的工艺条件，其成品具有良好的生物和化学稳定性，既能补充氨基酸又能补充钙。有报道通过酶解鱼骨胶原蛋白制备出鱼骨胶原肽，与鱼骨提取的活性钙进行螯合，制备了多肽螯合钙，为鱼骨的综合利用开辟了新途径。一种高活性鱼骨多肽活性钙粉的制备工艺：鱼骨→清洗→破碎→高压蒸煮→加酶水解→灭酶→离心分离沉淀物→干燥→有机酸活化→高活性鱼骨多肽钙粉。

　　生产鱼骨多肽所产生的沉淀，可用于制备易于被人体吸收的高活性鱼骨多肽钙粉。将沉淀干燥后，利用乳酸、柠檬酸、苹果酸等有机酸提取鱼骨中的钙，然后在中性条件下处理，干燥并研磨至粉末状。在鱼骨活性多肽钙粉的制备过程中，有机酸的种类、有机酸与鱼骨的比例和活化温度是影响多肽钙粉中钙含量的重要因素。相比无机酸，利用有机酸制备的活性钙具有溶解性强的优点。范鸿冰等（2014）对鲢鱼骨多肽活性钙粉制备工艺进行了研究，在室温条件下，乳酸浓度为20%，骨粉质量与乳酸体积之比为 10g∶70mL，在活化时间约 6h 的条件下，活性钙的含量较高。此外，利用有机酸制备的鱼骨活性钙粉更易于被人体吸收。

　　以鱼头、鱼骨制备胶原肽螯合钙或氨基酸螯合钙的研究大致有两种：一种是鱼头、鱼骨既作为肽源，又作为钙源，将其中的胶原蛋白水解后制得多肽或氨基酸，将其中的钙用盐酸或乳酸等酸解制得游离钙，再将两者在一定条件下螯合得到胶原肽螯合钙或氨基酸螯合钙。国内有报道先将罗非鱼下脚料（鱼头、鱼骨架）加酶进行水解，制得多肽溶液，剩下的鱼骨烘干，进行超微粉碎后用盐酸酸解制得游离钙，游离钙再与多肽液螯合制成多肽螯合钙。利用盐酸酸解鱼骨粉的较佳条件为盐酸浓度 4mol/L、盐酸添加量 12mL/g(以骨粉计)、温度 50℃、时间 100min；螯合反应的较佳条件为：pH 为 5、多肽液与钙离子的质量比 2.5∶1、温度 80℃、时间 60min。还有报道以鲢鱼骨为原料，采用风味蛋白酶水解制备胶原肽水解液，用乳酸酸解剩余骨渣中的钙，再将得到的胶原肽水解液和钙液进行螯合，制备骨胶原肽螯合钙，螯合条件如下：pH 为 8、温度 25℃、多肽液与钙液的体积比为 1∶1、反应 40min，得到的鲢鱼骨胶原肽螯合钙螯合率达 85.2%。有研究人员用酸法、碱法或蛋白酶酶法水解白鲢鱼骨，得到鱼骨多肽和鱼骨渣，用盐酸提取骨渣中的钙，再以鱼骨多肽和鱼骨中提取的可溶性钙为原料，采用湿法螯合制备鱼骨多肽螯合钙。另外，也可以以鱼骨胶原肽为肽源，外加 CaCl₂ 为钙源，在一定条件下螯合成胶原肽螯合钙。刘闪（2014）将鲢鱼骨烘干粉碎后用盐酸脱钙，加酶水解制得了鱼骨胶原肽液，再加入 CaCl₂ 螯合制得胶原肽螯合钙，优化的较佳工艺参数如下：pH 为 6.8、鱼骨胶原肽与 CaCl₂ 的质量比为 2.1∶1、温度为 42℃、时间为 38min，在该条件下，螯合率和螯合物中的钙含量分别为 80.4% 和 12.1%。孟昌伟等（2011）以鲫鱼骨酶解胶原肽液和 CaCl₂ 为原料，制备了胶原肽螯合钙，优化的较佳螯合工艺条件如下：pH 为 5.4、温度为 60℃、多肽液与 CaCl₂ 的质量比为 2∶1、时间为 1.5h，在该条件下，螯合率可达 82.5%。

　　3）提取钙制备骨钙片或其他补钙剂

　　除充分利用鱼头、鱼骨中的胶原蛋白和钙制备胶原肽螯合钙或氨基酸螯合钙外，将其中的钙提取出来作为食品添加剂或保健食品原料，以及制成各种形式的钙片、钙剂等补钙产品也是常见的形式，且钙的生物利用率高，补钙效果良好。

　　国内有报道以鳕鱼骨为原料，采用盐酸提取鳕鱼骨中的钙，研究得到较佳条件为 3mol/L 盐酸、料液比为 1：4（w/v）、108℃提取 60min，该条件下，鳕鱼骨中可溶性钙的提取率可达 2.4%。还有报道以鲹鱼加工废弃物鲹鱼排为原料，通过木瓜蛋白酶水解除去残肉后用 NaOH 浸泡脱脂，粉碎后用 20%乳酸浸泡提取活性钙，然后中和纯化，得到纯度为 67.6%的白色活性钙粉末，可作为食品添加剂和保健食品原料。有研究人员以鳕鱼骨下脚料为原料，采用碱醇法（NaOH 和乙醇浸泡）制取鳕鱼骨钙粉，再添加黏合剂、填充剂等制成鳕鱼骨钙片，具有促进骨生长、提高骨密度和防止骨质疏松的功能。有报道以淡水鱼骨为原料，经蒸煮去除残余鱼肉蛋白并软化后，烘干粉碎，再利用高电压脉冲电场技术对鱼骨粉进行酸解，使钙溶出，蛋白质部分水解，酸解采用质量比为 1：1 的柠檬酸和苹果酸，所得鱼骨酸解液与木糖醇（6%）、蜂蜜（1.4%）、黄原胶（0.1%）、CMC-Na（0.1%）制成澄清透明、口感良好的补钙剂和蛋白质补充剂。有研究人员用木瓜蛋白酶水解鲢鱼骨制得鱼骨多肽和不同粒径的鱼骨粉，用鱼骨多肽和鱼骨粉混合物饲喂大鼠，动物试验表明，添加小粒径鱼骨粉（$d \leqslant 74\mu m$）的鱼骨粉-鱼蛋白酶解物混合物的各项评价指标均显著高于其他试验组及低钙对照组，钙的生物利用率最高。

　　4）特色鱼骨补钙食品

　　除骨粉外，鱼骨钙剂可以更易被人们接受的多种形式出现。国内研究人员以马哈鱼中的柱骨为原料，经酥制、脱腥、调味、挂糖处理制成儿童补钙食品，光泽亮丽、形如珍珠、钙质易吸收。有报道利用鳗鱼骨为原料，经软化、油炸、脱去部分脂肪、浸液调味、杀菌等工序生产出符合卫生标准的鳗鱼骨罐头，具有良好的功能。还有研究人员根据草鱼骨肉特点探索出鱼骨生产技术，成品色泽鲜美，风味香辣可口，骨质香脆。开发出的鱼骨休闲食品丰富了食品种类，提高了水产品的利用率。

　　4. 鱼骨多糖（硫酸软骨素）提取

　　鱼骨来源丰富，价格低廉，硫酸软骨素的提取成本较低。目前，硫酸软骨素的提取方法主要有浓碱提取法、稀碱提取法、稀碱稀盐法和稀碱浓盐法等。鱼骨中硫酸软骨素的提取工艺：鱼骨→清洗→蒸煮→去杂质→干燥→粉碎→碱处理→酸处理→硫酸软骨素。首先将鱼骨清洗干净，高温蒸煮，去除脂肪和结缔组织，得到软骨。将清洗干净的软骨进行低温干燥，粉碎成小颗粒，再利用稀碱浓酸的方法提取鱼骨中的硫酸软骨素。值得注意的是，鱼骨内部的骨髓易氧化变质，因此在收集后应尽快加工利用，或置于冷库储藏。

　　国内研究人员对硫酸软骨素的生产工艺进行了优化，发现蛋白质是硫酸软骨素中最主要的杂质之一，碱提取和酶提取是提高得率和纯度的两个关键步骤。应避免用浓碱提取并避免高温，在去除蛋白质时，浸提溶液中的离子浓度较大时，有利于提高产品质量。

5. 食品类产品开发

制作鱼骨食品可以利用鱼骨中的胶原蛋白和易于被人体吸收的钙、磷及其他矿物质元素，满足人体需求。

有报道将鱼骨去腥、软化后进行油炸、挂糖等处理制成了酥脆休闲食品，或将鱼骨粉碎后添加到其他配料中制成饼干、鱼骨片、鱼骨肠等休闲食品。采用鲢鱼骨生产鱼排，生产工艺如下：鱼骨清洗后在 120℃条件下软化 15min，60℃下烘 3～4h，再在 140℃下油炸 3～4min，最后进行调味，调味料的配方（按鱼排质量参考）为食盐 10%、白砂糖 20%、辣椒粉 2%。该方法制得的鱼排营养丰富、风味独特、口感佳。有研究人员将鱼骨用蛋白酶水解去除残肉后，用 0.1g/L 红茶与 0.1g/L $CaCl_2$ 溶液为复合去腥剂，在鱼骨与去腥剂的质量比为 1：10、温度为 30℃的条件下去腥处理 3h，然后在 0.15MPa、126℃下高压蒸煮 35min，微波中火（462W）处理 1min 进行熟化处理，再在 130℃下进行挂糖处理 5min，得到纯鱼骨休闲食品。另有报道将罗非鱼骨用乙酸高压蒸煮处理软化，然后裹粉油炸，再调味腌制后烘干即得到酥脆鱼骨食品。还有报道用红茶和 $CaCl_2$ 混合液（浓度均为 1g/L）对鱼骨浸泡去腥后，在 121℃、0.1MPa 下高压蒸煮 25min，进行油炸熟化，再进行调味得到营养价值较高、风味较好的鱼骨即食食品。还有研究人员将鱼骨粉去除蛋白质和脂肪后用柠檬酸提取鱼骨中的胶原蛋白，剩余的鱼骨粉作为钙添加剂添加到饼干中，不会影响饼干的口感。

利用淡水鱼骨为原料，接种保加利亚乳杆菌对鱼骨酶解液进行发酵，得到新型发酵型鱼骨调味料，产品风味独特。姜绍通等（2014）将白鲢骨高压熬制并过滤后得到的鱼骨汤作为原料，用中性蛋白酶进行酶解，可降低腥味、提高鲜味，明显改变鱼骨汤的风味。将罗非鱼鱼骨、鱼头经乙酸高压蒸煮软化后，用胶体磨、高压微射流粉碎处理得到平均粒径为 11.8μm 的鱼骨粉，然后通过浓缩、调味、杀菌后得到细滑、具有良好涂抹性的鱼骨酱。焦云鹏等（2012）先将冷冻罗非鱼骨架通过粗粉碎、细粉碎及湿法微粉碎制成口感细腻光滑的微细骨泥（100 目），再以此微细骨泥为主要原料，通过添加复配粉和调味料、制坯、预干燥及油炸工艺制得香酥鱼骨片。还可以在骨泥中添加卡拉胶、马铃薯淀粉、谷朊粉、大豆分离蛋白、植物油及调味料等一起斩拌，再灌肠、蒸煮、灭菌，制得高钙鱼骨肠。鱼骨制作成骨泥后还可与其他调料按比例混合制备成复合调味品。

6. 其他加工

鱼骨还具有吸附性能，可用于废水处理。将鱼骨烘干破碎后在马弗炉中高温煅烧，然后研磨过筛，可有效去除水中的磷酸盐。利用鱼骨制成鱼骨泥后，可与酵母膏、葡萄糖、乙酸钠、吐温-80 等一起配成培养基用于发酵乳酸菌。国内研究人员以鱼骨为原料，参照 MRS 培养基中的成分去除了可能重复的成分，组成几种配方，用于乳酸菌的发酵生产。鱼骨中的钙主要是磷酸氢钙，是制取食品级磷酸氢钙的原料之一。磷酸氢钙也可作为添加剂，年消费量大，市场前景广阔。

第 10 章　淡水鱼制品质量安全控制技术

近年来，我国水产品加工质量安全状况总体良好，没有出现较大规模的水产品安全事件，出口水产品的合格率也达到 99%以上。2020 年，农业农村部组织开展了 4 次国家农产品质量安全例行监测（风险监测），全年对 31 个省份和 5 个计划单列市，共 304 个大中城市的蔬菜、水果、茶叶、畜禽产品和水产品 5 大类产品中 132 个品种的农兽药残留和非法添加物等共计 130 项指标进行了抽样监测，其中水产品合格率为 95.9%，低于蔬菜（97.6%）、水果（98.0%）、茶叶（98.1%）和畜禽产品（98.8%），安全风险相对较高。在抽检的大宗养殖水产品中，鲢鱼的合格率为 100%，鳙鱼、罗非鱼、草鱼和鲤鱼的合格率分别为 99.6%、98.5%、97.9%和 97.5%。根据调查研究发现，导致水产品抽检合格率相对较低的主要原因是添加物的滥用、微生物及兽药残留的超标等。此外，由于淡水鱼中的水分含量较高，其组织往往比畜禽类动物更易发生腐烂变质。因此，要保证淡水鱼的新鲜、安全和卫生，需要对影响淡水鱼品质的各项危害因素进行充分了解，并在此基础上实行切实可行的预防措施来保障淡水鱼产品的质量安全。

10.1　淡水鱼制品安全性危害因素及控制

根据引发危害的原因，可以将淡水鱼制品生产安全性的危害因素分为物理危害、化学危害及生物危害三大类。

10.1.1　物理危害

物理危害通常只对个体消费者或少部分的消费者产生影响，产生的不利影响可能包括窒息、呛伤、嘴、喉咙、胃或肠的划伤和裂伤，也可能导致牙齿折断和牙床损害。目前，由于相关控制技术已较为成熟，物理危害较为少见，一般可以通过规范生产操作流程来避免。美国 FDA 发布的《水产品危害与控制指南》中将小于 0.3in（约 7.6mm）异物识别为引发创伤和严重伤害的潜在风险。然而，除了一些特殊风险人群，如婴儿、老年人或者是外科手术后的患者，异物通常很少会对消费者造成严重的伤害，物理危害的来源也非常容易辨别。

淡水鱼制品中潜在的物理危害通常是由外来物质（如金属碎片、碎玻璃、木头片、昆虫、头发、沙子等）或某些原料内含物（如碎骨片、鱼刺等）所导致的。

是否需要对这些潜在的物理危害进行控制，取决于对危害发生的实际可能性及危害严重性的评估。

1. 危害来源

可能引起物理危害的来源有很多，针对淡水鱼制品加工过程，潜在的物理危害可能主要来源于以下几个方面。

1）原材料的污染

在收到原材料前应该对外来物质的污染进行监控；所有的原料在接收后都应对其进行仔细的检查；若供应商有良好的加工资质，原料齐全，可最大限度地减小淡水鱼制品中含有物理危害因子的可能性。

2）设施设计、维护不当

保证加工设施设计正确并进行良好的维护，可以很好地防止物理污染物从设备转移到淡水鱼制品中。

3）生产工艺和程序的错误

每台设备在工艺和程序上均有其特定的功能，无法直接省略或跳过。如果某一个工艺或程序可能产生潜在危害，例如，同一设备组成部分间相互摩擦，产生了金属碎片混入产品中，就需要改变工艺、程序或设备。对于所有的装瓶操作，必须要有玻璃粉碎处理程序，无论在什么地方发生了玻璃破碎，应该立即停止整条生产线的生产工作，防止物理危害的扩散。除此之外，在金属、玻璃等物理危害较为常见的加工过程中，应采用特殊的预防措施，包括安装磁铁、金属探测器或 X 光设备，这也有利于对潜在的物理危害进行控制。

4）员工不当的操作

生产中，大部分的物理污染物进入产品的事件都是由员工的不当操作导致的。首饰、发夹、钢笔、铅笔、别针等是典型的来自员工的污染物，要避免这类物理污染，必须设定严格的着装、穿戴规则，并对员工进行安全生产教育及更严格的监控是控制这些污染物的有效措施。维修人员良好的操作规范对避免物理污染也很重要。在常规的维护或者突发的维修工作后，都要按照规范的步骤对使用的维修工具和材料进行清查，避免在设备中带入杂质，并在重新开始加工前对生产线进行彻底的清洗和消毒。应组织维修部建立有效的预案，以避免由维修过程所带来的潜在物理危害。应严格禁止使用加工容器作为修理物品的储存箱、化学物质的容器，以及将加工容器用于其他任何场合，做到整个生产线加工容器的专用。

2. 危害控制

除了正确地设计生产工艺和程序，规范员工的操作外，还要安装能够有效探测和清除潜在物理危害的设备，以提高生产过程对物理危害的控制能力，常见的物理危害探测及清除设备如表 10.1 所示。正确地安装、定期地校准、保养等对于增强设备的灵敏度、提高设备的使用寿命都是非常必要的。

表 10.1　物理危害探测和清除设备

设备	功能
磁铁	利用磁力取出金属
金属探测器	探测铁、铅、铜、铝、锡等各种金属
X 光设备	探测玻璃、金属及其他外来物质
过滤网或筛	取出比筛眼大的外来物质
吸尘器	取出比产品轻的物质
分离槽或分离器	取出原料中的石头、骨头、鱼刺等

在实际生产中，物理危害的控制措施主要包括以下两种：①金属杂质，应定期检查所有设备零部件的损坏或遗失情况，将合格产品通过金属探测器或金属分离设备；②非金属杂质，将合格的产品通过 X 光设备探测。

对于金属杂质的预防，应定期检查切割、混合设备和金属网带等的受损和遗失情况，将产品通过金属检测器或金属分离设备。在靠近加工过程的结束位置确定关键控制点（CCP），确定控制加工的最大或最小特征值，并确定关键限值（CL）。而对玻璃杂质的预防性措施包括：目视检查空的玻璃容器；建立规范的玻璃容器清洗制度；将产品通过 X 光设备或其他缺陷探测设备等。在靠近加工过程的结束位置确定 CCP。

10.1.2　化学危害

化学危害主要指淡水鱼在养殖、加工及流通过程中被环境中自然存在、人为添加或在加工储藏过程中产生的有害化学物质污染的情况。由于淡水鱼特殊的生长环境和组织结构，与其他动物性产品相比，其在化学危害方面表现出许多的特殊性。其中，重金属污染主要集中于水产养殖环节，环境监管的疏漏导致工业废气、废水、废渣未经处理或处理不彻底就任意排入养殖水域，尤其是汞、铅、镉、铬等重金属会严重危及人体健康。同样，药物残留也主要发生在水产养殖环节，养殖过程中使用含有激素或者霉烂变质的饲料，使用抗生素和激素等防治水产动物疾病的药物，违规使用饲料、消毒剂、保鲜剂和防腐剂等行为均会导致水产品中残留药物，如氯霉素、孔雀石绿、硝基呋喃类代谢物等。食品添加剂及非法添加物则更多地出现在水产品加工过程中，为了使水产品保持更好的销路，不良商家会在水产品加工过程中违规使用或超量使用食品添加剂甚至非法添加物。消费者食用了受到化学污染的淡水鱼制品，会引发许多疾病的发生，从而危及人类健康和生命安全。因此，淡水鱼制品中的化学危害应引起高度重视。

由于全球有毒化学品的种类和数量在不断增加，且各国间的贸易规模逐渐增大，化学危害在环境中的迁移难以控制，对人类健康构成了严重的威胁。化学污染已引起了世界各国政府及国际组织的重视，并采取了一系列的应对措施。2001年 5 月 22 日，联合国环境会议上通过了《关于持久性有机污染物的斯德哥尔摩公约》，决定在全世界范围内禁用或严格限用 12 种有机污染物，包括艾氏剂、氯丹、狄氏剂、异狄氏剂、七氯、灭蚁灵、毒杀芬、DDT、六氯苯、多氯联苯、二噁英和呋喃。其中，艾氏剂、氯丹、狄氏剂、异狄氏剂、七氯、灭蚁灵和毒杀芬 7 种杀虫剂被禁止生产和使用；DDT 仍是一些国家目前所使用的唯一有效杀虫剂，但被严格限制使用并被要求尽快用其他绿色杀虫剂取代；目前，多氯联苯仍需要用于变压器、电容器等工业设备上，但计划在 2025 年前被禁用；六氯代苯、二噁英和呋喃 3 种工业有机污染物是工业生产过程中由燃烧产生的副产物，各国需要采取措施尽可能限制其含量。

2001 年，有关消除有机残留污染物的联合国条约第四轮谈判中，多国政府声明将彻底消除有机污染物作为未来的工作目标，包括 8 种农药（艾氏剂、氯丹、狄氏剂、异狄氏剂、七氯、DDT、灭蚁灵、毒杀芬）和 2 种工业化学品（多氯联苯、六氯苯）等。欧盟对进口水产品的鲜度指标、自然毒素、微生物指标、有毒化学物质、重金属、农药残留等 63 项具体指标设定了限量标准，规定氯霉素、呋喃西林、孔雀石绿、结晶紫、多氯联苯等不得检出；并对六六六、DDT、组胺及其他毒素等均设定了严格的限量标准。

1）化学危害种类

为了尽可能避免化学危害对淡水鱼制品消费的影响，必须对淡水鱼养殖、加工、运输及储藏过程中可能的化学危害进行评估，首先要对各种可能引起危害的化学物质有充分的了解和认识。这些化学物质的危害性多数已经有了动物试验及其他安全性研究的数据资料证据，常见的化学危害因素列举如下。

（1）环境污染物。

不同水生生物对重金属的富集能力具有明显差异，鱼类对重金属的富集能力明显弱于虾贝类。在不同部位，重金属的分布也有显著差异，例如，内脏中重金属的富集能力明显高于肌肉部分，肝脏中重金属的富集量是肌肉的十几倍。因食用重金属超标的水产品导致的食品卫生问题较多，著名的有日本的水俣病、骨痛病等。通常，淡水鱼制品中需要重点监测的重金属有汞、铅、镉、砷、铬等，其中砷属于类金属，但常将其纳入重金属类。

汞　　汞是环境中生物毒性极强的重金属，被联合国环境规划署列为全球性污染物，是对人类和环境最具危害性的元素之一，已经引起了各国政府和环保组织的极大关注。汞污染主要来自燃煤、汞冶炼厂和汞制剂厂中"三废"的排放。

例如，一个 700MW 的热电站每天可排放 2.5kg 的汞。用汞做原材料的工厂、含汞农药及含汞颜料等也是汞污染的重要来源。汞又可分为无机汞和有机汞两大类，常见的无机汞有 $HgSO_4$、$Hg(OH)_2$、$HgCl_2$ 和 HgO 等，其溶解度低，在土壤中的迁移转化能力很弱，但在土壤微生物作用下，无机汞可向甲基化方向转化，在好氧或厌氧条件下都可以进行。好氧条件下，主要形成脂溶性甲基汞，可被微生物吸收、积累，从而转入食物链对人体造成危害；在厌氧条件下，主要形成二甲基汞，在酸性环境下可转化为甲基汞。

汞的毒性取决于它的化学形态，在汞的多种存在形式中，甲基汞对人体的毒性最大。环境中的甲基汞主要是二价盐在厌氧菌的作用下形成的，摄入后很容易被吸收，在人体内的半衰期为 60～120d，也有报道称甲基汞在鱼体中的半衰期可以长达 2 年。甲基汞易在鱼类等生物体内富集，其含量可达总汞量的 80%～100%，是鱼体中的主要污染物。甲基汞可以透过血脑屏障，对中枢神经系统产生损害，影响细胞的有丝分裂过程，使得神经细胞受损，导致肌肉运动不协调、战栗、癫痫发作等症状。汞还可以与巯基基团（硫醇）紧密结合，从而使某些酶失活。在甲基汞的形式下，汞可以轻易地穿过胎盘屏障，给胎儿带来特别大的危害。因此，我国《食品安全国家标准　食品中污染物限量》（GB 2762—2017）中对水产动物及制品中汞的限量做了规定，如表 10.2 所示。

表 10.2　水产动物及制品的汞限量标准

类别	限量（以 Hg 计）/（mg/kg）	
	总汞	甲基汞
水产动物及其制品（肉食性鱼类及其制品除外）	—	0.5
肉食性鱼类及其制品	—	1.0

铅　　铅是一种毒性很大的重金属，在所有的环境污染重金属当中，铅是最早被人们关注的。目前，铅中毒的相关研究已经非常深入，并且积累了大量的研究数据。环境中铅的来源非常广泛，主要包括工业废物、废水、开采矿产、废弃蓄电池、焊料、尾气排放等方面。另外，铅冶炼厂、铅采矿场等也是重要的污染源。

铅多以硫化物和氧化物的形式存在，其化合物在水中的溶解度小，常被水体中的悬浮颗粒物和底泥吸附，所以天然水的铅含量很低。人体吸收铅的途径主要通过呼吸道和饮食，而且通过呼吸道摄入吸收的效率高、速度快。儿童可以从含铅的涂料碎片、土壤、房屋内的涂料粉尘、工业粉尘和汽车尾气中吸收铅，从而导致慢性毒性症状。成人对铅的吸收率只有 5%～15%，而儿童可高达 40%。孕妇吸入少量的铅就可能使婴儿和学龄前儿童丧失学习和行动的能力。进入人体的铅大部分（90%）积累在骨头中，尤其是脑骨和脊骨，且脑骨中的铅的半衰期长达约20年。同时，肾、肺和中枢神经系统中也有铅的积累。

铅在人体中能通过与酶结合干扰机体的多种生理活动，对全身器官产生危害。铅的毒性取决于分子构型，无机铅比四乙基铅的毒性小，而且二者的临床症状也不相同。无机铅是δ-氨基乙酰丙酸脱水酶和亚铁血红素合成酶的抑制剂，可以引起贫血症。有机铅化合物，如四乙基铅，可以通过上皮细胞被大量吸收，引起脑部疾病及儿童智力缺陷。铅可以通过胎盘屏障，胎儿也会直接受到铅污染的影响。因此，我国《食品安全国家标准 食品中污染物限量》（GB 2762—2017）对水产品中铅的限量做了规定，如表10.3所示。

表10.3 水产动物及制品的铅限量标准

类别	限量（以Pb计）/（mg/kg）
鲜、冻水产动物（鱼类、甲壳类、双壳类除外）	1.0（去除内脏）
鱼类、甲壳类	0.5
双壳类	1.5
水产制品（海蜇制品除外）	1.0
海蜇制品	2.0

镉 镉是一种积累性的重金属，与含羟基、氨基、巯基的蛋白质分子结合，能够抑制肝、肾器官中许多酶系统的正常功能，使组织代谢发生障碍，具有致癌、致畸和致突变等严重危害，是仅次于黄曲霉毒素和砷的食品污染物。一般情况下，环境中的镉含量很低，但许多水生生物对镉具有极强的富集能力，淡水产品的镉污染水平普遍低于海水产品，且不同鱼类中的镉污染水平没有明显的差别。镉主要来源于镉矿、镉冶炼厂中"三废"的排放。因为镉与锌是同族金属，且镉常与锌共生，所以锌冶炼厂的排放物中也必含有CdO。高温加热时产生的CdO粉尘可以飘散到以工厂为中心的方圆数千米范围。镉工业废水污染农田也是镉污染的重要来源。

镉常见的存在形式有金属态、硫化物和硫酸盐，又可分为水溶性镉和非水溶性镉两大类。离子态和络合态为水溶性镉，如 $CdCl_2$、$[Cd(WO_3)_2]$ 等能被农作物吸收，对生物的危害性大；非水溶性镉，如 CdS、$CdCO_3$ 等的迁移性较差，对生物的危害性也较小，但随环境条件的改变，二者可互相转化。环境偏酸性时，镉的溶解度增高，易于迁移；处于氧化条件下时，镉也易变成可溶性，从而被动植物吸收。镉的吸附迁移还受相伴离子，如 Zn^{2+}、Pb^{2+}、Cu^{2+}、Fe^{2+}、Ca^{2+} 等的影响，例如，锌的存在对动植物吸收镉的效率有一定的抑制作用。

在日本，因食用水产品导致的中毒事件主要是由镉引起的。在水污染较为严重的地区，通过检测发现当地人群的骨头中镉的积累量最多，在肝和肾中同样可以检测到高含量的镉。长期接触镉对肾会产生严重的损害，临床症状表现为氨基酸尿、蛋白尿和糖尿病等。镉在人体肾脏中的半衰期可能长达 30 年，因此也会对人体产生长期的危害。胎盘组织也可以富集和转移镉，有报道称，胎盘中镉的含量是母血或脐血中的 1～2 倍，因此镉的污染也会对怀孕母体及胎儿产生严重的危害。镉在原生质膜上有与磷脂双分子层的磷酸盐基团反应的活性，在细胞核内是诱变剂，在溶酶体的膜上有活性，而且对线粒体的活性有抑制作用，从而使细胞受到损害。但是，镉在水生动物中能够刺激金属硫蛋白的产生，这可以显著降低其毒性。我国《食品安全国家标准　食品中污染物限量》（GB-2762—2017）对水产品中镉的限量做了规定，如表 10.4 所示。

表 10.4　水产动物及制品的镉限量标准

类别	限量/（以 Cd 计）（mg/kg）
鲜、冻水产动物	
鱼类	0.1
甲壳类	0.5
双壳类、腹足类、头足类、棘皮类	2.0（去除内脏）
水产制品	
鱼类罐头（凤尾鱼、旗鱼罐头除外）	0.2
凤尾鱼、旗鱼罐头	0.3
其他鱼类制品（凤尾鱼、旗鱼制品除外）	0.1
凤尾鱼、旗鱼制品	0.3

砷　　砷的来源与危害都与重金属类似，因此通常被列入重金属类进行讨论。砷的使用历史很长，被用作毒药及医疗上化学疗法的药剂，存在形式如下：有毒的三价态（三氧化二砷、砷酸钠、三氯化砷等），毒性较小的五价态（五氧化砷、砷酸、砷酸铅、砷酸钙等），以及大量的有机态（对氨基苯胂酸、二甲基胂酸等）。砷广泛应用于杀虫剂、除草剂及其他农用药剂的制造，还是采矿和熔炼业的副产品。土壤中的砷主要来自大气降尘、化肥与含砷农药的使用。燃煤是大气中砷的另一个主要来源。土壤中的砷大部分会和有机物发生络合反应或与土壤中的铁、铝、钙离子结合，形成难溶化合物，或与铁、铝等的氢氧化物发生共沉淀。在碱性土壤中，砷的吸附量减少，而水溶性砷含量增加。若土壤中的含砷量过高，就会抑制微生物的氨化作用，影响该地区植物的生长。环境中的砷都可以通过食物链在水生生物体内富集，且水生生物都对砷有着很强的富集能力。但砷在水生动

物中主要以砷甜菜碱、砷胆碱等有机态的形式存在，这些存在形式称为"鱼砷"，而鱼体中毒性更强的无机态砷的含量基本可以忽略。

　　无机砷进入人体后，会引起急性或慢性中毒。作为一种致癌物质，无机砷可引起肺癌、血管肉瘤、真皮基部细胞和鳞片细胞的癌变等。砷引起的慢性中毒有肠胃炎、肾炎、肝大、末梢神经病及皮肤损伤（普遍会出现的黑色素沉淀）。在分子水平上，砷可以抑制磷的酸化作用，与巯基反应能够扰乱细胞的新陈代谢，直接破坏 DNA 并抑制 DNA 的修复功能。砷会给孕妇、哺乳期的妇女及儿童带来极大的危害。因此，我国《食品安全国家标准 食品中污染物限量》（GB 2762—2017）中对水产品中砷的限量做了规定，如表 10.5 所示。

表 10.5　水产动物及制品的砷限量标准

类别	限量（以 As 计）/（mg/kg）	
	总砷	无机砷
水产动物及其制品（鱼类及其制品除外）	—	0.5
鱼类及其制品	—	0.1

　　铬　　铬是环境中常见的重金属污染物，主要来源是电镀工业、制革废水、铬渣等。铬也是维持人体生理功能所必需的微量元素之一，主要有两种价态：Cr^{3+} 和 Cr^{6+}。其中，Cr^{3+} 主要存在于土壤与沉积物中，是人体血糖的重要调节剂，是胰岛素不可缺少的辅助成分，参与糖代谢过程，促进脂肪和蛋白质的合成，可以有效控制糖尿病。此外，Cr^{3+} 对心血管疾病有很好的抑制作用，可以有效预防高血压、心脏病等。Cr^{6+} 为吞入性或吸入性毒物，可通过呼吸道、消化系统、皮肤和黏膜侵入人体，很容易被人体吸收，对呼吸系统和皮肤等组织造成损伤。同时，Cr^{6+} 具有致癌性，可能诱发基因突变，造成遗传性基因缺陷。Cr^{6+} 主要存在于水体中，是各种水生物的主要污染源。

　　人体中的铬含量过低会导致食欲减退，但过量又会对人体健康造成损害。当人体中的铬含量超过 10mg/kg 时，会导致口角糜烂、腹泻、消化紊乱等症状。Cr^{6+} 的毒性更强，更易被人体吸收，而且可在体内积累，可能对人体造成长期的损害。因此，我国《食品安全国家标准 食品中污染物限量》（GB 2762—2017）中对水产品中铬的限量做了规定，如表 10.6 所示。

表 10.6　水产动物及制品的铬限量标准

类别	限量（以 Cr 计）/（mg/kg）
水产动物及其制品	2.0

多氯联苯　　　多氯联苯是氯化的芳香族有机化合物，联苯环有 10 个可以被氧取代的位置，因此多氯联苯存在 209 种异构体，其化学结构式见图 10.1。多氯联苯常用于工业中的液体载热剂、电子变压器、电容器、涂料添加剂、复印纸及塑料等。随着人们对多氯联苯毒性的逐步了解，在 20 世纪 70 年代早期其就被禁止用于复印纸的生产中。《有毒物质控制法案》通过后，多氯联苯在其他行业中的应用也在 20 世纪 70 年代后期被逐渐禁止。1930～1970 年间，美国使用了共计 50 万 t 左右的

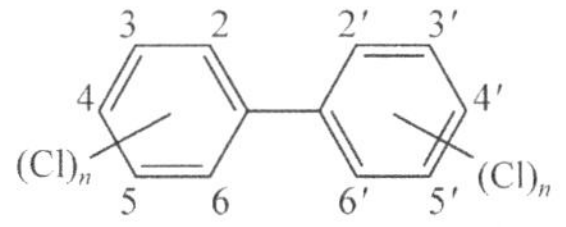

图 10.1　多氯联苯的化学结构式

多氯联苯，约占世界总量的一半。虽然多氯联苯已经禁用多年，但由于其在自然界中和高等生物体内的降解速度很慢，以及淘汰的旧设备中多氯联苯的持续释放速度也很慢，许多淡水水域中（如美国五大湖）的鱼体内仍有多氯联苯残留。多氯联苯是生物富集现象的一个典型例子，氯化程度越高，亲脂性越高，被大多数生物体降解的速度就越慢。因此，随着在食物链中的传递，多氯联苯的浓度会越来越高。

在不同地区，多氯联苯的含量水平也有很大的差别。美国在 1979～1980 年对 15 个沿海及河口地区的混合鱼片样品进行了调查，发现在调查的 70 个鲈鱼样品中，有 63 个样品的多氯联苯含量高达 220mg/kg（湿重）。纽约地区鱼肉中多氯联苯的平均含量最高，而在洛杉矶和新奥尔良附近，鱼类中的多氯联苯含量较低。从大量的调查结果中发现，所有从河口取样的鱼类中都存在着多氯联苯残留，包括远在阿拉斯加和夏威夷那些无工业化的地方。而在过去的 10～15 年间，全美范围内鱼类中的多氯联苯含量水平没有较大的改变。

通过食用受污染的鱼类，多氯联苯会在人体内富集。受害者出现指甲和黏膜色素沉着、眼睑浮肿、疲劳、恶心与呕吐等症状；母亲在孕期受到多氯联苯影响，使儿童在 7 岁后表现出生长发育迟缓与行为障碍。此外，多项研究表明，多氯联苯不仅能够扰乱人类的免疫系统，还是可能致癌的物质。因此，我国《食品安全国家标准　食品中污染物限量》（GB 2762—2017）中对水产品中多氯联苯的限量做了规定，如表 10.7 所示。

表 10.7　水产动物及制品的多氯联苯限量标准

类别	限量 [a]/（mg/kg）
水产动物及其制品	0.5

a 多氯联苯以 PCB28、PCB52、PCB101、PCB118、PCB138、PCB153 和 PCB180 总和计。

多环芳烃　　　多环芳烃是由两个以上苯环以稠环芳烃形式相连的化合物，是一类广泛存在于环境中有机污染物，存在于石油、煤烟或燃烧不完全产生的焦油、

润滑剂和家庭污水中。大气中多环芳烃的主要来源包括：森林及草原产生的火灾、火山爆发、化石燃料及其他有机物的不完全燃烧等。不同苯环数量的多环芳烃在环境中具有不同的形态：2～3 个苯环的多环芳烃主要以气态形式存在；4 个苯环的多环芳烃的形态介于气态和颗粒态之间；5～7 个苯环的多环芳烃则绝大部分以颗粒形式存在。空气中的多环芳烃可与大气中的 O_3 和 NO_x 等发生反应，生成致癌性或诱变性更强的化合物。

人们对多环芳烃的危害了解较早，1915 年，科学家就证实了煤焦油对兔子具有致癌作用。多环芳烃并不是直接致癌物，它是在体内经过一系列酶的作用后转化成致癌物质。多环芳烃对人体的主要危害部位是呼吸道和皮肤，长期处于多环芳烃污染的环境中，可引起急性或慢性伤害。据报道，人体在多环芳烃浓度为 0.75mg/L 的空气中呼吸 10～15min，上呼吸道黏膜和眼睛会受到剧烈刺激，同时皮肤也会受到伤害，出现日光性皮炎、痤疮型皮炎、毛囊炎及疣状增生等症状。多环芳烃在环境中的广泛渗透，使其在鱼体中较为常见，通过食物链在人体内富集，可能对人体健康造成潜在危害。

二噁英　　二噁英是在工业生产中向环境释放，或因环境因素分解变质所产生的有毒持久性有机污染物，主要是在燃烧医用垃圾、城市垃圾、有毒废物、泥炭、煤、木头以及汽车排放尾气时产生的，生产杀虫剂和其他氯化物时也会产生二噁英。早在 1940 年，在湖底沉积物中就发现了二噁英，且其含量随着含氯化合物工业的发展而升高。1957 年在美国出现的"雏鸡浮肿病"及 1968 年日本发生的"米糠油事件"均是由二噁英污染引发的。在越南战争期间，美国在越南丛林中喷洒了大量含有二噁英的落叶剂，其污染和危害长达 30 多年。1999 年 5 月，比利时又发生了因二噁英污染饲料而导致的严重中毒事件，继而波及欧洲和全世界，引发了世界各国政府和公众的高度关注。

二噁英是一类氯代含氧三环芳烃类化合物，包括氯代二苯并-对-二噁英（PCDDs）和氯代二苯并呋喃（PCDFs），其化学结构式见图 10.2。芳环上的氢原子（H）被氯原子（Cl）取代后，由于取代数目和取代位置不同，有 210 种同系物异构体，包括 75 种 PCDDs 和 135 种 PCDFs。PCDFs 的分子结构比 PCDDs 少了一个氧原子（O），其结构具有非对称性，因而有更多的异构体。在漂白过程中用到氯和氯化物的造纸厂区域内生活的淡水鱼极易受到二噁英的污染。据报道，

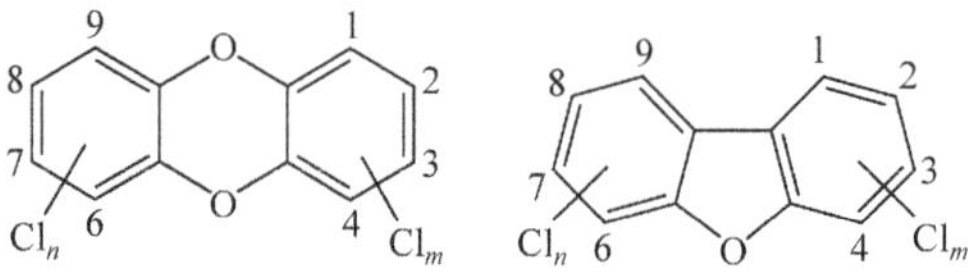

(a) PCDDs　　　　　　　(b) PCDFs

图 10.2　二噁英的化学结构式

二噁英在鱼体内的半衰期大于一年,这意味着鱼体中的二噁英会随着生物链向人体转移。

二噁英会对人类产生许多负面影响,包括致癌性、免疫及生理毒性等。一次性摄入的二噁英会长期留存体内,若长期接触,可在体内发生蓄积。因此,即使每次低剂量地接触,长时间也会对人体造成严重的毒害作用,包括:致死作用与废物综合征;胸腺萎缩及免疫毒性;氯痤疮;肝中毒;生殖毒性;发育毒性和致畸性;致癌性。

(2)人为添加物。

农药残留 农药是指用于预防、消灭或者控制危害农业和林业中的病、虫、草及其他生物,以及有目的地调节植物、昆虫生长的药物的通称。农药可以是化学合成的,也可以是以生物或其他天然物质为来源的一种或者几种物质的混合物及其制剂。我国是世界上最早使用农药防治农作物有害生物的国家之一,也是农药生产和使用大国,2021 年农药原药产量为 249.8 万 t,居世界首位。自农药问世以来,其品种越来越多,应用范围也越来越广,目前几乎遍及各地各类作物,在控制害虫方面发挥了巨大作用,同时也带来了农药残毒、环境污染、杀伤天敌等副作用。

农药残留是指农药使用后残存于生物体、食品(农副产品)和环境中的微量农药原体、有毒代谢物、降解物和杂物的总称。农药的残存数量称为残留量,单位为 mg/kg。当农药超过最大残留限量时,将对人畜产生不良影响或通过食物链对生态系统中的其他生物造成危害。水产品中的农药残留一般来自于以下几个途径:①溶解在水体中的农药通过呼吸、消化系统进入水生生物体内,并在水生生物体内进行代谢;②施用农药的同时或以后对空气、水体、土壤造成污染,使水产品中含有农药残留;③经过食物链和生物富集。

农药的种类有很多,按用途可分为杀虫剂、杀菌剂、除草剂、杀鼠剂及植物生长调节剂等,其中对水产品的危害最大的是有机氯农药,包括 DDT 及其衍生物、六六六、艾氏剂、氯丹、狄氏剂、六氯苯、灭蚁灵等。1983 年,我国就禁止了有机氯类杀虫剂六六六和 DDT 的使用,但由于其自然降解速度慢,在环境中残留的时间长,到目前为止仍对环境造成很大的污染。此外,敌百虫、乐果等有机磷农药逐渐成为主要农药污染源,它们通过皮肤、呼吸等造成迟发性神经毒性,使人类运动失调、昏迷、呼吸中枢麻痹、瘫痪甚至死亡。农药还可经大气、水体、土壤等媒介发生迁移,特别是化学性质稳定、难以转化和降解的农药更易通过大气漂移和沉降、水体流动在环境中不断迁移和循环,因此农药对环境的污染具有普遍性和全球性。我国水产品生产以养殖为主,农药残留对水体环境的污染已经影响到我国渔业生产和水产品质量安全。我国水产品中常见农药残留限量标准如表 10.8 所示。

表 10.8　水产品中常见农药残留限量标准

序号	农药名称	最大残留限量/（mg/kg）	标准
1	六六六	0.1	《食品安全国家标准 食品中农药最大残留限量》（GB 2763—2021）
2	DDT	0.5	《食品安全国家标准 食品中农药最大残留限量》（GB 2763—2021）
3	溴氰菊酯	不得检出（＜0.0025）	《绿色食品 鱼》（NY/T 842—2021）
4	敌百虫	不得检出（＜0.04）	《绿色食品 鱼》（NY/T 842—2021）

通过食物链，农药很容易在水生生物体内富集，有些甚至可以达到环境中浓度的数万倍。这些产品被人食用后，农药将会在人体内大量富集。人体内约 90% 的农药是通过食用受污染的食品而摄入的，且积累到一定的浓度后将会对机体产生明显的毒害作用，包括各种急、慢性毒性和“三致”毒性。就有机氯农药而言，化学物质进入人体后主要存在于脂肪组织中，它们会影响 Na^+、K^+、Ca^{2+} 和 Cl^- 对细胞膜的穿透性，阻碍神经系统选择性酶的活性，从而影响神经末梢释放和保持神经递质的功能。

2014 年 1 月和 2 月，欧盟分别发布了 EU79/2014 和 EU87/2014 号条例，修订了 EC396/2005 号法规，针对 133 种农药设置了近 17000 个最大残留限量标准。美国联邦法规汇编第 40 篇《环境保护》第 180 节《化学农药在食品中的残留容许量与残留容许量豁免》中规定了农药残留限量标准，其中针对鱼、虾、贝等水产品中的 14 种农药残留，制定了 22 个最高残留限量标准。我国《食品安全国家标准 食品中农药最大残留限量》（GB 2763—2021）中针对六六六和 DDT 设定了残留限量值，其他国家标准和行业标准针对水产品中的农药残留设定了 18 项残留限量标准。

渔药残留　　渔药是指水产品在养殖和加工过程中，为防病、治病等而使用的药物。渔药在水产品的任何食用部分中以其原型化合物、代谢产物及有关杂质在组织、器官等内蓄积、储存或以其他方式保留的现象称为渔药残留。在水产养殖快速发展的同时，由于环境污染严重，自身污染积累和放养密度过高，集约化养殖规模不断扩大，区域间苗种交流频繁等，水产养殖中会有各种病害的暴发。水产动物病害增多，必然会增大渔药使用的压力，加之存在不规范和违规使用药物的情况，可能会使药物在水产品体内过量积累，从而加重渔药残留现象。

水产品中的渔药残留的来源大致分为以下几种情况：①为了控制鱼类疾病而使用渔药；②使用违禁药物、滥用药物、不遵守休药期等；③消毒剂、驱虫剂不当使用，造成养殖环境污染，并在鱼体中富集；④饲料制作过程中的交叉污染或在渔用饲料中人为添加渔药。常见的渔药残留有消毒剂类（五氯酚钠）、驱虫剂类（阿苯达唑、甲苯达唑、敌百虫等）、抗菌类（硝基呋喃类、酰胺醇类、四环素类、磺胺类、喹诺酮类、氨基糖苷类等）、激素类（二苯乙烯类、类固醇类）。我国水产品中常见的药物残留检测项目及非法添加渔用药物种类如表 10.9 所示。

表 10.9　水产品中常见的药物残留检测项目及非法添加渔用药物种类

药物名称	种类	作用	涉及环节
硝基呋喃类药物	各类水产品	抗感染	养殖
磺胺类、喹诺酮类、氯霉素、四环素、β-内酰胺类抗生素	生食水产品	杀菌防腐	餐饮
孔雀石绿	鱼类	抗感染	养殖
喹乙醇	各类水产品	促生长	养殖

（3）加工储藏过程中的有害产物。

组胺　　组胺又称组织胺，是一种生物碱，分子量为 111，分子式为 $C_5H_9N_3$，化学名称为 2-咪唑基乙胺，其化学结构式见图 10.3。组胺是鱼体中的游离组氨酸在组氨酸脱羧酶的催化作用下，发生脱羧反应而形成的一种胺类。脱羧过程受很多因素的影响，鱼类在存放过程中由于自身蛋白酶的作用发生自溶，先由组织蛋白酶降解蛋白质生成组氨酸，再由微生物产生的组氨酸脱羧酶将组氨酸脱去羧基，生成组胺。若摄入含有大量组胺的鱼肉，会引发过敏性中毒症状。

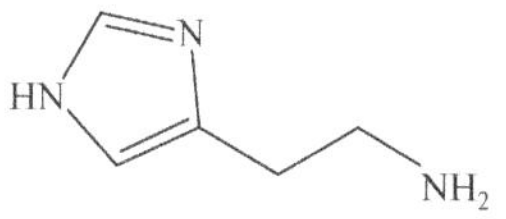

图 10.3　组胺化学结构式

组氨酸脱羧酶来自污染鱼类中的微生物，如链球菌、沙门氏菌、摩氏摩根菌。这些细菌能够在较宽的温度范围内生长并产生组氨酸脱羧酶，在较高的温度条件下更容易因腐败而产生组胺。这些细菌普遍存于鱼体中，在鱼存活时不产生危害；当鱼死亡时，鱼体抑制细菌生长的防御系统失效，这些细菌就开始大量生长。组氨酸脱羧酶的活性与细菌是否存活无关，它一旦形成就会在鱼体内不断发生酶分解反应，形成组胺。在接近冷藏的温度条件下，组氨酸脱羧酶仍具有一定的活性。在冷冻状态下，该酶仍能保持其活性，在解冻后迅速恢复催化活性。而经蒸煮处理后，组氨酸脱羧酶会失活，但形成的组胺在加热或冷冻条件下均具有很强的稳定性。总的看来，组胺的产生更多发生在生的、未冷冻的鱼中。

组胺的毒理作用主要是刺激血管系统和神经系统，促使毛细血管扩张充血，通透性加强，血浆大量进入组织，导致血液浓缩，血压下降，引起反射性心率加快，刺激平滑肌使之发生痉挛。过敏性症状一般在摄入后的 1～3h 内出现，主要症状包括恶心、呕吐、腹泻、腹部痉挛、面部红肿、头痛、头晕、口渴、吞咽困难等。摄入者的中毒情况与鱼肉中的组胺含量、食用量及个体对组胺的敏感程度有关。一般认为，成人的组胺摄入量超过 100mg（1.5mg/kg）就有可能引起中毒症状。组胺中毒的预防措施主要包括以下几个方面：①改善捕捞方法，防止鱼体在加工前的死亡时间过长；②鱼类产品必须在冷冻条件下储藏和运输；③加强市场监管，严禁出售腐败变质的鱼类；④避免食用不新鲜或腐败变质的鱼制品；⑤采用科学的加工处理方法。

亚硝酸盐　　　水产品在腌制过程中使用的硝酸盐，在微生物，如金黄色葡萄球菌、大肠杆菌、白喉棒状杆菌的作用下，能被还原成亚硝酸盐，从而使亚硝酸盐蓄积。亚硝酸盐不仅会起到护色的作用，还可抑制肉毒杆菌的生长。亚硝酸盐能够将血红蛋白中的 Fe^{2+} 氧化成 Fe^{3+}，使血液的携氧能力明显降低。过量地摄入亚硝酸盐会引发高铁血红蛋白血症，对人体健康产生很大的危害。此外，食品中的亚硝酸盐与癌症风险的增加有紧密的关联。因此，控制和减少发酵淡水鱼制品中的亚硝酸盐含量有重要的意义。有些地区用苦井水（硝酸盐含量较多的井水称为苦井水）来腌制淡水鱼，并在不卫生条件下存放过久，会导致亚硝酸盐含量显著增加，从而引起中毒症状。在加工鱼丸或其他食品中，亚硝酸盐常作为发色剂，若加入数量过多，将引起中毒。此外，在适宜条件下，亚硝酸盐能够与淡水鱼蛋白质水解产生的胺类物质发生亚硝基化作用，易生成具有强致癌性的 N-亚硝胺物质。因此，世界卫生组织和联合国粮食及农业组织规定肉制品中的亚硝酸盐残留量≤125mg/kg。我国对肉制品中的亚硝酸盐含量的要求更为严格，《食品安全国家标准 食品添加剂使用标准》（GB 2760—2014）中规定的最终残留量≤30mg/kg（以亚硝酸钠计）。

（4）N-亚硝胺。

N-亚硝胺是一类亚硝基化合物的总称，通常由二级胺的亚硝化反应生成，在紫外光照射下可发生光分解反应。在已知的约 300 种 N-亚硝胺中，已有 90%被证实可诱导某一种动物致癌，单次高剂量或者多次少剂量摄入均能引发各种癌症的产生，尚未发现任何动物对 N-亚硝胺的致癌作用有耐受能力。目前，针对食品中 N-亚硝胺的限量标准主要有如下几种：美国农业部规定腌制肉类产品中，N-亚硝胺总含量的限值为≤10μg/kg；中国国家卫生健康委员会对水产品中 N-亚硝基二甲胺的限量标准规定为≤4μg/kg。由于二级胺种类的多样性，产生的 N-亚硝胺的化学结构和分子质量各不相同。根据分子质量和蒸气压大小，可将其分为挥发性 N-亚硝胺和非挥发性 N-亚硝胺。对于非挥发性 N-亚硝胺，目前没有很好的检测方法，且通常认为其没有致癌性，所以相关研究大多集中于挥发性 N-亚硝胺。食品中常见的挥发性 N-亚硝胺主要有 N-亚硝基二甲胺（NDMA）、N-亚硝基甲乙胺（NMEA）、N-亚硝基二乙胺（NDEA）、N-亚硝基二丙胺（NDPA）、N-亚硝基二丁胺（NDBA）、N-亚硝基哌啶（NPIP）、N-亚硝基吡咯烷（NPYR）、N-亚硝基吗啉（NMOR）、N-

亚硝基二苯胺（NDPhA）等。N-亚硝胺需要在体内活化后才能成为致癌物。亚硝酸盐、氢氧化物、胺和其他含氮物质在适宜条件下经过亚硝化作用易生成 N-亚硝基化合物。

通常，新鲜原料中的胺类物质含量较低，但在腌制、发酵等加工处理过程中，胺类物质含量增加明显，并与亚硝酸盐在一定条件下发生亚硝化反应，导致传统加工鱼制品中可能存在 N-亚硝胺积累的风险。在鱼类食品的腌制和焙烤加工过程中，加入的硝酸盐和亚硝酸盐可与蛋白质水解产生的胺反应，形成 N-亚硝胺，如NPYR 和 NDMA 等。尤其是在腐败变质的鱼体中，大量胺类的产生使 N-亚硝胺的生成有了充足的前体物质。腌制食品如果再经过烟熏工艺，N-亚硝胺含量将会更高。加工处理及烹调方法对肉制品中的亚硝基化合物含量也有不同影响。一些鱼肉制品中总 N-亚硝胺的含量如表 10.10 所示。

表 10.10　鱼肉制品中总 N-亚硝胺的含量

种类	含量/（μg/kg）
熏鱼	4～9
咸鱼	12～24
腊鱼	20～26
鱼干	15～84
干鱿鱼	300
咸鲱鱼	40～100
炸五香鱼罐头	33.4

N-亚硝胺可诱发各种部位的癌症，单次大剂量或长期小剂量食用均可导致癌变。在大鼠的饲料中添加 50mg/kg 的 NDMA，持续 26～40 周即可诱导大鼠患肝癌；添加 0.075mg/kg 的 NDMA，持续饲养 830d 也可使大鼠患癌。目前，对膳食中 N-亚硝胺致癌性的阈值剂量还没有确定。N-亚硝胺的致癌性存在着器官特异性，并与其化学结构有关。例如，NDMA 是一种肝活性致癌物，同时对肾脏也表现出一定的致癌活性；而 NDPhA 对食道癌有特异性。同时，N-亚硝胺还具有较强的致畸性，能够使胎儿发生无眼、脑积水和少趾等，且有一定的量效关系。给怀孕动物饲以一定量的 N-亚硝胺甚至可使胚胎产生恶性肿瘤。动物若在妊娠期间接触 N-亚硝胺，不仅会对母代和子一代产生影响，这种影响甚至可以传至子二代到子三代。

目前，N-亚硝胺对人类直接致癌作用的研究较少，但其对动物的致癌性是毋庸置疑的。国内外大多数学者都认为，N-亚硝胺是人类最主要的致癌物质。例如，智利盛产硝石，食品中的亚硝酸盐含量较高，当地由胃癌造成的死亡率也居世界首位。日本人爱吃咸鱼和咸菜，胃癌发病率也较高。对河南省林州市等食管癌高发区、江苏省启东市等肝癌高发区、广东省西北部鼻咽癌高发区、四川省少数民族聚集地等胃癌高发区居民的饮食结构进行调查发现，上述地区居民的膳食中，含 N-亚硝胺的食品种类较多，N-亚硝胺的检出率高达 23.3%，而这一比例在癌症低发区仅为 1.2%。

（5）苯并[a]芘。

苯并[a]芘又称 3，4-苯并芘，它是由五个苯环构成的多环芳烃，分子式为 $C_{20}H_{12}$，其化学结构式见图 10.4。苯并[a]芘的性质稳定，常温下为浅黄色针状结

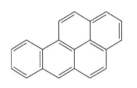

图 10.4　苯并[a]芘的化学结构式

晶，溶于苯、甲苯、丙酮、环己烷等有机溶剂，不溶于水。在酸性条件下不稳定，易与硝酸等发生化学反应。由于环境的污染，特别是工业废水和烟尘的排放，苯并[a]芘大量进入环境中。食品加工过程，特别是烟熏、烘烤过程，也会导致苯并[a]芘含量的增加。

淡水鱼制品中苯并[a]芘的主要来源有以下几种：①烟熏工艺；②烘烤工艺；③加工过程采用的橡胶管道或包装材料所含的苯并[a]芘转移到产品中；④煤炭、石油、木柴等不完全燃烧产生的苯并[a]芘经环境循环和食物链转移到产品中；⑤生产炭黑、炼油、炼焦、合成橡胶、烧沥青和喷洒沥青等行业的废水废气中含有大量苯并[a]芘，经环境循环和食物链转移到产品中。

最初发现，苯并[a]芘对皮肤有致癌作用；经过深入的研究表明，由于其侵入途径和作用部位不同，苯并[a]芘对机体各器官均有致癌性，如食道、胃肠、肺、肝。根据流行病学调查结果可知，经常摄入含苯并[a]芘的食物与消化道癌症的发生密切相关。作为一种强致癌物质，苯并[a]芘对水产品的污染引起了各个国家和地区的广泛重视，但到目前为止还没有一个统一的限量标准。

2）化学危害控制措施

只要大气、水体、土壤受到污染，其中的污染物必将通过农作物的根系吸收进入植物体中，或通过水生生物富集而最终进入人体中，危害人体健康。因此，控制环境中的化学污染物的最根本措施是减少并最终消除环境污染，具体措施包括以下几方面：①减少各个环节污染物的排放；②不用不合格污水养殖水产品或灌溉农作物；③搞好综合利用，减少工业污染；④采用合格的材料制造食品加工设备、工器具，保证食品包装材料的安全性。

（1）环境污染物控制措施。

由于淡水鱼有很强的重金属富集能力，为保护人体健康，应避免或减少重金属对水体的污染，尤其是捕捞及养殖水体的污染，在源头上控制环境污染，加强对工业废水排放和城市生活污水处理的设施建设，完善监督管理，严格控制工业和城镇污染水直接排进渔业水域，杜绝有毒有害重金属向环境中排放，控制重金属污染源；健全法制，加强重点水域和养殖水体的监管力度，完善水产品检测、监督、管理体系，设立重金属污染物的安全红线；健全淡水鱼制品加工、饲料加工、渔用药物生产的质量认证和监管体系建设，禁止不合格产品进入加工流通环节；建立各类水域环境质量监测机制，定期检测各类水域的水质，有针对性地提出阶段性水环境限期治理方案，尽可能创造良好的渔业环境，避免出现先污染后治理的情况。目前，对受重金属污染养殖水域的处理方法有以下几种。

絮凝沉淀法　　通过向污染水体中投放化学药剂，使药剂与目标污染物直接发生化学反应或絮凝反应，形成难溶解的物质而使污染物从水中分离的方法称为絮凝沉淀法。常用的絮凝剂有石灰、碳酸钠、氢氧化钠、硫酸铝、聚铝、聚铁等。絮凝沉淀法具有工艺简单、成本低廉、沉降速度快、处理效果好等优点。但常规絮凝沉淀法对养殖水域中重金属的去除效果有限，在重金属浓度较高时很难达到理想的去除效果，也容易造成水体的二次污染。

物理吸附法　　利用具有多孔性且有较大比表面积的固体物质作为吸附剂，投放到受污染水体中，通过物理吸附作用将水体中的污染物质吸附在固体表面而将污染物去除的方法称为物理吸附法。常用的吸附剂有活性炭、矿渣、硅藻土、无定形氢氧化铁等。其中，活性炭是一种价格低廉且处理效果极好的吸附剂，在应急处理中应用最为广泛。

生物吸附法　　利用一些对重金属具有吸收和蓄积作用的水生生物（植物、鱼类、贝类等）和微生物，使其通过吸收或摄食作用将水体中的重金属吸收、富集到生物体内，然后将它们从受污染水体中捕捞移除，来达到去除水环境污染的目的，这种方法称为生物吸附法。

在保证良好养殖水质的同时，淡水鱼制品加工企业还应严格按照国家相关标准进行加工，严格对原材料验收环节进行管理，加强对加工场所、加工设备和加工全过程的安全管理，加强对生产和加工过程中有害重金属的监控。另外，应积极开展对国际相关标准的研究工作，积极开展与重金属限量标准有关的毒理学和社会学调查研究，开展重金属残留危险性评估工作，为相关标准的制定和国际贸易争端的解决提供科学依据。

（2）农药、渔药残留控制措施。

针对淡水鱼制品中农药残留问题，可考虑从以下几个方面进行控制：①严禁残留时间长、危害大的农药的生产和使用，从源头上减少农药残留；②改善养殖环境，加强对养殖地点土壤、水体中农药残留的监测；③开发污染物快速检测方法，以满足风险排查、风险监测和现场监督时的快速检测需求；④加强市场对淡水鱼制品农药残留的监控，严禁超标产品流入市场。

针对渔药残留问题，政府各有关部门应当严格执行《中华人民共和国渔业法》《兽药管理条例》《饲料和饲料添加剂管理条例》及农业行业标准《无公害食品　渔用配合饲料安全限量》（NY 5072—2002）等有关法律法规，严格落实休药期、禁渔期等制度。同时，养殖者应该严格遵守国家相关法律法规和行业标准规范要求，科学规范地用药。在此基础上，应大力开展有效的淡水鱼养殖用药安全评价体系，逐步建立渔药相关评价体系，为实践提供科学的指导。

10.1.3　生物危害

生物危害是指淡水鱼制品加工及流通过程中由寄生虫、细菌和病毒对原料及产品产生的污染，其中最主要的是致病性细菌问题。无论来自淡水还是海水的鱼，均可感染沙门氏菌、霍乱弧菌、副溶血性弧菌、大肠埃希氏菌等细菌或其他病原微生物。有些是人鱼共患传染病的病原体，例如，因沙门氏菌、金黄色葡萄球菌、肉毒杆菌等引起的食物中毒事件层出不穷。新型细菌性食物中毒案例也在不断涌现，因此，控制细菌性污染仍然是解决淡水鱼制品污染问题的主要内容。从历史资料总结来看，细菌性污染是生物污染中涉及面最广、影响最大、问题最多的一种。淡水鱼制品中可能引起疾病的病毒主要有诺如病毒和甲型肝炎病毒，这些病毒在淡水鱼制品中出现的原因主要有卫生不良、加工过程操作不当。诺如的感染通常会引发腹泻，而到目前为止，此类病情病理仍然不明。与细菌和病毒感染相比较，淡水鱼制品的寄生虫感染现象并不常见。大致上，食用淡水鱼制品导致寄生虫感染的现象集中于某些特定人群中，他们偏爱生食或未煮透的淡水鱼制品。充分的加热能够根除水产品中的微生物和寄生虫类病原体。有生食淡水鱼制品习惯的人群应当了解其潜在危险性并学习如何避免或降低危险性。

1. 生物危害种类

1）寄生虫

在水产品中，寄生虫较为常见，有些还会造成严重的健康威胁。这些寄生虫大体上可分为线虫、吸虫和绦虫三大类（表 10.11）。而在淡水鱼产品中最为常见的引起食源性疾病的寄生虫有异尖线虫和华支睾吸虫。

表 10.11 水产品中常见的寄生虫种类

种类	寄生虫	地域分布
线虫	异尖线虫	世界各地
	棘颚口线虫	世界各地
	鲤带巾线虫	菲律宾
吸虫	华支睾吸虫	世界各地
	异形吸虫	世界各地
	猫后睾吸虫	东南亚、东欧地区
绦虫	阔节裂头绦虫	世界各地

（1）异尖线虫。

异尖线虫很常见，在全世界的海水鱼和部分的淡水鱼中均有发现。异尖线虫以虾或螺为第一中间宿主，以鱼类为第二中间宿主，多种哺乳动物是其最终宿主。异尖线虫会在最终宿主体内达到性成熟并产卵。人如果食用了未经充分加热的淡水鱼制品，有可能感染寄生虫，一般在误食后 11h 内出现感染症状，表现为上腹部绞痛，并伴有恶心、呕吐等。

（2）华支睾吸虫。

由食源性寄生虫造成的疾病案例中，华支睾吸虫感染引起的肝吸虫病最为严重，在我国，感染人数超过 1200 万，以喜欢生食淡水鱼虾的人群为主。淡水鱼很容易感染肝吸虫幼虫，食用含有囊蚴的"鱼生"，囊蚴便进入人体，并在肝脏胆管内发育为瓜子仁状成虫。肝吸虫对人体的病害，轻者可引起腹痛、腹泻、营养不良、肝大；重者可导致肝硬化、肝腹水和侏儒症。还有报道显示，肝吸虫感染与胆管癌、肝癌的发生密切相关。

2）细菌

水产品中的致病性细菌通常可分为两类，一类是自身原有细菌，如肉毒梭菌、单核细胞增生李斯特菌、霍乱弧菌、副溶血性弧菌；另一类是环境中感染的细菌，如沙门氏菌、志贺氏菌、大肠埃希氏菌、金黄色葡萄球菌（表 10.12）。

水产品中，致病菌可能来源于养殖、加工、运输、储藏的任何一个或多个过程，即养殖环境中微生物超标，加工环节和流通环节中操作不规范、不卫生，储藏环节中环境条件不合适等。

表 10.12　水产品中常见致病菌

		作用方式		毒素热稳定性	最小感染剂量
		感染性	毒素前体		
自身原有细菌	肉毒梭菌（Clostridium botulinum）		+	低	—
	霍乱弧菌（Vibrio cholerae）	+		—	—
	副溶血性弧菌（Vibrio parahaemolyticus）	+		—	10^6 个
	单核细胞增生李斯特菌（Listeria monocytogenes）	+		高	未知/可变
环境中细菌	沙门氏菌（Salmonella typhimurium）	+		—	$10\sim10^2$ 个
	志贺氏菌（Shigella castellani）	+		—	$10\sim10^2$ 个
	大肠埃希氏菌（Escherichia coli）	+		—	$10\sim10^2$ 个
	金黄色葡萄球菌（Staphylococcus aureus）		+	高	—

（1）沙门氏菌。

沙门氏菌属肠杆菌科，是一种具有鞭毛、能运动的革兰氏阴性杆菌，其抗原结构复杂，菌型繁多，是重要的食源性污染致病菌。按菌体抗原结构差异，可将沙门氏菌分为 A、B、C、D、E、F、G 七大组，对人类致病的沙门氏菌中，有 99% 属 A～E 组。沙门氏菌不产生外毒素，主要是通过食入活菌而引起食物中毒，且发生中毒的概率与摄入活菌的数量呈正相关。

沙门氏菌广泛分布于自然界中，在人和动物中有广泛的宿主。因此，沙门氏菌引起的食物中毒病例最为常见，常见症状包括发热、腹痛、腹泻等。淡水鱼制品中的沙门氏菌主要来自于养殖水源的污染和加工过程的交叉污染等。食用未煮熟或未熟透的含有沙门氏菌的淡水鱼制品，沙门氏菌会进入消化道，在小肠和结肠中繁殖，引起食物中毒。

沙门氏菌可以在温度为 8～45℃、pH＞4.9，水分活度大于 0.95 的环境下存活，且对热的抵抗力较强，在 60℃下加热 1h、70℃下加热 20min 或 75℃下加热 5min 才能完全灭活。经氯化物处理 5min，可杀死水中的沙门氏菌。

（2）志贺氏菌。

志贺氏菌是一种无芽孢、无荚膜、无鞭毛的需氧或兼性厌氧型革兰氏阴性杆菌，是一种常见的食品致病菌，天然存在于人类肠道内。由于水域受污染或捕捞后受到污染，志贺氏菌可进入淡水鱼制品内，再经口侵入消化道，引发志贺氏菌病，通常症状为腹泻、发热、腹部痉挛和严重脱水。志贺氏菌在潮湿土壤中能够存活一个月，在水果、蔬菜、咸菜及粪便中能存活 10d 左右。在淡水鱼制品中，可以通过控制人类粪便污水向养殖水源中的排放，规范加工人员的卫生操作规程等来减少志贺氏菌的含量。

（3）大肠埃希氏菌。

大肠埃希氏菌是一种无芽孢、微荚膜、周生鞭毛的需氧或兼性厌氧型革兰氏阴性短杆菌，具有特殊的粪臭味。大肠埃希氏菌常见于人和动物的肠道内，一般情况下，它是肠道中的正常菌群，不会产生致病作用，健康成人和儿童的带菌率为 2%～8%。致病性的大肠埃希氏菌主要有肠产毒素大肠埃希氏菌（ETEC）、肠致病性大肠埃希氏菌（EPEC）、肠侵袭性大肠埃希氏菌（EIEC）、肠出血性大肠埃希氏菌（EHEC）和肠集聚性大肠埃希氏菌（EAEC）等。

感染致病性大肠埃希氏菌会引起腹部疼挛、水性或血性腹泻、发热、恶心和呕吐等症状。致病性大肠埃希氏菌在室温下能生存数周，在土壤或水中可生存数月。致病性大肠埃希氏菌可经带菌的手、食物和生活用品进行传播，也可经空气或水源传播。带菌食品也会因加热不彻底或生熟交叉污染、熟后污染而引起食物中毒。人群对致病性大肠埃希氏菌普遍易感染，尤其是儿童和老人的发病率高达50%。可通过充分加热淡水鱼制品杀死大肠埃希氏菌，对于 4℃ 以下冷藏的淡水鱼制品，应避免加工过程中的交叉传染并禁止有病人员加工。

（4）金黄色葡萄球菌。

金黄色葡萄球菌是葡萄球菌属中致病能力最强的一种，是引起食源性中毒的常见致病菌。金黄色葡萄球菌为无芽孢、无鞭毛的需氧和兼性厌氧型革兰氏阳性球菌。人类和动物是金黄色葡萄球菌的主要宿主，50%的健康人的鼻腔、咽喉、头发、皮肤上都有该菌，也可存在于空气、灰尘、污水和食品加工设备的表面。

金黄色葡萄球菌对热的抵抗力强，在 80℃ 下加热 30min 才能完全杀灭。金黄色葡萄球菌在 20～37℃、适宜的 pH 和合适的营养源条件下能够产生肠毒素，摄入后就会导致食物中毒。根据血清学特征的不同，目前发现的肠毒素有 A、B、C、D、E 五种类型。其中，A 型的毒力最强，摄入 1μg 即能引起中毒。金黄色葡萄球菌的食物中毒症状一般包括恶心、呕吐、水性或血性腹泻、发热等，可通过减少淡水鱼制品在环境中的暴露时间，避免加工过程的交叉污染，以及要求加工人员保持良好的个人卫生来预防。

（5）肉毒梭菌。

肉毒梭菌又称肉毒梭状芽孢杆菌，属于厌氧性梭状芽孢杆菌属，是一种有芽孢、无荚膜、有鞭毛的厌氧型革兰氏阳性菌。肉毒梭菌广泛分布于自然环境中，可产生 A、B、C_α、C_β、D、E、F 和 G 七种毒素，其中 A、B、E、F 被证实与人类肉毒中毒有关，症状包括腹泻、呕吐、腹痛、恶心和虚脱，继发为视力重叠、模糊、瞳孔扩大、凝固，严重时，会因呼吸道肌肉麻痹而导致死亡。肉毒梭菌引起的中毒不仅是肉毒毒素直接污染食物引起的，随同食物摄入人体内的芽孢在肠道内发芽、繁殖产生毒素，也可引起中毒。肉毒毒素是目前已知的化学毒素和生物毒素中毒性最强烈的一种，对人体的致病量为 10^{-9}mg/kg。

　　肉毒梭菌属中温菌，当 pH 低于 4.5 或大于 9，环境温度低于 15℃或高于 55℃时，芽孢不能繁殖，也不产生毒素。一般来说，肉毒梭菌芽孢对热的抵抗力较强，干热（180℃、5～15min）、湿热（100℃、3h）或高压蒸气（121℃、10min）能将其杀死。肉毒梭菌是食源性致病菌中热抵抗力最强的菌种之一，所以衡量罐头杀菌效果时一般以该菌作为对象细菌。由于肉毒梭菌有强耐热性的芽孢，且为厌氧性菌，常存在于加热不当的罐装食品中（通常是家庭自制的罐头）或半加工的淡水鱼制品中，如熏制、腌制和发酵淡水鱼制品。在厌氧条件下，水分含量较多的中性或弱碱性食品适于肉毒梭菌的生长和毒素的产生。反之，食物的性质偏酸、水分含量少或食盐质量分数在 8%以上时，可有效抑制肉毒梭菌的生长和毒素的形成。

　　（6）单核细胞增生李斯特菌。

　　单核细胞增生李斯特菌为较小的球杆菌，无芽孢、无荚膜，周生鞭毛，为革兰氏阳性菌，广泛分布于自然环境中。单核细胞增生李斯特菌为兼性厌氧型，营养要求不高，生长温度范围为 2～45℃，在 4℃下仍能缓慢生长。单核细胞增生李斯特菌不耐酸，生长 pH 范围为 5.0～9.0，在 pH 为 9.6 的食盐溶液（10%）中仍能生长，但在 pH 为 5.6 的环境下仅可存活 2～3d。单核细胞增生李斯特菌对热有很强的耐受力，60℃条件下加热 20min 或 70℃条件下加热 5min 才能将其杀灭。

　　一般认为，人可能是单核细胞增生李斯特菌最主要的污染源。粪便污染水源或食品后，经口传播是该菌的主要传播途径。单核细胞增生李斯特菌是一种人畜共患食源性致病菌，引起的食源性李斯特菌病相对罕见，大多数健康人群不易感染或感染症状轻微。严重感染者往往是免疫力较差或者有免疫缺陷的人群，包括酗酒者、孕妇、癌症患者和艾滋病患者等。严重时，单核细胞增生李斯特菌能引起脑膜炎、流产、败血症和其他疾病，甚至导致死亡。例如，侵袭性李斯特菌病的死亡率通常高达 20%～30%。

　　单核细胞增生李斯特菌主要来源于不需再加热的即食食品，在未加工的淡水鱼类和熏制水产品中均有发现。因此，李斯特菌病可通过充分加热淡水鱼制品和防止熟的淡水鱼制品受到交叉污染予以预防。

　　（7）霍乱弧菌。

　　霍乱弧菌通常为弧形或逗点状，无芽孢，为革兰氏阴性菌。霍乱弧菌在港湾、海湾和含盐的水中天然存在，会在温暖季节的海水环境中大量繁殖。和其他肠道传染病一样，霍乱弧菌可通过水、蚊虫、食品等传播，通过对淡水水域的污染及加工运输过程的交叉污染，可扩散到淡水鱼制品中。霍乱弧菌对环境的抵抗力较弱，干燥情况下在 2h 内即死亡，在 55℃的湿热环境中 10min 后即可杀灭，在水中的存活时间为两周，在寒冷潮湿环境下的新鲜水果和蔬菜的表面可以生存 4～7d。霍乱弧菌对酸很敏感，但对碱性环境有较强的耐受能力，能在 pH 为 9.4 的环境中正常生长。

霍乱弧菌病是一种烈性肠道传染病，也是我国传染病防治法中规定的甲类传染病之一。霍乱弧菌的肠道感染通常以水和食品为媒介，尤其是食用水产品后经口感染，在鱼贝类中的污染率相当高。霍乱弧菌的主要致病物质——霍乱肠毒素是目前已知的致泻性毒素中毒性最强的，霍乱弧菌所引发的病症主要包括水性腹泻、腹部痉挛、呕吐和脱水等，严重的时候还有可能导致死亡。易感人群通常是做过胃部手术的患者或者O型血的抗酸剂服用者。霍乱弧菌在鱼、虾、蟹中均有发现，所引起的危害可通过充分加热淡水鱼制品及防止加热后的交叉污染予以预防。

（8）副溶血性弧菌。

副溶血性弧菌通常呈弧状、杆状、丝状等多种形态，有鞭毛，为需氧型革兰氏阴性菌。副溶血性弧菌为嗜盐细菌，在盐浓度为3%～4%的环境中生长良好，在无盐或盐浓度高于8%的环境下，其生长被完全抑制，因此又称为致病性嗜盐菌。副溶血性弧菌主要分布在盐浓度较高的腌制水产品或肉类产品中。副溶血性弧菌对高温的耐受力较差，90℃下1min或56℃下5min即可杀灭。副溶血性弧菌对酸也很敏感，在2%的乙酸或50%的食醋中1min即可完全杀灭。

与霍乱弧菌类似，副溶血性弧菌天然存在于世界大多数的港湾和海岸线区域。在水温较高时，副溶血性弧菌会在水域中大量繁殖，因此感染病通常发生在夏季。通过污染养殖水体，淡水鱼也会受到感染，经口向人体内转移。沿海地区，健康人群的副溶血性弧菌带菌率为0%～11.7%，有肠道病史者的带菌率可达31.6%～34.8%，带菌人群也可造成副溶血性弧菌的扩散。副溶血性弧菌导致的疾病症状主要包括腹泻、腹部痉挛、恶心、呕吐和头疼等，可通过彻底加热淡水鱼制品和防止加热后的交叉感染来预防。

3）病毒

目前发现的能够以食物为传播载体和经消化道传染的致病性病毒主要有轮状病毒、星状病毒、腺病毒、杯状病毒、甲型肝炎病毒和戊型肝炎病毒等。而与淡水鱼制品相关的病毒主要有诺如病毒和甲型肝炎病毒。

（1）诺如病毒。

诺如病毒被认为是在世界范围内引起非细菌性肠道疾病（胃肠炎）的主要病毒之一，被世界卫生组织定为B类病原体，其感染症状主要表现为恶心、呕吐、腹泻、痉挛和偶尔发烧。我国成人的诺如病毒既往感染率高达90%，生食淡水鱼或食用处理方式不当的半加工淡水鱼制品，往往是引发诺如病毒感染的重要途径，因为淡水鱼生在加工过程中有可能被诺如病毒污染，并通过直接食用进入人体，引发急性肠胃炎等疾病。该病症的潜伏期一般为24～28h，病程为2～3d，愈后无后遗症。其引起的危害可通过充分加热淡水鱼制品及防止加热后的交叉污染来预防。

（2）甲型肝炎病毒。

甲型肝炎病毒具有很强的生存能力和传染性。人在感染甲型肝炎病毒后，大多表现为亚临床或隐性感染，仅少数人表现为急性甲型肝炎，且通常经过2～6周的潜伏期后才会出现临床症状，如虚脱、发热、关节痛、食欲不振、恶心、呕吐、腹胀、腹泻等。甲型肝炎病毒主要通过粪-口途径传播，传染源多为患者。甲型肝炎病毒随患者粪便排出体外，可通过污染水源、水产品等造成散发性大流行。甲型肝炎病毒对热、低酸都存在很强的抵抗性，在60℃下加热1h仍可存活，在水中可存活3～10个月，但在100℃下加热5min可使之灭活。因此，甲型肝炎病毒在淡水鱼制品引起的危害可通过彻底加热及防止加热后的交叉污染来预防。

2. 生物危害控制措施

有关淡水鱼制品中生物危害的控制措施，主要包括以下几个方面。

1）建立质量控制体系

危害分析与关键控制点（HACCP）作为风险管理的有效手段，可用来控制加工过程中淡水鱼制品中可能出现的生物危害。建立质量控制体系的关键是要选择合适的关键控制点，同时执行好包括卫生标准操作程序在内的其他控制措施也很有必要。

2）杀菌和抑菌技术

开发有效的杀菌和抑菌技术是尽可能避免淡水鱼制品中潜在的生物危害的重要手段。目前，应用于淡水鱼制品加工过程中的杀菌技术主要有以下几种。

（1）高压杀菌。

淡水鱼易被革兰氏阴性菌感染，这些菌对压力比较敏感，因此对这些加工产品而言，超高压技术有显著的优越性。同时，超高压作为一种冷杀菌技术，能很好地保持淡水鱼制品中固有的质构、风味、色泽、营养品质等，且杀菌时间短，杀菌效果彻底，可避免淡水鱼制品中的维生素、色素、香味成分等低分子化合物产生一些不好的变化。

（2）辐照杀菌。

辐照杀菌的机制是使用γ射线、X射线和电子射线等照射后，使微生物核酸、酶、激素等钝化，导致细胞死亡或发生变异。辐照也是一种冷杀菌技术，能杀死淡水鱼制品中的部分致病菌，尤其是肠道病原菌。此外，辐照处理还可以降解和破坏淡水鱼制品中的过敏原。但是辐照可能带来潜在的危害，这也是阻碍该项杀菌技术发展的主要原因。

（3）电解水杀菌。

酸性电解水是通过电解生成的，具有广谱高效、安全环保的杀菌效果的功能水。用于生鲜淡水鱼制品的杀菌和保鲜过程，对大肠杆菌、单核细胞增生李斯特菌、蜡样芽孢杆菌等多种致病菌均具有较强的杀灭作用。

（4）臭氧杀菌。

臭氧具有极强的氧化能力，可氧化细菌细胞壁中的脂蛋白，使细菌受损死亡，是一种通用、广谱性抗菌剂。臭氧已经广泛应用于养殖和生产用水的消毒，以及加工车间和冷库的杀菌除味，可显著减少淡水鱼制品中菌群的种类和数量，延长产品的货架期。

（5）化学杀菌。

利用化学制品的防腐作用，可提高淡水鱼制品的品质稳定性及储藏特性。淡水鱼制品加工过程中，常用的化学类防腐剂有二氧化硫、亚硫酸及其盐类和醇类。

（6）生物杀菌。

生物杀菌是指利用从动植物、微生物中提取的天然的或利用生物工程技术获得的对人体安全的保鲜剂来延长食品的货架期。在淡水鱼制品中应用较多的生物保鲜剂有茶多酚、溶菌酶、乳酸链球菌素和壳聚糖等。

10.2　产品质量与安全控制体系

10.2.1　良好操作规范

良好操作规范（good manufacturing practice, GMP）是政府强制执行的食品生产和储存卫生法规，是一种特别注重生产过程中产品质量与卫生安全的自主性管理制度。GMP 要求企业在原料采购、制造、包装及储运等过程的有关人员配置、建筑、设施、设备等的设置及卫生，制造过程、产品质量等的管理均能符合良好生产规范，防止食品在不卫生条件或可能引起污染及品质变差的环境中生产，减少生产事故的发生，确保食品安全卫生和品质稳定。简而言之，GMP 要求企业具备良好的生产设备、合理的生产过程、完善的质量管理体系和严格的质检系统，强调过程中的品质控制，以尽可能避免危害的发生，这也是加工企业应该达到的基本要求。

1962 年，美国坦普尔大学（Temple University）的 6 名教授编写了最早的药品 GMP 文件，FDA 于 1963 年通过美国国会将此 GMP 文件颁布成法令，即药品 GMP。1969 年举办的第 22 届世界卫生大会上，WHO 建议各成员国药品生产企业采用 GMP 制度。1975 年，日本厚生劳动省参照美国食品 GMP 制定了食品卫生规范。随后，日本农林水产省依照《农林产品规格化与质量标示合理化》进行管理，开始在日本水产品加工行业中建立 GMP 体系。

1982 年 11 月 19 日，第五届全国人民代表大会常务委员会第二十五次会议通过了《中华人民共和国食品卫生法（试行）》，首次对食品、食品添加剂、食品容器、包装材料和食品用工具、设备的卫生，食品卫生标准和管理办法的制定，食品卫生管理和监督，法律责任等做出了规定，开启了我国食品生产的法制时代。1984 年，我国首次制定了类似 GMP 的卫生规范《出口食品厂、库最低卫生要求（试行）》，对出口食品生产企业提出了强制性的卫生规范。1994 年，我国又陆续发布了出口畜产肉、罐头、水产品、饮料、茶叶、糖类、面糖制品、速冻方便食品和肠衣等 9 类食品的企业注册卫生规范。1998 年颁布的《膨化食品良好生产规范》（GB 17404—1998）和《保健食品良好生产规范》（GB 17405—1998）是我国最早的两项 GMP。我国现行的水产品 GMP 是于 2016 年颁布的《食品安全国家标准　水产制品生产卫生规范》（GB 20941—2016）。

1. 基本内容

根据我国现行的水产品 GMP《食品安全国家标准　水产制品生产卫生规范》（GB 20941—2016），水产品生产企业的卫生质量体系至少包括九方面内容：①生产、质量管理人员的要求，包括疾病控制、个人卫生要求等；②生产企业环境的卫生要求，包括对周围环境的要求、对水源的要求、工厂布局要求等；③生产车间及设施的卫生要求，包括车间结构、车间布局、车间地面、墙面、顶面及门窗、供水与排水设施、通风与采光、控温设施、工器具、设备、人员卫生设施、仓储设施等；④生产用原料、辅料的卫生要求，包括原料、辅料的卫生要求、生产用水（冰）的卫生要求等；⑤生产、加工的卫生要求，包括环境卫生要求，交叉污染防控，车间、设备及工器具的卫生控制等；⑥包装、储存和运输的卫生要求，包括包装材料的要求、仓库要求、运输要求等；⑦有毒有害物品的控制要求，包括洗涤剂、消毒剂、杀虫剂、燃油、润滑油和化学试剂等有害物质的控制；⑧产品的卫生质量检验要求，包括检验人员、检验设施、检验记录等；⑨保证卫生质量体系有效运行的要求，包括制定卫生控制程序、建立卫生标准操作程序、制定不合格产品控制制度和产品召回制度、建立内部审核制度等的要求。

2. 实施与应用

以 GMP 在某水产加工企业冷冻淡水鱼制品生产中的应用为例，介绍其具体内容。依据《食品安全国家标准　水产制品生产卫生规范》（GB 20941—2016）和其他相关 GMP，以及该企业在冷冻罗非鱼加工过程中存在的危害与控制措施的实际需要，建立并实施本规范。

1）原辅料的采购、运输和储藏过程

（1）从获得相关部门许可的罗非鱼养殖企业购买原料，对购买原料进行理化指标、质量等级及卫生检验，并保留相关记录。

（2）加工过程中使用的辅料和食品添加剂需符合《食品安全国家标准　食品添加剂使用标准》（GB 2760—2014）规定。

（3）运输工具和运输过程符合有关安全卫生要求。

（4）设置与生产能力相适应的储藏设施，储藏条件应符合保存要求。

2）厂区环境

（1）厂区建在交通便利、水源充足的区域；周围无各类污染源。

（2）厂区内路面坚硬平整，有良好排水系统，无积水；无裸露地面，空地进行绿化。

（3）建有符合卫生要求的物料储存设施，以及污染物和废弃物暂存设施。

（4）卫生间配有冲水、洗手、防鼠、防蚊虫等设施，并时刻保持清洁。

（5）废弃物、污染物需用加盖、不漏水的防腐蚀容器盛放及运输；厂区排放应符合相关国家标准规定。

（6）生活用水和污水管道不交叉；员工生活区与生产区域分开。

3）厂房和设施

（1）加工车间要求。车间布局合理，防止交叉污染，符合单冻罗非鱼工艺流程和加工卫生要求；车间依据单冻罗非鱼加工工艺划分不同作业区；车间设置人流、物流单独出口，排水口、通风处应安装防鼠、防蚊虫及防尘等设施；车间设工器具和设备清洗消毒的区域；工作台面采用光滑、不吸水、易清洁的无毒材料等。

（2）储藏设施要求。原料与半成品储藏库分开；储藏库内设置测温装置或温度记录装置，并安装能自动调节温度的控制装置。

（3）设施。加工和生活用水分别采用独立的管线系统，保证各个部位用水的流量和压力符合要求；管道应安装防止固体废物进入的装置，保持排水畅通、无积水；根据当地水质情况和生产要求增设水质净化设施；车间内所有用电设施应防水、防潮、确保安全；及时有效地处理污染物；设有充足的自然采光或照明设施并安装防护装置；设有充足的卫生间及洗消设施，且与生产区有效隔离。

4）设备和工器具

（1）设备采用无毒、无味、耐腐蚀、易清洗的材料制作，在正常加工过程中不与接触到的物质发生化学反应。

（2）设备应耐用、易于维护保养和拆卸清洗。

（3）专用容器有明显的标识，不得与其他容器混用。

（4）专用设备及工具，应制定有效的预防性保养措施。

5）人员管理和培训

（1）人员卫生与健康。工作中可能直接接触食品、食品接触面及包装材料的工作人员，需保障食品免受污染、保持清洁；工作人员的疾病或受伤情况需向有关管理部门报告；禁止佩戴首饰和其他可能掉入食品、设备中的物品；应佩戴发网、帽子等有效的须发约束物。

（2）教育与培训。设备操作及监管人员在上岗前应经过适当的食品加工技术及保护原理方面的培训；可能会接触到食品的从业人员在上岗前应经过食品安全知识培训。

6）生产过程控制

（1）环境温度控制。对温度有要求的工序，要安装温度显示设备和温度自动调整装置；加工过程中，应控制产品内部温度和暴露时间。

（2）生产过程危害控制。对罗非鱼中可能存在的物理、化学和生物危害进行分析，建立危害控制程序；冷冻罗非鱼制品的加工应符合《食品安全国家标准 鲜、冻动物性水产品》（GB 2733—2015）中的要求。

7）成品储藏与运输

（1）储存。储存应避免日晒、雨淋、撞击、温湿度的剧烈变化。

（2）运输。运输过程不应对产品和包装造成污染。

8）质量管理

（1）机构设置。设置独立的质量管理与检验部门，具有产品质量裁决权。

（2）质量管理标准与体系。参照国家标准、行业标准、地方标准制定不低于现行标准的单冻罗非鱼产品质量管理标准，由相关部门认可后严格执行。

（3）卫生管理。建立卫生管理部门，制定企业各项卫生管理制度，定期组织相关生产人员学习；建立定期检查制度，杜绝隐患，防止交叉污染；建立严格的洗消制度，确保洗消设施和卫生间的清洁；制定有效的防蚊虫、防鼠措施；规范有毒有害物质的管理制度。

（4）卫生管理记录制度。建立原辅料及半成品、成品的卫生控制记录制度，确保可能的危害因素均处于受控状态；详细记录反映产品质量的关键程序，制定标识、收集、归档、存储、保管及处理等记录制度。

10.2.2 卫生标准操作程序

卫生标准操作程序（SSOP）是 GMP 中最为关键的基本卫生条件，是企业为了满足 GMP 所规定的目标要求，以及保证所加工的食品符合卫生要求而制定的作业指导书，目的是指导食品生产加工过程中实施清洗、消毒和卫生保持。SSOP 与 HACCP 体系有着密切的关联，且 HACCP 体系建立在严格遵守现行的 GMP 和可接受的 SSOP 的基础上。

20 世纪 90 年代，美国频繁暴发食源性疾病，造成每年 700 万人感染和 7000 人死亡。调查发现，大部分的感染或死亡的案例都与肉、禽产品有关。这一调查结果引起了美国农业部食品安全检验局（Food Safety and Inspection Service, FSIS）的极大关注，并在 1995 年 2 月发布的"肉/禽产品 HACCP 法规"中第一次提出了要求建立一种书面的常规可行程序——SSOP，并把执行 SSOP 作为 HACCP 的主要前提。同年 12 月，FDA 颁布的"水产品 HACCP 法规"，首次明确了如何在水产品加工过程中建立 SSOP 程序。

2002 年 5 月，国家认证认可监督管理委员会在发布的《食品生产企业危害分析与关键控制点（HACCP）管理体系认证管理规定》中明确，企业必须建立和实施卫生标准操作程序。目前，我国食品卫生法及对各类型食品工厂的卫生规范都有与国外 SSOP 类似的相关内容，如《食品安全国家标准 食品生产通用卫生规范》（GB 14881—2013）、《食品安全国家标准 水产制品生产卫生规范》（GB 20941—2016）、《食品安全国家标准 食品接触材料及制品生产通用卫生规范》（GB 31603—2015）和《食品安全国家标准 速冻食品生产和经营卫生规范》（GB 31646—2018）等都属于我国食品生产的 SSOP。

1. 基本内容

SSOP 至少包括以下八项内容。①食品接触或与食品接触物表面接触的水（冰）的安全：水的安全供应；饮用水和非饮用水间没有交叉污染。②与食品接触的表面（包括设备、手套、工作服）的清洁度：食品接触面应保持清洁。③防止发生交叉污染：防止员工错误操作造成污染；生熟食品分开；防止由工厂设计原因造成的污染。④手的清洗与消毒，以及厕所设施的维护与卫生保持：保证手部清洗与消毒设施状况良好；保证厕所等设施状况良好。⑤防止食品被污染物污染：保证食品和包装材料及所有接触面不受物理、化学和生物污染物污染。⑥有毒化学物质的标记、储存和使用：有毒化学物质做到科学标记、储存和使用。⑦雇员的健康与卫生控制：管理好有外伤或患病的员工，避免其对食品产生污染。⑧虫害的防治：避免任何病虫害的影响。

2. 实施与应用

SSOP 概述了企业如何在其内部保持卫生控制。淡水鱼制品的加工过程，一般需符合以下基本卫生要求。

1）水的监控记录

生产用水应具备如下几种记录和证明：①由当地卫生部门进行的水质检验（每年 1～2 次）报告的正本；②储水的水池、水塔、储水罐等的清洗消毒计划和监控记录；③每月对生产用水进行的细菌总数、大肠菌群检测的记录；④每天对生产用水的余氯检测的记录；⑤生产直接接触食品的冰，要记录原料水和工器具卫生状况；⑥出口淡水鱼制品加工企业需按出口对象国的要求进行监测并做记录；⑦工厂供水网的检查记录。

2）清洗消毒记录

清洗消毒记录是对加工接触面的清洗消毒执行情况的记录，主要包括以下几个方面：①加工接触面清洗消毒记录；②工作服、手套、靴鞋清洗和消毒记录；③消毒剂种类、使用浓度和温度监测记录。

3）表面样品检测记录

表面样品是指在整个加工过程中可能与产品发生接触的表面，包括加工设备、包装物料、加工人员手套等，这些接触表面的洁净度将直接影响淡水鱼制品的安全与卫生。表面样品检测记录包括以下几个方面：①加工人员的工作服、手（手套）等；②加工案台及加工工具；③加工设备；④加工车间地面、墙面等；⑤加工车间、更衣室的空气（空气污染程度评价指标见表 10.13）；⑥内包装物料。检测项目包括菌落总数、沙门氏菌数、金黄色葡萄球菌数等。

表 10.13　空气污染程度评价指标

菌落总数/（个/cm²）	空气污染程度	评价
＜30	清洁	安全
30～50	中等清洁	一般
50～70	低等清洁	应加注意
70～100	高度污染	要对空气进行消毒
＞100	严重污染	禁止加工

4）生产人员的健康与卫生检查记录

淡水鱼制品加工中，生产人员的身体健康与卫生状况将直接关系到产品的卫生质量，因此必须对生产人员进行严格的卫生管理。检查记录包括以下几方面内容：①生产人员进入车间前的卫生检查检验记录；②生产人员健康检查合格证明及档案记录；③生产人员卫生培训计划及培训记录。

5）卫生监控与检查纠正记录

淡水鱼制品加工企业在生产过程中必须保持良好的卫生环境，以保证产品安全的卫生水平。产品加工企业的卫生执行与纠正记录内容主要包括以下几方面：①厂区（包括生活区）的灭虫和灭鼠执行、检查、纠正记录；②厂区（包括生活区）的清扫执行、检查、纠正记录；③车间、更衣室、消毒间、厕所等清扫、消毒及检查、纠正记录；④灭鼠图。

6）化学药品购置、储存和使用记录

淡水鱼制品加工企业可能用到的化学药品主要有食品添加剂、润滑油、消毒剂、灭虫药物，以及检测实验中用到的化学药品等。化学药品的使用必须具有如下记录：①卫生部门批准的允许使用证明；②储存保管记录；③领用记录；④使用记录；⑤监控及纠正记录。

10.2.3　危害分析与关键控制点

危害分析与关键控制点（HACCP）是一种操作简便、实用性和专业性很强的食品安全保证体系，主要针对食品中存在的微生物、化学和物理危害进行安全控制，近年来受到了世界各国的重视，并被采用作为食品行业的一种新的产品安全质量保证体系。从 HACCP 的名称可明确看出，它主要包括危害分析（HA）和关键控制点（CCP）两大部分。

HACCP 是指对食品原料、关键生产工序及影响产品安全的人为因素进行分析，确定加工过程中的关键环节，进而建立并完善监控程序和标准，采取规范的纠正措施，预防危害发生，将其消除或降低到消费者可接受水平，以确保食品在生产、加工、制造、准备和食用等过程中的安全。HACCP 最显著的优点表现为在生产过程中鉴别并控制潜在危害，将危害消除在食品链的最初环节。在国际上，HACCP 被认为是控制由食品引起疾病最经济的方法，并获得了国际食品法典委员会（CAC）的认同。

20 世纪 60 年代，美国 Pillsbury 公司、美国国家航空航天局和美国陆军纳蒂克士兵研发与工程中心在联合开发航天食品时形成了 HACCP 食品质量管理体系。1971 年，Pillsbury 公司在美国食品保护会议上首次提出了 HACCP 的概念。1973 年，美国 FDA 首次将 HACCP 食品加工控制的概念应用于酸性和低酸性罐头食品的加工过程中。1974 年后，HACCP 的概念大量出现在科技文献中。20 世纪 90 年代，美国 FDA 决定强制要求国内及进口水产品生产者实施 HACCP 体系，并于 1994 年公布了实施草案。1997 年，国际食品法典委员会颁布了《危害分析与关键控制点体系及其应用准则》，并先后被多个国家采用。

从 1990 年起，国家进出口商品检验局科学技术委员会开始对 HACCP 在食品加工业中的应用进行研究，并制定了"在出口食品生产中建立 HACCP 质量管理体系"。2002 年，国家质量监督检验检疫总局首次提出强制性地要求某些食品生产企业建立和实施 HACCP 体系，要求出口水产品加工企业在 2003 年 12 月 31 日前通过 HACCP 体系的认证。2011 年，国家认证认可监督管理委员会第 23 号公告《出口食品生产企业安全卫生要求》中，明确列出了实施 HACCP 体系验证的 22 类出口食品（含水产品类）。

1. 基本内容

HACCP 是一个确认、分析、控制生产过程中可能发生的物理、化学、生物危害的系统方法，是一种新型质量保证体系。与传统的质量检查方法（即成品检验）不同的是，HACCP 更加关注生产过程中各环节的控制。HACCP 原理在实际生产中经过应用与修改，已被 CAC 认可。在 CAC 起草的《应用 HACCP 原理的指导书》中对 HACCP 名词术语、发展 HACCP 的基本条件、CCP 判断图的使用等细节进行了详细规定，即 HACCP 的七个基本原理。

1）HA

HA 指确定与食品生产各阶段有关的潜在危害因素，包括原辅料生产及加工过程、产品储运和消费等各环节。HA 不仅包含可能发生的危害（可能性）及危害程度（严重性），也要指出采用哪些防护措施来控制这些危害。

2）确定 CCP

CCP 是指能控制物理、化学或生物因素的任何点、步骤或过程，包括原辅料的收购、生产、收获、运输、产品配方、储运等。经过对以上 CCP 的控制，可使潜在危害得以防止、排除或降至可接受水平。

3）确定关键限值，保证 CCP 受控制

对每个 CCP 都要确定一个标准值或范围，以确保每个 CCP 限值在安全值以内。这些关键限值通常是与食品加工和保存过程相关的参数，如温度、时间、物理性能（如张力）、酸度、A_w 及 pH。

4）确定监控 CCP 的措施

监控（包含监控对象、方法、频率和人员）是指有计划、有顺序地观察或测定，以判断 CCP 是否在控制中，并准确记录，可用于未来的评价。需尽可能通过各种有效手段对 CCP 进行连续监控，若无法连续监控关键限值，应有足够间歇频率来观测 CCP 的变化特征，以确保 CCP 处于有效控制中。

5）确立纠偏措施

当监控程序显示出现偏离关键限值的情况时，要及时采取纠偏措施。虽然 HACCP 系统已有防止偏差的计划，但从总的保护措施来说，应针对每个 CCP 建立合适的纠偏计划，以防止发生偏差时没有及时恢复或纠正问题的手段，还要有维持纠偏措施的记录。

6）确立有效的记录保存程序

要求把确定的危害性质、CCP、关键限值、CCP 纠偏措施，以及 HACCP 计划的准备、执行、监控、记录保存和其他措施等与执行 HACCP 计划有关的信息、数据记录文件完整地保存下来。

7）建立验证程序

建立审核程序以证明 HACCP 系统处于正确运行中，保证 HACCP 计划正常执行。审核的记录文件应保证在任何 CCP 上的计划执行情况都可随时被检出，验证要素包含确认、CCP 验证活动、HACCP 计划有效运行验证和执法机构。

2. 实施与应用

以鲮鱼罐头为例，对从原辅料进货到加工成罐头成品等过程中实际存在和潜在存在的危害进行了分析判定，找出对最终产品质量产生影响的控制点，确定关键控制点及控制限度，并建立监控程序，以及在控制过程中预先确定的纠错行动及记录保留程序，从而建立有效的 HACCP 体系，使该产品的卫生质量得到更有效的保证。

1）加工工艺流程

原料→原料验收→粗加工/水洗/分级/油炸→鱼干挑选验收→浸调味液→空罐清洗→装罐称量→抽真空密封→罐头杀菌→罐头水洗/干燥→质检→包装→入库储存/运输。

2）危害分析

根据 HACCP 质量管理体系的相关原则，对鲹鱼罐头生产中的各加工工序进行了危害分析，列出这个过程中可能出现的所有危害因素，如表 10.14 所示。

表 10.14　鲹鱼罐头生产加工中的危害因素分析

原料/加工步骤	危害因素	潜在的食品安全问题	判断依据	关键控制点
原料验收（鲹鱼）	兽药残留、蛔虫	是	水产养殖中可能存在鱼生病和养殖者用药不规范的情况	是
粗加工/水洗/分级/油炸	加工过程中病原体污染	否	通过 SSOP 控制微生物、化学、物理危害	否
鱼干挑选验收	可能混有变质鱼干	是	病原体繁殖生长，导致鱼干变质	是
浸调味液	低品质	否	通过 SSOP 控制物理、化学、微生物危害	否
空罐清洗	空罐内细菌污染/清洁消毒剂残留	否	通过 SSOP 控制物理、化学、微生物危害	否
装罐称量	装罐过程称量不准导致装罐过量	是	罐装过量可能会造成杀菌不彻底	是
抽真空密封	控制不当，导致产品中微生物繁殖	是	① 罐内存有大量氧气，可能导致好氧性细菌生长，在热杀菌过程中罐内空气膨胀可能使罐头产生损坏；② 密封不良会导致二次污染	是
罐头杀菌	若杀菌不彻底，会导致肉毒梭菌繁殖	是	按美国联邦法规21CFR第113部分"密封容器包装低酸性食品的热力杀菌"进行	否
罐头水洗/干燥	罐头外清洗剂残留	否	罐头已真空密封，外来危害对罐头食品无影响	否
质检	低品质	否	无物理、化学、微生物危害	否
包装	包装标签不规范	否	通过 SSOP 控制	否
入库储存	低品质	否	无物理、化学、微生物危害	否

3）建立 HACCP 计划

通过对鲮鱼罐头生产过程的各加工工序进行危害分析，确定了 4 个关键控制点，分别是原料验收、鱼干挑选验收、装罐质量和抽真空密封。针对这 4 个关键控制点，制定了 HACCP 计划，如表 10.15 所示。

表 10.15　鲮鱼罐头生产过程的 HACCP 计划

| 序号 | CCP | 关键限值或方法 | 监控程序 | | | 纠偏措施 |
			方法	频率	人员	
1	原料验收	验收池塘养殖鲜鱼时，附有养殖者未使用药物证明书	供应商出具未使用药物证明书	每批一次	接收原料员工	供应商无法出具未使用药物证明书时，拒绝接收该批鲜鱼；当审核发现供应商违规使用药物时，取消其供应资格
2	鱼干挑选验收	用感官检查每批炸鱼干的质量，控制变质鱼干不混入产品中	采用目测方法进行验收	每批鱼干	鱼干质检小组人员	对每批炸鱼干进行感官检查时，若变质鱼干数量超过 10%，拒收整批；变质鱼干数量小于 10%，应由专人挑选后生产
3	装罐质量	501 罐 227g，规定最大装罐量 191g；501 罐 184g，规定最大装罐量 155g	用天平称取固形物质量	每 15min 一次，一罐一次	质检人员	称量天平失准而导致装罐质量超过关键限值时，立即停止装罐，并校准天平和扣留超重半成品返工重装罐
4	抽真空密封	501 罐 227g，规定抽真空度控制在 50.66～56.00kPa；501 罐 184g，规定抽真空度控制在 42.7～50.7kPa	目测观察真空仪表气压	每 15min 一次，一罐一次	质检人员	真空封罐机失控导致罐头内抽真空度过低或过高时，应停止作业并将产品扣留，分析原因后对真空封罐机真空度仪表进行检查校正，将低真空半成品返工后重新装罐

4）CCP 记录

准确的 CCP 记录体系是 HACCP 方案的核心部分，在鲮鱼罐头加工过程中做了如下记录。

（1）建立文件档案。将鲮鱼罐头 HACCP 计划和用于制定该计划的支持性文件及产品流程图审核文件、危害分析文件、CCP 及控制限值文件等进行存档。

（2）CCP 监控记录。原料验收时，供应商提供的未使用药物证明书；鲮鱼干质量抽检情况记录表；装罐固形物质量抽检记录；真空封罐机真空度检查记录。

（3）纠错行动记录。校正称量天平记录和超重半成品扣留返工重装记录。

（4）相关人员对 CCP 的抽查和审核记录。鲜鱼验收监控和纠错记录；鱼干验收监控及纠错记录；装罐质量监控和纠错记录；真空封罐机真空度和校准真空表记录。

5）验证程序

建立 HACCP 生产体系后，需定期对其进行验证和审核，以保证体系的有效性。验证程序主要包括以下三个方面。

（1）对 HACCP 计划的验证。由企业 HACCP 工作组对计划中的各个组成部分进行复核审查，个别确认工作可邀请相关专家进行论证。

（2）对实施中的 CCP 进行验证。及时校准监测仪器；及时检查生产设备的各项参数；按定期不定时原则对 CCP 的操作进行检查；及时抽检供应商提供的产品。

（3）协助执法机构对 HACCP 进行验证。协助执法机构按特定的审核程序进行现场复查和各项记录的审核，并随机抽取样品进行检查分析和综合性评价。

6）HACCP 计划的执行和审查

能否良好地实施鲮鱼罐头的 HACCP 计划的关键在于其执行情况和执行力度。原辅料的验收记录、产品检验记录、卫生检查记录、纠偏记录、成品检验记录和验证记录，以及用于制定 HACCP 工作计划的支持文件等是必须建立的记录管理系统的有效文件。此外，为确保 HACCP 计划的良好实行，应制定良好的操作规范、卫生操作程序。同时，为确保 HACCP 体系运行正常，HACCP 工作组应定期审查执行情况。

10.2.4　淡水鱼质量安全可追溯体系

国际标准化组织（ISO）和 CAC 两大组织都对可追溯性做出过定义。其中，ISO 把可追溯性定义为"追溯实体的历史、应用情况或所处位置的能力"（ISO 9000：2015）。我国制定的国家推荐标准《质量管理体系　基础和术语》（GB/T 19000—2016）中采用了类似的定义，将可追溯性定义为"追溯客体的历史、应用情况或所处位置的能力"。同时，定义中还补充到"当考虑产品或服务时，可追溯性涉及：①原辅料和零部件的来源；②加工的历史；③产品或服务交付后的分布和所处位置"。CAC 在《食品检验和认证体系中运用可追溯性/产品追溯的原则》（CAC/GL 60—2006）中，将可追溯性定义为"在特定生产加工和分配阶段跟踪食品流动的能力"，并将可追溯性与产品溯源作为同术语。

总的来说，可追溯性是利用已记录的标识追溯产品的历史、应用情况、所处场所或类似产品或活动的能力。可追溯包括跟踪和追溯两个部分，跟踪是指从供应链的上游至下游，跟随一个特定的单元或一批产品的运行路径的能力；追溯是指从供应链下游至上游，识别一个特定的单元或一批产品的来源的能力。可追溯体系就是在产品供应的整个过程中对产品的各种相关信息进行记录存储的质量保障体系。

1. 基本内容

淡水鱼质量安全追溯体系的实施主体是监管部门和生产经营单位，以淡水鱼制品供应链中的产品信息流和实物流为主要线索，以生产责任主体信息、产品追溯信息和关键控制点质量安全信息为记录重点，以各生产责任主体追溯信息系统为基础，以中央追溯信息数据库和监管追溯平台为核心。采用淡水鱼制品质量安全追溯技术体系可以完成追溯信息的记录和上传，同时为生产者、监督者和消费者提供一个追溯信息的管理和交互平台，满足多用户、多角色的使用需求，保证追溯信息的有效传递，达到各环节追溯信息向下可追踪、向上可溯源的集中追溯查询目的，并且满足各种产品流通途径的追溯要求，主要组成部分包括以下六个方面的内容。

1）记录详尽的数据资料

一个可追溯系统要具备三个基本信息组成部分：产品识别方法（产品标识）、产品信息、产品标识与产品信息之间的可追溯连接。将产品识别码分配给特殊的产品单元，并且当它在供应链中移动时保持每一单元及其描述信息的完整性是可追溯系统成功的关键。相关信息的记录形式多样，可以纸质记录，也可以采用条形码、电子数据表、数据库记录等电子化形式。

2）供应链全程有效的信息传递

在可追溯系统中，为使信息在供应链的各环节间的转移更加便捷、流畅，记录必须做到以下四点：①及时被建立并保持；②及时被获得；③与供应链的其他环节相适应，即确保供应链前后环节的无缝连接；④可追溯系统的兼容性须考虑到海外市场。

3）信息掌控方

通常，供应链中各个环节的组织中都必须有管理和负责可追溯资料的人员，称为信息掌控方，可以是资料的要求方，也可是供应链中的各相关组织，或是被授权作为信息管理者的第三方。在某些情况下，供应链中的各个组织也可共同拥有一个信息掌控方。

4）产品标识

产品标识作为可追溯系统的基础，分为三个层次：批次、销售单元和物流单元。在相同条件和状况下捕获或者生产的产品被认为是同一批次，而来自同一批次的产品可能被分包在一个或多个包装或销售单元之中。对每一个销售单元分配与之对应的唯一代码，可保证在单元基础上对产品进行追溯。为方便运输，多个销售单元被包装成更大的单元，称为物流单元，以保证对运输包装进行追溯。

5）追溯单元的运输和转移

销售（物流）单元在供应链中各个环节间的传递，会因为集合、分裂等发生改变。随着在供应链上的传递或改变越来越多，可追溯也将变得越来越复杂。因此，在可追溯系统中，每个单元的传递或者改变均要详细记录。

6）产品标签

产品标签可将产品信息与实际的产品相关联。以产品标签为媒介，通过产品标识的纸质信息记录表或计算机数据库便能找到与该产品相关的各种信息。标签内容可包括要传递给供应链下游的部分或全部产品信息，其加贴形式并不固定。

2. 实施与应用

以鲟鱼鱼子酱加工为例对追溯系统建设情况进行介绍。

1）追溯系统的主要内容

（1）实时接收电子秤数据。软件系统实时与电子秤连接，实时接收电子秤数据，并由人工触发保存记录。

（2）数据采集。根据设备部署的不同位置，软件系统采集对应的数据信息，并将信息上传至服务器保存。

（3）职工签到。软件系统记录每日各岗位职工的到岗情况，记录岗位名称、人员、日期时间。

（4）标签编码转换。按照实际需求，系统自动将流水线产品的唯一编码与外销时的报关流通编码进行转换。

（5）照片溯源。当产品在电子秤上称量结束时，采用智能可编程照相机自动对称量台上的成品鱼子酱拍照存档。将电子数据与产品批次号对应，使客户可以通过照片选择产品。

（6）电子库存管理。电子库存管理的主要功能如下。

产品识别：通过条形码扫描设备，扫描产品标签上的一维或二维条形码，读取产品信息。

入库管理：将保存入库产品相关信息及存放日期存入货架。

出库管理：根据订单信息，在软件系统中选择产品品种和入库日期，系统显示该批产品的放置位置，并将该批产品的相关图片汇总存入一个单独文件夹内供随时拷贝。

库存统计：以统计图的形式，清晰直观地显示目前所有产品的库存数量情况，可按照产品等级、颜色、使用配方等方式查询对应的统计信息，主要统计对象为每日原料鱼数量、每日装罐总质量、出入库净重损耗、产卵率等。

（7）产品追溯标签。产品追溯标签编码样式见图 10.5。

（8）数据对接。系统按指定格式生成 Excel 电子数据档案，与用户软件系统数据对接。

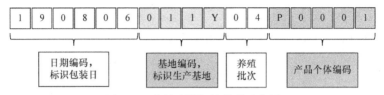

图 10.5 产品追溯标签编码示意图

（9）产品溯源。通过外销国际贸易标签码，流水产生统一标识码，对外销大罐产品进行溯源，掌握全过程信息。通过销售日期、销售地点追查分装小罐产品来源。

2）追溯环节主要构成

（1）流水线开始前。

操作：杀鱼时，由操作人员输入原料批号。

采集数据：原料批号、日期、基地号、批次。

（2）杀鱼。

设备：工控机（或笔记本）。

操作：鱼体称量，质量同步传到工控机界面上，选择品种，系统自动生成鱼号，操作人员将鱼号手抄到标签上，贴到鱼体。

采集数据：原料批号、品种、鱼体质量、鱼号、员工编号。

（3）称卵称盐。

设备：电子秤、工控机。

操作：每日流水作业开始前，操作人员先在工控机上输入员工编号（此号若不变，只需输入一次），将鱼卵放入盆中（去皮重），在工控机上选择配方，输入鱼号，选择配方，工控机提示加盐量，系统自动上传数据。

采集数据：鱼号、配方、加盐量、鱼卵质量、员工编号。

（4）装罐。

设备：电子秤、工控机、摄像头。

操作：将装罐未封口的鱼子酱放在电子秤上称量，质量同步到工控机界面上，另一员工在工控机中输入鱼号，选择罐型规格、颜色、等级，工控机界面上实时显示电子秤上的鱼子酱图像，操作者确定后单击拍照按钮，再单击打印标签按钮打印成品标签。

采集数据：鱼号、罐型规格、颜色、等级、照片、员工编号。

（5）入库。

设备：电子秤、扫描枪、工控机。

操作：将一批产品运到入库口，操作人员取出一罐放到电子秤上称量，质量同步显示到工控机界面上，此时操作人员用扫描枪扫产品标签，系统自动把当前质量与产品罐号对应，显示到屏幕上，当重复称量扫描一定次数后（一定次数指预存放到同一货架的产品全部扫描完成），此时屏幕上会列出所有扫描产品罐号及对应质量，确认无误后，在屏幕上选择预存放货架编号，单击保存按钮即可。

采集数据：存放货架号、产品罐号、每罐入库质量、员工编号。

（6）出库。

设备：与入库共用一套设备。

操作：在工控机上按订单查询相关产品，同时系统调取相关产品照片存入特定文件夹中，按单子去库中拿货，备齐出库产品后，逐罐扫描产品标签，连接现有标签打印机打印国际贸易标签，系统标识正常时出库。

采集数据：产品罐号、出库质量、用途、备注、国际贸易号（罐号+净重）、损耗。

（7）分装。

设备：工控机、电子秤、扫描枪。

操作：操作人员用扫描枪扫描原始大罐产品标签，同时在工控机上显示已扫的罐号。当分装完成时，将小罐装盒，操作人员在工控机界面上对应的大罐罐号位置处输入该分装批次中各罐型规格的分装数量，按每种罐型打印标签，贴于盒外侧（分装多种规格，打印多个标签，按不同规格将小罐装入不同盒中并在盒外侧加贴标签）。分装完成后，将所有盒全部入库。

采集数据：原产品罐号、分装日期、各罐型规格分装数量及条形码、该批分装中小罐产品的总质量、该批产品总损耗、员工编号。

（8）移架移库（可单罐移，可整架移）。

设备：移动手持扫描设备。

操作：带手持扫描设备入库，在手持扫描设备上选择货架号，扫描产品标签（可连续扫描多个），系统会自动计算并显示已扫描数量，将每个货架的产品扫描完毕后单击保存按钮（也可直接选择货架编号，单击保存按钮作为整货架移动）。操作人员从仓库中出来后，将手持扫描设备与计算机数据同步。

采集数据：货架号、产品罐号。

（9）手持出库（只用于内销、试验、检测等非外销用途）。

设备：移动手持扫描设备。

操作：用手持扫描设备扫描产品标签，手持扫描设备上显示该产品信息，在界面上选择出库用途，单击保存按钮，全部完成后将手持扫描设备与计算机数据同步，系统会标识为手持出库。手持出库可逐罐扫描出库，也可整货架出库（直接选择货架号，单击出库按钮）。

采集数据：产品罐号、用途。

10.3　质量安全标准

10.3.1　淡水鱼制品生产企业卫生规范

参照《食品安全国家标准　水产制品生产卫生规范》（GB 20941—2016），本规范由中华人民共和国国家卫生和计划生育委员会、国家食品药品监督管理总局发布，发布时间为 2016 年 12 月 23 日，2017 年 12 月 23 日起实施。

10.3.2　鲜活淡水鱼质量标准

参照《鲜活青鱼、草鱼、鲢、鳙、鲤》（SC/T 3108—2011），本标准由中华人民共和国农业部发布，发布时间为 2011 年 9 月 1 日，2011 年 12 月 1 日起实施。

10.3.3　鲜、冻淡水鱼制品质量标准

可参照《食品安全国家标准　鲜、冻动物性水产品》（GB 2733—2015），本标准由中华人民共和国国家卫生和计划生育委员会发布，发布时间为 2015 年 11 月 13 日，2016 年 11 月 13 日起实施。

10.3.4　淡水鱼加工制品质量标准

参照《食品安全国家标准　动物性水产制品》（GB 10136—2015），本标准由中华人民共和国国家卫生和计划生育委员会发布，发布时间为 2015 年 11 月 13 日，2016 年 11 月 13 日起实施。

10.3.5　淡水鱼罐头制品质量标准

参照《食品安全国家标准　罐头食品》（GB 7098—2015），本标准由中华人民共和国国家卫生和计划生育委员会发布，发布时间为 2015 年 11 月 13 日，2016 年 11 月 13 日起实施。

10.3.6　淡水鱼调味品质量标准

参照《食品安全国家标准　水产调味品》（GB 10133—2014），本标准由中华人民共和国国家卫生和计划生育委员会发布，发布时间为 2014 年 12 月 24 日，2015 年 5 月 24 日起实施。

参 考 文 献

白亚乡, 胡玉才, 杨桂娟, 等. 2008. 高压电场干燥斑鳚鱼的试验. 高电压技术, 4: 691-694.

曹洪伟. 2019. 微波对鱼糜加工过程中肌球蛋白和关键酶结构的影响. 无锡: 江南大学.

岑琦琼, 张燕平, 戴志远, 等. 2011. 水产品加工干燥技术的研究进展. 食品研究与开发, 32(11): 156-160.

柴晓玲, 王佳蕊, 张云焕. 2018. Glu-Asn 食品模拟体系中丙烯酰胺的形成规律. 中国食品学报, 18(4): 16-22.

陈贵良. 1989. 冷冻鱼糜加工法. 国外水产, 1: 48-50.

陈海华, 薛长湖. 2008. 不同添加物对鲤鱼鱼糜蛋白凝胶品质改良的研究. 食品与发酵工业, 10: 79-84.

陈海华, 薛长湖. 2010. 谷氨酰胺转氨酶对竹荚鱼鱼糜蛋白凝胶特性的影响. 食品科学, 31(9): 35-40.

陈建荣. 2012. 高压静电场对鱼的保鲜研究. 现代食品科技, 28(5): 499-501, 498.

陈洁, 罗丹. 2011. 中国淡水渔业发展问题研究. 上海: 上海远东出版社.

陈竞豪, 苏晗, 马冰迪, 等. 2019. 鱼糜制品品质控制技术研究进展. 食品研究与开发, 40(6): 210-216.

陈舜胜, 王锡昌, 周丽萍, 等. 2000. 冰藏鲢的鲜度变化对其鱼糜凝胶作用的影响. 上海水产大学学报, 1: 45-50.

陈骝声. 1993. 罐头与软罐头生产技术. 北京: 化学工业出版社.

陈小娥, 方旭波, 钟秋琴. 2006. 安康鱼皮明胶的制备及性质研究. 食品科技, 12: 173-176.

陈小雷, 胡玉, 鲍俊杰, 等. 2019. 不同干燥方式对封鳊鱼品质的影响. 水产科学, 38(1): 98-103.

陈学玲, 何建军, 程薇, 等. 2006. 武昌鱼真空冷冻升华干燥工艺的研究. 湖北农业科学, 3: 367-369, 388.

成明杨. 2012. 奇味烤鱼、多味烤鱼、麻辣烤鱼的加工. 福建农业, 2: 30-31.

程薇. 2009. 淡水产品保鲜与加工. 武汉: 湖北科学技术出版社.

邓宏玉, 黎淑贞, 张秦蕾, 等. 2016. 鱼类罐头食品中肉毒杆菌的污染风险解析. 广东化工, 43(14): 131-132.

邓尚贵, 毛相朝, 余华. 2018. 虾深加工技术. 北京: 科学出版社.

邓尚贵, 夏杏洲, 杨萍, 等. 2001. 青鳞鱼骨粉的食用营养价值及应用研究. 农业工程学报, 17(6): 102-106.

刁石强, 吴燕燕, 王剑河, 等. 2007. 臭氧冰在罗非鱼片保鲜中的应用研究. 食品科学, 28(8): 501-504.

丁浩宸, 张燕平, 戴志远. 2016. 南极磷虾糜应用于鱼糜制品的工艺及机理. 中国食品学报, 16(12): 124-132.

丁培峰. 2016. 水产食品加工技术. 北京: 化学工业出版社.

丁玉庭, 鲍晓瑾, 刘书来. 2007. 鱼糜制品凝胶强度的提高及其影响因素. 浙江工业大学学报, 6:

631-635.

董志俭, 孙丽平, 祁兴普, 等. 2019. 海鲈鱼/草鱼鱼丸的加工工艺研究. 食品研究与开发, 40(2): 103-107.

董治国, 马长明. 2000. 软罐头的质量与包装. 肉类工业, 12: 17-19.

杜志明. 1996. 水产品质量达标鉴定及检验检疫实施手册. 北京: 人民出版社.

段道富. 2006. 淡水鱼微冻保鲜及其加工技术的研究. 杭州: 浙江大学.

段蕊, 张俊杰, 杜修桥. 2006. 鱼鳞组成性质及其加工利用的研究进展. 食品与机械, 22(5): 128-131.

段振华, 张慜, 汤坚. 2004. 鳙鱼的热风干燥规律研究. 水产科学, 3: 29-32.

樊玲芳, 孙培森, 刘海英. 2012. 斑点叉尾鮰鱼头水解物的风味成分分析. 食品工业科技, 33(2): 140-144.

范鸿冰, 汪之颖, 刘鹏, 等. 2014. 鲢鱼骨胶原多肽螯合钙的制备研究. 南方水产科学, 10(2): 72-79.

范江平. 2004. 猪肉型鱼肉香肠的制作. 肉类工业, 1: 8-9.

范文奇. 2018. 热加工食品中丙烯酰胺生成量控制措施的研究进展. 中国调味品, 43(8): 180-184, 193.

范一灵, 杨美成, 杨燕. 2016. 从生食鱼肉中提取GII型诺如病毒的不同方法的比较. 中国食品卫生杂志, 28(6): 73-78.

冯娟, 田建文, 张海红, 等. 2012. 鱼肉肠生产工艺条件优化. 食品科技, 37(2): 165-168.

傅燕凤, 沈月新, 杨承刚, 等. 2004. 淡水鱼鱼皮胶原蛋白的提取. 上海水产大学学报, 13(2): 146-150.

傅志红. 1998. 铝罐和马口铁罐的比较. 上海包装, 1: 40.

高冰, 熊巍, 杨欢欢, 等. 2010. 鱼糕制作工艺的研究. 肉类工业, 12: 43-45.

高沛. 2017. 酸鱼发酵过程中微生物的产酯增香机制研究. 无锡: 江南大学.

高瑞昌, 冯雪平, 袁丽, 等. 2014. 腌制冷风干燥过程中白鲢的游离脂肪酸变化. 江苏农业科学, 42(11): 284-287.

高文宏, 侯睿, 曾新安. 2019. 水溶性大豆多糖改善浸渍冷冻鱼糜蛋白的变性. 现代食品科技, 35(2): 140-146.

高文宏, 黄扬萍, 曾新安. 2018. 水溶性大豆多糖对鳙鱼鱼糜蛋白冷冻变性及结构的影响. 华南理工大学学报(自然科学版), 46(11): 16-22.

高翔. 2012. 淡水鱼鱼糜蛋白质变色变性的控制措施. 江苏农业科学, 40(8): 270-272.

戈贤平. 2010. 我国大宗淡水鱼养殖现状及产业技术体系建设. 中国水产, 5: 5-9.

戈贤平. 2013. 大宗淡水鱼生产配套技术手册. 北京: 中国农业出版社.

葛筱琴. 2004. 油爆五香梅鲚鱼软罐头的生产技术. 科学养鱼, 4: 63.

龚继申, 金涛. 1984. 关于软罐头、金属罐头、玻璃瓶的热穿透试验研究报告. 食品科学, 7: 8-13.

顾仁勇. 2010. Nisin、溶菌酶用于斑点叉尾鮰鱼片保鲜的研究. 食品科学, 31(14): 305-308.

顾赛麒, 唐锦晶, 周绪霞, 等. 2019. 腌腊鱼传统日晒干制过程中品质变化与香气形成. 食品科学, 40(17): 36-44.

顾晓慧, 殷邦忠, 王联珠, 等. 2014. 我国冷冻鱼糜生产及标准现状分析. 食品科学, 35(23): 303-307.

顾音佳, 于跃. 2019. 不同种类淀粉对鱼丸品质的影响. 粮食与油脂, 32(4): 69-71.

关志强、郑立静、李敏、等. 2012. 罗非鱼片热泵-微波联合干燥工艺. 农业工程学报, 28(1): 270-275.

郭文渊. 2016. 食品包装用金属罐的发展. 上海包装, 4: 32-35.

郭兴凤、张莹莹、任聪、等. 2018. 小麦蛋白质的组成与面筋网络结构、面制品品质关系的研究进展. 河南工业大学学报(自然科学版), 39(6): 119-124.

韩军. 2008. 斑点叉尾鮰鱼头提取明胶的研究. 无锡: 江南大学.

韩丽娜、王素华、郑飞、等. 2016. 卵形鲳鲹加工利用技术研究. 食品研究与开发, 37(5): 202-204.

韩雅君. 2004. 大豆蛋白的组分分离技术研究. 北京: 中国农业大学.

郝涤非. 2011. 水产品加工技术. 北京: 科学出版社.

郝记明、洪鹏志、章超桦. 2004. 冷冻鱼糜的HACCP管理. 广州食品工业科技, 2: 99-100.

何丽、侯温甫、艾有伟. 2016. 鲜切草鱼鱼腩保鲜剂筛选与货架期. 食品科学, 37(4): 260-265.

何丽、刘伟、侯温甫. 2015. 鲜切草鱼鱼腩的减菌条件优化与货架期比较. 江苏农业科学, 43(9): 305-308.

何少贵、苏国成、周常义、等. 2012. 漂洗工艺和加工辅料对鱼糜制品品质影响的研究进展. 食品工业科技, 33(14): 399-402, 407.

洪惠、沈慧星、罗永康. 2010. 鱼骨多肽钙粉的研究与开发. 肉类研究, (8): 78-82.

洪鹏志、杨萍、章超桦、等. 2007. 黄鳍金枪鱼头酶解蛋白粉营养评价及其应用. 食品工业科技, 28(4): 210-212.

洪鹏志、章超桦. 2005. 水产品安全生产与品质控制. 北京: 化学工业出版社.

胡爱军、李洪艳、郑捷. 2012. 真鲷鱼下脚料鱼头的综合利用研究. 食品科技, 37(9): 111-114.

胡素梅. 2011. 不同储藏条件下鲤鱼品质变化规律的研究. 北京: 中国农业大学.

胡晓亮、沈建. 2013. 淡水鱼天然保鲜剂的研究进展. 现代食品科技, 29(4): 925-931.

胡玥、吴春华、姜晴晴、等. 2015. 微冻技术在水产品保鲜中的研究进展. 食品工业科技, 36(9): 384-390.

胡芝华、张康宣、叶桐封、等. 1998. 淡水鱼内脏油脂降血脂抗血栓作用研究. 淡水渔业, 28(3): 24-25.

黄蓓蓓. 2016. 水产食品罐头热杀菌模拟与优化的研究进展. 包装工程, 37(13): 99-105.

黄春红、曾伯平、董建波. 2008. 青鱼、草鱼、鲢鱼和鳙鱼鱼头营养成分比较. 湖南文理学院学报, 20(3): 46-48, 57.

黄建联、周文果、陈梅妹、等. 2013. 浅论我国冷冻鱼糜行业标准的制定. 福建水产, 35(1): 58-63.

黄琪琳、陈若雯、丁玉琴、等. 2009. 鲟鱼头骨多糖的提取及性质研究. 食品科学, 30(12): 135-139.

黄旖婷. 2016. 熟制春卷的冷却及冻藏技术研究. 天津: 天津商业大学.

黄玉平、翁武银、张希春、等. 2012. 鱼皮明胶蛋白对淡水鱼糜凝胶特性的影响. 中国食品学报, 11: 57-64.

纪家笙、黄志斌、扬运华、等. 1999. 水产品工业手册. 北京: 中国轻工业出版社.

纪丽娜. 2012. 金枪鱼头酶解物免疫活性肽的分离及对小鼠腹腔巨噬细胞功能的影响. 湛江: 广东海洋大学.

贾丹. 2016. 青鱼肌肉蛋白质及其凝胶特性的研究. 武汉: 华中农业大学.

贾艳菊、马同锁、刘坤、等. 2010. 不同壳聚糖抗菌膜对草鱼保鲜效果的比较. 中国农学通报, 26(5): 337-340.

姜璐, 冯俊丽, 戴志远, 等. 2019. 鲐鱼储藏过程中的品质变化及腐败微生物多样性分析. 中国食品学报, 19(10): 197-205.

姜绍通, 常佳驹, 林琳, 等. 2014. 白鲢鱼骨汤酶解工艺的研究及风味分析. 食品工业科技, 35(9): 95-99.

姜英杰. 2011. 冷冻鱼糜及鱼糜制品生产工艺技术. 肉类工业, 10: 12-14.

焦道龙, 陆剑锋, 张伟伟, 等. 2009. 斩拌初始温度对白鲢鱼糜物理特性的影响. 食品科学, 23: 96-99.

焦云鹏, 贡汉坤. 2012. 五种品质改良剂对鲫鱼重组蛋白凝胶特性的影响. 食品工业, 33(11): 50-53.

孔保华, 耿欣, 高兴华, 等. 2000. 不同漂洗方法对鲢鱼糜凝胶特性的影响. 食品工业, 1: 42-43, 41.

孔保华, 王辉兰, 王明丽. 2000. 鲢鱼鱼丸最佳配方及工艺的研究. 食品工业科技, 2: 45-47.

李德涛. 2010. 军曹鱼营养价值评价及其内脏鱼油的提取和酶解蛋白制备. 湛江: 广东海洋大学.

李丁, 刘海英, 过世东. 2006. 斑点叉尾鮰鱼皮明胶制备工艺的优化. 食品工业科技, 27(12): 134-136, 140.

李复生, 卢勇泽. 2006. 冷冻鱼糜加工工艺研究. 中国水产, 1: 71-72.

李改燕. 2009. 糟鱼发酵过程中微生物菌群和风味变化的研究. 宁波: 宁波大学.

李辉, 袁芳, 林河通, 等. 2011. 食品微波真空干燥技术研究进展. 包装与食品机械, 29(1): 46-50.

李佳, 万金庆, 邹磊, 等. 2015. 不同干燥方法对海鳗鱼片几种内源酶活力的影响. 现代食品科技, 8: 254-260.

李杰. 2011. 草鱼鱼糜凝胶及形成机理的研究. 上海: 上海海洋大学.

李杰, 汪之和, 施文正. 2010. 鱼糜凝胶形成过程中物理化学变化. 食品科学, 31(17): 103-106.

李静雪. 2014. 天然保鲜剂对冰温鲤鱼鱼肉保鲜效果的研究. 哈尔滨: 东北农业大学.

李凯风, 罗永康, 冯启超, 等. 2011. 鱼鳞蛋白酶解物为基料的涂膜剂对鲫鱼的保鲜效果. 水产学报, 35(7): 1113-1119.

李昆仑, 李江阔, 张鹏, 等. 2010. ε-聚赖氨酸在食品中应用的研究进展. 保鲜与加工, 10(1): 11-15.

李敏. 2012. 草鱼鱼肉肠质构性质的影响因素研究. 肉类工业, 9: 23-26.

李松林. 2011. 壳聚糖对黄鳝冷藏保鲜效果的研究. 食品工业科技, 32(12): 429-431.

李香, 宋怿, 黄磊. 2010. 国外水产品质量安全可追溯体系对我国的启示. 中国渔业经济, 4: 92-97.

李向红, 李敏, 刘永乐, 等. 2018. 鲢鱼加工副产物酶解产物对冻融鱼糜肌原纤维蛋白性质的影响. 中国食品学报, 18(3): 59-66.

李小勇, 李洪军, 贺志非, 等. 2005. 结冷胶及其在食品工业中的应用. 食品与发酵工业, 31(6): 94-96.

李晓天. 2004. 冷冻鱼糜生产工艺技术研究. 制冷, 4: 47-50.

李雅飞. 1988. 食品罐藏工艺学. 上海: 上海交通大学出版社.

李艳青, 孔保华, 王涛, 等. 2004. 鲢鱼组织蛋白酶活性影响因素的研究. 食品科技, 9: 40-42.

李泽瑶. 2003. 水产品安全质量控制与检验检疫手册. 北京: 企业管理出版社.

李忠毅, 江莉霞. 2015. 罐头食品发展研究. 肉类工业, 5: 12-15.

励建荣, 陆海霞, 傅玉颖, 等. 2008. 鱼糜制品凝胶特性研究进展. 食品工业科技, 11: 291-295.

励建荣, 仪淑敏, 李婷婷, 等. 2016. 水产品保鲜材料和杀菌技术研究进展. 中国渔业质量与标准, 6(1): 1-11.

联合国粮农组织渔业及水产养殖部. 2020. 2020 年世界渔业和水产养殖状况: 可持续发展在行动. 罗马: 联合国粮食及农业组织.

梁焕秋, 赵冰, 龚炳德, 等. 2014. 淡水鱼防腐保鲜栅栏因子的研究进展. 肉类研究, 28(5): 50-53.

梁志桃, 吕顺, 陆剑锋, 等. 2013. 白鲢鱼头去腥工艺研究. 食品科技, 38(12): 140-143.

廖鄂. 2019. 淡水鱼发酵过程中 N-亚硝胺的形成及控制机制研究. 无锡: 江南大学.

林芳, 孙骏威, 葛建. 2012. 草鱼片热风干制过程中脂质氧化特性研究. 中国食品学报, 12(3): 192-200.

林洪. 2010. 水产品安全性. 北京: 中国轻工业出版社.

林洪, 张瑾, 熊正河. 2001. 水产品保鲜技术. 北京: 中国轻工业出版社.

林琳. 2006. 鱼皮胶原蛋白的制备及胶原蛋白多肽活性的研究. 青岛: 中国海洋大学.

林琳, 陆剑锋, 翁世兵, 等. 2012. 漂洗工艺对鲢鱼鱼糜凝胶强度和色泽的影响. 食品研究与开发, 33(2): 8-12.

林婉玲, 杨贤庆, 宋莹, 等. 2014. 浸渍冻结对调理草鱼块冻藏过程中品质的影响. 现代食品科技, 10: 80-87.

凌静. 2009. 食品蛋白质的功能性质 (一): 乳清蛋白和酪蛋白. 肉类研究, 7: 60-64.

刘冰, 吴继红, 杨阳, 等. 2016. 超高压技术在调理食品中的应用研究进展. 食品工业, 5: 263-266.

刘慈坤. 2019. 臭氧介导的肌原纤维蛋白质氧化对草鱼鱼糜凝胶持水性的影响机制研究. 锦州: 渤海大学.

刘海梅, 刘茹, 熊善柏, 等. 2007. 变性淀粉对鱼糜制品凝胶特性的影响. 华中农业大学学报, 1: 116-119.

刘海梅, 夏文娟, 王静. 2016. 鲢肌球蛋白胶凝过程中化学键变化与动态流变特性的关系. 食品与发酵工业, 42(5): 80-85.

刘海梅, 熊善柏, 谢笔钧, 等. 2008. 鲢鱼糜凝胶形成过程中化学作用力及蛋白质构象的变化. 中国水产科学, 3: 469-475.

刘红英, 齐凤生. 2012. 水产品加工与储藏. 2 版. 北京: 化学工业出版社.

刘红英, 齐凤生, 张辉. 2006. 水产品加工与储藏. 北京: 化学工业出版社.

刘慧, 马丽萍, 周德庆. 2017. 生鲜食品中诺如病毒污染与作用受体的研究进展. 食品安全质量检测学报, (1): 9-13.

刘开华, 张宇航, 邢淑婕. 2012. 壳聚糖联合茶多酚对南湾鲌鱼肉的保鲜效果. 中国食品添加剂, 111(2): 103-106.

刘丽娜. 2008. 鮰鱼皮明胶的制备及其功能性质研究. 无锡: 江南大学.

刘闪. 2014. 白鲢鱼头综合开发与利用. 武汉: 武汉轻工大学.

刘闪, 李丁宁, 刘培勇, 等. 2012. 白鲢鱼肉肠加工工艺的研究. 武汉工业学院学报, 31(4): 21-24.

刘书成, 张常松, 张良, 等. 2012. 超临界 CO_2 干燥技术在食品加工领域的应用. 食品工业科技, 33(7): 410-414.

刘卫华, 陈新华, 沈启扬. 2011. 水产品热泵干燥技术与设备研究. 江苏农机化, 3: 31-33.

刘小莉, 贾洋洋, 夏秀东, 等. 2016. 调味料和保鲜剂协同对淡水鱼特征性腐败菌的抑制作用. 江苏农业科学, 8: 389-391.

刘晓宁. 2007. 鱼头多糖的分离提取、纯化及功能鉴定. 天津: 天津科技大学.

刘洋. 2016. 南湾鲢鱼鱼肉肠的开发及理化特性测定. 食品工业科技, 37(20): 249-253.

刘艺杰, 薛长湖, 薛勇, 等. 2005. 鱼排酶解物对鳙鱼鱼糜冻藏过程中蛋白质变性的影响. 中国水产科学, 5: 632-637.

龙国徽. 2015. 大豆蛋白的结构特征与营养价值的关系. 长春: 吉林农业大学.

陆新龙, 周玲. 2003. 油浸烟熏沙丁鱼罐头加工工艺探讨. 水产科技情报, 2: 88-89.

罗权权, 李保国, 许子雄. 2018. 高压电场组合干燥技术的研究进展. 能源工程, 4: 67-70.

罗永康. 2001. 7 种淡水鱼肌肉和内脏脂肪酸组成的分析. 中国农业大学学报, 6(4): 108-111.

雒莎莎, 童彦, 朱瑞, 等. 2011. 超高压处理对鳙品质的影响. 水产学报, 35(12): 1897-1903.

吕飞, 沈军樑, 丁玉庭. 2015. 贻贝热泵干制过程中的品质变化研究. 现代食品科技, 31(6): 142-149.

吕梁玉, 罗华彬, 吕鸣春, 等. 2018. 电子束辐照对梅鱼鱼糜化学作用力、流变及其凝胶特性的影响. 食品科学, 39(19): 7-12.

吕顺, 王冠, 陆剑锋, 等. 2015. 鲢鱼新鲜度对鱼糜凝胶品质的影响. 食品科学, 36(4) : 241-246.

吕顺, 钟桥福, 陆剑锋, 等. 2017. 微波干燥法加工草鱼松的工艺条件研究. 食品工业, 38(7): 98-101.

马晶磊, 徐文杰, 刘斌, 等. 2012. 60 Co-γ射线辐照剂量对生鲜草鱼肌肉品质的影响. 农业工程, 8: 30-34.

马瑞雪. 2016. 水油混合油炸工艺对调理鸡肉制品和油炸用油品质的影响. 南京: 南京农业大学.

马钰莹, 肖枫, 司蕊, 等. 2016. 淡水鱼类干燥技术研究进展. 科学养鱼, 8: 79-80.

孟昌伟, 陆剑锋, 宫子慧, 等. 2011. 鮰鱼骨胶原多肽的制备工艺研究. 肉类工业, (9): 35-39.

米红波, 千春录, 傲特海, 等. 2012. 淡水鱼鱼糕加工适性和微冻特性的研究. 中国食品学报, 12(3): 84-95.

米红波, 王聪, 仪淑敏, 等. 2018. 淀粉在鱼糜制品中的应用研究进展. 食品与发酵工业, 44(1): 291-295.

倪清艳, 李燕, 张海涛. 2008. ε-聚赖氨酸的抑菌作用及在保鲜中的应用. 食品科学, 9: 102-105.

牛记者. 2012. 不同亲水性胶体和动植物蛋白对鲜糜制品凝胶效果的影响研究. 杭州: 浙江工业大学.

农业农村部渔业渔政管理局, 全国水产技术推广总站, 中国水产学会. 2020. 2020 中国渔业统计年鉴. 北京: 中国农业出版社.

欧阳涛, 赵利, 苏伟, 等. 2011. 茶多酚对冷藏草鱼片保鲜效果的研究. 食品科技, 36(9): 157-160.

庞文燕, 万金庆, 姚志勇, 等. 2013. 不同干燥方式对青鱼片鲜度的影响. 广东农业科学, 40(15): 124-126, 141.

裴志胜, 龙映均, 段振华. 2008. 鳙鱼微波过程中测定收缩率方法的研究. 食品科技, 6: 189-192.

彭城宇. 2010. 罗非鱼片冰温气调保鲜工艺及其货架期预测模型研究. 青岛: 中国海洋大学.

彭增起, 刘承初, 邓尚贵. 2010. 水产品加工学. 北京: 中国轻工业出版社.

桥本昭彦, 吴成业. 1989. 鱼糜制品的弹性和质量管理. 福建水产, 2: 82-84.

秦影, 欧昌荣, 汤海青, 等. 2015. 鱼糜制品凝胶特性研究进展. 核农学报, 29(9): 1766-1773.

邱伟强, 刘歆颖, 曹玮珈, 等. 2017. 煎炸草鱼鱼块的电导率与品质变化相关性研究. 食品工业科技, 38(1): 54-58, 64.

任小青. 2012. 鲶鱼骨酶解物的制备、抑菌性能、抑菌机理及其在食品中的应用研究. 上海: 华东理工大学.

单金卉. 2018. 外裹糊鱼块深度油炸过程油脂含量及品质的预测. 武汉: 武汉轻工大学.

申锋. 2009. 草鱼鱼鳞胶原肽的制备及其特性研究. 武汉: 华中农业大学.

申铉日, 李川, 夏光华. 2018. 水产品加工副产物的综合利用. 北京: 科学出版社.

沈月新, 章超桦, 薛长湖, 等. 2001. 水产食品学. 北京: 中国农业出版社.

盛晓风, 孙晓杰, 丁海燕, 等. 2016. 七种养殖淡水鱼类肌肉营养组成及对比研究. 食品工业科技, 37(3): 359-363.

师建芳, 吴辉煌, 娄正, 等. 2013. 豇豆隧道式热风干燥特性和模型. 农业工程学报, 29(11): 232-240.

施本贵. 1992. 铝塑复合半刚性包装的方便食品. 食品与发酵工业, 6: 66-71.

石红, 郝淑贤, 邓国艳, 等. 2008. 利用鱼类加工废弃鱼骨制备鱼骨粉的研究. 食品科学, 29(9): 295-298.

石建喜. 2016. 鲢鱼发酵成熟过程中风味形成及品质变化的研究. 无锡: 江南大学.

石宣明, 刘淑珍, 黄玉碧, 等. 2004. 嗜热酶耐热机制的研究进展. 科学技术与工程, 9: 804-809.

史亚萍. 2013. 高鱼糜含量鲢鱼膨化脆片的制备工艺研究. 无锡: 江南大学.

宋广磊, 戴志远. 2006. 鱼肉蛋白质冷冻变性研究进展. 食品科技, 3: 26-29.

宋迁红, 赵永锋. 2014. 我国淡水鱼加工产业浅析. 科学养鱼, 30(9): 12-14.

宋怿. 2015. 水产品质量安全可追溯理论、技术与实践. 北京: 科学出版社.

苏大路. 1985. 影响罐头热杀菌效果的因素. 食品工业科技, 2: 22-24.

苏丽, 黄星奕, 高瑞昌, 等. 2012. 热泵干燥前后鲢鱼挥发性成分变化的 SPME-GC-MS 分析. 食品工业科技, 33(6): 83-86.

苏雅. 2018. 微波及其协同对真空油炸马铃薯片加工效率与品质影响及机理研究. 无锡: 江南大学.

谭力, 周春霞, 洪鹏志. 2018. 淡水鱼鱼糜制品加工特性及品质影响因素. 食品与机械, 34(8): 171-174.

唐峰. 2008. 鲢鱼内脏综合利用的工艺研究. 无锡: 江南大学.

陶建军. 2006. 大银鱼淡干品的加工. 渔业致富指南, 8: 47.

田沁, 吴珂剑, 谢雯雯, 等. 2014. 鲢鱼头汤烹制工艺优化及烹饪模式对汤品质的影响. 华中农业大学学报, 33(1): 103-111.

万建荣, 卢菊英, 骆肇尧. 1990. 肌球蛋白及肌原纤维蛋白凝胶形成能的比较. 海洋渔业, 3: 107-110.

汪之和. 2003. 水产品加工与利用. 北京: 化学工业出版社.

王宝刚, 杨国堂, 高晗. 2011. 果味鱼卷加工工艺. 食品研究与开发, 32(3): 103-106.

王彬, 高翔, 赵婷. 2010. 鲢鱼下脚料生产鱼粉的工艺研究. 饲料研究, 1: 81-83.

王朝瑾, 张钦江. 2007. 水产生物流通与加工储藏技术. 上海: 上海科学技术出版社.

王朝阳, 王祖忠, 李眸, 等. 2017. 油浸鲤鱼罐头储藏过程中挥发性成分的变化规律研究. 食品工业科技, 38(8): 316-321.

王迪. 2010. 武昌鱼鳞胶原蛋白制备技术及功能性质的研究. 北京: 中国农业大学.

王锭安. 1997. 油浸沙丁鱼罐头加工工艺. 中国水产, 6: 35-36.

王海磊, 罗庆华, 黄美娥, 等. 鲢鱼内脏油提取方法的比较研究. 食品工业科技, 34(24): 248-252, 257.

王航, 罗永康, 胡素梅, 等. 2012. 鱼肉酶解物及壳聚糖对鲤鱼涂膜保鲜效果的研究. 淡水渔业, 42(1): 76-79.

王建中, 邓仁芳, 朱瑞龙, 等. 1994. 淡水鱼鱼头与鱼骨的利用. 食品科学, 15(2): 47-50.

王珏, 林亚楠, 马旭婷, 等. 2019. 鲐鱼干制过程中风味物质及风味活性物质分析. 中国食品学报, 19(9): 269-278.

王蕾, 范大明, 黄建联, 等. 2018. 破碎方式对白鲢鱼糜凝胶结构的影响. 食品与机械, 34(3): 32-38.

王丽丽, 杨文鸽, 徐大伦, 等. 2015. 外源添加物对鱼糜及其制品凝胶性能影响的研究. 核农学报, 29(10): 1985-1990.

王利华, 霍贵成. 2001. ω-3 不饱和脂肪酸的生物学作用. 东北农业大学学报, 32 (1): 100-104.

王亮, 刘东红. 2015. 热杀菌条件对金枪鱼罐头品质的影响. 现代食品科技, 31(4): 242-247.

王亮, 周建伟, 邵澜媛, 等. 2013. 罐头食品热杀菌过程优化的研究进展. 食品工业科技, 34(20): 377-380, 385.

王萌, 孙江萍, 孙晓红, 等. 2015. 酸性电解水冰在食品杀菌保鲜中的应用研究进展. 食品安全质量检测学报, 10: 3878-3884.

王蒙娜, 熊善柏, 尹涛, 等. 2017. 白鲢鱼糜斩拌工艺参数优化研究. 食品科学技术学报, 5: 65-69, 75.

王敏. 2004. 香酥鲫鱼罐头的生产技术. 山东食品科技, 6(5): 12-29.

王鹏璞, 朱雨辰, 刘炎冰, 等. 2017. 煎炸和焙烤过程中油脂对丙烯酰胺形成影响研究进展. 中国粮油学报, 32(2): 140-146.

王涛. 2011. 食品组分与抑菌剂对嗜热脂肪芽孢杆菌芽孢耐热性的影响. 无锡: 江南大学.

王铁龙, 徐晓丽, 杨倩, 等. 2019. 水产罐头食品热穿透主要关键因子比较分析的研究. 现代食品, 2: 119-123.

王嵬, 仪淑敏, 李学鹏, 等. 2016. 鱼糜凝胶的形成机制及混合鱼糜研究进展. 食品安全质量检测学报, 7(1): 231-237.

王玮, 王联珠, 沈建, 等. 2009. 水产品保鲜技术及其标准的现状与分析. 渔业现代化, 6: 66-70.

王蔚新. 2017. 酸鱼发酵过程中蛋白质降解及其风味形成机制研究. 无锡: 江南大学.

王文倩. 2018. 三种淡水水产品来源磷脂的制备及功能特性研究. 武汉: 武汉轻工大学.

王文勇, 张英慧. 2017. 响应面法研究加热工艺对下脚料鱼糜凝胶的影响. 食品研究与开发, 38(19): 85-91.

王兴礼, 高海波. 2000. 油炸鲤鱼软罐头的加工技术. 中国水产, 12: 58-59.

王亚会, 王锡昌, 王帅, 等. 2015. 水产品新鲜及腐败程度的评价指标. 食品与发酵工业, 10: 240-246.

王亚楠, 何丽, 侯温甫. 2015. 不同切割方式的冷鲜草鱼制品储藏期间理化性质的变化. 淡水渔业, 6: 75-79.

王艳霞, 张金丽, 张瑞婷, 等. 2016. 鱼种和亲水胶体对鱼糜制品凝胶性质的影响. 食品工业科技, 37(2): 143-147.

王艳艳, 王团结, 彭敏. 2017. 常用干燥设备的应用及其选用原则研究. 机电信息, 2: 1-16, 27.

王也, 吕为乔, 李树君, 等. 2016. 农产品微波干燥技术与装备的研究进展. 包装与食品机械, 34(3): 56-61.

王禹, 刘填, 王娜, 等. 2014. 鱼糜制品凝胶特性改良研究进展. 渔业现代化, 41(1): 61-66.

王玉凤, 李八方, 张朝辉. 2013. 漂洗对鲢鱼鱼糜凝胶和质构特性的影响. 食品科学, 34(14): 122-125.

王玉华, 万刚, 廿正华. 2011. 风味罗非鱼皮加工工艺的研究. 肉类工业, 8: 33-36.

王玉环. 2020. 添加蛋白质对外裹糊鱼块深度油炸过程油脂渗透的影响. 武汉: 武汉轻工大学.

王园, 吴西芝, 彭增起, 等. 2018. 油炸条件对鱼肉中杂环胺与反式脂肪酸形成的影响. 食品工业, 39(7): 18-22.

王祖文, 黄光智, 丁晓雯. 2018. 食品中丙烯酰胺检测技术研究进展. 食品与发酵工业, 44(12): 288-294.

吴港城, 张慜, 陈卫星. 2011. 猪肉、脂肪以及淀粉含量对鱼肉肠品质的影响. 食品与生物技术学报, 30(4): 500-505.

吴娟, 马强, 程美蓉, 等. 2011. 远红外辅助热泵干燥鳐鱼片工艺. 上海交通大学学报(农业科学版), 29(5): 87-90, 94.

吴润锋. 2013. 草鱼鱼肉中组织蛋白酶对鱼糜品质影响的研究. 南昌: 江西科技师范大学.

吴涛. 2009. 淡水鱼下脚料的研究与利用进展. 长江大学学报, 6(3): 79-83.

吴缇. 2008. 斑点叉尾鮰鱼皮、鱼骨的综合利用研究. 上海: 上海海洋大学.

吴燕燕, 曹松敏, 魏涯, 等. 2016. 腌制鱼类中内源性酶类对制品品质影响的研究进展. 食品工业科技, 37(8): 358-363.

吴燕燕, 李来好, 陈培基, 等. 2002. 软包装即食食品-鲻鱼皮加工工艺. 湛江海洋大学学报, 22(3): 42-46.

吴燕燕, 李来好, 林洪, 等. 2005. 罗非鱼骨制备 CMC 活性钙的工艺及生物利用的研究. 食品科学, 26(2): 114-116.

吴永祥, 俞昌浩, 王婷婷, 等. 2019. 传统发酵臭鳜鱼的研究进展. 食品与发酵工业, 19: 299-306.

吴正奇, 朱有良. 2005. 白鲢冷冻鱼糜的工艺研究. 中国食物与营养, 11: 39-41.

夏达金, 叶清如. 1992. 四种淡水鱼在冻藏过程中蛋白质变性的测定. 浙江水产学院学报, 11(1): 39-43.

夏松养. 2008. 水产食品加工学. 北京: 化学工业出版社.

夏文水. 2019. 食品工艺学. 北京: 中国轻工业出版社.

夏文水, 姜启兴, 许艳顺. 2009. 我国水产加工业现状与进展(上). 科学养鱼, 11: 2-4.

夏文水, 姜启兴, 许艳顺. 2009. 我国水产加工业现状与进展(下). 科学养鱼, 12: 1-3.

夏文水, 罗永康, 熊善柏, 等. 2014. 大宗淡水鱼储运保鲜与加工技术. 北京: 中国农业出版社.

肖爱能. 2001. 酸性罐头包装材料马口铁最佳经济厚度的分析与应用. 热带农业工程, 2: 11-16.

肖佳妍. 2015. 低脂油炸外裹糊鱼块的制备及特性. 武汉: 武汉轻工大学.

解丹. 2016. 亲水胶体及膳食纤维在低脂油炸外裹糊鱼块中的应用. 武汉: 武汉轻工大学.

熊光权, 程薇, 叶丽秀, 等. 2007. 淡水鱼微冻保鲜技术研究. 湖北农业科学, 6: 992-995.

熊善柏. 2007. 水产品保鲜储运与检验. 北京: 化学工业出版社.

徐艳阳, 张慜, 孙金才, 等. 2005. 真空冷冻与热风联合干燥草莓. 无锡轻工大学学报(食品与生物技术), 1: 45-48.

徐艳阳, 张慜, 屠定玉, 等. 2004. 真空冷冻与热风联合干燥毛竹笋. 无锡轻工大学学报(食品与生物技术), 6: 27-32.

徐中伟. 2009. 移动组装式冷冻鱼糜生产线. 现代渔业信息, 24(2): 21-22.

徐中伟, 虞宗勇, 冯黎. 2000. 漂洗鱼糜生产线工艺流程和设备. 渔业现代化, 1: 21-23, 31.

徐祖东, 戴志远, 陈康, 等. 2017. 3 种即食鱼豆腐营养成分分析及凝胶性能评价. 食品科学, 38(18): 93-98.

许顺干. 1996. 淡水鱼骨粉钙剂. 上海水产大学学报, 5(4): 246-251.

薛长湖, 李兆杰, 孙成, 等. 1995. 由鳕鱼排制备活性钙. 青岛海洋大学学报, 25(2): 173-179.

薛兴成. 1990. 水产品软罐头工艺技术. 中国水产, 2: 38-39.

闫虹, 林琳, 叶应旺, 等. 2014. 两种微波加热处理方式对白鲢鱼糜凝胶特性的影响. 现代食品科技, 30(4): 196-204.

严菁. 2003. 转谷氨酰胺酶对淡水鱼糜凝胶特性的影响. 武汉: 华中农业大学.

阳庆潇. 2001. 人造虾肉的加工工艺. 水产品加工, 4: 38-39.

杨邦英. 1999. 我国罐头食品和包装容器的现状及改进意见. 中国包装, 2: 21-22.

杨邦英. 2012. 罐头工艺手册. 北京: 中国轻工业出版社.

杨帆, 万金庆, 张楠, 等. 2019. 水产品腐败机理及控制方法研究进展. 食品工业科技, 40(5): 282-285.

杨广, 黄晓南. 1996. 鱼皮加工初探. 湖北农学院学报, 16(4): 78-80.

杨洪生, 徐琦, 张美琴, 等. 2014. 不同加工方式下草鱼鱼糜制品中杂环胺生成与变化的研究. 南方水产科学, 10(3): 73-78.

杨丽, 张玲, 崔伟娟. 2013. 罗非鱼复水鱼丸加工工艺研究. 食品研究与开发, 34(24): 118-122.

杨明举, 李道友, 张竹青, 等. 2011. 影响鱼糕形成能的因素及工艺. 科学养鱼, 7: 73-74.

杨贤庆, 李来好, 徐泽智. 2002. 冻模拟蟹肉加工技术. 制冷, 79(2): 67-69.

杨贤庆, 张帅, 郝淑贤. 2009. 罗非鱼皮胶原蛋白的提取条件优化及性质. 食品科学, 30(16): 106-110.

杨祝安, 吴肖望, 钱创, 等. 2018. 热泵微波联合干燥技术研究进展. 食品科技, 43(4): 43-47.

姚磊, 罗永康, 沈慧星, 等. 2010. 鲫肌原纤维蛋白加热过程中理化特性变化规律. 水产学报, 34(8): 1303-1308.

姚磊, 罗永康, 孙云云, 等. 2010. 冷藏条件下鲫鱼鲜度与其阻抗特性的关系的研究. 肉类研究, 8: 21-25.

叶丽秀. 增加鱼丸罐头白度和弹性的工艺探讨. 中国水产, 4: 34-35.

叶章颖, 祁凡雨, 裴洛伟, 等. 2014. 微酸性电解水对虾仁的杀菌效果及其动力学. 农业工程学报, 3: 223-230.

尹培. 2019. 油炸方式对紫甘蓝品质的影响及工艺优化. 杭州: 浙江大学.

于加美. 2019. 不同脱乙酰度魔芋葡甘聚糖对鲢鱼糜凝胶特性的影响研究. 镇江: 江苏大学.

于蒙杰, 张学军, 牟国良, 等. 2013. 我国热风干燥技术的应用研究进展. 农业科技与装备, 8: 14-16.

俞鲁礼, 王锡昌. 1994. 几种淡水鱼内脏油脂提取的工艺条件. 水产学报, 18(3): 199-204.

虞宗敢. 2003. 冷冻鱼糜加工工艺和设备. 渔业现代化, 6: 34-35.

袁美兰, 赵利, 刘华, 等. 2015. 鱼头鱼骨的综合利用研究进展. 现代农业科技, 18: 284-286, 288.

袁美兰, 赵利, 卢琴韵, 等. 2014. 不同品种淡水鱼加工鱼糜的适应性. 食品科技, 39(5): 135-139.

袁美兰, 赵利, 苏伟, 等. 2015. 鱼面的制作. 食品科技, 1: 187-190.

袁子珺. 2019. 小麦淀粉、蛋白质相互作用对油炸外裹糊鱼块油脂渗透的影响. 武汉: 武汉轻工大学.

岳青, 李昌文. 2007. 罐头食品杀菌时影响微生物耐热性的因素. 食品研究与开发, 28(10):

173-175.

曾杰, 孙晶. 2014. 罐头食品生产. 北京: 化学工业出版社.

曾王旻, 陈力巨. 2006. 鱼饼加工工艺的研究与探索. 中国水产, 6: 65-67.

曾雪峰. 2013. 淡水鱼发酵对酸鱼品质影响的研究. 无锡: 江南大学.

翟金玲. 2016. 原料特性对外裹糊鱼块深度油炸过程中传质的影响. 武汉: 武汉轻工大学.

张宾. 2016. 水产品生产安全控制技术. 北京: 海洋出版社.

张晨, 谈俊, 朱莉, 等. 2014. 糖醇对结冷胶凝胶质构的影响. 食品科学, 35(9): 48-52.

张春野, 张爽. 2019. 罐头食品腐败变质的微生物因素及防控. 现代食品, 3(7): 6-8.

张国治. 2010. 油炸食品生产技术. 2 版. 北京: 化学工业出版社.

张杰, 王跃军, 刘均忠, 等. 2010. 抗菌性海藻酸钠涂膜在罗非鱼片保鲜中的应用. 渔业科学进展, 31(2): 102-108.

张金哲, 高倩倩. 2017. 鲤鱼内脏鱼油提取工艺的优化. 肉类工业, 9: 31-35.

张静雅. 2012. 白鲢鱼糜蛋白的冷冻变性机理及抗冻剂的应用研究. 合肥: 合肥工业大学.

张静宜, 陈洁. 2014. 世界大宗淡水鱼生产现状及特点. 中国渔业经济, 32(3): 47-52.

张俊杰, 李彩虹. 2004. 冷冻鱼糜的生产与质量检测. 肉类工业, 4: 7-9.

张丽文, 罗瑞明, 李亚蕾, 等. 2017. 食品真空冷冻联合干燥技术研究进展. 中国调味品, 42(3): 152-156.

张路遥. 2013. 淡水鱼罐头低热强度杀菌技术研究. 无锡: 江南大学.

张路遥, 姜启兴, 许艳顺, 等. 2013. 变温杀菌工艺对鳙鱼软罐头品质的影响. 食品科学, 34(20): 37-42.

张慜, 段振华, 汤坚. 2003. 低值淡水鱼加工利用研究进展. 渔业现代化, 3: 30-31.

张慜, 张骏. 2006. 国内外低值淡水鱼加工与下脚料利用的研究进展. 食品与生物技术学报, 5: 115-120, 126.

张慜, 祝银银. 2014. 调理食品高效油炸的研究进展. 食品与生物技术学报, 33(2): 113-119.

张鹏, 王旋, 杨方, 等. 2016. 斑点叉尾鲴鱼脱水程度对其油炸品质的影响. 食品与生物技术学报, 35(8): 878-882.

张秦权, 文怀兴, 许牡丹, 等. 2013. 猕猴桃切片真空干燥设备及工艺的研究. 真空科学与技术学报, 33(1): 1-4.

张树峰. 1998. 醋沏鱼软罐头的研制. 食品科技, 4: 20-21.

张婷, 李茜雅, 唐欢, 等. 2018. 鱼糜及鱼糜制品加工工艺研究进展. 中国调味品, 43(3): 185-191.

张伟君, 钟耀广. 2019. 三种多羟基醇协同海藻酸钠处理对油炸薯条吸油量和品质的影响. 食品工业科技, 2: 119-123, 130.

张伟娜, 李迎秋. 2012. ε-聚赖氨酸在食品中应用的进展. 中国食品添加剂, 5: 207-211.

张显久. 2007. 尼泊金复合酯作为防腐剂在食品中的应用. 中国食品添加剂, 5: 362-364.

张学进. 2016. 油水混合油炸机的传热分析与节能优化. 南京: 南京农业大学.

张亚楠. 2018. 不同油炸技术对猪肉制品品质特性影响的研究. 上海: 上海海洋大学.

张鋈, 朱志伟, 曾庆孝. 2007. 鱼骨利用的研究现状. 食品研究与开发, 28(9): 182-185.

张桢. 2012. 罗非鱼加工副产物制备水产品调味基料的研究. 青岛: 中国海洋大学.

赵艾东. 1987. 水产软罐头食品的高温杀菌 F 值计算. 海洋渔业, 3: 106-109.

赵建华, 杨德国, 陈建武, 等. 2011. 鱼类应激生物学研究与应用. 生命科学, 23(4): 394-401.

赵久香. 2017. 淡水鱼加工副产物速酿鱼露的工艺研究. 无锡: 江南大学.

赵久香, 姜启兴, 许艳顺, 等. 2017. 淡水鱼加工副产物新鲜度对速酿鱼露品质的影响. 食品科学技术学报, 35(2): 20-26.

赵良. 2010. 五香整鲤鱼软罐头生产新工艺. 中国水产, 1: 66-68.

赵文亚, 崔旭海, 孙中贯. 2016. 复合磷酸盐对乌鳢鱼糜凝胶强度影响的研究. 食品研究与开发, 37(3): 23-25.

赵永强, 李娜, 李来好, 等. 2016. 鱼类鲜度评价指标及测定方法的研究进展. 大连海洋大学学报, 31(4): 456-462.

郑丰宗, 彭洸杰. 上掀式微波油炸机: 200420005515.2. 2005-04-06.

郑坚强. 2008. 水产品加工工艺与配方. 北京: 化学工业出版社.

郑烟梅, 刘智禹, 路海霞, 等. 2017. 水产品干燥技术研究进展. 食品安全质量检测学报, 8(1): 27-32.

中国科学院中国动物志编辑委员会. 2017. 中国动物志. 北京: 科学出版社.

中国农业科学院研究生院. 2008. 水产品质量安全与 HACCP. 北京: 中国农业科学技术出版社.

周俊鹏, 朱萌, 章蔚, 等. 2019. 不同冷冻方式对淡水鱼品质的影响. 食品科学, 40(17): 1-35.

周玫. 2001. 水产罐头腐败的原因及预防. 食品研究与开发, 22(4): 59-60.

周婉君, 王剑河, 吴燕燕, 等. 2007. 水发鱼皮工艺研究. 食品科学, 28(8): 233-236.

周晓璐, 王蕊, 高媛媛, 等. 2016. 油炸用油的种类对炸鱼丸的品质及 N-亚硝胺含量的影响. 肉类研究, 30(11): 11-15.

朱由珍. 2018. 真空油炸生产脆虾的技术研究. 湛江: 广东海洋大学.

邹大维, 熊建军, 刘桂琼, 等. 2018. 民族特色食品鱼酱酸调味料加工工艺分析研究. 中国调味品, 43(5): 144-146.

邹兴华, 过世东, 银红娟, 等. 2005. 银鱼冷冻干燥的工艺. 食品与生物技术学报, 5: 89-93.

祖丽亚, 罗俊雄, 樊铁. 2003. 海水鱼与淡水鱼脂肪中 EPA、DHA 含量的比较. 中国油脂, 28(11): 48-50.

Ahvenainen R. 2006. 现代食品包装技术. 崔建云, 任发政, 郑丽敏, 等译. 北京: 中国农业大学出版社.

Feenema O R. 2003. 食品化学. 3 版. 王璋, 许时婴, 江波, 等译. 北京: 中国轻工业出版社.

Kasankala L M, 闫雪, 钱和. 2006. 草鱼鱼皮中明胶提取工艺优化. 海洋水产研究, 27(4): 82-89.

Aguilera J M, Gloria-Hernandez H. 2010. Oil absorption during frying of frozen parfried potatoes. Journal of Food Science, 65(3): 476-479.

Agwa O K, Solomon L, Harrison I S, et al. 2016. Microbial quality of canned fish stored under cold and ambient temperatures and their public health significance. Nigerian Journal of Microbiology, 30(2): 3473-3483.

Al-Baali A G, Farid M M. 2007. Sterilization of food in retort pouches. New York: Springer Science & Business Media.

Albert S, Mittal G S. 2002. Comparative evaluation of edible coatings to reduce fat uptake in a deep-fried cereal product. Food Research International, 35: 445-458.

Altunakar B, Sahin S, Sumnu G. 2006. Effects of hydrocolloids on apparent viscosity of batters and quality of chicken nuggets. Chemical Engineering Communications, 193(6): 675-682.

Aminlari M, Ramezani R, Khalili M H. 2005. Production of protein- coated low-fat potato chips. Food Science and Technology International, 11(3): 177-181.

Amiza M A, Ng S C. 2015. Effects of surimi-to-silver catfish ratio and potato starch concentration on the properties of fish sausage. Journal of Aquatic Food Product Technology, 24(3): 213-226.

Andrés A, Arguelles Á, Castelló M L, et al. 2013. Mass transfer and volume changes in French fries during air Frying. Food and Bioprocess Technology, 6(8): 1917-1924.

Angor M M. 2016. Reducing fat content of fried potato pellet chips using carboxymethyl cellulose and soy protein isolate solutions as coating film. Journal of Agricultural Science, 8(3): 162-168.

Ansorena M R, Salvadori V O. 2011. Optimization of thermal processing of canned mussels. Food Science and Technology International, 17(5): 449-458.

Archana G, Babu P A S, Sudharsan K, et al. 2016. Evaluation of fat uptake of polysaccharide coatings on deep-fat fried potato chips by confocal laser scanning microscopy. International Journal of Food Properties, 19(7): 1583-1592.

Aubourg S, Gallardo J, Medina L. 1997. Changes in lipids during different sterilizing conditions of albacore tuna (*Thunnus alalunga*) canning. International Journal of Food Science and Technology, 32(5): 427-432.

Awuah G B, Ramaswamy H S, Economides A. 2007. Thermal processing and quality: principles and overview. Chemical Engineering and Processing, 46(6): 584-602.

Aydinkaptan E, Mazi B G, Mazi I B. 2016. Microwave heating of sunflower oil at frying temperature: effect of power levels on physicochemical properties. Journal of Food Process Engineering, 40(2): 1-10.

Ayustaningwarno F, Dekker M, Fogliano, V, et al. 2018. Effect of vacuum frying on quality attributes of fruits. Food Engineering Reviews, 10(3): 154-164.

Barutcu I, Sahin S, Sumnu G. 2009. Effects of microwave frying and different flour types addition on the microstructure of batter coatings. Journal of Food Engineering, 95(4): 684-692.

Bouchon P, Aguilera J M, Pyle D L. 2003. Structure oil-absorption relationships during deep-fat frying. Journal of Food Science, 68(9): 2711-2716.

Brannan R G, Mah E, Schott M, et al. 2014. Influence of ingredients that reduce oil absorption during immersion frying of battered and breaded foods. European Journal of Lipid Science and Technology, 116: 240-254.

Brannan R G, Pettit K. 2015. Reducing the oil content in coated and deep-fried chicken using whey protein. Lipid Technology, 27(6): 131-133.

Caponio F, Summo C, Pasqualone A, et al. 2011. Fatty acid composition and degradation level of the oils used in canned fish as a function of the different types of fish. Journal of Food Composition and Analysis, 24(11): 1117-1122.

Chen C L, Li P Y, Hu W H, et al. 2008. Using HPMC to improve crust crispness in microwave-reheated battered mackerel nuggets: water barrier effect of HPMC. Food Hydrocolloids, 22: 1337-1344.

Chen J, Li J, Li B. 2011. Identification of molecular driving forces involved in the gelation of konjac glucomannan: effect of degree of deacetylation on hydrophobic association. Carbohydrate Polymers, 86(2): 865-871.

Chen S D, Chen H H, Chao Y C, et al. 2009. Effect of batter formula on qualities of deep-fat and microwave fried fish nuggets. Journal of Food Engineering, 95: 359-364.

Cho S M, Kwak K S, Park D C, et al 2004. Processing optimization and functional properties of gelatin from shark (*Isurus oxyrinchus*) cartilage. Food Hydrocolloids, 18 (4): 573-579.

Damodaran S, Parkin K L, Fennema O R. 2008. Fennema's food chemistry. 4nd ed. Boca Raton: CRC Press.

Dana D, Saguy I S. 2006. Review: mechanism of oil uptake during deep-fat frying and the surfactant effect-theory and myth. Advances in Colloid and Interface Science, 128-130: 267-272.

Datta K, Teixeira A A. 1987. Numerical modeling of natural convection heating in canned liquid foods. Transaction of American Society of Agricultural Engineers, 30(5): 1542-1551.

Debnath S, Bhat K K, Rastogi N K. 2003. Effect of pre-drying on kinetics of moisture loss and oil uptake during deep fat frying of chickpea flour-based snack food. LWT-Food Science and Technology, 36: 91-98.

Derossi A, Fiore A G, De Pilli T, et al. 2011. A review on acidifying treatments for vegetable canned food. Critical Reviews in Food Science and Nutrition, 51(10): 955-964.

Dilek M, Polat H, Kezer F, et al. 2011. Application of locust bean gum edible coating to extend shelf life of sausages and garlic-flavored sausage. Journal of Food Processing and Preservation, 35: 410-416.

Dobarganes M C, Velasco J, Dieffenbacher A. 2000. Determination of polar compounds, polymerized and oxidized triacylglycerols, and diacylglycerols in oils and fats: results of collaborative studies and the standardized method technical report. Pure and Applied Chemistry, 72: 1563-1575.

Dogan S F, Sahin S, Sumnu G. 2005. Effects of batters containing different protein types on the quality of deep-fat-fried chicken nuggets. European Food Research and Technology, 220(5/6): 502-508.

Donsi G, Ferrari G, Nigro R, et al. 1998. Combination of mild dehydration and freeze-drying processes to obtain high quality dried vegetables and fruits. Food and Bioproducts Processing, 76(14): 181-187.

Dragich A M, Krochta J M, 2010. Whey protein solution coating for fat-uptake reduction in deep-fried chicken breast strips. Journal of Food Science, 75(s1): 43-47.

Duan Z H, Jiang L N, Wang J L, et al. 2011. Drying and quality characteristics of tilapia fish fillets dried with hot air-microwave heating. Food and Bioproducts Processing, 89(4): 472-476.

Dueik V, Bouchon P. 2011. Development of healthy low-fat snacks: understanding the mechanisms of quality changes during atmospheric and vacuum frying. Food Reviews International, 27(4): 408-432.

Dueik V, Moreno M C, Bouchon P. 2012. Microstructural approach to understand oil absorption during vacuum and atmospheric frying. Journal of Food Engineering, 111(3): 528-536.

Dyer W J. 1951. Protein denaturation in frozen and stored fish. Journal of Food Science, 16: 522-527.

El-Dengawy R A, ElShehawy S M, Kassem M E A, et al. 2012. Chemical and microbiological evaluation of some fish products samples. Journal of Agriculture and Food Chemistry, 3(8): 247-259.

ElShehawy S M, Farag Z S. 2019. Safety assessment of some imported canned fish using chemical, microbiological and sensory methods. The Egyptian Journal of Aquatic Research, 45(4): 389-394.

Feeney R D, Haralampu S G, Gross A. 1993-06-08. Potato and other food products coated with edible oil barrier films: USA, US005217736A.

Feliciano L, Lee J, Lopes J A, et al. 2010. Efficacy of sanitized ice in reducing bacterial load on fish fillet and in the water collected from the melted ice. Journal of Food Science, 75(4): 231-238.

Feng X, Fu C L, Yang H S. 2016. Gelatin addition improves the nutrient retention, texture and mass transfer of fish balls without altering their nanostructure during boiling. LWT-Food Science and Technology, 77: 142-151.

Ferry J D. 1948. Protein gels. Advances in Protein Chemistry, 4: 1-78.

Gamonpilas C, Pongjaruvat W, Methacanon P, et al. 2013. Effects of cross-linked tapioca starches on batter viscosity and oil absorption in deep-fried breaded chicken strips. Journal of Food Engineering, 114(2): 262-268.

García M A, Ferrero C, Bértola N, et al. 2002. Edible coatings from cellulose derivatives to reduce oil uptake in fried products. Innovative Food Science and Emerging Technologies, 3(4): 391-397.

Garmakhany A D, Mirzaei H O, Maghsudlo Y, et al. 2014. Production of low fat french-fries with single and multi-layer hydrocolloid coatings. Journal of Food Science and Technology, 51(7): 1334-1341.

Ghaderi A, Dehghanny J, Ghanbarzadeh B. 2018. Momentum, heat and mass transfer enhancement during deep-fat frying process of potato strips: influence of convective oil temperature. International Journal of Thermal Sciences, 134: 485-499.

Gil B, Cho Y J, Yoon S H. 2004. Rapid determination of polar compounds in frying fats and oils using image analysis. LWT-Food Science and Technology, 37(6): 657-661.

Gill C O, Tan K H. 1980. Effect of carbon dioxide on growth of meat spoilage bacteria. Applied and Environmental Microbiology, 39(2): 317-319.

Gómez-Guillén M C, Giménez B, Montero P. 2005. Extraction of gelatin from fish skins by high pressure treatment. Food Hydrocolloids, 19(5): 923-928.

Gómez-Guillén M C, Montero P. 2001. Extraction of gelatin from megrim (*Lepidorhombus boscii*) skins with several organic acids. Journal of Food Science, 66(2): 213-216.

Gómez-Guillén M C. Turnay J, Fernández-Diaz M D, et al, 2002. Structural and physical properties of gelatin extracted from different marine species: a comparative study. Food Hydrocolloids, 16(1): 25-34.

Gudmundsson M, Hafsteinsson H. 1997. Gelatin from cod skins as affected by chemical treatments. Journal of Food Science, 62(1): 37-39.

Günlü A, Koyun E. 2013. Effects of vacuum packaging and wrapping with chitosan-based edible film on the extension of the shelf life of sea bass (*Dicentrarchus labrax*) fillets in cold storage (4℃). Food and Bioprocess Technology, 6(7): 1713-1719.

Guo X J, Shi L, Xiong S B, et al, 2019. Gelling properties of vacuum-freeze dried surimi powder as influenced by heating method and microbial transglutaminase. LWT-Food Science and Technology, 99: 105-111.

Haskaraca G, Demirok E, Kolsarici N, et al. 2014. Effect of green tea extract and microwave pre-cooking on the formation of heterocyclic aromatic amines in fried chicken meat products. Food Research International, 63: 373-381.

Haug I J, Draget K I. SmidsrØd O. 2004. Physical and rheological properties of fish gelatin compared to mammalian gelatin. Food Hydrocolloids, 18(2): 203-213.

Heising J K, Van Boekel M A J S, Dekker M. 2014. Mathematical models for the trimethylamine (TMA) formation on packed cod fish fillets at different temperatures. Food Research International, 56: 272-278.

Hua X, Wang K, Yang R J, et al. 2015. Edible coatings from sunflower head pectin to reduce lipid uptake in fried potato chips. LWT-Food Science and Technology, 62(2): 1220-1225.

Izadi S, Ojagh S M, Rahmanifarsh K, et al. 2015. Producotion of low-fat shrimps by using hydrocolloid coatings Journal of Food Science and Technology, 52: 6037-6042.

Jamilah B, Harvinder K G. 2002. Properties of gelatins from skins of fish—black tilapia (*Oreochromis mossambicus*) and red tilapia (*Oreochromis nilotica*). Food Chemistry, 77(1): 81-84.

Jia B, Fan D M, Yu L W, et al. 2018. Oil absorption of potato slices pre-dried by three kinds of methods. European Journal of Lipid Science and Technology, 120(6): 1-9.

Jiang J, Xiong Y L L. 2016. Natural antioxidants as food and feed additives to promote health benefits and quality of meat products: a review. Meat Science, 120: 107-117.

Jiang J J, Zeng Q X, Zhu Z W, et al. 2007. Chemical and sensory changes associated Yu-lu fermentation process: a traditional Chinese fish sauce. Food Chemistry, 104(4): 1629-1634.

Kang H Y, Chen H H. 2015. Improving the crispness of microwave- reheated fish nuggets by adding chitosan-silica hybrid microcapsules to the batter. LWT-Food Science and Technology, 62: 740-745.

Katz E E, Labuza T P. 1981. Effect of water activity on the sensory crispness and mechanical deformation of snack food products. Journal of Food Science, 46: 403-409.

Khalil A H. 1999. Quality of French fried potatoes as influenced by coating with hydrocolloids. Food Chemistry, 66: 201-208.

Kilinc B, Cakli S. 2004. Chemical, microbiological and sensory changes in thawed frozen fillets of sardine (*Sardina pilchardus*) during marination. Food Chemistry, 88(4): 275-280.

Kim D N, Lim J B, Bae I Y, et al. 2011. Effect of hydrocolloid coatings on the heat transfer and oil uptake during frying of potato strips. Journal of Food Engineering, 102: 317-320.

Kim T, Moreira R G. 2012. De-oiling and pretreatment for high-quality potato chips. Journal of Food Process Engineering, 36(3): 267-275.

Kinsella J E. 1987. Seafood and fish oils in human diseases. New York: Marcel Dekker Inc.

Koklamaz E, Palazoğlu T K, Kocadağlı T, et al. 2014. Effect of combining conventional frying with radio-frequency post-drying on acrylamide level and quality attributes of potato chips. Journal of the Science of Food and Agriculture, 94(10): 2002-2008.

Koribilli N, Aravamudan K, Aditya Varadhan M U S V. 2011. Quantifying enhancement in heat transfer due to natural convection during canned food thermal sterilization in a still retort. Food and Bioprocess Technology, 4(3): 429-450.

Koseki S, Isobe S, Itoh K. 2004. Efficacy of acidic electrolyzed water ice for pathogen control on lettuce. Journal of Food Protection, 67(11): 2544-2549.

Kurek M, Ščetar M, Galić K. 2017. Edible coatings minimize fat uptake in deep fat fried products: a review. Food Hydrocolloids, 71: 225-235.

Kumar H S, Radhakrislna K, Nagaiaju P K, et al. 2001. Effect of combination drying on the physico-chemical characteristics of carrot and pumpkin. Journal of Food Processing Preservation, 25(6): 447-460.

Lago A M T, de Sousa Gomes Pimenta, Maria E, et al. 2018. Fish sausages prepared with inclusion of Nile tilapia minced: correlation between nutritional, chemical, and physical properties. Journal of Food Processing and Preservation, 42(10): 1-11.

Lazos E S. 2010. Utilization of freshwater bream for canned fish ball manufacture. Journal of Aquatic Food Product Technology, 5(2): 47-64.

Lee C H, An D S, Lee S C, et al. 2004. A coating for use as an antimicrobial and antioxidative packaging material incorporating nisin and a-tocopherol. Journal of Food Engineering, 62(1): 323-329.

Leuschner C, Antranikian G. 1995. Heat-stable enzymes from extremely thermophilic and hyperthermophilic microorganisms. World Journal of Microbiology and Biotechnology, 11(1): 95-114.

Li Y S, Ngadi M, Oluka S. 2008. Quality changes in mixtures of hydrogenated and non-hydrogenated oils during frying. Journal of the Science of Food and Agriculture, 88: 1518-1523.

Mah E, Price J, Brannan R G. 2008. Reduction of oil absorption in deep-fried, battered, and breaded chicken patties using whey protein isolate as a postbreading dip: effect on lipid and moisture content. Journal of Food Science, 73(8): 413-417.

Maiunson J H, Greenheld H, Wong M L, et al. 1987. Fat uptake during deep-fat frying of coated and uncoated foods. Journal of Food Composition and Analysis, 1(1): 93-101.

Mallikarjunan P, Chinnan M S, Balasubramaniam V M, et al. 1997. Edible coatings for deep-fat frying of starchy products. LWT-Food Science and Technology, 30: 709-714.

Mellema M. 2003. Mechanism and reduction of fat uptake in deep-fat fried foods. Trends in Food Science and Technology, 14: 364-373.

Merkle S, Ostermeyer U, Rohn S, et al. 2018. Mitigation strategies for ester bound 2-/3-MCPD and esterified glycidol in pre-fried breaded and frozen fish products. Food Chemistry, 245: 196-204.

Mey E D. 2014. N-nitrosamines in dry fermented sausages: occurrence and formation of N-nitrosopiperidine. Leuven: KU Leuven.

Miranda J M, Martínez B, Pérez B, et al. 2010. The effects of industrial pre-frying and domestic cooking methods on the nutritional compositions and fatty acid profiles of two different frozen breaded foods. LWT-Food Science and Technology, 43: 1271-1276.

Moesby L, Hansen E W, Christensen J D, et al. 2005. Dry and moist heat sterilisation cannot inactivate pyrogenicity of gram positive microorganisms. European Journal of Pharmaceutical Sciences, 26(5): 318-323.

Mohamed I O. 2007. Determination of an effective heat transfer coefficients for can headspace during thermal sterilization process. Journal of Food Engineering, 79(4): 1166-1171.

Montero P, Alvarez C, Marti M A, et al. 1995. Plaice skin collagen extraction and functional properties. Journal of Food Science, 60(1): 1-3.

Montero P, Gómez-Guillén M C. 2000. Extracting conditions for megrim (Lepidorhombus boscii) skin collagen affect functional properties of resulting gelatin. Journal of Food Science, 65(3): 434-478.

Moreira R G, Silva P F D, Gomes C. 2009. The effect of a de-oiling mechanism on the production of high quality vacuum fried potato chips. Journal of Food Engineering, 92: 297-304.

Moreira R G, Sun X Z, Chen Y H. 1997. Factors affecting oil uptake in tortilla chips in deep-fat frying. Journal of Food Engineering, 31(4): 485-498.

Moreira R G. 2014. Vacuum frying versus conventional frying-an overview. European Journal of Lipid Science and Technology, 116(6): 723-734.

Muyonga J H, Cole C G B, Duodu K G. 2004. Extraction and physico-chemical characterization of Nile perch (*Lates niloticus*) skin and bone gelatin. Food Hydrocolloids, 18(4): 581-592.

Myers A S, Brannan R G. 2012. Efficacy of fresh and dried white on inhibition of oil absorption during deep fat frying. Journal of Food Quality, 35: 239-246.

Naseri M, Rezaei M, Sohrab M, et al. 2011. Effects of different filling media on the oxidation and lipid quality of canned silver carp (*Hypophthalmichthys molitrix*). International Journal of Food Science and Technology, 46(6): 1149-1156.

Nayak P K, Dash U, Rayaguru K, et al. 2016. Physio-chemical changes during repeated frying of cooked oil: a review. Journal of Food Biochemistry, 40: 371-390.

Ngadi M, Li Y S, Oluka S. 2007. Quality changes in chicken nuggets fried in oils with different degrees of hydrogenatation. LWT-Food Science and Technology, 40: 1784-1791.

Ni W J, McNaughton L, LeMaster D M, et al. 2008. Quantitation of 13 heterocyclic aromatic amines in cooked beef, pork, and chicken by liquid chromatography-electrospray ionization/tandem mass spectrometry. Journal of Agricultural and Food Chemistry, 56(1): 68-78.

Noguchi S, Shinoda E, Matsumoto J. 1975. Studies on the control of denaturation of fish muscle proteins during frozen storage, technological application of cryoprotective substances on the frozen minced fish meat. Bulletin of the Japanese Society of Scientific Fisheries, 36: 1078-1087.

Okada M. 1964. Effect of washing on the jelly forming ability of fish meat. Nippon Suisan Gakkaishi, 30: 255-261.

Oke E K, Idowu M A, Sobukola O P, et al. 2018. Frying of food: a critical review. Journal of Culinary Science and Technology, 16(2): 107-127.

Ozpolat E, Patir B. 2017. Combined effect of different casing and liquid smoked concentration on the shelf-life of sausages produced from fish (*Capoeta umbla*). Indian Journal of Animal Research, 51(5): 956-961.

Pacheco-Aguilar R, Lugo-Sánchez M E, Robles-Burgueo M R. 2000. Postmortem biochemical and functional characteristic of Monterey sardine muscle stored at 0°C. Journal of Food Science, 65: 40-47.

Parikh A, Takhar P S. 2016. Comparison of microwave and conventional frying on quality attributes and fat content of potatoes. Journal of Food Science, 81(11): 2743-2755.

Pan G K, Ji H W, Liu S C, et al. 2015. Vacuum frying of breaded shrimps. LWT-Food Science and Technology, 62: 734-739.

Primo-Martín C, van Deventer H. 2011. Deep-fat fried battered snacks prepared using super heated steam (SHS): crispness and low oil content. Food Research International, 44(1): 442-448.

Ratti C. 2001. Hot air and freeze-drying of high-value foods: a review. Journal of Food Engineering, 49(4): 311-319.

Rayner M, Ciolfi V, Maves B, et al. 2000. Development and application of soy-protein films to reduce fat intake in deep-fried foods. Journal of the Science of Food and Agriculture, 80(6): 777-782.

Renou F, Petibon O, Malhiac C, et al. 2013. Effect of xanthan structure on its interaction with locust bean gum: toward prediction of rheological properties. Food Hydrocolloids, 32(2): 331-340.

Saguy I S, Dana D. 2003. Integrated approach to deep fat frying: engineering, nutrition, health and consumer aspects. Journal of Food Engineering, 56(2/3): 143-152.

Sahasrabudhe S N, Staton J A, Farkas B E. 2019. Effect of frying oil degradation on surface tension and wettability. LWT-Food Science and Technology, 99: 519-524.

Sahin S, Sumnu G, Altunakar B. 2005. Effects of batters containing different gum types on the quality of deep-fat fried chicken nuggets. Journal of the Science of Food and Agriculture, 85(14): 2375-2379.

Sala F J, Burgos J, Condón S, et al. 1995. Effect of heat and ultrasound on microorganisms and enzymes. New Methods of Food Preservation, 128: 176-204.

Sano T, Noguchi S, Matsumoto J J, et al. 1990. Thermal gelation characteristics of myosin subfragments. Journal of Food Science, 55(1): 55-58.

Santos C S P, Cunha S C, Casal S. 2017. Deep or air frying? A comparative study with different vegetable oils. European Journal of Lipid Science and Technology, 119(6): 1-14.

Sanz T, Salvador A, Fiszman S M. 2004. Effect of concentration and temperature on properties of methylcellulose-added batters: application to battered, fried seafood. Food Hydrocolloids, 18(1): 127-131.

Selmi S, Sadoc S. 2007. Change in lipids quality and fatty acids profile of two small pelagic fish: *Sardinella aurita* and *Sardina pilchardus* during canning process in olive oil and tomato sauce respectively. Bulletin de Institute National Sciences et Technologies, 34: 91-97.

Sevenich R, Bark F, Kleinstueck E, et al. 2015. The impact of high pressure thermal sterilization on the microbiological stability and formation of food processing contaminants in selected fish systems and baby food puree at pilot scale. Food Control, 50: 539-547.

Seyed M O, Masoud R, Seyed H R, et al. 2010. Effect of chitosan coatings enriched with cinnamon oil on the quality of refrigerated rainbow trout. Food Chemistry, 120(1): 193-198.

Shaker M A. 2015. Comparison between traditional deep-fat frying and air-frying for production of healthy fried potato strips. International Food Research Journal, 22(4): 1557-1563.

Shan J H, Chen J W, Xie D, et al. 2018. Effect of xanthan gum/soybean fiber ratio in the batter on oil absorption and quality attributes of fried breaded fish nuggets. Journal of Food Science, 83(7): 1832-1838.

Shanthilal J, Bhattacharya S. 2017. Frying of rice flour dough strands containing gum arabic: texture, sensory attributes and microstructure of products. Journal of Food Science and Technology, 54(5): 1293-1303.

Shih F, Daigle K. 1999. Oil uptake properties of fried batters from rice flour. Journal of Agricultural and Food Chemistry, 47(4): 1611-1615.

Silva M V, Gibbs P A, Kirby R M. 1998. Sensorial and microbial effects of gaseous ozone on fresh scad (*Trachurus trachurus*). Journal of Applied Microbiology, 84(1): 802-810.

Sinthusamran S, Benjakul S. 2015. Effect of drying and frying conditions on physical and chemical characteristics of fish maw from swim bladder of seabass (*Lates calcarifer*). Journal of the Science of Food and Agriculture, 95(15): 3195-3203.

Siripatrawan U, Harte Bruce R. 2010. Physical properties and antioxidant activity of an active film from chitosan incorporated with green tea extract. Food Hydrocolloids, 24(8): 770-775.

Song Y L, Liu L, Shen H X, et al. 2011. Effect of sodium alginate-based edible coating containing different anti-oxidants on quality and shelf life of refrigerated bream (*Megalobrama amblycephala*). Food Control, 22(1): 608-615.

Su Y, Zhang M, Adhikari B, et al. 2018. Improving the energy efficiency and the quality of fried products using a novel vacuum frying assisted by combined ultrasound and microwave technology. Innovative Food Science and Emerging Technologies, 50: 148-159.

Syafiie S, Tadeo F, Villafin M, et al. 2011. Learning control for batch thermal sterilization of canned foods. ISA Transactions, 50(1): 82-90.

Teruel M D R, Cordon M, Linares M B, et al. 2015. A comparative study of the characteristics of french fries produced by deep fat frying and air frying. Journal of Food Science, 80(2): 349-358.

Thanatuksorn P, Kajiwara K, Suzuki T. 2010. Characteristics and oil absorption in deep-fat fried batter prepared from ball-milled wheat flour. Journal of the Science of Food and Agriculture. 90: 13-20.

Uriarte M H, Villalba A G, Pacheco-Aguilar R, et al. 2010. Changes in quality parameters of Monterey sardine (*Sardinops sagax caerulea*) muscle during the canning process. Food Chemistry, 122(10): 482-487.

van Vliet T, Visser J E, Luyten H. 2007. On the mechanism by which oil uptake decreases crispy/crunchy behaviour of fried products. Food Research International, 40: 1122-1128.

Varma M N, Kannan A. 2006. CFD studies on natural convective heating of canned food in conical and cylindrical containers. Journal of Food Engineering, 77(6): 1024-1036.

Walstra P. 1990. On the stability of casein micelles. Journal of Dairy Science, 73: 1965-1979.

Williams R, Mittal G S. 1999. Water and fat transfer properties of polysaccharide films on fried pastry mix. LWT-Food Science and Technology, 32: 440-445.

Wu B G, Wang J, Guo Y T, et al. 2018. Effects of infrared blanching and dehydrating pretreatment on oil content of fried potato chips. Journal of Food Processing and Preservation, 42(3): 1-7.

Xiong Y L L. 2017. Inhibition of hazardous compound formation in muscle foods by antioxidative phytophenols. Annals of the New York Academy of Sciences, 1398: 37-46.

Yang Z, Wang W, Wang H, et al. 2014. Effects of a highly resistant rice starch and pre-incubation temperatures on the physicochemical properties of surimi gel from grass carp (*Ctenopharyn odon idellus*). Food Chemistry, 145: 212-219.

Yoshimura K, Terashima M, Hozan D, et al. 2000. Preparation and dynamic viscoelasticity characterization of alkali-solubilized collagen from shark skin. Journal of Agricultural and Food Chemistry, 48(3): 685-690.

Yoshimura K, Terashima M, Hozan D, et al. 2000. Physical properties of shark gelatin compared with pig gelatin. Journal of Agricultural and Food Chemistry, 48(6): 2023-2027.

Yu L, Li J W, Ding S D, et al. 2016. Effect of guar gum with glycerol coating on the properties and oil absorption of fried potato chips. Food Hydrocolloids, 54: 211-219.

Zeng H, Chen J W, Zhai J L, et al. 2016. Reduction of the fat content of battered and breaded fish ball during deep fat frying using fermented bamboo shoots dietary fiber. LWT-Food Science and

Technology, 73: 425-431.

Zhang J, Zhang M, Shan L, et al. 2007. Microwave-vacuum heating parameters for processing savory crisp bighead carp (*Hypophtha lmichthys nobilis*) slices. Journal of Food Engineering, 79(3): 885-891.

Zhang Q, Saleh A S M, Chen J, et al. 2012. Chemical alterations taken place during deep-fat frying based on certain reaction products: a review. Chemistry and Physics of Lipids, 165(6): 662-681.

Zhong S Y, Ma C W, Lin Y C, et al. 2011. Antioxidant properties of peptide fractions from silver carp (*Hypophthalmichthys molitrix*) processing by-product protein hydrolysates evaluated by electron spin resonance spectrometry. Food Chemistry, 126(4): 1636-1642.

Zyzak D V, Sanders R A, Stojanovic M, et al. 2003. Acrylamide formation mechanism in heated foods. Journal of Agricultural and Food Chemistry, 51(16): 4782-4787.

附　　录

微生物拉丁学名对照表

微生物	拉丁学名
白色链霉菌	*Streptomyces albulus*
肠球菌	*Enterococcus* spp.
纯黄丝衣霉菌	*Byssochlamys fulva*
大肠埃希氏菌	*Escherichia coli*
单核细胞增生李斯特菌	*Listeria monocytogenes*
腐败希瓦氏菌	*Shewanella putrefaciens*
副溶血性弧菌	*Vibrio parahemolyticus*
黄单胞杆菌	*Xanthomonas* spp.
霍乱弧菌	*Vibrio cholerae*
假单胞菌	*Pseudomonas* spp.
酵母菌	*Saccharomyces*
金黄色葡萄球菌	*Staphylococcus aureus*
明亮发光杆菌	*Photobacterium phosphoreum*
肉毒梭状芽孢杆菌	*Clostridium botulinum*
肉食杆菌	*Carnobacterium* spp.
沙门氏菌	*Salmonella* spp.
嗜热脂肪芽孢杆菌	*Bacillus stearothermophilus*
希瓦氏菌	*Shewanella* spp.
伊乐假单胞菌	*Pseudomonas elodea*
志贺氏菌	*Shigella* spp.